Rainer Merkl und Stephan Waack
Bioinformatik Interaktiv

Beachten Sie bitte auch weitere interessante Titel zu diesem Thema

Rainer Merkl und Stephan Waack

Bioinformatik Interaktiv

Grundlagen, Algorithmen, Anwendungen

2., erweiterte und neubearbeitete Auflage

WILEY-VCH

WILEY-VCH Verlag GmbH & Co. KGaA

Autoren

PD Dr. Rainer Merkl
Institut für Biophysik
und Physikalische Biochemie
Universität Regensburg
Universitätsstraße 31
93053 Regensburg

Prof. Dr. Stephan Waack
Institut für Informatik
Georg-August-Universität
Goldschmidtstraße 7
37077 Göttingen

2. erw. u. neubearb. Auflage 2009
1., korrigierter Nachdruck 2010

Bibliografische Information der Deutschen Nationalbibliothek
Die Deutsche Nationalbibliothek verzeichnet diese Publikation in der Deutschen Nationalbibliografie; detaillierte bibliografische Daten sind im Internet über http://dnb.d-nb.de abrufbar.

Satz Hagedorn Kommunikation GmbH, Viernheim
Druck Strauss GmbH, Mörlenbach
Bindung Litges & Dopf GmbH, Heppenheim
Umschlaggestaltung Adam Design, Weinheim

Printed in the Federal Republic of Germany
Gedruckt auf säurefreiem Papier

ISBN: 978-3-527-32594-8

Inhaltsverzeichnis

Bioinformatik Interaktiv. 2. Auflage. Rainer Merkl und Stephan Waack

ISBN: 978-3-527-32594-8

Vorwort

Im vergangenen Jahrhundert hat sich in der biologischen Forschung der reduktionistische Ansatz als besonders erfolgreich erwiesen. Damit ist der Versuch gemeint, komplexe Lebensphänomene als vernetztes Zusammenwirken einfacher, in der Sprache der Physik oder Chemie beschriebener Vorgänge zu verstehen. Allerdings ist mittlerweile klar geworden, dass Lebensvorgänge mit solchen *top down* Ansätzen, d. h. der Zerlegung komplexer Vorgänge in einfachere, nicht vollständig zu verstehen sind. Daher gewinnen *bottom up* Ansätze zunehmend an Bedeutung. Diese versuchen, das Zusammenspiel der einzelnen Elemente in ihrer Gesamtheit zu modellieren. Die vielen „-omik"-Ansätze und die Konzepte der Systembiologie zielen genau in diese Richtung. So sind die Ergebnisse der Genomik und der Transkriptomik mittlerweile zu einer festen Größe und zu einer wichtigen Quelle für weiterführende Analyen und überraschende Einsichten geworden. Drei Beispiele sollen dies verdeutlichen:

Die Sequenzierung des menschlichen Genoms hat gezeigt, dass der Mensch nicht, wie bisher angenommen, bis zu 100 000 Gene, sondern nur 20 000–30 000 besitzt. Diese Anzahl liegt nicht wesentlich höher als die des Fadenwurms *Caenorhabditis elegans*, dessen Genom ca. 20 000 Gene umfasst. Dieses Ergebnis war für viele Wissenschaftler ein Schock, da bis dato genetische Komplexität direkt mit der Anzahl von Genen korreliert worden war. Der Befund hat einen Paradigmenwechsel ausgelöst; seither wird die Komplexität eines biologischen Systems an der Komplexität seiner Interaktionsnetzwerke gemessen.

Das ENCODE-Projekt zielt darauf ab, alle funktionellen Elemente des menschlichen Genoms zu identifizieren. In der Pilotphase wurde überraschenderweise festgestellt, dass praktisch das komplette menschliche Genom abgelesen und in RNA übersetzt wird. Es wird angenommen, dass viele dieser Moleküle in bisher unbekannter Weise in Regulationsvorgänge eingreifen.

Die Sequenzierung des Schnabeltier-Genoms hat unter anderem ergeben, dass diese Art, obwohl sie Eier legt, die Gene für Milchproteine besitzt. Ihre Gift-Proteine und die Schlangengifte stammen von denselben Genfamilien ab, haben sich allerdings unabhängig entwickelt. Aus dem Vergleich molekularer Daten wurde abgeleitet, dass sich der Vorfahre des Schnabeltiers vor ca. 166 Millionen Jahren von der Linie abspaltete, die später zu den Säugetieren führte.

Wie werden derartige Befunde erhoben? Die für die Datenanalyse notwendigen Werkzeuge liefert die Bioinformatik, ein spezieller Zweig der Computerwissen-

Bioinformatik Interaktiv. 2. Auflage. Rainer Merkl und Stephan Waack

ISBN: 978-3-527-32594-8

schaft, der sich seit Mitte des zwanzigsten Jahrhunderts zunächst kontinuierlich und in den letzten Jahren rasant entwickelte. Zu den ersten, eher bescheidenen Aufgaben, die Biologen an Mathematiker und Informatiker herantrugen, gehörten die statistische Auswertung der wenigen, damals vorhandenen Sequenzen und deren Speicherung. Heutzutage werden sowohl für das Vorhalten der exponentiell wachsenden Datenmengen als auch für den Betrieb hochkomplexer Programmsuiten leistungsfähige Server-Farmen benötigt. Der Aufwand, der auf technischer und theoretischer Seite getrieben werden muss, um den berechtigten Ansprüchen und Forderungen der Anwender zu genügen, ist enorm, bleibt aber meist hinter einfach zu bedienenden Grafikoberflächen verborgen. Ebenso unbekannt ist den Nutzern häufig auch der Algorithmus, d. h. die Rechenvorschrift, die mit einem Mausklick angestoßen wird, sowie die Bedeutung der Programmparameter und deren Einfluss auf die Ergebnisse. Dies ist umso erstaunlicher, wenn man den Aufwand bedenkt, der üblicherweise für die Planung molekularbiologischer Experimente getrieben wird. Es wäre zu erwarten, dass bei der Ausführung bioinformatischer Analysen ähnlich gründlich vorgegangen würde.

Für einen sicheren und souveränen Umgang mit bioinformatischen Tools sind derartige Kenntnisse jedoch unbedingt erforderlich. Nur wer die Eigenschaften und vor allem die Limitationen der Werkzeuge kennt, kann sie optimal einsetzen, ihre Ausgabe korrekt bewerten und die Algorithmen verbessern. Daher ist eine Beschäftigung mit den grundlegenden Methoden und speziellen Konzepten, die sich in der Bioinformatik entwickelt haben, für den Anwender sinnvoll und für diejenigen, die selbst bioinformatische Werkzeuge entwickeln wollen, unbedingte Voraussetzung.

Der vorliegende Text will eine Übersicht zu den wichtigsten Methoden und Lösungsansätzen vermitteln. Einen großen Anteil nehmen Verfahren ein, die sich der Analyse von Sequenzen widmen, da sie die größten Datenbestände ausmachen. Es wurde großer Wert auf eine praxisnahe Darstellung gelegt, in die viele Beispiele und Illustrationen eingestreut sind. Zusätzlich wird auf einer Webseite Material für Übungen angeboten. Auch bei der Zusammenstellung der Übungen war es unser Ziel, den kritischen Umgang mit bioinformatischen Tools zu trainieren.

Diese zweite Auflage wäre ohne die Mithilfe und die Anregungen vieler unserer Kollegen und Studenten nicht zu realisieren gewesen. Unser besonderer Dank gilt dem Verlag Wiley-VCH und insbesondere den Herren Dr. G. Cicchetti und Dr. A. Sendtko, die uns in allen Belangen stets tatkräftig unterstützten.

Regensburg und Göttingen,
Oktober 2009

Rainer Merkl und
Stephan Waack

Website

Auf einer speziellen Website werden Übungen angeboten, die interaktiv unter Verwendung eines Browsers und mithilfe frei verfügbarer Software, sowie unter Benutzung öffentlich zugänglicher Server bearbeitet werden können. Verweise auf die wichtigsten Lerneinheiten sind bei den folgenden Kapiteln angegeben. Die Übungen haben einerseits das Ziel, das Erfassen der Algorithmen und Modelle weiter zu festigen und erlauben es andrerseits, Werkzeuge in konkreten Anwendungen praktisch zu erproben. Wir bemühen uns, das Angebot der Dynamik des Internets anzupassen. Das Übungsmaterial finden Sie auf

http://www.wiley-vch.de/home/bioinformatik

Grundlagen – Biologie und Datenbanken

Bioinformatik Interaktiv. 2. Auflage. Rainer Merkl und Stephan Waack

ISBN: 978-3-527-32594-8

Die Beschäftigung mit Algorithmen kann faszinieren. Dies gilt insbesondere dann, wenn komplexe und spannende Probleme zu lösen sind. Zu dieser Kategorie von Aufgaben zählen sicherlich auch diejenigen, die an die Bioinformatik herangetragen werden. Häufig müssen aus einer schier nicht zu bewältigenden Datenfülle verrauschte Signale herausgefiltert werden. Nur durch den Einsatz modernster Techniken und unter Berücksichtigung von Erkenntnissen aus der Mathematik, der Statistik und natürlich der Informatik ist es möglich, bioinformatische Algorithmenentwicklung voranzutreiben. Zusätzlich ist eine gewisse Vertrautheit mit den biologischen Strukturen und dynamischen Prozessen, die im Rechner nachzustellen sind, notwendig und hilfreich. Diese Grundlagen schaffen wir in Teil 1. Im folgenden Kapitel werden wichtige Eigenschaften von *DNA*, *RNA*, *Aminosäuren* und *Proteinen* erläutert sowie solche Fakten zu biologischen Objekten und Prozessen eingeführt, die für das Verständnis der im Text dargestellten biologischen Fragestellungen und informatischen Lösungsansätze benötigt werden.

Informationstragende Moleküle: DNA, RNA, Proteine

Sequenzen und ihre Funktion

Anschließend wird die Datenstruktur *Sequenz* mit der in der Biologie eingeführten Bedeutung vorgestellt. Wir werden uns mit Operationen auf Sequenzen sowie verschiedenen Alphabeten, die zur Codierung von DNA- und Proteinsequenzen definiert wurden, beschäftigen. Sequenzen bilden die Grundlage für viele der hier eingeführten Algorithmen; sie werden uns im gesamten Text ständig begegnen. Die uns interessierenden Sequenzen haben eine biologische Funktion. Für deren Beschreibung werden zunehmend Ontologien genutzt. Wir erläutern die *Gen-Ontologie*, mit der Genprodukte annotiert werden.

Bioinformatische Datenbanken

Schließlich beschäftigen wir uns mit *bioinformatischen Datenbanken*. So werden z. B. Sequenzen oder Proteinstrukturen sowie Wissen über ihre biologische Funktion, ihre Eigenschaften, ihr Vorkommen etc. in zentralen Datenbanken gesammelt. Diese stellen den „Heiligen Gral" der Bioinformatik dar. Praktisch bei jeder bioinformatischen Fragestellung wird in irgendeiner Weise auf Datenbanken und das darin deponierte Wissen zurückgegriffen. Dies kann im Rahmen so unterschiedlicher Aufgaben erfolgen wie der statistischen Auswertung von Sequenzen, dem Vermessen von Reaktionszentren, der Identifizierung von Transkriptionsfaktoren oder der Analyse von Hochdurchsatz-Datensätzen. Datenbanken bilden auch die Grundlage für das Generieren von Trainingsmengen, die benötigt werden, um bioinformatische Werkzeuge zu validieren und zu optimieren. Die Qualität bioinformatischer Algorithmen, d. h. deren Ausgabe, muss sich messen lassen an den in den Datenbanken deponierten und durch biochemische Experimente abgesicherten Fakten.

Zusätzlich zu Sequenz- und Strukturdatenbanken ist eine Fülle weiterer Datensammlungen entstanden. Wir werden einige der sogenannten sekundären Datenbanken, in denen abgeleitetes Wissen aufbereitet wird, vorstellen. Dazu zählen Beschreibungen von Stoffwechselvorgängen oder hierarchische Schemata zur Klassifikation von Proteinfamilien.

1
Biologische Grundlagen

Drei wichtige Makromoleküle: DNA, RNA, Proteine

In den folgenden Kapiteln beschäftigen wir uns hauptsächlich mit Algorithmen auf Makromolekülen. Für das Verständnis der Methoden und Modellierungsansätze benötigen wir biologische Grundkenntnisse, die wir in diesem Kapitel einführen. Zu den wichtigsten molekularbiologischen Objekten gehören DNA, RNA und Proteine. Dies sind Moleküle, die jeweils aus kleineren, spezifischen Bausteinen aufgebaut sind. Deren lineare Abfolge kann in Form einer Zeichenkette (Sequenz) angegeben werden. Mit Sequenzen beschäftigen wir uns im folgenden Kapitel 2 genauer.

Die *DNA* ist der wichtigste Datenträger der Molekularbiologie. Hochdurchsatzmethoden sind mittlerweile so verfeinert, dass die Zusammensetzung der DNA mit geringem Aufwand bestimmt werden kann. *Proteine* haben Funktionen sowohl als Umsetzung der Geninformation als auch bei der Weitergabe der Gene an die nachfolgenden Generationen. Die biologische Bedeutung der *RNA* hat sich durch Befunde der letzten Jahre stark verändert. Es ist klar geworden, dass RNA-Moleküle in erheblichem Ausmaß an Regulationsaufgaben beteiligt sind.

In vivo liegen DNA, RNA und Proteine als dreidimensionale Strukturen vor. Neben der Beschreibung dieser Strukturen gehen wir im Folgenden auf solche Eigenschaften oder Prozesse ein, die in bioinformatischen Algorithmen von Bedeutung sind. Einen breiteren Raum nimmt die Darstellung von Proteinarchitekturen ein. Das Kapitel schließt mit einer Definition wichtiger Fachbegriffe.

1.1
DNA

Im bioinformatischen Kontext stehen Sequenzen in der Regel für die Abfolge einer kleinen, definierten Menge von Einzelbausteinen. DNA-Sequenzen sind Modelle für Makromoleküle der Desoxyribonucleinsäure (abgekürzt DNS oder DNA), die als fädige Struktur

Bioinformatik Interaktiv. 2. Auflage. Rainer Merkl und Stephan Waack

ISBN: 978-3-527-32594-8

vorliegt. Jeder Strang ist eine Folge von vier Einzelbausteinen (Nucleotide), diese bestehen jeweils aus

Nucleotid

- einem Zucker (in der DNA: Desoxyribose),
- einer der Purin- oder Pyrimidinbasen Adenin, Guanin oder Cytosin, Thymin und
- einem Phosphatrest.

In der Zelle kommt DNA üblicherweise in doppelsträngiger Form vor. Darin stehen sich Nucleotide paarweise gegenüber, wobei nur zwei Paarungen zugelassen sind (siehe Abb. 1.1 und Abb. 1.2).

Aufgrund des chemischen Aufbaus der Nucleotide hat jeder DNA-Strang beliebiger Länge eine eindeutige Orientierung mit jeweils einem freien 3′-OH- und einem 5′-OH-Ende. Sequenzen werden nach Übereinkunft stets so geschrieben, dass das 5′-OH Ende links und das 3′-OH-Ende rechts steht. *In vivo* ist die DNA-Doppelhelix meist zu einem Ring geschlossen, z. B. in Chromosomen oder Plasmiden. Darin sind die beiden komplementären DNA-Stränge gegenläufig angeordnet. Die durch den Aufbau vorgegebene Orientierung bedingt die Richtung, in der Gene abgelesen werden. Da Gene auf beiden Strängen codiert sein können, in Datensammlungen jedoch nur die Sequenz eines Stranges abgelegt wird, muss zur Bestimmung der Sequenz des Gegenstranges das *reverse Komplement* gebildet werden.

Reverses Komplement: Sequenz des Gegenstranges

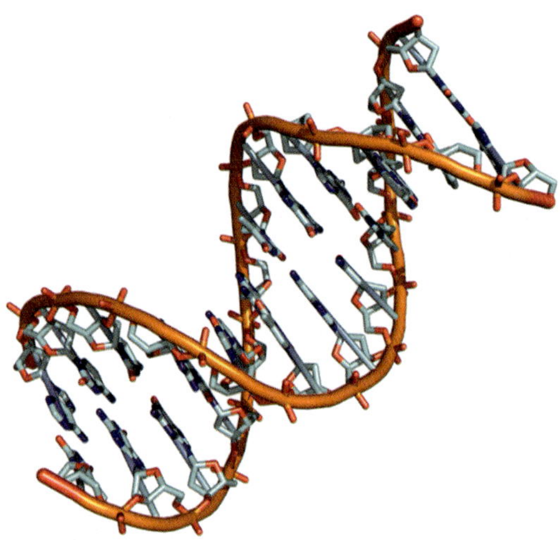

Abb. 1.1 Raumstruktur der DNA. In der Abbildung ist die Doppelhelix gut zu erkennen. Die basischen Anteile der Nucleotide sind nach innen gerichtet und durch Wasserstoffbrücken verknüpft. Außen verlaufen die Zucker-Phosphat-Anteile der polymerisierten Nucleotide.

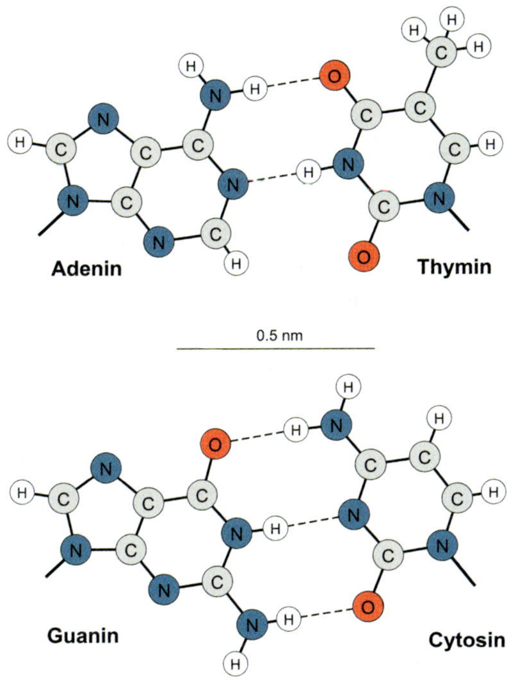

Abb. 1.2 Basenpaarungen in der DNA. In der als Doppelhelix bekannten DNA-Struktur liegen sich jeweils paarweise die Basen Adenin und Thymin sowie Guanin und Cytosin gegenüber. Zwischen A:T-Paaren können zwei, zwischen G:C-Paaren drei Wasserstoffbrücken ausgebildet werden. Je höher der Anteil von G:C-Paaren, desto mehr Energie muss für das Trennen der beiden Stränge einer DNA-Doppelhelix aufgewendet werden.

1.2 Genetischer Code und Genomkomposition

Die Sequenzinformation eines jeden Proteins ist in Form eines Gens in der DNA-Sequenz codiert. Jeweils drei direkt aufeinanderfolgende Nucleotide, die nicht überlappend abgelesen werden, codieren für eine Aminosäure. Eine solche Nucleotidgruppe wird *Triplett* oder *Codon* genannt. Die Abbildung der 64 Tripletts auf die 20 Aminosäuren heißt genetischer Code, dieser ist in Tabelle 1.1 dargestellt. Dieser Code ist quasi universell, abweichende Codonzuordnungen finden sich z. B. bei Mitochondrien, *Mycoplasma* und einigen Protozoen (Übersicht in [1]). *Basentriplett* *Codon*

Die Struktur der DNA legt die Lage der einzelnen Gene innerhalb einer DNA-Sequenz nicht fest, daher ergeben sich – wegen der zwei möglichen Ableserichtungen und der drei möglichen Intervalle pro Leserichtung – insgesamt sechs Leseraster. Prinzipiell kann jede Codonsequenz ein Gen codieren, sofern sie zwischen ein im selben Leseraster liegendes Start- und Stoppcodon eingebettet ist. Eine derartige Sequenz wird zur Unterscheidung von Genen (für die eine Funktion nachgewiesen ist) offenes *Leseraster* (*open reading frame, ORF* genannt. *Leseraster* *ORF*

Tab. 1.1 Der genetische Code. Die Zahlen geben die Nucleotidposition im Codon an. In einigen speziellen Fällen, wie in mitochondrialen Genomen, kann es Abweichungen von diesem kanonischen Code geben.

		2 T	C	A	G		
1	T	TTT Phe	TCT Ser	TAT Tyr	TGT Cys	T	3
		TTC Phe	TCC Ser	TAC Tyr	TGC Cys	C	
		TTA Leu	TCA Ser	TAA Stop	TGA Stop	A	
		TTG Leu	TCG Ser	TAG Stop	TGG Trp	G	
	C	CTT Leu	CCT Pro	CAT His	CGT Arg	T	
		CTC Leu	CCC Pro	CAC His	CGC Arg	C	
		CTA Leu	CCA Pro	CAA Gln	CGA Arg	A	
		CTG Leu	CCG Pro	CAG Gln	CGG Arg	G	
	A	ATT Ile	ACT Thr	AAT Asn	AGT Ser	T	
		ATC Ile	ACC Thr	AAC Asn	AGC Ser	C	
		ATA Ile	ACA Thr	AAA Lys	AGA Arg	A	
		ATG Met	ACG Thr	AAG Lys	AGG Arg	G	
	G	GTT Val	GCT Ala	GAT Asp	GGT Gly	T	
		GTC Val	GCC Ala	GAC Asp	GGC Gly	C	
		GTA Val	GCA Ala	GAA Glu	GGA Gly	A	
		GTG Val	GCG Ala	GAG Glu	GGG Gly	G	

Beispiel

Diese Situation wird im folgenden Beispiel klar. Je nach Leseraster resultieren aus derselben DNA-Sequenz unterschiedliche Proteinsequenzen:

```
                  Leserichtung →
                   |.....ORF.....|
Leserahmen 1      ..MetValGlyLeuSer***
2                 .TyrGlyArgProGluLeu.
3                 ValTrpSerAla***Val..
DNA,              GTATGGTCGGCCTGAGTTAA
(Doppelstrang)    CATACCAGCCGGACTCAATT
Leserahmen 4      ..HisAspAlaGlnThrLeu
5                 .IleThrProArgLeu***.
6                 TyrProArgGlySerAsn..
                  ← Leserichtung
```

Im gezeigten Beispiel existiert genau ein *ORF* (hier im Leserahmen 1), dessen Lage durch ein Startcodon (Met) und ein Stoppcodon (durch *** markiert) definiert ist. In allen anderen Leserastern treten in der gezeigten Sequenz Stoppcodons auf oder es fehlt ein Startcodon. Gene haben allerdings in der Regel eine Länge von mehr als 80 Codonen.

Informationsgehalt der Basenpositionen ist unterschiedlich

Der Informationsgehalt I der drei Basenpositionen im Codon ist nicht gleich, es gilt $I(Position\ 2) > I(Position\ 1) > I(Position\ 3)$ [2]. Hierfür ist der genetische Code verantwortlich: Eine Mutation der dritten Base im Codon verändert die Aminosäurenkomposition häufig nicht; eine Mutation in der ersten Basenposition führt häufig zum Einbau einer Aminosäure mit ähnlichen Eigenschaften; eine Mutation der mittleren Base verursacht häufig den Einbau einer Aminosäure mit anderen Eigenschaften [1]. Die geringsten Auswirkungen auf die Aminosäurenkomposition der Proteine haben somit Veränderungen der Basenkomposition in Position 3 des Codons, gefolgt von Veränderungen der Basenkomposition an Position 1. Diese Befunde machen deutlich, dass simple statistische Konzepte nicht dazu geeignet sind, codierende Sequenzen adäquat zu modellieren.

GC-Gehalt der Genome ist phylogenetisch bedingt

Der GC-Gehalt ist eine charakteristische Größe eines Genoms. In bakteriellen Genomen schwankt der GC-Gehalt zwischen 25 % und 75 %. In G:C-Basenpaaren werden drei Wasserstoffbrückenbindungen ausgebildet, in A:T-Basenpaaren nur zwei; daher wurde vermutet, dass ein hoher GC-Gehalt des Genoms z. B. für thermophile [3] oder halophile [4] Organismen vorteilhaft wäre. Allerdings ist der GC-Gehalt *phylogenetisch* und nicht phänotypisch bedingt. Thermophile Organismen leben in Habitaten mit erhöhten Umgebungstemperaturen, halophile kommen in Umgebungen mit erhöhter Salzkonzentration vor. Der spezifische GC-Gehalt einer phylogenetischen Linie scheint durch evolutionären Druck eingestellt zu werden [5]. Aus dem Vergleich des GC-Gehalts der Genome solcher Bakteriophagen, die ihr eigenes DNA-Replikationssystem, und solcher, die das Replikationssystem des Wirts *Escherichia coli* verwenden, mit dem GC-Gehalt des Genoms von *Escherichia coli* wurde geschlossen, dass der GC-Gehalt vom DNA-Replikationssystem moduliert wird [1]. Mutationen im *mutT* Gen von *Escherichia coli* induzieren Transversionen von A:T- nach G:C-Basenpaaren [6] und Mutationen im *mutY* Gen Transversionen von G:C- nach A:T-Basenpaaren [7]. Die Genprodukte beider Gene sind an der DNA-Replikation bzw. DNA-Reparatur beteiligt.

Codonhäufigkeiten

Codonen kommen nicht mit annähernd gleicher Häufigkeit in Genen vor. Im Gegenteil, die *Codonhäufigkeiten* schwanken zwischen den taxonomischen Gruppen beträchtlich. Die Codonpräferenzen der beiden nahe verwandten Bakterien *Escherichia coli* und *Salmonella typhimurium* sind sich relativ ähnlich, Codonhäufigkeiten des Bakteriums *Bacillus subtilis*, das zu beiden eine große phylogenetische Distanz aufweist, sind auffällig anders.

Synonyme Codonen codieren für dieselbe Aminosäure

Codonen, die für dieselbe Aminosäure codieren, werden *synonyme Codonen* genannt. Synonyme Codonen treten ebenfalls nicht mit vergleichbarer Häufigkeit auf, einige werden bevorzugt eingebaut. Daraus resultierende Unterschiede in der Häufigkeitsverteilung von kurzen Nucleotidketten können unter Verwendung statistischer Verfahren (Markov-Ketten) ausgenutzt werden, um die Lage von Genen vorherzusagen (z. B. im Programm Glimmer[8]). In Korrelation mit den ungleichmäßigen Codonhäufigkeiten treten Unterschiede in den Spezies spezifischen tRNA-Konzentrationen auf. tRNA ist an der Translation, d. h. der RNA-instruierten Proteinsynthese, beteiligt.

Der genetische Code wird als degeneriert (im Sinne der in der Atomphysik eingeführten Bedeutung) bezeichnet, da einige Aminosäuren durch mehrere (synonyme) Codonen codiert werden.

Bevorzugte Codonen

Bei manchen Spezies variieren Codonhäufigkeiten zudem stark zwischen einzelnen Genen [9]. In bestimmten Genen tritt Spezies spezifisch eine Teilmenge der Codonen bevorzugt auf (Übersichten in [10] und [11]). Diese Verzerrung der Codonhäufigkeiten (*codon usage bias*) ist positiv korreliert mit der Genexpression [12]. Mögliche Ursachen für diese Verzerrung der Codonhäufigkeiten sind die unterschiedlichen Konzentrationen der tRNAs [13, 14], die Aufrechterhaltung der maximalen Elongationsrate, die Kosten für das Korrekturlesen sowie unterschiedliche Translationsraten der Codonen [15]. Diese Verzerrung der Codonhäufigkeiten wird als „Strate-

Tab. 1.2 Gemittelte Codonhäufigkeiten im Genom von *Escherichia coli* K-12. Die Summe der Prozentwerte ergibt 100.

		2 T	C	A	G		
1	T	TTT 2.08	TCT 0.89	TAT 1.53	TGT 0.49	T	3
		TTC 1.78	TCC 0.90	TAC 1.30	TGC 0.65	C	
		TTA 1.22	TCA 0.64	TAA 0.19	TGA 0.09	A	
		TTG 1.28	TCG 0.86	TAG 0.02	TGG 1.48	G	
	C	CTT 1.00	CCT 0.65	CAT 1.23	CGT 2.29	T	
		CTC 1.06	CCC 0.47	CAC 1.04	CGC 2.30	C	
		CTA 0.35	CCA 0.81	CAA 1.43	CGA 0.32	A	
		CTG 5.56	CCG 2.47	CAG 2.93	CGG 0.49	G	
	A	ATT 2.91	ACT 0.91	AAT 1.58	AGT 0.76	T	
		ATC 2.64	ACC 2.42	AAC 2.28	AGC 1.59	C	
		ATA 0.36	ACA 0.59	AAA 3.47	AGA 0.16	A	
		ATG 2.80	ACG 1.37	AAG 1.07	AGG 0.11	G	
	G	GTT 1.88	GCT 1.57	GAT 3.18	GGT 2.60	T	
		GTC 1.49	GCC 2.51	GAC 2.05	GGC 3.07	C	
		GTA 1.11	GCA 1.98	GAA 4.12	GGA 0.67	A	
		GTG 2.66	GCG 3.49	GAG 1.80	GGG 1.02	G	

gie“ interpretiert, die Wachstumsraten zu optimieren [10]. Wie wir später sehen werden, sind Unterschiede in den Codonhäufigkeiten ein wichtiges Signal, das für bioinformatische Analysen genutzt wird. Bei Prokaryonten weisen Gene, die im Genom benachbart liegen, eine ähnliche *codon usage* auf. Es wurde gezeigt, dass aus der Ähnlichkeit von Codonhäufigkeiten eine Interaktion der Genprodukte vorhergesagt werden kann [16]. Zudem zeigen diese Befunde die komplexe Komposition codierender DNA-Sequenzen.

Codon usage von Escherichia coli K-12

In Tabelle 1.2 sind die gemittelten Codonhäufigkeiten angegeben, so wie sie im Genom des Bakteriums *Escherichia coli* K-12 vorkommen. Auffallend selten sind in diesem Genom die Codonen AGA, AGG und CTA.

1.3 Transkription

Ganz allgemein wird das Umschreiben eines Textes *Transkription* genannt. In Analogie hierzu wird die Produktion von mRNA als Kopie eines Genabschnittes ebenso bezeichnet. Die für die Transkription notwendigen Enzyme sind die DNA-abhängigen RNA-Polymerasen. Bei der Transkription wird, anstelle von T (Thymin), in die mRNA das Nucleotid U (Uracil) eingebaut. Das RNA-Molekül, das hierbei entsteht, wird *Transkript* genannt.

Bedingungen bei der RNA-Synthese

Bei der RNA-Synthese müssen zwei Bedingungen eingehalten werden:

- Die Synthese muss unmittelbar vor einem Gen beginnen.
- Es muss der sinntragende (codogene) Strang transkribiert werden.

Promotoren markieren Beginn des Transkriptes

Das Einhalten dieser Bedingungen wird erreicht durch die bevorzugte Bindung von RNA-Polymerase an Erkennungsstellen (*Promotoren*), die unmittelbar vor Genen liegen.

Vergleicht man die Promotoren von *Escherichia coli* und bildet hieraus einen „idealen Promotor“, so fällt Folgendes auf:

- In einem Bereich, der ca. 10 Basenpaare stromaufwärts des Transkriptionsstarts liegt, findet sich eine Sequenz, die häufig ähnlich zu TATA (*-10-Region* oder *TATA-Box*) ist.
- In einem Bereich, der ca. 35 Basenpaare stromaufwärts vom Start liegt (*-35-Region*), befindet sich innerhalb eines AT-reichen Abschnittes eine Sequenz, die häufig ähnlich zu TTGACA ist.

```
          -35                        -10                  +1
5′— TCTTGACA ———————————— TATAAT ———————————— CAT ———— 3′
3′— AGAACTGT ———————————— ATATTA ———————————— GTA ———— 5′
```

Abb. 1.3 Konsensus-Sequenz von *Escherichia coli* Promotoren. Der untere der beiden DNA-Stränge wird transkribiert ab Position +1; nach [17].

Abbildung 1.3 zeigt einen idealisierten Promotor; von dessen Zusammensetzung weichen bekannte Promotoren mehr oder weniger stark ab.

DNA-Bindung von Transkriptionsfaktoren regelt RNA-Synthese

Für die Einleitung der Transkription ist es notwendig, dass Transkriptionsfaktoren an den Promotor oder an zusätzliche Bindestellen wie *Enhancer* binden. In vielen Fällen ist das genaue Zusammenwirken dieser Faktoren nicht bekannt.

Operon = Funktionseinheit

Das Identifizieren von Promotoren mittels bioinformatischer Methoden hilft, mit höherer Sicherheit Operons vorherzusagen. In prokaryontischen Genomen sind Gene häufig in Funktionseinheiten, den *Operons*, zusammengefasst. Diese bestehen aus einem Promotor und einer Menge von Genen. Deren Genprodukte sind meist Elemente einer größeren Funktionseinheit oder tragen zur selben Stoffwechselleistung bei. So finden sich die Gene, deren Produkte an der Tryptophan-Biosynthese beteiligt sind, in einem Operon.

1.4 RNA

Die Funktion der meisten RNA-Moleküle ist unbekannt

Bei höheren Eukaryonten kennt man nur für einen kleinen Bruchteil des Genoms die genaue Funktion [18]. Zu den Genomabschnitten mit bekannter Funktion gehören regulatorische Elemente wie Promotoren sowie die Gene, die für Proteine oder bestimmte RNA-Spezies codieren. Für die RNA war bisher eine Funktion als Transfer-RNA, als Komponente von Ribosomen (ribosomale RNA) oder von Spleißosomen gesichert. Der erheblich größere Rest des Genoms wurde häufig als *Junk-DNA* bezeichnet. Jüngste, genomweite Experimente im Rahmen des ENCODE-Projektes haben jedoch gezeigt, dass Tausende, nicht für Proteine codierende Transkripte (ncRNAs) existieren, deren Bedeutung unklar ist. Diese Ergebnisse belegen für das Genom des Menschen [19] und der Maus, dass der größte Teil transkribiert wird. ncRNAs werden in kleine interferierende RNAs, mikro-RNAs und lange ncRNAs eingeteilt. Letztere haben eine Länge von mehr als 200 Nucleotiden und stellen den größten Anteil. Für diese RNA-Moleküle ist eine Beteiligung an der Organisation der Genomarchitektur und der Genexpression plausibel. Kleine RNA-Moleküle sind an einer Vielzahl von posttranskriptionalen *silencing*-Mechanismen beteiligt. Diese Prozesse zerstören mRNA-Moleküle, sodass kein Genprodukt (in der Regel ein Protein) gebildet werden kann.

1.5
Proteine

Proteine sind ebenfalls lineare Makromoleküle; Bausteine sind in diesem Fall die 20 natürlich vorkommenden Aminosäuren. Der Aufbau dieser Molekülfamilie ist einheitlich und besteht aus einem, in allen Aminosäuren identischen, sowie einem variablen Teil, der häufig auch Aminosäurerest genannt wird (siehe Abb. 1.4). Form und Art dieses Restes beeinflussen die Wechselwirkungen zwischen den Bausteinen. Die wichtigsten Wechselwirkungen sind Wasserstoffbrückenbindungen zwischen polaren Seitenketten.

Struktur von Aminosäuren

Aufgrund des unterschiedlichen Aufbaus der Seitenkette haben die Aminosäuren voneinander abweichende physikalisch-chemische Eigenschaften. Sie lassen sich z. B. bezüglich der ionischen Ladung in die Gruppen *basisch*, *sauer* und *neutral* einteilen. Unter den neutralen Aminosäuren, die keine elektrische Gesamtladung tragen, finden sich wiederum *polare*, d. h. solche, die innerhalb des Moleküls eine unterschiedliche Ladungsverteilung aufweisen.

Natur der Aminosäuren: basisch, sauer, neutral, polar, hydrophil, hydrophob

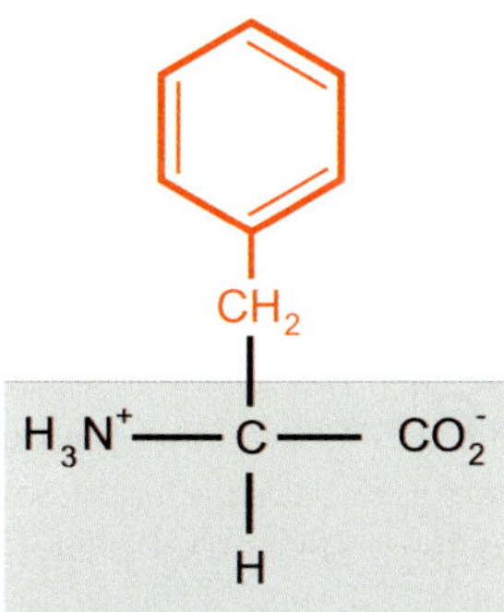

Abb. 1.4 Strukturformel der Aminosäure Phenylalanin. Der in allen Aminosäuren gleichartige Anteil ist in der Strukturformel grau unterlegt. In jeder Aminosäure ist mit dem zentralen C-Atom ein Wasserstoffatom (unten), eine Aminogruppe (links), eine Carboxylgruppe (rechts) und eine Seitengruppe (oben) verknüpft. Das zentrale C-Atom wird wegen seiner Lage im Molekül häufig als C_α-Atom bezeichnet.

Tab. 1.3 Vorkommen der Aminosäuren in Proteinen. Die Werte sind in Prozent angegeben und wurden aus einer repräsentativen Stichprobe ermittelt; nach [20]. Der hier verwendete Einbuchstabencode ist im Kapitel 2 erläutert.

Aminosäure	**A**	**R**	**N**	**D**	**C**	**Q**	**E**	**G**	**H**	**I**	**L**	**K**	**M**	**F**	**P**	**S**	**T**	**W**	**Y**	**V**
Häufigkeit [%]	8.66	4.40	3.91	5.70	1.93	3.67	5.81	8.33	2.44	4.85	8.62	6.20	1.95	3.84	4.58	6.95	6.10	1.44	3.53	7.09

Apolare, neutrale Aminosäuren sind *hydrophob* (Wasser abstoßend). Sie tendieren dazu, untereinander und mit anderen hydrophoben Gruppen zu interagieren. Mit *hydrophil* werden Moleküle bezeichnet, die gut wasserlöslich sind. Ein Spezialfall ist Prolin, eine zyklische Iminosäure. Nach der Ausbildung der Peptidbindung steht in dieser Aminosäure kein Wasserstoff mehr zur Ausbildung von Wasserstoffbrückenbindungen zur Verfügung. Diese Eigenart hat erheblichen Einfluss auf die Proteinstruktur.

Die Häufigkeiten, mit denen die 20 Aminosäuren in Proteinen vorkommen, unterscheiden sich deutlich. In Tabelle 1.3 ist das mittlere Vorkommen gelistet.

Gruppierung hinsichtlich physikalisch-chemischer Eigenschaften

Die in Abb. 1.5 dargestellten Verwandtschaftsbeziehungen aufgrund physikalischer und chemischer Eigenschaften der Aminosäuren sind die Grundlage für viele Sequenzvergleichs- und Alignmentverfahren. Hierfür werden Scoring-Matrizen benötigt, die wiederum aus Substitutionshäufigkeiten bestimmt werden. Diese Häufigkeiten werden aus dem Vergleich einer Vielzahl ähnlicher Proteine ermittelt und spiegeln gemeinsame Eigenschaften von Aminosäuren wider. Auf die angesprochenen Verfahren und Daten gehen wir in den folgenden Kapiteln genauer ein.

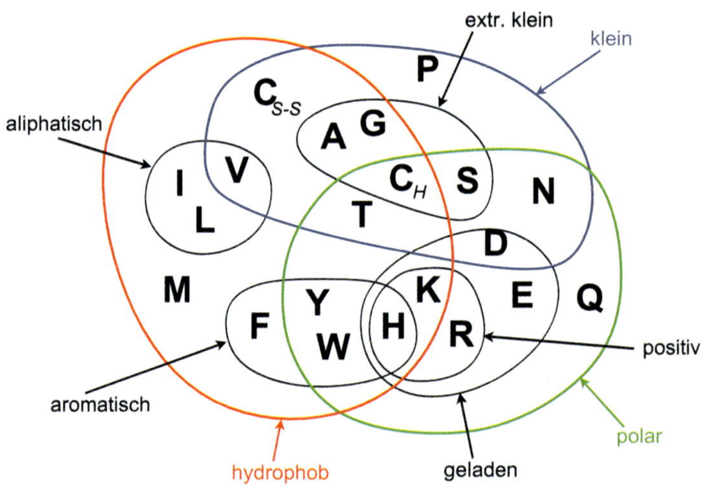

Abb. 1.5 Venn-Diagramm der 20 natürlichen, in Proteinen vorkommenden Aminosäuren. Die Aminosäuren wurden aufgrund solcher physikalisch-chemischer Eigenschaften gruppiert, die für die Tertiärstruktur von Proteinen wichtig sind. Die Aminosäuren sind im Wesentlichen in zwei Gruppen (polar und hydrophob) eingeteilt, eine dritte Gruppe (klein) umfasst die kleinen Aminosäuren. Die Menge „extrem klein" enthält diejenigen Aminosäuren, die höchstens zwei Seitenkettenatome besitzen. Cystein (C) in reduzierter Form (C_H) ist Serin (S) ähnlich, in oxidierter Form ($C_{S\text{-}S}$) ähnelt es Valin (V). Aufgrund des speziellen Einflusses auf den Hauptkettenverlauf liegt Prolin (P) isoliert; nach [21].

1.6 Peptidbindung

Proteine sind Polypeptidketten, die aus Aminosäuren synthetisiert werden. Bei der Synthese wird die Carboxylgruppe (COOH) der einen Aminosäure mit der Aminogruppe (NH_2) des Nachbarn durch eine kovalente Bindung (Peptid-Bindung) verknüpft. Jede Polypeptidkette beliebiger Länge hat ein freies Amino-Ende (N-Terminus) und ein freies Carboxyl-Ende (C-Terminus). Die Richtung einer Kette ist definiert als vom N-Terminus zum C-Terminus zeigend. Diese Richtung stimmt überein mit der Syntheserichtung *in vivo*, die mit dem Ablesen der mRNA in 5′- 3′-Richtung korrespondiert.

Φ-, Ψ-Winkel
Hauptkette

Die an der Peptidbindung beteiligten Atome liegen jeweils starr in einer Ebene. Daher wird der Hauptkettenverlauf einer Polypeptidkette durch die Angabe von zwei Winkeln (Φ, Ψ) pro Residuum beschrieben. Diese Winkel geben die Drehung der beiden am Hauptkettenverlauf beteiligten Bindungen des zentralen C_α-Atoms jeder Aminosäure an. Beide Winkel unterliegen weiteren Einschränkungen, die sich aus der Natur des jeweiligen Aminosäurerestes herleiten. Die Rigidität der Peptidbindung und die sterische Hinderung zwischen Haupt- und Seitenkette tragen zur Stabilisierung der Proteinkonformation bei. Das erste Kohlenstoffatom, das im Rest auf das C_α-Atom folgt, wird C_β-Atom genannt. In Abb. 1.6 ist die Situation illustriert. Der Hauptkettenverlauf dient häufig dazu, Faltungstypen von Proteinen zu charakterisieren und zu vergleichen. Die Hauptkette heißt im Englischen *backbone*.

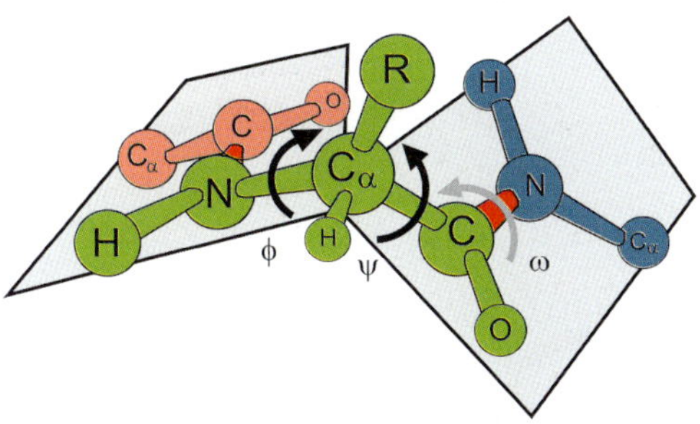

Abb. 1.6 Konformation der Peptidbindung. Die an einer Peptidbindung beteiligten sechs Atome liegen jeweils in einer Ebene. In der Abbildung sind zwei derartige Bindungen gezeigt und rot markiert. Der Aminosäurerest an der betrachteten Position (hier grün) ist mit R bezeichnet. Die räumliche Anordnung des Hauptkettenverlaufes eines Polypeptids ..-C_α-C-N-C_α-C-N-C_α-.. wird bestimmt durch das für jede Position (jedes Residuum) anzugebende Paar von Winkeln (Φ, Ψ), mit dem die Lage der durch die Peptidbindung aufgespannten Flächen relativ zum C_α-Atom festgelegt ist. Der mit ω bezeichnete Winkel kann nur die Werte +180° oder −180° annehmen.

1.7 Konformation von Aminosäureseitenketten

Konformation der Rotamere: Aminosäuren spezifisch bestimmte Bibliotheken

Die Aminosäuren unterscheiden sich in der Art ihrer Seitenketten. Diese sind unterschiedlich lang und von verschiedener chemischer Natur. Jede Seitenkette kann eine von mehreren *Konformationen* einnehmen, die auf die Rotationsmöglichkeiten der Atombindungen zurückzuführen sind. Jede Konformation wird durch die Rotationswinkel beschrieben, die an den drehbaren Bindungen auftreten. Für die Zwecke des Proteindesigns, d. h. die rechnergestützte Modellierung, wird aus Komplexitätsgründen eine beschränkte Menge aller möglicher Seitenkettenkonformationen betrachtet, die *Rotamere* genannt werden. Diese sind in Bibliotheken zusammengefasst [22], [23] und enthalten diejenigen Konformationen, die in Proteinen häufig vorkommen. Aufgrund der unterschiedlichen Anzahl rotierbarer Atombindungen ist die Dimension des Konformationsraumes abhängig von der betrachteten Aminosäure: Da die Seitenketten von Glycin und Alanin keine rotierbaren Bindungen aufweisen, genügt es, diese beiden Aminosäuren jeweils durch ein Rotamer zu repräsentieren. Die Seitenketten von Arginin und Lysin sind hingegen lang gestreckt. Mit vier rotierbaren Bindungen und drei energetisch günstigen Winkeln pro Bindung resultieren jeweils 81 Rotamere. Beispiele für Rotamere sind in Abb. 1.7

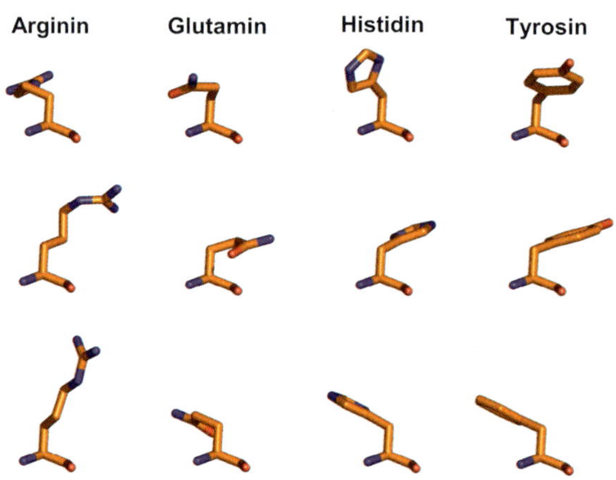

Abb. 1.7 Beispiele für Rotamerausprägungen. Rotamere sind in Proteinen häufig vorkommende Seitenkettenkonformationen. In der Abbildung sind für die Aminosäuren Arginin, Glutamin, Histidin und Tyrosin jeweils drei Rotamere angegeben. Die Seitenkette von Arginin enthält vier drehbare Bindungen mit jeweils drei energetisch günstigen Winkeln. Daher ergeben sich für Arginin 81 Rotamere (3^4). Für die Seitenkette von Glutamin resultieren aus drei drehbaren Bindungen 27 Rotamere. In den Seitenketten von Tyrosin und Histidin kommen jeweils nur zwei drehbare Bindungen vor, sodass neun Rotamere zur Beschreibung des Konformationsraumes ausreichen.

zusammengefasst. Die Menge der heute bekannten Proteinstrukturen erlaubt es, die Rotamerverteilungen in Abhängigkeit von den Φ- und Ψ-Winkeln der Hauptkette zu bestimmen. Solche Hauptketten spezifischen (*backbone dependent*) Bibliotheken [24], [25] verbessern die Modellierungsleistung beim Proteindesign.

1.8 Ramachandran-Plot

Ramachandran-Plot: Verteilung der (Φ, Ψ)-Winkel

In Polypeptidketten sind nicht alle möglichen Kombinationen von Φ- und Ψ-Winkeln gleich häufig. Wird die Verteilung dieser Winkel aus einer größeren Anzahl von Proteinen ermittelt, so ergeben sich die in der Abb. 1.8 gezeigten Präferenzen. Dieser Befund macht klar, dass im Konformationsraum nur drei Bereiche stärker besetzt sind. In idealisierter Weise fallen Residuen aus rechtsgängigen α-Helices in den Bereich von (–57°, –47°), während solche aus linksgängigen Helices bei (+57°, +47°) liegen. Residuen aus parallelen β-Faltblättern haben (Φ, Ψ)-Winkelkombinationen von ca. (–119°, –113°), während diejenigen aus antiparallelen Blättern bei (–139°, +135°) zu finden sind. Werden für sämtliche Residuen eines Proteins die (Φ, Ψ)-Winkel bestimmt, so liegen häufig einige Paare abseits der Maxima. Dazu gehören solche von Glycin-Resten. Der Einbau von Glycin bewirkt eine scharfe Wendung des Hauptkettenverlaufs. Diese Darstellung der Winkelkombinationen wird nach ihrem Entwickler *Ramachandran-Plot* genannt. Die erwähnten Sekundärstrukturelemente werden im folgenden Text genauer erläutert.

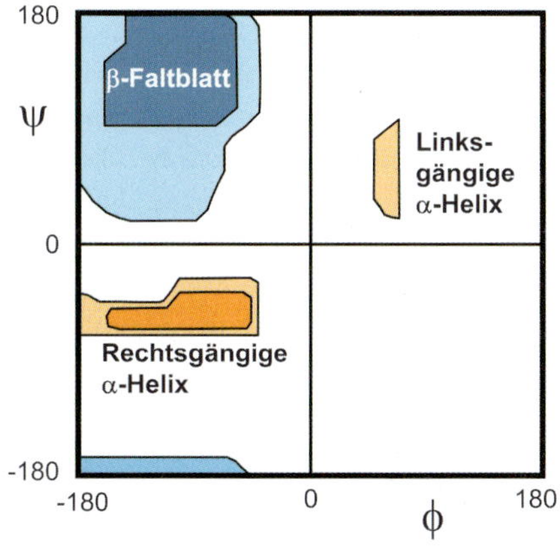

Abb. 1.8 Ramachandran-Plot. Je nach Zugehörigkeit zu einem Sekundärstrukturelement ergeben sich für die Φ- und Ψ-Winkel der Residuen charakteristische Kombinationen.

1.9
Hierarchische Beschreibung von Proteinstrukturen

Beschreibung der Proteinkonformation: Primärstruktur, Sekundärstruktur, Tertiärstruktur

Die Eigenschaften der Seitenketten bestimmen die Wechselwirkungen innerhalb des Proteins und damit dessen dreidimensionale Konformation. Dieser Konformationszustand kann auf verschiedenen Abstraktionsebenen beschrieben werden:

- Als *Primärstruktur* auf der Ebene der Sequenz durch die Abfolge der Aminosäuren.
- Auf dem Niveau der *Sekundärstruktur*: Aus der Polypeptidkette falten sich Sekundärstrukturelemente, die regelmäßige Arrangements des Hauptkettenverlaufes ergeben.
- Als *Tertiärstruktur*: Sie beschreibt die räumliche Anordnung aller Atome im Raum.

Und auf der Ebene der Proteine:

- Als *Quaternärstruktur*: Sie definiert die Anordnung von Proteinen in Proteinkomplexen.

Wir werden Algorithmen vorstellen, die darauf abzielen, Primär-, Sekundär- und Tertiärstruktur von Proteinen zu analysieren, zu vergleichen oder vorherzusagen.

1.10
Sekundärstrukturelemente

Sekundärstrukturelemente = regelmäßig angeordnete Segmente der Hauptkette

Die Grundbausteine der Proteine sind die Aminosäuren. Deren Abfolge in Proteinen definiert die Proteinsequenz, d. h. die Primärstruktur. Die nächsthöhere Abstraktionsebene, auf der Proteine beschrieben werden können, ist die der *Sekundärstruktur*. Sekundärstrukturelemente sind regelmäßige 3D-Substrukturen des Hauptkettenverlaufs einer Peptidkette. Bei der Klassifizierung von Sekundärstrukturelementen werden Art und Anordnung der Aminosäurereste (Seitenketten) ignoriert. Die Stabilisierung der Sekundärstruktur erfolgt über Wasserstoffbrückenbindungen zwischen den Imino- und Carbonylgruppen **innerhalb der Hauptkette**.

Zusätzlich zu den hier beschriebenen Bindungskräften wird die 3D-Struktur eines Proteins im Wesentlichen durch schwache, nichtkovalente Wechselwirkungen der Aminosäureseitenketten, insbesondere durch Wasserstoffbrückenbindungen zwischen polaren Resten bestimmt. Diese Wechselwirkungen spielen bei der Betrachtung der Sekundärstruktur keine Rolle. Die beiden wichtigsten Sekundärstrukturelemente sind die α-Helix und das β-Faltblatt.

1.11
α-Helix

Sind die (Φ, Ψ)-Winkel aufeinanderfolgender Residuen konstant, so ergeben sich helikale Strukturen. Unter diesen ist die am häufigsten vorkommende die α-Helix. In der α-Helix besteht jeweils eine Wasserstoffbrückenbindung zwischen der CO-Gruppe einer Aminosäure und der NH-Gruppe der viertnächsten. Es machen jeweils 3.6 Aminosäuren eine vollständige Drehung aus. Die Abb. 1.9 zeigt einen typischen Vertreter einer α-Helix.

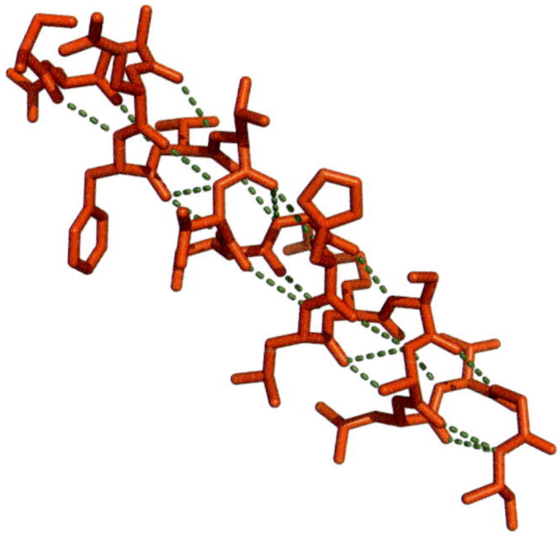

Abb. 1.9 Typische α-Helix. Wasserstoffbrücken sind gestrichelt eingezeichnet. Sie werden zwischen Atomen des Proteinrückgrades ausgebildet. Die Struktur ist hier als Stäbchenmodell gezeigt.

1.12
β-Faltblätter

β-Faltblatt: parallele oder anti-parallele β-Stränge

Das zweite wichtige Sekundärstrukturelement ist das β-Faltblatt. Ein β-Faltblatt besteht aus einzelnen β-Strängen, die meist 5–10 Residuen lang sind (siehe Abb. 1.10). In β-Faltblättern bilden sich Wasserstoffbrückenbindungen zwischen Residuen **unterschiedlicher** Stränge aus. Hierbei wechselwirken die C=O-Gruppen des einen Stranges mit den NH-Gruppen des nächsten Stranges. Auf diese Weise können mehrere Stränge ein Blatt bilden. Die C_α-Atome aufeinanderfolgender Residuen kommen abwechselnd über oder unter der Ebene, die durch das Faltblatt aufgespannt wird, zum Liegen. Die Stränge können in zwei Richtungen verlaufen:

- *Parallel*; die durch N- und C-Terminus vorgegebene Richtung in nebeneinanderliegenden Strängen ist dieselbe.
- *Antiparallel*; die Richtung nebeneinanderliegender β-Stränge wechselt alternierend.

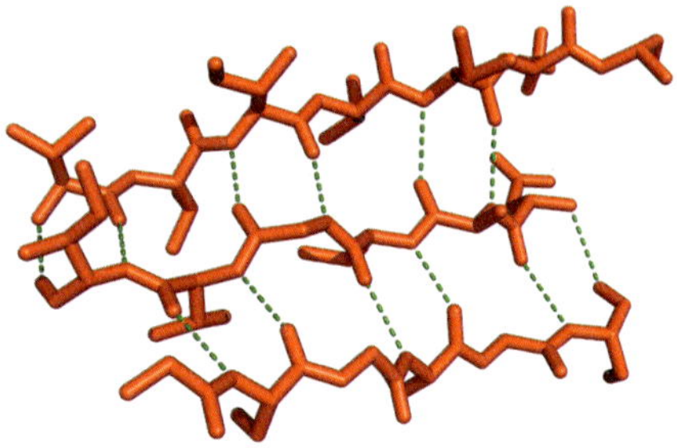

Abb. 1.10 β-Faltblatt bestehend aus drei Strängen. Wasserstoffbrücken sind gestrichelt eingezeichnet. Die Struktur ist als Stäbchenmodell dargestellt.

Im Proteininneren sind die β-Faltblätter meist parallel. An der Proteinoberfläche sind sie häufig antiparallel. Dort ragen die Aminosäurereste der einen Seite in die (hydrophile) Umgebung, während die der anderen zum hydrophoben Kern hin ausgerichtet sind. Hieraus ergibt sich im Idealfall in der Sequenz ein charakteristischer Wechsel von hydrophilen und hydrophoben Aminosäuren.

1.13
Supersekundärstrukturelemente

Die regulären Strukturen der Hauptkette werden ausgebildet, weil sie energetisch günstig sind. Sie bilden häufig Aggregate, die als Supersekundärstrukturelemente bezeichnet werden. So besteht der klassische Faltungstyp des $(\beta\alpha)_8$-Fasses beispielsweise aus 8 $(\beta\alpha)$-Einheiten, die rotationssymmetrisch zur Mittelachse angeordnet sind. Die 8 β-Stränge bilden eine fassartige Struktur, die außen von den α-Helices bedeckt wird. Das in Abb. 1.11 gezeigte Enzym HisF ist an der Histidinbiosynthese beteiligt. Die oben

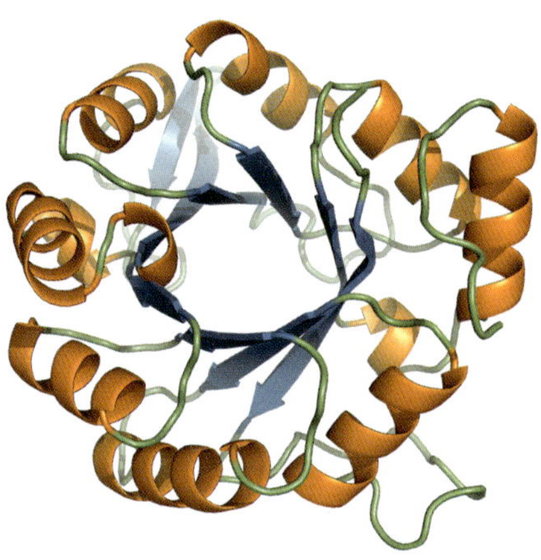

Abb. 1.11 Das $(\beta\alpha)_8$-Fass-Protein HisF. Beim Faltungstyp der $(\beta\alpha)_8$-Fässer bilden 8 β-Stränge ein zentrales, in sich geschlossenes Faltblatt, das von 8 α-Helices umgeben ist. Diese idealisierte Struktur ist häufig durch zusätzliche Schleifen oder andere Sekundärstrukturelemente erweitert.

beschriebene, ideale Struktur wird hier durch weitere Sekundärstrukturelemente ergänzt. Die Topologie des $(\beta\alpha)_8$-Fasses kommt in vielen Enzymfamilien vor, die völlig unterschiedliche Reaktionen katalysieren. Aus dieser breiten Verteilung auf völlig unterschiedliche Stoffwechselwege wurde gefolgert, dass dieser Faltungstyp bereits sehr früh in der Protein-Evolution entstand [26]. Ausführlich wird diese Faltungstopologie in [27] und [28] beschrieben.

1.14 Protein-Domänen

Proteine sind aus Domänen zusammengesetzt

Beim Vergleich zweier verwandter Proteinsequenzen fällt häufig auf, dass die Sequenzähnlichkeit nicht über die gesamte Länge hinweg einen konstant hohen Wert aufweist. Häufig wechseln sich Regionen mit signifikant hohen Scores (einem Maß für Sequenzähnlichkeit) ab mit solchen Regionen, die keinerlei Ähnlichkeit zur Vergleichssequenz haben. Ursache für dieses Schwanken des Scores ist der modulare Aufbau von Proteinen aus Domänen.

Definition der Proteindomäne

Eine *Domäne* ist bei Proteinen die kleinste Einheit mit einer definierten und unabhängig gefalteten Struktur. Proteindomänen bestehen meist aus 50–150 Aminosäuren und führen häufig individuelle Reaktionen aus, deren Zusammenwirken die Gesamtfunktion eines Proteins ausmacht.

Beispiel CAP-Protein

In Abb. 1.12 ist die 3D-Struktur eines CAP-Monomers dargestellt. Dieses besteht aus zwei Domänen:

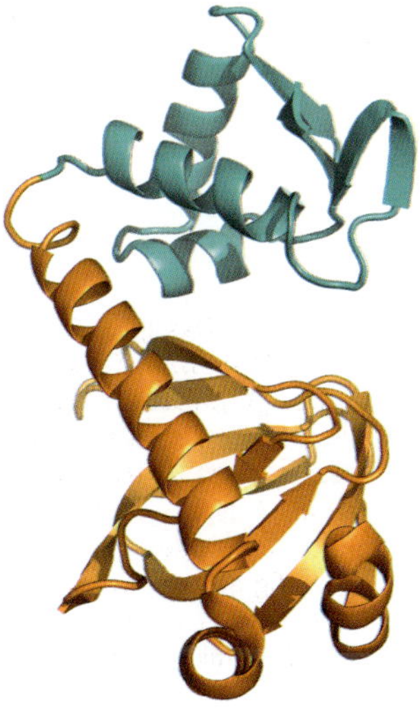

Abb. 1.12 3D-Struktur eines CAP-Monomers. Die N-terminale Domäne wurde orange, die C-terminale Domäne blau eingefärbt. *In vivo* lagern sich jeweils zwei CAP-Moleküle zu einem Dimer zusammen; nach [29].

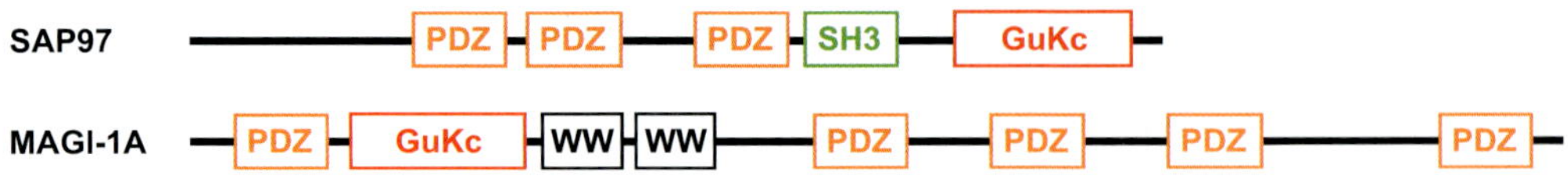

Abb. 1.13 Domänenstruktur des präsynaptischen Proteins SAP97 und des MAGI-1A Proteins.

- Die N-terminale Domäne (Residuen 1–135) bindet cAMP und ist an der Dimerisierung beteiligt.
- Die C-terminale Domäne (Residuen 136–209) vermittelt die DNA-Bindung des Proteins.

CAP-Dimere, d. h. Aggregate von zwei Monomeren, aktivieren in Bakterien Gene, deren Genprodukte in den Zuckerstoffwechsel eingreifen.

Domänen sind die Organisationseinheiten, deren Zusammenwirken die Funktion eines Proteins bestimmt. Einen Eindruck von der Variabilität der Proteine auf Domänenniveau vermittelt Abb. 1.13. Auf Domänenebene lassen sich die beiden Proteine SAP97 und MAGI-1A wie folgt beschreiben: Beide Proteine enthalten eine GuKc-Domäne und eine unterschiedliche Anzahl von PDZ-Domänen. Die GuKc-Domäne besitzt in aktiven Enzymen Guanylatkinaseaktivität, in Membran assoziierten Proteinen zeigt sie nur Proteinbindungsfunktion. Die PDZ-Domänen haben unterschiedliche Bindungsspezifitäten; manche binden C-terminale, andere interne Polypeptide. In MAGI-1A kommt zusätzlich die ww-Domäne zweimal, in SAP97 die SH3-Domäne einmal vor.

1.15 Proteinfamilien

Die Anzahl von Protein-Topologien ist beschränkt

Aus dem letzten Absatz könnte man folgern, dass Proteine eine schier unendliche Diversität von Strukturen hervorgebracht haben. Dies ist jedoch nicht der Fall. Wir konzentrieren uns im Folgenden auf Domänen, die in Multidomänenproteinen kombiniert werden oder in Eindomänenproteinen den Faltungstyp spezifizieren. Eindomänenproteine stellen den größten Anteil der bekannten Proteine. Es wurde abgeschätzt, dass ca. 80 % aller Proteine zu einem von ca. 400 Faltungstypen gehören. Diese Faltungstypen werden jeweils durch eine Supersekundärstruktur charakterisiert. Proteine können aufgrund dieser Faltungstypen gruppiert werden. Im Kapitel 3 stellen wir das Klassifikationssystem SCOP [30] vor, das auf einem solchen Schema beruht. Wie sehen repräsentative Vertreter der Faltungstypen aus? In den Abb. 1.14–1.19 sind die wichtigsten Faltungstypen dargestellt.

Die wichtigsten Sekundärstrukturelemente sind die α-Helix und der β-Strang. Da es nur zwei Elemente gibt, existieren auch nur drei paarweise Kombinationen, die zur Klassifikation von Proteinen genutzt werden können: Dies sind α mit α, α mit β und β mit β.

Die *all-alpha*-Klasse wird von kleinen Proteinen dominiert. Häufig bilden die Helices ein auf und ab verlaufendes Bündel. Die Wechselwirkungen zwischen den Residuen der Helices sind nicht so präzise zu identifizieren wie bei β-Strängen, sodass eine genaue Klassifikation schwierig ist. Die *all-beta*-Proteine werden häufig aufgrund der Anzahl von β-Strängen feiner klassifiziert. Die Struktur der β-Stränge ist weniger starr als die der α-Helices, daher ist die Topologie der β-Faltblätter häufig gestört und es treten Verdrehungen auf. α-β-Proteine können grob in solche Proteine aufgeteilt werden, die ein alternierend wechselndes Arrangement von α-Helices und β-Strängen längs der Sequenz aufweisen und

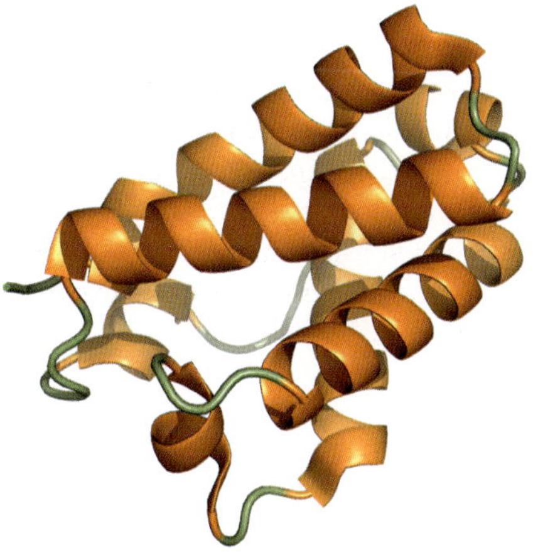

Abb. 1.14 Beispiel für ein *all-alpha*-Protein. Dieses Protein (PDB-Code 1DLW) besitzt einen Globin ähnlichen Faltungstyp. Die SCOP-Klassifikation lautet: Sechs Helices, gefaltetes Blatt, teilweise geöffnet.

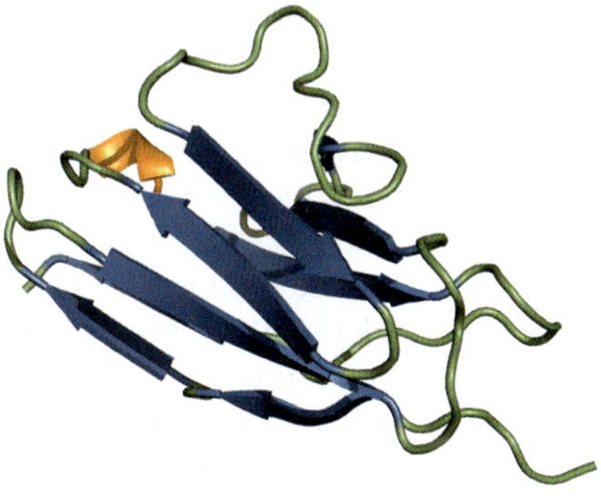

Abb. 1.15 Das Bence-Jones-Protein (1BWW) ist ein *all-beta*-Protein. Die SCOP-Klassifikation lautet: Sandwich, sieben Stränge in zwei Faltblättern, einige Mitglieder dieses Typs besitzen zusätzliche Stränge.

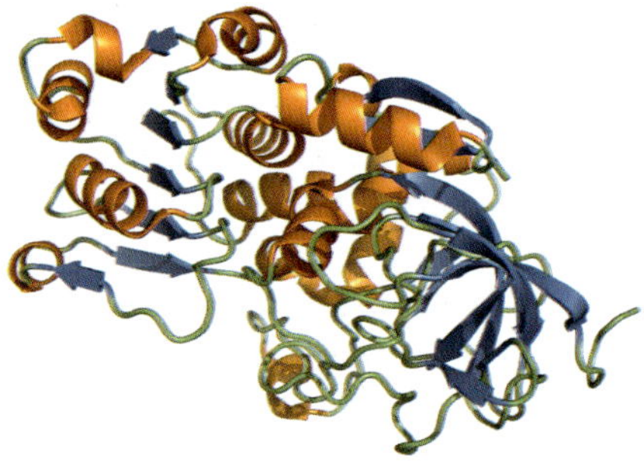

Abb. 1.16 Die NAD(P)-bindende Domäne des *Rossmann-folds* (2JHF) gehört zu den *alpha and beta folds* (*a/b*). Der Kern besteht aus drei Schichten, dazu kommt ein paralleles β-Faltblatt bestehend aus sechs β-Strängen.

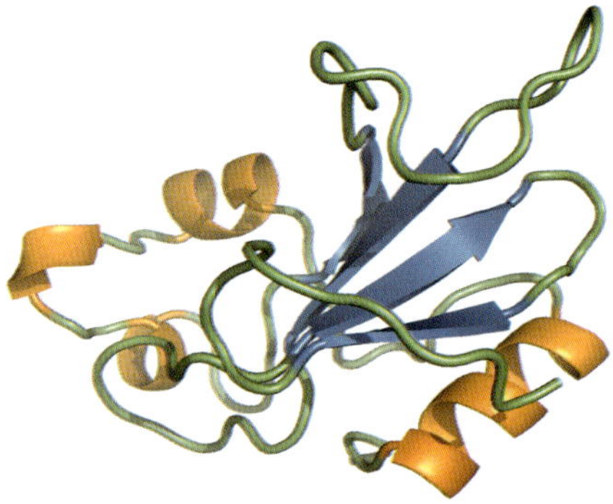

Abb. 1.17 Die Ribonuclease (1A2P) gehört zu den *alpha plus beta folds*. Eine einzelne Helix schmiegt sich gegen ein antiparalleles Faltblatt.

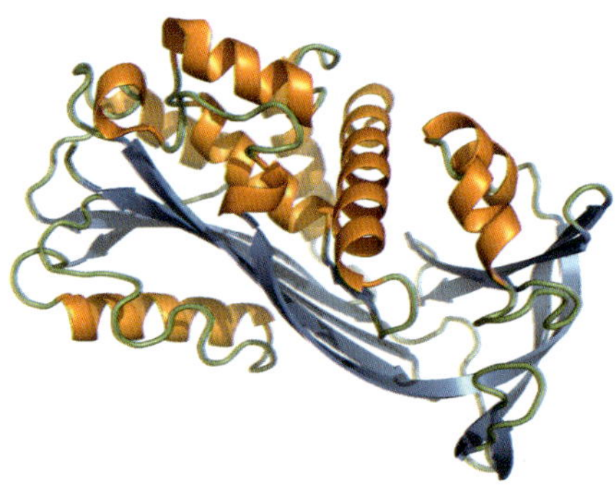

Abb. 1.18 Dieser Hydrolase-Inhibitor (1HLE) ist eines der einfachsten Multidomänenproteine. Diese Faltungstypen enthalten jeweils mehrere Domänen, die zu unterschiedlichen Klassen gehören.

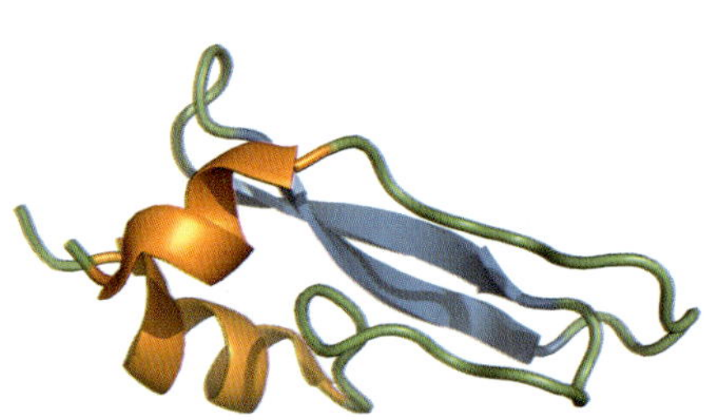

Abb. 1.19 Beispiel für ein kleines Protein. Dieser Hydrolase-Inhibitor (1G6X) weist einen BPTI-ähnlichen Faltungstyp auf und wird als Disulfid reicher *alpha plus beta fold* klassifiziert.

solche, die eher isoliert liegende Sekundärstrukturen besitzen. Die erste Klasse schließt einige große und sehr reguläre Sekundärstrukturelemente ein, bei denen ein zentrales β-Faltblatt oder parallele β-Stränge auf beiden Seiten von α-Helices bedeckt werden. Die Abb. 1.14–1.19 zeigen typische Vertreter für diese Proteinklassen, die der SCOP-Datenbank entnommen wurden. Es ist jeweils der PDB-Code angegeben, unter dem die Datensätze in der Strukturdatenbank zu finden sind. Eine weitere Klasse bilden die Membranproteine. Typische Vertreter sind im Kapitel 21 gezeigt.

1.16 Fachbegriffe

In den folgenden Kapiteln werden biologische Fachbegriffe verwendet. Die wichtigsten, sofern nicht anderweitig im Text erläutert, wollen wir hier kurz zusammenfassen.

Die Begriffe homolog, ortholog und paralog, die Verwandtschaftsbeziehungen beschreiben, definieren wir im Kontext von Genen und Genomen.

Homologe, orthologe, paraloge Gene

Zwei Gene sind homolog, wenn sie von einem *gemeinsamen Vorfahren* abstammen. Diese Definition schließt orthologe und paraloge Gene mit ein.

Ortholog sind Gene aus *unterschiedlichen* Spezies, die sich durch Artenbildung aus einem gemeinsamen Vorfahren entwickelt haben.

Paralog sind Gene, die *im selben Genom* zu finden und durch Genduplikation entstanden sind.

Genotyp

Der Genotyp ist die Summe der Gene, die in einem Genom vorkommen.

Phänotyp

Der Phänotyp ist das äußere Erscheinungsbild einer Art. In der Genetik wird aus dem Vergleich unterschiedlicher Phänotypen auf die Funktion von Genen geschlossen.

Prokaryont

Die Prokaryonten (auch Prokaryoten) sind diejenigen Arten, die keinen Zellkern besitzen. Dazu gehören die Bakterien und die Archaeen. Bakterien und Archaeen bilden jeweils eigene taxonomische Reiche.

Eukaryont

Die Eukaryonten (oder Eukaryoten) sind diejenigen Arten, die einen Zellkern besitzen.

Mikroorganismen

Als Mikroorganismen werden diejenigen Arten zusammengefasst, die mit dem bloßen Auge nicht zu erkennen sind. Dazu gehören Bakterien und Archaeen, aber auch Pilze wie die Hefe *Saccharomyces cerevisiae*.

Genom

Die komplette Erbinformation eines Lebewesens heißt Genom.

Metagenom

Es wird angenommen, dass nur 1 % aller Mikroorganismen im Labor kultivierbar ist. Die Metagenomik versucht, die Gesamtheit aller Genome eines Biotops zu bestimmen. Hierzu wird dem Biotop eine Probe entnommen, es wird DNA isoliert und deren Sequenz bestimmt. Die Menge der gefundenen DNA-Sequenzen nennt man Metagenom.

Systembiologie

Die *Systembiologie* versucht, Organismen als Ganzes zu verstehen. Deswegen ist sie auf die Analyse des Zusammenwirkens vieler Gene oder Proteine angewiesen. Zu den wichtigsten Werkzeugen der Systembiologie gehören *Hochdurchsatzmethoden,* die mit jedem Experiment umfangreiche Sätze von Messwerten erheben. Hochdurchsatzmethoden und ihre Anwendungen werden häufig im Kontext biochemischer Spezialdisziplinen genannt, deren Namen die Endsilbe „omik" tragen. Diese widmen sich dem Studium biologischer „Datensätze" deren Namen auf „om" enden. Zu den wichtigsten Disziplinen gehören *Genomik, Transkriptomik, Proteomik* und *Metabolomik.*

Genomik

Genomik fokussiert sich auf die Erforschung des Genoms, d. h. die Gesamtheit aller Gene. Untersucht werden das Zusammenwirken der Gene, ihre Bedeutung für das Wachstum und die Entwicklung sowie für die Steuerung biologischer Systeme. Im Rahmen von Genomprojekten muss die Gesamtsequenz der DNA aufgeklärt und annotiert werden.

Transkriptomik

Transkriptomik ist der Versuch, spezifische Expressionsmuster von Genen zu identifizieren und zu analysieren. Das *Transkriptom* ist das transkriptionelle Profil einer Zelle in einem spezifischen Zustand. Es wird aus der Menge biochemisch nachweisbarer mRNA-Moleküle abgeleitet. Dieser Ansatz beruht auf einem zentralen Dogma der Genombiologie. Es besagt, dass die Transkription von Genen genau dann erfolgt, wenn die zugehörigen Genprodukte aufgrund einer spezifischen Situation benötigt werden. Daher erlaubt der Vergleich von mRNA-Konzentrationen diejenigen Gene zu identifizieren die unter den, durch die jeweiligen Proben repräsentierten Bedingungen aktiviert werden.

Proteomik

Proteomik zielt darauf ab, Proteinkonzentrationen direkt zu bestimmen, um auf diese Weise einen exakten Status aktiver Genfunktionen abzuleiten. Dies ist eine heroische Aufgabe: Viele Proteine werden posttranslational modifiziert, sodass z. B. eine menschliche Zelle mehr als eine Million unterschiedlicher Proteinvarianten enthalten kann. Es ist sehr schwer, diese mit biochemischen Methoden zu unterscheiden.

Metabolomik

Metabolomik beschäftigt sich mit dem Problem, all die Moleküle (die *Metaboliten*) zu identifizieren, die zu einem definierten Zeitpunkt in einer Zelle vorhanden sind. Zu dieser Menge gehören jedoch weder die DNA- oder RNA-Moleküle noch Enzyme oder Strukturelemente der Zelle.

Interaktives Arbeiten

Lernmodule zur 3D-Darstellung von DNA- und Proteinmolekülen sowie weiteres Übungsmaterial finden Sie auf der begleitenden Website.

1.17 Zitierte Literatur

1 Osawa S., Jukes T. H., Watanabe K., Muto A. (1992) Recent evidence for evolution of the genetic code. *Microbiol Rev*, **56**(1), 229–264.

2 Jimenez-Montano M. A. (1994) On the syntactic structure and redundancy distribution of the genetic code. *Biosystems*, **32**(1), 11–23.

3 Kagawa Y., Nojima H., Nukiwa N., Ishizuka M., Nakajima T., Yasuhara T., Tanaka T., Oshima T. (1984) High guanine plus cytosine content in the third letter of codons of an extreme thermophile. DNA sequence of the isopropylmalate dehydrogenase of *Thermus thermophilus*. *J Biol Chem*, **259**(5), 2956–2960.

4 Bernardi G., Bernardi G. (1986) Compositional constraints and genome evolution. *J Mol Evol*, **24**(1–2), 1–11.

5 Hori H., Osawa S. (1987) Origin and evolution of organisms as deduced from 5S ribosomal RNA sequences. *Mol Biol Evol*, **4**(5), 445–472.

6 Cox E. C., Yanofsky C. (1967) Altered base ratios in the DNA of an *Escherichia coli* mutator strain. *Proc Natl Acad Sci U S A*, **58**(5), 1895–1902.

7 Nghiem Y., Cabrera M., Cupples C. G., Miller J. H. (1988) The mutY gene: a mutator locus in *Escherichia coli* that generates G.C-T.A transversions. *Proc Natl Acad Sci U S A*, **85**(8), 2709–2713.

8 Salzberg S. L., Delcher A. L., Kasif S., White O. (1998) Microbial gene identification using interpolated Markov models. *Nucleic Acids Res*, **26**(2), 544–548.

9 Sharp P. M., Cowe E., Higgins D. G., Shields D. C., Wolfe K. H., Wright F. (1988) Codon usage patterns in *Escherichia coli*, *Bacillus subtilis*, *Saccharomyces cerevisiae*, *Schizosaccharomyces pombe*, *Drosophila melanogaster* and *Homo sapiens*; a review of the considerable within-species diversity. *Nucleic Acids Res*, **16**(17), 8207–8211.

10 Andersson S. G., Kurland C. G. (1990) Codon preferences in free-living microorganisms. *Microbiol Rev*, **54**(2), 198–210.

11 Karlin S., Mrazek J. (2000) Predicted highly expressed genes of diverse prokaryotic genomes. *J Bacteriol*, **182**(18), 5238–5250.

12 Sharp P. M., Li W. H. (1986) An evolutionary perspective on synonymous codon usage in unicellular organisms. *J Mol Evol*, **24**(1–2), 28–38.

13 Ikemura T. (1981) Correlation between the abundance of *Escherichia coli* transfer RNAs and the occurrence of the respective codons in its protein genes. *J Mol Biol*, **146**(1), 1–21.

14 Ikemura T. (1985) Codon usage and tRNA content in unicellular and multicellular organisms. *Mol Biol Evol*, **2**(1), 13–34.

15 Sørensen M. A., Kurland C. G., Pedersen S. (1989) Codon usage determines translation rate in *Escherichia coli*. *J Mol Biol*, **207**(2), 365–377.

16 Najafabadi H. S., Salavati R. (2008) Sequence-based prediction of protein-protein interactions by means of codon usage. *Genome Biol*, **9**(5), R87.

17 Hawley D. K., McClure W. R. (1983) Compilation and analysis of *Escherichia coli* promoter DNA sequences. *Nucleic Acids Res*, **11**(8), 2237–2255.

18 Birney E., Stamatoyannopoulos J. A., Dutta A., Guigo R., Gingeras T. R., Margulies E. H., Weng Z., Snyder M., Dermitzakis E. T., Thurman R. E. *et al* (2007) Identification and analysis of functional elements in 1% of the human genome by the ENCODE pilot project. *Nature*, **447**(7146), 799–816.

19 Carninci P., Kasukawa T., Katayama S., Gough J., Frith M. C., Maeda N., Oyama R., Ravasi T., Lenhard B., Wells C. *et al* (2005) The transcriptional landscape of the mammalian genome. *Science*, **309**(5740), 1559–1563.

20 Whelan S., Goldman N. (2001) A general empirical model of protein evolution derived from multiple protein families using a maximum-likelihood approach. *Mol Biol Evol*, **18**(5), 691–699.

21 Taylor W. R. (1986) The classification of amino acid conservation. *J Theor Biol*, **119**(2), 205–218.

22 Dunbrack R. L., Jr. (2002) Rotamer libraries in the 21st century. *Curr Opin Struct Biol*, **12**(4), 431–440.

23 Ponder J. W., Richards F. M. (1987) Tertiary templates for proteins. Use of packing criteria in the enumeration of allowed sequences for different structural classes. *J Mol Biol*, **193**(4), 775–791.

24 Dunbrack R. L., Jr., Karplus M. (1993) Backbone-dependent rotamer library for proteins. Application to side-chain prediction. *J Mol Biol*, **230**(2), 543–574.

25 Ramachandran G. N., Ramakrishnan C., Sasisekharan V. (1963) Stereochemistry of polypeptide chain configurations. *J Mol Biol*, **7**, 95–99.

26 Caetano-Anolles G., Kim H. S., Mittenthal J. E. (2007) The origin of modern metabolic networks inferred from phylogenomic analysis of protein architecture. *Proc Natl Acad Sci U S A*, **104**(22), 9358–9363.

27 Wierenga R. K. (2001) The TIM-barrel fold: a versatile framework for efficient enzymes. *FEBS Lett*, **492**, 193–198.

28 Sterner R., Höcker B. (2005) Catalytic versatility, stability, and evolution of the $(\beta\alpha)_8$-barrel enzyme fold. *Chem Rev*, **105**(11), 4038–4055.

29 Knippers R. (1995) Molekulare Genetik, G. Thieme Verlag, Heidelberg.

30 Andreeva A., Howorth D., Chandonia J. M., Brenner S. E., Hubbard T. J., Chothia C., Murzin A. G. (2008) Data growth and its impact on the SCOP database: new developments. *Nucleic Acids Res*, **36**(Database issue), D419–425.

2
Sequenzen und ihre Funktion

Sequenz = Primärstruktur

In der Molekularbiologie und der Bioinformatik wird unter einer Sequenz meist eine Zeichenkette verstanden, die ein Stück DNA oder Protein als Folge von Symbolen beschreibt. Die Sequenz ist eine Abstraktion eines Makromoleküls; sie definiert die lineare Abfolge (*Primärstruktur*) von Basen im Falle der DNA bzw. von Aminosäuren im Falle von Proteinen. Diese Sequenzen werden durch evolutionäre Vorgänge variiert, wobei die Evolution auf „erfolgreiche" Strukturen (Proteine, regulatorische Elemente etc.) baut, die dupliziert und/oder modifiziert werden. Dieselben oder ähnliche molekulare Strukturen werden wiederverwendet. „Duplikation und Modifikation" ist das zentrale Paradigma der Proteinevolution. Es ist zu beachten, dass der Begriff „Sequenz" in der Informatik anders belegt ist; biologische „Sequenzen" würden in der Begriffswelt der Informatik als Zeichenketten (*strings*) bezeichnet.

Im Folgenden wird der Begriff Sequenz immer mit der Bedeutung verwendet, die in der Biologie üblich ist.

Bei der Reduktion einer Tertiärstruktur auf die Sequenz geht eine Fülle von Information verloren. Daher wird ein Vergleich von Sequenzen weniger aussagekräftig sein müssen als ein Vergleich von 3D-Strukturen. Dieser Unterschied wird offensichtlich beim Vergleich einer Proteinsequenz mit der Raumstruktur, die von diesem Protein im nativen Zustand eingenommen wird: Nach der Faltung in eine 3D-Struktur können Residuen, die in der Sequenz weit voneinander entfernt liegen, im Protein räumlich eng benachbart sein. Dennoch haben Algorithmen auf Sequenzen, insbesondere die zum Sequenzvergleich, trotz dieser Einschränkungen in der Molekularbiologie eine enorme Bedeutung. Dies gilt auch deswegen, weil von vielen Proteinen nur die Sequenz, nicht jedoch die 3D-Struktur bekannt ist.

Beschreibung von Genfunktionen mithilfe von Klassifikationssystemen

Sequenzen stehen meist für Gene oder Genprodukte, d. h. häufig für Proteine. Anfangs wurden Proteinfunktionen mit frei wählbaren Begriffen annotiert. Eine automatische Prozessierung setzt jedoch das Verwenden streng kontrollierter Klassifikationsmerk-

Bioinformatik Interaktiv. 2. Auflage. Rainer Merkl und Stephan Waack

ISBN: 978-3-527-32594-8

male voraus. Daher wurden für die Angabe von Enzymfunktionen die EC-Nummern eingeführt. Ein allgemeineres Klassifikationskonzept sind *Ontologien*, die sich allmählich auch in der Biologie durchsetzen. Wir stellen in diesem Kapitel die *Gen-Ontologie* (GO) vor, die zur Beschreibung von Genprodukten dient.

Zunächst legen wir jedoch in diesem Kapitel das Fundament für den sicheren Umgang mit Sequenzen. Wir führen das Objekt selbst sowie Operationen auf Sequenzen ein, anschließend betrachten wir alternative Alphabete zur Notation von Proteinsequenzen.

2.1 Definitionen und Operatoren

Sequenzen sind, so wie wir sie verwenden, im mathematischen Sinne schlicht Buchstabenfolgen. Eine formale Definition lautet wie folgt:

Definition Alphabet, Sequenzen

> Sei Σ ein Alphabet, d. h. eine endliche Menge von Zeichen. Sequenzen sind Zeichenreihen über Σ.
> Es ist
> $\Sigma^0 \ := \{\varepsilon\}$ (ε steht für die leere Sequenz)
> $\Sigma^{n+1} := \{aA \mid a \in \Sigma \text{ , } A \in \Sigma^n\}$
> $\Sigma^* \ := \cup \ \Sigma^n \text{ , } \forall \ n \geq 0$
> Σ^* heißt die Menge aller Sequenzen (Worte) über Σ
> Σ^n ist die Menge aller n-Sequenzen (n-Worte, n-mere)

Erläuterung der Notation

Die Menge Σ^0 enthält genau ein Element, das leere Wort ε. Die Mengen Σ^{n+1} werden jeweils iterativ aus den Mengen Σ^n gebildet, indem jedem Wort A aus Σ^n eines der Zeichen a aus Σ vorangestellt wird. Σ^* enthält schließlich, als Vereinigungsmenge aller Mengen Σ^n, Sequenzen jeder beliebigen Länge n. $\forall \ n \geq 0$ meint: „Für alle" ($\forall$) n größer/gleich null.

$\{aA \mid a \in \Sigma \text{ , } A \in \Sigma^n\}$ wird gelesen als die Menge aller Sequenzen aA mit der Eigenschaft (|) a Element ($\in$) aus Σ, A Element aus Σ^n. a ist hierbei ein Zeichen, A ist bereits eine Sequenz der Länge n aus Σ^n. Durch Konkatenation wird das Wort aA gebildet.

Beispiele für Alphabete

Beispiele für Alphabete sind die Zeichen des ASCII-Codes, das DNA- und AS-Alphabet oder {R, Y} ein Alphabet zur Unterscheidung von Pu**R**in und P**Y**rimidin-Basen in der DNA. Weitere Beispiele für Alphabete folgen unten.

Für den Umgang mit Sequenzen benötigen wir einige Operationen, um beispielsweise Teilsequenzen ansprechen zu können.

Operationen auf Sequenzen

Seien $A := a_1a_2 .. a_n$ und $B := b_1b_2 .. b_m$ zwei Sequenzen. Dann gilt:
$|A| := n$ (Länge der Sequenz)
$AB := a_1a_2 .. a_nb_1b_2 .. b_m$ *Konkatenation*

AB ist die Sequenz, die entsteht, wenn wir die Sequenzen A und B aneinanderfügen (*konkatenieren*). Im Folgenden werden wir meist Sequenzen der Längen n bzw. m betrachten. Hierbei ist der numerische Wert dieser Variablen nicht genauer definiert. Mit einer Sequenz A kann ein ganzes Chromosom gemeint sein, daher ergibt sich n stets nach Zuweisung. Bestimmte Teilsequenzen haben spezielle Namen, die wir als Nächstes einführen wollen.

Teilsequenz, Präfix, Suffix

Sei $A := a_1a_2 .. a_n$ eine Sequenz, dann gilt:
$A[i, j] := a_i...a_j \; \forall \; i, j \mid 1 \leq i, j \leq n$ ist eine *Teilsequenz*(*)
$A[1, i] := a_1...a_i \; \forall \; i \mid 1 \leq i \leq n$ ist ein *Präfix*
$A[i, n] := a_i...a_n \; \forall \; i \mid 1 \leq i \leq n$ ist ein *Suffix*

Anmerkungen

(*) wird gelesen als: $A[i, j]$ ist eine Teilsequenz für alle ($\forall$) i, j für die gilt: $1 \leq i, j \leq n$. Anstelle des Terms Teilsequenz wird häufig der Begriff *Infix* verwendet. Damit ist auch die Sequenz A eine Teilsequenz von A ebenso wie das leere Wort ε. Wir unterstellen hier stillschweigend $i \leq j$.

2.2 DNA-Sequenzen

Notation für DNA-Sequenzen

DNA-Sequenzen werden notiert als Folgen der vier Buchstaben A, C, G und T, die für die vier Basen bzw. Nucleotide stehen. Um in Sequenzen auch Mehrdeutigkeiten angeben zu können, wird der in Tabelle 2.1 angegebene Code verwendet.

2.3 Proteinsequenzen

Der Code für die Notation von Aminosäuresequenzen (siehe Tabelle 2.2) ist von den Namen der Aminosäuren abgeleitet. Es werden zwei unterschiedliche Codes verwendet; dies sind der Dreibuchstabencode, dessen Elemente ohne großes Nachdenken leicht in die Namen übersetzt werden können, sowie der platzsparende Einbuchstabencode.

Codes für die Beschreibung von Proteinsequenzen

Ein Beispiel für eine Proteinsequenz zeigt Abb. 2.1. Dies ist die Sequenz des CAP-Monomers, dessen 3D-Struktur wir im Kapitel 1 vorgestellt haben. Aufgrund der physikalisch-chemischen Eigen-

Tab. 2.1 Alphabet für DNA-Sequenzen. Ein Mnemonic ist ein Begriff, der das Memorieren erleichtern soll.

Zeichen	Nucleotide	Mnemonic
A	A	**A**denin
B	C,G,T	nicht A
C	C	**C**ytosin
D	A,G,T	nicht C
G	G	**G**uanin
H	A,C,T	nicht G
K	G,T	
M	A,C	
N	A,C,G,T	a**N**y
R	A,G	pu**R**in
S	G,C	***S**trong* (3 H-Bindungen)
T	T	**T**hymin
V	A,C,G	nicht T
W	A,T	***W**eak* (2 H-Bindungen)
Y	C,T	p**Y**rimidin

schaften und z. B. struktureller Präferenzen der Aminosäuren können weitere Alphabete für die Codierung von Proteinsequenzen gebildet werden, die sich an speziellen Charakteristiken orientieren. In Tabelle 2.3 sind einige Beispiele zusammengestellt, die aus [1] stammen; weitere sind in [2] angegeben.

```
>1cgp_chain_A
VLGKPQTDPTLEWFLSHCHIHKYPSKSTLIHQGEKAETLYYIVKGSVAVL
IKDEEGKEMILSYLNQGDFIGELGLFEEGQERSAWVRAKTACEVAEISYK
KFRQLIQVNPDILMRLSAQMARRLQVTSEKVGNLAFLDVTGRIAQTLLNL
AKQPDAMTHPDGMQIKITRQEIGQIVGCSRETVGRILKMLEDQNLISAHG
KTIVV
```

Abb. 2.1 Proteinsequenz des CAP-Monomers. Die Sequenz ist im FASTA-Format angegeben. Die erste Zeile beginnt hierbei stets mit einem „>", dem ein beliebiger Bezeichner für die Sequenz folgt. Die nächsten Zeilen listen die Sequenz.

Tab. 2.2 Alphabet für Proteinsequenzen. Es sind der Dreibuchstaben- und der Einbuchstabencode der Aminosäuren angegeben. Der Einbuchstabencode ist von den englischen Namen der Aminosäuren abgeleitet.

Einbuchstaben-code	Dreibuchstaben-code	Name der Aminosäure	Mnemonic
A	Ala	Alanin	**A**lanine
C	Cys	Cystein	**C**ysteine
D	Asp	Asparaginsäure	aspar**D**ic acid
E	Glu	Glutaminsäure	glu**E**tamic acid
F	Phe	Phenylalanin	**F**enylalanine
G	Gly	Glycin	**G**lycine
H	His	Histidin	**H**istidine
I	Ile	Isoleucin	**I**soleucine
K	Lys	Lysin	before L
L	Leu	Leucin	**L**eucine
M	Met	Methionin	**M**ethionine
N	Asn	Asparagin	Asparagi**N**e
P	Pro	Proline	**P**roline
Q	Gln	Glutamin	**Q**-tamine
R	Arg	Arginin	a**R**ginine
S	Ser	Serin	**S**erine
T	Thr	Threonin	**T**hreonine
V	Val	Valin	**V**aline
W	Trp	Tryptophan	t**W**o rings
Y	Tyr	Tyrosin	t**Y**rosine

Weitere Alphabete für die Codierung von Proteinsequenzen

Reduzierte Alphabete werden in der Bioinformatik nur für spezielle Anwendungen genutzt, da die in der Sequenz enthaltene Information in ein gröberes Raster gezwängt wird. Genau der umgekehrte Weg, nämlich der einer präziseren Beschreibung der Ansprüche an allen Positionen im Protein, bewirkt in vielen Algorithmen eine erhebliche Steigerung der Empfindlichkeit. Dies gelingt z. B. durch Auswertung und Verwendung von multiplen Sequenz-

Tab. 2.3 Beispiele für alternative Aminosäuren-Alphabete. Die Aminosäuren werden zur Alphabetbildung in Abhängigkeit von ihren Eigenschaften zu Gruppen zusammengefasst.

Alphabet	Größe	Grundlage der Alphabetbildung
{**ambivalent, extern, intern**} mit **ambivalent** := {Ala, Cys, Gly, Pro, Ser, Thr, Trp, Tyr} **extern** := {Arg, Asn, Asp, Gln, Glu, His, Lys} **intern** := {Ile, Leu, Met, Phe, Val}	3	Strukturelle Präferenzen der Aminosäuren
{**sauer, aliphatisch, amidisch, aromatisch, basisch, hydroxyl, imino, schwefel**} mit **sauer** := {Asp, Glu} **aliphatisch** := {Ala, Gly, Ile, Leu, Val} **amidisch** := {Asn, Gln} **aromatisch** := {Phe, Trp, Tyr} **basisch** := {Arg, His, Lys} **hydroxyl** := {Ser, Thr} **imino** := {Pro} **schwefel** := {Cys, Met}	8	Chemische Eigenschaften der Aminosäuren
{**sauer, basisch, hydrophob nicht polar, polar nicht geladen**} mit **sauer** und **basisch** wie oben, **hydrophob nicht polar** := {Ala, Ile, Leu, Met, Phe, Pro, Trp, Val} **polar nicht geladen** := {Asn, Cys, Gln, Gly, Ser, Thr, Tyr}	4	Funktionen der Aminosäuren
{**sauer, basisch, neutral**} mit **sauer** und **basisch** wie oben, **neutral** := alle anderen Aminosäuren	3	Ladung der Aminosäuren
{**hydrophil, hydrophob**} mit **hydrophil** := {Arg, Asn, Asp, Cys, Gln, Glu, Gly, His, Lys, Ser, Thr, Tyr} **hydrophob** := {Ala, Ile, Leu, Met, Phe, Pro, Trp, Val}	2	Hydrophobizität der Aminosäuren

alignments anstelle einzelner Sequenzen. Tabelle 2.3 ist dennoch informativ: Die Tabelle belegt einerseits, nach welch vielfältigen Eigenschaften Aminosäuren klassifiziert werden können, zeigt jedoch auch, dass praktisch jede Gruppe mit mindestens zwei Aminosäuren besetzt ist. Dies lässt darauf schließen, dass sich Aminosäuren substituieren können.

2.4
Vergleich der Sequenzkomposition

Sequenzvergleich im Hinblick auf die Zusammensetzung

Häufig müssen Sequenzen miteinander verglichen werden, um ihren „Inhalt" zu interpretieren. So interessiert z. B., welche Funktion von einem betrachteten Gen codiert wird. Wir werden in den folgenden Kapiteln Algorithmen vorstellen, die sich genau dieser Frage widmen. Bei anderen Fragestellungen kommt es jedoch nicht auf den Inhalt, sondern auf die Zusammensetzung von Sequenzen an. Welche Parameter kommen für eine Charakterisierung von Sequenzen infrage? Für die Analyse oder den Vergleich von Proteinsequenzen bietet es sich an, das Vorkommen (die Häufigkeit $f(as_i)$) der Aminosäuren zu bestimmen und die resultierende Tabelle mit 20 Werten mit einer zweiten zu vergleichen. So können z. B. die Unterschiede zum Wert *As_diff* aufaddiert werden:

$$As\_diff(M_1,M_2) := \sum_{i=1}^{20} |f_{M_1}(as_i) - f_{M_2}(as_i)|.$$

Hierbei sind M_1 und M_2 zwei Mengen von Proteinsequenzen und $f_{M_j}(as_i)$ ist das Vorkommen der Aminosäure as_i im Datensatz M_j. Im Extremfall könnte M_1 die Menge sämtlicher Proteine sein, die aus einem Genom stammen und M_2 ein einziges Protein, dessen Zusammensetzung überprüft werden soll. In obiger Formel werden die Absolutbeträge der Unterschiede zwischen den Häufigkeiten aufaddiert. Auf diese Weise wird eine Distanz zwischen den beiden Häufigkeitstabellen berechnet. Auf Distanzfunktionen gehen wir im Kapitel 9 genauer ein.

DNA-Sequenzen zeigen Verzerrung der Codonhäufigkeiten

Im Kapitel 1 haben wir gezeigt, dass der genetische Code eine gewisse Redundanz besitzt; manche Aminosäuren werden durch bis zu sechs Codonen codiert. Zudem unterscheiden sich die tRNA-Konzentrationen. Diese Befunde lassen vermuten, dass Codonen mit unterschiedlichen Häufigkeiten in den Genen vorkommen. Wie lassen sich Codonhäufigkeiten vergleichen? In Analogie zu obigem Vorgehen werden für eine Menge von Genen die Häufigkeiten $f_{M_j}(cdn_i)$ bestimmt. Für den Vergleich zweier Häufigkeitstabellen werden wiederum die Absolutbeträge der Unterschiede in den Häufigkeiten aufaddiert:

$$Cdn\_diff(M_1,M_2) := \sum_{i=1}^{61} |f_{M_1}(cdn_i) - f_{M_2}(cdn_i)|.$$

Hierbei sind M_1 und M_2 wiederum zwei Mengen von Sequenzen. Stoppcodonen werden häufig nicht bewertet, sodass hier nur die Häufigkeitsdifferenzen der 61 Sinncodonen zu addieren sind.

Eine Verknüpfung der Aminosäuren- und Codonhäufigkeiten erlaubt der *Codon-usage*-Kontrast:

$$Cdn\_contr(M_1,M_2) := \sum_{i=1}^{20} f_{M_1}(a_i) \left[\sum_{codiert(cdn_j) = a_i} |f_{M_1}(cdn_j) - f_{M_2}(cdn_j)| \right].$$

Hierbei werden die Unterschiede der synonymen Codonen, die für die Aminosäure a_i codieren, mit der Häufigkeit multipliziert, mit der a_i in der Menge M_1 vorkommt. Damit werden die Unterschiede entsprechend dem Vorkommen der Aminosäure a_i gewichtet.

Bestimmte Gene enthalten hohen Anteil an bevorzugten Codonen

Wie im Kapitel 1 bereits erwähnt, finden sich in prokaryontischen Genomen *bevorzugte Codonen*, d. h. solche, die mit größerer Häufigkeit vorkommen. Diese Präferenzen sind uneinheitlich; verschiedene mikrobielle Arten bevorzugen unterschiedliche Codonen. Besonders auffällig ist diese Verzerrung der Codon-Häufigkeiten in stark exprimierten Genen. So sind beispielsweise ribosomale Gene oft nur aus bevorzugten Codonen komponiert. Wie ist dieser Effekt zu erklären? Auf diese Weise wird die Translationseffizienz gesteigert, da die codierten Proteine rasch synthetisiert werden können. Dieser Effekt muss berücksichtigt werden, wenn Gene im Hinblick auf ihre Zusammensetzung verglichen werden.

Man könnte geneigt sein, die oben eingeführte Funktion zur Quantifizierung dieses Effektes einzusetzen. Es würde genügen, in M_1 all die Gene aufzunehmen, die eine entsprechende Verzerrung aufweisen. Prinzipiell ist diese Vorgehensweise möglich, allerdings wurde gezeigt, dass Chancenquotienten die Verzerrung der Codonhäufigkeiten präziser quantifizieren [3]. Chancenquotienten spielen in bioinformatischen Algorithmen eine wichtige Rolle; wir gehen im Kapitel 11 genauer auf sie ein.

Kompositionsanalyse wichtig für Metagenomprojekte und beim horizontalen Gentransfer

In welchen Anwendungen ist man am Vergleich der Zusammensetzung von Sequenzen interessiert? Dies sind zunächst Metagenomprojekte. Bei diesen Ansätzen wird einem Habitat eine Probe entnommen, und es wird die Zusammensetzung aller DNA-Fragmente bestimmt. Da für die einzelnen Fragmente aufgrund des experimentellen Vorgehens nicht bekannt ist, aus welcher Spezies sie stammen, wird versucht, die Sequenzen in Gruppen einzuteilen. Hierbei helfen die oben eingeführten Kennwerte. Eine weitere Anwendung sind bioinformatische Verfahren zum Studium des *horizontalen Gentransfers*. In den letzten Jahren wurde gezeigt, dass Mikroorganismen, aber auch Eukaryonten, Fremd-DNA in ihr Genom integrieren. Diese DNA kann von nicht näher verwandten Arten stammen und unterscheidet sich möglicherweise in ihrer Zusammensetzung vom aufnehmenden Genom. In solchen Fällen hilft die Analyse der DNA-Komposition. *State-of-the-art*-Methoden

(Vergleich in [4]) verknüpfen Ähnlichkeitsmaße mit Ansätzen wie Hidden-Markov-Modellen, auf die wir später ausführlich eingehen.

Zusätzlich kann das Vorkommen von Tetrameren oder von Di-Codonen verglichen werden. Nach dem oben Gesagten ist z. B. die Berechnung des Dicodon-Unterschiedes naheliegend:

$$DiCdn\_diff(M_1,M_2) := \sum_{i,j=1}^{61} |f_{M_1}(cdn_i,cdn_j) - f_{M_2}(cdn_i,cdn_j)|.$$

Hierbei sind die $f_{M_k}(cdn_i,cdn_j)$-Werte die Häufigkeiten für das Aufeinanderfolgen der Codonen cdn_i und cdn_j in den betrachteten Sequenzen. Obige und einige weitere Ansätze sind in [5] dargestellt.

2.5 Ontologien

Ontologien: Flexible Alternative zu hierarchischen Klassifikationssystemen

Eine Funktion wird Sequenzen meist in Form von Begriffen zugeordnet. So mag Sequenz *A* mit „ATP citrate synthase activity" und Sequenz *B* mit „ATP-citrate (pro-S)-lyase activity" annotiert sein. Beide Bezeichner charakterisieren die gleiche Enzymfunktion. Wie dieses Beispiel zeigt, muss für eine maschinelle Interpretation der Funktionen ein streng definiertes Vokabular oder ein Klassifikationssystem verwendet werden. Für die Klassifikation von Enzymen wurden die *EC-Nummern* eingeführt. Dieses numerische Klassifikationssystem wurde von der *Enzyme Commission* erarbeitet und besteht aus vier, durch Punkte getrennten Ziffern. Die Klassifikation ist eine hierarchische: Die erste Stelle teilt alle Enzyme in eine von sechs Klassen EC 1.x.x.x–EC 6.x.x.x ein. Je mehr der rechts folgenden Stellen angegeben werden, umso genauer ist die durch das Enzym katalysierte Reaktion spezifiziert. So hat HisF, das wir bereits vorgestellt haben, die EC-Nummer 4.1.3.-. Die Hierarchie dieser Nummer wird ausgelöst gemäß: EC 4.x.x.x (Lyasen), EC 4.1. (Carbon-Carbon-Lyasen) und EC 4.1.3 (Oxo-Acid-Lyasen). Flexibler als solch starre Systeme sind *Ontologien*, die wir nun genauer betrachten wollen.

EC-Nummer

Ontologie: Begriffe und ihre Beziehungen

Der Begriff der Ontologie stammt aus der Philosophie und bezeichnet die Beschäftigung mit real existierenden Dingen. Der Term wurde in die Informatik übernommen und meint hier eine formale Spezifikation einer Begriffsbildung. Zusätzlich zu einer mit Rechnern auswertbaren Beschreibung der modellierten Realität liefert eine Ontologie einen Rahmen für das Kommunizieren von Wissen über die betrachtete Anwendungsdomäne. Die Basis einer jeden Ontologie bilden die *Begriffe* (die auch Klassen oder Typen genannt werden), deren Definition und die *Beziehungen* zwischen den Begriffen. Klassen repräsentieren Spezifikationen und nicht Objekte der reellen Welt. Beziehungen organisieren diese Klassen, gewöhnlich in einer hierarchischen Form.

Wichtiges Konzept: Kontrolliertes Vokabular

Ein wichtiger Bestandteil einer jeden Ontologie ist ein *kontrolliertes Vokabular*. Hierbei muss die genaue Bedeutung der Begriffe präzise definiert werden, um die konsistente Verwendung der Terme sicherzustellen. Das zweite wichtige Konzept, das Ontologien von Attributlisten unterscheidet, sind die Beziehungen zwischen den Typen. Mithilfe von Relationen werden die Typen verknüpft. Zu den in der Bioinformatik wichtigsten Relationen gehört „*is_a*". „*is_a*" gibt an, dass eine Klasse eine Unterklasse der anderen ist. Diese Relation ist transitiv: Falls A *is_a* B und B *is_a* C sind, so gilt auch A *is_a* C. Daneben gibt es weitere Relationen, die wir unten vorstellen. Häufig werden Typen durch zusätzliche Eigenschaften genauer beschrieben. Dazu gehören ein eindeutiger Schlüssel, synonyme Beschreibungen und Querverweise. Diese können auf Datenbankeinträge oder Entitäten in anderen Ontologien verweisen. Formal korrekte Ontologien unterstützen das formale Schließen (*reasoning*). Besonders einfach ist dies bei Ontologien mit vollständigen *is_a*-Pfaden.

Ein Beispiel für eine erfolgreich umgesetzte, bioinformatische Ontologie ist die Gen-Ontologie (GO). Diese zielt darauf ab, Genprodukte in unterschiedlichsten Datenbanken konsistent zu beschreiben. Dieses Projekt wurde 1998 begonnen, als für drei Modellorganismen (Fruchtfliege, Hefe und Maus) Datenbanken eingerichtet werden mussten. Zwischenzeitlich wurden weitere Ontologien entwickelt, dazu gehört die *Protein Feature Ontology* [6].

Gen-Ontologie: hierarchisches Annotationssystem mit streng kontrolliertem Vokabular

Beschreibung von Genprodukten: molekulare Funktion, biologischer Prozess, zelluläres Kompartiment

Im Falle der GO-Ontologie [7] bilden die GO-Terme das streng kontrollierte Vokabular. Für jedes Protein (jede Genfunktion) werden drei Attribute vergeben: die *molekulare Funktion*, der *biologische Prozess*, in den es eingebunden ist und das *zelluläre Kompartiment*, in dem es wirkt. Durch Befragen entsprechender Datenbanken, wie z. B. AmiGO, kann Genen diese Annotation zugewiesen werden. Liegt das Interesse bei der Identifizierung übergeordneter Zellfunktionen, so wird man sich den hierarchischen Aufbau der GO-Ontologie zunutze machen und das Vorkommen interessierender Terme statistisch auswerten. Einen Pfad im Ontologiebaum zeigt Abb. 2.2. In diesem Beispiel wird ein Enzym betrachtet, das die molekulare Funktion GO:0019829 hat. Die Navigation hin zur Wurzel erlaubt, die Funktion mit allgemeineren Begriffen zu beschreiben. So ist die Kationen transportierende ATPase-Aktivität eine Hydrolase-Aktivität. In Analogie zu diesem Beispiel können aus dem Baum für sämtliche GO-Terme Überbegriffe abgeleitet werden. Dasselbe gilt für den biologischen Prozess und das zel-

all : all (root)
GO:0003674: molecular_function
GO:0003824: catalytic activity
GO:0016787: hydrolase activity
GO:0016817: hydrolase activity, acting on acid anhydrides
GO:0016820: hydrolase activity, acting on acid anhydrides, catalyzing transmembrane movement of substances
GO:0042626: ATPase activity, coupled to transmembrane movement of substances
GO:0042625: ATPase activity, coupled to transmembrane movement of ions
GO:0019829: cation-transporting ATPase activity

Abb. 2.2 Pfad zum Term GO:0019829 im Ontologiebaum für molekulare Funktionen. Dieser Term steht für die Funktion *Kationen transportierende ATPase-Aktivität*. Aufgrund der hierarchischen Struktur der Gen-Ontologie können Überbegriffe, d. h. allgemeinere Funktionsbezeichnungen, abgeleitet werden.

luläre Kompartiment. In Abb. 2.3 ist die GO-Annotation für das CAP-Protein aufgelistet.

Topologie der GO-Ontologie

Die GO-Ontologien sind als gerichtete, azyklische Graphen angelegt, die Hierarchien ähneln. Allerdings kann ein spezialisierter Term mehr als ein Elterteil besitzen. Generell können GO-Terme durch fünf Arten von Relationsverhältnissen verknüpft sein: Dies sind *is_a*, *part_of*, *regulates*, *positively_regulates* and *negatively_regulates*. Die Relationen *part_of* und *is_a* sind transitiv; eine Baumstruktur, mit der eine solche Abhängigkeit modelliert werden kann, ist in Abb. 2.4 illustriert.

Annotation

Sind Gene eines Genomdatensatzes mit GO-Termen annotiert, bieten sich neue Möglichkeiten der Analyse. Unter *Annotation* wird eine Funktionszuweisung mithilfe bioinformatischer Metho-

Molecular Function
GO:0003677 DNA binding
GO:0003700 transcription factor activity

Biological Process
GO:0045449 regulation of transcription
GO:0006355 regulation of transcription, DNA-dependent

Cellular Component
GO:0005622 intracellular

Abb. 2.3 GO-Annotation des CAP-Proteins. Es sind die spezifischen GO-Terme für die drei Attribute molekulare Funktion, biologischer Prozess und zelluläres Kompartiment angegeben, mit denen dieses Genprodukt beschrieben wird.

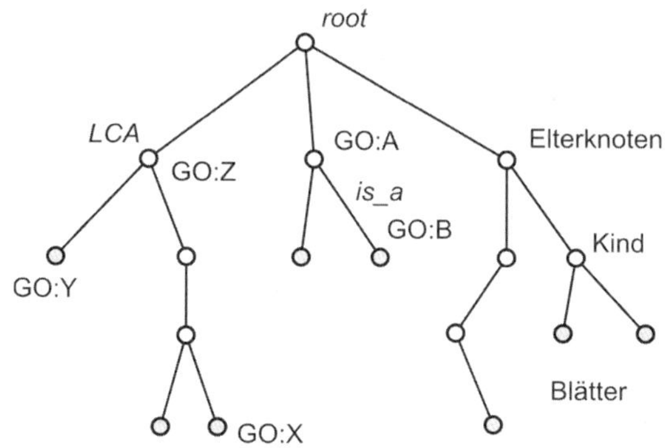

Abb. 2.4 Beispiel für einen Baum, der eine GO-Ontologie repräsentiert. Der Einstieg in den Baum erfolgt jeweils über die Wurzel (*root*). Endständige Knoten eines Baumes werden Blätter genannt. Ein *Kindknoten* ist der jeweils nächste Nachfolger des *Elterknotens* auf dem Pfad hin zu einem Blatt. Aufgrund dieser Hierarchie ist auch die *is_a*-Relation wohldefiniert: Der Knoten GO:B *is_a* GO:A; vergleiche die Einträge im Baum. Der letzte gemeinsame Vorgänger (*LCA*) von GO:X und GO:Y ist GO:Z.

den verstanden. Zunächst kann überprüft werden, ob zwei Genprodukte mit denselben Termen charakterisiert werden. Es stellt sich sogleich die Frage, ob Mengen von GO-Termen verglichen werden können. Die Entwicklung einer derartigen Funktion wird im Folgenden beschrieben.

2.6
Semantische Ähnlichkeit von GO-Termen

Zunächst ist festzuhalten, dass sämtliche Terme in einen Ontologiebaum eingetragen sind, sodass die Länge von Pfaden (d. h. der Wege, um von einem Knoten zum anderen zu gelangen) mithilfe eines Distanzmaßes bewertet werden kann. Allerdings variieren die Distanzen zu der Wurzel, daher ist der Abstand zu *root* kein passendes Maß für die Ähnlichkeit zweier GO-Terme. Eine geeignete Methode zum Vergleich der Ähnlichkeit von GO-Termen wurde in [8] eingeführt. Diesen Ähnlichkeitsbegriff wollen wir im Folgenden erläutern. Er basiert auf einem semantischen Ähnlichkeitsmaß für „*is_a*“ Ontologien. Hierbei wird der Informationsgehalt des tiefsten gemeinsamen Vorfahren (im Englischen *last common ancestor, LCA*) bewertet, vergleiche Abb. 2.4. Dieser Vorgehensweise liegt die Idee zugrunde, dass häufig vorkommende Terme wenig Information enthalten. Die Wahrscheinlichkeit für das Vorkommen eines Terms t wird aus der Häufigkeit geschätzt, mit der er in der betrachteten Datenbank verwendet wird. Die Häufigkeit $f(t)$ wird bestimmt mit:

$$f(t) := annot(t) + \sum_{s \in kind(t)} f(s).$$

Hierbei ist $annot(t)$ die Anzahl der Genprodukte, die mit t annotiert sind und $kind(t)$ ist die Menge der Nachfolger des Terms t. Wir summieren also über die Häufigkeiten $f(s)$, die wir für sämtliche Nachfolger s von t bestimmen. Hierfür wird eine repräsentative Datenbank analysiert.

Informationsgehalt abgeleitet vom Vorkommen

Zusätzlich wird die Wahrscheinlichkeit $p(t)$ approximiert durch

$$p(t) := f(t)/f(root),$$

wobei $f(root)$ die Häufigkeit des Wurzel-Terms ist. Dieser Wert wird mit der angegebenen Methode aus der Menge der Blätter abgeleitet, die ja alle Nachfolger der Wurzel sind.

Diese Wahrscheinlichkeiten sind die Basis für das von Resnik eingeführte Konzept der semantischen Ähnlichkeit [9], das auf dem Informationsgehalt IC basiert. Es gilt:

$$IC(t) := -\log_{10} p(t).$$

Interpretation des Informationsgehaltes IC

Wird ein Term t häufig verwendet, so ist $p(t)$ groß (nahe bei eins) und enthält wenig Information. Ein selten verwendeter Term ($p(t)$ klein) liefert hingegen viel Information. Das Logarithmieren sorgt für die gewünschte Transformation der Terme: Da $0 \leq p(t) \leq 1$ gilt, ist $\log(p(t))$ negativ, daher wird das Vorzeichen gewechselt. Zwei Terme t_1, t_2 sind dann semantisch ähnlich, wenn sie dieselbe Information beinhalten. Diese gemeinsame Information kann aus der Menge gemeinsamer Vorgänger aus dem Ontologiebaum abgeleitet werden. Somit wird die Ähnlichkeit durch den Informationsgehalt der gemeinsamen Vorfahren determiniert:

$$sim_{Resnik}(t_1,t_2) = \log(-p(t^*)) := \max_{t' \in S(t_1,t_2)} (-\log p(t')).$$

Hierbei ist $S(t_1, t_2)$ die Menge der gemeinsamen Vorfahren von t_1 und t_2. Wir suchen also denjenigen Knoten t^* im Ontologiebaum, dessen IC-Wert maximal ist. Dies wird durch $\max_{t' \in S(t_1,t_2)} (-\log p(t'))$ ausgedrückt.

Lin [10] leitet die Ähnlichkeit zweier Terme aus dem Verhältnis der Gemeinsamkeit beider Terme und der Information ab, die benötigt wird, um beide Terme vollständig zu beschreiben. So ergibt sich:

$$sim_{Lin}(t_1,t_2) := \max_{t' \in S(t_1,t_2)} \left(\frac{2 \log p(t')}{\log p(t_1) + \log p(t_2)} \right).$$

Diese beiden Ähnlichkeitsmaße wurden in [8] nun wie folgt kombiniert:

$$sim_{Rel}(t_1,t_2) := \max_{t' \in S(t_1,t_2)} \left(\frac{2 \log p(t')}{\log p(t_1) + \log p(t_2)} [1 - p(t')] \right).$$

Da die Bedeutung eines Terms mit zunehmender Wahrscheinlichkeit für das Vorkommen abnimmt, wird sim_{Lin} mit $[1-p(t')]$ multipliziert. Diese Funktion kann dazu verwendet werden, die GO-Terme GO_A und GO_B zweier Genprodukte A, B zu vergleichen. Die Werte für den biologischen Prozess $BPScore$ und die molekulare Funktion $MFScore$ können zu einem Score $funSim$ kombiniert werden:

funSim: Kombination der Terme für den biologischen Prozess und die molekulare Funktion

$$funSim := \frac{1}{2}\left[\left(\frac{BPScore}{\max(BPScore)}\right)^2 + \left(\frac{MFScore}{\max(MFScore)}\right)^2\right].$$

Ein solches Ähnlichkeitsmaß eröffnet interessante neue Möglichkeiten: So können z. B. funktionell ähnliche Proteine gefunden werden, ohne deren Sequenzen miteinander zu vergleichen.

2.7
Zitierte Literatur

1. Karlin S., Ost F., Blaisdell B. E. (1989) Patterns in DNA and amino acid sequences and their statistical significance. In *Mathematical methods for DNA sequences.* CRC Press, Boca Raton.
2. Murphy L. R., Wallqvist A., Levy R. M. (2000) Simplified amino acid alphabets for protein fold recognition and implications for folding. *Protein Eng,* **13**(3), 149–152.
3. Supek F., Vlahovicek K. (2005) Comparison of codon usage measures and their applicability in prediction of microbial gene expressivity. *BMC Bioinformatics,* **6**, 182.
4. Langille M. G., Hsiao W. W., Brinkman F. S. (2008) Evaluation of genomic island predictors using a comparative genomics approach. *BMC Bioinformatics,* **9**, 329.
5. Karlin S. (2001) Detecting anomalous gene clusters and pathogenicity islands in diverse bacterial genomes. *Trends Microbiol,* **9**(7), 335–343.
6. Reeves G. A., Eilbeck K., Magrane M., O'Donovan C., Montecchi-Palazzi L., Harris M. A., Orchard S., Jimenez R. C., Prlic A., Hubbard T. J., Hermjakob H., Thornton J. M. (2008) The Protein Feature Ontology: a tool for the unification of protein feature annotations. *Bioinformatics,* **24**(23), 2767–2772.
7. Ashburner M., Ball C. A., Blake J. A., Botstein D., Butler H., Cherry J. M., Davis A. P., Dolinski K., Dwight S. S., Eppig J. T. *et al* (2000) Gene ontology: tool for the unification of biology. The Gene Ontology Consortium. *Nat Genet,* **25**(1), 25–29.
8. Schlicker A., Domingues F. S., Rahnenführer J., Lengauer T. (2006) A new measure for functional similarity of gene products based on Gene Ontology. *BMC Bioinformatics,* **7**, 302.
9. Resnik P. (1999) Similarity in a taxonomy: An information-based measure and its application to problems of ambiguity in natual language. *J Artif Intell Res,* **11**, 95–130.
10. Lin D. (1998) An information-theoretic definition of similarity. *ICLM-98, 1998.*

3
Datenbanken

Bioinformatische Datenbanken: unterschiedlichste Inhalte

Nahezu alle biologischen und biochemischen Daten werden systematisch gesammelt und sind (zum größten Teil) öffentlich zugänglich. Sequenz-Datenbanken sind die Basis für die Suche nach ähnlichen Sequenzen z. B. mit FASTA und BLAST, wobei in der Regel eine Eingabe-Sequenz (*Query*) mit sämtlichen Einträgen einer Datenbank verglichen wird. Für statistische Auswertungen und den Vergleich z. B. von Stoffwechselleistungen sind Sammlungen komplett sequenzierter Genome wichtig. Datenbanken mit Proteinstrukturen werden für die detaillierte Analyse von Proteinfunktion und -interaktion benötigt. Moderne Hochdurchsatzmethoden bedingen neue Ansätze für das Speichern und Durchsuchen von Transkriptom- oder Proteomdaten. Schließlich sind systembiologische Ansätze ohne die Vernetzung einer Vielzahl von Datenbanken nicht denkbar. Bei allen Datenbanken kommt der Qualität der Datenbestände und der Annotation besondere Bedeutung zu, da ja diese Angaben über die Schlussfolgerungen entscheiden, die aus einer Datenbanksuche gezogen werden. Hierbei ist zu beachten, dass in älteren Datenbeständen mit Redundanzen und Fehlern zu rechnen ist. Die wichtigsten Datenbanken sind aufgrund ihres Umfanges und der Abdeckung Sequenz-Datenbanken. Diese stellen wir als erste vor.

Entry

Ausgabe eines einzelnen Eintrags in flat file

Häufig wird beim Umgang mit Sequenz-Datenbanken beim Einlesen bzw. Ausgeben pro Sequenzeintrag (*entry*) eine Datei (*flat file*) angelegt. Die Datenbanken selbst sind meist in Form von Datenbanksystemen (relationalen Datenbanken) organisiert. Dieses Organisationsschema ist für den Benutzer üblicherweise *transparent*, d. h. nicht sichtbar. Neben den Datenbanken für DNA- und Proteinsequenzen gibt es eine Vielzahl weiterer Sammlungen biologischer Daten für die unterschiedlichsten Anwendungsbereiche. Das 1. Heft eines jeden Jahrgangs der Zeitschrift *Nucleic Acids Research* ist traditionell der Darstellung molekularbiologischer Datenbanken gewidmet. Im Januar 2009 waren 1170 Datenbanken verzeichnet [1].

Bioinformatik Interaktiv. 2. Auflage. Rainer Merkl und Stephan Waack

ISBN: 978-3-527-32594-8

Primäre, sekundäre Datenbank

Die Banken, in denen experimentell ermittelte Daten deponiert werden, nennen wir *primäre* Datenbanken; alle anderen, die abgeleitetes Wissen sammeln, werden als *sekundäre* Datenbanken bezeichnet. Es ist Stand der Technik, die Datensätze mit Querverweisen (*hyperlinks*) zu versehen, sodass ein Navigieren in den Datenbeständen einfach geworden ist. Beispielsweise enthält die Proteinsequenz-Datenbank SWISS-PROT Referenzen auf mehr als 100 andere Datensammlungen.

EBI: European Bioinformatics Institute
NCBI: National Center for Biotechnology Information

Es werden vermehrt Anstrengungen unternommen, die unterschiedlichen Datenbanken in integrierten Systemen zu betreiben, sodass über eine homogene Bedienoberfläche auf die Datenbestände zugegriffen werden kann. Beispiele sind UniProt, SRS und Ensembl des EBI (*European Bioinformatics Institute*, Hinxton, GB), ENTREZ/PUBMED am NCBI (*National Center for Biotechnology Information*, Bethesda, USA) oder spezialisierte Datenbanken wie H-InvDB zu Genen und Transkripten aus dem menschlichen Genom.

In diesem Kapitel werden die wichtigsten Datenbanken für DNA-, RNA- und Proteinsequenzen sowie Proteinstrukturen und einige sekundäre Datenbanken exemplarisch vorgestellt. Diese Auflistung ist bei Weitem nicht vollständig; es werden bevorzugt diejenigen Datenbanken beschrieben, auf die wir in anderen Kapiteln Bezug nehmen.

3.1 DNA-Sequenz-Datenbanken

EMBL Nucleotide Sequence Database

Die in Europa beheimatete EMBL-Datenbank [2] ist Teil des europäischen Nucleotid-Archivs und sammelt seit 1982 DNA-Sequenzen; sie enthielt im Release 97 (Dezember 2008) ca. 151×10^6 Sequenzen mit insgesamt mehr als 259×10^9 Nucleotiden. Die Datenaufnahme erfolgt zum größten Teil mittels direkter Submission von Sequenzen. Diese Datenbank wird am EBI in Kollaboration mit der amerikanischen *GenBank* und der *DNA Data Bank of Japan* produziert. Das Wachstum der DNA-Sequenz-Datenbank ist in Abb. 3.1 dargestellt.

Datenbankformat der EMBL-Datenbank: Feature Table, Sequenz

Jedem Eintrag ist eine *accession number* zugeordnet, die als eindeutiger Schlüssel dient. Die Angaben zu jedem Eintrag sind in zwei Teile gegliedert: Dies sind der Annotationsteil und die DNA-Sequenz. Die wichtigste Komponente der Annotation ist die *feature table*. Diese enthält Angaben zum Organismus, aus dem die DNA stammt, zu codierten Proteinen, zur Lage von informationstragenden Regionen innerhalb der Sequenz etc. Weiterhin finden sich Querverweise, beispielsweise auf die SWISS-PROT-Datenbank.

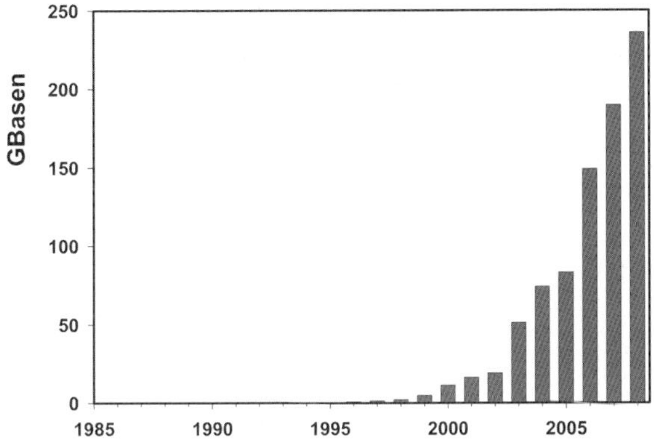

Abb. 3.1 Wachstum der EMBL-Datenbank. Angegeben ist der Bestand in Gigabasen.

Probleme

Die Datenbank enthält redundante Daten, dies ist insbesondere für statistische Analysen von Nachteil.

GOLD: Verzeichnis von Genomprojekten

Als konsequente Weiterentwicklung ergeben sich Dateiformat und Struktur von Genom-Datenbanken. Der Aufbau eines Eintrags entspricht im Wesentlichen dem beschriebenen Konzept, allerdings sind die Datensätze umfangreicher. Eine komplette Sammlung der öffentlich zugänglichen Bestände an Genomdaten listet die *Genomes OnLine Database* (GOLD) [3]. Im Januar 2009 waren mehr als 4400 Projekte eingetragen und 920 Genome vollständig sequenziert.

3.2 RNA-Sequenz-Datenbanken

RNA-Datenbanken für miRNAs und ncRNAs

Die Bedeutung von RNA-Molekülen hat sich in den letzten Jahren drastisch verändert, weil dieser Molekülklasse aufgrund neuer experimenteller Befunde zusätzliche, bisher nicht bekannte, Funktionen zugewiesen wurden. MikroRNAs (miRNAs) sind kurze, nicht für Proteine codierende RNAs, die in die posttranskriptionelle Genregulation von Vielzellern eingreifen. In der miROrtho-Datenbank werden miRNA-Gene aufbereitet [4]. Für Säuger wurde, z. B. als Ergebnis des ENCODE-Projekts, die Existenz Tausender, langer und nicht für Proteine codierender RNAs (ncRNAs, Länge $>$ 200 Bp) beschrieben. Die Funktion dieser ncRNAs ist meist unklar. Daten zu ihrer Genexpression sind in der NRED-Datenbank zusammengetragen [5]. Ähnlich wie Pfam, mit der Proteinfamilien charakterisiert werden, ist Rfam eine Datenbank, in der Familien von RNA-Sequenzen in Form von multiplen Sequenzalignments und Covarianz-Modellen beschrieben werden. Die Datensammlung dient hauptsächlich dazu, in komplett sequenzierten Genomen bisher nicht erkannte Mitglieder bekannter RNA-Familien zu identifizieren [6].

3.3 Proteinsequenz-Datenbanken

Die wichtigste primäre Datenbank für Proteinsequenzen ist *SWISS-PROT* [7], die seit 1986 als annotierte, *redundanzfreie* Datenbank existiert. Sie enthielt im Release 56.6 (Dezember 2008) mehr als 405 $\times$ 10^3 Einträge mit mehr als 146 $\times$ 10^6 Aminosäureresten.

Wesentliche Merkmale von SWISS-PROT

Wesentliche Merkmale von SWISS-PROT sind:

- *Sorgfältige Annotation*; wie z. B. zur Funktion des Proteins, zu posttranslationalen Modifikationen, Varianten oder Sekundärstrukturelementen.
- *Minimale Redundanz*; wann immer möglich, werden redundante Einträge zusammengefasst, kleinere Sequenzunterschiede werden in der Annotation vermerkt.
- *Querverweise*; SWISS-PROT enthält Links zu mehr als 100 weiteren Datenbanken.
- *Dokumentation*; hierzu gehören Indexdateien und die Auflistung vergebener Schlüsselwörter.

SWISS-PROT wird ergänzt durch *TrEMBL* (Tr für Translate). TrEMBL enthält für alle codierenden Sequenzen der EMBL-Datenbank die automatisch erzeugte Übersetzung in die Proteinsequenz.

Struktur eines Eintrags

Das Format eines Datensatzes hat einen mit dem EMBL-Format vergleichbaren Aufbau: Annotation und die eigentliche Sequenz.

UniProt subsumiert SWISS-PROT, TrEMBL und weitere Bestände

Die Kuratoren von SWISS-PROT sind Teil des UniProt Konsortiums, das in Gemeinschaft die Datenbank UniProt unterhält und pflegt [8]. In dieser Datenbank wurde für Sequenzen, die aus *Metagenomprojekten* stammen, eine eigene Teildatenbank (*UniMES*) eingerichtet. Für Einträge aus SWISS-PROT und TrEMBL ist die taxonomische Herkunft der Sequenzen bekannt. Dies ist für Daten, die aus Metagenomprojekten stammen, nicht mehr der Fall.

3.4 Proteinstruktur-Datenbanken

PDB: Datensätze makromolekularer Raumstrukturen

Die **P**roteinstruktur-**D**aten**b**ank PDB [9] wurde 1971 etabliert und bis 1999 am *Brookhaven National Laboratory, Long Island, New York* gepflegt. Anschließend wurde sie von der *Research Collaboratory for Structural Bioinformatics* übernommen. Sie besteht aus Datensätzen zur Beschreibung der 3D-Struktur von Makromolekülen, die meist aus Röntgenkristallographie- oder NMR-Daten abgeleitet werden. Im Januar 2009 enthielt sie mehr als 55 000 Strukturen.

Der grundsätzliche Aufbau eines Eintrags entspricht ebenfalls der oben eingeführten Zweiteilung. Zunächst wird im Annotationsteil die 3D-Struktur beschrieben, anschließend folgen die Koordinaten der einzelnen Atome. Lässt man einen Datensatz in eine Datei ausgeben, so definiert im Datenteil jede Zeile einen Eintrag (Record). Beispielsweise gibt der Record ATOM die räumliche Lage eines Atoms im vordefinierten Koordinatensystem an. Im folgenden Beispiel (Tabelle 3.1) beschreibt die erste Zeile ein Stickstoffatom, die zweite das C_α-Atom, beide im Glutaminresiduum mit Nummer 6.

Zusätzlich zu diesem starren Schema wurde ein XML-basierter Datenstandard entwickelt, der das Aktualisieren der Datenbestände wesentlich erleichtert [10].

Wir haben nun für die drei wichtigsten primären Datenbestände jeweils einen Vertreter vorgestellt. Nun wollen wir einige der vielen sekundären Datenbanken betrachten.

Tab. 3.1 Ausschnitt aus einer PDB-Datei.

ATOM	41	N	GLN	A	6	0.443	39.935	5.171	1.00	0.00	1REI	171
ATOM	42	CA	GLN	A	6	1.368	39.694	6.288	1.00	0.00	1REI	172
RTyp	**Num**	**Atm**	**Res**	**Ch**	**ResN**	**X**	**Y**	**Z**	**Occ**	**Temp**	**PDB**	**Zeile**

Bedeutung:

RTyp:	Record Typ
Num:	Laufende Nummer; jedes Atom eines Datensatzes hat eine eindeutige Nummer
Atm:	Atomtyp (in IUPAC Format)
Res:	Residuentyp (in IUPAC Format)
Ch:	Polypeptidkette, zu der das Atom gehört
ResN:	Nummer des Residuums
X, Y, Z:	Kartesische Koordinaten des Atoms im Raum
Occ:	Besetzungsfaktor
Temp:	Temperaturfaktor (hoher Wert deutet auf schlechte Auflösung hin)
PDB:	Der Schlüssel des Datensatzes in der PDB-Datenbank
Zeile:	Zeilen (Record)-Nummer in der Datei

3.5
SMART: Analyse der Domänenarchitektur

SMART: Beschreibung von Proteindomänen

Das Anliegen von SMART [11] ist das Identifizieren und die Annotation von mobilen Proteindomänen und die Analyse von Domänenarchitekturen. Die Domänen sind ausführlich beschrieben im Hinblick auf phylogenetische Verteilung, Funktion, Tertiärstruktur und funktionell wichtige Residuen. Im Release vom Oktober 2008 enthielt die Datenbank mehr als 784 Domänenfamilien.

In SMART werden Proteindomänen durch multiple Sequenzalignments definiert. Diese werden, sofern möglich, von einer Superposition der 3D-Strukturen divergenter Mitglieder einer Proteinklasse oder von PSI-BLAST-Alignments abgeleitet. Die Alignments werden von den Datenbankentwicklern überprüft, ehe sie zum Trainieren eines Hidden-Markov-Modells (HMM) verwendet werden. Dieses Modell dient neben PSI-BLAST der Suche nach weiteren Mitgliedern der betrachteten Proteinfamilie in Sequenz-Datenbanken. Aus den im Kapitel 12 diskutierten Gründen wird von jedem Paar von Sequenzen, die mehr als 67 % Sequenzidentität aufweisen, eine aus dem multiplen Sequenzalignment entfernt. Zu jeder Domäne werden spezifische Erwartungswerte für echt positive und echt negative Treffer gehalten. Bei der Analyse einer *Query* (d. h. Eingabe) mithilfe von SMART wird die Eingabesequenz unter Verwendung der HMMs mit sämtlichen Domänen verglichen. Werden die spezifischen Erwartungswerte übertroffen, wird das Vorkommen der betrachteten Domäne in der Querysequenz postuliert. Hidden-Markov-Modelle und PSI-BLAST werden in eigenen Kapiteln vorgestellt.

Zwei Modi: Normal, Genomic

Aufgrund des Überlapps der verwendeten Datenquellen enthält die Protein-Datenbank von SMART im *Normal*-Modus einen großen Anteil redundanter Daten. Im *Genomic*-Modus werden nur die Befunde aus komplett sequenzierten Genomen verwendet. Die Ausgabe (siehe Abb. 3.2) wird graphisch aufbereitet, hierbei sind die Domänen mit weiteren Informationen versehen. So werden z. B. die für die Katalyse essenziellen Reste angegeben. Zusätzlich werden für die Proteine putative Interaktionspartner vorhergesagt; diese Informationen werden aus anderen Datenbanken wie KEGG, BIND oder HPRD übernommen.

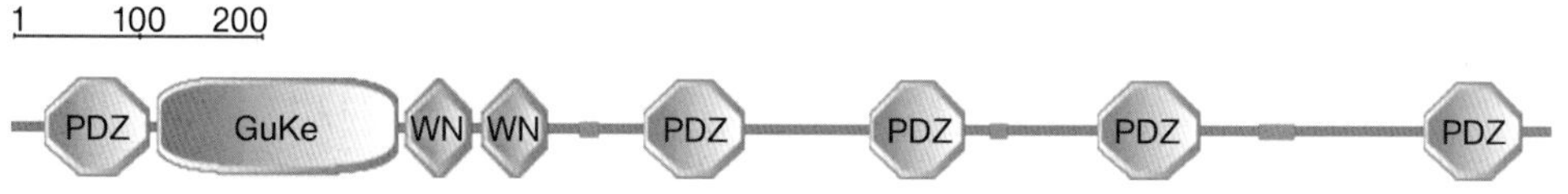

Abb. 3.2 Ausgabe der SMART-Datenbank. Das Protein MAGI-1A, dessen Domänenstruktur hier wiedergegeben ist, wurde im Kapitel 1 eingeführt. Das Protein enthält eine GuKc-Domäne, fünf PDZ-Domänen und zwei ww-Domänen.

3.6 STRING: Proteine und ihre Interaktionen

Die STRING-Datenbank [12] widmet sich Protein-Protein-Interaktionen. Interaktionen werden aufgeteilt in *direkte*, die physikalischen Kontakt erfordern, und *indirekte*, die funktionale Assoziation bedeuten. Informationen zu Interaktionen werden aus vier Datenquellen abgeleitet:

Protein-Protein-Interaktionen: direkte (physikalische), indirekte (gemeinsame Funktion)

- Genomischer Kontext
- Hochdurchsatzmethoden
- Coexpressions-Experimente
- Wissen zu Protein-Interaktionen (Literatur, Annotationen)

Im Kapitel 24 werden wir detailliert auf die entsprechenden bioinformatischen Methoden eingehen. In der Version 8.0 stammten die in STRING aufbereiteten Daten aus 630 Organismen mit mehr als $2{,}5 \times 10^6$ Proteinsequenzen. Die STRING-Datenbank kann auch für Homologie freie Annotation (Analyse phyletischer Muster), vergleichende Genomik, phylogenetische Fragestellungen und Netzwerkstudien genutzt werden. Ein Beispiel für die Verwendung der Datenbank zeigt die Abb. 3.3.

3.7 SCOP: Strukturelle Klassifikation von Proteinen

Das Ziel bei der Entwicklung von SCOP (***S**tructural **C**lassification **O**f **P**roteins*) [13, 14] war die hierarchische Klassifikation von Proteinen hinsichtlich struktureller und evolutionärer Verwandtschaftsbeziehungen. Es ist bekannt, dass die Struktur von Proteinen stärker konserviert ist als die Funktion oder die Sequenz. Daher erlaubt der Strukturvergleich die Ableitung einer evolutionären Verwandtschaftsbeziehung häufig auch noch in solchen Fällen, in denen der Sequenzvergleich scheitert.

Die Klassifikationseinheit ist in SCOP die *Proteindomäne*. Kommt in einem Protein nur eine Domäne vor (dies ist in vielen Proteinen kleiner oder mittlerer Größe der Fall), so wird das Protein als Ganzes klassifiziert. Besitzt ein Protein mehrere Domänen, so werden diese individuell behandelt. Nach visueller Inspektion und Prüfung von Struktur- und Funktionsbeziehungen, die mit einem ganzen Bündel von Softwaretools vorgenommen wird, klassifizieren Experten die Strukturen.

Hierarchisches Klassifikationsschema: Klassen, Faltungstyp, Superfamilie, Proteinfamilie

Das Klassifikationsschema ist ein hierarchisches. Auf der untersten Ebene befindet sich die *Proteinfamilie*. Sie enthält diejenigen

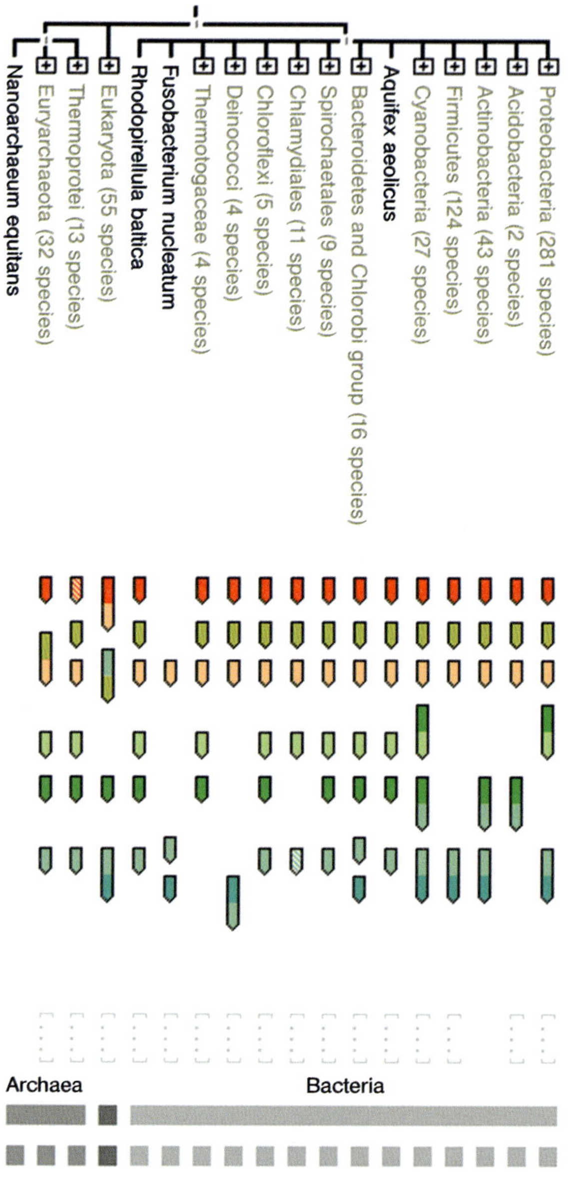

Abb. 3.3 Beispiel für das Verwenden der STRING-Datenbank. Diese Ausgabe dokumentiert das Vorkommen von Genfusionen. So sind in eukaryontischen Genomen die Gene *trpA* und *trpB* sowie zwei weitere Paare zu einem Gen vereint. Fusionierte Gene sind hier durch Pfeile mit unterschiedlicher Füllung hervorgehoben.

Proteine, die auf Sequenzniveau mindestens 30 % Sequenzidentität aufweisen und solche, deren Funktion und Struktur sehr ähnlich sind. Eine *Superfamilie* umfasst diejenigen Familien, die zwar auf Sequenzniveau wenig gemeinsam haben, deren Struktur und häufig auch Funktion jedoch einen gemeinsamen evolutionären Ursprung wahrscheinlich machen. Superfamilien und Familien, die wichtigste Sekundärstrukturelemente in derselben Anordnung und mit vergleichbarer Topologie aufweisen, werden unter einem *Faltungstyp* zusammengefasst.

Die meisten Faltungstypen sind einer von fünf *Klassen* zugeordnet. Diese ergeben sich aus dem Gehalt an Sekundärstrukturelementen, die ganz wesentlich die Struktur der Proteine bestimmen: *all-alpha, all-beta, alpha and beta, alpha plus beta,* und *multidomain.* Daneben gibt es Klassen für Membran- und Zelloberflächenproteine und kleine Proteine. Proteine, deren Struktur nicht wohldefiniert ist, Peptide und artifizielle, d. h. *de novo* entworfene Proteine werden in separaten Gruppen gesammelt. Im Kapitel 1 haben wir bereits repräsentative Vertreter der wichtigsten Klassen vorgestellt.

Die Version 1.73 (Oktober 2007) klassifiziert 34 494 PDB-Einträge mit 97 178 Domänen in 1777 Superfamilien und 3464 Familien.

Die aus SCOP ableitbaren Struktur-Funktions-Beziehungen haben zu einer Anzahl interessanter bioinformatischer Ansätze geführt. Wir werden in den folgenden Kapiteln einige Anwendungen kennenlernen.

3.8 Pfam: Kompilation von Proteinfamilien

Pfam [15] ist eine Datenbank von Proteinfamilien, die aus multiplen Alignments und Hidden-Markov-Modellen besteht. Sie enthält in der Version 23.0 (Juli 2008) 10 340 Proteinfamilien. Bei der Definition von Familien wurde, wann immer möglich, Proteinstrukturinformation dazu verwendet, die Korrespondenz von Proteinfamilien und Domänen sicherzustellen. Domänengrenzen werden aus der SCOP-Datenbank übernommen.

Pfam-A Datensatz: Annotation, Seed-Alignment, Profil-HMM, Gesamtalignment

Pfam ist in zwei Teile gegliedert. *Pfam-A* enthält annotierte Datensätze, die jeweils eine Familie beschreiben. *Pfam-B* enthält automatisch erstellte Cluster solcher Teilsequenzen, die nicht in *Pfam-A* aufgenommen wurden. Jeder Datensatz von *Pfam-A* ist in vier Teile gegliedert: *Annotation, Seed-Alignment, Profil-HMM* und *Gesamtalignment.* Das Seed-Alignment besteht aus einem Alignment repräsentativer Mitglieder der Proteinfamilie. Aus dem Seed-Alignment wird das Profil-HMM abgeleitet. Mit dem Profil-HMM werden Protein-Datenbanken durchsucht, um diejenigen Sequenzen zu finden, die einen spezifischen *Score* übertreffen. Aus diesen Sequenzen wird das Gesamtalignment der Proteinfamilie gebildet. 73 % der Sequenzen aus der UniProt-Datenbank gehören zu einer Pfam-A Familie. Auf Hidden-Markov-Modelle gehen wir in einem eigenen Kapitel ein.

Pfam-Clan: Zusammenfassung homologer Proteine

Einige der Pfam-A Einträge sind mit hoher Wahrscheinlichkeit *homolog*, d. h. die Proteine stammen von einem gemeinsamen Vorgänger ab. Solche Pfam-Einträge werden zu *Clans* zusammengefasst. Clans werden nach manueller Annotation gebildet und stellen ein einfaches hierarchisches Klassifikationssystem der Pfam-Familien dar.

Abfrage

Eine Query wird mit allen Profil-HMMs der Datenbank verglichen. Wird hierbei der für jede Proteinfamilie spezifisch festgelegte Schwellenwert übertroffen, so wird die Zugehörigkeit der Query-Sequenz zu dieser Familie postuliert.

3.9 COG und eggNOG: Gruppen orthologer Gene

COG: Cluster orthologer Gruppen

Das Konzept der Homologie gibt eine biologisch sinnvolle Klassifikation von Genen vor. Daher ist das Identifizieren orthologer Gene, d. h. solcher, die von einem gemeinsamen Vorfahren abstammen, Grundlage für viele vergleichende Genomstudien. Basierend auf einem bioinformatischen Ansatz des paarweisen Sequenzvergleichs wurde die COG-Datenbank erzeugt [16]. Ein jedes COG (***C****luster of* ***O****rthologous* ***G****roups*) enthält orthologe Proteine oder orthologe Mengen paraloger Proteine aus mindestens drei unterschiedlichen Spezies. Zusätzlich wurden alle COGs in eine von 25 funktionellen Kategorien eingeordnet. Diese sind in Tabelle 3.2 zusammengefasst. In der Version von 2003 enthielt die auf eukaryontische Genome erweiterte COG/KOG-Datenbank 110 655 Genprodukte aus 66 Genomen.

Dieses Konzept wurde in der Arbeitsgruppe von Peer Bork erweitert zur eggNOG-Datenbank [17]. Die einzelnen Gruppen werden wiederum mithilfe von lokalen Sequenzalignments generiert. Die Anwendung dieses Prinzips auf 321 bakterielle, 26 archaeelle und 35 eukaryontische Genome ergab 43 582 orthologe Gruppen, von denen 9724 erweiterte Gruppen der früheren COG/KOG-Datenbank waren. Die Gruppen aus eggNOG enthalten 1 241 751 Gene und liefern für 77 % wenigstens eine breite funktionelle Klassifikation (Stand Dezember 2008).

3.10 Weitere Datenbanken

Es gibt eine Fülle weiterer sekundärer Datenbanken, die nicht alle genannt werden können. Im Folgenden sind einige Datenbanken exemplarisch aufgeführt.

Tab. 3.2 COG-Kategorien. Sämtliche COG-Gruppen werden diesen Kategorien zugeordnet.

Informationsspeicherung und -prozessierung	
J	Translation, ribosomale Struktur und Biogenese
A	RNA-Prozessierung und -modifikation
K	Transkription
L	Replikation, Rekombination und Reparatur
B	Chromatinstruktur und deren Dynamik
Zelluläre Prozesse und Signale	
D	Kontrolle des Zellzyklus, Zellteilung, Partitionierung von Chromosomen
Y	Nukleäre Struktur
V	Verteidigungsmechanismen
T	Mechanismen der Signaltransduktion
M	Biogenese der Zellwand/Membran/Hülle
N	Zellbewegung
Z	Zytoskelett
W	Extrazelluläre Strukturen
U	Intrazellulärer Verkehr, Sekretion, vesikulärer Transport
O	Posttranslationale Modifikationen, Proteinumsatz, Chaperone
Metabolismus	
C	Energieproduktion und -konversion
G	Carbohydrat-Transport und -Metabolismus
E	Transport von Aminosäuren und deren Metabolismus
F	Transport von Nucleotiden und deren Metabolismus
H	Transport von Coenzymen und deren Metabolismus
I	Transport von Lipiden und deren Metabolismus
P	Transport von anorganischen Ionen und deren Metabolismus
Q	Biosynthese von Sekundär-Metaboliten, deren Transport und Katabolismus
Wenig charakterisiert	
R	Nur generelle Funktion vorhergesagt
S	Funktion unbekannt

Die *Kyoto Encyclopedia of Genes and Genomes* [18] hat zum Ziel, Leben als molekulares System zu verstehen. Genomische und molekulare Informationen dienen dazu, das systemische Verhalten von Zellen und Organismen auf einem abstrakten Niveau zu beschreiben. Dazu werden vier Datenbanken verknüpft: *KEGG*

- GENES enthält Informationen zu Genen.
- PATHWAY modelliert molekulare Interaktionsnetzwerke.
- BRITE besteht aus funktionalen Hierarchien mit Wissen über biologische Systeme.
- LIGAND beschreibt chemische Komponenten.

Objekte aus den Datenbanken werden in Form von Graphen verbunden und z. B. in Form von metabolischen Pfaden dargestellt. Die Abb. 3.4 zeigt einen zellulären Prozess.

ProDom

Eine Datenbank von Proteindomänen, die unter Verwendung von PSI-BLAST automatisch aus SWISS-PROT generiert wird.

Interpro

Das Anliegen von Interpro (*Integrated resource of protein families, domains and sites*) ist das Bereitstellen einer einheitlichen Schnittstelle und Nomenklatur für die wichtigsten sekundären Datenbanken, um beispielsweise den Zugriff *via* Annotationstools zu vereinfachen. Teilbibliotheken sind u. a. Gene3D, PROSITE, PRINTS, SMART, Pfam, ProDom und TIGRFAMs.

MIPS

Das in München beheimatete Zentrum für Proteinsequenzen (MIPS) bietet eine breite Palette sorgfältig annotierter Datenbanken sowie Werkzeuge für deren Analyse an [19]. Der Inhalt von MIPS-Datenbanken wird häufig als Referenzstandard für Klassifikationsaufgaben verwendet.

Datensätze aus Hochdurchsatzmethoden

Ergebnisse aus Expressionsstudien und anderen Hochdurchsatzmethoden werden an den großen bioinformatischen Instituten (EBI und NCBI) gesammelt. Einige Datenbanken haben sich auf eine Spezies fokussiert.

SGD

Dazu gehört die *Saccharomyces Genome Database* (SGD), die Daten zum Genom der Hefe *Saccharomyces cerevisiae* sammelt. Diese Art ist auch als Bäckerhefe bekannt.

AtPID

Die *Arabidopsis thaliana* Protein-Interaktom-Datenbank (AtPID) ist dem Proteom der Ackerschmalwinde gewidmet. Das zugehörige

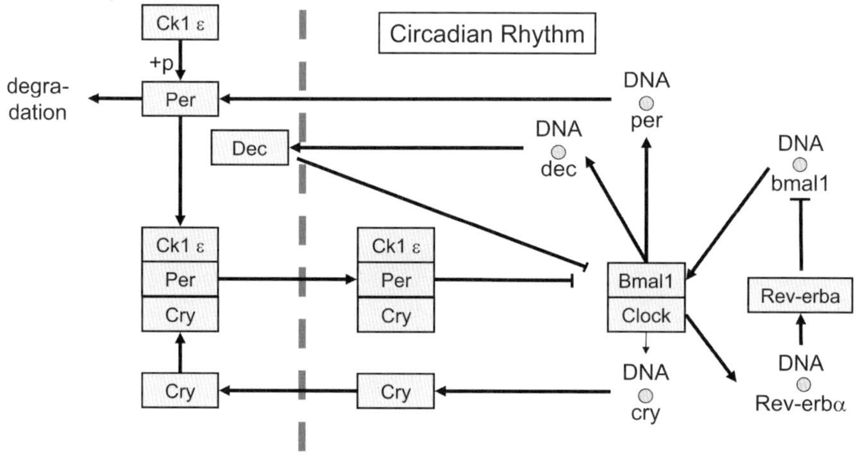

Abb. 3.4 Beispiel für eine Ausgabe der KEGG-Datenbank. Gezeigt ist das Protein-Netzwerk, das an der Regulation des circadianischen Rhythmus des Menschen beteiligt ist. Durch Klicken auf die Proteinnamen kann in der Datenbank weitere Information abgerufen werden.

Genom war das erste, vollständig sequenzierte aus dem Pflanzenreich.

Entrez/PubMed

Das Entrez/PubMed-System am NCBI [20] erlaubt u. a. die folgenden Datenbestände auszuwerten, die miteinander verknüpft sind:

- Bibliographische Daten aus der Datenbank PubMed
- DNA-Sequenzen aus den Datenbanken GenBank, EMBL und DDBJ
- Proteinsequenzen der Datenbanken SWISS-PROT, PIR, PRF, PDB sowie übersetzte DNA-Sequenzen
- Genom- und Chromosomen-Kartierungen
- Taxonomische Verwandtschaftsbeziehungen
- Proteinstrukturen aus der PDB
- Expressionsdaten (DNA-Chip Experimente)

Die Abb. 3.5 belegt die starke Verknüpfung zwischen den einzelnen Datenbanken und gibt die Anzahl von Einträgen (Stand Dezember 2008) an.

Interaktives Arbeiten

Übungen zum Umgang mit bioinformatischen Datenbanken finden Sie auf der begleitenden Website.

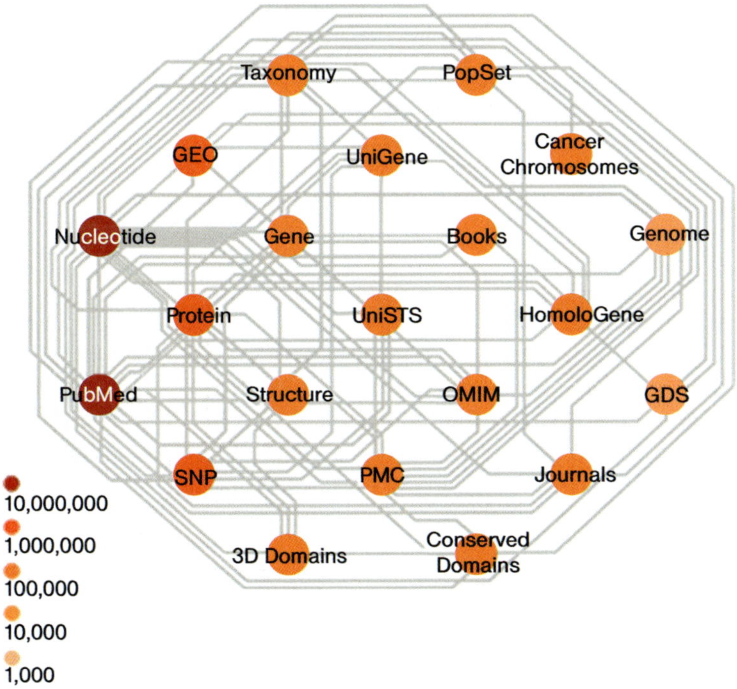

Abb. 3.5 Verknüpfung der NCBI-Datenbanken und die Anzahl von Einträgen in den jeweiligen Teil-Datenbanken.

3.11
Zitierte Literatur

1 Galperin M. Y., Cochrane G. R. (2009) Nucleic acids research annual database issue and the NAR online molecular biology database collection in 2009. *Nucleic Acids Res*, **37**(Database issue), D1–4.

2 Cochrane G., Akhtar R., Bonfield J., Bower L., Demiralp F., Faruque N., Gibson R., Hoad G., Hubbard T., Hunter C. *et al* (2009) Petabyte-scale innovations at the European Nucleotide Archive. *Nucleic Acids Res*, **37**(Database issue), D19–25.

3 Liolios K., Mavromatis K., Tavernarakis N., Kyrpides N. C. (2008) The Genomes On Line Database (GOLD) in 2007: status of genomic and metagenomic projects and their associated metadata. *Nucleic Acids Res*, **36**(Database issue), D475–479.

4 Gerlach D., Kriventseva E. V., Rahman N., Vejnar C. E., Zdobnov E. M. (2009) miROrtho: computational survey of microRNA genes. *Nucleic Acids Res*, **37**(Database issue), D111–117.

5 Dinger M. E., Pang K. C., Mercer T. R., Crowe M. L., Grimmond S. M., Mattick J. S. (2009) NRED: a database of long noncoding RNA expression. *Nucleic Acids Res*, **37**(Database issue), D122–126.

6 Gardner P. P., Daub J., Tate J. G., Nawrocki E. P., Kolbe D. L., Lindgreen S., Wilkinson A. C., Finn R. D., Griffiths-Jones S., Eddy S. R., Bateman A. (2009) Rfam: updates to the RNA families database. *Nucleic Acids Res*, **37**(Database issue), D136–140.

7 Bairoch A., Boeckmann B., Ferro S., Gasteiger E. (2004) Swiss-Prot: juggling between evolution and stability. *Brief Bioinform*, **5** (1), 39–55.

8 Consortium U. (2009) The Universal Protein Resource (UniProt) 2009. *Nucleic Acids Res*, **37**(Database issue), D169–174.

9 Berman H. M., Westbrook J., Feng Z., Gilliland G., Bhat T. N., Weissig H., Shindyalov I. N., Bourne P. E. (2000) The Protein Data Bank. *Nucleic Acids Res*, **28**(1), 235–242.

10 Westbrook J., Ito N., Nakamura H., Henrick K., Berman H. M. (2005) PDBML: the representation of archival macromolecular structure data in XML. *Bioinformatics*, **21**(7), 988–992.

11 Letunic I., Copley R. R., Pils B., Pinkert S., Schultz J., Bork P. (2006) SMART 5: domains in the context of genomes and networks. *Nucleic Acids Res*, **34**(Database issue), D257–260.

12 Jensen L. J., Kuhn M., Stark M., Chaffron S., Creevey C., Muller J., Doerks T., Julien P., Roth A., Simonovic M., Bork P., von Mering C. (2009) STRING 8 – a global view on proteins and their functional interactions in 630 organisms. *Nucleic Acids Res*, **37**(Database issue), D412–416.

13 Murzin A. G., Brenner S. E., Hubbard T., Chothia C. (1995) SCOP: a structural classification of proteins database for the investigation of sequences and structures. *J Mol Biol*, **247**(4), 536–540.

14 Andreeva A., Howorth D., Chandonia J. M., Brenner S. E., Hubbard T. J., Chothia C., Murzin A. G. (2008) Data growth and its impact on the SCOP database: new developments. *Nucleic Acids Res*, **36**(Database issue), D419–425.

15 Finn R. D., Tate J., Mistry J., Coggill P. C., Sammut S. J., Hotz H. R., Ceric G., Forslund K., Eddy S. R., Sonnhammer E. L., Bateman A. (2008) The Pfam protein families database. *Nucleic Acids Res*, **36**(Database issue), D281–288.

16 Tatusov R. L., Koonin E. V., Lipman D. J. (1997) A genomic perspective on protein families. *Science,* **278**(5338), 631–637.

17 Jensen L. J., Julien P., Kuhn M., von Mering C., Müller J., Doerks T., Bork P. (2008) eggNOG: automated construction and annotation of orthologous groups of genes. *Nucleic Acids Res,* **36**(Database issue), D250–254.

18 Kanehisa M., Araki M., Goto S., Hattori M., Hirakawa M., Itoh M., Katayama T., Kawashima S., Okuda S., Tokimatsu T., Yamanishi Y. (2008) KEGG for linking genomes to life and the environment. *Nucleic Acids Res,* **36**(Database issue), D480–484.

19 Mewes H. W., Dietmann S., Frishman D., Gregory R., Mannhaupt G., Mayer K. F., Münsterkötter M., Ruepp A., Spannagl M., Stümpflen V., Rattei T. (2008) MIPS: analysis and annotation of genome information in 2007. *Nucleic Acids Res,* **36**(Database issue), D196–201.

20 Wheeler D. L., Barrett T., Benson D. A., Bryant S. H., Canese K., Chetvernin V., Church D. M., DiCuccio M., Edgar R., Federhen S. *et al* (2007) Database resources of the National Center for Biotechnology Information. *Nucleic Acids Res,* **35**(Database issue), D5–12.

Lernen, Optimieren und Entscheiden

Bioinformatik Interaktiv. 2. Auflage. Rainer Merkl und Stephan Waack

ISBN: 978-3-527-32594-8

Bayessche Entscheidungstheorie

ROC-Kurven

Clusteralgorithmen

Neuronale Netze

Genetische Algorithmen

Stochastik und Entscheidungstheorie

Natürlich werden zur Lösung bioinformatischer Probleme all die Methoden zumindest in Erwägung gezogen, die von der Informatik in breiter Fülle entwickelt wurden. Aufgrund der speziellen Ansprüche sind jedoch in der Bioinformatik Konzepte und Algorithmen entstanden, die in keinem anderen informatischen Spezialgebiet eine ähnlich große Bedeutung erreicht haben. Diese speziellen Verfahren werden im dritten Teil detailliert dargestellt. In Teil 2 beschäftigen wir uns mit einigen allgemeinen Lösungsansätzen, auf die wir mehrfach zurückgreifen. Diese Kapitel können zunächst überschlagen und zu Rate gezogen werden, sobald sich in Teil 3 der Bedarf ergibt. Die Konzepte der *Bayesschen Entscheidungstheorie* bilden die Grundlage für viele bioinformatische Klassifikationsaufgaben. Wir erläutern ihre Verwendung anhand der Entwicklung eines einfachen Klassifikators und führen zu dessen Bewertung *ROC-Kurven* ein. *Clusteralgorithmen* gehören zu den unüberwachten Lernverfahren und erlauben das Gruppieren nichtmarkierter Objekte. Diese Problemstellung kommt in der Bioinformatik häufiger vor. Weiterhin betrachten wir Methoden zur Filterung verrauschter Signale und zur Optimierung komplexer Parametersätze. Zu diesen Verfahren gehören die *neuronalen Netze*, die in ihrer ursprünglichen Konzeption als Modelle für Nervenzellen, d. h. Neuronen standen. Wir werden uns mit den wichtigsten Eigenschaften von Neuronen und den Prinzipien der Lernverfahren beschäftigen. Als einen Vertreter für Optimierungsverfahren werden wir einen Ansatz erläutern, dessen Grundlage ebenfalls der Biologie entlehnt ist. *Genetische Algorithmen* simulieren evolutive Vorgänge, indem eine Menge von potenziellen Lösungen Mutations- und Selektionsoperationen ausgesetzt wird. Wir werden uns mit dem Verfahren an sich und der Theorie genetischer Algorithmen beschäftigen. Zunächst stellen wir jedoch wichtige Begriffe und Ansätze aus der *Stochastik und Entscheidungstheorie* vor.

4
Grundbegriffe der Stochastik

Im Alltag bewerten wir gewöhnlich Zusammenhänge oder Unterschiede mithilfe unseres Sachverstandes, wobei der entstandene Eindruck zählt. Zur Gewinnung wissenschaftlicher Erkenntnisse wird dieses Vorgehen objektiviert, indem Beobachtungen, Zustände und Vorgänge möglichst präzise beschrieben werden. Die *beschreibende Statistik* bietet für diese Aufgabe eine große Menge von Verfahren. Einfachste Anwendungen sind das Anfertigen von Tabellen oder graphische Darstellungen und das Berechnen charakteristischer Kenngrößen wie Mittelwerte oder Streumaße. Weiter gesteckt sind die Ziele der *analytischen Statistik*. Mit deren Methoden wird von Beobachtungsdaten auf allgemeingültige Gesetzmäßigkeiten geschlossen. Statistik und Wahrscheinlichkeitstheorie gehören zur *Stochastik*. Diese liefert mathematische Modelle zur Beschreibung von Experimenten, die eine zufällige Komponente haben. Beispiele für stochastische Experimente sind das Werfen einer Münze, das Würfeln, oder aus Sicht des Stochastikers auch biologische Sequenzen. Während in der beschreibenden Statistik das Experiment im Vordergrund steht, interessiert in der analytischen Statistik die übergeordnete, verallgemeinerte Gesamtheit, nicht die einzelne Beobachtung. Konsequenterweise beschäftigt sich die analytische Statistik mit Problemen und Fragestellungen der folgenden Art: Wie groß ist die Wahrscheinlichkeit, mit einem fairen Würfel eine Fünf zu würfeln? Oder: Wie lautet die positionsspezifische Verteilung von Nucleotiden in einer Promotor-Region? Hat man andererseits eine Beobachtung zu bewerten, interessieren Hypothesen zu ihren Eigenschaften. Hierbei erlauben *statistische Tests* eine Entscheidung zwischen Alternativen.

Beschreibende Statistik

Analytische Statistik

Wahrscheinlichkeitsrechnung

Statistische Tests

In vielen Fällen ist nicht die *Grundgesamtheit* aller Beobachtungen bekannt, sondern nur ein kleiner Anteil derselben. Deswegen muss sich die analytische Statistik häufig mit der Bewertung einer *Stichprobe* begnügen. Im günstigsten Fall ist dieser Ausschnitt eine Zufallsstichprobe; dies gilt dann, wenn jedes Element der Grundgesamtheit mit der gleichen Wahrscheinlichkeit die Chance

Stichprobe muss Grundgesamtheit repräsentieren

Bioinformatik Interaktiv. 2. Auflage. Rainer Merkl und Stephan Waack

ISBN: 978-3-527-32594-8

hat, ausgewählt zu werden. Ist diese Voraussetzung gegeben, so kann bei hinreichend großem Stichprobenumfang von den Eigenschaften der Stichprobe auf die der Grundgesamtheit geschlossen werden. Leider ist diese Voraussetzung jedoch bei biologischen Problemstellungen häufig nicht erfüllt. Beispielsweise lassen sich nicht alle Protein-3D-Strukturen mit gleicher Effizienz bestimmen. Auch die DNA-Sequenz-Datenbanken waren lange Zeit nicht repräsentativ hinsichtlich des in der Natur vorkommenden Genpools. Diese Einschränkung hat mit der Sequenzierung kompletter Genome an Bedeutung verloren, da nun für viele Spezies der komplette Satz von Genen bekannt ist und im Hinblick auf alle, in der Natur überhaupt vorkommenden Gene die Über- bzw. Unterrepräsentation von Gensequenzen abnimmt. An diesem Beispiel wird auf deutliche Weise die gegenseitige Abhängigkeit biologischer und statistischer Methoden klar. Beide Arbeitsfelder befruchten einander; Verbesserungen in Form von exakteren oder verfeinerten Methoden oder Aussagen führen zu Fortschritten im jeweils anderen Gebiet.

Statistische Tests: Vergleich von Hypothesen

Eine wichtige Rolle spielen in der analytischen Statistik und der wissenschaftlichen Theorie überhaupt *Modelle*. In einem Modell werden mit hinreichendem Abstraktionsgrad wesentliche Parameter zusammengefasst. Jedes Modell kann dann wiederum objektiver Überprüfung unterworfen werden, sodass in einem iterativen Prozess eine Verbesserung und Verfeinerung des Modells erreicht werden kann. Will man eine wissenschaftliche Hypothese überprüfen, so wird das zugehörige Modell häufig verglichen mit einer Nullhypothese, die durch folgende Aussage beschrieben wird: „*Das beobachtete Phänomen ist rein durch Zufallsvorgänge entstanden*". Dieses Vorgehen wird auch in der Bioinformatik häufig angewandt: Man beschreibt das Objekt, beispielsweise eine Sequenz, unter Verwendung zweier Modelle und vergleicht deren Eigenschaften mit statistischen Methoden, um dann zu entscheiden, welches Modell besser zum Objekt passt.

Im nächsten Abschnitt beginnen wir mit einem einführenden Beispiel, ehe wir uns detaillierter den wichtigsten Grundbegriffen der Stochastik und einem Vorrat an Rechenregeln zuwenden, die im weiteren Text benötigt werden. Für eine weiterführende Beschäftigung mit statistischen Methoden sind beispielsweise [1] und [2] geeignet; eine breite Darstellung statistischer Konzepte für bioinformatische Problemstellungen findet sich in [3] und [4].

Schreibweisen

In den folgenden Kapiteln wird an manchen Stellen von der unten eingeführten Schreibweise für statistische Begriffe abgewichen. Aus dem Kontext wird die Bedeutung jedoch stets hervorgehen.

4.1 Grundbegriffe der beschreibenden Statistik

Die wichtigsten Begriffe sollen an einem Beispiel klargemacht werden, wobei wir bei einem diskreten Fall bleiben. Ein Würfel wurde 93-mal geworfen und lieferte die in Tabelle 4.1 angegebene Folge der Augenzahlen.

Einfaches Abzählen ergibt das *Vorkommen* (Auftreten, engl. *occurrence*), die *absolute Häufigkeit* der Ausprägungen x_i (hier die Augenzahlen 1 bis 6) in der Stichprobe:

Vorkommen = absolute Häufigkeit

Augenzahl	1	2	3	4	5	6
Vorkommen $Occ(x_i)$	11	6	26	10	16	24

Die Summe der $Occ(x_i)$-Werte ergibt natürlich wieder die Gesamtzahl der Beobachtungen. Die absoluten Häufigkeiten hängen notwendigerweise stark vom Umfang der Stichprobe ab; ein Vergleich von Experimenten mit unterschiedlichem Stichprobenumfang ist schwierig. Abhilfe schafft eine Normierung, die zu den relativen Häufigkeiten führt.

Die *relative Häufigkeit* $f(x_i)$ (engl. *frequency*) der Ereignisse ergibt sich aus der Anzahl, mit der ein einzelnes Ereignis aufgetreten ist, geteilt durch die Gesamtzahl der Beobachtungen:

Relative Häufigkeiten sind bezogen auf den Stichprobenumfang

Augenzahl	1	2	3	4	5	6
Relative	11/93	6/93	26/93	10/93	16/93	24/93
Häufigkeit $f(x_i)$	0.12	0.06	0.28	0.11	0.17	0.26

Relative Häufigkeiten zeigen bei *häufigem Wiederholen* der Experimente (unter konstanten Bedingungen) eine auffallende Stabilität. Diese Beobachtung veranlasste Bernoulli, den Wahrscheinlichkeitsbegriff einzuführen als das Verhältnis:

„Anzahl günstiger Fälle"/„Anzahl aller möglichen Fälle".

Diese Definition ist nur dann sinnvoll, wenn alle möglichen Ereignisse die gleiche Wahrscheinlichkeit besitzen. Kann dies nicht vorausgesetzt werden und gibt es keine andere Möglichkeit

Tab. 4.1 Augenzahlen beim 93-maligen Werfen eines Würfels.

3, 2, 3, 6, 2, 6, 3, 6, 6, 3, 1, 5, 3, 6, 6, 3, 6, 3, 2, 1, 1, 3, 6, 6, 1,
3, 3, 6, 4, 3, 3, 3, 4, 6, 4, 2, 4, 3, 3, 3, 3, 6, 6, 5, 5, 4, 6, 3, 6, 1,
3, 6, 5, 5, 5, 3, 1, 5, 4, 5, 4, 6, 3, 3, 3, 1, 4, 5, 2, 6, 6, 6, 5, 5, 6,
2, 1, 4, 3, 6, 1, 4, 5, 5, 6, 5, 3, 1, 3, 5, 6, 5, 1

Statistische Wahrscheinlichkeit = A-posteriori-Wahrscheinlichkeit

der Modellbildung, wie z. B. bei einem unfairen Würfel, so hilft nur ein Experiment mit einer großen Anzahl von Wiederholungen. Auf diese Weise gewinnt man die *A-posteriori-* oder *statistische Wahrscheinlichkeit*. Die Menge aller möglichen Ergebnisse wird Ereignisraum genannt. Wahrscheinlichkeiten werden in der Regel mit $p(x)$ angeben. So ist die Wahrscheinlichkeit für das Werfen einer 1 bei einem idealen Würfel *p(„Augenzahl beim nächsten Wurf gleich 1")* := 1/6.

Verteilungsfunktion = Summenhäufigkeitsfunktion

Die Wahrscheinlichkeitsverteilung einer Zufallsvariablen legt fest, mit welcher Wahrscheinlichkeit die Variablenwerte angenommen werden. Eine Möglichkeit, diesen Zusammenhang anzugeben, ist die *Verteilungsfunktion*. Sie ist definiert als

$$F(x) := p(X \leq x)$$

d. h. sie gibt an, mit welcher Wahrscheinlichkeit die zufällige Variable X einen Wert kleiner/gleich x annimmt. $F(x)$ wird auch *Summenhäufigkeitsfunktion* oder kumulierte Wahrscheinlichkeitsverteilung genannt. Warum dies so ist, wird an folgendem Beispiel klar.

Beispiel

Wir betrachten wieder ein Würfelexperiment mit einem idealen Würfel, d. h. es gelte $p(x) = 1/6$ für $x = 1...6$. Dann folgt für $F(x)$:

x	$x < 1$	$1 \leq x < 2$	$2 \leq x < 3$	$3 \leq x < 4$	$4 \leq x < 5$	$5 \leq x < 6$	$x \geq 6$
$F(x)$	0	1/6	1/6+1/6=1/3	3 x 1/6=1/2	4/6	5/6	6/6=1

Wahrscheinlichkeitsfunktion

Zu dieser Vorgehensweise gibt es für *diskrete Zufallsvariablen* eine Alternative. Man kann die Wahrscheinlichkeit angeben, mit der die Merkmale x_i angenommen werden, d. h. man bildet $p(X = x_i) = p(x_i)$. Die Funktion $p(x_i)$ wird allgemein *Wahrscheinlichkeitsfunktion* genannt. Ist $p(x_i)$ gegeben, so kann $F(x)$ durch Aufsummieren über die Werte von $p(x_i)$ berechnet werden.

Wahrscheinlichkeitsdichte

Analoges ergibt sich für stetige Zufallsvariablen. $p(x)$ ist nun eine stetige Funktion, die in diesem Kontext *Wahrscheinlichkeitsdichte* genannt wird und $F(x)$ wird durch Integration berechnet:

$$F(x) := \int_{-\infty}^{x} p(t)dt.$$

Häufigkeiten werden aus Stichprobe ermittelt, frequency

Diskrete Wahrscheinlichkeiten $p(x_i)$ werden oft aus einer Stichprobe ermittelt. Um die durch Auszählen bestimmten Werte als solche zu kennzeichnen, werden diese, wie oben eingeführt, als *relative Häufigkeiten* $f(x_i)$ bezeichnet.

Problem des geringen Stichprobenumfangs

Obiges Würfelexperiment konfrontiert uns mit einem häufig anzutreffenden Problem: Der *Stichprobenumfang* zur Gewinnung der relativen Häufigkeiten ist sehr klein. Die Person, die ein Experiment zu bewerten hat, steht dann vor Fragen, die der folgenden nicht unähnlich sind: Ist die Wahrscheinlichkeit für das Vorkommen der Augenzahl 2 in obigem Experiment deswegen so niedrig, weil der Würfel unfair, d. h. unsymmetrisch ist, oder ist schlicht der Stichprobenumfang, (die Trainingsmenge) zu klein? Für den obigen Fall wird man unter der Annahme, dass mit einem fairen Würfel gewürfelt wurde, für jede Augenzahl die gleiche Wahrscheinlichkeit, nämlich 1/6 erwarten. Daher kann in diesem einfachen Fall leicht unter Verwendung eines statistischen Tests überprüft werden, ob diese Verteilung statistisch auffällig von einer Gleichverteilung abweicht. Ist jedoch nur wenig oder nichts über die zu erwartenden Häufigkeiten bekannt, stellt ein kleiner Stichprobenumfang ein ernstes Problem dar. Häufig werden Verteilungen korrigiert, wenn *A-priori*-Wissen über das untersuchte Phänomen ein derartiges Vorgehen rechtfertigt. So werden beispielsweise in solchen Fällen, in denen die Zuweisung eines Wahrscheinlichkeitswertes $p(x) := 0$ nicht sinnvoll ist, die Variablen, mit denen das Vorkommen der Ereignisse gezählt wird, nicht mit null, sondern mit positiven Werten initialisiert. Die Größe dieser *Pseudocount*-Werte wird natürlich vom verwendeten Modell abhängen. Mehr zu dieser Thematik und anderen Techniken der Korrektur des Stichprobenumfangs findet sich z. B. in [3] und [5] sowie in Kapitel 12 und Kapitel 15.

Korrektur mit Pseudocounts

Nach diesem Beispiel wollen wir nun zusammenfassend wichtige Konzepte und Rechenregeln der Stochastik vorstellen.

4.2 Urnenexperimente und diskrete Verteilungen

Urnenmodell

Wir geben zunächst eine intuitive Interpretation des Begriffes eines Zufallselements X aus einer Menge anhand des folgenden Beispiels. Wir wollen ein Element X aus $\{A, C, G, T\}$ durch ein Zufallsexperiment derart bestimmen, dass X mit Wahrscheinlichkeit 1/2 den Wert T, mit Wahrscheinlichkeit 1/6 den Wert A, mit Wahrscheinlichkeit 1/4 den Wert C und mit Wahrscheinlichkeit 1/12 den Wert G annimmt. Dazu legen wir insgesamt 12 gleichartige Kugeln in eine Urne (siehe Abb. 4.1). Eine Kugel ist mit G beschriftet, drei Kugeln mit C, zwei mit A und sechs mit T. Nun mischen wir gut durch und ziehen eine Kugel. Wir schreiben $\mathbb{P}(X = T) = 1/2$, $\mathbb{P}(X = C) = 1/4$, $\mathbb{P}(X = A) = 1/6$ und $\mathbb{P}(Y = G) = 1/12$. Den Einwand, dass man auf diese Weise nur rationale Wahr-

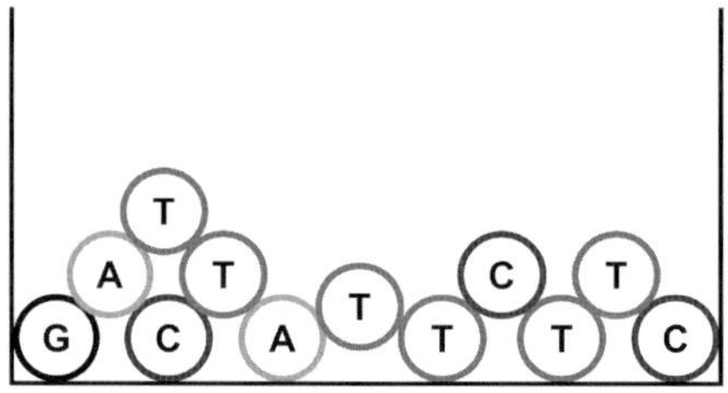

Abb. 4.1 Ein Urnenmodell für ein Zufallsexperiment aus {A, C, G, T}.

scheinlichkeiten umsetzen kann, lassen wir gelten. Allerdings kann jede reelle Zahl mit beliebig hoher Genauigkeit durch eine rationale Zahl approximiert werden.

Bernoulli-Experiment

Ein Zufallsexperiment, vermöge dessen wir ein Element aus der Menge {0, 1} ermitteln können, heißt *Bernoulli-Experiment*. Die Wahrscheinlichkeit, die Eins zu ziehen, nennen wir *Erfolgswahrscheinlichkeit* p des Bernoulli-Experiments.

Binomialverteilung

Die *Binomialverteilung* mit Parametern $n \in \{1, 2, \dots\}$ und $p \in (0, 1)$ und die geometrische Verteilung mit Parameter $p \in (0, 1)$ sind zwei wichtige Beispiele, wie man aus Bernoulli-Experimenten komplexere Urnenexperimente bilden kann. Für die (n, p)-Binomialverteilung führen wir n Bernoulli-Experimente mit Erfolgswahrscheinlichkeit p aus, wobei kein Experiment ein anderes in seinem Ausgang beeinflusst. Insbesondere werden die gezogenen Kugeln wieder zurückgelegt. Wir sprechen von *unabhängigen* Experimenten. Wir betrachten die zufällige Anzahl X der Erfolge.

Unabhängige Experimente

Für jedes $k \in \{0, 1, \dots, n\}$ ist die Wahrscheinlichkeit, dass genau k Experimente zum Erfolg führen, gleich:

$$\mathbb{P}(X = k) = \binom{n}{k} p^k q^{n-k}. \tag{4.1}$$

Hierbei ist $q = 1 - p$. Die Gestalt der rechten Seite in Gleichung (4.1) rechtfertigt die Bezeichnung Binomialverteilung.

Geometrische Verteilung

Das Experiment für die *geometrische Verteilung* besteht in einer potenziell beliebig langen Folge unabhängiger Bernoulli-Experimente. Betrachtet wird die Anzahl X der Versuche bis zum Eintreten des ersten Erfolges. Offenbar kann X jeden der Werte $\{1, 2, \dots\}$ annehmen, denn es ist auch möglich, dass der Erfolg nie eintritt.

Für jedes natürliche $x \in \{1, 2, \dots, \infty\}$ ist die Wahrscheinlichkeit, dass genau x Experimente bis zum ersten Erfolg durchgeführt werden müssen, gleich

$$\mathbb{P}(X = x) = (1 - p)^{x-1} \cdot p.$$

Wegen

$$1 = \sum_{x=1}^{\infty} (1-p)^{x-1} \cdot p$$

ist es zwar möglich, dass der Erfolg nie eintritt. Die Wahrscheinlichkeit dafür ist jedoch gleich null:

$$p(X = \infty) = 0.$$

Die Zähldichte der Binomialverteilung mit Parametern (n, p) ist in Abb. 4.2 dargestellt; sie gibt die Wahrscheinlichkeiten $p_X(k) := \mathbb{P}(X = k)$ $(k = 0,1,\dots,n)$ an. Die Zähldichte der geometrischen Verteilung mit Parameter p zeigt die Abb. 4.3. In beiden Fällen ist $p = 0.3$.

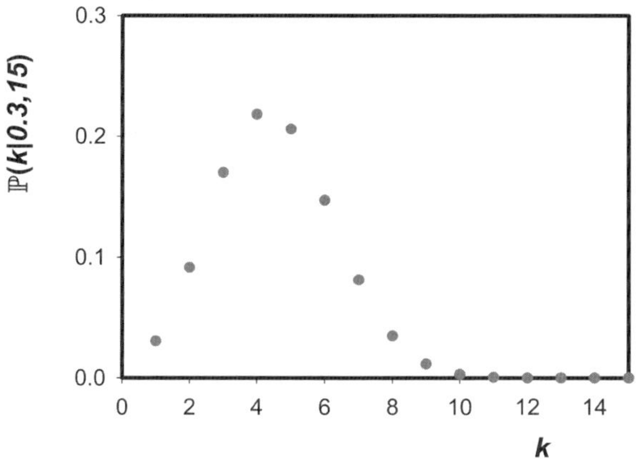

Abb. 4.2 Die Zähldichte der Binomialverteilung mit Parametern $p = 0.3$ und $n = 15$.

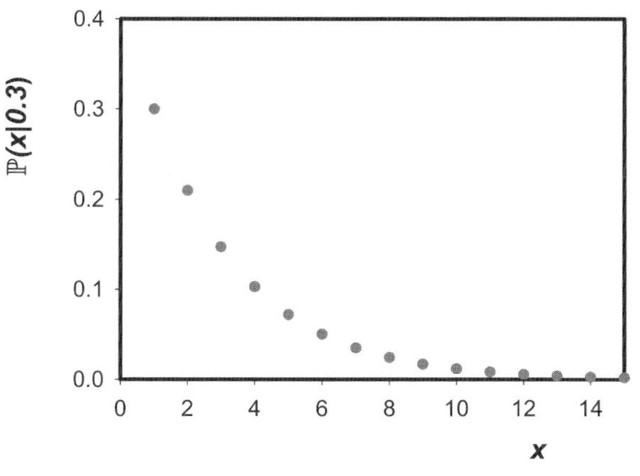

Abb. 4.3 Die Zähldichte der geometrischen Verteilung mit Parameter $p = 0.3$.

4.3
Die Kolmogoroffschen Axiome

Wir fassen die Menge Ω als Menge der *Elementarereignisse* auf. Ereignisse, denen wir Wahrscheinlichkeiten zuordnen möchten, sind formal gesehen Mengen von Elementarereignissen, also Teilmengen von Ω. Die Menge der relevanten Ereignisse, die in dem Sinne messbar sein sollen, dass man ihnen eine Wahrscheinlichkeit zuordnet, fasst man zu einem Ereignissystem $\mathcal{K}$ zusammen. Dieses muss aus innermathematischen Gründen die folgenden Bedingungen erfüllen:

Kolmogoroffsche Axiome

1) Die Allmenge gehört zum Ereignissystem: $\Omega \in \mathcal{K}$.
2) Mit einer Menge ist auch ihr Komplement messbar:
   $\mathcal{A} \in \mathcal{K} \Rightarrow \complement\mathcal{A} \in \mathcal{K}$.
3) Ist eine Folge von Ereignissen messbar, so auch ihre Vereinigung: $\mathcal{A}_1, \mathcal{A}_{2,} \ldots \in \mathcal{K} \Rightarrow \bigcup_{i=1}^{\infty} \mathcal{A}_i \in \mathcal{K}$.

σ-Mengenalgebra

Ein Ereignissystem, das die vorstehenden drei Eigenschaften hat, nennt man σ-Mengenalgebra. Von großer Bedeutung ist für den n-dimensionalen reellen Raum $\mathbb{R}^n$ die σ-Mengenalgebra aller Borel-messbaren Mengen. Dabei handelt es sich um die kleinste σ-Mengenalgebra, die sämtliche n-fachen kartesischen Produkte (offener, halboffener, abgeschlossener, einseitig unendlicher) Intervalle umfasst. Immer, wenn es um diese Grundmengen geht, bildet sie das Ereignissystem.

Das Paar $(\Omega, \mathcal{K})$ heißt Messraum. Ein Wahrscheinlichkeitsmaß $\mathbb{P}$ ordnet jeder Ereignismenge $\mathcal{A} \in \mathcal{K}$ eine Zahl aus dem Intervall [0, 1] als Wahrscheinlichkeit so zu, dass die Allmenge Ω das Wahrscheinlichkeitsmaß eins hat und für jede Folge $\mathcal{A}_1, \mathcal{A}_{2,} \ldots \in \mathcal{K}$ von paarweise disjunkten Ereignissen die *σ-Additivität* gilt:

σ-Additivität

$$\mathbb{P}\left(\bigcup_{i=1}^{\infty} \mathcal{A}_i\right) = \sum_{i=1}^{\infty} \mathbb{P}(\mathcal{A}_i).$$

Die vorstehenden drei Eigenschaften nennt man die *Kolmogoroffschen Axiome*. Das Tripel $(\Omega, \mathcal{K}, \mathbb{P})$ heißt *Wahrscheinlichkeitsraum*. Man kann sehr leicht zeigen, dass aus den Kolmogoroffschen Axiomen die folgenden Eigenschaften folgen:

Eigenschaften von Wahrscheinlichkeitsräumen

Für jede Teilmenge $\mathcal{A} \subseteq \Omega$ ist $\mathbb{P}(\Omega \backslash \mathcal{A}) := 1 - \mathbb{P}(\mathcal{A})$.
Für je zwei Teilmengen $\mathcal{A}, \mathcal{B} \subseteq \Omega$ ist
$\mathbb{P}(\mathcal{A} \cup \mathcal{B}) := \mathbb{P}(\mathcal{A}) + \mathbb{P}(\mathcal{B}) - \mathbb{P}(\mathcal{A} \cap \mathcal{B})$.
Für je zwei Teilmengen $\mathcal{A}, \mathcal{B} \subseteq \Omega$ mit $\mathcal{A} \subseteq \mathcal{B}$ ist
$\mathbb{P}(\mathcal{A}) \leq \mathbb{P}(\mathcal{B})$.

4.4 Bedingte Wahrscheinlichkeit und Unabhängigkeit

Bedingte Wahrscheinlichkeit

Häufig geht es darum, Wahrscheinlichkeiten mehrerer Teilmengen gemeinsam zu betrachten. Hierfür sind die Begriffe *bedingte Wahrscheinlichkeit* und *Unabhängigkeit* wichtig. Wir unterstellen $\mathcal{A}_1 \in \mathcal{K}$ mit $\mathbb{P}(\mathcal{A}_1) > 0$.

Die *bedingte Wahrscheinlichkeitsverteilung auf* Ω *bei gegebenem* $\mathcal{A}_1$ wird mit $\mathbb{P}(.|\mathcal{A}_1)$ oder $\mathbb{P}_{\mathcal{A}_1}(.)$ bezeichnet und ist für jedes $\mathcal{A}_2 \in \mathcal{K}$ wie folgt definiert:

$$\mathbb{P}(\mathcal{A}_2|\mathcal{A}_1) := \mathbb{P}_{\mathcal{A}_1}(\mathcal{A}_2) = \frac{\mathbb{P}(\mathcal{A}_1 \cap \mathcal{A}_2)}{\mathbb{P}(\mathcal{A}_1)}$$

Ist $\mathbb{P}(\mathcal{A}_1) = 0$, so ist $\mathbb{P}_{\mathcal{A}_1}(.)$ eine beliebige Wahrscheinlichkeitsverteilung. Obige Gleichung ist äquivalent zu:

$$\mathbb{P}(\mathcal{A}_1 \cap \mathcal{A}_2) = \mathbb{P}(\mathcal{A}_1) \cdot \mathbb{P}(\mathcal{A}_2|\mathcal{A}_1).$$

Durch vollständige Induktion kommt man zur allgemeineren Aussage:

Sind $\mathcal{A}_1, \mathcal{A}_2, \ldots, \mathcal{A}_k$ Ereignisse mit $\mathbb{P}(\mathcal{A}_1 \cap \mathcal{A}_2 \ldots \cap \mathcal{A}_{k-1}) > 0$, so ist

$$\mathbb{P}(\mathcal{A}_1 \cap \mathcal{A}_2 \ldots \cap \mathcal{A}_k) = \mathbb{P}(\mathcal{A}_1) \cdot \mathbb{P}(\mathcal{A}_2|\mathcal{A}_1) \cdot \ldots \cdot \mathbb{P}(\mathcal{A}_k|\mathcal{A}_1 \cap \mathcal{A}_2 \ldots \mathcal{A}_{k-1}).$$

Sei nun $\mathcal{B}_1, \mathcal{B}_2, \ldots$ eine disjunkte, messbare Zerlegung des Raumes Ω. Ist die Wahrscheinlichkeit eines Ereignisses durch seine bedingten Wahrscheinlichkeiten bei gegebenen $\mathcal{B}_i$ $(i = 1, 2 \ldots)$ bestimmt? Eine Antwort gibt der folgende Satz:

Formel von der totalen Wahrscheinlichkeit

Für jede disjunkte Zerlegung $\mathcal{B}_1, \mathcal{B}_2, \ldots$ von Ω und jedes Ereignis $\mathcal{A} \subseteq \Omega$ gilt:

$$\mathbb{P}(\mathcal{A}) := \sum_k \mathbb{P}(\mathcal{B}_k)\mathbb{P}(\mathcal{A}|\mathcal{B}_k).$$

Als unmittelbare Folgerung erhalten wir den Satz von Bayes.

Satz von Bayes

Für jede disjunkte, messbare Zerlegung $\mathcal{B}_1, \mathcal{B}_2 \ldots$ von Ω mit $\mathbb{P}(\mathcal{B}_i) > 0$ für alle i, jedes Ereignis $\mathcal{A} \in \mathcal{K}$ mit $\mathbb{P}(\mathcal{A}) > 0$ und jedes $j = 1, 2 \ldots$ gilt:

$$\mathbb{P}(\mathcal{B}_j|\mathcal{A}) := \frac{\mathbb{P}(\mathcal{A}|\mathcal{B}_j)\mathbb{P}(\mathcal{B}_j)}{\sum_k \mathbb{P}(\mathcal{A}|\mathcal{B}_k)\mathbb{P}(\mathcal{B}_k)}.$$

Unmittelbar einleuchtend ist auch der Begriff der Unabhängigkeit:

Begriff der Unabhängigkeit

Zwei Ereignisse $\mathcal{A}$ und $\mathcal{B}$ heißen *unabhängig*, wenn gilt: $\mathbb{P}(\mathcal{A} \cap \mathcal{B}) = \mathbb{P}(\mathcal{A}) \cdot \mathbb{P}(\mathcal{B})$.

Den Begriff der Unabhängigkeit beleuchtet auch folgender Satz:

Seien $\mathcal{A}$ und $\mathcal{B} \in \mathcal{K}$ zwei Ereignisse. Ferner sei $\mathbb{P}(\mathcal{B})>0$. Dann sind $\mathcal{A}$ und $\mathcal{B}$ genau dann unabhängig, wenn die Wahrscheinlichkeit des Ereignisses $\mathcal{A}$ gleich der Wahrscheinlichkeit von $\mathcal{A}$ bei gegebenem $\mathcal{B}$ ist: $\mathbb{P}(\mathcal{A}|\mathcal{B}) = \mathbb{P}(\mathcal{A})$

Häufig benötigen wir einen Unabhängigkeitsbegriff für mehr als zwei Ereignisse. Hierfür führen wir die folgenden Definitionen ein.

Eine Menge von Ereignissen $\mathcal{A}_1, \mathcal{A}_2, \ldots \mathcal{A}_n$ *erfüllt die Produktformel* genau dann, wenn

$$\mathbb{P}(\mathcal{A}_1 \cap \mathcal{A}_2 \ldots \cap \mathcal{A}_n) = \mathbb{P}(\mathcal{A}_1) \cdot \mathbb{P}(\mathcal{A}_2) \cdot \ldots \cdot \mathbb{P}(\mathcal{A}_n).$$

Eine *beliebige* Menge von Ereignissen heißt genau dann *unabhängig*, wenn für jede endliche Teilmenge die Produktformel gilt.

4.5 Zufallselemente

Wir betrachten in den folgenden Kapiteln häufiger sogenannte Zufallsexperimente. Derartige Experimente können im Prinzip zwar beliebig oft wiederholt werden (wie das Würfeln), das Resultat des einzelnen Experiments ist jedoch nicht vorhersagbar. Das Ergebnis jedes Zufallsexperiments hängt – wie der Name bereits sagt – vom Zufall ab, stammt jedoch aus dem Ereignisraum $\mathcal{K}$. Beim einmaligen Wurf eines Würfels kann als Ergebnis, das wir mit X bezeichnen wollen, nur eine der Zahlen 1 bis 6 auftreten. Dieses X kann als Funktion interpretiert werden, die den Wertebereich $\mathcal{K}$ besitzt, bei der es jedoch vom Zufall abhängt, welcher Wert beim individuellen Experiment angenommen wird. Eine Funktion, die den Ausgang von Zufallsexperimenten beschreibt, wird *Zufallsvariable* oder *stochastische Variable* genannt.

Wahrscheinlichkeitsgrundraum

Im Weiteren sei $(\Omega, \mathcal{K}, \mathbb{P})$ ein fester, sehr großer Wahrscheinlichkeitsraum, gewissermaßen der *Vater all unseres Zufalls*. Der Raum ist so gewählt, dass alle Konstruktionen, die wir im Folgenden betrachten, auch möglich sind. Wir bezeichnen ihn als den *Wahrscheinlichkeitsgrundraum*.

Begriff der Messbarkeit

Ein Zufallselement X aus einem Messraum $(\mathfrak{X}, \mathfrak{L})$ ist eine Abbildung $X\colon \Omega \to \mathfrak{X}$ mit der Eigenschaft der *Messbarkeit*: $X^{-1}(\mathcal{A}) \in \mathcal{K}\ (\forall \mathcal{A} \in \mathfrak{L})$.

Zufällige Variable, zufälliger Vektor

Ein Zufallselement X heißt eine *zufällige Variable* oder *zufälliger Vektor,* wenn es sich bei $(\mathfrak{X}, \mathfrak{L})$ um den Messraum der reellen Zahlen bzw. der reellen Vektoren einer festen Dimension n mit den Borel-messbaren Mengen als Ereignissystem handelt.

Wahrscheinlichkeitsraum, Verteilungsfunktion

Ein Zufallselement X aus $\mathfrak{X}$ macht vermöge der Gleichung

$$\mathbb{P}_X(\mathcal{A}) := \mathbb{P}(X^{-1}(\mathcal{A})) = \mathbb{P}(X \in \mathcal{A}) \quad (\mathcal{A} \in \mathcal{L})$$

aus dem Messraum $(\mathfrak{X}, \mathfrak{L})$ einen Wahrscheinlichkeitsraum $(\mathfrak{X}, \mathfrak{L}, \mathbb{P}_X)$. Die Zahl $\mathbb{P}_X(\mathcal{A})$ ist die Wahrscheinlichkeit dafür, dass das Zufallselement X zum Ereignis $\mathcal{A} \in \mathcal{L}$ gehört. Wir nennen $\mathbb{P}_X$ das durch X auf $(\mathfrak{X}, \mathfrak{L})$ *induzierte* Wahrscheinlichkeitsmaß.

Ist X ein zufälliger Vektor aus dem $\mathbb{R}^n$, so nennen wir

$$F_X(x_1,x_2,\ldots,x_n) := \mathbb{P}_X((\infty,x_1]\times(\infty,x_2]\times\ldots\times(\infty,x_n])$$

die zu X gehörige Verteilungsfunktion.

Diskrete Zufallselemente

Von besonderer Bedeutung sind im Folgenden *diskrete Zufallselemente.*

Ein Zufallselement aus $\mathfrak{X}$ heißt diskret, wenn es höchstens abzählbar viele Werte $\{x_1, x_2, \ldots\}$ annehmen kann.

In diesem Fall ist die durch X auf $\mathfrak{X}$ induzierte Verteilung durch die sogenannte *Zähldichte* $p_X(x) = \mathbb{P}(X = x)$ mit $\sum_{i=1}^{\infty} p_X(x_i) = 1$ beschrieben. Ist $X = (X_1, X_2, \ldots, X_n)$ ein diskreter zufälliger Vektor, so lässt sich seine Verteilungsfunktion durch

$$F_X(x_1,x_2,\ldots,x_n) = \sum_{(x_1',x_2',\ldots,x_n') \le (x_1,x_2,\ldots,x_n)} p_X(x_1',x_2',\ldots,x_n')$$

darstellen, wobei die $\le$-Relation komponentenweise gemeint ist.

Randverteilungen

Wie sehen die Verteilungsfunktionen und die Zähldichten der Komponenten von X aus? Man spricht von *Randverteilungen.* Wir betrachten exemplarisch die erste Komponente X_1 für den Fall $n = 2$:

$$F_{X_1}(x_1) = \lim_{x_2 \to \infty} F_X(x_1,x_2)$$

$$p_{X_1}(x_1) = \sum_{x_2 \in \mathbb{R}} p_X(x_1,x_2).$$

Die Verteilungsfunktion eines zufälligen Vektors $X = (X_1, X_2, \ldots, X_n)$ aus $\mathbb{R}^n$ heißt *totalstetig*, wenn es eine nichtnegative reellwertige *Dichtefunktion* $\varphi_X(x_1, x_2, \ldots, x_n)$ so gibt, dass für jede Borel-messbare Teilmenge $\mathcal{A}$ des $\mathbb{R}^n$ der Wert von $\mathbb{P}(X \in \mathcal{A}) = \int_{\mathcal{A}} \varphi_X(x_1,x_2,\ldots,x_n)\, dx_1 dx_2 \ldots dx_n$ ist. Insbesondere gilt für die Verteilungsfunktion von X:

$$F_X(x_1,x_2,\ldots,x_n) = \int_{-\infty}^{x_1} \int_{-\infty}^{x_2} \cdots \int_{-\infty}^{x_n} \varphi_X(\xi_1,\xi_2,\ldots,\xi_n)\, d\xi_1 d\xi_2 \ldots d\xi_n.$$

Was die Randverteilungen für totalstetige Verteilungen angeht, begnügen wir uns der Übersichtlichkeit halber erneut mit der ersten Komponente für den Fall $n = 2$:

$$F_{x_1}(x_1) = \lim_{x_2 \to \infty} F_x(x_1, x_2)$$

$$\varphi_{X_1}(x_1) = \int_{-\infty}^{+\infty} \varphi_X(x_1,x_2)\, dx_1 dx_2.$$

Das Verhältnis von Dichte φ_X und zugehörigem Wahrscheinlichkeitsmaß $\mathbb{P}_X$ auf $\mathbb{R}^n$ wird durch die folgende Näherungsformel bestimmt, die ein intuitives Verständnis der Dichtefunktion ermöglicht.

Für ein beliebiges $a = (a_1, \ldots., a_n) \in \mathbb{R}^n$ und ein hinreichend kleines positives ε gilt:

$$\epsilon^n \cdot \varphi_X(a) \approx \mathbb{P}_X([a_1 - \epsilon/2, a_1 + \epsilon/2] \times \ldots \times [a_n - \epsilon/2, a_n + \epsilon/2]).$$

Fast sichere Eigenschaften

Eigenschaften von Zufallselementen, z. B. ob eine Zufallsvariable größer oder gleich null ist, liegen manchmal vor und manchmal nicht, da die Werte der Zufallselemente ja streuen. Im Folgenden betrachten wir manchmal Eigenschaften, die mit Wahrscheinlichkeit eins vorliegen. Ein Beispiel dafür ist ein Würfel, der auf jeder Seite eine 6 hat. Wirft man ihn, so beobachtet man stets eine 6. Ist X die zugehörige Zufallsvariable, so ist die Eigenschaft „$X = 6$" sogar sicher, denn X kann niemals einen anderen Wert annehmen. Allerdings gibt es auch ganz andere Situationen: Ist X z. B. normalverteilt, so ist die Wahrscheinlichkeit dafür, dass X einen Wert ungleich null annimmt, gleich eins. In diesem Fall ist X mit Wahrscheinlichkeit eins verschieden von null, *aber diese Eigenschaft ist nicht sicher.* Natürlich kann X auch den Wert null annehmen. Deshalb nennt man solche Eigenschaften auch *fast sicher.*

4.6 Unabhängigkeit von Zufallselementen

Wir betrachten Zufallsvariablen $X_1, X_2, \ldots, X_n$. Seien $F_{X_1}, \ldots, F_{X_n}$ die Verteilungsfunktionen und sei F_X die Verteilungsfunktion des Zufallsvektors $X := (X_1, X_2, \ldots, X_n)$.

> Dann sind die $X_1, X_2, \ldots, X_n$ genau dann unabhängig, wenn
>
> $$F_X(x_1,x_2,\ldots,x_n) = F_{X_1}(x_1) \cdot F_{X_2}(x_2) \cdot \ldots \cdot F_{X_n}(x_n)$$
>
> gilt.

Für eine totalstetige Verteilungsfunktion F_X ist dies äquivalent zu

$$\varphi_X(x_1,x_2,\ldots,x_n) = \varphi_{X_1}(x_1) \cdot \varphi_{X_2}(x_2) \cdot \ldots. \cdot \varphi_{X_n}(x_n).$$

Für ein diskretes X folgt $p_X(x_1,x_2,\ldots,x_n) = p_{X_1}(x_1) \cdot p_{X_2}(x_2) \cdot \ldots. \cdot p_{X_n}(x_n)$.

Zusammengefasst erhält man sowohl für den vollstetigen als auch für den diskreten Fall Folgendes: Die $X_1, X_2, \ldots, X_n$ sind genau dann unabhängig, wenn für jede Folge Borel-messbarer Teilmengen der reellen Zahlen $\mathcal{A}_1, \mathcal{A}_2, \ldots, \mathcal{A}_n$ gilt:

$$\mathbb{P}(X_1 \in \mathcal{A}_1, X_2 \in \mathcal{A}_2, \ldots X_n \in \mathcal{A}_n) = \mathbb{P}(X_1 \in \mathcal{A}_1) \cdot \mathbb{P}(X_2 \in \mathcal{A}_2) \cdot \ldots \cdot \mathbb{P}(X_n \in \mathcal{A}_n).$$

Die folgende Eigenschaft ist oft nützlich: Aus der Unabhängigkeit der $X_1, X_2, \ldots, X_n$ folgt die Unabhängigkeit beliebig Transformierter $g(X_1), g(X_1), \ldots, g(X_n)$. Die Abbildung g muss lediglich messbar sein.

4.7 Markov-Ketten

Abhängigkeiten können mit Markov-Ketten modelliert werden

Eine konsequente Weiterentwicklung bedingter Wahrscheinlichkeiten sind im Diskreten Markov-Ketten, die nach der Länge ihres Gedächtnisses eingeteilt werden. Bei einer Markov-Kette mit Gedächtnis der Länge eins gilt beispielsweise:

$$p(x_1x_2x_3x_4) = p(x_1) \cdot p(x_2|x_1) \cdot p(x_3|x_2) \cdot p(x_4|x_3).$$

Die *charakteristische Eigenschaft* Markovscher Ketten ist die bedingte Unabhängigkeit: Fasst man die Zufallsvariablen $X_1, X_2, \ldots$ als stochastischen Prozess mit diskreter Zeit auf, so sind zu *jedem Zeitpunkt gegeben eine beliebige Wertannahme in der Gegenwart,* Vergangenheit und Zukunft unabhängig. Befinden wir uns beispielsweise im Zeitpunkt drei, dann sind, bedingt auf jedes der Ereignisse $\{X_3 = x_3\}$, (X_1, X_2) und X_4 unabhängig.

Hat das Gedächtnis die Länge zwei, so gilt:

$$p(x_1 x_2 x_3 x_4) = p(x_1 x_2) \cdot p(x_3 | x_1 x_2) \cdot p(x_4 | x_2 x_3).$$

usw.

Markov-Ketten spielen in der statistischen Bewertung biologischer Sequenzen eine bedeutende Rolle. Sie werden erfolgreich als Modelle verwendet, um beispielsweise den Einfluss von Restriktionsenzymen oder DNA-Reparatursystemen auf die Komposition genomischer DNA zu charakterisieren, um die Lage von Genen vorherzusagen [6] oder um Nucleosomenbindestellen zu identifizieren [7]. Die sogenannten Hidden-Markov-Modelle (HMMs) sind eine konzeptionelle Erweiterung der Ketten und werden auch zur Beschreibung von Proteinfamilien erfolgreich eingesetzt. HMMs stellen wir in einem eigenen Kapitel vor.

4.8 Erwartungswerte

Der Erwartungswert einer zufälligen Variablen ist derjenige Wert, der sich bei hinreichend häufigem Wiederholen des zugehörigen Zufallsexperiments als Mittelwert der Ergebnisse einstellt.

> Eine diskrete zufällige Variable X hat genau dann einen Erwartungswert, wenn die Reihe $\sum_{x \in \mathbb{R}} x \cdot p_X(x)$ *absolut* konvergent ist. Ist dies der Fall, so heißt $\mathbb{E}X = \sum_{x \in \mathbb{R}} x \cdot p_X(x)$ der *Erwartungswert* von X.

Man beachte, dass nur höchstens abzählbar viele Summanden der vorstehenden Summe verschieden von null sind.

Ist die Verteilungsfunktion einer Zufallsvariablen X totalstetig, so existiert ihr Erwartungswert genau dann, wenn das Integral $\int_{-\infty}^{+\infty} |x| \cdot \varphi_X(x)\,dx$ existiert. In diesem Fall ist $\mathbb{E}X = \int_{-\infty}^{+\infty} x \cdot \varphi_X(x)\,dx$.

Angenommen, wir sind am Erwartungswert der Zufallsvariablen $g(X)$ interessiert, wobei $X = (X_1, X_2, \ldots, X_n)$ ein zufälliger n-dimensionaler reeller Vektor und g eine messbare Funktion von $\mathbb{R}^n$ nach $\mathbb{R}$ ist. Wollen wir eine der vorstehenden Definitionen anwenden, so müssten wir die Zähldichte bzw. die Dichte der Zufallsvariablen $g(X)$ studieren. Kennen wir die Dichte bzw. die Zähldichte von X, so können wir den folgenden *Transformationssatz für Erwartungswerte* anwenden.

Transformationssatz für Erwartungswerte

Ist X diskret, so ist

$$\mathbb{E}g(X) = \sum_{x_1,x_2,\ldots,x_n} g(x_1,x_2,\ldots,x_n) \cdot p_X(x_1,x_2,\ldots,x_n).$$

Ist F_X totalstetig, so ist

$$\mathbb{E}g(X) = \int_{-\infty}^{+\infty} \int_{-\infty}^{+\infty} \ldots \int_{-\infty}^{+\infty} g(x_1,x_2,\ldots,x_n) \cdot \varphi_X(x_1,x_2,\ldots,x_n)\, dx_1 dx_2 \ldots dx_n.$$

Setzen wir $g(X) = \sum_{i=1}^{n} a_i X_i$, so erhalten wir als Folgerung die sehr wichtige Linearität der Erwartung.

Linearität der Erwartung

Es gilt für reelle Konstanten $a_1, a_2, \ldots, a_n$:

$$\mathbb{E}\left[\sum_{i=1}^{n} a_i X_i\right] = \sum_{i=1}^{n} a_i \mathbb{E}X_i. \tag{4.2}$$

Die folgenden Eigenschaften von Erwartungswerten sind ebenfalls nützlich:

Monotonie und Unabhängigkeit der Erwartung

Ist $\mathcal{A} \in \mathcal{K}$ ein Ereignis, so gilt: $\mathbb{E}1_{\mathcal{A}} = \mathbb{P}(\mathcal{A})$.
Existiert der Erwartungswert von X, so gilt: $|\mathbb{E}X| \leq \mathbb{E}|X|$.
Existieren die Erwartungswerte von X und Y und ist $\mathbb{P}(X \leq Y) = 1$, so gilt $\mathbb{E}X \leq \mathbb{E}Y$.
Ist $X \geq 0$ und existiert $\mathbb{E}X$, so folgt aus $\mathbb{E}X = 0$, dass $\mathbb{P}(X = 0) = 1$ ist.
Sind X und Y unabhängige zufällige Variablen, deren Erwartungswerte existieren, so gilt:

$$\mathbb{E}(X \cdot Y) = \mathbb{E}X \cdot \mathbb{E}Y.$$

Markovsche Ungleichung

Ist X eine zufällige Variable, deren Erwartungswert existiert, so gilt: $\mathbb{P}(|X| \geq c) \leq \frac{\mathbb{E}|X|}{c}$.

Konvexkombination

Für Punkte $x_1, x_2, \ldots, x_n \in \mathbb{R}^n$ heißt $\lambda_1 x_1 + \lambda_2 x_2 + \ldots + \lambda_k x_k$ für nichtnegative λ_i mit $\lambda_1 + \lambda_2 + \ldots + \lambda_k = 1$ eine *Konvexkombination* dieser Punkte. Eine Teilmenge des $\mathbb{R}^n$ heißt *konvex*, wenn mit je zwei Punkten auch deren Konvexkombinationen aus dieser Menge sind.

Definition konvex, konkav

Sei $\mathcal{K} \subset \mathbb{R}^n$ eine konvexe Menge, f: $\mathcal{K} \to \mathbb{R}$ eine Funktion.

f heißt *konvex*, wenn für jede Konvexkombination $\lambda_1 x_1 + \lambda_2 x_2$ von Punkten x_1 und x_2 aus $\mathcal{K}$ gilt:

$$f(\lambda_1 x_1 + \lambda_2 x_2) \leq \lambda_1 f(x_1) + \lambda_2 f(x_2).$$

f heißt *konkav*, wenn für jede Konvexkombination $\lambda_1 x_1 + \lambda_2 x_2$ von Punkten x_1 und x_2 aus $\mathcal{K}$ gilt:

$$f(\lambda_1 x_1 + \lambda_2 x_2) \geq \lambda_1 f(x_1) + \lambda_2 f(x_2).$$

Jensensche Ungleichung

Die *Jensensche Ungleichung* verknüpft diese Mengeneigenschaften mit dem Erwartungswert. Sei X ein zufälliger Vektor, der mit Wahrscheinlichkeit eins Werte aus einer konvexen Menge annimmt und sei f eine messbare Abbildung von dieser konvexen Menge in die reellen Zahlen. Dann gilt:

Ist f konvex, so ist
$\mathbb{E}f(X_1, X_2, \ldots, X_n) \geq f) \geq \mathbb{E}X_1, \mathbb{E}X_2, \ldots, \mathbb{E}X_n).$

Ist f konkav, so ist
$\mathbb{E}f(X_1, X_2, \ldots, X_n) \leq f(\mathbb{E}X_1, \mathbb{E}X_2, \ldots, \mathbb{E}X_n).$

Beide Ungleichungen gelten unter der Voraussetzung, dass die beteiligten Erwartungswerte existieren.

4.9 Varianzen

Momente einer Verteilung, Varianz

Häufig ist man daran interessiert, eine Verteilung mit wenigen Kenngrößen zu beschreiben. Dieser Aufgabe dienen die *Momente* einer Verteilung. Zu den wichtigsten Momenten gehört die *Varianz*.

Sei $(\Omega, \mathcal{K}, \mathbb{P})$ der Wahrscheinlichkeitsgrundraum.

Wir definieren:
$L^2 := \{X \mid X$ ist eine Zufallsvariable auf Ω, für die $\mathbb{E}|X|^2$ existiert$\}$.

Natürlich sind in L^2 nicht nur solche zufälligen Variablen X enthalten, deren Verteilung $\mathbb{P}_X$ eine Dichte oder eine Zähldichte haben. Die Menge L^2 ist die Mutter all unserer Zufallsvariablen: Jede Zufallsvariable, die wir betrachten, wird zu L^2 gehören. Es ist eine naheliegende und einfach zu beantwortende Frage, ob der Erwartungswert eines Elements aus L^2 stets existiert. Es gilt:

Für jede Zufallsvariable X aus L^2 existiert der Erwartungswert von X.

L^2 ist ein $\mathbb{R}$-Vektorraum mit $\mathbb{E}|XY|$ als fast sicher positiv definitem Skalarprodukt. Dazu benötigen wir das folgende Lemma:

Sind $X, Y \in L^2$ und $\alpha, \beta \in \mathbb{R}$, so existiert $\mathbb{E}|XY|$ und damit $\mathbb{E}XY$. Es ist $\alpha X + \beta Y \in L^2$.

Nun kommen wir zu dem versprochenen, fast sicher positiv definitem Skalarprodukt auf L^2. (Fast sicher positiv definit heißt: Ist $\mathbb{E}X^2 = 0$, so ist $\mathbb{P}(X = 0) = 1$). Nach obigem Lemma existiert unser Kandidat $\mathbb{E}XY$. Damit folgt auch:

> Auf dem $\mathbb{R}$-Vektorraum L^2 ist $\mathbb{E}XY$ ein fast sicher positiv definites Skalarprodukt.

Cauchy-Schwarzsche Ungleichung

> Für $X, Y \in L^2$ gilt $|\mathbb{E}X \cdot Y| \leq \mathbb{E}|X \cdot Y| \leq \sqrt{\mathbb{E}X^2}\sqrt{\mathbb{E}Y^2}$, wobei Gleichheit genau dann vorliegt, wenn die Zufallsvariablen X und Y fast sicher linear abhängig sind, wenn es reelle Zahlen a, b mit $a, b \neq 0$ derart gibt, dass $\mathbb{P}(aX + bY = 0) = 1$ ist.

Wir können also zufällige Variablen als geometrische Objekte, d. h. als zufällige Punkte eines Raumes auffassen. Die Kovarianz zweier zufälliger Variabler aus L^2 ist eine wichtige Größe. Ihre Existenz muss zunächst festgestellt werden. Es gilt:

> Für je zwei zufällige Variablen $X, Y \in L^2$ existiert $\mathbb{E}((X - \mathbb{E}X)(Y - \mathbb{E}Y))$.

Wir kommen nun zur Definition der Kovarianz.

Definition Kovarianz, Standardabweichung

> Für je zwei zufällige Variablen $X, Y \in L^2$ heißt $\operatorname{Cov}(X, Y) := \mathbb{E}((X - \mathbb{E}X)(Y - \mathbb{E}Y))$ die Kovarianz von X und Y.
> Die Größe $\operatorname{Var}X := \operatorname{Cov}(X, X)$ ist die *Varianz* von X.
> Die Zahl $\sigma_X := \sqrt{\operatorname{VarX}}$ heißt *Standardabweichung* oder *Streuung* von X.

Sei $c \in \mathbb{R}$ eine Konstante und sei $X \in L^2$ mit $\mu := \mathbb{E}X$. Dann ist

$$\begin{aligned}\mathbb{E}(X - c)^2 &= \mathbb{E}(X^2 - 2cX + c^2)\\ &= \mathbb{E}(X^2 - 2\mu X + \mu^2 + 2(\mu - c)X + c^2 + \mu^2)\\ &= \mathbb{E}(X - \mu)^2 + 2(\mu - c)\mu + c^2 + \mu^2\\ &= \operatorname{Var}(X) + (\mu - c)^2.\end{aligned}$$

Wir erhalten den folgenden Satz.

> Für jedes $c \in \mathbb{R}$ ist $\mathbb{E}(X - c)^2 = \operatorname{Var}X + (\mathbb{E}X - c)^2$, d. h. $\mathbb{E}(X - c)^2$ ist minimal für $c = \mathbb{E}X$. (4.3)

Ferner gilt: $\operatorname{Var}X = 0 \Leftrightarrow X$ ist fast sicher konstant.

Mit den folgenden Regeln kann mit Kovarianzen gerechnet werden.

Rechenregeln für Kovarianzen

Seien $X, Y, X_i \in L^2$ $(i = 1, 2, \ldots, n)$ und $\alpha, \beta \in \mathbb{R}$.
Dann gilt:

1.) $\mathrm{Cov}(X, Y) = \mathbb{E}(XY) - \mathbb{E}X\,\mathbb{E}Y$ und folglich
$\mathrm{Var}\, X = \mathbb{E}X^2 - (\mathbb{E}X)^2$.
2.) Die Kovarianz ist symmetrisch und bilinear.
3.) Sind X und Y unabhängig, so ist $\mathrm{Cov}(X, Y) = 0$.
4.) Sind $X_1, X_2, \ldots, X_n$ unabhängig, so gilt
$\mathrm{Var}(\sum_{i=1}^n X_i) = \sum_{i=1}^n \mathrm{Var} X_i$.
5.) $\mathrm{Var}(\alpha X + \beta) = |\alpha|^2 \mathrm{Var} X$.
6.) Allgemein ist
$\mathrm{Var}(\sum_{i=1}^n X_i) = \sum_{i=1}^n \mathrm{Var} X_i + \sum_{i<j} \mathrm{Cov}(X_i, X_j)$.

Die folgende Eigenschaft der Kovarianz ist eine unmittelbare Folge aus der Couchy-Schwarzschen Ungleichung.

Seien $X, Y \in L^2$. Dann ist $|Cov(X,Y)| \leq \sigma_X \cdot \sigma_Y$ und Gleichheit gilt genau dann, wenn es reelle Zahlen $a, b, c \in \mathbb{R}$ mit $a \cdot b \neq 0$ derart gibt, dass fast sicher $aX + bY = c$ gilt.

Dieser Satz gibt Anlass zur Definition des Korrelationskoeffizienten zweier zufälliger Variabler.

Definition Korrelationskoeffizient

Seien $X, Y \in L^2$. Dann heißt $\rho_{X,Y} := \dfrac{Cov(X,Y)}{\sigma_X \cdot \sigma_Y}$ der Korrelationskoeffizient von X und Y.
Ist $\rho_{X,Y} = 0$, so heißen X und Y unkorreliert.

Aus der Couchy-Schwarzschen Ungleichung folgt sofort, dass der Korrelationskoeffizient Werte aus $[-1, +1]$ annimmt. Der Korrelationskoeffizient von X und Y kann als Kosinus des Winkels zwischen X und Y gedeutet werden. Sind beispielsweise X und Y jeweils auf einem Intervall I_X und I_Y gleichverteilt und liegt für (X, Y) eine hinreichend große Stichprobe vor, so kann der Korrelationskoeffizient wie folgt interpretiert werden.

- Ist $|\rho_{X,Y}| = 1$, so liegen die Werte der Stichprobe auf einer Geraden innerhalb des Rechteckes $I_X \times I_Y$.
- Ist $\rho_{X,Y} = 0$, so ist keine aufwärts oder abwärts gerichtete Tendenz zu erkennen.
- Sind X und Y nicht nur unkorreliert, sondern sogar unabhängig, so ist (X, Y) auf $I_X \times I_Y$ gleichverteilt.

Regressionsgerade

Allgemein quantifiziert der Korrelationskoeffizient, wie stark zwei Zufallsvariablen aus L^2 von einer linearen Beziehung $Y = a + bX$ abweichen. Als Abstand wird der mittlere quadratische Abstand verwendet. Wir suchen nach Koeffizienten a und b, sodass $\mathbb{E}\Delta^2 := \mathbb{E}(Y - (a + bX))^2$ so klein wie möglich wird, wobei für diese Werte der Term $y = a + bx$ *Regressionsgerade* heißt. Aus Gleichung (4.3) mit $c = 0$ erhalten wir zunächst

$$\mathbb{E}\Delta^2 = (\mathbb{E}\Delta)^2 + \mathrm{Var}\Delta, \qquad (4.4)$$

wobei der zweite Summand der vorstehenden Gleichung unabhängig von a ist. Deshalb minimieren wir zunächst den ersten Summanden in a für jedes feste b. Für $a = \mathbb{E}Y - b\mathbb{E}X$ verschwindet der erste Summand der Gleichung (4.4). Wir setzen Gleichung (4.4) in den zweiten Summanden von Gleichung (4.4) ein und müssen durch Wahl von b

$$Var\Delta = VarY - 2bCov(X,Y) + \beta^2 VarX$$

minimieren. Für den einzig interessierenden Fall Var$X \neq 0 \neq$ Var$Y$ ist dies nach quadratischer Ergänzung gleichbedeutend mit der Minimierung von

$$\left(b - \frac{Cov(X,Y)}{Var X}\right)^2 Var X + \left(1 - \frac{Cov^2(X,Y)}{Var X\; Var Y}\right)^2 Var Y.$$

Wir erhalten $b = \dfrac{Cov(X,Y)}{Var X} = \rho(X,Y)\dfrac{\sqrt{Var Y}}{\sqrt{Var X}}$, woraus sich für den besten mittleren quadratischen Abstand $(1 - \rho^2(X,Y))\,Var\, Y$ ergibt. Darüber hinaus ist der folgende Satz leicht zu beweisen.

Kovarianzmatrix

Sind X_1, X_2, ... unabhängige Zufallsvariablen aus L^2 mit Erwartungswerten μ_1, μ_2, ... und Standardabweichungen σ_1, σ_2, ..., so bilden die zentrierten und normalisierten Zufallsvariablen $\dfrac{X_1 - \mu_1}{\sigma_1}$, $\dfrac{X_2 - \mu_2}{\sigma_2}$, ... eine orthonormale Folge in L^2 und sind folglich linear unabhängig.
Ist $X = (X_1, X_2, \ldots X_n)$ ein Zufallsvektor aus dem $\mathbb{R}^n$, wobei für alle $i = 1, 2, \ldots, n$ $X_i \in L^2$ ist, so heißt $Cov\,X := \left(Cov(X_i,X_j)_{i,j\,=\,1,2,\ldots,n}\right)$ die Kovarianzmatrix von X.

4.10 Wichtige Wahrscheinlichkeitsverteilungen

In den folgenden Kapiteln sind vier Wahrscheinlichkeitsverteilungen von besonderer Bedeutung. Unter den diskreten Verteilungen sind dies die geometrische und die Binomialverteilung, bei den kontinuierlichen Verteilungen die Normal- und die Exponentialverteilung. Bei der statistischen Bewertung von Datenbanktreffern werden wir im Kapitel 12 zusätzlich die Extremwertverteilung einführen.

4.10.1 Diskrete Verteilungen

Gleichverteiltes diskretes Zufallsexperiment

Ein Zufallsexperiment X über einer n-elementigen Menge $\{x_1, x_2, \dots, x_n\}$ heißt *gleichverteilt*, wenn $\mathbb{P}(X_1 = x_1) = \mathbb{P}(X_2 = x_2) = \dots = \mathbb{P}(X_n = x_n) = \frac{1}{n}$ ist.

Rein zufällige Wahl

Informatiker sprechen, wenn es um die Wertannahme eines gleichverteilten diskreten Zufallsexperiments geht, gerne von einer *rein zufälligen* Wahl.

Erwartungswerte und Varianz der Verteilungen

Die Bernoulli-Verteilung, die Binomialverteilung und die geometrische Verteilung haben wir bereits eingeführt. Sei die Zufallsvariable $B \in \{0, 1\}$ Bernoulli verteilt mit Erfolgswahrscheinlichkeit p, die Zufallsvariable $X \in \{0, 1, \dots n\}$ sei (n, p)-binomialverteilt und die Zufallsvariable $Y \in \{1, 2, \dots\}$ sei mit Parameter p geometrisch verteilt. Wir wollen Erwartungswerte und Varianzen bestimmen.

Für die p-Bernoulli verteilte Zufallsvariable B führt die Verwendung der Definitionen zum Ziel:

$$\mathbb{E}B = p \quad Var\,B = p \cdot (1 - p).$$

Was die binomialverteilte Zufallsvariable X angeht, so ist sie als Summe von n unabhängigen Bernoulli-Variablen $B_1, B_2, \dots, B_n$ mit Erfolgswahrscheinlichkeit p darstellbar. Aus der Linearität der Erwartung folgt

$$\mathbb{E}(B_1 + B_2 + \dots + B_n) = \mathbb{E}B_1 + \mathbb{E}B_2 + \dots + \mathbb{E}B_n = np.$$

Wegen der Unabhängigkeit der Summanden verhalten sich auch die Varianzen additiv:

$$Var(B_1 + B_2 + \dots + B_n) = Var\,B_1 + Var\,B_2 + \dots + Var\,B_n = np(1 - p).$$

Für die geometrisch verteilte Zufallsvariable Y nehmen wir ohne Beweis zu Kenntnis, dass gilt:

$$\mathbb{E}Y = \frac{1}{p} \quad Var\,Y = \frac{1 - p}{p^2}.$$

Geometrische Verteilungen sind die einzigen diskreten gedächtnislosen Verteilungen

Die geometrische Verteilung ist darüber hinaus in dem folgenden Sinne *gedächtnislos*: Ist der Erfolg nach dem n-ten Versuch noch nicht eingetreten, so ist die Wahrscheinlichkeit, dass man noch k Versuche bis zum ersten Erfolg absolvieren muss, genauso groß wie am Anfang:

$$\mathbb{P}(X = n + k | X > n) = \mathbb{P}(X = k) \quad (n,k = 1,2,\dots).$$

Mithilfe der geometrischen Verteilungen lassen sich diskrete Wartezeiten bis zum Eintreten eines Ereignisses modellieren. In der Bioinformatik ist dies häufig die Länge einer Sequenz mit zufälliger Längenverteilung, wobei das erwartete Ereignis ein Erreichen des Sequenzendes ist.

4.10.2 Totalstetige Verteilungen

Eine zufällige Variable X heißt auf dem Intervall $[a, b]$ gleichverteilt, wenn sich die Verteilung von X wie folgt darstellen lässt:

Totalstetige Gleichverteilung

$$F_X(x) = F_{[a,b]}(x) = \begin{cases} 0 & \text{falls } x<a \\ \dfrac{x-a}{b-a} & \text{falls } x \in [a,b] \\ 1 & \text{falls } x>b. \end{cases}$$

Die Dichte hat die Gestalt:

$$\varphi(x) = \begin{cases} 0 & \text{falls } x<a \\ \dfrac{1}{b-a} & \text{falls } x \in [a,b] \\ 0 & \text{falls } x>b. \end{cases}$$

Mithilfe des sogenannten Hauptsatzes der Integralrechnung erhält man

$$\mathbb{E}X = \frac{a+b}{2} \quad Var\,X = \frac{(b-a)^2}{12}.$$

Univariate Normalverteilung

Die Dichte der Standardnormalverteilung hat die folgende Gestalt, siehe Abb. 4.4:

Standardnormalverteilung

$$\varphi_{0,1}(x) = \frac{1}{\sqrt{2\pi}} \cdot e^{-\frac{1}{2}x^2}$$

Für Erwartungswert und Varianz einer standardnormalverteilten Zufallsvariablen X gilt:

$$\mathbb{E}X = 0 \quad Var\,X = 1.$$

Die Verteilungsfunktion der Standardnormalverteilung hat keine einfache explizite Darstellung. Man kann sie aber wie folgt gut abschätzen:

$$\frac{1}{\sqrt{2\pi}}\left(\frac{1}{x} - \frac{1}{x^3}\right) e^{-\frac{1}{2}x^2} \leq 1 - \Phi_{0,1}(x) \leq \frac{1}{\sqrt{2\pi}} \frac{1}{x} e^{-\frac{1}{2}x^2}$$

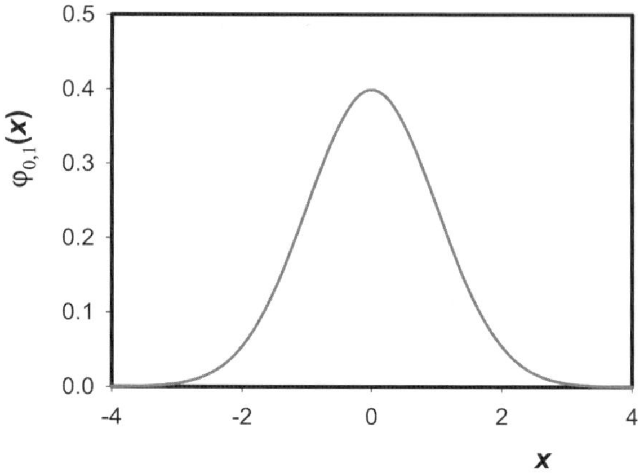

Abb. 4.4 Die Dichtefunktion der Standardnormalverteilung.

Die Dichte einer $\mathcal{N}(\mu, \sigma^2)$-normalverteilten zufälligen Variablen X hat

$$\phi_{\mu,\sigma^2}(x) := \frac{1}{\sqrt{2\pi}\sigma} \cdot e^{-\frac{(x-\mu)^2}{2\sigma^2}}$$

als Darstellung. Für den Erwartungswert und die Varianz ergeben sich:

$$\mathbb{E}X = \mu \quad Var\,X = \sigma^2.$$

Ist X $\mathcal{N}(\mu, \sigma^2)$-normalverteilt, so ist $Z := (X - \mu)/\sigma$ standardnormalverteilt. Dies hat

$$\Phi_{\mu,\sigma^2}(b) = \Phi_{0,1}(\frac{b-\mu}{\sigma})$$

zur Folge.

Z-Score

In der Bioinformatik werden die Werte von Z häufig *Z-Scores* genannt. Sie geben die Abweichung vom Mittelwert in Vielfachen der Standardabweichung an.

Ferner gilt:

$$\mathbb{P}(X \in [\mu - \sigma, \mu + \sigma]) \approx 0.683$$
$$\mathbb{P}(X \in [\mu - 2\sigma, \mu + 2\sigma]) \approx 0.955$$
$$\mathbb{P}(X \in [\mu - 3\sigma, \mu + 3\sigma]) \approx 0.997$$

Eine Abweichung um mehr als 3 σ tritt nur 1x bei je 370 Versuchen auf

Man kann also erwarten, dass sich die beobachteten Werte einer normalverteilten Zufallsvariablen X bei einer großen Anzahl von Versuchen wie folgt verteilen: Etwa 2/3 aller Werte liegen im Intervall $[\mu - \sigma, \mu + \sigma]$, etwa 95 % der Werte im Bereich $\pm 2\sigma$ und etwa 99 2/3 % im Bereich $\pm 3\sigma$ um den Mittelwert verteilt.

Exponentialverteilungen

Eine zufällige Variable X heißt exponentialverteilt mit Parameter $\lambda > 0$, wenn für deren Verteilungsfunktion gilt:

$$F_X(x) = \begin{cases} 1 - e^{-\lambda x} & \text{falls } x > 0 \\ 0 & \text{sonst.} \end{cases}$$

Die Dichte der Exponentialverteilung hat die folgende Gestalt, siehe Abb. 4.5

$$\varphi_\lambda(x) = \begin{cases} \lambda e^{-\lambda x} & \text{falls } x \geq 0 \\ 0 & \text{sonst.} \end{cases}$$

Für Erwartungswert und Varianz einer exponentialverteilten Zufallsvariablen X gilt:

$$\mathbb{E}X = \frac{1}{\lambda} \quad Var\,X = \frac{1}{\lambda^2}.$$

Exponentialverteilungen modellieren unabhängige Vorkommnisse, die mit konstanter Rate auftreten

Was modelliert eine exponentialverteilte Zufallsvariable X? Ereignen sich Vorkommnisse wie radioaktive Zerfallsprozesse oder Flugzeugabstürze in einem bestimmten Gebiet *unabhängig voneinander* mit *zeitlich konstanter* Rate, so eignet sich die Exponentialverteilung zur Modellierung der Wartezeit bis zum Eintritt des nächsten Vorkommens von einem festen Zeitpunkt an gerechnet. Das Ereignis $X \in (t, \infty)$ hat in Worten zwei äquivalente Beschreibungen:

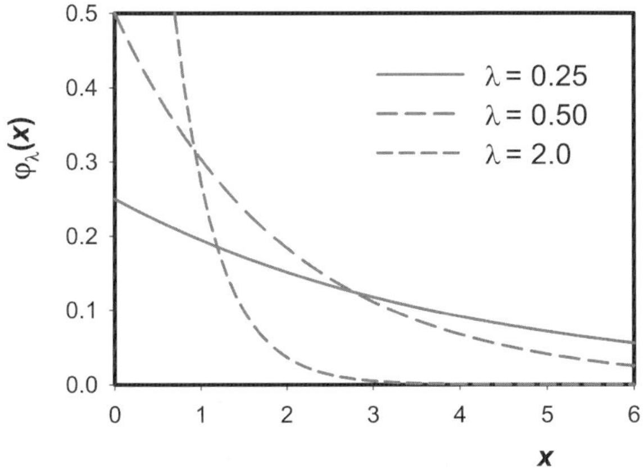

Abb. 4.5 Die Dichtefunktion der Exponentialverteilung für λ = 0.25, 0.50 und 2.0.

- „Das Vorkommnis wurde bis zum Zeitpunkt t noch nicht beobachtet."
- „Der Beobachtungszeitpunkt für das Vorkommnis fällt in das Intervall (t, ∞)."

Die Exponentialverteilung ist gedächtnislos

Die charakteristische Eigenschaft der Exponentialverteilung unter allen vollstetigen Verteilungen ist ihre *Gedächtnislosigkeit*: Ist das Vorkommen bis zum Zeitpunkt t noch nicht beobachtet worden (und somit das Ereignis $X \in (t, \infty)$ eingetreten), so ist die Wahrscheinlichkeit, noch mindestens die Zeitspanne x warten zu müssen, genau so groß wie zu Anfang. Die formale Definition der Gedächtnislosigkeit ist durch

$$\mathbb{P}(X \in (t + x,\infty) | X \in (t,\infty)) = \mathbb{P}(X \in (x,\infty))$$

gegeben.

Ist X exponentialverteilt, mit Rate λ, so ist $N := \lceil X \rceil$ wegen der *Gedächtnislosigkeit* von X geometrisch verteilt mit Erfolgswahrscheinlichkeit $1 - e^{-\lambda}$:

$$\mathbb{P}(N = n) = e^{-\lambda(n-1)}(1 - e^{-\lambda}) \quad (n \geq 1).$$

4.11 Schätzer

In der Praxis besteht oft das Problem, aus einer Stichprobe näherungsweise Parameter einer Verteilung oder Zufallsvariablen schätzen zu müssen. So liegt es nahe, das Stichprobenmittel $\bar{x}_n$ einer Stichprobe x_1, ... x_n als Schätzung für den Erwartungswert $\mathbb{E}X$ der Zufallsvariablen X zu verwenden. Also approximiert man mit:

Stichprobenmittel

$$\mathbb{E}X \approx \bar{x}_n := \frac{x_1 + ... + x_n}{n}.$$

Und die Varianz wird angenähert durch:

Stichprobenvarianz

$$Var\,X \approx s_n^2 := \sum_{i=1}^{n} \frac{(x_i - \bar{x})^2}{n - 1}.$$

MLM liefert wirksamste Schätzung

Diese Vorgehensweise ist ein Spezialfall der Momentenmethode, auf die hier nicht näher eingegangen wird. Eines der wichtigsten Verfahren zum Schätzen von Parametern ist die *Maximum-Likelihood-Methode* (*MLM*). Diese hat einige günstige Eigenschaften, vor allem aber gilt: *Sofern es eine wirksamste Schätzung gibt, so wird sie von der MLM geliefert.*

Wir beschränken uns im folgenden Beispiel wieder auf den einfachsten Fall, d. h. eine diskrete Verteilung und es gelte, einen Parameter u (wie beispielsweise den Mittelwert einer Normalverteilung) der zugrunde liegenden Wahrscheinlichkeitsverteilung zu schätzen. Weiterhin nehmen wir an, dass ein Experiment n-mal ausgeführt worden sei, d. h. es liegt eine Stichprobe mit Werten x_1, ... x_n vor. Sind die n Ereignisse unabhängig, so gilt für die Wahrscheinlichkeit l, das vorliegende Ergebnis zu erhalten:

$$l(x_1, x_2, \ldots\ldots x_n) = f(x_1)\, f(x_2)\, \ldots\ldots f(x_n).$$

Likelihood-Funktion

Die Häufigkeiten $f(x_i)$, die wir aus der Stichprobe ermitteln, hängen natürlich vom Parameter u der zugrunde liegenden Wahrscheinlichkeitsverteilung ab. Halten wir für den Augenblick die Werte $x_1, x_2, \ldots\ldots x_n$ fest, so ist l eine Funktion des Parameters u. In dieser Betrachtungsweise nennt man l eine *Likelihood-Funktion*.

Maximum-Likelihood-Ansatz

Der Maximum-Likelihood-Ansatz besteht nun darin, als Näherung für den unbekannten Parameter u denjenigen Wert zu nehmen, für den die Funktion l den größten Funktionswert annimmt. In dieser Betrachtungsweise kann l wie folgt notiert werden, um die Abhängigkeit vom Parameter u zum Ausdruck zu bringen:

$$l(x_1, x_2, \ldots\ldots x_n, u) = f(x_1, u)\, f(x_2, u)\, \ldots\ldots f(x_n, u).$$

l ist eine differenzierbare Funktion in u und eine notwendige Voraussetzung für ein Maximum (das suchen wir ja gerade bei der MLM) ist eine Nullstelle der ersten Ableitung:

$$\frac{\partial l}{\partial u} \stackrel{!}{=} 0. \tag{4.5}$$

Wir benutzen hier die partielle Ableitung, da l auch von den Parametern x_i abhängt. Sämtliche Werte können nicht negativ sein (warum?), damit ist l auch dort, wo ein Maximum angenommen wird, nicht negativ.

Nun ist der Logarithmus eine monoton wachsende Funktion, d. h. auch log l hat dort ein Maximum, wo l eines besitzt. Die Bedingung (4.5) kann somit ersetzt werden durch:

$$\frac{\partial \log l}{\partial u} \stackrel{!}{=} 0.$$

Der Vorteil dieses Ansatzes ist, dass nun die Differentiation auf eine Summe und nicht mehr auf ein Produkt anzuwenden ist. Dies folgt aus den Eigenschaften der log-Funktion.

Beispiel: Anwendung der ML-Methode

Wir wollen die Wahrscheinlichkeit p für das Auftreten einer geraden Zahl in obigem Würfelexperiment abschätzen. Dieses Experiment kann durch eine Binomialverteilung mit Parameter r beschrieben werden. Die Zufallsvariable X, die den Ausgang des Experiments beim Einzelversuch beschreibt, kann genau zwei Werte annehmen:

$X = 0$ (ungerade Augenzahl) oder
$X = 1$ (gerade Augenzahl).

Die zugehörige Wahrscheinlichkeitsfunktion hat die Werte

$$p(X = 1) = r \text{ bzw. } p(X = 0) = 1 - r.$$

Bezeichnen wir mit n die Gesamtzahl der Beobachtungen in der Stichprobe und mit k das Auftreten des Ereignisses „gerade Augenzahl", so gilt für die Likelihood-Funktion:

$$l = r^k(1 - r)^{n - k}.$$

Für log l gilt:

$$log(l) = k \; log \; r + (n - k)log(1 - r).$$

Da wir ein Maximum suchen, muss die Ableitung folgende Bedingung erfüllen:

$$\frac{\partial \log l}{\partial r} = \frac{k}{r} - \frac{n - k}{1 - r} \stackrel{!}{=} 0.$$

Aufgelöst nach r (dies ist ja der Parameter, der geschätzt werden soll) ergibt sich folgende Schätzfunktion:

$$r = \frac{k}{n}.$$

In diesem einfachen Beispiel ist der geschätzte Wert für r gerade die relative Häufigkeit für A „gerade Augenzahl". Konkret gilt für das obige Beispiel: $n = 93$, $k = 40$ und damit ergibt sich als Schätzung für r:

$$\tilde{p} = r = \frac{40}{93} = 0.43.$$

Nach diesem oder ähnlichen Verfahren werden aus Stichproben (z. B. Promotor-Sequenzen) Wahrscheinlichkeiten geschätzt, die dann für weitere Berechnungen verwendet werden. Häufig wird eine derartige Schätzung sozusagen stillschweigend vorgenommen, indem anstelle von Wahrscheinlichkeiten Häufigkeitswerte in Formeln eingesetzt werden.

4.12 Grundlagen statistischer Tests

Statistische Tests: Entscheidung zwischen zwei Alternativen H_0, H_1

In der Regel dienen statistische Tests dazu, zwei Alternativen vergleichend zu bewerten. Anhand vorliegender Beobachtungen hilft ein Testverfahren, zugunsten der einen oder der anderen Möglichkeit zu wählen. Ein Beispiel hierfür ist die Entscheidung darüber, ob eine bestimmte Sequenz ein Promoter ist. Die beiden Alternativen sind die Aussagen *„Die Sequenz ist kein Promotor"* und *„Die Sequenz ist ein Promotor"*. Allgemein ist zwischen den beiden Hypothesen H_0 (häufig Nullhypothese genannt) und H_1 (Alternativhypothese) auszuwählen. Die Alternativhypothese wird **nur dann** akzeptiert, wenn das gewählte Entscheidungsverfahren ein Beharren auf der Nullhypothese nicht mehr zulässt. Bei allen statistischen Tests wird die Irrtumswahrscheinlichkeit p bestimmt, die stets die gleiche Bedeutung besitzt:

Irrtumswahrscheinlichkeit p = Überschreitungswahrscheinlichkeit

> Unter der Irrtumswahrscheinlichkeit p versteht man die *Überschreitungswahrscheinlichkeit*, mit der sich beim statistischen Test *unter der Nullhypothese* die gefundenen oder noch extremere Ergebnisse einstellen.

Kleine Werte von p belegen, dass ein Auftreten der Beobachtung sehr unwahrscheinlich ist, sofern die Nullhypothese gilt. In der Regel legt man *vor dem Ausführen* eines statistischen Tests das Signifikanzniveau α fest. Unterschreitet der berechnete p-Wert den Wert von α, so muss die Nullhypothese verworfen werden. Häufig wird α auf 0.05 oder 0.01 gesetzt. Die Bedeutung von p ist bei allen statistischen Tests dieselbe.

Verbreitetes Verfahren: Chi-Quadrat-Test

Beispiele für häufiger verwendete statistische Tests sind der Chi-Quadrat-Test oder der KS-Test. Beide dienen dem Vergleich einer beobachteten Verteilung mit einer erwarteten. Statistische Tests unterscheiden sich häufig in den Annahmen zur Natur der Grundgesamtheit. *Robuste Statistik* zielt darauf ab, Verfahren zu entwickeln, die allgemein verwendbar sind und möglichst wenige Annahmen zur Natur der Verteilungen voraussetzen müssen.

Robuste Statistik

4.13
Eine optimale Entscheidungstheorie: Die Neyman-Pearson-Methode

Bei statistischen Tests, die zwischen zwei Alternativen entscheiden, muss zwischen den vier Situationen unterschieden werden, die in Tabelle 4.2 erläutert sind.

Fehler erster und zweiter Art charakterisieren Entscheidungsverfahren

Zwei dieser vier Kombinationen beschreiben falsche Entscheidungen. Dies sind im Einzelnen:

- Die Hypothese H_0 wird verworfen, obwohl sie richtig ist (*Fehler 1. Art*).
- Die Hypothese H_0 wird angenommen, obwohl sie falsch ist (*Fehler 2. Art*).

Tab. 4.2 Situation beim statistischen Test. Der Anteil von Entscheidungen wird mithilfe der beiden Parameter α und β angegeben.

		Entscheidung für	
Trifft zu		H_0	H_1
	H_0	$1-\alpha$	α
	H_1	β	$1-\beta$

Aus der Entscheidungstheorie kommt die Neyman-Pearson-Methode, die auch dann effektiv angewandt werden kann, wenn keine *A-priori*-Wahrscheinlichkeiten für die zugrunde liegenden Hypothesen und keine Kostenfunktion für die Folgen der Entscheidung bekannt sind. Voraussetzung ist lediglich, dass die bedingten Wahrscheinlichkeitsdichten für die Testgröße unter der Annahme der Nullhypothese $p(x \mid H_0)$ bzw. unter der Annahme der Alternativhypothese $p(x \mid H_1)$ bekannt sind. Diese Dichten können auch aus realen Daten, Simulationen oder anderen Überlegungen geschätzt worden sein. Zur Entscheidung wird der Quotient

$$\frac{p(x|H_1)}{p(x|H_0)} > c$$

gebildet und zugunsten von Hypothese H_1 entschieden, wenn das Verhältnis größer als der Schwellenwert c ist. Das Neyman-Pearson-Lemma sichert zu, dass es für keine Schranke c eine andere Entscheidungsregel gibt, für die beide Fehlerwahrscheinlichkeiten (H_1 zu raten obwohl x zu H_0 gehört und umgehrt) kleiner wären. Üblich ist ein Vorgehen, bei dem zunächst ein Signifikanzniveau α als obere Schranke für den Fehler 1. Art vereinbart wird (siehe Abb. 4.6). Damit ist auch gleich der Wert c festgelegt. Dieses Thema wird in Kapitel 5 und Kapitel 15 nochmals aufgenommen und vertieft.

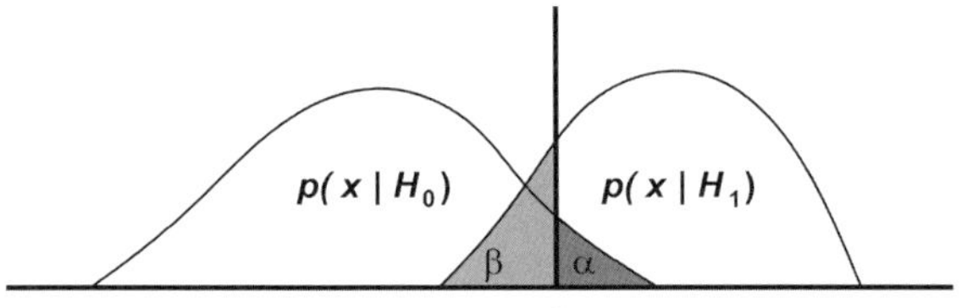

Abb. 4.6 Situation beim Hypothesentest nach Neyman-Pearson. Die Schranke c wird so gewählt, dass die markierte Fläche rechts von der Schwelle c kleiner ist als durch das Signifikanzniveau α vorgegeben. Diese Fläche entspricht den Fällen, in denen die Nullhypothese verworfen wird, obwohl ihre Annahme richtig wäre (Fehler 1. Art). Die Fläche β ist der Anteil von Fehlern 2. Art, der nach Festlegung der Schwelle c in Kauf genommen werden muss.

4.14 Zitierte Literatur

1 Hartung J. (1994) Statistik, Oldenbourg, München.

2 Feller W. (1971) An introduction to probability theory and its applications, Wiley & Sons, New York.

3 Baldi P., Brunak S. (1999) Bioinformatics, MIT Press, Cambridge MA.

4 Ewens W. J., Grant G. (2001) Statistical methods in bioinformatics, Springer Verlag, New York.

5 Kalinina O. V., Novichkov P. S., Mironov A. A., Gelfand M. S., Rakhmaninova A. B. (2004) SDPpred: a tool for prediction of amino acid residues that determine differences in functional specificity of homologous proteins. *Nucleic Acids Res,* **32**(Web Server issue), W424–428.

6 Salzberg S. L., Delcher A. L., Kasif S., White O. (1998) Microbial gene identification using interpolated Markov models. *Nucleic Acids Res,* **26**(2), 544–548.

7 Segal E., Fondufe-Mittendorf Y., Chen L., Thastrom A., Field Y., Moore I. K., Wang J. P., Widom J. (2006) A genomic code for nucleosome positioning. *Nature,* **442**(7104), 772–778.

5
Bayessche Entscheidungstheorie und Klassifikatoren

Die Bayessche Entscheidungstheorie bildet das theoretische Fundament vieler bioinformatischer Algorithmen. Wie wir im Folgenden zeigen werden, stützt sich dieser Ansatz bei der vergleichenden statistischen Bewertung von Alternativen auf die „Kosten", die jede Entscheidung verursacht. Voraussetzung für die Anwendung ist, dass die relevanten Wahrscheinlichkeitsverteilungen bekannt sind oder mithilfe einer *Marginalisierung* substituiert werden können. Diese Technik demonstrieren wir für diskrete Wahrscheinlichkeitsverteilungen. Aufgrund ihrer angenehmen Eigenschaften sind *Naive Bayessche Klassifikatoren* von besonderer Bedeutung. Da sie in bioinformatischen Fragestellungen mit großem Erfolg eingesetzt werden, ist es angebracht, sie detailliert vorzustellen. Bei besonders schwierigen Klassifikationsproblemen kann *Boosten* helfen. Dieses Algorithmen unabhängige Konzept maschinellen Lernens erlaubt es, den Einsatzbereich Bayesscher Klassifikatoren zu erweitern, sodass eine Einführung in diesem Kapitel sinnvoll ist. Anschließend zeigen wir, wie *ROC*-Kurven aufgenommen und interpretiert werden. Sie dienen dazu, anhand von Testdaten die Performanz eines Klassifikators zu charakterisieren. Steht nur eine kleine Menge von Trainingsdaten zur Verfügung, so kann die Klassifikationsleistung mithilfe von *Kreuzvalidierungsmethoden* bestimmt werden. Auf diese Technik gehen wir am Ende des Kapitels ein.

Bayessche Entscheidungstheorie ist die Basis vieler Algorithmen

5.1
Bayessche Entscheidungstheorie

Wir entwickeln diese Entscheidungstheorie anhand einer typischen bioinformatischen Klassifikationsaufgabe. Häufig bilden Proteine größere Komplexe, die in Form von Multimeren eine bestimmte Zellfunktion ausüben. Ein relativ großer Komplex ist beispielsweise das Ribosom, an dem die Proteinbiosynthese abläuft. Die einfachsten Proteinkomplexe sind Dimere, die jeweils aus zwei Protein-

Bioinformatisches Problem: Vorhersage des Protein-Interfaces

Bioinformatik Interaktiv. 2. Auflage. Rainer Merkl und Stephan Waack

ISBN: 978-3-527-32594-8

molekülen bestehen. Für die Stabilität des Komplexes sind Wechselwirkungen zwischen Aminosäureseitenketten an der Oberfläche der Proteine verantwortlich. Die Menge wechselwirkender Reste wird *Protein-Interface* genannt. Einer an der Proteinoberfläche liegenden Aminosäureseitenkette ist jedoch nur schwer anzusehen, ob sie zu einem Interface gehört oder nicht.

5.1.1
Ein Beispiel: Klassifikation der Proteinoberfläche

Es sei uns die Aufgabe gestellt worden, die Oberfläche von Dimer-Proteinen zu klassifizieren, d. h. diejenigen Positionen zu benennen, die zum Interface gehören.

Residuum = Seitenkette einer Aminosäure

Im Folgenden bezeichnen wir den variablen Teil einer Aminosäure als *Residuum*. Häufig wird dieser Teil einfach auch *Rest* genannt.

Oberflächenresiduum

Mit einem Oberflächenresiduum ist folglich eine Position i im Strukturgerüst assoziiert, dessen Rest exponiert, d. h. dem Lösungsmittel (üblicherweise Wasser) ausgesetzt ist. Unsere Aufgabe ist es nun, unter den Oberflächenresiduen diejenigen zu identifizieren, die zu einem Interface gehören. Es muss also ein Klassifikator entwickelt werden, der in zwei Gruppen einteilt. Zur Unterscheidung der Elemente benutzen wir zwei *Marken*. Die Zugehörigkeit zum Interface wird durch die Marke ω_1 angezeigt; alle Residuen, die an der Oberfläche, aber nicht im Interface liegen, bekommen die Marke ω_2. Der entsprechende Ausdruck für Marke ist im Englischen *label*.

Zwei Marken: ω_1, ω_2

Zur Entwicklung des Tests sind Trainings- und Testdatensätze erforderlich

Bekannte Proteinstrukturen sind in der PDB-Datenbank abgelegt. Wir können dieser Datenbank Dimer-Strukturen entnehmen und einen Test- bzw. Trainingsdatensatz *Dimer_Struk* generieren. Mithilfe einer statistischen Analyse von *Dimer_Struk* können wir den Anteil $p_1 := p(\omega_1)$ von Oberflächenresiduen bestimmen, die im Mittel zu einem Interface gehören. Es folgt, dass der Anteil $1-p_1 = p(\omega_2)$ von Residuen an der Oberfläche, aber eben nicht in einem Interface vorkommt. In der Regel wird $p(\omega_2)$ größer sein als $p(\omega_1)$, da meist nur ein kleiner Teil der Proteinoberfläche zum Interface gehört. Im konkreten Fall ist $p(\omega_1) = 12\,\%$ und $p(\omega_2) = 88\,\%$.

Wie lautet in dieser Situation die optimale Entscheidungsstrategie? Falls wir nichts weiter wissen, entscheiden wir in Abhängigkeit vom Wert $p(\omega_1)$.

Entscheidungsregel: Wähle wahrscheinlichere Klasse

Falls $p(\omega_1) > p(\omega_2)$, entscheide zugunsten von ω_1,
sonst wähle ω_2.

Diese Strategie erscheint unplausibel, wenn mehr als einmal zu entscheiden ist: Sind mehrere Objekte zu klassifizieren, wird stets für die häufiger vorkommende Klasse plädiert. In unserem Beispiel würden wir nie zugunsten der Klasse ω_1 entscheiden, obwohl wir wissen, dass auf Dimeroberflächen Interfaceresiduen mit Häufigkeit $p(\omega_1)$ vorkommen.

Optimale Fehlerrate = min$(p(\omega_1), p(\omega_2))$

Wie groß ist der Anteil von Fehlklassifikationen? Ist $p(\omega_2)$ wesentlich größer als $p(\omega_1)$, so klassifizieren wir meist richtig. Nur der kleinere Anteil $p(\omega_1)$ von Klassifikationen ist falsch. Gilt aber $p(\omega_1) = p(\omega_2)$, so klassifizieren wir nur die Hälfte der Fälle korrekt. Im konkreten Fall sind 12 % unserer Vorhersagen falsch. Ganz allgemein gilt, dass die Wahrscheinlichkeit (und damit der Anteil) für Fehlklassifikationen der kleinere der beiden Werte $p(\omega_1)$, $p(\omega_2)$ ist. So unbefriedigend es scheinen mag: Da uns keine weiteren Informationen vorliegen, können wir diese Fehlerrate nicht unterbieten. Wie das Neyman-Pearson-Lemma belegt, ist diese Strategie die optimale. Es gibt kein anderes Verfahren, das unter den betrachteten Bedingungen weniger Fehlklassifikationen verursacht.

5.1.2
Übergang zu bedingten Wahrscheinlichkeiten

Eigenschaften der Objekte bestimmen

Häufig weiß man über die zu klassifizierenden Objekte jedoch mehr. In unserem Fall können wir z. B. für den Datensatz *Dimer_Struk* das Vorkommen sämtlicher Aminosäuren an der Oberfläche und im Interface auszählen und daraus *bedingte Wahrscheinlichkeiten* berechnen. Diese geben für jede Aminosäure a_i das Vorkommen $p(a_i \mid \omega_1)$ im Interface und an der Oberfläche $p(a_i \mid \omega_2)$ an.

Wie kann dieses Wissen in unsere Entscheidung einfließen? Es sei wiederum für eine Position x zu entscheiden, ob sie zur Klasse

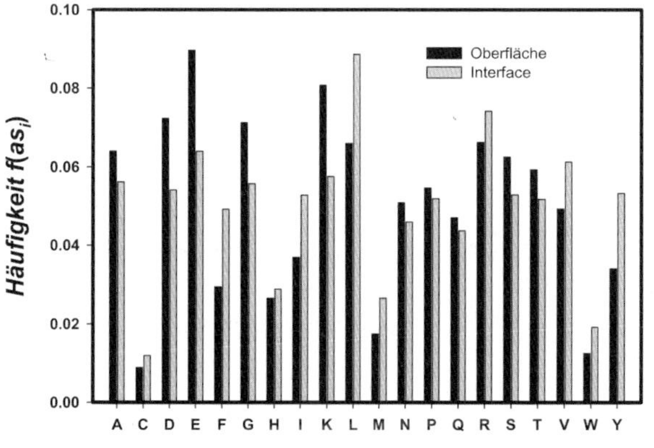

Abb. 5.1 Häufigkeiten für das Vorkommen von Aminosäuren an der Proteinoberfläche und in Protein-Interfaces. Die Werte wurden aus einer Menge bekannter Proteinstrukturen abgeleitet. Die Namen der Aminosäuren sind im Einbuchstabencode angegeben.

ω_1 oder ω_2 gehört. Wir wissen für jede Position x im betrachteten Protein, mit welcher Aminosäure a_j sie besetzt ist. Somit kennen wir die beiden Wahrscheinlichkeiten $p(x = a_j \mid \omega_i)$, für die wir verkürzt auch $p(x \mid \omega_i)$ schreiben.

Für jede der beiden Verbundwahrscheinlichkeiten (Vorkommen von x und Klasse ω_i) gilt $p(\omega_i, x) = p(x)\ p(\omega_i \mid x) = p(\omega_i)\ p(x \mid \omega_i)$. Ein Umstellen dieser Gleichung ergibt die bekannte Bayessche Formel:

Bayessche Formel

$$p(\omega_i|x) = \frac{p(x|\omega_i)p(\omega_i)}{p(x)}.$$

Die Bayessche Formel kann umgangssprachlich so formuliert werden:

$$Posterior = \frac{Likelihood \cdot Prior}{Evidenz}.$$

Die Likelihood $p(\omega_i \mid x)$ für Klasse ω_i

Die große Bedeutung der Bayesschen Formel beruht auf der Möglichkeit, die *A-priori*-Wahrscheinlichkeit $p(\omega_i)$ unter Verwendung der Beobachtung x in eine *A-posteriori*-Wahrscheinlichkeit $p(\omega_i \mid x)$ zu verwandeln: Dies ist die Wahrscheinlichkeit für den Zustand ω_i unter Berücksichtigung der Beobachtung x. Der Term $p(x \mid \omega_i)$ wird *Likelihood* von ω_i im Hinblick auf x genannt. Ist der Wert $p(x \mid \omega_i)$ groß, so ist die Kategorie ω_i mit hoher Wahrscheinlichkeit die richtige. Der Evidenzfaktor ist für eine Klassifikation nicht von Bedeutung. Wesentlich ist das Produkt aus Likelihood und Prior. Allgemein werden beide Wahrscheinlichkeitsverteilungen analog zum geschilderten Fall aus Trainingsdaten ermittelt. Mit diesen Werten und der Bayesschen Regel können wir nun unsere Strategie verbessern. Wir berechnen die beiden Werte $p(\omega_1 \mid x)$ und $p(\omega_2 \mid x)$ und entscheiden uns wie folgt:

Eine optimale Entscheidungsstrategie: Die Bayessche Regel

> Falls $p(\omega_1 \mid x) > p(\omega_2 \mid x)$, entscheide zugunsten von ω_1, sonst für ω_2.

Diese Regel wird Bayessche Entscheidungsregel genannt. Es gibt keine andere Strategie, mit der die Fehlerrate $p(\text{Fehler} \mid \text{x}) = \min[p(\omega_1 \mid x), p(\omega_2 \mid x)]$ unterboten werden könnte.

Alternativ können wir den Quotienten der *A-posteriori*-Wahrscheinlichkeiten betrachten:

$$\frac{p(\omega_1|x)}{p(\omega_2|x)} = \frac{\dfrac{p(x|\omega_1)p(\omega_1)}{p(x)}}{\dfrac{p(x|\omega_2)p(\omega_2)}{p(x)}} = \frac{p(x|\omega_1)p(\omega_1)}{p(x|\omega_2)p(\omega_2)}.$$

Die Entscheidungsregel lautet dann:

Falls $\frac{p(x|\omega_1)p(\omega_1)}{p(x|\omega_2)p(\omega_2)}>1$, entscheide zugunsten von ω_1, sonst für ω_2.

Alternative Formulierung

Obige Herleitung belegt nochmals, dass die Evidenz für eine Entscheidung ohne Belang ist. Anhand der Quotientenregel lassen sich beim Diskutieren von Spezialfällen zusätzliche Einsichten gewinnen. Sind die beiden Eigenschaften ω_1 und ω_2 gleich häufig, d. h. gilt $p(\omega_1) = p(\omega_2)$, so entscheiden die Likelihood-Werte von x über die Klassifikation. Tritt andererseits x in beiden Klassen gleich häufig auf, so entscheidet die Häufigkeit der Klassen. In unserem konkreten Fall kommt z. B. die Aminosäure Prolin in Interfaces und an Oberflächen praktisch gleich häufig vor: $p(\text{Pro} \mid \omega_1) = 0.052$, $p(\text{Pro} \mid \omega_2) = 0.055$. Daher wird obige Regel für Prolin-Residuen stets zugunsten der Klasse ω_1, d. h. pro Proteinoberfläche entscheiden.

$p(\omega_1) = p(\omega_2)$: Likelihood entscheidend
$p(\omega_1 \mid x) = p(\omega_2 \mid x)$: Häufigkeiten $p(\omega_1)$, $p(\omega_2)$ ausschlaggebend

Der Quotient $\frac{p(x|\omega_1)}{p(x|\omega_2)}$ wird *Likelihood-Verhältnis* genannt. Er trägt nur dann zur Klassifikation bei, wenn sein Wert $\neq 1$ ist. Der größte Wert $\frac{p(x|\omega_1)}{p(x|\omega_2)}$ ist in unserem Beispiel kleiner als 2.0; vergleiche Abb. 5.1. Da $\frac{p(\omega_1)}{p(\omega_2)}$ hier kleiner als 1/7 ist, wird auch mithilfe bedingter Wahrscheinlichkeiten zur Aminosäurekomposition für kein Residuum ein Vorkommen in einem Interface vorhergesagt. Dieses Beispiel macht klar, wie schwierig das Identifizieren von Protein-Interfaces ist. Wir benötigen für eine einigermaßen sichere Vorhersage mehr Information. Welche weiteren Eigenschaften von Residuen kommen infrage? Das Wissen zur Natur seines Aminosäurerestes reicht nicht aus.

Das Likelihood-Verhältnis vergleicht die Werte zweier Klassen

5.1.3 **Erweitern auf *m* Eigenschaften**

Wichtige Positionen sind in Proteinen häufig konserviert. Wir können für jedes Protein, das wir zu bewerten haben, ein multiples Sequenzalignment (MSA) generieren und für jede Position einen Konserviertheits-Score *cons* bestimmen. Somit wird jede Position durch zwei Eigenschaften beschrieben:

Weitere Eigenschaft von Positionen: Konserviertheit

$$\mathbf{x} := \{as, cons\}.$$

Natürlich wollen wir auf die Verwendung der Bayesschen Regel nicht verzichten, da wir wissen, dass es keine bessere gibt. Für die Herleitung des allgemeinen Falles nehmen wir im Folgenden an, dass eine Position (oder allgemein Objekt) durch einen m-dimensionalen Vektor $\mathbf{x} := (x_1, \ldots, x_m)$ repräsentiert wird. Die *A-posteriori*-Wahrscheinlichkeit kann weiterhin mithilfe der Bayesschen Regel berechnet werden:

Bayessche Regel für den m-dimensionalen Fall

$$p(\omega_i|\mathbf{x}) = \frac{p(\mathbf{x}|\omega_i)p(\omega_i)}{p(\mathbf{x})}.$$

Wiederum sind wir daran interessiert, die Klasse ω_k zu bestimmen, für die gilt:

$$\omega_k = \underset{\omega_i}{\arg\max}\,(p(\omega_i|\mathbf{x})).$$

Wir suchen also unter allen ω_i-Werten denjenigen Wert ω_k, für den $p(\omega_k \mid \mathbf{x})$ maximal wird. Diese Auswahl leistet die *argmax*-Funktion. Jede der *A-priori*-Wahrscheinlichkeiten kann leicht aus dem Datensatz berechnet werden. Schwierig wird das Bestimmen der $p(\mathbf{x} \mid \omega_i)$-Werte, insbesondere, wenn die Anzahl von Eigenschaften groß ist. Die Stichprobe müsste dann entsprechend umfangreich sein, um alle Kombinationen von Eigenschaften schätzen zu können. Dies ist bei biologischen oder medizinischen Fragestellungen häufig nicht der Fall, wie eine Überschlagsrechnung belegt.

Anzahl zu schätzender Parameter ist häufig sehr groß

Es ist ja $p(\mathbf{x} \mid \omega_i) = p(x_1, \ldots x_n \mid \omega_i)$. Bleiben wir bei unserem vorherigen einfachen Beispiel und nehmen wir an, dass wir Konserviertheit mit 10 Werten zwischen 0.0 und 1.0 quantifizieren wollen. Es müssten dann pro Residuum 20×10 Werte geschätzt werden. Allgemein ist bei diskreten Verteilungen die Anzahl zu schätzender Werte gleich $\prod_{k=1}^{m} b_k$. Hierbei ist b_k die Anzahl von Ausprägungen pro Dimension (d. h. Eigenschaft) k. Diese Überlegung macht deutlich, dass es häufig nicht möglich ist, die Verteilung $p(\mathbf{x} \mid \omega_i)$ mit ausreichender Genauigkeit zu bestimmen.

Naiver Bayesscher Klassifikator

Wenn wir jedoch annehmen, dass die Eigenschaften voneinander unabhängig sind, so ergibt sich die folgende Vereinfachung:

$$\begin{aligned} p(\mathbf{x}|\omega_i) &= p(x_1, x_2, \ldots, x_m|\omega_i) \\ &\approx p(x_1|\omega_i)p(x_2|\omega_i)\ldots p(x_m|\omega_i) \\ &= \prod_j p(x_j|\omega_i) \end{aligned}$$

Die Wahrscheinlichkeiten $p(x_j \mid \omega_i)$ können aus wesentlich kleineren Stichproben mit ausreichender Genauigkeit geschätzt werden. Natürlich ist diese Approximation nur im Falle stochastischer Unabhängigkeit zwischen allen Eigenschaften gültig.

Die Quotientenregel wird dann zu

$$\frac{p(x_1|\omega_1)\cdot p(x_2|\omega_1)...p(x_m|\omega_1)\cdot p(\omega_1)}{p(x_1|\omega_2)\cdot p(x_2|\omega_2)...p(x_m|\omega_2)\cdot p(\omega_2)}>1$$

oder alternativ:

$$L_1\cdot L_2\cdot ....\cdot L_m>\frac{p(\omega_2)}{p(\omega_1)}$$

mit

$$L_i := \frac{p(x_i|\omega_1)}{p(x_i|\omega_2)}.$$

Das Likelihood-Verhältnis (*likelihood-ratio*) wird hier dimensionsweise verwendet. Klassifikatoren, die von der Unabhängigkeit der betrachteten Eigenschaften ausgehen, werden Naive Bayessche Klassifikatoren genannt.

Zur Vorhersage von Protein-Interfaces sei noch Folgendes angemerkt: Selbst wenn weitere Eigenschaften *einzelner* Positionen berücksichtigt werden, ist es bislang nicht möglich, eine Zugehörigkeit zu einem Interface vorherzusagen, da die Signale sehr schwach sind. Welche weiteren Möglichkeiten können genutzt werden? Es ist sinnvoll, nicht nur eine Position zu bewerten, sondern eine Menge von Eigenschaften für mehrere, benachbarte Positionen gemeinsam zu analysieren. Hierfür bietet sich wiederum ein Naiver Bayesscher Klassifikator an. Wie gezeigt wurde, liegt die Wiederfindungsrate derartiger Ansätze bei 82 % [1].

5.2 Marginalisieren

Bei größeren Datensätzen kann es vorkommen, dass nicht alle Eigenschaften für sämtliche Objekte bekannt sind. Es fehlen also Daten, die geschätzt werden müssen. Hierbei hilft *Marginalisieren*. Das Vorgehen soll zunächst an einem Beispiel eingeführt werden. Wir nehmen wiederum an, dass im Rahmen der Klassifikation von Oberflächenresiduen die Eigenschaften $x_1 = as$ und $x_2 = cons$ bestimmt werden. Ein Ausschnitt aus der Verteilung der Klassen ist in Abb. 5.2 wiedergegeben. Es sei für ein Objekt die Eigenschaft x_2 nicht bestimmbar, weil z. B. kein MSA erzeugt werden kann. Weisen wir dem Objekt den Mittelwert $\bar{x}_2$ zu, den wir aus der Verteilung von x_2 bei allen anderen Objekten abgeleitet haben, würde der Klassifikator dem Residuum die Klasse w_2 zuweisen. Da aber der Likelihood-Wert $p(\omega_1 \,|x_1)$ größer ist als $p(\omega_2 \mid x_1)$ und da wir x_1 kennen, entspricht eine Klassifikation nach w_1 der Datenlage.

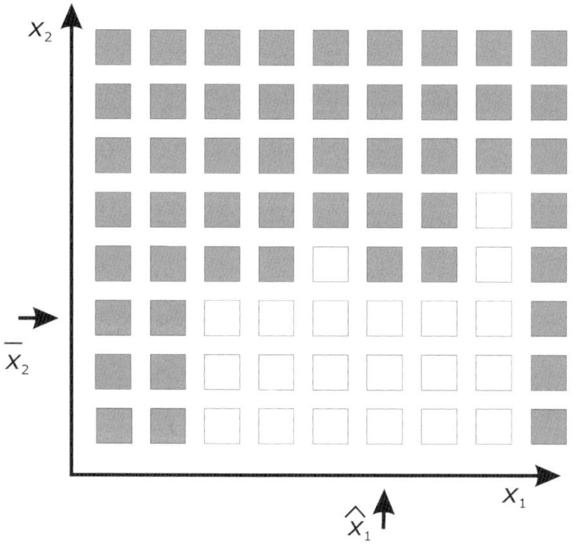

Abb. 5.2 Beispiel für eine Entscheidung bei fehlenden Daten.
Für das betrachtete Objekt sei $\hat{x}_1$ der für Eigenschaft x_1 bestimmte Wert. Der Wert von Eigenschaft x_2 sei hier nicht bestimmbar, der Mittelwert für Eigenschaft x_2 sei $\bar{x}_2$. Wertepaare x_1, x_2, die eine Klassifikation zugunsten ω_1 bedingen, sind grau dargestellt.

Marginalisieren im diskreten Fall

Marginalisiert wird bei diskreten Verteilungen, indem über die Häufigkeitsverteilung der fehlenden Eigenschaft summiert wird. Bei kontinuierlichen Verteilungen wird integriert. In unserem Fall ergibt sich die folgende Regel:

$$\frac{p(\omega_1) \cdot \prod_{i \neq j} p(x_i|\omega_1) \cdot \left(\sum_{x_j} \frac{p(x_j|\omega_1)}{p(x_j)} \right)}{p(\omega_2) \cdot \prod_{i \neq j} p(x_i|\omega_2) \cdot \left(\sum_{x_j} \frac{p(x_j|\omega_2)}{p(x_j)} \right)} > 1.$$

Hierbei wird unterstellt, dass die j-te Eigenschaft fehlt. Die Werte x_j sind diejenigen, die in der Stichprobe bei den vollständigen Datensätzen mit den angegebenen Häufigkeiten vorkommen.

5.3 Boosting

Boosting: Algorithmen unabhängiges Lernverfahren

Wie *Bootstrap*-Verfahren gehört auch das *Boosting* zu den Algorithmen unabhängigen Verfahren des maschinellen Lernens. Boosting zielt darauf ab, die Genauigkeit eines Klassifikators zu erhöhen. Ausgangspunkt ist ein schwacher Klassifikator, der eine Trainingsmenge besser als eine zufällige Auswahl klassifiziert. Diesem werden weitere Klassifikatoren derart zur Seite gestellt, dass eine **gemeinsame** Entscheidung sämtlicher Klassifikatoren die Performanz erheblich steigert. In diesem Fall spricht man vom Verstärken (*Boosting*) der Klassifikationsleistung.

AdaBoost: Kombination von Klassifikatoren für schwierige Fälle

Ganz allgemein besteht die Strategie darin, den jeweils nächsten einer Serie von Klassifikatoren mit denjenigen Datensätzen $\mathbf{x}$ zu trainieren, die den bereits erzeugten Klassifikatoren die größten Probleme bereiteten. AdaBoost [2] ist eine populäre Boosting-Technik, die auch in der Bioinformatik häufiger verwendet wird. Ein Beispiel für seine Anwendung ist ein Klassifikator zur Vorhersage von Protein-Protein-Interaktionen [3], den wir später detailliert vorstellen. Bei AdaBoost werden die Daten in jeder Runde neu gewichtet. Objekte, die in den vorherigen Runden fehlklassifiziert wurden, erhalten höhere Gewichte, der Gewichtsfaktor von korrekt klassifizierten Objekten wird reduziert. Somit erfolgt bei jeder Iteration eine engere Konzentration auf diejenigen Objekte, die schwieriger zu klassifizieren sind. Der Algorithmus lautet wie unten ausgegeben.

AdaBoost beruht auf der Strategie, sich mit jedem zusätzlichen Klassifikator weiter auf die verbliebenen, d. h. schwierig zu klassifizierenden Objekte zu konzentrieren. Hierzu wird jedem Objekt ein spezifisches Gewicht zugewiesen. Initialisiert wird (Zeile 1) mit einheitlichen Gewichten $1/n$; dabei ist n die Anzahl von Objekten aus D. Die Gewichte entscheiden über die Wahl der Trainingsobjekte, da in jeder Runde aus dem Trainingsdatensatz eine neue Stichprobe gezogen wird. Die Wahrscheinlichkeit für die Auswahl

Algorithmus 5.1 AdaBoost

1 Initialisiere $D = \{\mathbf{x}_1, \ldots \mathbf{x}_n\}$, k_{max}, $W_1(i) = 1/n$.

2 $k \leftarrow 0$

3 Führe aus

4 $\quad k \leftarrow k+1$

5 $\quad$ Trainiere schwachen Klassifikator C_k mithilfe von D und den Gewichten $W_k(i)$

6 $\quad E_k \leftarrow$ resultierender Trainingsfehler von C_k

7 $\quad \alpha_k \leftarrow 1/2 \ln[(1 - E_k)/E_k]$

8 $\quad W_{k+1}(i) = \dfrac{W_k(i)}{Z_k} \cdot \begin{cases} e^{-\alpha_k} & \text{falls } h_k(\mathbf{x}_i) = \omega_i \text{ (korrekte Klassifikation)} \\ e^{\alpha_k} & \text{falls } h_k(\mathbf{x}_i) \neq \omega_i \text{ (falsche Klassifikation)} \end{cases}$

9 solange bis $k \geq k_{max}$

10 Ausgabe: C_k und α_k für $k = 1 \ldots k_{max}$.

eines Objektes ist hierbei direkt proportional zum Wert des Gewichtes $W_k(i)$.

Entscheidung mithilfe einer Diskriminantenfunktion

Falls ein Objekt korrekt klassifiziert wurde, sinkt die Wahrscheinlichkeit, bei der nächsten Runde zum Trainieren verwendet zu werden. Für fehlklassifizierte Objekte steigt die Chance. Die Gewichte für die Runde k+1 werden in den Zeilen 7 und 8 berechnet. Z_k ist eine Normalisierungskonstante und $h_k(\omega_i)$ liefert +1, falls die korrekte Klasse vorgeschlagen wurde, sonst –1. Da die Gewichte für fehlklassifizierte Objekte erhöht werden (Zeile 8), konzentriert sich AdaBoost mit jeder Iteration weiter auf die schwierigen Muster. Das Abbruchkriterium in Zeile 9 kann ersetzt werden durch einen zu erreichenden maximalen Klassifikationsfehler.

Die endgültige Entscheidung zugunsten einer Klasse für das Objekt **x** basiert auf einer Diskriminantenfunktion, die aus der gewichteten Summe der Ausgabe aller k_{max}-Klassifikatoren berechnet wird:

$$g(\mathbf{x}_i) := \sum_{k=1}^{k_{\max}} \alpha_k h_k(\mathbf{x}_i).$$

Keine Tendenz zu Überanpassung

Abgesehen von „pathologischen" Fällen und unter der Voraussetzung, dass jeder Klassifikator zumindest ein schwacher Klassifikator ist, kann der totale Trainingsfehler unter jede beliebige Schranke gedrückt werden. Man könnte vermuten, dass ein hoher k_{max}-Wert für die Anzahl von Klassifikatoren den Effekt der Überanpassung (*overfitting*) fördert. Simulationsexperimente haben jedoch gezeigt, dass Überanpassung selten auftritt, selbst wenn k_{max} extrem groß gewählt wird.

5.4 ROC-Kurven

Vorhersagen: TP: echt positiv, TN: echt negativ, FP: falsch positiv, FN: falsch negativ

Wie wird die Güte eines Klassifikators bestimmt? Wir bleiben beim Problem, Objekte auf zwei Klassen verteilen zu wollen. Zum Ermitteln der Klassifikationsleistung benötigen wir einen Testdatensatz. Dieser besteht aus Objekten **x**, für die bekannt ist, zu welcher Klasse sie gehören. Wir bezeichnen Objekte mit Marke ω_1 als positive und solche mit Marke ω_2 als negative Fälle. Somit gibt es bei diesem Klassifikationsproblem genau vier mögliche Ergebnisse. Entweder die Vorhersagen sind echt positiv (TP) oder echt negativ (TN), wenn die Vorhersagen mit den wahren Klassen übereinstimmen. Wird einem Objekt **x** mit Marke ω_1 fälschlicherweise die Marke ω_2 zugeordnet, so ist dies eine falsch negative Vorhersage (FN). Umgekehrt ist eine Vorhersage, die einem **x** aus ω_2 die

Marke ω_1 zuordnet, eine falsch positive (FP) Vorhersage. Aus dem Vergleich der jeweiligen Anzahl von Ergebnissen kann die Leistung des Klassifikators abgeleitet werden.

5.4.1
Gewichten der Fehlklassifikationen

Bei der Bewertung eines Klassifikators wird man die Fehlklassifikationen gewichten wollen. Die anfängliche Motivation für die Verwendung der Bayesschen Regel war das Bestreben, die *mittlere Fehlerrate* zu minimieren. Es ging darum, die **Gesamtzahl** von Klassifikationsfehlern zu reduzieren, wobei die Fehlerart nicht differenziert wurde. Dies entspricht einem Maximieren des folgenden Ausdrucks:

$$\frac{TP + TN}{TP + TN + FP + FN}.$$

FP und FN verursachen unterschiedliche Kosten

Üblicherweise werden die beiden unterschiedlichen Arten von Fehlern (FP, FN) jedoch mit unterschiedlichen „Kosten" bewertet. Dies entspricht dem Einführen eines Faktors γ, sodass sich folgende Regel ergibt:

$$\frac{p(x_1|\omega_1) \cdot p(x_2|\omega_1) ... p(x_m|\omega_1)}{p(x_1|\omega_2) \cdot p(x_2|\omega_2) ... p(x_m|\omega_2)} > \gamma.$$

Und umgangssprachlich formuliert: *„Klassifiziere zugunsten von ω_1, sofern der Quotient größer γ, sonst entscheide zugunsten von ω_2."*

5.4.2
Aufnehmen einer ROC-Kurve

ROC = receiver operating characteristic

In der Regel ist für ein Klassifikationsproblem der genaue Wert von γ nicht bekannt. Um in dieser Situation einen Überblick zu gewinnen, werden ROC-Kurven aufgenommen und interpretiert. Das Kürzel ROC leitet sich ab von *receiver operating characteristic,* ist also eine Kennlinie. Für das Bestimmen der Kennlinie wird der Wert von γ über einen weiten Bereich variiert und es werden für jedes fixe γ jeweils zwei Raten bestimmt. Dies sind FPR, die Rate *falsch positiver Vorhersagen* und TPR die Rate *echt positiver Vorhersagen,* die aus der Klassifikationsleistung auf dem Testdatensatz abgeleitet werden. Für diese Werte gilt:

FPR: Rate falsch positiver Vorhersagen
TPR: Rate echt positiver Vorhersagen

$$FPR := \frac{FP}{FP + TN} \text{ und } TPR := \frac{TP}{TP + FN}.$$

Sensitivität
Spezifität

Die Wertepaare werden in einen Plot eingetragen, wobei die x-Achse die *FPR*- und die y-Achse die *TPR*-Werte repräsentiert. *TPR* wird häufig auch *Sensitivität* genannt, *FPR* entspricht dem Wert 1.0-*Spezifität*.

Was sagen ROC-Kurven über die Klassifikationsleistung aus? Die ROC-Kurve eines sehr guten Klassifikators nähert sich der linken oberen Ecke des Plots. Dieser Bereich ist ausgezeichnet durch eine maximale Rate echt positiver Vorhersagen bei gleichzeitig minimaler Anzahl falsch positiver. Sind die Werte *TPR* und *FPR* für jedes γ direkt proportional, so entspricht die ROC-Kurve der Diagonalen zwischen dem unteren linken Eckpunkt und dem oberen rechten Eckpunkt. Dieser Kurvenverlauf gehört zu einem Klassifikator, der nicht besser als eine Zufallsentscheidung trennt. Die Dreiecksfläche, die unterhalb der Diagonalen liegt, hat einen Wert von 0.5. Die Kennlinie eines perfekten Klassifikators umschreibt einen Flächeninhalt von 1.0. Mit der Angabe dieses Flächeninhalts kann somit die Qualität eines Klassifikators spezifiziert werden. In Abb. 5.3 ist das Konzept der ROC-Kurven illustriert. Algorithmus 5.2 beschreibt ein einfaches Verfahren, mit dem die Raten in Abhängigkeit vom Faktor γ, den wir oben eingeführt haben, bestimmt werden können.

Aufnehmen einer ROC-Kurve: γ anwendungsspezifisch wählen

Zunächst wird (Zeile 1) ein Testdatensatz *Test* zusammengestellt sowie die kritischen Grenzen γ_{min}, γ_{max} und das Inkrement γ_{inc} festgelegt. Um diesen Wert wird γ jeweils erhöht (Zeile 5) bis γ_{max} erreicht ist (Zeile 6). In Abhängigkeit vom Testdatensatz *Test* und von γ werden für den zu untersuchenden Klassifikator *C* die Raten *TPR* und *FPR* bestimmt (Zeile 4). Diese werden ausgegeben (Zeile 7) und dienen dazu, eine ROC-Kurve zu plotten. Mithilfe des resultierenden Datensatzes kann die Klassifikationsleistung bestimmt und der Wert γ gewählt werden, der für die betrachtete Klas-

Algorithmus 5.2 ROC-Kurve

1 Initialisiere *Test*, γ_{min}, γ_{max}, γ_{inc}.

2 $\gamma \leftarrow \gamma_{min}$

3 Führe aus

4   Bestimme *TPR* und *FPR* für *C* (*Test*, γ)

5     $\gamma \leftarrow \gamma + \gamma_{inc}$

6 solange bis $\gamma \geq \gamma_{max}$

7 Ausgabe: In jeder Runde *TPR*, *FPR*, γ.

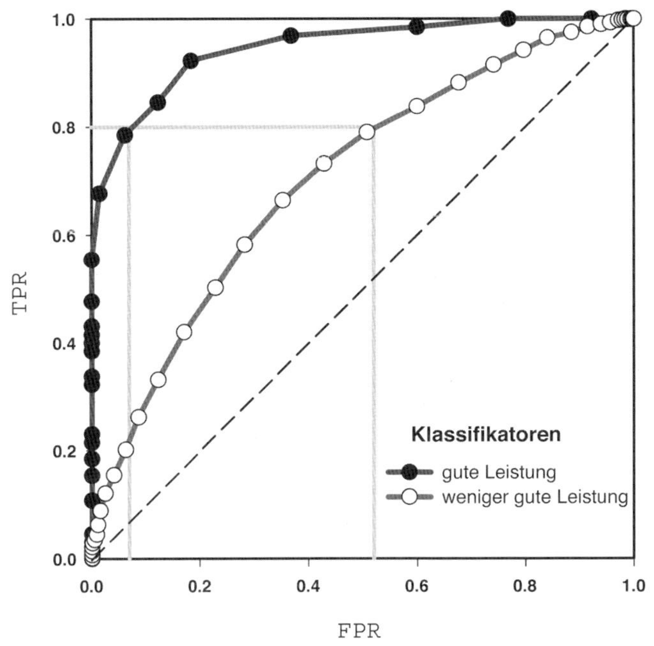

Abb. 5.3 Zwei Beispiele für ROC-Kurven. Es sind zwei Kennlinien geplottet, die einen Klassifikator mit guter und einen mit weniger guter Klassifikationsleistung charakterisieren. Die Diagonale ist gestrichelt eingetragen. Die Unterschiede in der Klassifikationsleistung werden am Vergleich zweier Punktepaare deutlich. Bei einer *TPR* von 80 % muss man bei dem „guten" Klassifikator eine *FPR* von weniger als 10 % in Kauf nehmen. Bei gleicher *TPR* generiert der schlechtere Klassifikator mehr als 50 % falsch positive Vorhersagen. Die Fläche, die unterhalb der jeweiligen ROC-Kurve liegt, ist ein Maß für die Klassifikationsleistung.

sifikation am besten geeignet ist. Je nach Anwendung wird man z. B. die Sensitivität (*TPR*) festlegen. Damit sind sowohl die *FPR* und auch γ determiniert. Der oben angegebene Algorithmus ist eine naive Implementation. Es wurden effizientere Verfahren entwickelt, auf die wir hier nicht eingehen; siehe [4].

5.5
Testmethoden für kleine Trainingsmengen

Wir erwarten von einem guten Klassifikator, dass er nach Abschluss des Lernverfahrens hinreichend gut generalisiert. Seine Klassifikationsleistung soll demnach auch für bisher nicht bewertete Daten akzeptabel sein. Mit den obigen Ausführungen sind wir in der Lage, die Klassifikationsleistung zu überprüfen. Wie gehen wir jedoch vor, wenn nur wenige Datensätze vorliegen?

Berechnung des Klassifikationsfehlers

Gewöhnlich haben wir eine Menge X von markierten Eingaben $\{(\mathbf{x}_i, \omega_i)\}$ in Händen. Jeder Klassifikator liefert für die Eingabe $\mathbf{x}_i$ eine Ausgabe $C(\mathbf{x}_i)$. Der Klassifikationsfehler L kann auf mehrere Arten gemessen werden. Dazu gehört:

$$L(\omega_i, C(\mathbf{x}_i)) := \begin{cases} 0 & C(\mathbf{x}_i) = \omega_i \\ 1 & \textit{sonst} \end{cases} .$$

Der *Trainingsfehler* $\overline{Err}$ ist der mittlere Fehler über alle Trainingsbeispiele:

$$\overline{Err} := \frac{1}{n} \sum_{i=1}^{n} L(\omega_i, C(\mathbf{x}_i)).$$

Gefahr der Überanpassung

Leider ist der *mittlere Trainingsfehler* kein gutes Maß für den *Testfehler*. Mit zunehmender Komplexität des Modells, das wir im Klassifikator umsetzen, wird der Trainingsfehler abnehmen. Allerdings wächst mit zunehmender Zahl von Parametern auch die Gefahr, dass unser Modell überangepasst (*overfitted*) ist und nicht mehr generalisiert. Generell müssen bei der Bewertung eines Klassifikators zwei Entscheidungen getroffen werden:

- *Auswahl eines geeigneten Klassifikators*: Möglicherweise können wir zwischen Alternativen wählen und müssen die beste finden.
- *Bewertung eines Klassifikators*: Haben wir uns auf einen Klassifikator festgelegt, so müssen wir die Performanz unter Verwendung neuer Daten bestimmen.

Optimal: Datensätze aufteilen für Training, Validierung, Test

Stehen uns genügend Datensätze zur Verfügung, so ist es am besten, die Daten in drei Teile aufzuteilen. Dies sind der *Trainings-*, der *Validierungs-* und der *Testdatensatz*. Die Trainingsdaten werden zum Trainieren sämtlicher alternativer Klassifikatoren verwendet. Die Validierungsdaten werden genutzt, um den Vorhersagefehler vergleichend zu bestimmen und um einen Klassifikator auszuwählen. Der Testdatensatz dient schließlich dazu, die Performanz des ausgewählten Klassifikators zu bestimmen. Es ist nicht erlaubt, Daten sowohl zum Trainieren als auch zum Testen zu verwenden. Bei einer solchen Vorgehensweise würde der Testfehler möglicherweise erheblich unterschätzt. Es ist schwer, eine allgemeine Regel für das Aufteilen eines Datensatzes anzugeben. Meist werden 50 % der Daten zum Trainieren und jeweils die Hälfte der verbleibenden Daten (d. h. 25 %) zum Validieren und Testen verwendet.

Kreuzvalidierung

Häufig ist die Situation aber eine ganz andere: Es gibt nur eine kleine Anzahl n von Datensätzen. In solchen Fällen helfen Kreuzvalidierung und *Leave-one-out*-Verfahren. Bei der Kreuzvalidierung wird der Datensatz in k etwa gleich große Mengen $X_1, \ldots, X_k$ aufgeteilt. Typische Werte für k sind 5 oder 10. Anschließend wird Algorithmus 5.3 ausgeführt und der mittlere Klassifikationsfehler berechnet.

Algorithmus 5.3 Kreuzvalidierung

```
Lege k fest, bestimme Mengen X_1 , ..., X_k.
Für i = 1 bis k
    Trainiere Klassifikator C_i mit den Mengen X_j, j = 1 .. k, j ≠ i.
    Teste Klassifikator C_i unter Verwendung der Menge X_i.
Berechne den mittleren Klassifikationsfehler KF.
```

Der Klassifikationsfehler KF wird wie folgt ermittelt:

$$KF := \frac{1}{n}\sum_{j=1}^{n} L(\omega_j, C_i(\mathbf{x}_j)).$$

Hierbei ist C_i derjenige Klassifikator, der unter Verwendung von $\mathbf{x}_j$ getestet wurde. Aufgrund der betrachteten Aufteilung wird jedes der n Objekte $\mathbf{x}_j$ in der Testphase genau einmal verwendet. Die hierbei entstehenden Fehler $L(.)$ werden in KF aufsummiert und gemittelt.

Leave-one-out-Test

Ist die Anzahl von Trainingsdaten sehr klein, wird man einen *Leave-one-out*-Test verwenden. Hierbei ist $k = n$. Das heißt, es werden jeweils n–1 Objekte zum Trainieren verwendet und eines zum Testen. Diese Vorgehensweise hat zur Folge, dass jeder Klassifikator insgesamt n-mal trainiert werden muss.

Ist es sinnvoll, stets mit *Leave-one-out*-Verfahren zu trainieren? Gegen dieses Vorgehen spricht zunächst der höhere Aufwand. Mit $k = n$ ist KV relativ erwartungstreu im Hinblick auf den wahren Vorhersagefehler. Es kann sich jedoch eine hohe Varianz ergeben, da die n Trainingsmengen alle sehr ähnlich zueinander sind. Eine ausführliche Diskussion dieser Zusammenhänge findet sich in [5]. In praktischen Anwendungen haben sich Kreuzvalidierungen mit $k = 5$ oder 10 bewährt.

5.6 Zitierte Literatur

1 Bradford J. R., Needham C. J., Bulpitt A. J., Westhead D. R. (2006) Insights into protein-protein interfaces using a Bayesian network prediction method. *J Mol Biol*, **362**(2), 365–386.

2 Freund Y., Schapire R. E. (1996) Experiments with a new boosting algorithm. *ICLM*, 148–156.

3 Lu L. J., Xia Y., Paccanaro A., Yu H., Gerstein M. (2005) Assessing the limits of genomic data integration for predicting protein networks. *Genome Res*, **15**(7), 945–953.

4 Fawcett T. (2006) An introduction to ROC analysis. *Pattern Recognition Letters*, **27**, 861–874.

5 Hastie T., Tibshirani R., Friedman J. (2001) The elements of statistical learning, Springer Verlag, Berlin.

6
Klassische Cluster- und Klassifikationsverfahren

Maschinelles Lernen: überwachte Lernverfahren ↔ unüberwachte Lernverfahren

Clusterverfahren gehören zu den Methoden des *maschinellen Lernens.* Üblicherweise wird beim maschinellen Lernen die Existenz einer *Trainingsmenge* vorausgesetzt. Diese besteht aus Objekten $\mathbf{x}_i$, die mit einer Marke (dem *Label* ω_j) versehen sind. Die Marke gibt die Zugehörigkeit zu einer endlichen Menge von *Kategorien* an. Es ist das Ziel eines jeden Lernverfahrens, einen Klassifikator zu entwickeln, der aus den Eigenschaften eines Objektes die jeweilige Kategorie mit hoher Zuverlässigkeit vorhersagt. Die Existenz der Marken erlaubt es auch, nach dem Abschluss der Trainingsphase die Qualität des Klassifikators zu bestimmen. Methoden, die in der Lernphase die Marken nutzen, werden *überwachte Lernverfahren* genannt. Solche, die diese Information nicht auswerten, heißen *unüberwachte Lernverfahren.* Clusteralgorithmen gehören zu den unüberwachten Verfahren; insbesondere können sie auch auf Objekte angewendet werden, die nicht markiert sind. Es stellt sich allerdings die Frage, welche Art von Information aus nicht markierten Daten abgeleitet werden kann. Zudem interessieren die Gründe für diese Vorgehensweise bei der Auswertung von biologischen Datensätzen.

Biologische oder medizinische Daten sind aufgrund der experimentellen Fragestellung und Datenlage häufig nicht klassifiziert, daher sind überwachte Lernverfahren für deren Auswertung nicht geeignet. Ein Clusteralgorithmus kann jedoch dazu dienen, diejenigen Merkmale (*features*) zu identifizieren, die anschließend für eine Klassifikation genutzt werden können. Ganz allgemein werden unter dem Begriff *Clusteranalyse* Verfahren zusammengefasst, die Objekte derart auf disjunkte Gruppen aufteilen, dass Elemente aus einer Gruppe mehr Gemeinsamkeiten aufweisen als Elemente, die aus unterschiedlichen Gruppen stammen. Auch *Klassifikatoren* weisen ein Objekt aufgrund seiner Eigenschaften einer Gruppe zu. Die Ausgabe ist in diesem Fall jedoch eine Marke, mit der die Zugehörigkeit zu einer Klasse angegeben wird.

Clusteranalyse: Gruppieren nichtmarkierter Objekte

Klassifikation: Zuweisen einer Marke

Bioinformatik Interaktiv. 2. Auflage. Rainer Merkl und Stephan Waack

ISBN: 978-3-527-32594-8

Da die genannten Verfahren ganz allgemein anwendbar sind und wir in den folgenden Kapiteln mehrfach auf diese Methoden zurückgreifen, werden sie hier gesondert vorgestellt. Diese Einführung orientiert sich an einem klassischen Lehrbuch zur Mustererkennung [1].

6.1 Metriken und Clusteranalyse

Objekt $\mathbf{x}_i$ wird durch m-dimensionalen Vektor repräsentiert

Minkowski-Metrik

Eine wesentliche Grundlage für alle Clusteralgorithmen ist der Vergleich einzelner Objekte mithilfe einer Distanzfunktion. Wir nehmen im Folgenden an, dass jedes Objekt $\mathbf{x}_i := (x_i^1, \ldots x_i^m)$ durch einen m-dimensionalen Vektor repräsentiert wird. Als Distanzmaß kommt z. B. eine Minkowski-Metrik mit Parameter λ infrage:

$$d^{\lambda}_{Mink}(\mathbf{x}_i,\mathbf{x}_j) := \sqrt[\lambda]{\sum_{k=1}^{m} |x_i^k - x_j^k|^{\lambda}}.$$

Häufig werden der Euklidsche Abstand ($\lambda = 2$) und die Manhattan Distanz ($\lambda = 1$) verwendet. Diese Metriken werden auch L_2- bzw. L_1-Norm genannt.

Tanimoto-Metrik bewertet Zusammensetzung von Mengen

Sowohl bei taxonomischen Fragestellungen, aber auch bei der Auswertung von DNA-Chip-Experimenten kommt die *Tanimoto-Metrik* zum Einsatz. Sie bewertet den Unterschied in der Zusammensetzung zweier Mengen S_i und S_j mit

$$d_{Tanimoto}(S_i,S_j) := \frac{|S_i \setminus S_j| + |S_j \setminus S_i|}{|S_i \cup S_j|} = \frac{|S_i| + |S_j| - 2|S_i \cap S_j|}{|S_i| + |S_j| - |S_i \cap S_j|}.$$

Diese Distanz ist, ähnlich wie die Hamming-Distanz, insbesondere dann nützlich, wenn es nicht möglich ist, die einzelnen Elemente s_i^k, s_j^l der betrachteten Mengen unter Verwendung eines Distanzmaßes miteinander zu vergleichen.

6.2 Das mittlere Fehlerquadrat als Gütemaß bei Clusteralgorithmen

Wichtiges Element von Clusterverfahren: ein Gütekriterium

Die erste Entscheidung bei der Entwicklung eines Clusteralgorithmus betrifft die Wahl einer geeigneten Metrik. Diese muss anwendungsspezifisch festgelegt werden, um Objekte $\mathbf{x}_i$, $\mathbf{x}_j$ je nach Problemstellung miteinander vergleichen zu können. Zusätzlich wird ein Kriterium gebraucht, das die Verteilung der Objekte auf Cluster bewertet. Mit dessen Existenz ist das Ziel jedes Clusterverfahrens wohldefiniert: Es müssen extremste Werte des Gütekriteriums gefunden werden.

k-Means-Verfahren: Festlegen von k Clusterzentren

Im Folgenden wird unterstellt, dass jedes Objekt $\mathbf{x}_i$ durch einen m-dimensionalen Vektor beschrieben wird und dass n Objekte vorliegen. Bei den einfachsten iterativen Verfahren ist die Anzahl k von Clustern vorgegeben. Zu diesen Algorithmen gehört das *k-Means*-Clusterverfahren. Es hat zum Ziel, k mittlere Vektoren $\boldsymbol{\mu}_1 \ldots \boldsymbol{\mu}_k$ (Clusterzentren) festzulegen. Somit geht es darum, eine Menge $C = \{\mathbf{x}_1 \ldots \mathbf{x}_n\}$ von Objekten auf k disjunkte Mengen $C_1 \ldots C_k$ zu verteilen. Jede Menge C_i soll hierbei ein Teilcluster repräsentieren, wobei dessen Objekte zueinander ähnlicher sein sollen als zu Objekten anderer Cluster. Das einfachste Gütekriterium, das für diese Aufteilung genutzt werden kann und das in der Clusteranalyse häufig verwendet wird, ist das mittlere Fehlerquadrat (*sum-of-squared-error, SSE*).

m-dimensionaler Mittelwert, mittleres Fehlerquadrat

Sei n_i die Anzahl von Elementen des Teilclusters C_i und sei $\boldsymbol{\mu}_i$ der vektorielle Mittelwert:

$$\boldsymbol{\mu}_i := \frac{1}{n_i} \sum_{\mathbf{x} \in C_i} \mathbf{x}.$$

Dann ist das mittlere Fehlerquadrat SSE wie folgt definiert:

$$SSE := \sum_{i=1}^{k} \sum_{\mathbf{x} \in C_i} \|\mathbf{x} - \boldsymbol{\mu}_i\|^2.$$

Hierbei ist $\|.\|$ die Euklidische Vektornorm:

$$\|\mathbf{x}\| := \sqrt{\sum_{i=1}^{m} |x_i|^2}.$$

Verfahren minimaler Varianz

Die Verwendung dieses Kriteriums kann leicht plausibel gemacht werden: Es wird angenommen, dass der Mittelwert $\boldsymbol{\mu}_i$ das jeweilige Cluster C_i optimal repräsentiert in dem Sinne, dass die Summe der Abweichungen minimal ist. Der Wert von SSE für eine spezielle Lösung hängt davon ab, wie die Objekte auf die k Cluster verteilt werden. Die optimale Lösung ist diejenige mit dem kleinsten Wert von SSE. Algorithmen, die dieser Optimierungsstrategie folgen, werden *Verfahren minimaler Varianz* genannt.

Welche Clusterprobleme können mithilfe dieses Kriteriums gut gelöst werden? SSE-Optimierung ist für Probleme geeignet, bei denen die Objekte kompakte Punktwolken bilden, die voneinander getrennt liegen. Schwierig wird es, wenn sich die Anzahl von Objekten in den einzelnen Clustern stark unterscheidet: In solchen

Fällen wird ein größeres Cluster möglicherweise auf mehrere kleinere aufgeteilt, sodass die natürliche Gruppierung verloren geht. Solche Situationen treten insbesondere dann auf, wenn ein Datensatz Ausreißer enthält. Diese werden zusammen mit einem Teil eines größeren Clusters zu einem (artifiziellen) Teilcluster vereint. Ob eine solche Fehlklassifikation vorliegt, kann aus den Daten selbst nicht vorhergesagt werden. Gibt es jedoch bei der Interpretation der Ergebnisse hinreichende Verdachtsmomente auf Fehlclusterung, sollte ein anderes Gütekriterium verwendet werden.

6.3 Ein einfaches iteratives Clusterverfahren

Iterative Ansätze sind häufig durch Komplexität bedingt

Zu den algorithmisch am wenigsten anspruchsvollen Verfahren gehören die *iterativen Clusteralgorithmen*. Es stellt sich die Frage, weshalb überhaupt iterative Verfahren angewendet werden. Da stets eine endliche Anzahl von n Elementen zu verteilen ist, gibt es eine endliche Anzahl von Partitionen. Theoretisch könnte daher jedes Clusterproblem durch Aufzählen und Bewerten aller Partitionen gelöst werden. Wie so häufig, verhindert das exponentielle Wachstum die ca. $k^n/k!$ möglichen Partitionen selbst für kleine Werte von k aufzuzählen. Aus diesem Grund liegt es nahe, auf iterative Verfahren auszuweichen. Diese ordnen in der Iterationsphase Objekte dann einem anderen Teilcluster zu, wenn sich dadurch der Wert des Gütekriteriums verbessert. Wie nicht anders zu erwarten, ist jedoch nicht garantiert, dass mit einer einfachen Gradientenabstiegsmethode das globale Optimum gefunden wird.

Das Optimierungskriterium für iterative Clusterverfahren ist wiederum das globale mittlere Fehlerquadrat SSE, diesmal jedoch als Summe von k Teilergebnissen geschrieben:

Summe über k SSE-Werte

$$SSE := \sum_{i=1}^{k} SSE_i.$$

Hierbei gilt für jedes Teilcluster i:

$$SSE_i := \sum_{\mathbf{x}\in C_i} \|\mathbf{x} - \boldsymbol{\mu}_i\|^2.$$

Es sei $\boldsymbol{\mu}_i$ wiederum der vektorielle Mittelwert des Clusters C_i.

Iterative Verfahren überprüfen jeweils, ob es günstig ist, ein ausgewähltes Objekt $\mathbf{x}^*$ einem anderen Cluster zuzuordnen. Falls das Objekt $\mathbf{x}^*$ von Cluster C_i nach C_j verschoben wird, ändert sich $\boldsymbol{\mu}_j$ zu

$$\boldsymbol{\mu}_j^* = \boldsymbol{\mu}_j + \frac{\mathbf{x}^* - \boldsymbol{\mu}_j}{n_j + 1}.$$

Der Wert des Fehlers wird dann zu

$$\begin{aligned} SSE_j^* &= \sum_{\mathbf{x} \in C_j} \left\| \mathbf{x} - \boldsymbol{\mu}_j^* \right\|^2 + \left\| \mathbf{x}^* - \boldsymbol{\mu}_j^* \right\|^2 \\ &= \left(\sum_{\mathbf{x} \in C_j} \left\| \mathbf{x} - \boldsymbol{\mu}_j - \frac{\mathbf{x}^* - \boldsymbol{\mu}_j}{n_j + 1} \right\|^2 \right) + \left\| \frac{n_j}{n_j + 1} (\mathbf{x}^* - \boldsymbol{\mu}_j) \right\|^2 \\ &= SSE_j + \frac{n_j}{n_j + 1} \left\| (\mathbf{x}^* - \boldsymbol{\mu}_j) \right\|^2 . \end{aligned}$$

Hierbei ist $n_i = |C_i|$ und $n_j = |C_j|$. Für $\boldsymbol{\mu}_i$ und SSE_i folgt:

$$\begin{aligned} \boldsymbol{\mu}_i^* &= \boldsymbol{\mu}_i - \frac{\mathbf{x}^* - \boldsymbol{\mu}_i}{n_i - 1} \\ SSE_i^* &= SSE_i - \frac{n_i}{n_i - 1} \|\mathbf{x}^* - \boldsymbol{\mu}_i\|^2 . \end{aligned}$$

Die Gleichungen vereinfachen das iterative Berechnen der SSE-Werte und somit kann für jeden möglichen Transfer eines Objekts von Cluster C_i nach C_j entschieden werden, ob er sinnvoll ist: Der Wert von SSE_i muss stärker abnehmen, als der von SSE_j zunimmt. Dies gilt, falls

Ungleichung zur Bewertung eines Transfers

$$\frac{n_i}{n_i - 1} \left\| \mathbf{x}^* - \boldsymbol{\mu}_i \right\|^2 > \frac{n_j}{n_j + 1} \left\| \mathbf{x}^* - \boldsymbol{\mu}_j \right\|^2 .$$

Diese Ungleichung ist erfüllt, wenn $\mathbf{x}^*$ näher bei $\boldsymbol{\mu}_j$ liegt als bei $\boldsymbol{\mu}_i$. Bei jeder Neuzuweisung eines Objektes $\mathbf{x}^*$ wird jeweils dasjenige Cluster C_j gewählt, für das die rechte Seite obiger Gleichung minimal wird. Mit diesen Überlegungen kann ein erster iterativer Cluster-Algorithmus, basierend auf dem Kriterium des mittleren Fehlerquadrats, formuliert werden.

Algorithmus gerät häufig in lokale Minima

Algorithmus 6.1 ist ein erstes sequenzielles Verfahren unter Verwendung von k Zentren. Einige Details müssen noch erläutert werden: Mangels besserer Kriterien werden die zu untersuchenden Objekte $\mathbf{x}^*$ jeweils zufällig gewählt. In obiger Darstellung werden die Werte nach jedem Verschieben eines Objektes aktualisiert. Es hat sich in der praktischen Anwendung jedoch gezeigt, dass diese Variante häufiger als die folgende in lokalen Minima gefangen ist. Es ist sinnvoll, das Aktualisieren der Werte zu verzögern. Dies führt zur *k-Means*-Methode.

Algorithmus 6.1 Iteratives Clusterverfahren basierend auf *SSE*

Initialisiere $n, k, \boldsymbol{\mu}_1 \ldots \boldsymbol{\mu}_k$.

Führe aus

  Wähle zufällig ein Objekt $\mathbf{x}^*$.

  Bestimme $i \leftarrow \arg\min_j \left\| \boldsymbol{\mu}_j - \mathbf{x}^* \right\|$ und weise $\mathbf{x}^*$ dem Cluster i zu.

  Falls $n_i \neq 1$ berechne

$$ERR_j := \begin{cases} \frac{n_j}{n_j+1} \left\| \mathbf{x}^* - \boldsymbol{\mu}_j \right\|^2 & j \neq i \\ \frac{n_i}{n_i-1} \left\| \mathbf{x}^* - \boldsymbol{\mu}_i \right\|^2 & j = i \end{cases}.$$

  Falls ein ERR_l existiert mit $ERR_l \leq ERR_j \; \forall j \in 1 \,..\, k$:

    Transferiere $\mathbf{x}^*$ nach C_l und berechne SSE, $\boldsymbol{\mu}_i$ und $\boldsymbol{\mu}_l$ neu.

Solange, bis keine Änderung von SSE in n Versuchen.

Gib $\boldsymbol{\mu}_1 \ldots \boldsymbol{\mu}_k$ aus.

6.4 *k-Means*-Clusterverfahren

Eine allgemeine Formulierung liefert Algorithmus 6.2.

Verzögerte Aktualisierung der $\boldsymbol{\mu}_i$ erhöht Robustheit

Die Zeilen 3 und 4 machen den Unterschied zum vorherigen Algorithmus aus: Die Vektoren $\boldsymbol{\mu}_1 \ldots \boldsymbol{\mu}_k$ werden erst berechnet, **nachdem** die Zugehörigkeit aller n Objekte in Zeile 3 festgelegt wurde. Hierbei kommen wiederum die bereits eingeführten Metriken zum Einsatz. Üblicherweise werden in Zeile 1 die $\boldsymbol{\mu}_1 \ldots \boldsymbol{\mu}_k$ mit zufällig gewählten Objekten initialisiert. Wie bereits erwähnt, laufen solch einfache Verfahren Gefahr, in lokale Minima zu geraten.

Algorithmus 6.2 *k*-Means-Clusterverfahren

1 Initialisiere $\boldsymbol{\mu}_1 \ldots \boldsymbol{\mu}_k$.

2 Führe aus

3   Klassifiziere alle n Objekte mithilfe nahester $\boldsymbol{\mu}_l$.

4   Bestimme die $\boldsymbol{\mu}_1 \ldots \boldsymbol{\mu}_k$ neu.

5 Solange, bis sich die $\boldsymbol{\mu}_1 \ldots \boldsymbol{\mu}_k$ nicht mehr ändern.

6 Gib $\boldsymbol{\mu}_1 \ldots \boldsymbol{\mu}_k$ aus.

Mehrfache Ausführung mit unterschiedlich initialisierten $\boldsymbol{\mu}_1 \ldots \boldsymbol{\mu}_k$ Vektoren erlaubt, dies zu überprüfen. Auf die Frage, wie die Anzahl k von Clustern möglichst optimal gewählt wird, gehen wir später ein. Es ist naheliegend, das Verfahren alternativ mit $k = 1, 2, 3$,... zu initiieren und die Ergebnisse zu vergleichen. Die anfallenden Teilergebnisse lassen sich in diesem Prozess sinnvoll verwenden, indem die für k berechneten Mittelwerte jeweils zum Initialisieren der Runde k+1 genutzt werden: Diese Werte werden den Vektoren $\boldsymbol{\mu}_1 \ldots \boldsymbol{\mu}_k$ zugewiesen; für $\boldsymbol{\mu}_{k+1}$ wird der Wert desjenigen Objektes verwendet, das am weitesten vom nächsten $\boldsymbol{\mu}_i$ entfernt liegt.

Nachzutragen ist der zeitliche Aufwand: Die Komplexität des oben angegebenen Algorithmus ist von $O(nmkI)$; hierbei ist I die Anzahl von Iterationen. In praktischen Anwendungen ist die Zahl von Iterationen wesentlich kleiner als die der Objekte, sodass der Algorithmus rasch konvergiert.

Zeitkomplexität: O(nmkI)

6.4.1
Wahl einer geeigneten Anzahl *k* von Clustern

Wir haben bisher angenommen, dass die Anzahl k von Clustern gegeben sei. Falls Objekte mit unbekannten Eigenschaften gruppiert werden müssen, ist diese Annahme unzulässig. Um eine der Natur der Daten angepasste Anzahl von Clustern zu finden, kann wie folgt vorgegangen werden, sofern eine Gütefunktion wie SSE existiert: Das Verfahren wird mit $k = 1, 2, 3,\ldots$ ausgeführt und es werden die Ergebnisse der Gütefunktion verglichen. Es ist zu erwarten, dass der mittlere quadratische Fehler monoton mit k abfällt, da jedes Verlagern eines extrem liegenden Objektes in ein eigenes Cluster den Fehler erniedrigt. Falls die Objekte auf k^* gut voneinander getrennte und kompakte Cluster aufgeteilt werden können, sollte der Wert der Gütefunktion bis zum Wert k^* rasch fallen und dann nur noch langsam kleiner werden, bis für $k = n$ der Wert null erreicht wird.

6.4.2
Statistische Bewertung der Clusteranzahl

Approximativer Test

Es gibt bisher noch keinen, allgemein anwendbaren, statistischen Test, mit dem die optimale Anzahl von Clustern bestimmt werden könnte. Eine *Approximation* kann jedoch mithilfe des SSE-Wertes abgeleitet werden. Wiederum sei eine Menge C von n Objekten zu clustern. Es ist zunächst zu überlegen, ob es gerechtfertigt ist, mehr als ein Cluster zu bilden. Die Nullhypothese für den statistischen Test nimmt in diesem Fall an, dass alle n Objekte aus einer Normalverteilung mit Mittelwert $\boldsymbol{\mu}$ und Covarianzmatrix $\sigma^2\mathbf{I}$ stam-

Nullhypothese

men. Hierbei ist $\mathbf{I}$ die Identitätsmatrix. Falls diese Hypothese stimmt, gibt es keinen Grund, mehr als ein Cluster zu bilden und Änderungen des Wertes von SSE sollten alleine durch statistisches Rauschen zu erklären sein. Das mittlere Fehlerquadrat SSE_1 für $k = 1$ kann als Zufallsvariable betrachtet werden und hat den Wert

$$SSE_1 = \sum_{\mathbf{x} \in C} \|\mathbf{x} - \boldsymbol{\mu}\|^2.$$

Hierbei ist $\boldsymbol{\mu}$ wiederum der vektorielle Mittelwert aus allen Objekten $\mathbf{x}$. Gilt die Nullhypothese, so ist SSE_1 normalverteilt mit Mittelwert $nm\sigma^2$ und Varianz $2nm\sigma^2$. Werden nun zwei Cluster gebildet, so ergibt sich SSE_2 zu

$$SSE_2 = \sum_{i=1}^{2} \sum_{\mathbf{x} \in C_i} \|\mathbf{x} - \boldsymbol{\mu}_i\|^2.$$

Unter der Nullhypothese ist diese Aufteilung nicht gerechtfertigt, dennoch wird der mittlere Fehler kleiner werden. Wüssten wir die Verteilung von SSE_2, so könnte exakt entschieden werden, wann die Nullhypothese aufgegeben werden muss. Für SSE_2 ist jedoch keine analytische Lösung bekannt. Für große n kann allerdings gezeigt werden, dass SSE_2 ungefähr normalverteilt ist mit Mittelwert $n(m\text{-}2/\pi)\sigma^2$ und Varianz $2n(m\text{-}8/\pi^2)\sigma^4$. Wie erwartet, ist der mittlere Fehler für diese Partitionierung kleiner als für $k = 1$. Die Nullhypothese kann jedoch nur verworfen werden, wenn der Unterschied statistisch signifikant ist. Ein kritischer Wert für SSE_2 kann aus einer Approximation unter Verwendung der Normalverteilung abgeleitet werden [1]. Daraus ergibt sich die folgende Anweisung: *Verwirf die Nullhypothese auf dem Signifikanzniveau von p, falls gilt:*

Kriterium für das Bilden zweier Teilcluster

$$\frac{SSE_2}{SSE_1} < 1 - \frac{2}{\pi m} - \alpha\sqrt{\frac{2(1 - 8/\pi^2 m)}{nm}},$$

wobei α berechnet wird aus

$$p = 50\,(1 - erf(\alpha/\sqrt{2})).$$

Hierbei ist *erf*(.) die Standard-Fehlerfunktion.

Damit ist ein Test beschrieben, mit dem überprüft werden kann, ob ein Cluster in zwei Teilcluster gesplittet werden muss. Völlig analog kann der k-Fall bearbeitet werden, indem dieser Test immer dann angewendet wird, wenn ein Cluster geteilt werden soll.

6.5 Hierarchische Clusterverfahren

Hierarchische Verfahren: teilende→top down, agglomerative→bottom up

Bei den hierarchischen Clusterverfahren gibt es teilende (*dicisive*) und *agglomerative* d. h. vereinigende Methoden. Teilende Verfahren sind vom Typ *top down*: Zunächst bilden die zu gruppierenden Objekte ein gemeinsames Cluster, das sukzessive in Teil-Cluster partitioniert wird. Agglomerative Verfahren sind vom Typ *bottom up*: Jedes Objekt bildet zunächst ein eigenes Cluster. Diese werden solange zu größeren Clustern zusammengefasst, bis schließlich ein einziges Cluster entstanden ist, das alle Elemente enthält. Algorithmus 6.3 beschreibt agglomeratives, hierarchisches Clustern; hierbei wird die Anzahl k gewünschter Cluster vorgegeben:

Das Verfahren gibt für jedes der k Cluster die Menge der Objekte aus, die zum Teilcluster gehören. Wird $k = 1$ gesetzt und werden Teilergebnisse gelistet, so kann ein *Dendrogramm* (Baum) abgeleitet werden. Die Anweisung in Zeile 4 ist bewusst „schwammig" gehalten, um Raum für unterschiedliche Distanzfunktionen zu lassen. Es bieten sich die folgenden Kriterien an:

Distanzfunktionen für agglomerative Clusterverfahren

$$d_{min}(C_i,C_j) := \min_{\mathbf{x}_k \in C_i, \mathbf{x}_l \in C_j} \|\mathbf{x}_k - \mathbf{x}_l\|$$

$$d_{max}(C_i,C_j) := \max_{\mathbf{x}_k \in C_i, \mathbf{x}_l \in C_j} \|\mathbf{x}_k - \mathbf{x}_l\|$$

$$d_{avg}(C_i,C_j) := \frac{1}{n_i n_j} \sum_{\mathbf{x}_k \in C_i} \sum_{\mathbf{x}_l \in C_j} \|\mathbf{x}_k - \mathbf{x}_l\|$$

$$d_{mean}(C_i,C_j) := \left\| \boldsymbol{\mu}_i - \boldsymbol{\mu}_j \right\|.$$

Algorithmus 6.3 Agglomeratives hierarchisches Clustern

```
1   Initialisiere: l ← n, C_i = {x_i}, ∀ i = 1 .. n.
2   Führe aus
3       l ← l-1
4       Finde naheste Cluster C_i und C_j.
5       Vereinige C_i und C_j.
6   bis l = k
7   Gib die k Cluster aus.
```

Sind die Cluster kompakt und gut voneinander getrennt, liefern obige Distanzmaße alle das gleiche Ergebnis. Für die Analyse von DNA-Chip-Experimenten werden häufig auch Semi-Metriken verwendet, die wir im Kapitel 23 vorstellen.

Zeitkomplexität ist von $O(kmn^2)$

Wie ist die Zeitkomplexität des Algorithmus? Wir betrachten den Fall eines einfachen agglomerativen Verfahrens, das z. B. auf $d_{min}(.)$ basiert. Es seien n Objekte $\mathbf{x}$ der Dimension m gegeben. Zunächst müssen die $n(n\text{-}1)$ paarweisen Distanzen berechnet werden, die in eine Distanzmatrix $\mathbf{D}$ einzutragen sind. Da jede Distanzberechnung m Schritte erfordert, ist hierfür der Aufwand von $O(mn^2)$. Für den ersten Vereinigungsschritt muss der extremste der $n(n-1)$ Werte gefunden werden. Für jeden der weiteren $k-1$ Schritte wird jeweils der extremste Wert gesucht, der zu zwei Objekten $\mathbf{x}_i$, $\mathbf{x}_j$ gehört, die in verschiedenen Clustern liegen. Damit ergibt sich insgesamt ein zeitlicher Aufwand von $O(kmn^2)$.

Single-linkage Verfahren

Wird das Clustern bei Erreichen eines vorgegebenen Schwellenwertes unterbrochen, so spricht man vom *Single-linkage*-Verfahren. Die resultierenden Cluster hängen dann von der Lage einzelner Punkte und dem gewählten Schwellenwert ab. Sind die Werte verrauscht, so werden Teilcluster aufgrund dieses Umstandes möglicherweise zu größeren zusammengefasst. Diese Empfindlichkeit des Algorithmus im Hinblick auf Rauschen und die Lage einzelner Objekte wird häufig kritisiert.

Complete-linkage Verfahren

Wird $d_{max}(.)$ verwendet und das Clustern beim Überschreiten einer vorgegebenen Schwelle abgebrochen, so wird der Algorithmus *Complete-linkage* genannt. Ähnlich wie beim Single-linkage-Verfahren werden hierbei die Ergebnisse jedoch ebenfalls stark von Ausreißern beeinflusst. Robuster sind Verfahren, die sich auf $d_{mean}(.)$ oder $d_{avg}(.)$ stützen.

6.6 Nächster-Nachbar-Klassifikation

Parameterfreie Klassifikation

Klassifikationsaufgaben weisen eine gewisse Ähnlichkeit zu Clusterverfahren auf, da ebenfalls Objekte miteinander verglichen werden. Im Folgenden stellen wir ein parameterfreies Verfahren vor, das sich durch Einfachheit und Robustheit auszeichnet. Grundlage für die Klassifikation ist eine Menge X von *markierten Vektoren* $\mathbf{x}_i := (x_i^1, \ldots x_i^m, \omega)$. Die Marke ω gibt die Klasse an, zu der $\mathbf{x}_i$ gehört. Unsere Aufgabe sei, den Testkandidaten $\mathbf{x}_j := (x_j^1, \ldots x_j^m)$ zu klassifizieren. Sei $\mathbf{x}^*$ dasjenige Element aus X, das zu $\mathbf{x}_j$ den kleinsten Abstand hat. Bei der Nächster-Nachbar-Klassifikation (NN-Klassifikation) wird $\mathbf{x}_j$ einfach das Label ω^* von $\mathbf{x}^*$ zugewiesen. Im Folgenden wird mithilfe von statistischen Überlegungen hergeleitet, weshalb diese einfache Regel so erfolgreich ist.

Optimal: Verwenden der Bayesschen Regel

Die NN-Methode ist im Hinblick auf die Fehlerrate ein suboptimales Verfahren. Die kleinste, d. h. optimale Fehlerrate, die nicht unterschritten werden kann, liefert das *Bayessche Verfahren*, das ja verlangt, für $\mathbf{x}_j$ immer die Klasse ω_i zu wählen, für die $p(\omega_i \mid \mathbf{x}_j)$ den größten Wert annimmt. Es kann gezeigt werden, dass die Fehlerrate der NN-Klassifikation nie größer ist als das Zweifache der Bayesschen Rate, sofern eine unbegrenzte Anzahl von Trainingsdaten vorliegt. Eine grobe Abschätzung macht die Plausibilität dieser Aussage deutlich.

Das Label θ^*, das zum nächsten Nachbarn gehört, kann als Zufallsvariable aufgefasst werden, die einen der Zustände ω_i annehmen kann. Somit ist die Wahrscheinlichkeit, dass θ^* den Wert ω_i annimmt, die *A-posteriori*-Wahrscheinlichkeit $p(\omega_i \mid \mathbf{x}^*)$. Ist die Anzahl von Beispielen sehr groß, so wird $\mathbf{x}^*$ sehr nahe bei $\mathbf{x}_j$ liegen, sodass $p(\omega_i \mid \mathbf{x}^*) \cong p(\omega_i \mid \mathbf{x}_j)$ gilt. Definieren wir $p(\omega_m \mid \mathbf{x}_j)$ als

$$p(\omega_m|\mathbf{x}_j) := \max_i p(\omega_i|\mathbf{x}_j),$$

dann würde die Bayessche Regel stets die Klasse ω_m wählen. Liegt $p(\omega_m \mid \mathbf{x}_j)$ nahe bei 1.0, so wird die mithilfe der NN-Regel getroffene Wahl fast immer mit der Bayesschen Auswahl übereinstimmen. Dies zeigt, dass die Fehlerrate der NN-Klassifikation dann klein sein wird, wenn die minimal mögliche Rate klein ist. Liegt $p(\omega_m \mid \mathbf{x}_j)$ nahe bei $1/k$ (k sei die Anzahl von Klassen), so sind alle Klassen gleich wahrscheinlich und es werden die NN-Regel und die Bayessche Regel selten übereinstimmen. Allerdings ist in beiden Fällen die Fehlerrate $1-1/k$; damit ist das Risiko für Fehler insgesamt größer. Diese Überlegungen machen deutlich, warum die NN-Klassifikation derart gut abschneidet. Diejenigen, die an der genauen Herleitung der angegebenen Fehlerrate interessiert sind, können dies in [1] nachlesen.

6.7
k nächste Nachbarn

Eine naheliegende Erweiterung des NN-Verfahrens besteht darin, nicht nur einen, sondern k nächste Nachbarn zu einer Entscheidung heranzuziehen. Wie zu erwarten, werden in diesem Fall die Marken der k nächsten Nachbarn dazu verwendet, per Mehrheitsentscheidung zu klassifizieren.

Abschätzen der Fehlerrate

Die Motivation für die Verwendung der k-NN-Regel ist wiederum die *A-posteriori*-Wahrscheinlichkeit $p(\omega_i \mid \mathbf{x}_j)$. Ist k fest und geht die

Anzahl n von Beobachtungen gegen unendlich, so werden alle der k Nachbarn gegen **x** konvergieren. Wie im NN-Fall können die Marken der k nächsten Nachbarn **x'** als Zufallsvariablen betrachtet werden, die unabhängig voneinander die Werte ω_i mit Wahrscheinlichkeit $p(\omega_i \mid \mathbf{x}')$ annehmen. Die Bayessche Regel fordert wiederum $p(\omega_m \mid \mathbf{x}_j)$, d. h. den größten Wert. Die k-NN-Regel wählt ω_m, falls die Mehrheit der k nächsten Nachbarn diese Marke besitzt. Ganz allgemein gilt, dass mit Zunahme des Wertes von k die Wahrscheinlichkeit dafür wächst, ω_m zu wählen. Es kann gezeigt werden, dass für $k \rightarrow \infty$ die Fehlerrate der k-NN-Regel gegen die des Bayesschen Verfahrens konvergiert.

Wahl von k

Es bleibt zu überlegen, wie k zu wählen ist. Die k-NN-Regel kann wiederum als Versuch betrachtet werden, die *A-posteriori*-Wahrscheinlichkeit $p(\omega_m \mid \mathbf{x}_j)$ aus den Trainingsbeispielen abzuleiten. Die Approximation wird umso besser, je größer k gewählt wird. Andererseits müssen die k gewählten Nachbarn möglichst nahe bei $\mathbf{x}_j$ liegen, um sicher zu sein, dass $p(\omega_i \mid \mathbf{x}') \cong p(\omega_i \mid \mathbf{x}_j)$ gilt. Diese beiden Bedingungen erzwingen hinsichtlich der Wahl von k einen Kompromiss: Sind Trainingsdaten zur Hand, so kann die optimale Wahl von k durch Kreuzvalidierung bestimmt werden.

In welcher Größenordnung liegt k für biologische oder medizinische Fragestellungen? Für die Analyse von Mikroarrays (d. h. DNA-Chips) liefert ein Beispiel Hinweise: In [2] wurde dieses Verfahren zur Klassifikation von Tumor-Datensätzen angewendet. In allen Fällen war k kleiner als 7 und in mehr als der Hälfte der Fälle war $k = 1$ oder 2 die optimale Wahl.

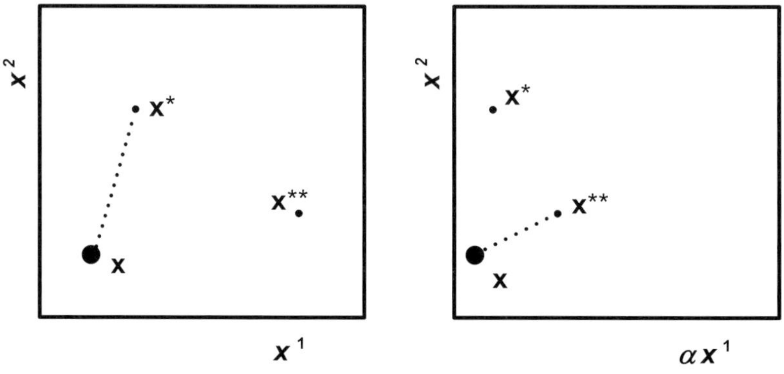

Abb. 6.1 Der Einfluss des Skalierens auf Nachbarschaften. In der linken Abbildung ist die Distanz zwischen **x*** und **x** kleiner als die zwischen **x**** und **x**, sodass der NN-Algorithmus **x*** als nächsten Nachbarn wählt. In der rechten Abbildung wurde die Komponente x^1 mit dem Skalar α multipliziert; nun ist **x**** der nächste Nachbar. Für die Distanzberechnung wurde eine L_2-Norm verwendet.

Kritische Parameter: Normierung, Wahl der Metrik

Anhand der NN-Regel kann anschaulich nachvollzogen werden, weshalb Normierung und geeignete Wahl einer Metrik für die Klassifikation so wichtig sind. In der Abb. 6.1, links ist **x*** der nächste Nachbar von **x**. In der Abb. 6.1, rechts sind die Werte der Koordinate x^1 mit einem Skalar $\alpha < 1.0$ multipliziert. Damit rückt **x**** näher an **x** heran und die NN-Regel wird nun diesen Vektor wählen. Dieses Ergebnis unterstreicht die Bedeutung von Normierung und auch die der Filterung bei der Analyse biologischer Signale. Wird statistisches Rauschen nicht geeignet verrechnet, sind keine wirklich belastbaren Ergebnisse zu erwarten.

6.8 Zitierte Literatur

1 Duda R. O., Hart P. E., Stork D. G. (2001) Pattern Classification, John Wiley & Sons, New York.

2 Dudoit S., Fridlyand J., Speed T. P. (2002) Comparison of discrimination methods for classification of tumors using gene expression data *J Am Stat Assoc*, **97**, 77–87.

7
Neuronale Netze

Neuron: mathematisches Konzept

Die Entwicklung neuronaler Netze war ursprünglich stark von biologischen Vorstellungen geprägt. Im folgenden Text wollen wir jedoch keinen Versuch unternehmen, eine Assoziation zwischen Strukturen oder Vorgängen im Gehirn und den „Neuronen" bzw. neuronalen Netzen, so wie sie als Instrument des maschinellen Lernens benutzt werden, herzustellen. Neuronale Netze werden hier schlicht als mathematisches Konzept eingeführt. Interessanterweise ist auch die Begriffswelt der genetischen Algorithmen, die wir in einem separaten Kapitel vorstellen, stark von biologischen Vorstellungen, d. h. von evolutiven Ideen geprägt.

Neuron: n Eingänge, ein Ausgang, zwei Zustände

Die ersten Modelle für neuronale Netze gehen auf die Mathematiker McCulloch und Pitts [1] zurück, die ein Element (*das Neuron*) vorschlugen, das mehrere Eingänge und einen Ausgang besitzt, zwei Ausgangszustände annehmen kann und einer Schwellenwertfunktion genügt. Die Theorie von McCulloch und Pitts ließ jedoch ein Problem ungelöst: Es war nicht klar, wie maschinelles Lernen zu implementieren sei. Erst durch die Hebbsche Hypothese [2] wird die Verschaltung zwischen zwei Neuronen plastisch, d. h. Signalen kann in Abhängigkeit von Quelle und Bedeutung ein unterschiedliches Gewicht zugeordnet werden. Damit ist auch ein Mechanismus für das Lernen vorgegeben: Durch schrittweises Verändern der Gewichte w_{ij}, mit denen die zwischen den Neuronen i und j getauschten Signale beaufschlagt werden. Nach Abschluss der Trainingsphase bleiben diese Gewichte dann konstant.

Im folgenden Text wird keine vollständige Theorie neuronaler Netze entwickelt, insbesondere wird nur auf zwei von mehreren Ansätzen eingegangen. Es werden solche Eigenschaften vorgestellt, die für das Verständnis von Algorithmen aus der Bioinformatik wichtig sind. Ausführlich werden neuronale Netze in [3–7] dargestellt.

Bioinformatik Interaktiv. 2. Auflage. Rainer Merkl und Stephan Waack

ISBN: 978-3-527-32594-8

7.1
Architektur von neuronalen Netzen

In neuronalen Netzen werden die Basiselemente (die Neuronen) miteinander verknüpft. Im Hinblick auf die Art der Verschaltung kann die Architektur der Netze klassifiziert werden. Es sind zu unterscheiden:

- *rekurrente Architekturen*; sie enthalten gerichtete Schleifen, d. h. in sich geschlossene Datenpfade und
- *vorwärts gekoppelte* (*feed forward*) Architekturen; sie enthalten keine Schleifen.

Architektur vorwärts gekoppelter Netze: Eingabeschicht, nicht sichtbare Schichten, Ausgabeschicht

Eine Architektur ist *geschichtet*, wenn die Basiselemente in Klassen (auch Schichten oder *layer* genannt) gruppiert und die Verbindungen klassenweise definiert werden. Die Schichten werden meist in *sichtbare* und *nicht sichtbare* Schichten (*hidden layer*) eingeteilt. Die sichtbaren Schichten sind die Eingabe- und die Ausgabeschicht (*input, output layer*); sie übernehmen die Eingabewerte bzw. stellen die Ausgabewerte bereit. Die sichtbaren Schichten werden durch eine oder mehrere nicht sichtbare Schichten miteinander verbunden, siehe Abb. 7.1. In den betrachteten Anwendungen innerhalb der Bioinformatik werden meist geschichtete, vorwärts gekoppelte Netze verwendet.

Schichtenmodell

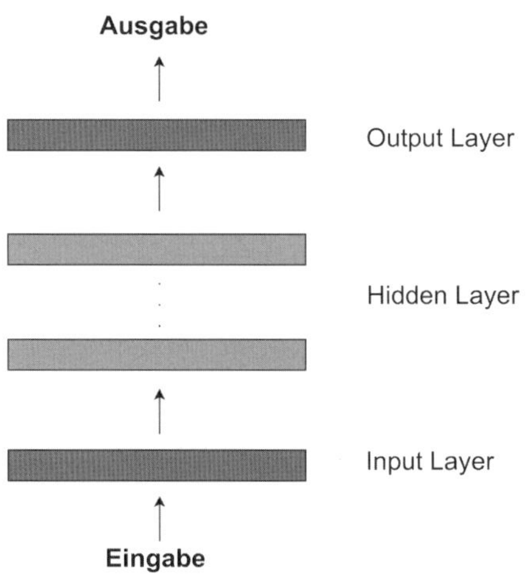

Abb. 7.1 Geschichtete, vorwärts gekoppelte Architektur eines neuronalen Netzes. Die Eingabe wird von den Neuronen der Eingabeschicht (*input layer*) entgegengenommen. Diese Neuronen sind mit denen der ersten, nicht sichtbaren Schicht (*hidden layer*) verknüpft. Die Neuronen der letzten, nicht sichtbaren Schicht sind mit den Neuronen im *output layer* verbunden, die wiederum die Ausgabe präsentieren. Die Pfeile geben die Richtung an, in der Signale innerhalb des neuronalen Netzes weitergegeben werden.

7.2
Das Perzeptron

Das universelle Grundelement eines neuronalen Netzes wird *Neuron* genannt. Ein Vertreter ist das von Rosenblatt 1958 vorgeschlagene *Perzeptron* [8]. Es besitzt n Eingabeleitungen und eine Ausgabeleitung. Der Zustand y_r der Ausgabeleitung des Perzeptrons r wird berechnet als:

Definition binärer Ausgabewert

$$y_r := f(\sum_{i=1}^{n} w_{ri}x_i). \tag{7.1}$$

Die Gewichte w_{ri} machen die Plastizität des Neurons aus. Jeder der n Eingabewerte x_i wird mit einem spezifischen Gewichtsfaktor multipliziert, die Summe dieser Terme ist Eingabe an die Schwellenwertfunktion f. Deren Wert wird als Ausgabe des Neurons angeboten, siehe Abb. 7.2.

Erregungsschwelle = fixer Eingabewert

Die explizite Angabe eines zusätzlichen, konstanten Signals (z. B. als Erregungsschwelle) in obiger Gleichung ist nicht erforderlich, es kann als fester Wert z. B. auf Eingang x_1 eingeführt werden.

7.2.1
Schwellenwertfunktion

Neben den Gewichten bestimmt die Schwellenwertfunktion f die Reaktion des Perzeptrons. Zwei Beispiele für derartige Funktionen sind in Abb. 7.3 angegeben. Die Funktionen lauten:

$$f(x) := \begin{cases} 1 & \text{falls } x > 0.5 \\ 0 & \text{sonst} \end{cases} \tag{7.2}$$

$$f(x) := \frac{1}{1+e^{-x}} \tag{7.3}$$

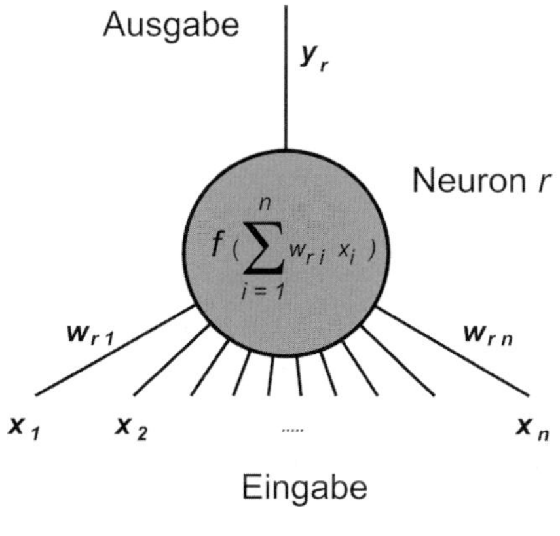

Abb. 7.2 Aufbau des Perzeptrons, ein Basiselement für neuronale Netze. Jedes Neuron r besitzt n Eingänge, an denen die Signale x_1 bis x_n anliegen. Jedes Eingangssignal x_i wird mit dem Faktor w_{ri} gewichtet. Die Summe aller Produkte $w_{ri}\, x_i$ ist die Eingabe an die Schwellenwertfunktion f, deren Wert als y_r ausgegeben wird.

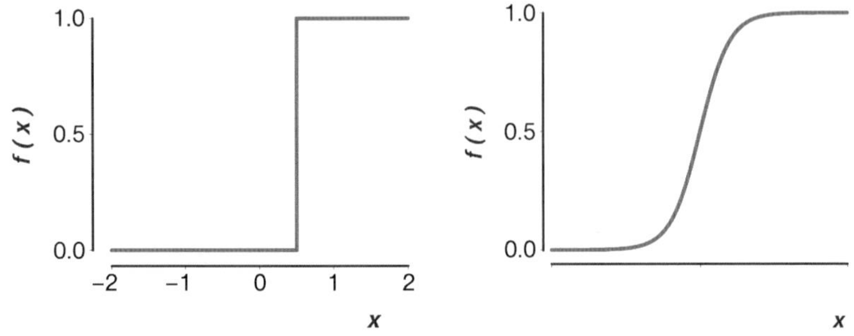

Abb. 7.3 Zwei Beispiele für Schwellenwertfunktionen. Häufig wird die rechts dargestellte Fermifunktion (*logistic function*) verwendet.

Häufig verwendete Schwellenwertfunktion: Fermifunktion

Die Schwellenwertfunktion ist eine Invariante eines neuronalen Netzwerkes. Sie wird bei der Wahl einer Architektur festgelegt und nicht mehr verändert. Neben den oben vorgestellten Funktionen sind weitere eingeführt, die in Abhängigkeit von der statistischen Natur der Eingangssignale gewählt werden sollten [3]. Im Gegensatz zur invarianten Schwellenwertfunktion sind hingegen die Gewichtsfaktoren w_{ri} variabel. Sie werden im Laufe einer Trainingsphase, die stets dem Einsatz eines neuronalen Netzes vorausgeht, erlernt.

7.2.2
Ein Beispiel: Modellierung Boolscher Funktionen

Gewichtsfaktoren w_{ri}

Beispiel: Boolsche Funktionen

Der Einfluss der *Gewichtsfaktoren* auf das Verhalten, d. h. die Ausgabe eines neuronalen Netzes soll an einem einfachen Beispiel klargemacht werden. Basis für die Entwicklung dualer Funktionen oder logischer Schaltungen sind *Boolsche Funktionen*. Deren einfachste Vertreter sind diejenigen mit einer bzw. zwei Eingaben. Dies sind die NICHT- bzw. die UND- sowie die ODER-Funktion. Mithilfe dieser einfachen Funktionen lassen sich alle dualen Funktionen und sämtliche logischen Schaltungen darstellen; hierfür genügt z. B. schon die Verknüpfung von UND- mit NICHT-Funktionen. Gelingt es, die genannten Boolschen Funktionen mit Perzeptrons zu modellieren, so ist gezeigt, dass mit neuronalen Netzen alle dualen Funktionen implementiert werden können. Die Simulation Boolscher Funktionen soll als Nächstes abgeleitet werden. Wie gezeigt, bestimmen die Gewichte w_{ri} das Verhalten des Perzeptrons. In komplexen Anwendungen sind die Gewichte natürlich *a priori* nicht bekannt. Sie werden im Verlauf der Trainingsphase iterativ verändert. Ziel der Trainingsphase ist es, die Gewichte der Verbindungen optimal anzupassen. Für die Modellierung Boolscher

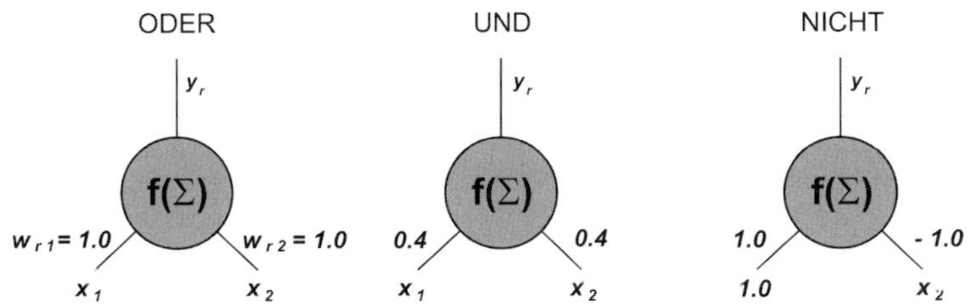

x_1	x_2	y_r
0	0	0
0	1	1
1	0	1
1	1	1

x_1	x_2	y_r
0	0	0
0	1	0
1	0	0
1	1	1

x_2	y_r
0	1
1	0

Abb. 7.4 Simulation von Boolschen Funktionen durch Perzeptrons. Schwellenwertfunktion sei die mit Gleichung (7.2) beschriebene Sprungfunktion. Mit den Gewichten $w_{r1} = w_{r2} = 1.0$ reagiert das Perzeptron wie eine ODER-Funktion, mit den Gewichten $w_{r1} = w_{r2} = 0.4$ wie die logische UND-Funktion, mit den Gewichten $w_{r1} = 1.0$ und $w_{r2} = -1.0$ und konstanter Eingabe $x_1 = 1.0$ wie die NICHT-Funktion. Unter den Perzeptrons ist jeweils eine Wahrheitstabelle für die genannten Funktionen angegeben.

Funktionen können wir die Gewichte einfach festlegen. Beispiele für geeignet gewählte Werte sind in Abb. 7.4 angegeben. Damit ist gezeigt, dass mit einem Perzeptron UND-, ODER- und NICHT-Funktionen modelliert werden können. Die angegebenen Gewichte stellen natürlich nur eine von vielen möglichen Lösungen dar.

7.3 Lösbarkeit von Klassifikationsaufgaben

Verwendung von neuronalen Netzen: Regression, Klassifikationsaufgaben

Neuronale Netze werden für zwei Arten von Aufgaben verwendet. Zum einen für die *Regression*, hierbei soll eine Hyperebene im Lösungsraum möglichst gut approximiert werden. Zum anderen für die *Klassifikation*: Bei dieser Aufgabe soll jede Eingabe einer von (wenigen) Klassen des Lösungsraumes zugeordnet werden. Es stellt sich nun die Frage, welche Arten von Klassifikationsaufgaben mit neuronalen Netzen überhaupt gelöst werden können. Für eine Schicht von Perzeptrons ist die *lineare Separabilität* eine wichtige Voraussetzung für die generelle Lösbarkeit von Problemen. Was unter diesem Begriff zu verstehen ist, wird an folgendem Beispiel illustriert.

Lineare Separabilität entscheidet über Lösbarkeit

Wir nehmen in diesem Beispiel an, dass Perzeptrons Muster in Form von Mustervektoren $\mathbf{x} := (x_1, x_2)$ angeboten werden, die zu zwei Klassen K_1, K_2 gehören. Während der Trainingsphase sollen zwei Perzeptrons so trainiert werden, dass Perzeptron 1 auf Mustervektoren aus K_1 mit der Ausgabe 1 und auf Vektoren aus K_2 mit der Ausgabe 0 reagiert. Für das Perzeptron 2 gelte das Umgekehrte. Ein Training kann nur gelingen, wenn es überhaupt eine Lösung für dieses Problem gibt. Somit muss die Existenz einer Menge von Gewichten nachgewiesen werden, mit der diese Klassifikationsaufgabe gelöst werden kann.

Ob eine derartige Menge existiert, hängt sowohl von der Aufgabenstellung selbst als auch von der Codierung der Vektoren $\mathbf{x}$ ab. Der Einfluss der Codierung lässt sich an folgendem Beispiel erläutern:

Nach dem Festlegen einer Codiervorschrift entspricht jeder Vektor $\mathbf{x}$ in Abhängigkeit von den Attributen (Merkmalen) x_1, x_2 einem Punkt im zweidimensionalen Raum R^2. Die beiden Klassen K_1 und K_2 entsprechen Punktmengen in diesem Raum. Mit den Werten $y_1 = 1$ bzw. $y_2 = 1$ wird in R^2 jeweils eine Punktmenge fixiert, die bei geeigneter Wahl der Gewichte einer der Klassen entspricht. Die mit Gleichung (7.1) mögliche Separation des Merkmalsraumes in Klassen ist jedoch begrenzt: Jede Wahl eines Gewichts entspricht einer Teilung des Merkmalsraumes durch eine n-1 dimensionale Hyperebene (hier also, wegen $n = 2$, einer Geraden) in je einen Bereich mit $y_r = 1$ und $y_r = 0$. Greifen die Klassen zu sehr ineinander, ist eine Trennung mit einer Geraden nicht möglich. Dieser Fall ist in Abb. 7.5 links dargestellt.

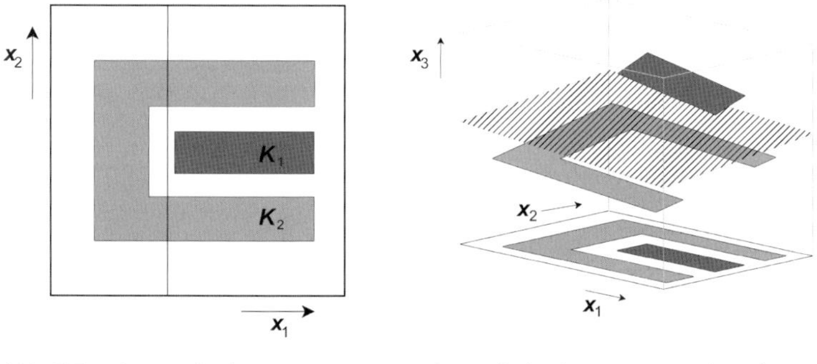

Abb. 7.5 Separierbarkeit zweier Musterklassen. Links: Im zweidimensionalen Raum, der durch die beiden Merkmale x_1 und x_2 aufgespannt wird, sind die Klassen K_1 und K_2 durch eine Gerade nicht separierbar. Es wurde ein vergeblicher Versuch der Trennung durch eine Linie, die parallel zur x_2-Achse verläuft, dargestellt. Rechts: Die Auswertung eines weiteren Merkmals x_3 erhöht die Dimensionalität des Merkmalsraumes; die beiden Klassen sind nun durch eine Ebene linear separierbar. Die Projektion der Klassen auf die (x_1, x_2)-Ebene ergibt den links dargestellten Zustand. Die Existenz geeigneter Merkmale, die eine Separierung erlauben, ist jedoch nicht für jeden Anwendungsfall garantiert; nach [4].

Erweiterung der Attributmenge häufig nützlich

Häufig lässt sich dieses Problem jedoch durch *sinnvolle* Erweiterung der Attributmenge lösen. Eine größere Anzahl von Merkmalen kann die Unterscheidbarkeit der Klassen soweit erhöhen, dass sie separabel werden. Dieser Fall ist in Abb. 7.5 rechts illustriert: Durch die Auswertung eines dritten Merkmals können die Klassen durch eine Ebene getrennt werden.

Damit ist plausibel gemacht, dass bestimmte Probleme durch eine Erhöhung der Dimensionalität des Merkmalsraumes „lösbar" werden. Es gibt allerdings Fragestellungen, die unter Verwendung eines *einzelnen* Perzeptrons prinzipiell nicht lösbar sind. Diese Einsicht hatte für Jahrzehnte die Forschung an neuronalen Netzen gelähmt. Zu diesen Problemen gehört die Simulation der EXKLUSIV-ODER-Funktion. Die Lösung bringt in solchen Fällen die Kombination mehrerer Neuronen. Ein XOR-Gatter ist nur durch ein aus zwei Schichten bestehendes neuronales Netz simulierbar. Die Gewichte können z. B. so gewählt werden, wie in Abb. 7.6 angegeben.

Die XOR-Funktion

Zusätzliche Schichten erlauben das Umcodieren des Problems

Dieses Beispiel zeigt, dass die Verwendung zusätzlicher Schichten hilft, die Limitationen des Perzeptrons zu überwinden. Dies ist möglich, da die Einführung weiterer Schichten ein Netzwerk in die Lage versetzt, das gestellte Problem umzucodieren. Möglicherweise wird eine Codierung gefunden, die eine Lösung des Problems in den nachfolgenden Schichten zulässt. Insbesondere muss die Aufgabenstellung für die letzte Schicht linear separabel sein, sonst ist das Problem prinzipiell nicht lösbar. In vielen Fällen sind Architekturen mit insgesamt drei Schichten (eine nicht sichtbare Schicht) zur Lösung komplexer Probleme ausreichend.

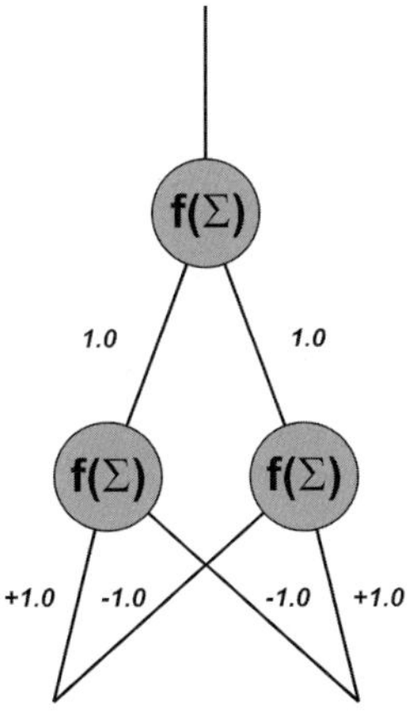

EXKLUSIV-ODER

x_1	x_2	y_r
0	0	0
0	1	1
1	0	1
1	1	0

Abb. 7.6 Simulation der XOR-Funktion. Die EXKLUSIV-ODER-Funktion kann nur durch ein aus zwei Schichten bestehendes neuronales Netz realisiert werden. An den Kanten sind Gewichte für eine mögliche Lösung angegeben. Schwellenwertfunktion sei wiederum die Sprungfunktion aus Gleichung (7.2).

7.4 Universelle Approximation

Wir haben bereits gezeigt, dass mit neuronalen Netzen jede beliebige Boolsche Funktion simuliert werden kann. Mit neuronalen Netzen kann jedoch auch jede beliebige, stetige und reelle Funktion dargestellt werden. *Genauer:* Jede reelle Funktion $f(x)$ kann mit einem 3-schichtigen neuronalen Netzwerk (*ein hidden layer*) mit beliebiger Genauigkeit approximiert werden, sofern das *hidden layer* eine hinreichend große Anzahl von Neuronen enthalten darf. Unsere Herleitung folgt einer Darstellung in [3]. Wir beginnen mit der folgenden Definition:

> Sei $y := f(x)$ eine stetige Funktion und seien x und y eindimensional.

Approximation: Berechnen von f(x) mit Genauigkeit ε

Ohne Einschränkung der allgemeinen Gültigkeit kann angenommen werden, dass $x \in [0, 1]$ und dass $f(x)$ für jedes x höchstens mit einer Genauigkeit von ε berechnet werden soll. Da $f(x)$ stetig und [0, 1] ein abgeschlossenes Intervall ist, folgt die gleichmäßige Stetigkeit von $f(x)$ auf [0, 1]. Somit existiert zu jedem ε eine natürliche Zahl n derart, dass:

$$|x_1 - x_2| \leq 1/n \rightarrow |f(x_1) - f(x_2)| \leq \varepsilon.$$

Daher ist es ausreichend, $f(x)$ durch eine Funktion $g(x)$ zu approximieren, für die gilt:

> $g(0) := f(0)$ und $g(x) := f(k/n)$ für jedes $x \in ((k-1)/n, k/n]$, mit $k = 1, \ldots, n$.

Hinweis

$((k-1)/n, k/n]$ bezeichnet ein halboffenes Intervall, d. h. es gilt: $(k-1)/n < x \leq k/n$. Die geforderte Genauigkeit ε und der Verlauf der Funktion bestimmen somit die Anzahl n von Neuronen.

Architektur

Die Funktion $g(x)$ kann durch ein neuronales Netz mit einem Neuron e in der Eingabeschicht, n+1 Neuronen im *hidden layer* und einem Neuron o in der Ausgabeschicht realisiert werden.

Hidden layer

Die n+1 Neuronen im *hidden layer* seien durchnummeriert von 0 bis n. Jedes Neuron im *hidden layer* ist mit dem einen Neuron der Eingabe- und der Ausgabeschicht verbunden. Sämtliche Gewichte für die Verbindungen zwischen Eingabeneuron e und den n+1 Neuronen des *hidden layer* sind auf 1.0 gesetzt.

In jedem Neuron ist eine lineare Schwellenwertfunktion implementiert, wie in Gleichung (7.2) angegeben. Der Schwellenwert ist für jedes Neuron k individuell gesetzt auf $(k-1)/n$. Für jedes $x \in ((k-1)/n, k/n]$ liefern die Neuronen 0 ... k eine 1, die anderen eine 0 als Ausgabe an das Neuron im *output layer*. Der Eingabewert ist somit direkt in der Anzahl von aktivierten Neuronen codiert.

Konfiguration der Ausgabeschicht

Das Gewicht der Verbindung vom k-ten Neuron des *hidden layer* zum Ausgabeneuron o ist $w_{ok} := f(k/n) - f((k-1)/n)$, wobei $w_{o0} := f(0)$ ist. Die Schwellenwertfunktion für das Ausgabeneuron ist die Identität, d. h. $f(x) := x$.

Daher ergibt sich für jedes $x \in ((k-1)/n,\ k/n]$:

$$g(x) = f(0) + \sum_{j=1}^{k} [f(j/n) - f(j-1)/n] = f(k/n).$$

Im Ausgabeneuron werden zum Wert $f(0)$ die Inkremente $f(j/n) - f((j-1)/n)$ hinzuaddiert. Dies wird in Abb. 7.7 deutlich.

Erläuterung des Konzeptes

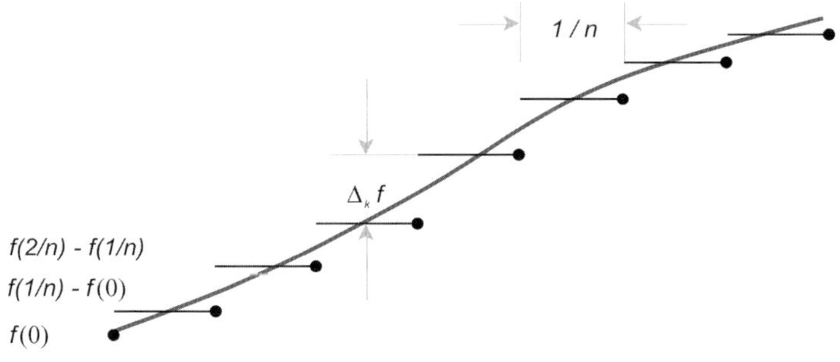

Abb. 7.7 Konzept zur Approximation einer stetigen Funktion im kompakten Intervall [0, 1] durch ein neuronales Netzwerk. Das Gewicht für die Verbindung des k-ten Neurons zum Ausgabeneuron ist $\Delta_k f = f(k/n) - f((k-1)/n)$. Sämtliche $\Delta_k f$ sind $\leq \varepsilon$. Die Verbindung des ersten Neurons mit dem Ausgabeneuron hat das Gewicht $f(0)$.

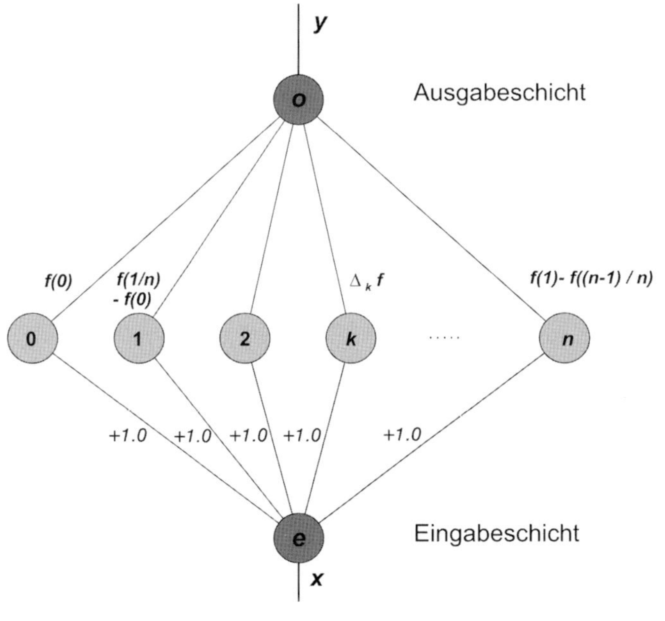

Abb. 7.8 Architektur eines neuronalen Netzes zur Approximation einer reellen Funktion $f(x)$ auf [0, 1]. Die Eingabeschicht besteht aus einem einzigen Neuron e. Dieses ist mit den $n+1$ Neuronen der verborgenen Schicht verknüpft. Die Gewichte für diese Verbindungen sind sämtlich 1. Jedes Neuron k des *hidden layer* hat eine Schwellenwertfunktion $f(x) = 1$ für $x \leq k/n$, 0 sonst. Das Ausgabeneuron o ist mit allen Neuronen des *hidden layer* verbunden, die Gewichte sind $\Delta_k f$. Die Schwellenwertfunktion des Ausgabeneurons ist die Identität. Es liefert daher die Summe aller aktivierten Inkremente $\Delta_k f$.

Die Architektur ist in Abb. 7.8 dargestellt. Dieses Konstrukt lässt sich verallgemeinern, z. B. auf mehrdimensionale Ein- und Ausgaben oder andere Arten von Schwellenwertfunktionen. Damit ist gezeigt, dass jede stetige Funktion mit beliebiger Genauigkeit durch ein neuronales Netz approximiert werden kann.

Neuronales Netz zur universellen Approximation

7.5 Lernen in neuronalen Netzen

Vorwärts gekoppelte neuronale Netze sind in Schichten organisiert. Die erste Schicht übernimmt die Eingabe und überträgt die Ausgabewerte über ihre Verbindungen zu den Neuronen der nächsten Schicht. Dieser Prozess setzt sich bis zur letzten Schicht fort, die Erregungsmuster dieser Neuronen bilden die Ausgabe.

In jeder Schicht kann das Aktivitätsmuster der Vorgängerneuronen transformiert werden. Da alle anderen Parameter eines Neurons fixiert sind, wird diese Transformation determiniert durch die Wahl der Gewichte w_{ij}. Es stellt sich nun die Frage, wie die Gewichte w_{ij} in einem derartigen Netz gewählt und insbesondere maschinell gelernt werden sollen. Mit dem *Backpropagation*-Algorithmus [5] wurde ein Weg aufgezeigt, dieses Problem rechnerisch zu lösen. Dieses Einstellen der Gewichte wird *Lernphase* genannt.

Ziel der Lernphase: Minimieren des Fehlers E

Für die Lernphase muss eine Trainingsmenge $T := \{(\mathbf{x}^\nu, \mathbf{y}^\nu), \nu = 1 .. p\}$ existieren. Hierbei ist $\mathbf{x}^\nu$ ein n-dimensionaler Eingabevektor und $\mathbf{y}^\nu$ die für x^ν gewünschte m-dimensionale Lösung. In der Lernphase werden nun die Gewichte w_{ij} so eingestellt, dass die Reaktion des Netzes auf jedes $\mathbf{x}^\nu$ möglichst gut dem jeweiligen $\mathbf{y}^\nu$ entspricht. Ein Maß, um die Abweichung der vom Netzwerk gefundenen Lösungen $f(\mathbf{x}^\nu)$ von den „Musterlösungen" $\mathbf{y}^\nu$ zu bewerten, ist die Berechnung des mittleren Fehlerquadrates E:

Mittleres Fehlerquadrat

$$E := \frac{1}{2} \sum_{\nu=1}^{p} \sum_{k=1}^{m} (y_k^\nu - f_k(\mathbf{x}^\nu))^2 .$$

Mit y_k^ν ist die k-te Komponente der ν-ten Lösung gemeint.

Hinweis

In der folgenden Herleitung (nach [4], modifiziert) wird die Ausgabe $f_i(\mathbf{x}^\nu)$ des i-ten Neurons mit f_i bezeichnet.

7.5.1
Der Backpropagation-Algorithmus

Backpropagation = Gradientenabstiegsverfahren

Der Fehler E ist bei einer gegebenen Trainingsmenge alleine abhängig von der Wahl der Gewichte w_{ij}. Diese sind optimal gewählt, wenn E minimal ist. Das maschinelle Lernen der Gewichte stellt sich nun als Optimierungsproblem dar: Die Gewichte müssen so angepasst werden, dass E minimal wird. Eines der einfachsten Minimierverfahren ist der *Gradientenabstieg*. Beim *Backpropagation*-Algorithmus wird der Gradientenabstieg näherungsweise berechnet. Es werden schrittweise alle w_{ij} geändert um:

$$\Delta w_{ij} := -\eta \frac{\partial E}{\partial w_{ij}}.$$

Globale, lokale Minima

Hierbei ist $\eta > 0$ die Lernrate. Die partielle Ableitung gibt die Abhängigkeit des Fehlers E vom Gewicht w_{ij} an. Bei hinreichend kleinem η wird immer die Richtung des steilsten Abstiegs der Funktion E verfolgt. Hierbei wird angenommen, dass nach hinreichend vielen Lernschritten der Fehler E auf einen zu vernachlässigenden Wert reduziert ist. Es ist allerdings nicht sicher, dass mit dieser Methode das *globale* Minimum von E gefunden wird. Der Gradientenabstieg führt immer in das nächste *lokale* Minimum. Sind im Lösungsraum mehrere lokale Minima vorhanden, so hängt das Ergebnis eines Gradientenabstiegs von der Initialisierung der w_{ij}, d. h. in nicht vorhersehbarer Weise von der Wahl der Anfangsbedingungen ab. Aus diesem Grund werden in Anwendungen häufig mehrere Netze mit unterschiedlichen, zufällig gewählten Anfangsbedingungen parallel betrieben.

Wir wollen nun exemplarisch den Korrekturwert für Neuronen in der Ausgabeschicht und im letzten *hidden layer* berechnen. Für die Ableitungen $\partial E/\partial\, w_{ij}$ gilt:

Ableitung der Korrekturwerte

$$\frac{\partial E}{\partial w_{ij}} = \frac{\partial}{\partial w_{ij}} \frac{1}{2} \sum_{\nu=1}^{p} \sum_{k=1}^{m} (y_k^{\nu} - f_k)^2.$$

Und wegen der Kettenregel

$$\frac{\partial E}{\partial w_{ij}} = \frac{\partial E}{\partial f_k} \frac{\partial f_k}{\partial w_{ij}}$$

folgt:

$$\frac{\partial E}{\partial w_{ij}} = -\sum_{\nu=1}^{p} \sum_{k=1}^{m} (y_k^{\nu} - f_k) \frac{\partial f_k}{\partial w_{ij}}. \tag{7.4}$$

Spezielle Bezeichner für die Berechnung der Korrekturwerte

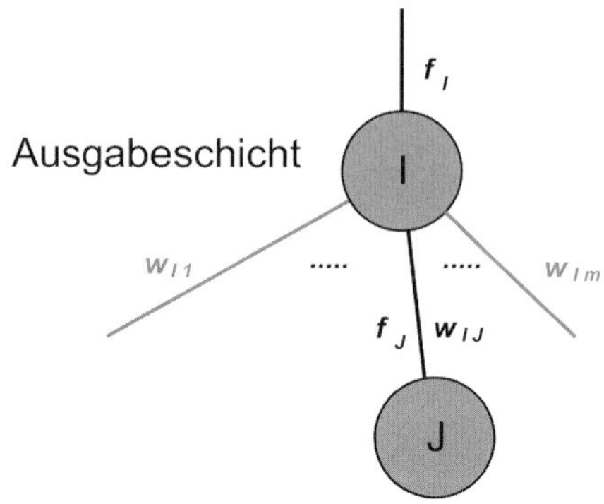

Abb. 7.9 Bezeichner für Signale und Gewichte in der folgenden Herleitung. Es wird die Abhängigkeit des Gesamtfehlers E von einem spezifischen Gewicht w_{IJ} entwickelt. Die Ausgaben der Neuronen I und J werden mit f_I und f_J bezeichnet. Neuron I ist Teil der Ausgabeschicht, Neuron J gehört zur letzten nicht sichtbaren Schicht.

Änderung eines spezifischen Gewichts w_{IJ}

Für ein *spezifisches* Gewicht w_{IJ} folgt aus Gleichung (7.4), da nur die I-te Komponente der inneren Summe von w_{IJ} abhängt:

$$\frac{\partial E}{\partial w_{IJ}} = - \sum_{\nu=1}^{p} (y_I^\nu - f_I) \frac{\partial f_I}{\partial w_{IJ}}. \tag{7.5}$$

Für die partielle Ableitung der Ausgabe I des I-ten Neurons in der Ausgabeschicht nach ∂w_{IJ} gilt:

$$\frac{\partial f_I}{\partial w_{IJ}} = \frac{\partial}{\partial w_{IJ}} f_I(\sum (w_{Ij} f_j)).$$

Hierbei sind die f_j die Ausgabewerte der Neuronen, die im letzten *hidden layer* liegen und in der Verbindung mit Neuron I mit dem Gewicht w_{Ij} beaufschlagt werden; siehe Abb. 7.9. Für die Fermifunktion [Gleichung (7.3)] gilt für die Ableitung $f'(x) = f(x)(1-f(x))$ und es folgt:

$$\frac{\partial f_I}{\partial w_{IJ}} = f_I(1 - f_I) \frac{\partial(\sum w_{Ij} f_j)}{\partial w_{IJ}} = f_I(1 - f_I) f_J. \tag{7.6}$$

Gleichung (7.6) in (7.5) eingesetzt ergibt:

Resultierender Korrekturwert

$$\frac{\partial E}{\partial w_{IJ}} = - \sum_{\nu} (y_I^\nu - f_I) f_I (1 - f_I) f_J.$$

Dieser Ausdruck ist die Summe aus sämtlichen Fehlern, die für die Komponente I der Ausgabe aus allen Paaren $(\mathbf{x}^\nu, \mathbf{y}^\nu)$ der Trainingsmenge resultieren. Ist die Lernrate hinreichend klein, so ist es ausreichend (sofern jeder Term gleich häufig bewertet wird), bei jeder Änderung der Gewichte nur **ein** Element der Trainingsmenge zu berücksichtigen, und es ergibt sich für den allgemeinen Fall:

$$\Delta w_{ij} = \eta \varepsilon_i^\nu f_j f_i (1 - f_i). \tag{7.7}$$

Der Ausdruck ist die Summe aus sämtlichen Fehlern, die für die Komponente i der Ausgabe aus allen Paaren $(\mathbf{x}^\nu, \mathbf{y}^\nu)$ der Trainingsmenge resultieren. Hierbei ist $\epsilon_i^\nu = y_i^\nu - f_i$ der Ausgabefehler der i-ten Komponente beim ν-ten Ausgabemuster und die f_i und f_j sind die Ausgaben der Neuronen i und j, deren Verbindung mit dem Gewicht w_{ij} bewertet wird. Analog können die Δw_{ij} für alle tiefer liegenden Schichten berechnet werden. Für das vorletzte *hidden layer* ergibt sich:

$$\Delta w_{jk} = \eta \sum_i \epsilon_i^\nu f_k f_i (1 - f_i) w_{ij} f_j (1 - f_j). \tag{7.8}$$

Insgesamt lassen sich die Änderungen sämtlicher Gewichte rekursiv berechnen, wie in [4] gezeigt wird.

7.5.2
Interpretation des Lernschrittes

Lernschritt

Für jeden Schritt der Trainingsphase wird ein Musterpaar $(\mathbf{x}^\nu, \mathbf{y}^\nu)$ ausgewählt und es wird $\mathbf{x}^\nu$ der Eingabeschicht aufgeprägt. Die Neuronenaktivitäten und der resultierende Fehler sind die Parameter für einen Lernschritt, der den mittleren Fehler zwischen $\mathbf{y}^\nu$ und $f(\mathbf{x}^\nu)$ verringert.

Erste Phase: Berechnen des Fehlers für ein Attribut

In der ersten Phase eines Lernschrittes wird das Muster $\mathbf{x}^\nu$ dem neuronalen Netz präsentiert und die Ausgabe $f(\mathbf{x}^\nu)$ berechnet. Dieser Wert wird mit y^ν verglichen und es wird der Fehler $\epsilon_I^\nu = y_I^\nu - f_I(\mathbf{x}^\nu)$ für *ein* Attribut I der Lösung bestimmt.

Zweite Phase: Propagieren durch das Netz

Die zweite Phase erfordert eine Propagation durch das Netz in *umgekehrter Richtung*: Beginnend mit der Ausgabeschicht werden die Gewichte gemäß der Gleichungen (7.7), (7.8) etc. angepasst.

Wie bereits erwähnt, hängt das Erlernen einer guten Lösung von der Form der „Fehlerlandschaft“ ab. Ein Auffinden der optimalen Lösung ist nicht garantiert. Trotzdem lassen sich unter Verwendung des Backpropagation-Algorithmus Probleme lösen, die mit einlagigen Netzen nicht beherrschbar sind. Ein Beispiel ist das oben erwähnte XOR-Problem. Ein weiteres, wesentlich komplexeres Beispiel führen wir bei den Algorithmen zur Vorhersage der Proteinsekundärstruktur ein.

Initialisierung

Es wurde bereits angesprochen, dass die Lösung, die während der Trainingsphase gefunden wird, stark von der Initialisierung der Parameter abhängt. Orientierungshilfe bietet, sowohl bei der Initialisierung der Gewichte als auch bei der Wahl der Transferfunktion für die Neuronen der Ausgabeschicht, eine fundierte Theorie [3]. Auf diese gehen wir jedoch nicht genauer ein.

7.6
Codierung der Eingabe

Oben wurde schon gezeigt, dass die Art und Anzahl von Merkmalen, die einem neuronalen Netz angeboten werden, möglicherweise über die Lösbarkeit eines Problems entscheidet. Zusätzlich zur Wahl der Merkmale ist jedoch auch die Art der Codierung zu beachten. In neuronalen Netzen muss der Ausgabeschicht das Problem *in linear separabler Form* präsentiert werden. Die Transformation der Eingabe in eine geeignete Darstellung müssen die vorgelagerten Schichten leisten. Diese Aufgabe kann erleichtert werden, wenn bereits die Eingabe so aufbereitet wird, dass die Nichtlinearität des Problems möglichst klein gehalten wird. In der Trainingsphase wird ja durch das Anpassen der Gewichte versucht, den Lösungsraum durch Hyperebenen aufzuteilen. Die Art, wie die Werte der Merkmale codiert werden, hat erheblichen Einfluss auf die Komplexität dieser Aufgabe. Die Probleme, die mit der Merkmalspräsentation einhergehen, werden an folgendem Beispiel dargestellt.

Komprimierte Codierung der Eingabe kann Nichtlinearität erhöhen

Für die Zwecke der Bioinformatik werden häufig biologische Sequenzen über einem Alphabet Σ (mit $|\Sigma|$ Symbolen) analysiert. Oft werden innerhalb einer Sequenz Fenster (Infixe) einer Länge w betrachtet. Die Größe der Eingabeschicht (und damit die Zahl zu trainierender Gewichte) hängt neben der Fenstergröße wesentlich von der Codierung der Eingabesymbole ab. Eine komprimierte Codierung, die mit wenigen Stellen auskommt, scheint daher das zu lösende Problem zu vereinfachen. Man könnte geneigt sein, beispielsweise sämtliche Aminosäuren als Werte im Intervall [0, 1] zu codieren. Eine derartige Codierung erhöht jedoch die Nichtlinearität des zu lösenden Problems und ist daher ungeeignet. Eine andere Art der Darstellung, die keinerlei algebraische Korrelation in das zu lösende Problem einführt, ist die *orthogonale Codierung*. Sie wird daher häufig verwendet und hat sich in vielen Anwendungen der Bioinformatik als erfolgreiches Codierungsschema behauptet.

Orthogonale Codierung der Eingabe ist optimal

Hierbei werden Symbole a_1, a_2, a_3 ... durch Vektoren (1, 0, 0, ...), (0, 1, 0, ...), (0, 0, 1, ...) repräsentiert. Diese Darstellung hat zusätzlich den Vorteil, dass bei der Auswertung biologischer Sequenzen Positionen jenseits von N- bzw. C-Terminus oder auch unbekannte Residuen als Vektor (0, 0, ...) angegeben und auf diese Weise ausgeblendet werden können.

Eine Konsequenz der orthogonalen Codierung ist die enorme Größe der Eingabeschicht, die $|\Sigma|w$ Eingänge umfassen muss. Diese Überlegungen zeigen die gegenseitige Abhängigkeit der Komplexität der Netzwerkarchitektur, der Art der gewählten

Codierung, des Aufwandes für das Trainieren neuronaler Netze und der generellen Lösbarkeit von Problemen. Neben einer geeigneten Wahl der Codierung kann die Nichtlinearität des Lösungsraumes möglicherweise durch ein Präprozessieren der Sequenzen reduziert werden. Beispielsweise kann durch Wahl eines anderen Alphabets die Nichtlinearität erniedrigt (oder auch erhöht) werden.

Anwendungen

Mit neuronalen Netzen wird in der Bioinformatik eine Vielzahl von Problemstellungen bearbeitet. Beispiele sind die Vorhersage der Proteinsekundärstruktur [9] oder die Vorhersage von Signalpeptiden [10].

7.7 Selbstorganisierende Karten

SOM realisiert eine Topologie erhaltende Abbildung

Eine weitere Organisationsstruktur für neuronale Netze sind selbstorganisierende Karten (*self-organizing map*, SOM), die von T. Kohonen eingeführt wurden [6]. Im Gegensatz zu *Perzeptrons* gehören sie zu den nichtüberwachten Lernverfahren. Sie erzeugen eine Topologie erhaltende Abbildung aus einem möglicherweise hochdimensionalen Anwendungsraum auf eine zweidimensionale Karte, die aus einzelnen Neuronen gebildet wird (Abb. 7.10). Deswegen kann eine SOM auch als Clusterverfahren für hochdimensionale Daten verwendet werden. Ein Beispiel für eine derartige Anwendung in der Bioinformatik ist die Auswertung von DNA-Chip-Experimenten. Eine wichtige Eigenschaft einer SOM ist ihre Fähigkeit zu generalisieren. Damit ist sichergestellt, dass Punkte, die im Anwendungsraum nahe beieinanderliegen, auf Neuronen abgebildet werden, die auf der Karte benachbart sind.

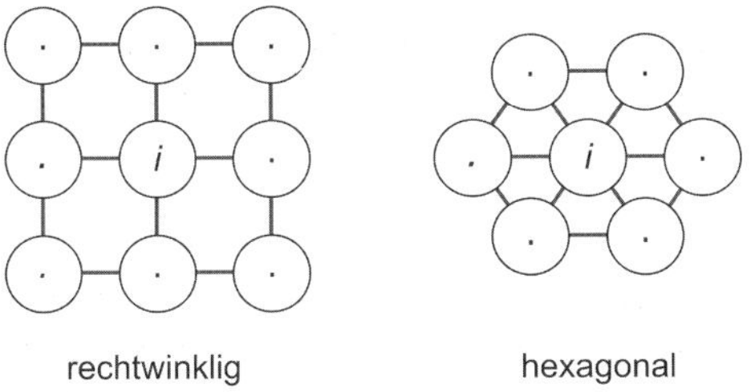

Abb. 7.10 Die zwei wichtigsten Topologien für selbstorganisierende Netze. Im rechtwinkligen Gitter hat jedes Neuron *i* vier, im hexagonalen Gitter sechs direkte Nachbarn.

7.7.1 Aufbau der Karte

Definition SOM

Eine SOM besteht aus einem zweidimensionalen Array von m Neuronen $N := \{\mathbf{n}_1, \mathbf{n}_2, \ldots \mathbf{n}_m\}$. Gewöhnlich sind die Neuronen in einem rechteckigen oder hexagonalen Gitter angeordnet, für das eine Distanzfunktion $d(\mathbf{n}_i, \mathbf{n}_j)$ definiert ist.

Aufgrund der Distanzfunktion ist für jedes Paar von Neuronen deren Abstand bekannt. Wir nehmen im Folgenden an, dass eine Menge X von n-dimensionalen Eingangssignalen $\mathbf{x}$ zu prozessieren ist.

Erregungsfunktion

Jedes Neuron $\mathbf{n}_i$ einer SOM wird repräsentiert durch einen n-dimensionalen Vektor $\mathbf{n}_i := (w_{i1}, \ldots. w_{in})$ von Gewichtsfaktoren. Das Neuron bewertet eine Eingabe $\mathbf{x}$ mithilfe der Funktion

$$f_{Erregung,n_i}(\mathbf{x}) := \sum_{j=1}^{n} w_{ij}x_j.$$

Somit resultiert die Erregung aus der gewichteten Summe der Einzelkomponenten von $\mathbf{x}$. In der Regel wird es ein Neuron $\mathbf{n}_k$ geben, das von $\mathbf{x}$ am stärksten angeregt wird. Für dieses Neuron gilt:

$$\sum_{j=1}^{n} w_{kj}x_j := \max_{l} \sum_{j=1}^{n} w_{lj}x_j.$$

Unter den Voraussetzungen, dass die Summe der Gewichte $\sqrt{\sum_j (w_{ij})^2}$ für jedes Neuron konstant und für alle Neuronen die gleiche ist und dass $\|\mathbf{x}\| = 1$ für alle Eingangssignale gilt, kann obige Bedingung in eine rechnerisch einfachere umgeformt werden:

$$\|\mathbf{n}_k - \mathbf{x}\| = \min_{l} \|\mathbf{n}_l - \mathbf{x}\|.$$

Diese Bedingung macht klar, weshalb dieser Typ von neuronalem Netz eine Karte genannt wird: Ähnliche Eingangssignale werden alle auf den Ort k abgebildet.

7.7.2 Selbstorganisation

Selbstorganisation durch laterale Stimulation

Es ist leicht einzusehen, dass die Abbildungsfunktion vom Objektraum auf die Karte anwendungsspezifisch gewählt werden muss. Das von Kohonen hierfür eingeführte Lernverfahren setzt gleichzeitig das Konzept der *Selbstorganisation* um. Ziel des Verfahrens ist zunächst, eine Topologie erhaltende Abbildung der Signale $\mathbf{x}$ auf die Karte zu erzeugen. Wie zu vermuten, werden hierfür die Gewichte w_{ij} „geschickt" verändert. Um den Effekt der Selbstorganisation zu implementieren, wird im Lernverfahren in Analogie zu neurophysiologischen Befunden der Effekt der *lateralen Stimulation* eingeführt. Deswegen geht bei der Adaption der Gewichte die Erregung der Nachbarn ein. Für die Auswahl der jeweiligen Nachbarschaft können verschiedene Funktionen verwendet werden, häufig wird die Gaußfunktion genutzt:

$$g(\mathbf{n}_k,\mathbf{n}_j,\sigma(t)) := \exp\left(-(\mathbf{n}_k-\mathbf{n}_j)^2/2\sigma(t)^2\right).$$

Die Funktion hat ihr Maximum bei $\mathbf{n}_k$ und strebt für große Abstände der Neuronen gegen null. Es ist vorteilhaft, wenn sich auf der Karte zunächst eine Grobstruktur ausbildet, ehe die Feinstruktur entsteht. Dies kann durch die Wahl von $\sigma(t)$ eingestellt werden: Der Wert von $\sigma(t)$ sollte langsam mit der Zahl t von Lernschritten abnehmen. Mit diesen Vorbereitungen lässt sich Algorithmus 7.1 wie folgt formulieren:

Im Schritt 1 werden die Gewichte zunächst voreingestellt. Falls über die Anwendungsdomäne weiter nichts bekannt ist, werden zufällige Werte verwendet. Im Schritt 2 wird jeweils ein Trainingsbeispiel $\mathbf{x}$ zufällig gezogen. Die Auswahl mithilfe der Wahrscheinlichkeit $p(\mathbf{x})$ sorgt dafür, dass häufig auftretende Signale die Topo-

---

Algorithmus 7.1: Erzeugen einer selbstorganisierenden Karte

1. *Initialisierung*: $t \leftarrow 1$, wähle die Gewichte w_{ij}. Initialisiere mit zufällig gewählten Werten, falls kein *A-priori*-Wissen vorhanden.
2. *Wähle Lernbeispiel*: Wähle ein Eingabesignal $\mathbf{x}$ entsprechend der Wahrscheinlichkeit $p(\mathbf{x})$.
3. *Bestimme Antwort*: Identifiziere das Erregungszentrum $\mathbf{n}_k$ mithilfe von $\|\mathbf{n}_k-\mathbf{x}\|\leq\|\mathbf{n}_l-\mathbf{x}\|\ \forall \mathbf{n}_l\in N$.
4. *Passe Gewichte an*: Ändere Gewichte von $\mathbf{n}_k$ gemäß $\mathbf{n}_k^{neu}=\mathbf{n}_k^{alt}+\varepsilon(t)g(\mathbf{x},\mathbf{n}_k^{alt},\sigma(t))$.
5. Solange in der Trainingsphase: $t\leftarrow t+1$, gehe zu Schritt 2.

---

logie der Karte stärker beeinflussen. Im Schritt 3 wird das Erregungszentrum auf der Karte identifiziert. Die Anpassung der Gewichte von $\mathbf{n}_k$ im Schritt 4 wird von den benachbarten Neuronen beeinflusst. Diese werden in Richtung $\mathbf{x}$ verschoben. Das Ausmaß der Verschiebung wird zusätzlich durch die Lernrate $\varepsilon(t)$ moduliert. Sie sollte, ausgehend vom Wert 1.0 mit zunehmender Anzahl t von Lernschritten gegen null gehen. Damit wird sichergestellt, dass sich die Gewichte anfangs grob einstellen können. Große Werte von $\varepsilon(t)$ bewirken jedoch auch eine starke Fluktuation der Erregungszentren. Für die Stabilisierung einer Topologie muss $\varepsilon(t)$ im Laufe des Trainings daher abnehmen.

Topologie erhaltende Merkmalskarte

Die bei diesem Verfahren entstehenden Karten geben im Wesentlichen die Richtungen von X wieder, in denen sich die Signale am stärksten ändern. Der Algorithmus sorgt dafür, dass Stetigkeitsbeziehungen zwischen den Eingangssignalen möglichst erhalten bleiben, d. h. die Topologie des Raumes X konserviert wird. Aus diesem Grund hat Kohonen für diesen Ansatz den Begriff *Topologie erhaltende Merkmalskarte* geprägt. Obige Darstellung ist ein Versuch, die grundlegenden Konzepte des Verfahrens zu erläutern. Wie zu erwarten, gibt es Varianten und bei der praktischen Anwendung sind einige Anpassungen vorzunehmen. Dazu gehört die geeignete Codierung der Eingabevektoren. Ausführlich sind diese Netzwerke und ihre Eigenschaften in [6] beschrieben.

7.8 Zitierte Literatur

1. McCulloch W. S., Pitts W. (1943) A logical calculus of the ideas immanent in nervous activity. *Bull Math Biophys*, **5**, 115–133.
2. Hebb D. O. (1949) Organisation of behavior, Wiley, New York.
3. Baldi P., Brunak S. (1999) Bioinformatics, MIT Press, Cambridge MA.
4. Ritter H., Martinetz T., Schulten K. (1991) Neuronale Netze, Addison-Wesley, Bonn.
5. Rumelhart D. E., McClelland J. L. (1986) Parallel distributed processing, MIT Press, Cambridge, MA.
6. Kohonen T. (1995) Self-organizing maps, Springer Verlag, Berlin.
7. Haykin S. (2008) Neural networks and learning machines: a comprehensive foundation, Prentice Hall, New Jersey.
8. Rosenblatt F. (1958) The perceptron: a probabilistic model for information storage and organization in the brain. *Psychol Rev*, **65**(6), 386–408.
9. Rost B. (1996) PHD: predicting one-dimensional protein structure by profile-based neural networks. *Methods Enzymol*, **266**, 525–539.
10. Zuegge J., Ralph S., Schmuker M., McFadden G. I., Schneider G. (2001) Deciphering apicoplast targeting signals-feature extraction from nuclear-encoded precursors of *Plasmodium falciparum* apicoplast proteins. *Gene*, **280**(1-2), 19–26.

8
Genetische Algorithmen

Häufigste Anwendung genetischer Algorithmen: Lösung von Optimierungsaufgaben

Eine Reihe algorithmischer Konzepte ist stark von einem biologischen Vorbild geprägt. Dazu gehören die neuronalen Netze und z. B. die Ameisenalgorithmen, die das Verhalten der Tiere bei der Futtersuche nachahmen und für kombinatorische Optimierung nutzen. Der Lösung von Optimierungsaufgaben dienen auch die genetischen Algorithmen, die wir in diesem Kapitel vorstellen. Das Abarbeiten eines genetischen Algorithmus ist eine Art von Evolution, die auf einem Rechner abläuft. Analog zum biologischen Prozess, der als Vorlage dient, wirkt der Algorithmus auf eine *Menge von Individuen*, die zufällig verteilten Mutationen ausgesetzt sind. In einem Selektionsschritt wird die „Fitness" eines jeden Individuums bewertet. Die Fitness wiederum bestimmt die Chance auf Reproduktion und damit auch die Zusammensetzung der nächsten Generation. Nach mehreren Runden von Mutation und Selektion werden als Lösung des Optimierungsproblems aus den Individuen die am besten angepassten, d. h. die mit den höchsten Fitnesswerten gewählt.

Idee: Survival of the fittest

Diese erste und grobe Beschreibung eines genetischen Algorithmus macht dessen Eigenschaften klar: Wir haben es mit einem Lösungsverfahren zu tun, das eine probabilistische Komponente enthält. Die Idee des *„survival of the fittest"* wird hier auf Zeichenketten angewendet. Genetische Algorithmen können eine Vielzahl von Problemstellungen bedienen. Erforderlich sind eine geeignete Abbildung der Problemstellung auf die Individuen (Zeichenketten) und die Existenz einer Fitnessfunktion. Das Konzept der genetischen Algorithmen wurde maßgeblich von Holland [1] geprägt. Eine umfassende Darstellung findet sich in [2], der in diesem Kapitel in Teilen gefolgt wird.

Stärken: Bearbeiten komplexer Optimierungsprobleme

Genetische Algorithmen erlauben zwar auch die Modellierung dynamischer Systeme oder das Studium von Evolutionsprozessen (Übersicht in [3]); die wichtigste Anwendungsdomäne ist jedoch das Lösen komplexer Optimierungsprobleme. Genetische Algorithmen eignen sich gut zur Bearbeitung von Aufgaben, bei denen eine

Bioinformatik Interaktiv. 2. Auflage. Rainer Merkl und Stephan Waack

ISBN: 978-3-527-32594-8

große Anzahl von Parametern zu beachten ist. In der Bioinformatik werden genetische Algorithmen benutzt, weil adaptive Methoden (zu denen genetische Algorithmen gehören) dafür prädestiniert sind, Optima in komplexen, verrauschten und hochdimensionalen Lösungsräumen aufzuspüren. Beispiele für die Verwendung von genetischen Algorithmen in bioinformatischen Fragestellungen sind die Vorhersage der 2D-Struktur von RNA, das Alignment von Protein-3D-Strukturen [4], die Simulation der Proteinfaltung [5] oder das Identifizieren charakteristischer Proteineigenschaften [6].

Einteilung von Suchmethoden

Suchmethoden (und damit auch Optimierungsverfahren) können ganz allgemein in drei Klassen eingeteilt werden. Es sind Algorithmen, die entweder

- sämtliche Lösungen aufzählen,
- Lösungen analytisch berechnen,
- per Zufallsprinzip Lösungen aus dem Lösungsraum auswählen.

Im Rahmen der *Aufzählmethoden* werden alle möglichen Lösungen bestimmt, anschließend wird aus der Lösungsmenge die optimale ausgewählt. Diese Strategie ist ideal, solange der Lösungsraum klein ist. Derartige Strategien sind jedoch nicht robust, weil sie nicht beliebig skalierbar sind. Sie scheitern häufig an der Komplexität des Lösungsraumes. Ein Beispiel für eine derartige Lösungsstrategie ist das dynamische Programmieren, das wir später detailliert vorstellen.

Analytische Lösungsstrategien werden eingeteilt in direkte und indirekte Methoden. In der Regel ist die Topologie des Lösungsraumes nicht bekannt, sodass indirekte Verfahren verwendet werden müssen. Mit diesen Ansätzen werden im Lösungsraum Minima gesucht. Ein Beispiel für eine indirekte Methode ist der Gradientenabstieg, der bei der Berechnung einer Lösung stets dem größten Abfallen einer Zielfunktion folgt. Derartige Strategien bergen immer die Gefahr des Gefangenseins in einem *lokalen Minimum*. Dieses Risiko ist umso größer, je rauer und diskontinuierlicher der Lösungsraum ist. Liegen viele lokale Minima im Lösungsraum weit verstreut, so werden *in Abhängigkeit von den Anfangsbedingungen* unterschiedliche Lösungen gefunden. Daher sind derartige Strategien ebenfalls nicht robust.

Problem der lokalen Minima

Aufgrund dieser Nachteile wuchs das Interesse an solchen Strategien, in die Zufallsprozesse integriert sind. Eine rein zufällige Auswahl von Lösungen aus dem Lösungsraum (*random walk*) mit Speicherung der bisher besten ist jedoch nicht effizienter als die Aufzählmethode; im ungünstigsten Fall sind die Laufzeiteffizienzen vergleichbar schlecht.

Randomisierte Algorithmen

Genetische Algorithmen gehören zu den *randomisierten Algorithmen*. Sie kombinieren zufällige Auswahl und gerichtete Suche. Ein weiteres Beispiel für derartige Strategien ist *Simulated Annealing* [7], das von den physikalischen Vorgängen beim Abkühlprozess metallischer Schmelzen abgeleitet wurde. Wir stellen dieses Verfahren im Kapitel 19 vor.

Unterschiede zu konventionellen Methoden

Die höhere Robustheit genetischer Algorithmen gegenüber konventionellen Methoden ist durch die folgenden Merkmale bedingt:

- In genetischen Algorithmen werden Codierungen von Parametern, nicht Parameter selbst ausgewertet.
- Genetische Algorithmen bearbeiten nicht eine singuläre, sondern parallel eine große Menge von Lösungen.
- In genetischen Algorithmen werden Fitnessfunktionen, keine Ableitungen o. Ä. verwendet.
- In der Iteration werden keine deterministischen, sondern probabilistische Regeln benutzt.

Einschränkungen

Genetische Algorithmen sind nicht geeignet für Problemstellungen, bei denen das exakte globale Minimum gefunden werden muss. Allerdings ist man bei den genannten Anwendungen meist damit zufrieden, eine *hinreichend gute* Lösung gefunden zu haben.

8.1 Objekte und Funktionen

Für den Umgang mit genetischen Algorithmen benötigen wir die folgenden Definitionen.

Definition Gen, Mutation, Crossover, Fitness

Sei $\Sigma := \{0,1\}$ ein binäres Alphabet. Sei $A := a_1 a_2 \, .. \, a_n \in \Sigma^n$ eine n-stellige Zeichenkette über diesem Alphabet. A wird häufig auch *Genotyp* genannt. Jedes a_i heißt *Gen* und der Wert eines Gens *Allel*.
Sei $POP := \{A \mid A \in \Sigma^n\}$ eine Menge von Zeichenketten (Population). Sei $|POP| := m$. Mit POP_t ist eine Population zum Zeitpunkt t gemeint.
Die Funktion $MUT(A, i)$ wird *Mutation* genannt, wenn gilt:

$$MUT(A,i) := \begin{cases} A[1,i-1]0A[i+1,n] & falls\ a_i = 1 \\ A[1,i-1]1A[i+1,n] & falls\ a_i = 0 \end{cases}.$$

Die Funktion *CrossOv(A, B, i)* heißt *Crossover*, wenn gilt:

CrossOv(A, B, i) := $A[1, i-1]B[i, n]$, $B[1, i-1]A[i, n]$.
Hierbei ist $1 < i < n$.

Eine Funktion $f(x)$ heißt *Fitnessfunktion*, wenn gilt:

$f(A) \in \mathbb{R}^+, \forall A \in$ POP.
Sei $A_i \in POP$ und
sei $f(A_i)$ die Fitness von A_i.

Dann ist die *Reproduktionsrate* $r(A_i) := f(A_i) \,/\, \Sigma f(A_j)$;
$j = 1 .. m$.

Beispiele für die Anwendung der Operatoren

Die Zeichenketten aus *POP* bestehen aus Folgen von Nullen und Einsen. Durch die Funktion *MUT(A, i)* wird das Symbol an Position *i* komplementiert: Aus einer Null wird eine Eins und umgekehrt. Das heißt MUT(00100, 3) = 00000 und MUT(10111, 4) = 10101. Die Funktion *CrossOv(A, B, i)* erzeugt zwei neue Zeichenketten der Länge *n*. Die erste enthält die Symbole a_1 .. a_{i-1} *konkateniert mit* b_i .. b_n, die zweite die Symbole b_1.. b_{i-1} *konkateniert mit* a_i .. a_n. Das heißt, *CrossOv*(11100, 00011, 4) = 11111, 00000. Die Definition der Fitnessfunktion ist sehr allgemein gehalten. Es wird lediglich gefordert, dass sie für jedes Individuum *A* einen reellen Wert liefert. Die Reproduktionsrate $r(A_i)$ gibt an, mit welchem Anteil die „Nach-

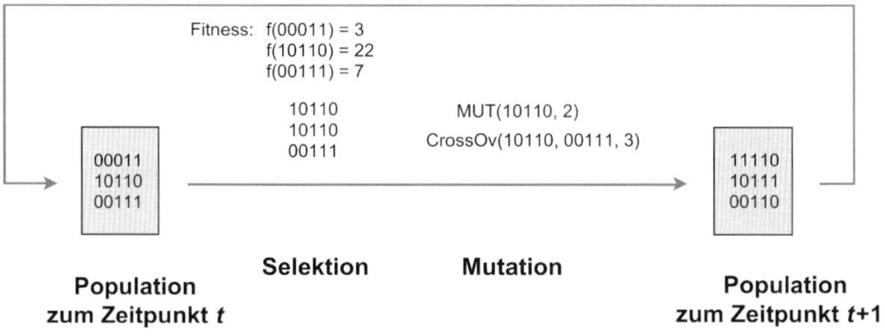

Abb. 8.1 Beispiel für einen Schritt bei der Ausführung eines genetischen Algorithmus. Die Population bestehe zum Zeitpunkt *t* aus den drei angegebenen Zeichenketten. Mit der gewählten Fitnessfunktion werden die drei Individuen bewertet. Aufgrund ihres niedrigen Fitnesswertes $f(00011) = 3$ wird die Zeichenkette 00011 eliminiert. Die Zeichenkette mit der größten Fitness (10110) wird kopiert. Auf ein per Zufallsprinzip ausgewähltes Individuum wird der Mutationsoperator angewandt; auf zwei andere, zufällig ausgewählte der Crossover-Operator. Nach dem Ausführen sämtlicher Operationen ist die Generation *t*+1 gebildet.

kommen" des Individuums A_i in der nächsten Generation auftreten. Ist die relative Fitness $f(A_i)$ / $\Sigma f(A_j)$ hoch, so werden sie entsprechend häufig kopiert; ist die Fitness niedriger als die mittlere Fitness, so wird ihre Anzahl reduziert.

Anwendungsbeispiel

Wir nehmen uns vor, mithilfe eines genetischen Algorithmus das Optimum für die Funktion $f(x) = x^2$ im Intervall [0, 31] zu bestimmen. Die möglichen Lösungen können wir in diesem Fall als fünfstellige Dualzahlen 00000–11111 codieren. Zur Bewertung der Fitness ist es ausreichend, die Dualzahl in eine Dezimalzahl zu konvertieren. Beispiele sind $f(00011) = 3$ oder $f(11110) = 30$. Ein möglicher „Generationswechsel", der ausgehend von der Population zum Zeitpunkt t zur Population zum Zeitpunkt t+1 führt, ist in Abb. 8.1 gezeigt.

8.2 Algorithmus

Algorithmus 8.1 beschreibt die einfachste Form eines genetischen Algorithmus.

Bemerkungen

Bei der Ausführung wird meist mit einer Menge von randomisierten Objekten (Zeichenketten, Individuen) begonnen; die zufällige Auswahl ist jedoch nicht zwingend. In obigem Beispiel wurden für die Zwecke einer übersichtlichen Darstellung nur drei Individuen betrachtet, üblicherweise wird mit einer wesentlich größeren Anzahl hantiert.

Einfluss auf Population

Im Beispiel wurden in der Reproduktionsphase die Individuen 00011 gestrichen und 10110 dupliziert, in der Mutationsphase

Algorithmus 8.1 Genetischer Algorithmus

1 Generiere eine Anzahl von Individuen.

2 Für $t \leftarrow 0, 1, \ldots$ bis Abbruch führe aus:

3 *Reproduktion*:
1) Bestimme für jedes einzelne Individuum aus POP_t den Fitnesswert.
2) Verändere die Anzahl der Individuen in Abhängigkeit von ihrer relativen Fitness.

4 *Mutationsphase*: Wende auf diese, durch Reproduktion modifizierte Population die genetischen Operatoren an. Sowohl die Individuen als auch der Locus für Mutationen und Crossover werden probabilistisch gewählt.

5 Gib Individuen mit höchsten Fitnesswerten aus.

wird durch *Mutation* aus 10110 an Position 2 11110 und durch *Crossover* werden aus 10110 und 00111 die Werte 10111 und 00110. Die Fitnesswerte haben sich von (3, 7, 22) zum Zeitpunkt t auf (6, 23, 30) zum Zeitpunkt t+1 erhöht. Der mittlere Fitnesswert wuchs von 10.6 auf 19.7.

In der obigen Beschreibung sind viele Details ungenau spezifiziert. So kann z. B. die Population t+1 auf unterschiedliche Weise gebildet werden. Neben der oben dargestellten Art, die sich auf eine spezielle Definition der Reproduktionsrate stützt, sind andere Techniken denkbar. Daneben werden auch weitere Mutationsoperatoren eingesetzt. All diese Möglichkeiten erlauben, durch geeignete Codierung und „vernünftige" Wahl der Fitnessfunktion, den genetischen Algorithmus an das zu lösende Problem anzupassen. In vielen Fällen ist sowohl die Codierung als auch die Fitnessfunktion offensichtlich. In anderen Fällen kann diese Wahl allerdings über den Erfolg der Methode entscheiden.

8.3 Der Begriff des Schemas

Die Individuen aus obigem Beispiel wurden aus didaktischen Gründen speziell gewählt und lassen keinen Schluss zu auf das dynamische Verhalten der Population und deren Zusammensetzung in realen Anwendungen. Zum Studium dieser Parameter eignen sich *Schemata*, die nun eingeführt werden.

Sinnvollerweise beginnt die Analyse von genetischen Algorithmen mit einer Betrachtung des Lösungsraumes. Ziel ist das Aufspüren von Punkten (Lösungen) im n-dimensionalen Raum $\{0,1\}^n$. In diesen Räumen wächst die Anzahl möglicher Lösungen exponentiell mit der Dimension n. Ist die Dimension hinreichend groß (z. B. $n > 64$), so kann bei der Leistungsfähigkeit heutiger Rechner kein Algorithmus in hinreichend kurzer Zeit sämtliche Punkte des Raumes aufsuchen (d. h. bewerten). Es kann daher auch nicht erwartet werden, dass in derart komplexen Räumen mit irgendeinem Verfahren und realistischem Aufwand stets das globale Optimum gefunden wird, sofern alle Lösungsvarianten berechnet werden müssen. Ein weniger hochgestecktes Ziel, das mit einem Optimierungsverfahren erreicht werden kann, ist das Identifizieren solcher Regionen im Lösungsraum, die „gute" Lösungen liefern. Diese Strategie wird bei der Verwendung von genetischen Algorithmen verfolgt. Wie können diese Bereiche beschreiben werden? Eine Möglichkeit ist das Abgrenzen mithilfe von Hyperebenen. Im betrachteten Raum werden Hyperebenen durch *Schemata* festgelegt. Wir leiten nun das *Schematheorem* her.

Schema-Theorem

Es macht plausibel, dass mit genetischen Algorithmen die betrachteten Lösungen gefunden werden können.

Definition Schema, Repräsentant

> Sei $\Sigma_+ := \Sigma \cup \{*\} = \{0,1,*\}$ ein Alphabet. Dann heißt jede Zeichenkette $H := a_1a_2 .. a_n \in \left(\sum_+\right)^n$ *Schema*.
> Sei $Anz(H, b)$ die Funktion, die angibt, wie oft $b \in \Sigma_+$ in H vorkommt.
> Die Funktion $o(H)$ heißt *Ordnung* (*order*) von H, wenn $o(H) := n - Anz(H,*)$.
> Die Funktion $\delta(H)$ heißt *definierende Länge* (*defining length*) von H, wenn $\delta(H) := j-i \mid \forall\, a_k < a_i \wedge \forall\, a_l > a_j : a_k, a_l = *$; $min(H) = i$ und $max(H) = j$ sollen die in $\delta(H)$ für i und j eingeführte Bedeutung haben.
> Eine Zeichenkette $A := a_1a_2 .. a_n \in \Sigma^n$ heißt *Repräsentant* von $H := h_1h_2 .. h_n$, wenn gilt: $a_i = h_i \;\forall\, h_i \in \Sigma$ (Beachte: *nicht* Σ_+).
> $rep(H, t)$ sei die Anzahl der Repräsentanten von H in einer Population POP zum Zeitpunkt t.

Erläuterungen zum Schemabegriff

Schemata sind Zahlenfolgen, die aus den drei Symbolen 0, 1 und * erzeugt werden. Das Symbol * wird als *wildcard* (beliebiges Zeichen) interpretiert.

Beispielsweise ist **1*0 ein Schema. Die Zeichenketten 00100 und 11110 sind Repräsentanten von H, da sie an den im Schema *definierten Positionen* 3 und 5 mit H übereinstimmen. Die Ordnung von **1*0 ist 2, da genau zwei Symbole aus Σ im Schema vorkommen. $o(*10*00) = 4$, $o(1****) = 1$. Die definierende Länge $\delta(H)$ ist die Differenz der Indizes zwischen der letzten und ersten im Schema durch 0 oder 1 definierten Position.

Beispiele

$\delta(*1*1*) = 4\text{-}2 = 2$, $\delta(011*11**) = 6\text{-}1 = 5$,
$\delta(1*******) = 1\text{-}1 = 0$.

8.4 Dynamik der Anzahl von Schemata

Unter Verwendung von Schemata kann die Zusammensetzung von Populationen zu verschiedenen Zeitpunkten studiert werden.

Für die folgende Abschätzung sei $|POP| = m$ und in der Population seien mehrere Schemata H_j vertreten. Zum Zeitpunkt t existieren in der Population POP_t genau $rep(H, t)$ Repräsentanten des Schemas H. Während der Reproduktionsphase wird die Anzahl eines jeden Strings A_i entsprechend seiner Fitness $f(A_i)$ und der daraus resultierenden Reproduktionsrate $r(A_i)$ verändert. Die Anzahl von Repräsentanten ist dann $rep(H, t{+}1)$. Es sei $f(H)$ die mittlere Fitness sämtlicher Repräsentanten des Schemas H. Dann gilt zunächst:

$$rep(H,t+1) = rep(H,t)\, m f(H)/\sum f(H_i).$$

Mit der mittleren Fitness $\bar{f} = \sum f(H_i)/m$ folgt:

$$rep(H,t+1) = rep(H,t) f(H)/\bar{f}.$$

Dies bedeutet, dass die Präsenz eines Schemas in Abhängigkeit von der mittleren Fitness seiner Repräsentanten zu- bzw. abnimmt. Das heißt, alleine aufgrund der Reproduktion nimmt die Anzahl der Repräsentanten solcher Schemata, die überdurchschnittliche Fitnesswerte aufweisen, zu; die Schemarepräsentanten mit unterdurchschnittlichen Fitnesswerten werden weniger. Die Rate, mit der die Präsenz von Schemata zunimmt, kann leicht abgeschätzt werden.

Wird angenommen, dass die Anzahl der Repräsentanten eines Schemas um einen konstanten Wert $k\bar{f}$ pro Runde zunimmt, so gilt:

$$rep(H,t+1) = rep(H,t)\,(\bar{f} + k\bar{f})/\bar{f} = rep(H,t)(1+k).$$

Gilt diese konstante Zunahme für jeden Schritt von t nach t+1, so folgt:

Die Anzahl von Repräsentanten mit hohen Fitnesswerten wächst exponentiell

$$rep(H,t+1) = rep(H,0)\,(1+k)^t.$$

Dieses Ergebnis macht klar, dass infolge der Reproduktion die Anzahl der Repräsentanten von Schemata mit überdurchschnittlichen Fitnesswerten exponentiell wächst und die von solchen mit unterdurchschnittlichen Fitnesswerten exponentiell abnimmt.

Genetische Operatoren sorgen für das Durchmustern des Suchraumes

Die Reproduktion alleine sorgt zwar dafür, dass sich Schemata mit guten Fitnesswerten durchsetzen, jedoch wird das Erkunden weiterer Gebiete im Suchraum durch die Reproduktion nicht unterstützt. Hier kommen nun die genetischen Operatoren ins Spiel. Zunächst wollen wir den *Crossover*-Operator betrachten. Durch *CrossOv*(A, B, i) werden die Strings (und analog Schemata) an der Stelle i gesplittet. Die Wahrscheinlichkeit, dass ein Schema überlebt, ist **indirekt proportional** zu seiner definierenden Länge $\delta(H)$. Je größer $\delta(H)$, umso wahrscheinlicher ist es, dass i innerhalb $min(H)$ und $max(H)$ liegt, was ein Aufbrechen des Schemas in zwei Teile bewirkt.

Falls wir annehmen, dass ein Crossover mit gleicher Wahrscheinlichkeit an allen möglichen $|H|-1 = n-1$ Positionen auftritt, so wird H mit der Wahrscheinlichkeit $\delta(H)\,/\,(n-1)$ zerstört und die Wahrscheinlichkeit, dass H überlebt, ist $1-\delta(H)\,/\,(n-1)$.

Falls ein Crossover mit der Wahrscheinlichkeit p_c vorkommt, kann als untere Schranke für das Überleben des Schemas H abgeschätzt werden: $p_s(H) \geq 1 - p_c\, \delta(H)/(n-1)$. In Kombination mit dem Wachstum, das aus dem Prozess der Reproduktion resultiert, ergibt sich:

$$rep(H,t+1) \geq rep(H,t) f(H)/\bar{f}\ [1 - p_c \delta(H)/(n-1)].$$

Nun soll noch der Einfluss von Mutationen auf das Überleben von Schemata berücksichtigt werden. Es sei die Wahrscheinlichkeit für das Auftreten einer Mutation uniform gleich p_m. Dann ist die Wahrscheinlichkeit für das Überleben (Nichtmutieren) eines Allels $(1-p_m)$. Da die Mutationsereignisse wiederum unabhängig voneinander sein sollen, ist die Wahrscheinlichkeit für das Überleben eines Schemas $(1-p_m)\ (1-p_m)\ \ldots\ (1-p_m)$ (insgesamt $o(H)$-mal). Dieser Wert $(1-p_m)^{o(H)}$ kann, falls $p_m << 1$, approximiert werden durch $1-o(H)p_m$. Somit ergibt sich insgesamt, sofern Terme gestrichen werden, die wenig zur Abschätzung beitragen:

$$rep(H,t+1) \geq rep(H,t) f(H)/\bar{f}\ [1 - p_c \delta(H)/(n-1) - o(H)p_m].$$

Schema-Theorem

Mutationen beeinflussen $rep(H,t+1)$ nur wenig. Insgesamt gilt, dass die Anzahl der Repräsentanten von Schemata mit überdurchschnittlichen Fitnesswerten exponentiell zunimmt. Analog ergibt sich die starke Abnahme von Schemata mit unterdurchschnittlichen Fitnesswerten.

Schemata definieren Hyperebenen im Suchraum $\{0, 1\}^n$. Die Fitness einer jeden Zeichenkette gibt auch Auskunft über die mittlere Fitness der 2^n Schemata, der sie angehört. Daher ist die Bewertung einer Anzahl von Individuen immer auch zugleich eine Bewertung der wesentlich größeren Anzahl von Schemata, die durch die Zeichenketten repräsentiert werden. Die starke Konvergenz, die das Schema-Theorem belegt, hat jedoch eine Kehrseite: Da ein genetischer Algorithmus nur eine begrenzte Anzahl von Individuen bearbeiten kann und es stets Rundungsfehler gibt, kann auch bei diesen Algorithmen die Konzentration der Individuen auf ein lokales Minimum nicht ausgeschlossen werden.

8.5
Codierung der Problemstellung

Neben der Auswahl einer geeigneten Fitnessfunktion kann die Wahl einer Abbildung der Problemstellung auf Bitstrings (Codierung) über den Erfolg einer Bearbeitung mit genetischen

Tab. 8.1 Vergleich von üblichem Binär- mit dem Graycode. Der Graycode ist so angelegt, dass sich bei jedem Übergang von *i* auf *i*+1 jeweils nur ein Bit ändert.

Dezimalwert	0	1	2	3	4	5	6	7
Binärcode	000	001	010	011	100	101	110	111
Graycode	000	001	011	010	110	111	101	100

Algorithmen entscheiden. In obigem Beispiel wurde die übliche Binärcodierung gewählt. Diese Art der Zahlendarstellung hat jedoch für die Zwecke der genetischen Algorithmen einen erheblichen Nachteil: Für bestimmte Zahlenwerte müssen sich für den Übergang von i nach i+1 sämtliche Bits ändern, z. B. von 7 = 0111 nach 8 = 1000. Diese Eigenart der Codierung kann es solchen Individuen, die bereits nahe am Optimum liegen, erschweren, das Optimum noch besser zu approximieren. Zudem ist die Relevanz von Mutationen bei diesem Code abhängig von der Bitposition. Dem ersten Problem kann durch Verwendung eines alternativen Codes begegnet werden. Als geeignet für die Optimierung von Multiparameterfunktionen hat sich der Graycode, der in Tabelle 8.1 angegeben ist, erwiesen. Er ist so angelegt, dass sich bei jedem Übergang von i nach i+1 jeweils nur ein Bit ändert.

Ausblick

Im Kapitel 18 werden wir am Beispiel des Programms STAR erläutern, mit welchen Problemen in der Anwendung genetischer Algorithmen zu rechnen ist.

8.6 Genetisches Programmieren

Bisher repräsentierte jedes Gen a_i eine Eigenschaft eines Objektes und dessen Bedeutung hing von der Interpretation durch die Fitnessfunktion ab. Es spricht jedoch nichts gegen das Vorgehen, Gene *als Operatoren* zu interpretieren. Mit dieser Sichtweise können die Konzepte genetischer Algorithmen auf das maschinelle Lernen übertragen werden. Dieses Teilgebiet wird *genetisches Programmieren* genannt; eine Einführung bietet [2]. Hierbei werden Fragmente von Computerprogrammen kombiniert. Es ist einzusehen, dass in diesem Fall die genetischen Operatoren eine andere Funktion haben müssen; insbesondere kommt ein Einfügeoperator hinzu.

Operatoren beim genetischen Programmieren

Die folgenden vier Operatoren sind beim genetischen Programmieren wichtig (Abb. 8.2):

Replikation

t: (AND (AND X1 X2) (NOT X3))

t+1: (AND (AND X1 X2) (NOT X3))

Mutation

t: (**OR** (NOT **X1**) (**AND** X2 X3))

t+1: (**AND** (NOT **X2**) (**OR** X2 X3))

Crossover

t: A (**AND (OR X1 X2)** (AND X3 X4))

B (OR (AND X1 X4) **(NOT X3)**)

t+1 A: (**AND (OR X1 X2) (NOT X3)**)

B: (OR (AND X1 X4) (AND X3 X4))

Insertion

t: (AND (OR X1 X2) X3)

t+1: (AND (OR X1 X2) (**NOT** X3))

Abb. 8.2 Beispiel für die Anwendung der Operatoren beim genetischen Programmieren. Für die Operationen Replikation, Mutation, Crossover und Insertion sind für die Individuen jeweils die Zusammensetzung zum Zeitpunkt *t* und zum Zeitpunkt *t*+1 gezeigt. Veränderungen sind fett gedruckt. Beim Replikationsschritt ändert sich nichts. Bei Mutationen können sich sowohl Operationen als auch Operanden ändern. Bei der Insertion werden zusätzliche Programmschritte eingefügt. Beim Crossover werden zwei Individuen neu kombiniert. In diesem Beispiel wurde die Programmiersprache LISP verwendet.

- *Replikation*; das Programmfragment wird unverändert repliziert.
- *Crossover*; die beiden Fragmente *A* und *B* werden an geeigneter Stelle geteilt in *A1, A2* und *B1, B2*. Anschließend werden die Codefragmente *B2A1* und *A2B1* gebildet.
- *Mutation*; Elemente eines Fragments werden (leicht) modifiziert. Diese Veränderungen müssen mit der Programmsyntax kompatibel sein. So können z. B. Zahlen durch andere Zahlen oder mathematische Operatoren durch andere Operatoren ersetzt werden.
- *Insertion*; ein einzelnes Element eines Codefragments wird durch ein anderes Element bzw. Fragment ersetzt.

Syntaktisch einfache Sprachen sind gut geeignet

Programmiersprachen mit reicher Syntax wie C++ oder Java sind für die genetische Programmierung weniger geeignet. Von Vorteil sind syntaktisch einfache Sprachen wie LISP. Viele LISP-Ausdrücke haben die Form (`<Operator> <Operand> <Operand> . .`). So sind (+ 3 5) oder (* 4 (+ *A* 2 7)) gültige LISP-Statements, die $3 + 5$ bzw. $4(A + 2 + 7)$ entsprechen. *A* ist hierbei eine Variable. Derartige Ausdrücke können durch Bäume repräsentiert werden. Ein Beispiel zeigt die Abb. 8.3. Es kann vorkommen, dass nach Anwendung genetischer Operatoren grammatikalisch falsche Programme entstehen. Üblicherweise werden *Wrapper* benutzt, mit

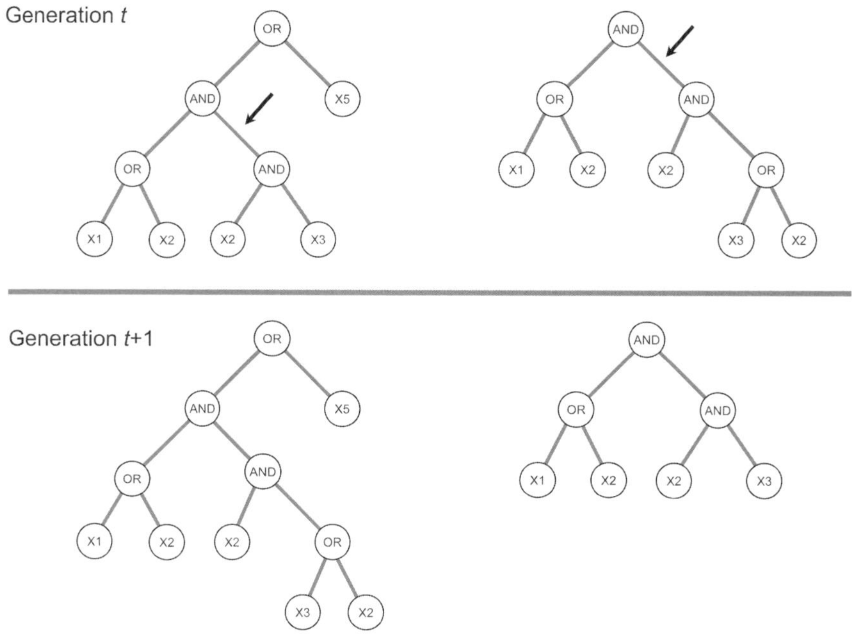

Abb. 8.3 Beispiel für das Ausführen eines Crossover-Schrittes. Die beiden LISP-Programme sind in Form von Bäumen dargestellt. Die Bäume werden zum Zeitpunkt *t* an den durch Pfeile markierten Positionen geschnitten und anschließend neu kombiniert.

deren Hilfe die Syntax der Programme überwacht wird und die gegebenenfalls unkorrekte Programme eliminieren.

Nachteil: Theoretische Basis fehlt

Es ist nicht möglich, genetisches Programmieren auf eine solide theoretische Basis zu stellen. Allerdings fallen weiterhin die Kosten für Rechnerhardware und es ist zu erwarten, dass z. B. Klassifikationsprobleme in Zukunft eher durch Rechnung als durch sorgfältige Analyse gelöst werden. Folgt man einer solchen Strategie, so sind evolutive Ansätze wie genetisches Programmieren vielversprechend. Eine Übersicht zu Anwendungen genetischer Programmierung in der Medizin findet sich in [8].

8.7 Zitierte Literatur

1 Holland J. H. (1962) Outline for a logical theory of adaptive systems. *J Assoc Comput Mach,* **9**(3), 297–314.

2 Goldberg D. E. (1989) Genetic algorithms in search, optimization and machine learning, Addison-Wesley, Boston.

3 Forrest S. (1993) Genetic algorithms: principles of natural selection applied to computation. *Science,* **261**(5123), 872–878.

4 Szustakowski J. D., Weng Z. (2000) Protein structure alignment using a genetic algorithm. *Proteins,* **38**(4), 428–440.

5 Pedersen J. T., Moult J. (1997) Ab initio protein folding simulations with genetic algorithms: simulations on the complete sequence of small proteins. *Proteins,* **Suppl 1**, 179–184.

6 Kernytsky A., Rost B. (2008) Using genetic algorithms to select most predictive protein features. *Proteins,* doi:10.1002/prot.22211.

7 Kirkpatrick S., Gelatt C. D., Jr., Vecchi M. P. (1983) Optimization by simulated annealing. *Science,* **220**(4598), 671–680.

8 Worzel W. P., Yu J., Almal A. A., Chinnaiyan A. M. (2008) Applications of genetic programming in cancer research. *Int J Biochem Cell Biol,* doi:10.1016/j.biocel.2008.1009.1025.

Algorithmen und Modelle der Bioinformatik

Bioinformatik Interaktiv. 2. Auflage. Rainer Merkl und Stephan Waack

ISBN: 978-3-527-32594-8

Bioinformatische Algorithmen und Modelle

In Teil 3 werden *Algorithmen und Modelle* vorgestellt, die in der Bioinformatik von besonderer Bedeutung sind. Die Auswahl kann nicht erschöpfend sein; sie beschränkt sich auf solche, von denen wir meinen, dass sie für die Praxis und für das Verständnis solcher Werkzeuge, die häufig eingesetzt werden, relevant sind.

Alignmentverfahren Hidden-Markov-Modelle

Die Reihenfolge der Darstellung ist so gewählt, dass am Beginn einfache Algorithmen stehen und dass sich die Komplexität der Ansätze steigert. Besonders ausführlich werden Algorithmen für *Alignmentverfahren* und *Hidden-Markov-Modelle* erläutert, weil diese für eine Fülle von Aufgaben genutzt werden. An einigen Stellen müssen wir etwas unpräzise bleiben. Dies liegt daran, dass es manchmal schwierig ist, aus den Publikationen, die häufig aufeinander aufbauen, eine exakte Beschreibung der Algorithmen zu extrahieren. Hier wollen wir sozusagen tröstend anmerken, dass es uns um die *Darstellung von Lösungsstrategien* geht, und diese werden auf jeden Fall klar.

Darstellung von Lösungsstrategien

Die Bioinformatik ist eine sich rasant entwickelnde Wissenschaft. Algorithmen und deren Umsetzung in Tools sind ständigen Änderungen unterworfen, neue Konzepte und Ideen werden geboren, rasch implementiert und sind sofort per Internet verfügbar. Das ist gut so, denn diese Tatsache belegt, dass die Werkzeuge neuesten Erkenntnissen angepasst werden. Bei dem vorgelegten Tempo ist es allerdings schier unmöglich, den aktuellen Status von Algorithmen und Werkzeugen zu beschreiben. Auch hier gilt, dass dies nicht die Intention dieses Textes ist. Es geht uns darum, generelle Lösungsstrategien darzustellen, und diese haben länger Bestand. Wir sind zudem der Überzeugung, dass es mit dem hier vermittelten Basiswissen leicht fällt, sich in von uns nicht behandelte Gebiete einzuarbeiten.

9
Paarweiser Sequenzvergleich

Der Vergleich von Sequenzen erlaubt das Ableiten von strukturellen, funktionellen und evolutionären Beziehungen

Die Bewertung der Ähnlichkeit von Objekten hat in der Biologie eine lange Tradition. So stützt sich Darwins Theorie von der Entwicklung der Arten auf Ähnlichkeitsbetrachtungen, wie auf den Vergleich morphologischer Eigenschaften der Galapagosfinken. Der Vergleich von Sequenzen benutzt das gleiche Prinzip: Es werden Ähnlichkeiten und Unterschiede bewertet, mit dem Ziel, strukturelle, funktionelle oder evolutionäre Beziehungen abzuleiten.

Weshalb ist dieser Ansatz so erfolgreich? Es gilt, wie Darwin gezeigt hat, bei der Entwicklung der Arten das Prinzip *„survival of the fittest"*, weil in der Evolution erfolgreiche Konzepte häufig wiederverwendet werden. Üblicherweise ist jedoch – je nach Verwandtschaftsgrad – mit schwächeren oder stärkeren Variationen des Leitmotivs zu rechnen. Diese evolutionäre Strategie sorgt dafür, dass sich der Genpool quasi automatisch den wandelnden Ansprüchen anpasst. Auf der Ebene von biologischen Sequenzen (und diese wollen wir vergleichen) werden DNA-, RNA- und Protein-Sequenzen häufig *dupliziert*. Sowohl die vererbten als auch die duplizierten Sequenzen bleiben jedoch keine 1:1-Kopien des Originals. Aufgrund von Mutationen verändern sich alle Sequenzen, die von einem gemeinsamen Vorfahren abstammen; allerdings mit unterschiedlichen Raten. Daher müssen Algorithmen für den Sequenzvergleich so ausgelegt werden, dass sie Ähnlichkeiten geeignet bewerten. Diese Aufgabe ist wesentlich schwieriger als das Identifizieren *identischer* Teilzeichenketten, was bereits mit *Dotplots* möglich ist.

Weshalb spielt der Sequenzvergleich eine derart wichtige Rolle in der Bioinformatik? Aus dem Sequenzvergleich abgeleitete Hypothesen sind deswegen so aussagekräftig, weil die Sequenz die 3D-Struktur eines Proteins determiniert. Deswegen stützt sich der Sequenzvergleich auf das folgende zentrale Paradigma:

Genereller Grundsatz: Sequenz determiniert Struktur

In der Regel impliziert bei Proteinen hohe Sequenzähnlichkeit auch ähnliche Funktion und/oder Struktur.

Bioinformatik Interaktiv. 2. Auflage. Rainer Merkl und Stephan Waack

ISBN: 978-3-527-32594-8

Abb. 9.1 Schwellenwert für strukturelle Homologie in Abhängigkeit von der Sequenzlänge. Der Schwellenwert ist als Anteil identischer Residuen im paarweisen Alignment angegeben. Ab einer Sequenzlänge von 80 Residuen kann bei mehr als 30% Sequenzidentität auf homologe Proteinraumstrukturen geschlossen werden; schematisch nach [1].

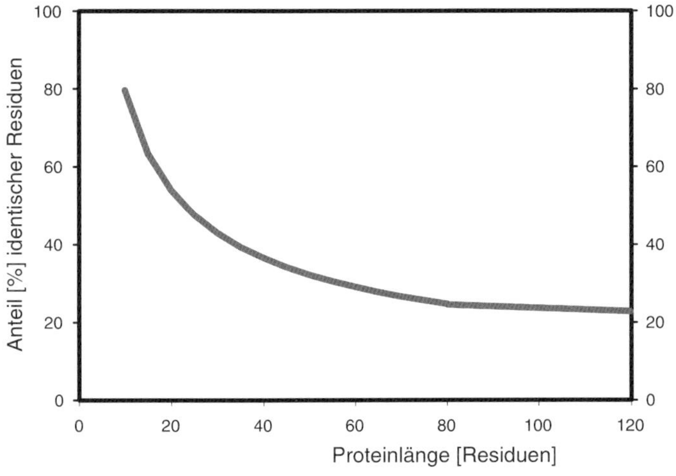

Es drängt sich sofort die Frage nach dem Schwellenwert auf, ab dem diese Aussage mit hoher Zuverlässigkeit gilt. Aus dem Vergleich von Proteinraumstrukturen und Sequenzen leiteten Sander und Schneider [1] einen Sequenzlänge abhängigen Schwellenwert her, der angibt, ab welchem Grad von Sequenzidentität mit hoher statistischer Sicherheit auf übereinstimmende Raumstrukturen geschlossen werden kann. Für Sequenzen ab 80 Residuen liegt die Schwelle bei ca. 30% Sequenzidentität. In Abb. 9.1 ist diese Abhängigkeit dargestellt.

Obiger Befund begründet, weshalb die Bestimmung von Sequenzähnlichkeiten in der Molekularbiologie derart wichtig ist: Der Sequenzvergleich erlaubt bei hinreichender Ähnlichkeit eine Ableitung der Funktion oder wenigstens der Struktur des Proteins. Der Umkehrschluss trifft übrigens nicht zu: Ähnliche Funktion oder Struktur zweier Proteine setzt keine Ähnlichkeit auf Sequenzniveau voraus.

Weshalb werden häufig Sequenzen und nicht Proteinstrukturen verglichen? Es ist wesentlich einfacher, Sequenzen zu bestimmen. Das bisher erreichte Leistungsniveau der Sequenziertechnologie erlaubt das Bestimmen und Annotieren eines kompletten mikrobiellen Genoms mit mehreren Tausend Genen innerhalb weniger Wochen. Mindestens dieselbe Zeit muss investiert werden, um **eine** Proteinstruktur aufzuklären.

9.1 Dotplots

In diesem Abschnitt beschäftigen wir uns mit einem sehr einfachen Verfahren zum Vergleich zweier Sequenzen. Es ist beispielsweise gut dazu geeignet, gemeinsame Domänen zweier Proteine zu identifizieren. Uns dient es zusätzlich als einführendes Beispiel, um zweidimensionale Arrays und die *O*-Notation zum Abschätzen der Effizienz von Algorithmen einzuführen.

9.1.1 Definition

Der Dotplot kann leicht mithilfe einer Definition eingeführt werden, aus der auf einfache Weise auch gleich die Vorschrift für die Berechnung eines Dotplots abgeleitet werden kann.

Dotplot = 2D-Matrix

> Seien $A := a_1a_2 \,..\, a_n$ und $B := b_1b_2 \,..\, b_m$ Zeichenketten der Längen n bzw. m. Sei M eine n x $\times$ m Matrix. Dann ist M ein *einfacher* Dotplot, wenn $\forall\, i, j \mid 1 \leq i \leq n,\ 1 \leq j \leq m$ gilt: $M[i, j] := 1$ für $a_i = b_j$ und $M[i, j] := 0$ in allen anderen Fällen. (9.1)

Die Definition setzt als Eingabe die Existenz zweier Zeichenketten (Sequenzen A mit Länge n und B mit Länge m) voraus. Aus den Größen n und m ergibt sich sogleich die Größe der Matrix M, die entsprechend der Bedingung (9.1) mit den Zahlenwerten 0 bzw. 1 gefüllt wird. In die Zelle $M[i, j]$ wird dann eine Eins eingetragen, wenn die Symbole a_i und b_j identisch sind, ansonsten eine Null. Die Definition fordert diesen Eintrag für alle gültigen Indizes i, j, die sich aus den Längen der Sequenzen ergeben und damit ist gesichert, dass alle Zellen besetzt sind. Die Anwendung dieser einfachen Rechenvorschrift wollen wir gleich an einem Beispiel üben, das deutlich macht, für welche Art von Fragestellungen Dotplots verwendet werden können.

9.1.2 Beispiel

Anwendung: Suche nach gemeinsamen Infixes

Wir stellen uns die Aufgabe, den längsten gemeinsamen Teilstring der Zeichenketten A := CDCDCCDCD und B := CDDCCCCDCDCCCD zu finden. Hierfür soll ein Dotplot verwendet werden. Wir generieren eine Matrix der Größe 9×14 und füllen die Zellen gemäß der Vorschrift (9.1). So enthält die Zelle $M[2, 3]$ eine 1, weil die Symbole a_2 und b_3 beide gleich D sind.

$M[7, 4]$ ist null, da a_7 und b_4 unterschiedlich sind. Zur Identifizierung der längsten gemeinsamen Teilzeichenkette betrachten wir nun die Matrixdiagonalen und suchen die längste, nicht durch Nullen unterbrochene Folge von Einsen. Deren Lage und Länge liefert das gewünschte Ergebnis. Dies wird in Abb. 9.2 deutlich; es ist $A[1, 6]$ = CDCDCC = $B[7, 12]$.

Ein Dotplot ist eine sehr einfache Methode, gemeinsame Teilzeichenketten in Sequenzpaaren zu identifizieren. Diese Methode kann verbessert werden, indem Bedingung (9.1) verfeinert wird: Anstelle des Überprüfens auf Identität (Werte 1 oder 0) kann z. B. auf empfindlichere Weise die Ähnlichkeit zwischen den Symbolen in Form von Zahlenwerten aus dem Wertebereich [0, 1] dargestellt werden. Hierzu kann man sich eines Bewertungsschemas (*Scores*) bedienen, das in adäquater Weise Ähnlichkeiten und Unterschiede der durch die Symbole modellierten Objekte wiedergibt. Für den Vergleich von Proteinsequenzen können derartige Scores aus den physikalisch-chemischen Eigenschaften der Aminosäuren abgeleitet werden. Solche Scoring-Schemata spielen in der Bioinformatik eine wichtige Rolle; wir werden sie später genauer vorstellen.

A \ *B*	C	D	D	C	C	C	C	D	C	D	C	C	C	D
C	1			1	1	1	1		1		1	1	1	
D		1	1					1		1				1
C	1			1	1	1	1		1		1	1	1	
D		1	1					1		1				1
C	1			1	1	1	1		1		1	1	1	
C	1			1	1	1	1		1		1	1	1	
D		1	1					1		1				1
C	1			1	1	1	1		1		1	1	1	
D		1	1					1		1				1

Abb. 9.2 Bestimmen der längsten gemeinsamen Teilzeichenkette zweier Sequenzen *A* und *B* unter Verwendung eines Dotplots. In die Zellen $M[i, j]$ ist eine 1 eingetragen, wenn $a_i = b_j$. Nullen wurden weggelassen. Beispiel: Wegen $a_2 = b_3 = D$ ist $M[2, 3] = 1$. Der längste gemeinsame Teilstring von *A* und *B* ist mit einer Linie markiert. Diese Teilzeichenkette ist CDCDCC, beginnt in *A* an Position 1 und in *B* an Position 7.

9.1.3
Implementierung

Es ist sehr einfach, aus der oben eingeführten Definition einen Algorithmus zur Berechnung eines Dotplots abzuleiten. Dieser soll dazu dienen, ein Verfahren zur Bewertung der Laufzeiteffizienz einzuführen. Uns interessiert hierbei nur eine grobe Abschätzung für die Abhängigkeit der Rechenzeit bzw. des Speicherbedarfs von der Mächtigkeit der Eingabe. Der in unserem Fall interessierende Parameter ist dabei stets die Länge n der Eingabesequenz. Betrachten wir zunächst den Algorithmus selbst.

Erläuterung des Algorithmus

Der Algorithmus 9.1 besteht aus zwei ineinander geschachtelten Schleifen mit den Indizes i und j, die jeden Wert zwischen 1 und n bzw. zwischen 1 und m annehmen. In der inneren Schleife werden jeweils die durch i bzw. j indizierten Symbole a_i und b_j, die aus A bzw. B stammen, miteinander verglichen. Diesen Vergleich leistet die *Falls*-Anweisung in Zeile 4. Wenn die Werte von a_i und b_j gleich sind, wird in die Zelle $M[i, j]$ eine Eins eingetragen (Zeile 5), ansonsten eine Null (Zeile 7). Als Nächstes wollen wir überlegen, wie aufwändig das Abarbeiten dieses Algorithmus in Abhängigkeit von der Sequenzlänge ist.

	Algorithmus 9.1 Dotplot	**Kosten**
	Eingabe: $A := a_1a_2 .. a_n$ und $B := b_1b_2 .. b_m$	
1	Initialisiere $M[n, m]$.	
2	Für i = 1 .. n	1
3	Für j = 1 .. m	1
4	Falls $a_i = b_j$	1
5	$M[i, j] \leftarrow 1$	1
6	Sonst	
7	$M[i, j] \leftarrow 0$	1
8	Gib M aus.	

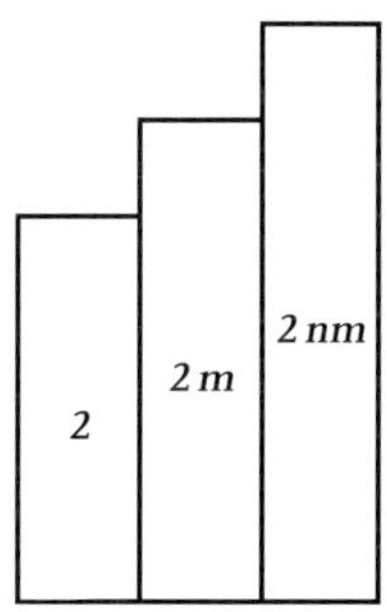

9.1.4 Abschätzen der Laufzeit

In der Informatik interessiert häufig nicht der exakte Wert einer Funktion, sondern nur eine qualitative Angabe. Zur Abschätzung bestimmt man die Ordnung O (im Sinne von Größenordnung, gesprochen *groß O*) einer Funktion. Angewandt auf Algorithmen lässt sich auf diese Weise ein wichtiges Kriterium zur Bewertung von Laufzeiteffizienz und Speicherplatzbedarf gewinnen. Die Ordnung kann folgendermaßen definiert werden:

O-Notation: Abschätzen des Wachstums einer Funktion

Seien f und g Funktionen. Dann hat f die Ordnung von g, wenn es zwei Konstanten c und n_0 aus $\mathbf{N}$ gibt, sodass für alle $n \in \mathbf{N}$, $n \geq n_0$ gilt:

$$|f(n)| \leq c\ |g(n)|.$$

Beispiele

Am einfachsten wird dieses Konzept an Beispielen klar: Für die konstante Funktion $f(n) := k$ (k reelle Konstante) gilt: $f(n)$ ist von $O(1)$. Sei $f(n)$ ein Polynom vom Grade m:

$$f(n) := c_m\ n^m + c_{m\text{-}1}\ n^{m\text{-}1} + \ldots\ c_1 n + c_0,\ \text{dann ist}\ f(n)\ \text{von}\ O(n^m).$$

Das heißt, alle Terme mit Exponenten kleiner m und sämtliche Faktoren werden für die Berechnung der Ordnung gestrichen.

Laufzeit des Dotplot-Algorithmus

Zur Berechnung der Laufzeiteffizienz von Algorithmen nehmen wir an, dass Zuweisungen, Vergleichs- und andere mathematische Operationen einen Aufwand erfordern, der mit dem Faktor 1 abgeschätzt werden kann. Diese Kosten sind beim Algorithmus 9.1 bereits angegeben. Der Gesamtaufwand ergibt sich mit folgender Überschlagsrechnung: Das Abarbeiten der Falls-Anweisung erfordert den Aufwand 2 (jeweils ein Vergleich und eine Zuweisung). Da die Falls-Anweisung in der inneren Schleife m-mal ausgeführt wird und diese, angestoßen von der äußeren Schleife, wiederum n-mal aufgerufen wird, entsteht insgesamt ein Aufwand von $2nm$. Nun werden nach Vorschrift alle Faktoren auf 1 reduziert, eventuell vorkommende additive Terme gestrichen und nur die höchsten Potenzen in n und m berücksichtigt. Damit erhalten wir zunächst für unseren Algorithmus die Ordnung $O(nm)$. Nehmen wir jetzt noch an, dass $n > m$, was wir durch geeignete Reihenfolge bei der Übergabe der Sequenzen stets erreichen können, so folgt hier ein Aufwand von $O(n^2)$. Dies bedeutet, dass die Rechenzeit mit dem Quadrat der Sequenzlänge zunimmt und heißt konkret, dass sich bei einer Ausdehnung der Eingabesequenz auf doppelte Länge die Laufzeit grob vervierfacht. Algorithmen von dieser Ordnung sind für den einmaligen Vergleich zweier Sequenzen hinreichend schnell, sie werden jedoch aus Effizienzgründen nicht zum Vergleich einer Sequenz gegen große Sequenzdatenbanken benutzt. Hierfür wurden effizientere, d. h. besonders schnelle, Algorithmen entwickelt, die wir mit FASTA und BLAST vorstellen werden.

9.1.5 Anwendungen

Dotplots werden meist zur Visualisierung verwendet und selbst in dieser Anwendung nur in einer komplexeren Implementation: Die obige Vorschrift zum Füllen der Matrix ist zu grob. Allerdings liegen die Änderungen, die eingeführt werden müssen, um die Empfindlichkeit zu steigern, auf der Hand: Zum einen ist es sinnvoll, anstelle der zwei Werte 0 und 1 als Wertebereich das komplette reelle Intervall [0, 1] zu nutzen, um Unterschiede bzw. Gemeinsamkeiten der Symbole präziser zu charakterisieren; zum anderen kann für die Bewertung der Position i,j neben dem Zelleninhalt $M[i, j]$ dessen Umgebung berücksichtigt werden, sodass beispielsweise der Mittelwert aneinandergrenzender Zellen ausgegeben wird. In aktuellen Implementationen von Dotplots sind solche Verfeinerungen einbezogen; eine derartige Variante ist das Programm *Dotter* [2].

Berechnung eines Alignments: Bestimmen ähnlicher Sequenzabschnitte

Ein *Alignment* ist das Ergebnis eines Verfahrens zum paarweisen Sequenzvergleich, das darauf abzielt, in beiden Sequenzen vorkommende Module zu identifizieren und deren Position zu bestimmen. Bei der Darstellung von Alignments in Matrixform machen sich Teilsequenzen mit hoher Sequenzähnlichkeit als diagonal verlaufende Linien bemerkbar. Beim Vergleich von Proteinsequenzen werden auf diese Weise Domänen erkennbar. Grundlage für das Quantifizieren der Sequenzähnlichkeit sind *Scores*, die sich aus dem Vergleich von Aminosäuren ableiten. Im Programm Dotter werden Scores für kurze Teilstrings berechnet und als Punkte in eine Matrix eingetragen. Der Score selbst wird als Grauwert codiert: Je dunkler ein Punkt, desto höher der Score. Längere Teilsequenzen mit hohem Score ergeben diagonal verlaufende Linien. Das mehrfache Vorkommen einer Domäne macht sich durch unter- oder nebeneinander liegende Striche bemerkbar. Aus Abb. 9.3 lässt sich die Anordnung der in MAGI-1A und SAP97 gemeinsam vorkommenden Domänen ableiten.

Vergleich von Genomen

Mit einem Dotplot kann auf einfache Weise auch die Struktur zweier Genome verglichen werden (Abb. 9.4). In diesem Fall sind die Indizes i und j die laufenden Nummern der Gene in der Annotation. In einem vorbereitenden Schritt werden *„all-against-all“* sämtliche Gene mit einem der Algorithmen, die wir später studie-

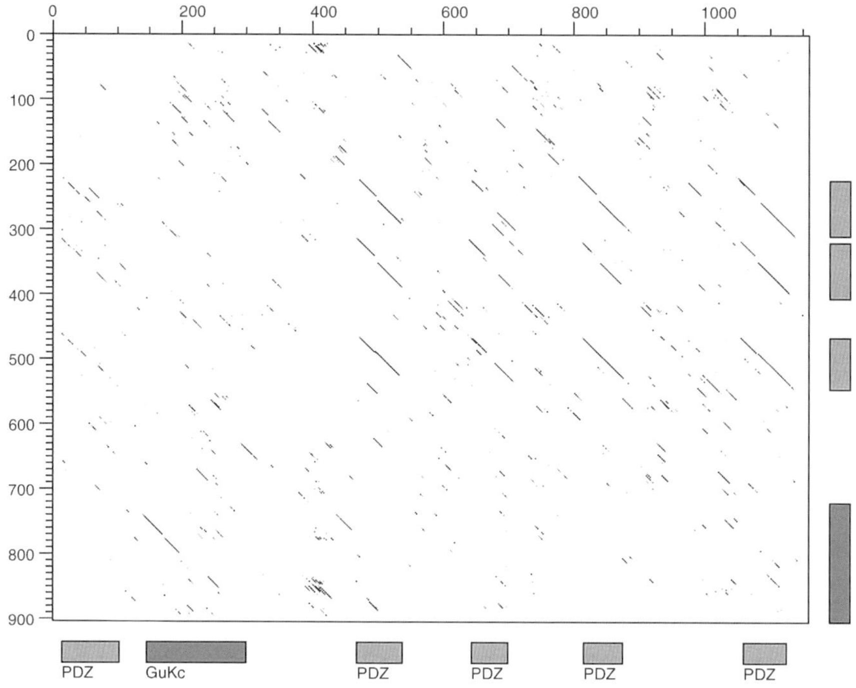

Abb. 9.3 Vergleich der Domänenstruktur von MAGI-1A (horizontal aufgetragen) mit der von SAP97. In beiden Proteinen kommen die Domänen PDZ und GuKc vor, die Anzahl und Reihenfolge der Domänen ist jedoch unterschiedlich. Der Plot wurde unter Verwendung des Programms Dotter [2] erzeugt. Die erste PDZ-Domäne in MAGI-1A ist weniger stark konserviert als die anderen.

ren werden, paarweise verglichen. Anschließend wird, sofern Gen_i des Genoms 1 und Gen_j aus Genom 2 hinreichende Ähnlichkeit aufweisen, die Zelle $M[i, j]$ mit einer Eins gefüllt. Bei einer perfekten Übereinstimmung der Genabfolge erhält man eine Diagonale, Unterschiede im Arrangement machen sich durch Verwerfungen bemerkbar. Solche Studien sind vor allem für den Vergleich nahe verwandter Prokaryonten interessant. Auf diese Weise können Veränderungen des Genominhalts identifiziert werden. Die Abb. 9.5 zeigt den Vergleich zweier Stämme des Bakteriums *Escherichia coli*.

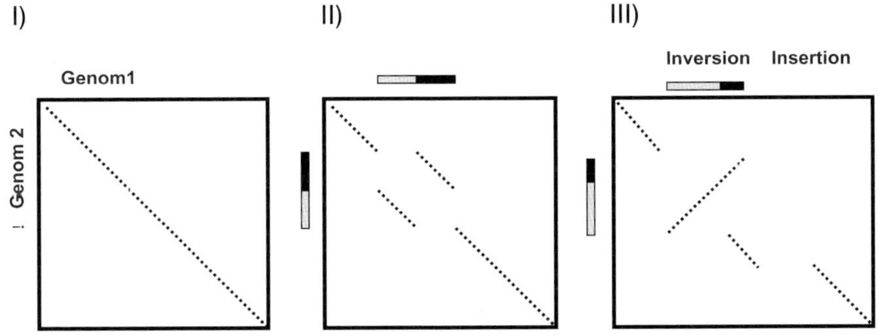

Abb. 9.4 Vergleich zweier Genome unter Verwendung eines Dotplots. In I) stimmen die beiden Genome perfekt überein, daher verläuft der Plot auf der Hauptdiagonale. In II) ist der Einfluss einer *Transversion* auf den Graphen dargestellt, die Reihenfolge zweier Genomabschnitte hat sich geändert. In III) ist die Wirkung einer *Inversion* (Richtungsumkehr) und einer *Insertion* auf den Dotplot illustriert. Bei Insertionsvorgängen wird ein größeres Stück DNA in ein Genom (hier Genom 1) aufgenommen. Die gezeigten Effekte kommen in prokaryontischen Genomen häufiger vor.

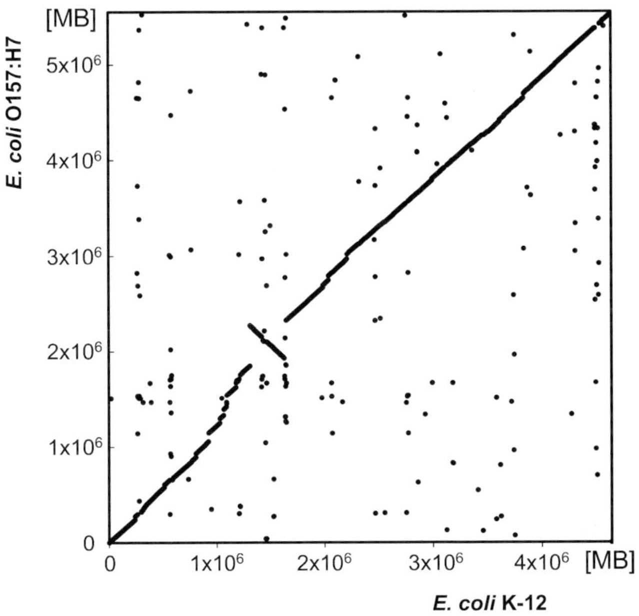

Abb. 9.5 Vergleich der Genome von *Escherichia coli* K-12 und *Escherichia coli* O157:H7. In den Dotplot ist an Position *M*[*i*, *j*] ein Punkt eingetragen, wenn der Vergleich der Gene Gen_i und Gen_j mithilfe von BLAST einen E-Wert $< 10^{-20}$ ergab. Das Genom des pathogenen Stammes 0157:H5 ist deutlich größer als das des nichtpathogenen Stamms K-12. Die zusätzlichen Gene liegen in mehreren Genominseln, die sich durch Lücken im Alignment bemerkbar machen; zusätzlich hat eine größere Inversion stattgefunden. Das Programm BLAST wird in einem eigenen Kapitel vorgestellt.

9.1.6
Einschränkungen und Ausblick

Ein Dotplot ist eine einfache Methode, um Sequenzen paarweise zu vergleichen. In der vorgestellten, einfachen Implementation fällt jedoch kein Zahlenwert (*Score*) ab, mit dem die Übereinstimmung oder Ähnlichkeit der beiden Sequenzen quantifiziert werden könnte. Mit etwas Überlegung wäre sicherlich aus der Länge und der Komposition gemeinsamer Teilzeichenketten, die identisch oder sich sehr ähnlich sein können, ein Maß für die Ähnlichkeit oder die paarweise Distanz abzuleiten. Im Folgenden werden wir auf genau diese Fragen eingehen. Es wird ein allgemeines Verfahren entwickelt, das einen präzise definierten Abstandbegriff aufnimmt. Hierfür sind wesentlich aufwändigere Methoden, die auf dem Begriff der Distanz (bzw. Ähnlichkeit) und den Konzepten der dynamischen Programmierung basieren, entwickelt worden. Diese Algorithmen arbeiten ebenfalls auf einer Matrix als Datenstruktur. Aufgrund der Beobachtungen bei den Dotplots ist zu erwarten, dass identische oder sich ähnelnde Teilzeichenketten wiederum auf Diagonalen der Matrix liegen. Mit diesen Verfahren wird sowohl ein *Score*-Wert errechnet als auch gleichzeitig ein Alignment, welches angibt, wie auf optimale Weise die beiden Zeichenketten in ihrer Lage zueinander ausgerichtet werden können. Diese Rechenvorschriften sind im Besonderen auch in der Lage, das Einführen von Lücken zu bewerten und bilden daher ein wesentlich realistischeres Modell biologischer Sequenzen als Dotplots.

Das Identifizieren gemeinsamer Teilzeichenketten zweier Strings, so wie in Abb. 9.2 dargestellt, würde man gewöhnlich nicht mit einem Dotplot-Ansatz angehen. Hierfür sind wesentlich effizientere Algorithmen entwickelt worden, die das Problem in sublinearer Zeit lösen. Dazu gehört der Boyer-Moore-Algorithmus, der in [3] ausführlich dargestellt ist.

9.2
Entwicklung eines optimalen Alignmentverfahrens

Sequenzveränderungen: Insertionen, Deletionen, Mutationen

Obige Ausführungen machen plausibel, dass Dotplots den Ansprüchen nicht genügen. Wir wollen daher die Anforderungen nochmals genauer spezifizieren. Aufgrund der Eigenschaften des biologischen Apparates können in den zu vergleichenden Sequenzen *Insertionen* und *Deletionen* von Bausteinen (Nucleotide, Aminosäuren) sowie *Mutationen*, d. h. der Ersatz eines Bausteins durch einen anderen, vorkommen. Daher müssen die Algorithmen zum Vergleich von biologischen Sequenzen in der Lage sein, Lücken oder Insertionen unterschiedlicher Länge sowie die physikalisch-chemischen Eigenschaften der Bausteine, dem biologischen Hintergrund entsprechend, zu bewerten.

Größe der Sequenzdatenbanken erzwingt effiziente Algorithmen

Sequenzvergleichsalgorithmen müssen, um von den Anwendern akzeptiert zu werden, einer weiteren Anforderung genügen: Sie müssen *effizient* sein, d. h. in hinreichend kurzer Zeit eine Eingabesequenz (*Query*) mit sämtlichen Sequenzen einer Datenbank vergleichen. Daher spielt bei dieser Anwendung die Laufzeiteffizienz der Algorithmen eine große Rolle. Aus diesem Grund werden Heuristiken verwendet, die zwar nicht ganz die Empfindlichkeit der optimalen Algorithmen erreichen, aber in wesentlich kürzerer Zeit eine Sequenz mit sämtlichen Objekten einer Datenbank vergleichen. Wie wir im Kapitel 3 gesehen haben, wächst deren Inhalt rasant, insbesondere aufgrund der laufenden Hochdurchsatzprojekte.

Die in diesem Abschnitt vorgestellten zwei Algorithmen gehören zu den klassischen Methoden der Bioinformatik. Die Bezeichnungen *Needleman-Wunsch-* bzw. *Smith-Waterman*-Algorithmus verweisen auf die Namen der Autoren, die zwei unterschiedliche Verfahren des paarweisen Sequenzvergleichs eingeführt haben. Diese berechnen, wie mithilfe eines mathematischen Beweises gezeigt werden kann, ein *optimales globales* bzw. *lokales* Alignment zweier Sequenzen. Diese Optimalität muss mit einer relativ hohen Zeitkomplexität von $O(n^2)$ erkauft werden. Daher werden diese Algorithmen nicht für das Durchmustern großer Datenbanken verwendet. Ist man jedoch an einem präzisen Alignment der gefundenen Treffer interessiert, so schaltet man den Heuristiken einen der genannten Algorithmen nach.

Weitere Aspekte zur Bewertung von Algorithmen

Es wäre falsch, bei der Bewertung eines Alignmentverfahrens alleine den Algorithmus zu betrachten. Dieser besteht nur aus einer Rechenvorschrift auf Symbolen. Ebenso wichtig ist die kritische Evaluation der folgenden Parameter und Aspekte:

- **Das Scoring-System**
  Die Algorithmen selbst arbeiten korrekt und unabhängig von der Anwendungsdomäne rein mechanistisch auf Zeichenketten. Diese können Modelle für DNA- oder Proteinsequenzen, Melodien, Umrisse aus technischen Zeichnungen oder sonstige Objekte sein, die sich in Form einer Sequenz modellieren lassen. Der Algorithmus selbst „interpretiert" die Symbole nicht. Alleine durch die Vorgabe von Scores, die ein Maß für die Ähnlichkeit zweier Symbole sind, sowie durch das Festlegen der Kosten für das Einführen von Lücken in die Sequenzen wird Information aus der Anwendungsdomäne – im hier betrachteten Fall den DNA- oder Proteinsequenzen – übernommen.

- **Statistische Bewertung der Ergebnisse**
  Alle Sequenzvergleichsprogramme liefern als „Antwort“ auf eine Eingabesequenz eine nach Ähnlichkeit zur *Query* angelegte Sortierung der verwendeten Sequenzdatenbank. Die bedeutendste Entscheidung bei der Bewertung dieser Liste betrifft die Frage, welches Maß von Ähnlichkeit (von Übereinstimmung) als statistisch auffällig angesehen werden muss. Ein wichtiger Parameter bei dieser Entscheidung ist die Größe der ausgewerteten Datenbank. Es ist einzusehen, dass mit wachsender Anzahl von Vergleichssequenzen die Wahrscheinlichkeit zunimmt, rein zufällig auf eine Sequenz mit einem gewissen Grad an Übereinstimmung zu treffen. Daher sind in allen relevanten Suchverfahren statistische Tests implementiert, um die Signifikanz der Treffer in Abhängigkeit von deren Länge und der Datenbankgröße zu gewichten. Es hat sich mittlerweile durchgesetzt, die Qualität von Alignments nicht mehr nach dem Score, sondern in Abhängigkeit vom *Erwartungswert* zu beurteilen, einer in der Statistik wohldefinierten Kenngröße.
- **Datenbanken**
  Es versteht sich von selbst, dass nur Datenbanken, die auf dem neuesten Stand sind, für die Funktionszuweisung (darum geht es ja häufig beim Sequenzvergleich) eingesetzt werden sollten. *State-of-the-art*-Datenbanken sind auf Vollständigkeit und Redundanzfreiheit getrimmt. Aufgrund des rapiden Wachstums der Menge bekannter Sequenzen müssen spezielle Mechanismen geschaffen werden, um die Aktualität der Datenbanken zu garantieren. Im Kapitel 12 wird erklärt, weshalb für die Anwendung effizienter Techniken die Datenbanken speziell aufbereitet werden müssen.

9.2.1 Vom paarweisen zum multiplen Sequenzalignment

Das im Folgenden eingeführte Verfahren zur Bewertung der Ähnlichkeit zweier Sequenzen liefert gleichzeitig auch ein Alignment, d. h. ein symbolweises Ausrichten der Zeichenketten zueinander. Wir werden zunächst den paarweisen Vergleich zweier Sequenzen einführen. Später werden wir die als logische Konsequenz folgende Erweiterung der paarweisen auf multiple Sequenzalignments vorstellen. Die Verwendung multipler Alignments anstelle einer einzelnen Sequenz hat die Empfindlichkeit und die Richtigkeit vieler bioinformatischer Methoden gesteigert. Davon profitiert haben z. B. Methoden für die Vorhersage der Proteinsekundärstruktur oder *Threading*-Algorithmen zum Vergleich einer Proteinsequenz mit einer 3D-Struktur oder auch Programme zum Identifizieren homologer Sequenzen, die den paarweisen Sequenzvergleich in vielen Fällen ergänzen. Die Ursache für diese Performanzsteigerung ist die Tatsache, dass in einem multiplen Sequenzalignment die Ansprüche an die Aminosäurereste genauer charakterisiert werden, als dies im paarweisen Alignment geschehen kann. Dennoch haben Verfahren zum Berechnen paarweiser Alignments ihre Berechtigung und sind aufgrund ihrer Robustheit und Geschwindigkeit aus keiner molekularbiologischen Sequenzanalyse mehr wegzudenken.

9.2.2
Dynamisches Programmieren

Die Technik des dynamischen Programmierens wurde 1953 von Richard Bellman eingeführt, der als Mathematiker bei der Firma *RAND Cooperation* tätig war. Sofern bestimmte Bedingungen erfüllt sind, kann diese Methode auf jede Art von Problem angewendet werden. Wir gehen auf dieses Verfahren ein, weil paarweise Sequenzalignments mittels dynamischer Programmierung berechnet werden.

Voraussetzungen für dynamisches Programmieren

Die Strategie kann genutzt werden, wenn

- die gesuchte Lösung in $O(n)$ Teilschritten berechnet werden kann,
- in jedem Teilschritt i höchstens $O(n)$ Zwischenergebnisse anfallen,
- diese nur von den Ergebnissen der vorhergehenden Teilschritte i–1 abhängen und
- aus diesen in $O(1)$ berechnet werden können.

Beispiel Routenplaner

Die im Folgenden eingeführte Metrik zum Vergleich von Sequenzen erfüllt diese Anforderungen, sodass Sequenzen per dynamischer Programmierung verglichen werden können. Das allgemeine Prinzip der dynamischen Programmierung soll jedoch vorab am Problem der optimalen Routenplanung demonstriert werden. Wir betrachten die in Abb. 9.6 dargestellte Aufgabe: *Welche ist die optimale Verbindung zwischen Münster und Linz?* Voraussetzung für eine Berechnung ist, dass wir für alle infrage kommenden Teilstrecken den „Aufwand" kennen. Dieser soll in Form von Kosten (Kilometerangaben, Benzinkosten oder Ähnlichem) gegeben sein.

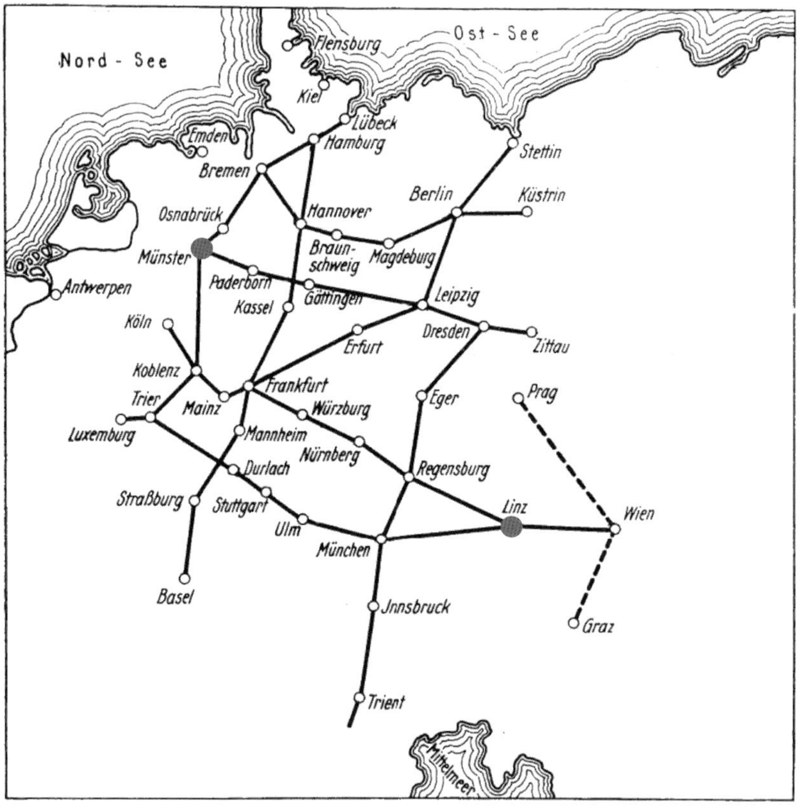

Abb. 9.6 Darstellung eines Optimierungsproblems. Welche ist die optimale Route, um von Münster nach Linz zu gelangen? Abgebildet ist der *Generalwegeplan zur Durchkreuzung Deutschlands mit Chausseen* nach CF von Lüders (1779).

Wir kennen also für jede Teilstrecke (*Ort1, Ort2*) den Aufwand $k_{Ort1,Ort2}$. Eine geeignete Strategie zur optimalen Routenplanung können wir uns mit wenigen Überlegungen erarbeiten. Um auf den in der Karte angegebenen Verbindungen (mehr haben wir nicht zur Auswahl) nach Linz zu gelangen, sind wir gezwungen, einen Pfad von Münster *via* München oder *via* Regensburg einzuschlagen. Wissen wir den optimalen Aufwand, um von Münster nach Regensburg bzw. nach München zu kommen, können wir leicht über den letzten Routenabschnitt entscheiden: Es müssen nur die beiden Summen $K_{Regensburg} + k_{Regensburg,\ Linz}$ bzw. $K_{München} + k_{München,\ Linz}$ miteinander verglichen werden. Hierbei sei K_{Ort} der optimale Aufwand, um von Münster nach *Ort* zu gelangen. Diese Überlegung weist den Weg für die allgemeine Lösung des Problems: Wir berechnen, ausgehend vom Startpunkt, die optimalen Kosten für die Fahrt zu den jeweils nächstgelegenen Knoten. Bei der Berechnung der darauf folgenden Etappen stützen wir uns dann auf die bisher bestimmten *optimalen Teilergebnisse*. So verwenden wir zur Berechnung des Aufwandes für die Fahrt von Münster nach Frankfurt die Kosten, die anfallen, um von Münster nach Koblenz bzw. nach Göttingen zu gelangen. Da wir an der Minimierung des Aufwandes interessiert sind, verwenden wir stets das *Minimum* der Terme. Wir berechnen $K_{Frankfurt}$ als:

$$K_{Frankfurt} = \min(K_{Koblenz}+k_{Koblenz,Frankfurt},\ K_{Göttingen}+k_{Göttingen,Frankfurt})$$

Indem wir jedes Teilergebnis auf diese Weise berechnen, bestimmen wir das *globale Optimum*. Es ist einzusehen, dass diese Strategie ganz allgemein angewandt werden kann auf all diejenigen Fragestellungen, die oben genannte Voraussetzungen erfüllen.

Berechnung optimaler Gesamtkosten gestützt auf optimale Teilkosten

Wir halten zunächst fest, dass auf diese Weise die *minimalen Gesamtkosten* berechnet werden. Basis für diese Kalkulation ist das Verwenden lokal optimaler Teilergebnisse, die in geschickter Weise bestimmt werden. Geschickt meint, dass die Reihenfolge der Berechnung dafür sorgen muss, den Aufwand möglichst gering zu halten.

9.2.3
Distanz, Metrik

Distanz und Ähnlichkeit sind duale Begriffe

Es ist sinnvoll, paarweise Sequenzvergleichsverfahren auf eine Metrik zu stützen. Hierbei wird man eine auswählen, die den Evolutionsprozessen gerecht wird. Geeignet ist ein Distanzbegriff, der sich am Aufwand orientiert, der notwendig ist, um die eine Zeichenkette in die zweite zu überführen. Dieser Aufwand oder die hierbei entstehenden Kosten sind mathematisch eng verknüpft mit dem Begriff der *Distanz*, der zunächst eingeführt und genauer charakterisiert werden soll. In der Biologie ist es jedoch üblich, zwei Sequenzen hinsichtlich des *Grades an Ähnlichkeit* zu bewerten. Ähnlichkeit und Distanz sind zueinander *dual*; je ähnlicher zwei Objekte, umso kleiner ist (in einem geeignet gewählten Raum) ihre Distanz. Da der Begriff der Distanz mathematisch leichter zu fassen ist, werden wir zunächst einen Distanz basierten Algorithmus entwickeln. Die Umstellung auf den Ähnlichkeitsbegriff wird uns anschließend ohne größere Mühe in den Schoß fallen. Zunächst wollen wir den Begriff der Distanz definieren. Es gilt:

Distanzfunktion: Abstand zweier unterschiedlicher Objekte stets größer null, symmetrisch, Dreiecksungleichung erfüllt

Eine Menge X von Elementen $x, y, \ldots \in X$ heißt ein metrischer Raum, wenn zu jedem Paar $x, y \in X$ eine reelle Zahl $d(x, y)$ existiert mit den Eigenschaften:
1) $d(x, y) \geq 0$, $d(x, y) = 0 \leftrightarrow x = y$
2) $d(x, y) = d(y, x)$
3) $d(x, y) \leq d(x, z) + d(z, y)$, $(\forall z \in X)$.
Die Größe $d(x, y)$ heißt der Abstand (die Distanz) der Elemente x und y oder die Metrik im Raum X.

Die Bedingungen sind leicht nachvollziehbar. Mit 1) werden negative Abstände ausgeschlossen, Distanzen sind stets positiv; die Distanz null kann sich nur beim Vergleich eines Objektes mit sich selbst ergeben. Bedingung 2) fordert die Symmetrie der Funktion $d(.)$. Forderung 3) erzwingt, dass die Summe zweier Distanzen die x und y verbinden, nicht kleiner sein darf als der direkte Abstand von x und y. Jede Funktion d, die obige drei Bedingungen erfüllt, ist im mathematischen Sinne eine Distanz. Eine ganze Klasse von Distanzen auf mehrdimensionalen Räumen wird durch die folgende Definition erschlossen, die wir in unterschiedlichen Anwendungen benötigen.

9.2.4
Minkowski-Metrik

Wichtigste Minkowski-Metriken: Euklidsche Distanz, Manhattan-Abstand

Wohlbekannt ist der *Euklidsche Abstand*, der komponentenweise aus den Koordinaten zweier Punkte im Raum berechnet wird. Für die Punkte $P_1(x_1, y_1)$ und $P_2(x_2, y_2)$ in der xy-Ebene ist $d(P_1, P_2) = ((x_1-x_2)^2 + (y_1-y_2)^2)^{1/2}$, der Euklidsche Abstand. Dieser ist ein Spezialfall der *Minkowski-Distanz*, die wir gleich für den m-dimensionalen Fall einführen wollen:

Seien $\mathbf{x} := x_1, x_2, \ldots, x_m$ und $\mathbf{y} := y_1, y_2, \ldots, y_m$. Dann ist

$$d_M^\lambda(\mathbf{x}, \mathbf{y}) := \left(\sum_{i=1}^{m} |x_i - y_i|^\lambda\right)^{1/\lambda}.$$

die Minkowski-Distanz mit Parameter λ. λ = 2 ergibt den Euklidschen Abstand, mit λ = 1 wird die Distanz auch Manhattan-Distanz oder *city block distance* genannt (Abb. 9.7).

Wie in mathematischen Texten üblich, schreiben wir Vektoren in Fettdruck.

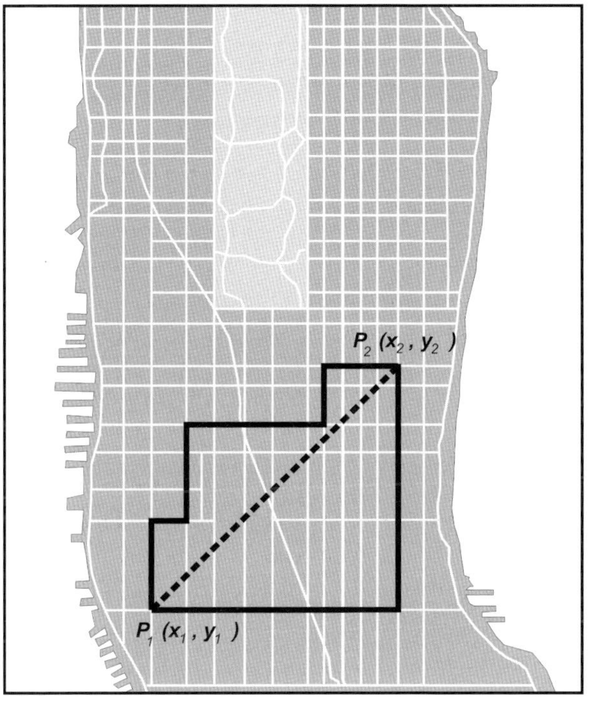

Abb. 9.7 Beispiel für das Bestimmen von Distanzen. Es sind der Euklidsche Abstand (direkte Verbindung) und die Manhattan-Distanz für die beiden Punkten P_1 und P_2 eingetragen. Diese Abbildung macht plausibel, dass der Abstandsbegriff „geeignet" gewählt werden muss: Je nach Verkehrsmittel (Auto oder Helikopter) wird man $\lambda = 1$ bzw. $\lambda = 2$ wählen, um die zurückzulegenden Strecken zu bestimmen.

9.2.5
Eine Metrik für Zeichenketten: Die Hamming-Distanz

Mit dieser Einführung können wir uns nun Distanzen auf Zeichenketten zuwenden. Ein aus der Informationstheorie stammendes Konzept zum Vergleich von Zeichenketten ist die *Hamming-Distanz*. Sie gibt die Anzahl unterschiedlicher Stellen zweier gleich langer Zeichenketten an. Für die achtstelligen Bitfolgen A, B, C und X ergeben sich die in Abb. 9.8 angegebenen Hamming-Abstände.

	Bitfolge
A	01000001
B	01000010
C	01000011
X	01011000

	A	B	C	X
A	0	2	1	3
B	2	0	1	3
C	1	1	0	4
X	3	3	4	0

Abb. 9.8 Vergleich von vier Zeichenketten A, B, C und X und resultierende Hamming-Distanzen. Diese sind in Form einer Abstandsmatrix angegeben. Der Abstand von A und B ist 2, weil sich die Bitsequenzen an zwei Stellen unterscheiden.

Beispiele für Hamming-Distanzen

Die Bestimmung des Hamming-Abstandes ist nicht auf Bitfolgen beschränkt. So ist die Hamming-Distanz von

```
BESENKAMMER
 | || |  ||
REGENMACHER
```

gleich 5, da sich die beiden Sequenzen an fünf Positionen unterscheiden. Sechs Positionen sind identisch besetzt, diese sind im Alignment der Sequenzen mit einem "|" markiert.

Einschränkung bei Hamming-Distanzen: Es wird gleiche Sequenzlänge vorausgesetzt

Der Hamming-Abstand kann nur berechnet werden, wenn die Zeichenketten gleich lang sind. Deswegen spielt dieser Abstandbegriff für den Vergleich von biologischen Sequenzen eine untergeordnete Rolle. Wir müssen in der Lage sein, *Strings* unterschiedlicher Länge zu vergleichen. Dies erlaubt der im Folgenden eingeführte Distanzbegriff, dessen Konzept auch leicht in den biologischen Kontext übertragen werden kann. Seine Berechnung ist, wie wir gleich zeigen werden, allerdings wesentlich aufwändiger, als die Kalkulation der Distanzen, die wir bisher betrachtet haben.

9.3 Levenshtein-Distanz

Levenshtein-Distanz = Minimale Anzahl von Editieroperationen: Einfügen, Löschen, Ersetzen

Ein weiteres Verfahren, den Abstand zwischen zwei Zeichenketten A und B anzugeben, ergibt sich aus der Art und Anzahl von Editieroperationen, die notwendig sind, um die eine der zu vergleichenden Zeichenketten in die andere zu überführen. Die Levenshtein-Distanz [4] ist die *minimale* Anzahl derartiger Operationen, genauer:

$$d_L(A, B) := \min\{e(A, B) + l(A, B) + r(A, B)\}.$$

Beispiele für Editiervorgänge

Hierbei wird B aus A durch $e(A, B)$ Einfüge-, $l(A, B)$ Lösch- und $r(A, B)$ Ersetz-Operationen erzeugt. In Abb. 9.9 sind Beispiele für das Umwandeln eines Textes A in den Text B angegeben.

Nach dieser Einführung können wir die Levenshtein-Distanz definieren.

Erste Definition der Levenshtein-Distanz

> Sei Σ ein endliches Alphabet, für das eine Metrik d existiere. Das Symbol $\varepsilon \in \Sigma$ sei das Symbol für eine Lücke. Der Wert $c(\varepsilon) := d(a, \varepsilon) = d(\varepsilon, a)$ sei ein Maß für die Kosten des Einführens einer Lücke ε gegenüber einem beliebigen Symbol aus Σ.

			e	**r**	
A	M	Ü	-	H	E
B	M	Ü	N	Z	E

		e		**r**		**l**
A	M	-	E	I	L	E
B	M	U	E	L	L	

Abb. 9.9 Beispiele für das Editieren von Texten. In der obersten Zeile ist jeweils angegeben, welche Operationen angewandt wurden, um die Zeichenkette *A* in *B* zu überführen. Im ersten Fall wird nach dem Ü ein N eingefügt (e) und das H durch ein Z ersetzt (r). Im zweiten Fall wird nach dem M ein U eingefügt (e), das I wird durch ein L ersetzt (r) und das E wird gelöscht (l).

Seien $A := a_1a_2 \,..\, a_n$ und $B := b_1b_2 \,..\, b_m$ zwei Zeichenketten der Länge n bzw. m und seien alle a_i und b_j Elemente des endlichen Alphabets Σ.
Seien $\overline{A} := \overline{a_1}\overline{a_2}\ldots\overline{a_k}$ und $\overline{B} := \overline{b_1}\overline{b_2}\ldots\overline{b_k}$ Zeichenketten, die sich von A und B nur durch das Einfügen von k-n bzw. k-m Symbolen ε (Lücken) an beliebigen Stellen unterscheiden.
Dann ist die Levenshtein-Distanz von A und B der Wert von

$$D(A, B) := \min \sum_{i=1}^{k} d(\overline{a_i}, \overline{b_i}).$$

Aus dieser Definition lässt sich folgende Vorgehensweise ableiten: In die Zeichenketten A und B werden an geeigneten Positionen (im Moment noch nicht genauer definiert) Lücken eingefügt, die dafür sorgen, dass die resultierenden Strings $\overline{A}$ und $\overline{B}$ gleiche Länge haben. Anschließend wird durch **Summation** über die paarweisen Distanzen $d(\overline{a_i}, \overline{b_i})$ die Distanz D der Zeichenketten ermittelt. Dieses Vorgehen wollen wir zunächst an Beispielen erläutern.

Position der Lücken beeinflusst Alignment und Distanzwert

Es soll die Distanz $D(A, B)$ der Zeichenketten $A :=$ EFFDCE und $B :=$ EFDEC berechnet werden. Es gelte $d(a, a) := 0$ ($\forall\, a \in \Sigma$), $d(a, b) := 1$ ($\forall\, a, b \in \Sigma \mid a \neq b$) und $c(\varepsilon) := 2$; d. h. Matches werden mit 0, Mismatches mit 1 und Lücken mit 2 bewertet. In die Sequenzen A und B wurden eine bzw. zwei Lücken eingefügt; wir betrachten $A1$:= EFFDCE und $A2$:= EFFDεCE, sowie $B1$:= EFDECε, $B2$:= εEFDEC und $B3$:= EFεDECε. Sinnvolle Alignments zwischen den Sequenzen sind in der Abb. 9.10 gezeigt.

In Abb. 9.10 sind unter den Alignments die aus dem Vergleich der Symbole resultierenden Distanzen sowie die Summen der $d(.)$-Werte angegeben. Im Vergleich der drei obigen Beispiele hat das Alignment von $A1$ mit $B1$ die kleinste Distanz, nämlich den Wert 4, der sich aus dem Einführen einer Lücke („kostet" 2) und zwei

```
E F F D C E      E F F D C E      E F F D ε C E
| |     |            | |          | |   |   |
E F D E C ε      ε E F D E C      E F ε D E C ε
-----------      -----------      -------------
0 0 1 1 0 2      2 1 0 0 1 1      0 0 2 0 2 0 2
   Σ = 4            Σ = 5             Σ = 6
```

Abb. 9.10 Beispiele für das Berechnen von Editierdistanzen. In die Zeichenketten *A* und *B* wurden an unterschiedlichen Stellen Lücken eingeführt. Anschließend wurden für jedes Paar von Symbolen die Distanzen $d(a_i, b_i)$ ermittelt und aufaddiert. Unter den hier betrachteten drei Paaren hat das linke den kleinsten Wert $D(A,B) = 4$.

Mismatches „kosten" je 1) ergibt. Die beiden anderen Alignments haben größere Distanzwerte, obwohl beispielsweise das dritte Alignment die meisten Matches aufweist. Übereinstimmungen (*Matches*) wurden jeweils durch ein "|" markiert. Damit wird das Prinzip klar: Es werden an geeigneten Stellen Lücken in die Sequenzen inseriert und es wird die **Distanz für Sequenzen** durch **Summation über Symboldistanzen** bestimmt. Wie korrespondiert dieses Vorgehen mit dem Levenshteinschen Distanzbegriff? Das Einführen von Lücken entspricht dem Einfügen oder Löschen von Zeichen. Das Ersetzen von Zeichen wird durch die Kosten für Fehlpaarungen (Mismatches) bewertet. Diese Kosten entsprechen den Distanzwerten der Symbole.

Aus der Definition kann jedoch kein Verfahren abgeleitet werden, welches sicherstellt, dass tatsächlich das Minimum der Editieroperationen gefunden wird. Ehe wir einen geeigneten Algorithmus vorstellen, soll der Unterschied zwischen den beiden Distanzen „groß *D*" und „klein *d*" nochmals klargemacht werden.

D(.) = Distanz von Präfixen, d(.) = Distanz von Symbolen

Im Folgenden wird die Metrik auf (Teil-)Zeichenketten mit groß *D* notiert, um sie von der Distanz von Symbolen zu unterscheiden. $D(A, B)$ meint eine Distanz zwischen den Zeichenketten *A* und *B*, während $d(a_i, b_j)$ für die Distanz zwischen zwei Symbolen steht.

9.3.1 Berechnung der Levenshtein-Distanz

Die Definition und das Konzept für die Berechnung dieser Editierdistanz sind nun klar. Was noch fehlt, ist eine Vorschrift, um den **minimalen** Editieraufwand zu bestimmen. Diesen Algorithmus wollen wir nun vorstellen. Als Datenstruktur dient analog zum Dotplot wiederum eine $n \times m$ Matrix. Bei der hier eingeführten Art der Berechnung kann zugleich ein optimales, globales Alignment (Ausrichten) der beiden Zeichenketten bestimmt werden. Mit der oben eingeführten Notation ergibt sich die folgende Definition und Berechnungsvorschrift:

Rechenanweisung für Levenshtein-Distanz

Seien $A := a_1a_2 .. a_n$ und $B := b_1b_2 .. b_m$ zwei Zeichenketten der Länge n bzw. m.
Sei $D_{i,j} := D(a_1a_2 .. a_i, b_1b_2 .. b_j)$ die Distanz für die Präfixe $A[1 .. i]$ und $B[1 .. j]$.
Sei $D_{0,0} := 0$, seien

$$D_{0,j} := \sum_{k=1}^{j} c(\varepsilon) \text{ und } D_{i,0} := \sum_{k=1}^{i} c(\varepsilon). \qquad (9.2)$$

Dann ist

$$D_{i,j} := \min(D_{i-1,j} + d(a_i, \varepsilon), D_{i-1,j-1} + d(a_i, b_j), D_{i,j-1} + d(\varepsilon, b_j)) \qquad (9.3)$$

und $D_{n,m}$ ist die Levenshtein-Distanz der Zeichenketten A und B.

Die mithilfe der Bedingungen (9.2) vorgeschriebenen Initialisierungen sorgen dafür, dass der Algorithmus geordnet anlaufen kann. Die Werte geben die Kosten für das Einführen von Lücken vor dem jeweils ersten Symbol der Sequenzen A bzw. B an. Die Bedeutung dieser Kosten wird in Abb. 9.12 deutlich.

Der Beweis von Gleichung (9.3) erfolgt über Induktion; siehe z. B. [5]. Das entscheidende Argument für den Schritt von k auf k+1 ist das folgende, welches den Algorithmus vollständig erklärt. Hierbei stützen wir uns auf Distanzwerte und Alignments kürzerer Präfixe, die iterativ um jeweils ein Symbol verlängert werden. Ganz allgemein können wir annehmen, im Rahmen der Berechnung in der Sequenz A an Position i und in Sequenz B an Position j angekommen zu sein.

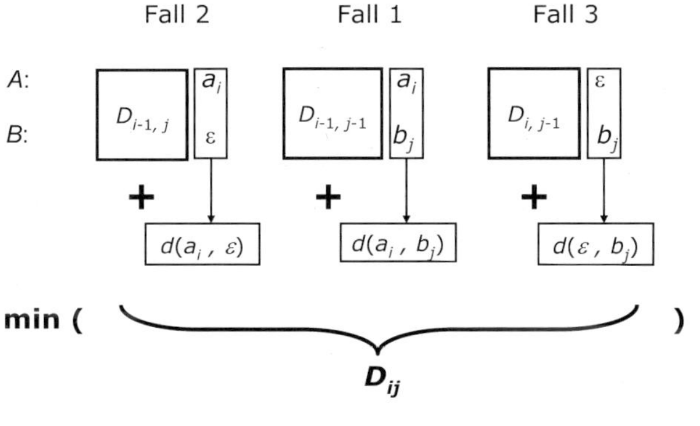

Abb. 9.11 Die drei bei der Berechnung der Levenshtein-Distanz zu betrachtenden Fälle. Im Fall 1 wird das Alignment um eine Position verlängert. Das Paar a_i, b_j verursacht Kosten in Höhe von $d(a_i, b_j)$. Dieser Wert wird zu $D_{i-1,j-1}$ addiert. Im Fall 2 wird in der Sequenz B eine Lücke eingeführt. Die resultierenden Kosten sind $d(a_i, \varepsilon)$ plus $D_{i-1,j}$. Fall 3 ergibt sich analog zu Fall 2. Die drei Werte werden miteinander verglichen und der jeweils kleinste Wert ergibt $D_{i,j}$.

Wichtig ist nun folgende Überlegung: Das resultierende Alignment von a_1a_2 .. a_i mit b_1b_2 .. b_j kann nur auf eine der drei folgenden Arten enden: Es werden die Symbole a_i und b_j aligniert (Fall 1) oder es kann gegenüber dem Symbol a_i eine Lücke in die Sequenz B eingeführt werden (Fall 2) oder es kann gegenüber dem Symbol b_j eine Lücke in Sequenz A stehen (Fall 3). Fall 1 subsumiert die Übereinstimmung der Symbole (Match, $a_i = b_j$) und die Fehlpaarung (Mismatch), die auftritt, wenn sich die Symbole unterscheiden. Der spezielle Fall des Alignments einer Lücke in A mit einer Lücke in B muss nicht berücksichtigt werden, da er nur den Wert D erhöht, ohne zum Alignment der beiden Sequenzen beizutragen.

Für die betrachteten drei Fälle ergeben sich nun die folgenden Distanzen, vergleiche Abb. 9.11:

Fall 1:

Falls das optimale Alignment in a_i gegenüber b_j endet, ist die Distanz $D_{i-1,\,j-1} + d(a_i, b_j)$. Wir verlängern in diesem Fall das Alignment von a_1a_2 .. a_{i-1} und b_1b_2 ... b_{j-1} (entspricht dem Distanzwert $D_{i-1,\,j-1}$) um ein Symbolpaar und addieren deshalb den Wert $d(a_i, b_j)$.

Fall 2:

Falls das optimale Alignment in a_i gegenüber ε endet, ist die Distanz $D_{i-1,\,j} + d(a_i, \varepsilon)$, da a_1a_2 .. a_{i-1} und b_1b_2 .. b_j bereits optimal ausgerichtet sind (Wir berechnen ja stets optimale Distanzen, auf die wir jeweils zurückgreifen.) und dieses Alignment die Distanz $D_{i-1,\,j}$ hat.

Fall 3:

Falls das optimale Alignment in b_j gegenüber ε endet, ist die Distanz $D_{i,\,j-1} + d(\varepsilon, b_j)$, da a_1a_2 .. a_i und b_1b_2 .. b_{j-1} bereits ausgerichtet sind und dieses Alignment die Distanz $D_{i,\,j-1}$ ergibt.

Der hier skizzierte Beweis belegt auch, dass $D(.)$ eine Metrik auf der Menge der Zeichenfolgen ist, sofern $d(.)$ eine Metrik für die Menge der Symbole stellt.

Mit dieser Beweisskizze fällt es nicht schwer, eine Rechenvorschrift zu formulieren, siehe Algorithmus 9.2.

Beispiel für dynamisches Programmieren

Wie unschwer zu erkennen, ist dieser Algorithmus ein Beispiel für dynamische Programmierung. Seine Laufzeit ist $O(nm) = O(n^2)$; hierbei sind n und m die Längen der zu vergleichenden Zeichenketten. Wie bereits erwähnt, wird unter dynamischer Programmierung eine Technik verstanden, bei der Teilergebnisse so in ihrer zeitlichen Reihenfolge berechnet werden, dass sie immer dann, wenn sie benötigt werden, verfügbar sind. Rechenschritte greifen somit auf bereits vorliegende Ergebnisse zurück. Dies sind im betrachteten Fall die Distanzen der Präfixe. Sämtliche Teilergebnisse werden in einer Matrix D der Größe $n \times m$ gehalten; vergleiche Abb. 9.12. Die Distanzwerte D werden iterativ durch Addition von Distanzen d

Algorithmus 9.2 Berechnung der Levensthein-Distanz

Eingabe: $A := a_1a_2 \,..\, a_n$ und $B := b_1b_2 \,..\, b_m$.

1 Initialisierung:

2 $D[0, 0] \leftarrow 0$

3 Für $i = 1, 2, \ldots n$: $D[i, 0] \leftarrow D[i\text{-}1, 0] + c(\varepsilon)$.

4 Für $j = 1, 2, \ldots m$: $D[0, j] \leftarrow D[0, j\text{-}1] + c(\varepsilon)$.

5 Für $i = 1 \,..\, n$

6   Für $j = 1 \,..\, m$

7         $m_1 \leftarrow D[i\text{-}1, j] + d(a_i, \varepsilon)$

8         $m_2 \leftarrow D[i\text{-}1, j\text{-}1] + d(a_i, b_j)$

9         $m_3 \leftarrow D[i, j\text{-}1] + d(\varepsilon, b_j)$

10         $D[i, j] \leftarrow \min(m_1, m_2, m_3)$

11 Gib $D[n, m]$ aus.

gebildet. Da in unseren Anwendungen nur eine endliche Anzahl von Symbolen vorkommt, kann die Metrik d in Form einer Abstandsmatrix angegeben werden. Die drei Terme zur Bewertung der Fälle 1–3 (vgl. Abb. 9.11) werden in den Zeilen 7–9 berechnet. Das Minimum wird in Zeile 10 der Zelle $D[i, j]$ zugewiesen.

Die Bedeutung der Terme in Bedingung (9.2) ist nun klar: Sie initialisieren die Zellen $D[0, j]$ bzw. $D[i, 0]$ der ersten Reihe bzw. Spalte mit den Kostenwerten, die dem Einführen einer Lücke der Länge i bzw. j vor dem ersten Symbol von A bzw. B entsprechen. Im Algorithmus 9.2 wird dies in den Zeilen 3 und 4 umgesetzt.

9.3.2 Ableiten des Alignments

Backtracking: Ableiten des Alignments

Parallel zur Berechnung der Distanz wird üblicherweise das Bestimmen eines optimalen Alignments vorangetrieben. Hierzu wird für jedes $D_{i,j}$ vermerkt, welcher der Terme aus (9.3) minimal war und als Wert $D_{i,j}$ übernommen wurde. Damit sind auch die Indizes des Vorgängers im Alignment festgelegt. Meist wird für das Halten dieser Information $P_{i,j}$ eine zweite $n \times m$ Matrix angelegt. Nach dem Berechnen des finalen Wertes $D_{n,m}$ kann dann durch Zurückverfolgen (*backtracking*) der $P_{i,j}$-Einträge das Alignment abgelesen werden.

Beispiel

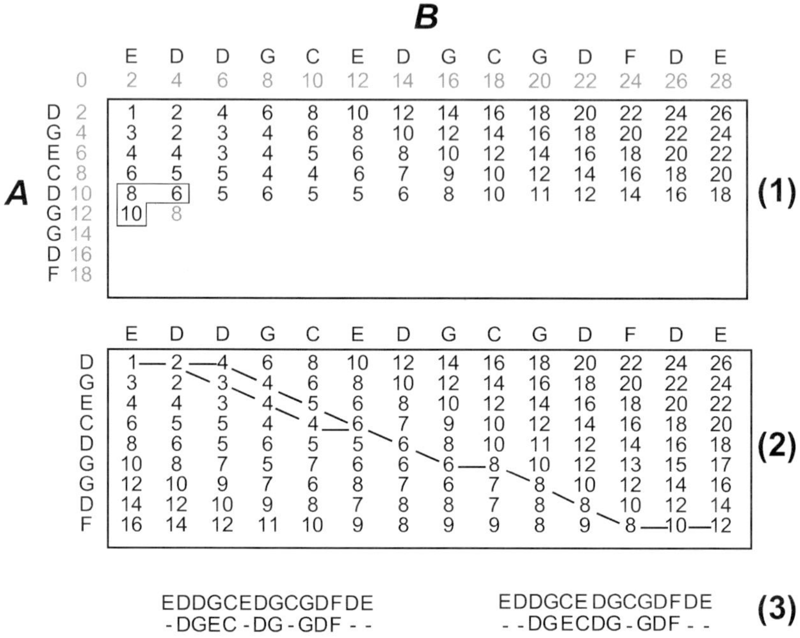

Abb. 9.12 Berechnung der Levenshtein-Distanz zweier Zeichenfolgen $A := a_1a_2 .. a_n$ und $B := b_1b_2 .. b_m$. Im Beispiel wird $c(\varepsilon) = 2$, $d(a, a) = 0$ und $d(a, b) = 1$ für $a \neq b$ verwendet. Initialisiert wird mit $D_{0,0} = 0$ und $D_{0,j} = D_{0,j-1} + c(\varepsilon)$ und $D_{i,0} = D_{i-1,0} + c(\varepsilon)$ für alle $i, j > 0$ (Werte in Spalte $D[i, 0]$ und Zeile $D[0, j]$ grau dargestellt). Es werden nach Gleichung (9.3) alle Werte $D_{i,j}$ berechnet (1). Der L-förmig umrahmte Bereich kennzeichnet diejenigen lokalen Werte, die zur Berechnung von $D_{6,2}$ betrachtet werden. Es sind (siehe Algorithmus 9.2, Zeilen 7 - 9): $m_1 = D[5, 2] + c(\varepsilon) = 6 + 2 = 8$, $m_2 = D[5, 1] + d(G, D) = 8 + 1 = 9$, $m_3 = D[6, 1] + c(\varepsilon) = 10 + 2 = 12$ und $min(m_1, m_2, m_3) = 8$, sowie $P[6, 2] = 5{,}2$. Als Levenshtein-Distanz ergibt sich: $D_{9,14} = D(A, B) = 12$. Das Alignment kann aus den Werten $P_{i,j}$ abgeleitet werden, indem, ausgehend vom Wert $P_{n,m}$, der Pfad bis $P_{0,0}$ zurückverfolgt wird (2). Die $P_{i,j}$-Werte sind hier nicht angegeben. Im Beispiel ergeben sich zwei optimale Alignments, die beide fünf Lücken (als „-" eingetragen) und zwei Fehlpaarungen einführen (3).

9.4 Bestimmen der Ähnlichkeit von Sequenzen

Die Begriffe Abstand und Ähnlichkeit sind, wie bereits erwähnt, zueinander dual [6]. In der Biologie wird häufig anstelle der Distanz zweier Sequenzen deren Ähnlichkeit betrachtet. Anstelle einer Metrik d auf den Zeichen $a, b \in \Sigma$ wird dann ein *Scoring*-Schema s verwendet, welches für jedes Paar a, b von Zeichen den Score $s(a, b)$

liefert. Der Score kann als Maß für die Ähnlichkeit der beiden Symbole interpretiert werden. Ein Score $s(a, b)$ ist umso höher, je ähnlicher sich die Elemente a und b sind. Häufig sind Scores positiv, wenn die Elemente a und b ein „gewisses" Maß an Ähnlichkeit aufweisen und negativ, wenn sie sich unähnlich sind. Mit einem derartigen Scoring-Schema sucht man ein Alignment mit **maximalem** Score. Auf diese Weise werden Übereinstimmungen (oder Teilsequenzen mit großer Ähnlichkeit) „belohnt" und Mismatches oder Lücken „bestraft". Es ist offensichtlich, dass dem Scoring-Schema eine wichtige Bedeutung zukommt. Alleine über das Scoring-Schema und die Bewertung von Lücken wird Wissen aus der Anwendungsdomäne in die Algorithmen übernommen. Unter Verwendung eines derartigen Scoring-Schemas kann mit dem oben eingeführten Algorithmus auch die (globale) Ähnlichkeit und ein (globales) Alignment zweier Sequenzen berechnet werden.

9.4.1 Globales Alignment

Globaler Levenshtein-Score

Sei s ein Scoring-Schema für ein endliches Alphabet, sei $r(\varepsilon)$ der Score für das Einführen von Lücken. Sei $S_{i,j} := S(a_1a_2 \,..\, a_i, b_1b_2 \,..\, b_j)$ der Score für das Alignment von $a_1a_2 \,..\, a_i$ mit $b_1b_2 \,..\, b_j$. Sei $S_{0,0} := 0$, seien

$$S_{0,j} := \sum_{k=1}^{j} r(\varepsilon) \text{ und } S_{i,0} := \sum_{k=1}^{i} r(\varepsilon). \tag{9.4}$$

Dann ist

$$S_{i,j} := \max(S_{i-1,j} + s(a_i, \varepsilon), S_{i-1,j-1} + s(a_i, b_j), S_{i,j-1} + s(\varepsilon, b_j)) \tag{9.5}$$

und $S_{n,m}$ ist der Levenshtein-Score von A und B.

In obiger Definition wurden einfach Distanzen durch Scores ersetzt. Die Art der Berechnung ändert sich nur dahin gehend, dass anstelle des minimalen Wertes in Gleichung (9.5) der **maximale** aus den drei Alternativen ausgewählt wird.

9.4.2 Lokales Sequenzalignment

Globale Alignments für evolutionäre Studien sinnvoll

Das Bestimmen eines globalen Alignments von z. B. Aminosäuresequenzen ist sinnvoll, wenn die Sequenzen zur selben Proteinfamilie gehören. Man kann dann beispielsweise versuchen,

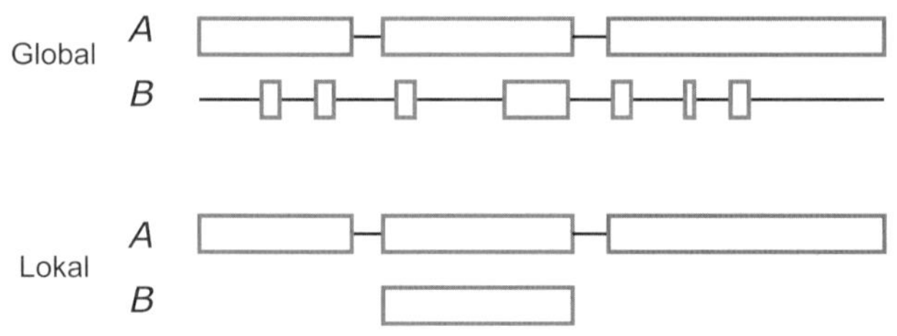

Abb. 9.13 Alignment eines Gens *B* mit einem größeren Genomfragment *A*. Bei einem globalen Alignment und ungeeigneter Bewertung der Lücken wird die Gensequenz über das gesamte Fragment verschmiert. Bei einem lokalen Alignment wird die Position des Gens exakt gefunden. Analoge Fälle treten bei Proteinen auf, die aus unterschiedlichen Domänen zusammengesetzt sind. In diesem Fall wäre *B* ein Ein-Domänen-Protein, das mit einem Drei-Domänen-Protein *A* verglichen wird.

aus dem globalen Alignment die evolutionäre Entwicklung der einzelnen Vertreter einer Proteinfamilie zu rekonstruieren. Derartige Berechnungen sind die Voraussetzung für phylogenetische Analysen.

Häufiger ist jedoch das Bestimmen von lokalen Alignments wichtiger. Wir wollen uns für den Moment das globale Alignment eines Gens *A* (Länge 1 000 Nucleotide) mit einem Genom *B* (Länge 10^6 Nucleotide) vorstellen. Aufgrund des beschränkten Alphabets (4 Symbole) wird mit hoher Wahrscheinlichkeit an jeder beliebigen Position i das für den nächsten Match benötigte Symbol a_i innerhalb weniger Stellen als b_j vorkommen. Es ist daher ein Alignment zu erwarten, das aus Matches besteht, die durch unterschiedlich lange Lücken getrennt sind. Damit wird die Gensequenz *A* breit über *B* verschmiert. Natürlich kann eine gewisse Lokalität durch ein entsprechendes Bewerten von Lücken eingestellt werden. Es sollte jedoch klar geworden sein, dass diese Alignmentmethode für den geschilderten Zweck nicht optimal ist. Die Abb. 9.13 illustriert diesen Fall.

Lokale Alignments: Suche nach ähnlichen Teilsequenzen

Eine ähnliche Argumentation gilt für das Alignment von Proteinen. Proteine sind häufig aus strukturell oder funktionell ähnlichen Einheiten (Domänen) aufgebaut; diese können ebenfalls nur durch das Identifizieren solcher Teilsequenzen erkannt werden, die **lokal** eine hohe Ähnlichkeit aufweisen.

Nun ist es erstaunlicherweise sehr einfach, den oben eingeführten Algorithmus mit minimalem Aufwand so zu verändern, dass anstelle des globalen ein lokales Alignment berechnet wird. Es ist nur Gleichung 9.5 zu ersetzen durch:

Vierte Bedingung für lokale Alignments: Score wird nie kleiner null

$$S_{i,j} := \max(0, S_{i-1,j} + s(a_i, \varepsilon), S_{i-1,j-1} + s(a_i, b_j), S_{i,j-1} + s(\varepsilon, b_j)) \tag{9.6}$$

Durch das Einführen des Wertes null in Gleichung (9.6) wird erreicht, dass ein Score $S_{i,j}$ niemals unter null fallen kann. Jede Position hat somit die „Chance“ Anfang eines neuen, lokalen Alignments zu werden. Logischerweise werden dann auch sämtliche Zellen der ersten Zeile $S[0, j]$ und ersten Spalte $S[i, 0]$ mit Nullwerten initialisiert.

Nach der Berechnung der kompletten Matrix S zeigt der maximale Wert $S_{i,j}$, der nun nicht mehr notwendigerweise in der Zelle $S_{n,m}$ zu finden ist, das Ende des (maximalen) lokalen Alignments an. Durch Zurückverfolgen des Pfades (*backtracking*) bis zu einem Eintrag null kann der Beginn des lokalen Alignments bestimmt werden. Dieses Verfahren erlaubt auch, k lokale Alignments aus einer Matrix abzuleiten, indem die k größten $S_{i,j}$-Werte betrachtet werden. Auf diese Weise können mehrere gemeinsame Domänen der Proteinsequenzen A und B identifiziert werden.

Maximaler $S_{i,j}$-Wert zeigt das Ende eines lokalen Alignments an

9.5
Optimales Bewerten von Lücken

Mit den bisher eingeführten Bedingungen der Gleichungen (9.5) und (9.6) bestehen Alignments aus Matches, Mismatches und Leerzeichen gegenüber **einzelnen** Symbolen. Derartige Alignments modellieren Evolutionsprozesse jedoch nicht in adäquater Weise. Diese Aussage wird durch die folgenden Befunde belegt.

In der *DNA* wird durch ein einzelnes mutagenes Ereignis häufig ein längerer Teilbereich inseriert oder deletiert. Beispiele hierfür sind:

Häufige mutagene Ereignisse in der DNA: Translokationen, Transpositionen, ungleiches Crossover

- *Translokationen*; hierbei werden Stücke eines Chromosoms vom ursprünglichen Ort an einen anderen im gleichen Chromosom oder auf ein anderes Chromosom übertragen.
- *Transpositionen*; dies sind Vorgänge, bei denen im Genom vorhandene Elemente an eine andere Stelle desselben oder eines anderen Genoms versetzt werden.
- *Ungleiches Crossover*; bei diesen Rekombinationsereignissen nimmt ein Gen einen DNA-Abschnitt auf Kosten des anderen am *Crossover* beteiligten Gens auf.

Solche Prozesse erzeugen Lücken bzw. Insertionen, deren Länge innerhalb eines bestimmten Bereiches stark variieren kann.

Proteine sind häufig aus Domänen zusammengesetzt, die einem relativ kleinen Repertoire entstammen [8]. Zwei zu vergleichende Proteine können daher in mehreren, kürzeren Teilsequenzen hohe Ähnlichkeit aufweisen (identische Domänen) und es kann erforderlich sein, an den Stellen, an denen eines der Proteine zusätzliche Domänen erworben hat, im Alignment längere Lücken einzuführen. So erzwingt das Alignment der im Abschnitt zu den biologischen Grundlagen vorgestellten Proteine SAP97 und MAGI-1A ein derartiges Vorgehen, wie Abb. 9.3 belegt.

9.5.1
Bewertung mithilfe affiner Kostenfunktion

Eine, dem Problem besser angepasste Modellierung hinsichtlich der Längenverteilung von Lücken in Alignments wird durch eine Änderung der Bedingungen (9.5) und (9.6) erreicht, indem der Score für eine Lücke der Länge k mit einer *affinen Funktion* berechnet wird:

Adäquate Bewertung von Lücken: Affine Kostenfunktion

$$s(\mathit{Lücke\ der\ Länge}\ k) := s(\mathit{Einführen\ einer\ Lücke}) + k \cdot s(\mathit{Verlängern\ einer\ Lücke}).$$

Bei der Bewertung einer Lücke wird nun unterschieden zwischen dem Aufwand für das *Einführen einer Lücke* und dem für das *Verlängern*. Dieser Ansatz diskriminiert zwischen kürzeren und längeren Lücken, wenn sich die beiden Score-Werte stark unterscheiden. Üblich sind für das Alignment von Proteinsequenzen Zahlenwerte von –5 bis –19 für $s(\mathit{Einführen\ einer\ Lücke})$ und von –1 bis –3 für $s(\mathit{Verlängern\ einer\ Lücke})$. Mit einem solchen Wertepaar wird erreicht, dass wenige und eher längere Lücken eingeführt werden. Weshalb? Nun, es ist zunächst „teuer", eine Lücke anzulegen; die Verlängerung einer bereits bestehenden Lücke ist andrerseits „günstig".

9.5.2
Integration in Algorithmen

Wie wird diese Funktion in den Algorithmus integriert? In den Gleichungen (9.5) und (9.6) werden zur Berechnung der $S_{i,\ j}$-Werte nur die Scores der unmittelbar benachbarten Elemente betrachtet. Der Term $S_{i,\ j} = S_{i,\ j\text{-}1} + s(\varepsilon,\ b_j)$ (Pfad in horizontaler Richtung) impliziert das Einführen **eines** Leerzeichens in die Sequenz A. Analog dazu entspricht dem Einführen einer längeren Lücke (mit Länge k) in A der Term $S_{i,\ j} = S_{i,\ j\text{-}k} + s\ (\mathit{Einführen\ einer\ Lücke}) + k \cdot s(\mathit{Verlängern\ einer\ Lücke})$. Der Score für die Position i, j ergibt sich beim Einführen einer Lücke der Länge k aus den Kosten für die Lücke selbst plus dem Score $S_{i,\ j\text{-}k}$ der um k Positionen versetzten Zelle mit Indizes $i, j\text{-}k$. Die Bedingung (9.6) muss daher wie folgt abgeändert werden:

Berechnung lokaler Alignments unter Verwendung einer affinen Kostenfunktion

Seien

$$H := \max_{k\,=\,1..j\,-\,1} (S_{i,j\,-\,k} + s(\mathit{Einf.\ einer\ Lücke}) + k \cdot s(\mathit{Verl.\ Lücke}))$$

und

$$V := \max_{l\,=\,1..i\,-\,1} \left(S_{i-l,j} + s(Einf.\,einer\,Lücke) + l \cdot s(Verl.\,Lücke)\right).$$

dann ist

$$S_{i,j} := \max(0, V, H, S_{i\,-\,1,j\,-\,1} + (a_i, b_j)) \qquad (9.7)$$

der lokale Levenshtein-Score unter Berücksichtigung einer affinen Kostenfunktion.

Gilt es globale Alignments unter Verwendung einer affinen Kostenfunktion zu berechnen, so wird die Null aus Bedingung (9.7) weggelassen und entsprechend initialisiert.

Beim Einführen von Lücken werden alle Symbole gleich behandelt, daher ist der Wert $s(a_i, \varepsilon) = s(\varepsilon, b_j)$ in allen Fällen der gleiche. Die Bedeutung des Ausdrucks (9.7) wird mit Abb. 9.14 illustriert.

Durch Bedingung (9.7) ändert sich das Laufzeitverhalten zu $O(n^3)$. Die oben eingeführten Algorithmen sind nun jedoch optimal im Hinblick auf die Qualität der Alignments. Den theoretisch Interessierten sei verraten, dass es Verfahren gibt, auch bei Verwendung einer affinen Kostenfunktion die Laufzeit auf $O(n^2)$ zu drücken. Da es uns hier aber ums prinzipielle Verständnis geht, wird auf diese Lösung nicht weiter eingegangen. Details können in [3] nachgelesen werden. Dennoch, selbst $O(n^2)$ ist für viele Anwendungen zu aufwändig und daher werden für das Durchmustern großer Sequenzdatenbanken heuristische Verfahren eingesetzt, die zwar etwas weniger sensitiv, dafür aber effizienter in ihrem Zeitverhalten

Laufzeit mindestens von $O(n^2)$

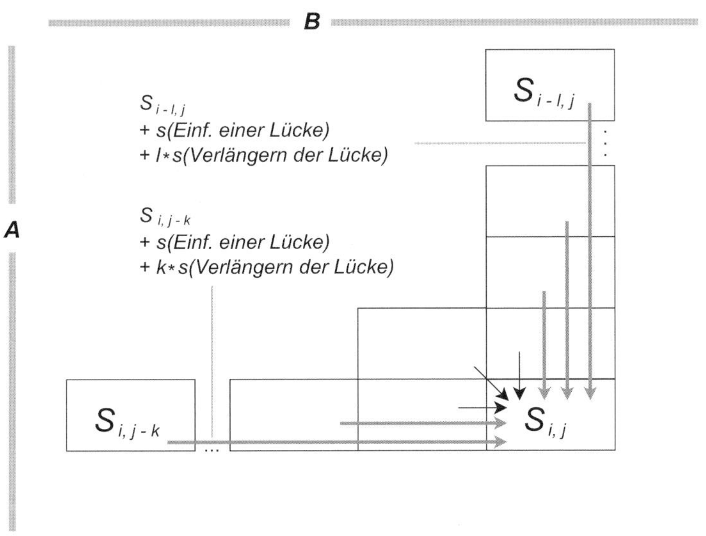

Abb. 9.14 Bewertung größerer Lücken im *Smith-Waterman*-Algorithmus. Nach Kriterium (9.6) werden bei der Berechnung des Scores $S_{i,j}$ nur die Scores der unmittelbar benachbarten Elemente der Matrix berücksichtigt (schwarze Pfeile). Der horizontal verlaufende schwarze Pfeil entspricht dem Einführen eines einzelnen Leerzeichens in die Sequenz *A*. Zur Bewertung längerer Lücken in *A* müssen sämtliche, durch horizontal verlaufende, graue Pfeile dargestellten Scores berechnet werden. Entsprechendes gilt für das Einführen von Lücken in die Sequenz *B*.

sind. Prominente Vertreter für derartige Heuristiken werden wir im Kapitel 12 kennenlernen.

9.6 Namensgebung

Berechnen globaler Alignments: Needleman-Wunsch-Algorithmus

Berechnen lokaler Alignments: Smith-Waterman-Algorithmus

Interaktives Arbeiten

Wir haben hiermit zwei klassische Alignmentverfahren vorgestellt. Das Verfahren zur Bestimmung globaler Alignments wird häufig nach den Autoren, die diesen Algorithmus für den Sequenzvergleich einführten, *Needleman-Wunsch-Algorithmus* [8] genannt. Das Problem des Bestimmens lokaler Alignments und der zugehörige Algorithmus, so wie oben eingeführt, wird nach den Autoren *Smith* und *Waterman* [6] benannt. Wie bereits erwähnt, kommt diesen beiden Algorithmen eine zentrale Bedeutung zu. In den folgenden Kapiteln werden wir weitere Anwendungen kennenlernen.

Den Einsatz von Dotplots und die Berechnung paarweiser Distanzen können Sie mithilfe der Lernmodule üben, die auf der begleitenden Website angeboten werden.

9.7 Zitierte Literatur

1. Sander C., Schneider R. (1991) Database of homology-derived protein structures and the structural meaning of sequence alignment. *Proteins,* **9**(1), 56–68.
2. Sonnhammer E. L., Durbin R. (1995) A dot-matrix program with dynamic threshold control suited for genomic DNA and protein sequence analysis. *Gene,* **167**(1–2), GC1–10.
3. Gusfield D. (1997) Algorithms on strings, trees and sequences, Cambridge University Press, Cambridge.
4. Levenshtein V. I. (1966) Binary codes capable of correcting deletions, insertions and reversals. *Sov Phys Dokl,* **10**, 707–710.
5. Waterman M. S. (1989) Mathematical methods for DNA sequences, CRC Press, Florida.
6. Smith T. F., Waterman M. S. (1981) Identification of common molecular subsequences. *J Mol Biol,* **147**(1), 195–197.
7. Chothia C. (1992) Proteins. One thousand families for the molecular biologist. *Nature,* **357**(6379), 543–544.
8. Needleman S. B., Wunsch C. D. (1970) A general method applicable to the search for similarities in the amino acid sequence of two proteins. *J Mol Biol,* **48**(3), 443–453.

10
Sequenz-Motive

Sequenzmotive charakterisieren Bindestellen in der DNA, RNA und in Proteinen

Biologische Sequenzmotive sind kurze Zeichenketten mit definierter Länge. Sie können z. B. Bindedomänen in der DNA, RNA oder in Proteinen beschreiben. Zu den wichtigsten biologischen Objekten, die durch Motive definiert werden, gehören die *Transkriptionsfaktoren*, d. h. regulatorische Elemente in der DNA. Das präzise Modellieren der Genregulation ist eine der wichtigsten Aufgaben der postgenomischen Biologie, um das regulatorische Netzwerk einer Zelle zu verstehen. Eine Abschätzung macht die Komplexität des Problems klar: Es wird davon ausgegangen, dass in den Genomen der Säuger ca. 2000 Transkriptionsfaktoren vorkommen [1]. Spezialisierte Datenbanken wie TRANSFAC [2] widmen sich ganz der Beschreibung von DNA-Motiven; PROSITE [3] und PRINTS [4] beschreiben Motive in Proteinsequenzen. Allerdings können Motive mit fester Länge nicht alle Elemente, die in biologischen Sequenzen vorkommen, hinreichend präzise fassen. Für schwierigere Fälle sind Hidden-Markov-Modelle, die wir später einführen, besser geeignet. In diesem Kapitel wollen wir uns zunächst auf einfachere Verfahren konzentrieren. Mit diesen können positionsabhängige Gewichtsmatrizen und Sequenz-Logos berechnet werden. Im letzten Teil dieses Kapitels beschäftigen wir uns mit einem Thema, das in die entgegengesetzte Richtung zielt: Häufig enthalten Sequenzen „informationsarme“ Bereiche, die durch mehrfaches Wiederholen eines primitiven Motivs entstanden sind. Diese Regionen werden als *repetitive Sequenzen* bezeichnet. Es ist sinnvoll, diese Regionen z. B. beim Sequenzvergleich auszufiltern. Das Programm SEG, das wir hier vorstellen, erfüllt genau diesen Zweck für Proteinsequenzen und ist z. B. dem häufig verwendeten Werkzeug BLAST vorgeschaltet.

Bioinformatik Interaktiv. 2. Auflage. Rainer Merkl und Stephan Waack

ISBN: 978-3-527-32594-8

10.1 Signaturen

Signatur = Regulärer Ausdruck

Eine klassische Art, um charakteristische Muster zu definieren, ist die Angabe von *Signaturen*. Diese werden in Form von *Regulären Ausdrücken* notiert. Ein Beispiel für eine Signatur ist:

C-x-[DN]-C-x(4,5)-[ST]-x(2)-W-[HR]-[RK]-x(3)-[GN]-x(3,4)-C-N-[AS]-C

Mit dieser Zeichenkette wird eine Menge von Proteinsequenzen beschrieben. Dabei erfolgt die Angabe im Einbuchstabencode für Aminosäuren. Obige Signatur definiert eine Menge von Protein-Sequenzen, die wie folgt zusammengesetzt sind:

Jede Sequenz beginnt mit einem C, dem eine beliebige Aminosäure folgt. An Position 3 des Motivs wird ein D oder N erwartet; darauf folgt ein weiteres C. Die nächsten 4 oder 5 Positionen sind mit beliebigen Aminosäuren besetzt, gefolgt von einem S oder T. Nun müssen zwei beliebige Aminosäuren vorkommen, denen ein W folgt. An nächster Position wird ein H oder R und anschließend ein R oder K erwartet. Nach weiteren drei beliebigen Aminosäuren muss ein G oder N vorkommen, das von drei oder vier beliebigen Aminosäuren ergänzt wird. Nun wird zwingend ein C, gefolgt von einem N, gefordert. Nach einem A oder S wird das Motiv von einem weiteren C abgeschlossen.

In Signaturen sind in eckigen Klammern Alternativen für die jeweilige Position notiert. Anstelle von x kann jede Aminosäure eingesetzt werden; in runden Klammern ist die minimale und maximale Länge von Teilsequenzen angegeben. Die komplette Beschreibung der Syntax enthält das PROSITE User Manual, das per Internet verfügbar ist.

GATA-Zink-Finger-Domäne

Die oben angegebene Signatur beschreibt die *GATA-Zink-Finger-Domäne*, eine Proteinstruktur, die an DNA mit der Konsensus-Sequenz (A/T)GATA(A/G) bindet. Diese Sequenz wird in der regulatorischen Einheit einer Anzahl von Genen gefunden. Die in den Sequenzen vorkommenden vier Cystein-Reste sind für die Fixierung eines Zinkatoms verantwortlich.

Reguläre Ausdrücke können leicht als gerichtete Graphen (siehe Abb. 10.1) dargestellt werden. Jeder Pfad von b nach e beschreibt eine Zeichenkette, die durch den in der Legende angegebenen regulären Ausdruck definiert wird.

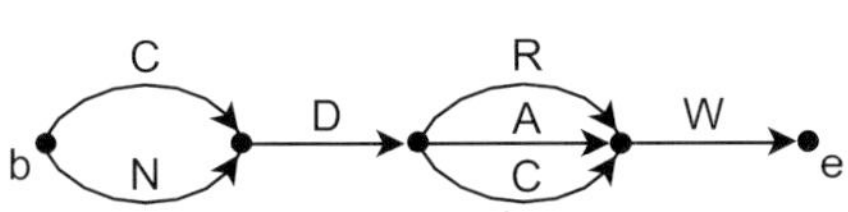

Abb. 10.1 Gerichteter Graph für den regulären Ausdruck [C, N]-D-[R, A, C]-W.

Auswertung

Zur Identifikation derjenigen Sequenzen, die durch eine Signatur beschrieben werden, können Algorithmen zur Interpretation regulärer Ausdrücke, wie z. B. das Programm *agrep* unter *Unix*, verwendet werden. Der Aufwand für das Auswerten von regulären Ausdrücken ist von $O(nm)$, falls n die Länge der regulären Ausdrücke und m die Länge der Zeichenkette ist.

10.2 Die PROSITE-Datenbank

Eine der wichtigsten Sammlungen von Mustern ist PROSITE [3], das *„dictionary of sites and patterns in proteins"*. Ziel der Datensammlung ist es, *biologisch signifikante*, d. h. solche Muster zu repräsentieren, die für die Funktion einer Proteinfamilie wichtig sind. Dieser Anspruch zeichnet PROSITE gegenüber anderen Datenbanken aus. Muster werden in PROSITE entweder als Signatur oder als Profil abgelegt.

Bestimmen von Signaturen in PROSITE

Bei der Entwicklung von Signaturen werden die folgenden Kriterien beachtet:

- Die Signaturen sollen möglichst kurz sein.
- Es muss möglich sein, mit einer Signatur die meisten Sequenzen zu identifizieren, denen die dargestellte Funktion zugeschrieben wird.
- Die Auswertung soll möglichst wenige falsch positive Treffer liefern.

Zur Beschreibung einer Proteinfamilie durch eine Signatur wird von einem multiplen Sequenzalignment ausgegangen. Dieses Alignment wird annotiert mit biologischem Wissen z. B. zu

Zusätzliche Annotation

- katalytischen Sites von Enzymfunktionen,
- Bindungsstellen für prosthetische Gruppen,
- Aminosäuren, die in die Bindung von Metallionen involviert sind, und
- Bereichen, die an der Bindung weiterer Moleküle (ADP/ATP, GDP/GTP, Kalzium, DNA usw.) oder von Proteinen beteiligt sind.

Die Kuratoren von PROSITE versuchen, aus multiplen Alignments möglichst kurze Signaturen zu extrahieren, die aus konservierten Residuen bestehen und die für die annotierte Funktion relevant sind. Durch Vergleich dieser Muster mit sämtlichen Einträgen der SWISS-PROT-Datenbank werden Sensitivität und Selektivität des Musters bestimmt. Sind diese nicht ausreichend, wird die Signatur abgeändert. Einige Proteinfamilien können nicht durch Signaturen definiert werden, da ihre funktionellen oder strukturellen Domänen zu divergent sind. In solchen Fällen wird ein Sequenz-Profil erstellt.

10.3 Die BLOCKS-Datenbank

Jeder Eintrag der BLOCKS-Datenbank [5] besteht aus einem Block (d. h. einem multiplen Alignment ohne Lücken) einer stark konservierten Region einer Gruppe von Proteinen. Diese Blöcke werden automatisch aus den Proteinmengen abgeleitet, die in der PROSITE-Datenbank definiert sind, ohne jedoch die PROSITE-Signatur auszuwerten. Blöcke werden auch dann generiert und in die BLOCKS-Datenbank aufgenommen, wenn keine biologische Funktion für das Motiv bekannt ist. Ausreichend ist alleine ein bestimmter Grad an Konserviertheit. Die BLOCKS-Datenbank war die Grundlage für das Herleiten der BLOSUM-Matrizen. Ein Ausschnitt aus dem Block, der aus der PROSITE Gruppe PS00344 (GATA-Zink-Finger, s. o.) abgeleitet wurde, ist in Tabelle 10.1 wiedergegeben.

Tab. 10.1 Block zur PROSITE-Gruppe PS00344. Nach dem Namen der Sequenz in der SWISS-PROT-Datenbank folgen die Position des ersten Residuums in der genannten Sequenz (in Klammern), das Motiv und ein Gewichtungsfaktor. Die Gewichtungsfaktoren sind so normiert, dass die am wenigsten stark konservierte Sequenz den Faktor 100 erhält.

```
AREA_EMENI|P17429 ( 673) CTNCFTQTTPLWRRNPEGQPLCNACGLFLKLHGVVRPL 7
AREA_FUSMO|P78688 ( 694) CTNCFTQTTPLWRRNPEGQPLCNACGLFLKLHGVVRPL 7
AREA_PENRO|O13508 ( 660) CTNCFTQTTPLWRRNPEGQPLCNACGLVLKLHGVVRPL 11
GAF1_SCHPO|Q10280 ( 70)  CTNCQTRTTPLWRRSPDGQPLCNACGLFMKINGVVRPL 16
GAT1_YEAST|P43574 ( 310) CSNCTTSTTPLWRKDPKGLPLCNACGLFLKLHGVTRPL 17
NIT2_NEUCR|P19212 ( 743) CTNCFTQTTPLWRRNPDGQPLCNACGLFLKLHGVVRPL 8
NRFA_PENUR|Q92269 ( 665) CTNCFTQTTPLWRRNPEGQPLCNACGLFLKLHGVVRPL 7
NUT1_MAGGR|Q01168 ( 663) CTNCATQTTPLWRRNPEGQPLCNACGLFLKLHGVVRPL 8
CGPB_FUSSO|Q00858 ( 403) TDCGTLDSPEWRKGPSGPKTLCNACGLRWAKKEKKRNS 49
WC2_NEUCR|P78714  ( 469) TDCGTLDSPEWRKGPSGPKTLCNACGLRWAKKEKKKNA 54
DA80_YEAST|P26343 ( 31)  CQNCFTVKTPLWRRDEHGTVLCNACGLFLKLHGEPRPI 17
GZF3_YEAST|P42944 ( 131) CKNCLTSTTPLWRRDEHGAMLCNACGLFLKLHGKPRPI 17
ELT1_CAEEL|P28515 ( 217) CVNCGVHNTPLWRRDGSGNYLCNACGLYFKMNHHARPL 17
GA1A_XENLA|P23767 ( 178) CVNCGATVTPLWRRDMSGHYLCNACGLYHKMNGQNRPL 9
GA1B_XENLA|P23768 ( 180) CVNCGATVTPLWRRDLSGHYLCNACGLYHKMNGQNRPL 9
GA5A_XENLA|P43695 ( 183) CVNCGAMSTPLWRRDGTGHYLCNACGLYHKMNGMNRPL 6
GA5B_XENLA|P43696 ( 184) CVNCGAMSTPLWRRDGTGHYLCNACGLYHKMNGINRPL 6
GA6A_XENLA|Q91678 ( 182) CVNCGSVQTPLWRRDGTGHFLCNACGLYSKMNGLSRPL 9
GA6B_XENLA|P70005 ( 182) CVNCGSVQTPLWRRDGTGHYLCNACGLYSKMNGLSRPL 7
GAT1_CHICK|P17678 ( 110) CVNCGATATPLWRRDGTGHYLCNACGLYHRLNGQNRPL 11
```

10.4 Sequenz-Profile

Blöcke von optimal ausgerichteten Sequenzen, so wie sie die BLOCKS-Datenbank anbietet, oder wie sie mit Multiplen-Sequenzalignment-Programmen erzeugt werden können, sind die Grundlage für die Berechnung von Profilen. Diese geben positionsweise die Wahrscheinlichkeit für das Vorkommen der Symbole an. Hierfür werden die Wahrscheinlichkeiten spaltenweise aus den Häufigkeiten der Symbole geschätzt. Die Tabelle 10.2 illustriert das Vorgehen.

Problem des geringen Stichprobenumfangs: Einführen von Pseudocounts

Am Profil aus Tabelle 10.2 wird ein allgemeines Problem deutlich, das generell bei der Auswertung kleiner Datenmengen auftritt. Viele Einträge im Profil lauten auf 0.0. Es ist nicht klar, ob z. B. ein Nucleotid oder eine Aminosäure an der betrachteten Stelle aus intrinsischen Gründen nicht vorkommen kann oder das Auftreten im Alignment deswegen null ist, weil die Anzahl der ausgewerteten Sequenzen zu gering ist. Um die Einträge zu korrigieren, werden *Pseudocounts* hinzuaddiert. Beispiele für diese Vorgehensweise stellen wir in Kapitel 12 und Kapitel 15 vor. Es sei hier angemerkt, dass üblicherweise eine wesentlich größere Anzahl von Sequenzen für das Schätzen von Parametern ausgewertet wird. Mit Tabelle 10.2 wird lediglich die Vorgehensweise erläutert.

Die Beschreibung von biologisch relevanten Mustern durch Profile ist natürlicherweise präziser als die durch *Konsensus-Sequenzen*, da in Profilen beispielsweise auch solchen Aminosäuren, die in der betrachteten Sequenzmenge an bestimmten Positionen nicht vor-

Tab. 10.2 Profil für eine Menge alignierter Sequenzen. In diesem Beispiel wurden vier Sequenzen der Länge 7 ausgewertet. An jeder Position wurde die Häufigkeit $f(a_i, k)$ für die Symbole A, C, G und T bestimmt.

Seq_1	C	G	G	A	A	G	C
Seq_2	T	C	G	A	T	G	G
Seq_3	T	G	A	A	G	T	G
Seq_4	T	G	A	A	T	T	G
	a_1	a_2	a_3	a_4	a_5	a_6	a_7
A	0.00	0.00	0.50	1.00	0.25	0.00	0.00
C	0.25	0.25	0.00	0.00	0.00	0.00	0.25
G	0.00	0.75	0.50	0.00	0.25	0.50	0.75
T	0.75	0.00	0.00	0.00	0.50	0.50	0.00

kommen, ein Score zugewiesen werden kann. Die Scores für diese Residuen können aus empirischem Wissen (Stichwort Scoring-Matrizen) über die Substitutionshäufigkeit von Aminosäuren und der Zusammensetzung des Profils an den betrachteten Positionen extrapoliert werden. Wird beispielsweise an einer Position Leucin häufig und Isoleucin überhaupt nicht beobachtet, ist es dennoch sinnvoll, Isoleucin an dieser Stelle im Profil einen hohen Score zuzuweisen, da Isoleucin und Leucin ähnliche chemische Eigenschaften haben und sich häufig ersetzen. Diese Art der Score-Generierung ist die methodisch einfachste. Es wurden wesentlich komplexere Methoden zur Berechnung von Profilen entwickelt, die auf Modellen zur Protein-Evolution beruhen und in Empfindlichkeit und Spezifität dem oben beschriebenen Ansatz überlegen sind, siehe hierzu [6]. Wir gehen auf diese Fragestellung im Kapitel 14 erneut ein.

10.5
Bestimmen von Scores für Promotor-Sequenzen

Beispiel

Jeder Wert in Tabelle 10.2 gibt für ein a_i und die Position k die positionsspezifische Häufigkeit $f(a_i, k)$ an. Ist diese Häufigkeit auffällig? Um diese Frage zu beantworten, empfiehlt es sich, Quotienten zu bilden. Wir erläutern die Vorgehensweise anhand einer Analyse von Promotorsequenzen.

Gegeben sei eine Menge M von Zeichenketten konstanter Länge n, welche eine bestimmte Eigenschaft ω besitzen (Trainingsmenge, z. B. eine Menge von Promotoren). Gesucht sei ein Scoring-Schema, welches für jeden beliebigen String A der Länge n entscheidet, ob A die Eigenschaft ω hat oder nicht.

Log-odds-Scores für Promotor-Sequenzen

> Sei $p(a_i, k)$ die Wahrscheinlichkeit, mit der das Symbol a_i an Position k in den Zeichenketten vorkommt und sei $p(a_i)$ die Wahrscheinlichkeit, mit der a_i insgesamt in M auftritt.
> Dann unterscheiden Scores der Art $s_{a_i,k} := \log(p(a_i,k)/p(a_i))$ optimal die Elemente aus M von zufällig zusammengesetzten Zeichenketten.

Nach den Ausführungen im Kapitel 4, insbesondere zu den Maximum-Likelihood-Schätzern und zum Neyman-Pearson-Lemma ist dies einsichtig. Natürlich werden die Wahrscheinlichkeiten wieder aus den Häufigkeiten $f(a_i, k)$ und $f(a_i)$ geschätzt. Zur Bewertung einer potenziellen Promotorsequenz $A = a_1, \dots a_n$ werden einfach die Scores $s_{a_i,k}$ aufaddiert. Übertrifft diese Summe eine vorher definierte Schwelle, so wird A als Promotor vorhergesagt.

10.6
Sequenz-Logos

Sequenz-Logos: Höhe der Symbole abhängig vom Informationsgehalt

Eine Alternative zu Profilen ist die Bewertung des positionsspezifischen Informationsgehaltes jedes Symbols. Hierfür werden Konzepte aus der Shannonschen Informationstheorie genutzt. Gewöhnlich wird für jedes Symbol a_i die Größe

$$I(a_i,k) := f(a_i,k)\log_2\frac{f(a_i,k)}{f(a_i)}$$

berechnet. Da der Logarithmus zur Basis 2 verwendet wird, haben die Werte die Einheit bit. Nach Normierung bestimmt dieser Wert dann die Höhe der Symbole in einer Abbildung, die *Sequenz-Logo* genannt wird. In Abb. 10.2 ist das zu obigem Profil gehörende Sequenz-Logo wiedergegeben. Das A an Position 4 ist besonders auffällig, da A in den Sequenzen insgesamt selten vorkommt, an Position 4 jedoch konserviert ist.

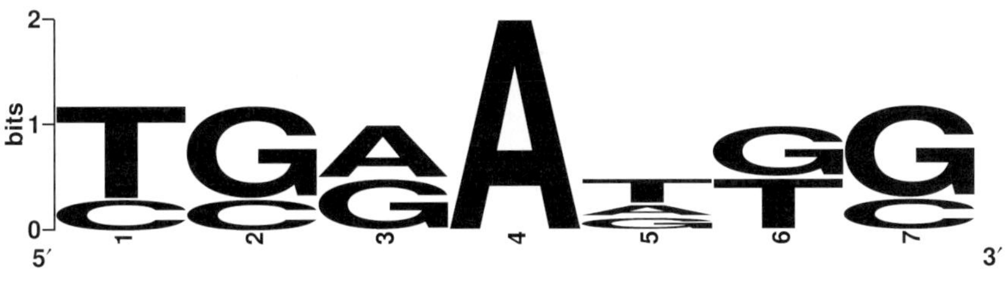

Abb. 10.2 Sequenz-Logo zu dem in Tabelle 10.2 angegebenen Profil. Das Logo wurde unter Verwendung des in [7] beschriebenen Servers erzeugt.

10.7
Konsensus-Sequenzen

Konsensus-Sequenz wird meist aus MSA abgeleitet

Eine Konsensus-Sequenz soll die *charakteristischen Gemeinsamkeiten* der in ein multiples Sequenzalignment (MSA) aufgenommenen Sequenzen wiedergeben. Methoden für das Berechnen von MSAs stellen wir in einem gesonderten Kapitel vor. Ehe wir beschreiben, wie eine Konsensus-Sequenz aus einem MSA abgeleitet werden kann, müssen einige allgemeine Definitionen eingeführt werden.

Konsensus-Fehler

Gegeben seien eine Menge S von Zeichenketten und ein weiterer String S' (*Steiner-Konsensus-String*). Dann ist der Konsensus-Fehler von S relativ zu S' gegeben durch

$$E(S) := \sum_{S_j \in S} D(S', S_j).$$

Das heißt, der Konsensus-Fehler ist die Summe aller Distanzen zwischen dem String S' und allen Strings S_j aus S. Hierbei muss S' nicht zur Menge S gehören.

Optimaler Steiner-String

Für eine Menge S von Zeichenketten ist der optimale Steiner-String S^* für S derjenige, für den gilt:

Der Konsensus-Fehler $E(S^*)$ ist minimal.

Es ist keine effiziente Methode bekannt, den Steiner-String S^* zu berechnen. Allerdings gibt es Approximationen zur Berechnung von Strings S^{**}, für die gilt: $E(S^{**}) \ / \ E(S^*) \leq 2$. Auf diese Methoden gehen wir hier nicht weiter ein; siehe hierzu [8].

Aus einem multiplen Alignment kann spaltenweise eine Konsensus-Sequenz abgeleitet werden. Zur Herleitung benötigen wir die folgenden Definitionen.

Konsensus-Symbol

Sei M ein multiples Alignment einer Menge S von Zeichenketten. Dann ist das Konsensus-Symbol der Spalte i dasjenige Symbol, für das die Summe aller Distanzen zu allen Symbolen, die in Spalte i vorkommen, minimal ist.

Mehrheitsregel

Es bleibt in der Definition offen, wie die Distanz zwischen den Symbolen berechnet wird. Abstandsberechnungen können z. B. auf Substitutionsmatrizen basieren. Im einfachsten Fall, wenn bei der Distanzberechnung jeder Match mit +1 und jeder Mismatch mit –1 bewertet wird, ist das Konsensus-Symbol dasjenige, welches am häufigsten in der betrachteten Spalte vorkommt (Mehrheitsregel).

Konsensus-String

Der *Konsensus-String* S_M eines multiplen Alignments ist die Konkatenation der Konsensus-Symbole. Diese Definitionen und das Vorgehen werden am Beispiel aus Tabelle 10.3 klar.

Tab. 10.3 Konsensus-Sequenz S_M bei Anwendung der Mehrheitsregel.

MSA	A	T	A	A	G	C
	A	-	A	T	G	C
	A	-	A	A	G	C
S_M	A	-	A	A	G	C

Beim Bilden einer Konsensus-Sequenz wird zwar einerseits das *Charakteristische* einer Sequenzmenge betont, andererseits geht jedoch wertvolle Information zu der an den einzelnen Positionen erlaubten Variabilität verloren.

10.8
Sequenzen niedriger Komplexität

Proteinsequenzen enthalten repetitive Bereiche

Biologische Sequenzen enthalten häufig Regionen, die eine starke Verzerrung der Aminosäuren- oder Nucleotidkomposition aufweisen und z. B. auf Protein-Ebene als Glycin reiche oder als repetitive, nichtglobuläre Domänen beschrieben werden. Ursache für das Vorkommen solcher Bereiche können Mutationen, ungleiches *Crossover* oder ein „Schlupfen" (*slippage*) während der Replikation sein. Bis zu einem Viertel aller Residuen in Proteinsequenzen liegen in solchen Bereichen und mehr als 50 % aller Proteine enthalten mindestens eine derartige Region [9]. In den meisten Fällen macht es weder beim Vergleich struktureller oder funktioneller Motive noch im Hinblick auf evolutionäre Fragestellungen Sinn, diese Bereiche in ein Alignment aufzunehmen. Derartige Verzerrungen der Häufigkeiten werden vom statistischen Modell, das der Bewertung lokaler Sequenzalignments zugrunde liegt, nicht äquivalent behandelt. Daher erreichen solche Regionen häufig hohe Scores und verursachen lange Ausgabelisten mit meist falsch positiven Treffern. Es ist deshalb sinnvoll, derartige Sequenzabschnitte bei der Bestimmung von Alignments (und der Scores) auszublenden. Ein Verfahren mit dieser Funktionalität ist im SEG-Algorithmus [10] implementiert, der z. B. auch in der BLAST-Suite Verwendung findet.

10.9
Der SEG-Algorithmus

In SEG [10] wird die Komplexität einer Sequenz durch einen *Komplexitäts-Status-Vektor* (*KV*) angegeben, der folgendermaßen definiert ist:

Komplexitäts-Status-Vektor KV

> Sei Σ ein endliches Alphabet mit $n = |\Sigma|$. Sei die Sequenz $A \in \Sigma^*$. Dann ist das n-Tupel $KV(A)$ ein *Komplexitäts-Status-Vektor* für A, wenn gilt:
> $KV(A) := (m_1, \ldots m_n)$; $\forall\, a \in \Sigma$: $\exists\, m_i = k$ (a kommt k-mal in A vor) und $\forall\, m_i$, m_j mit $i < j := m_i \geq m_j$.

Ein $KV(A)$ ist nichts anderes als eine sortierte Liste, die für alle Symbole angibt, wie häufig sie im String A vorkommen.

Beispiel für KVs

Die Komplexität jedes 5-mers von Nucleotiden wird durch einen von sechs möglichen *KVen* angegeben. Diese sind, sortiert nach zunehmender Komplexität: (5,0,0,0), (4,1,0,0), (3,2,0,0), (3,1,1,0), (2,2,1,0), (2,1,1,1). So wird jede der vier Sequenzen AAAAA, CCCCC, GGGGG, TTTTT durch den *KV* (5,0,0,0) beschrieben.

Die Sequenzen AATCC und CACGA haben beide den *KV* (2,2,1,0), da jeweils zwei Nucleotide zweimal und ein Nucleotid einmal vorkommen.

Zu jedem KV gehören mehrere Kompositionen

Sequenzen mit identischem *KV* können zunächst im Hinblick auf die Zusammensetzung unterschieden werden. Zum *KV* (5,0,0,0) gehören genau vier Kompositionen, nämlich AAAAA, CCCCC, GGGGG und TTTTT. Der *KV* (3,1,1,0) definiert 12 verschiedene Kompositionen, nämlich all die, in der ein Nucleotid dreimal und zwei Nucleotide je einmal vorkommen. Beispiele sind: 3 × A, 1 × T, 1 × G oder 3 × T, 1 × C, 1 × G.

Komplexität der KVs ist unterschiedlich

Jede einzelne der zuletzt genannten Nucleotid-Kompositionen wiederum lässt 20 Permutationen zu. Beispiele für derartige Sequenzen mit gleicher Komposition sind AAATG, AATAG, ATAAG, ... ATGAA. Da für (3,1,1,0) pro Nucleotidkomposition 20 Sequenzen möglich sind, hat dieser *KV* eine höhere Komplexität als z. B. (5,0,0,0), der pro Nucleotidkomposition nur eine Sequenz, z. B. AAAAA zulässt.

Eine Möglichkeit, die Komplexität eines *KVs* zu beschreiben, ist der Ausdruck $K_1(KV)$, wobei gilt:

$$K_1(KV) := \frac{1}{L}\log_n \Omega.$$

Hierbei ist L die Länge des *n-mers*, n die Größe des Alphabets (hier 4 für DNA- oder 20 für Proteinsequenzen) und Ω die Anzahl von *Permutationen mit Wiederholungen*, für die gilt:

$$\Omega := \frac{L!}{m_1!m_2!m_3!\ldots}.$$

Die m_i sind die n Werte aus dem *KV* und es gilt $0! := 1$. Ω gibt die Anzahl der Sequenzen *pro Komposition* eines *KVs* an. Logarithmieren zur Basis n normiert die Werte $K_1(KV)$ auf [0 .. 1], die Basis 2 liefert bit.

Ein alternatives Komplexitätsmaß ist der Wert $K_2(KV)$, der wie folgt definiert ist:

Shannonsches Entropiemaß

$$K_2(KV) := -\sum_{i=1}^{n} \frac{m_i}{L}\log_2 \frac{m_i}{L}.$$

K_2 ist ein Informationsmaß im Sinne der Shannonschen Entropie. Für große Längen L konvergiert $K_2(KV)$ gegen $K_1(KV)$ [9]. Mit diesem theoretischen Rüstzeug können wir nun den Algorithmus selbst betrachten.

SEG arbeitet zweiphasig

SEG ist ein zweiphasiger Algorithmus. In der ersten Phase werden *Grob-Bereiche* niedriger Komplexität bestimmt. In der zweiten

Phase werden in den *Grob-Bereichen* durch lokale Optimierung die *Regionen niedriger Komplexität* identifiziert. Da $K_1(KV)$ nur sehr aufwändig zu berechnen ist, wird in der ersten Phase von SEG zunächst $K_2(KV)$ bestimmt. SEG arbeitet mit den drei Eingabeparametern L, K_2-A und K_2-B. Defaultwerte für Proteinsequenzen sind $L = 12$ Residuen, K_2-$A = 2.2$ bit und K_2-$B = 2.5$ bit.

Phase 1: Bestimmung von Grob-Bereichen

Zunächst wird ein Fenster der Länge L längs der Sequenz in Schritten von einem Residuum verschoben und es wird jeweils der Wert $K_2(KV)$ berechnet. Bereiche (*Trigger-Fenster*), deren $K_2(KV)$-Wert den kritischen Wert K_2-A nicht überschreiten, lösen das Fixieren eines *Grob-Bereichs* aus. *Grob-Bereiche* werden durch das Zusammenfügen von überlappenden *Trigger-Fenstern* und solchen Fenstern gebildet, deren $K_2(KV)$-Wert nicht größer als K_2-B ist.

Phase 2: Optimale Segmente

In der zweiten Phase werden die *Grob-Bereiche* zu *optimalen Segmenten* niedriger Komplexität reduziert. Ein *optimales Segment* ist dasjenige mit der unwahrscheinlichsten Zusammensetzung, bewertet unter der Annahme einer Gleichverteilung für die Häufigkeit der Nucleotide bzw. Aminosäuren. Es wird dasjenige Segment mit dem niedrigsten P_0-Wert bestimmt. P_0 ist die Wahrscheinlichkeit für das Auftreten eines *KVs*.

Für P_0 gilt:

$$P_0 := \frac{1}{n^L}\Omega F.$$

Hierbei ist

$$F := \frac{n!}{r_0!r_1!..r_L!}$$

die Anzahl von Kombinationen, die diesen *KV* haben. r_k ist die Zahl, die angibt, wie oft der Wert k im *KV* vorkommt und n^L die Anzahl von Sequenzen für ein Fenster der Länge L bei Alphabetgröße n.

SEG-Ausgabe

Im Ausgabeformat, das z. B. auch in BLAST verwendet wird, sind Bereiche niedriger Komplexität durch Kleinbuchstaben markiert.

Beispiel für SEG-Filter

Die Abb. 10.3 illustriert an der Sequenz eines Prionproteins die Wirkung von SEG. In diesem Beispiel wird ca. 1/3 der Sequenz ausgeblendet.

Interaktives Arbeiten

Übungen zum Umgang mit Sequenz-Motiven finden Sie auf der begleitenden Website.

```
INP:   1 MANLGCWMLVLFVATWSDLGLCKKRPKPGGWNTGGSRYPGQGSPGGNRYPPQGGGGWGQP  60
SEG:   1 MANLGCWMLVLFVATWSDLGLCKKRPKPGGWNTGGSRYPGQGSPGGNRYppqggggwgqp  60

INP:  61 HGGGWGQPHGGGWGQPHGGGWGQPHGGGWGQGGGTHSQWNKPSKPKTNMKHMAGAAAAGA 120
SEG:  61 hgggwgqphgggwgqphgggwgqphgggwgqgggTHSQWNKPSKPKTNMKHMagaaaaga 120

INP: 121 VVGGLGGYLLGSAMSRPIIHFGSDYEDRYYRENMHRYPNQVYYRPMDEYSNQNNFVHDCV 180
SEG: 121 vvgglggymlgsamsRPIIHFGSDYEDRYYRENMHRYPNQVYYRPMDEYSNQNNFVHDCV 180

INP: 181 NITIKQHTVTTTTKGENFTETDVKMMERVVEQMCITQYERESQAYYQRGSSMVLFS     236
SEG: 181 NITIKQHtvttttkgenftetDVKMMERVVEQMCITQYERESQAYYQRGSSMVLFS     236
```

Abb. 10.3 Humanes Prion-Protein vor und nach Bearbeitung mit SEG. Die mit INP markierten Zeilen geben die Prionsequenz wieder. Die von SEG ausgeblendeten Bereiche sind in der darunterliegenden Zeile als Kleinbuchstaben angegeben.

10.10 Zitierte Literatur

1 La D., Livesay D. R. (2005) Predicting functional sites with an automated algorithm suitable for heterogeneous datasets. *BMC Bioinformatics*, **6**, 116.
2 Wingender E. (2008) The TRANSFAC project as an example of framework technology that supports the analysis of genomic regulation. *Brief Bioinform*, **9**(4), 326–332.
3 Hulo N., Bairoch A., Bulliard V., Cerutti L., Cuche B. A., de Castro E., Lachaize C., Langendijk-Genevaux P. S., Sigrist C. J. (2008) The 20 years of PROSITE. *Nucleic Acids Res*, **36**(Database issue), D245–249.
4 Attwood T. K., Bradley P., Flower D. R., Gaulton A., Maudling N., Mitchell A. L., Moulton G., Nordle A., Paine K., Taylor P., Uddin A., Zygouri C. (2003) PRINTS and its automatic supplement, prePRINTS. *Nucleic Acids Res*, **31**(1), 400–402.
5 Henikoff J. G., Henikoff S., Pietrokovski S. (1999) New features of the blocks database servers. *Nucleic Acids Res*, **27**(1), 226–228.
6 Gribskov M., Veretnik S. (1996) Identification of sequence pattern with profile analysis. *Methods Enzymol*, **266**, 198–212.
7 Crooks G. E., Hon G., Chandonia J. M., Brenner S. E. (2004) WebLogo: a sequence logo generator. *Genome Res*, **14**(6), 1188–1190.
8 Gusfield D. (1997) Algorithms on strings, trees and sequences, Cambridge University Press, Cambridge.
9 Wootton J. C., Federhen S. (1993) Analysis of compositionally biased regions in sequence databases. *Comput Chemistry*, **17**, 149.
10 Wootton J. C., Federhen S. (1996) Analysis of compositionally biased regions in sequence databases. *Methods Enzymol*, **266**, 554–571.

11
Scoring-Schemata

Wahl des Scoring-Schemas ist eine kritische Entscheidung beim Sequenzvergleich

Die Algorithmen zum Berechnen eines globalen oder lokalen Alignments bearbeiten Zeichenketten und Symbole rein „mechanisch"; das Alignment und resultierende Scores ergeben sich aus den Werten des Scoring-Schemas, das per Scoring-Matrix als Parameter an den Algorithmus übergeben wird. Daher ist die Auswahl einer geeigneten Scoring-Matrix sicherlich **die kritische Entscheidung** bei der Parametrisierung eines Sequenzvergleichs. Dies gilt vor allem deswegen, weil keine der existierenden Scoring-Matrizen optimal für alle Anwendungen ist. Sequenzalignments werden hauptsächlich für zwei Fragestellungen eingesetzt. Für diese beiden, im Hinblick auf die Anforderungen an die Scoring-Matrix völlig unterschiedlichen Anwendungsbereiche, sollten auch die speziell entwickelten Matrizen gewählt werden. Generell gelten die folgenden Überlegungen:

- *Für die Rekonstruktion von evolutionären Vorgängen* müssen die Scores Mutationsraten wiedergeben. Deswegen wurden für diese Fragestellung Matrizen aus existierenden Sequenzen und rekonstruierten Vorgängersequenzen abgeleitet.
- *Werden Proteindomänen verglichen*, sollten die Scores aus der Komposition der vorliegenden oder nahe verwandter Domänen abgeleitet worden sein. Die Scorewerte sind für diese Anwendung aus Substitutionshäufigkeiten berechnet.

In der Literatur findet sich eine Vielzahl von Substitutionsmatrizen, insbesondere für Aminosäuren [1, 2]. In diesem Kapitel werden die Grundlagen einer statistischen Theorie für Scoring-Matrizen eingeführt. Wir stellen für die genannten Fragestellungen jeweils wichtige und am häufigsten benutzte Klassen von Matrizen vor. Schließlich gehen wir auf Scoring-Funktionen ein, die bei der Analyse von Proteinstrukturen eine Rolle spielen.

Bioinformatik Interaktiv. 2. Auflage. Rainer Merkl und Stephan Waack

ISBN: 978-3-527-32594-8

11.1
Zur Theorie von Scoring-Matrizen

Über die Statistik von *globalen* Alignments ist wenig bekannt, siehe hierzu [3]. Für lokale Alignments ohne Lücken wurde von Karlin und Altschul [4] eine statistische Theorie entwickelt, die sowohl die Alignments selbst als auch die Scoring-Matrizen umfasst. Derartige Alignments ohne Lücken werden im Folgenden behandelt. Beginnen wir mit einer Begriffsbestimmung.

Scores $s_{as_i as_j}$ bewerten den Ersatz von Aminosäuren

> Eine Substitutionsmatrix besteht aus einer Menge von Scores $s_{as_i as_j}$, die den Ersatz der Aminosäure as_i durch as_j (und umgekehrt) in einer Sequenz bewerten.

Für das Generieren von Scores werden zunächst in einer geeigneten Menge von Proteinen relative Häufigkeiten von Aminosäuren $f(as_i)$ und Substitutionshäufigkeiten $f(as_i, as_j)$ bestimmt. Diese werden anschließend mit statistischen Methoden bewertet und in Scores transformiert.

Untersucht man Scoring-Matrizen, so fällt auf, dass der Match einer selten vorkommenden Aminosäure höher bewertet wird als der Match einer häufig vorkommenden Aminosäure und dass der Mismatch zwischen zwei funktionell ähnlichen Aminosäuren ebenfalls einen höheren Score erhält als der Mismatch zweier völlig verschiedener Aminosäuren. Die Begründung für diese Gewichtung ergibt sich aus den physikalisch-chemischen Eigenschaften der Aminosäurereste, die im Kapitel 1 dargestellt werden. Die Entwicklung von Scoring-Matrizen folgt der im Kapitel 4 vorgezeichneten Linie: Es werden zwei Modelle unter Verwendung einer Likelihood-Funktion miteinander verglichen. Betrachten wir zunächst die beiden statistischen Hypothesen und die damit assoziierten Modelle für das Alignment zweier Sequenzen A und B.

Nullhypothese H_0: Sequenzen nicht verwandt

Die Nullhypothese nimmt an, dass die beiden Sequenzen A und B nicht miteinander verwandt sind (verwandt im Sinne von homolog, von einem gemeinsamen Vorfahren abstammend). Damit ergibt sich ein rein zufälliges Alignment, dessen Wahrscheinlichkeit durch das Modell Z (für *zufällig*) beschrieben wird. Bei einer zufälligen Anordnung sämtlicher Symbole a_i und b_i im Alignment ist die Wahrscheinlichkeit für das gesamte Alignment das Produkt der Wahrscheinlichkeiten der in den Sequenzen vorkommenden Symbole:

$$P(A,B|Z) := \prod_{i=1}^{k} p(a_i) \prod_{i=1}^{k} p(b_i).$$

Mit der Schreibweise $P(A,B \mid Z)$ wird ausgedrückt, dass die Wahrscheinlichkeit für das Alignment von A mit B unter der Annahme des Modells Z berechnet wird.

Alternativhypothese H_1: Sequenzen haben gemeinsamen Vorgänger

Im Modell V (für *verwandt*), das Hypothese H_1 beschreibt, kommen alignierte Symbole a_i und b_i mit Verbundwahrscheinlichkeit $q(a_i, b_i)$ vor. Soll die evolutionäre Divergenz bewertet werden, so können diese Werte z. B. die Wahrscheinlichkeit dafür ausdrücken, dass die Symbole von einem gemeinsamen Vorgänger c_l abstammen. Die Wahrscheinlichkeit für das Alignment ist dann:

$$P(A,B|V) := \prod_{i=1}^{k} q(a_i,b_i).$$

Odds-ratio: Verhältnis der Likelihood-Werte

Das Verhältnis dieser beiden Likelihood-Werte wird bezeichnet als *odds-ratio*:

$$\frac{P(A,B|V)}{P(A,B|Z)} = \frac{\prod_{i=1}^{k} q(a_i,b_i)}{\prod_{i=1}^{k} p(a_i) \prod_{i=1}^{k} p(b_i)} = \prod_{i=1}^{k} \frac{q(a_i,b_i)}{p(a_i)p(b_i)}.$$

Werden die einzelnen Terme $\frac{q(a_i,b_i)}{p(a_i)p(b_i)}$ logarithmiert, so erhält man ein *additives Scoring-Schema*. Die Basis des Logarithmus ist beliebig, meist wird als Basis 2 benutzt. Für ein Paar ergibt sich der Score:

Scores sind log-odds-ratios

$$s_{a_i b_i} := \log_2 \frac{q(a_i,b_i)}{p(a_i)p(b_i)}.$$

Durch Addieren der jeweiligen Scores berechnen wir im Alignment von A und B:

$$\sum_{i=1}^{k} s_{a_i b_i} = \log_2 \prod_{i=1}^{k} \frac{q(a_i,b_i)}{p(a_i)p(b_i)} = \log_2 \frac{P(A,B|V)}{P(A,B|Z)}.$$

Somit ist die Summe der logarithmierte Quotient der Likelihood-Werte. Diese Vorgehensweise entspricht dem durch das Neyman-Pearson-Lemma empfohlenen Ansatz.

Allgemeinste Formulierung von Scorewerten

In allgemeinster Form [5] können Scores folgendermaßen angegeben werden:

$$s_{as_i as_j} := \frac{1}{\lambda} \log_2 \frac{q(as_i,as_j)}{p(as_i)p(as_j)}. \tag{11.1}$$

Hierbei ist λ eine positive Konstante und die as_i und as_j stehen für die 20 natürlich vorkommenden Aminosäuren. Die Multiplikation einer Scoring-Matrix mit einer Konstanten verändert ihren Charakter nicht; ein optimales Alignment wird durch diese Matrizenoperation nicht beeinflusst. Deswegen wird jede Scoring-Matrix determiniert durch die Wahrscheinlichkeiten $q(as_i, as_j)$ [5]. Die Definition lässt offen, auf welche Weise die Werte $q(as_i, as_j)$ bestimmt werden.

Beispiel für die Vorgehensweise

Aus einer Menge von Alignments mit Proteinsequenzen kann für jedes Paar as_i, as_j von Aminosäuren aus den Spalten des Alignments die Verbundwahrscheinlichkeit $q(as_i, as_j)$ ermittelt werden. Nach dem Bestimmen der Häufigkeit aller Aminosäuren as_i wird dann unter Anwendung der Formel (11.1) die Scoring-Matrix gefüllt. Die Werte $q(as_i, as_j)$ werden meist empirisch ermittelt, wobei biologische Expertise gefragt ist. Wie üblich werden hierbei die Wahrscheinlichkeiten aus den beobachteten Häufigkeiten geschätzt. Obiges Verfahren ist völlig analog zu den Konzepten, die wir bei den Sequenz-Motiven eingeführt haben. Diese Vorgehensweise birgt die Gefahr eines Selbstbezuges: Zum Bestimmen von Alignments benötigt man Scoring-Matrizen, die aus Alignments abgeleitet werden (sofern derartige Verfahren einsetzen würden). Dies ist jedoch nicht der Fall, wie wir bei den PAM- und BLOSUM-Matrizen gleich zeigen werden.

11.2 Algorithmen bedingte Anforderung an Scoring-Matrizen

Erwartungswert der Scores muss negativ sein

Vergleicht man größere Mengen von Zufallssequenzen paarweise, so folgt das resultierende Histogramm der erzielten Scores einer Extremwertverteilung, sofern das Scoring-System gewissen Anforderungen genügt. Da beim Vergleich einer Sequenz mit einer Datenbank praktisch der gesamte Datenbankinhalt wie zufällig komponiert scheint, ist für diesen Fall dieselbe Verteilung zu erwarten und es kann ein Kennwert berechnet werden, der für jeden Treffer dessen statistische Signifikanz angibt. Auf die Interpretation dieses Kennwertes gehen wir im Kapitel 12 genauer ein. Bei dessen Berechnung wird vorausgesetzt, dass der aus einer Scoring-Matrix resultierende Erwartungswert *negativ* ist. Diese Bedingung kann durch geeignete Wahl von λ in Gleichung (11.1) erfüllt werden. In diesem Fall haben solche Paare von Aminosäuren Scores $s_{as_i as_j}$ größer null, für die ein Ersatz der Aminosäure as_i durch as_j häufiger beobachtet wurde als durch reine Zufallsprozesse erwartet. Ein positiver Score für ein (längeres) Alignment zweier Zeichenketten spricht für die Annahme, dass die beiden Muster auf einen gemeinsamen Vorfahren zurückzuführen sind und nicht durch ein zufälliges Alignment erklärt werden können.

11.3 Identitätsmatrizen

Unterschiede in der Größe der Score-Werte bestimmen die Natur des Alignments

Wie beeinflussen die Werte aus den Scoring-Matrizen die Art der Alignments? Die einfachsten Scoring-Matrizen sind Identitätsmatrizen, bei denen alle Diagonalelemente denselben positiven Wert s und alle anderen Elemente denselben negativen Score $\underline{s}$ besitzen. In diesem Modell ist somit die Wahrscheinlichkeit für die Mutation einer Aminosäure in eine beliebige andere Aminosäure konstant $\underline{s}$. Jede auf diese Weise konstruierte Matrix wird durch das Verhältnis s zu $\underline{s}$ charakterisiert. Ist $s = -\underline{s}$, muss ein lokales Alignment mehr Matches als Mismatches enthalten, um einen positiven Gesamtscore zu erreichen. In diesem Fall werden in der Regel kurze, kompakte Alignments gebildet.

Ist $s >> -\underline{s}$, so kompensiert ein Match mehrere Mismatches und es werden in der Regel lange und schwächere Alignments gebildet. Diese Überlegungen machen deutlich, wie Scoring-Matrizen die Art der Alignments beeinflussen: Wir müssen je nach Anwendung eine passende Matrix auswählen.

11.4 PAM-Einheit

PAM: Anteil akzeptierter Punktmutationen

Wie bereits erwähnt, werden Scoring-Matrizen aus biologischen Datensätzen abgeleitet. Das Konzept der PAM-Einheiten und PAM-Matrizen wurde von Margret Dayhoff entwickelt (siehe [6, 7]). PAM steht für *„Akzeptierte Punktmutationen"* (*point accepted mutations*) oder *„percent accepted mutations"*. Damit ist PAM zunächst eine Einheit, mit der die *evolutionäre Divergenz* (Distanz) zwischen zwei Aminosäuresequenzen gemessen wird. Mit dem Begriff PAM werden allerdings auch bestimmte Scoring-Matrizen für den Vergleich von Aminosäuresequenzen benannt, die unter Verwendung des Dayhoffschen Konzepts entwickelt wurden. So gibt es z. B. die Matrizen PAM 100, PAM 250 usw. Eine Definition der PAM-Einheit lautet wie folgt:

Definition für PAM-Einheit

> Zwei Sequenzen *A* und *B* unterscheiden sich um **eine** PAM-Einheit, wenn *B* aus *A* durch eine Serie von *akzeptierten* Punktmutationen entstanden ist und pro 100 Residuen im Schnitt **eine** Punktmutation auftrat.

Akzeptierte Punktmutation = vererbte Mutation

Eine *akzeptierte* Punktmutation ist in diesem Zusammenhang eine, die in die Proteinsequenz inkorporiert und weitervererbt wurde. Somit werden nur solche Mutationen betrachtet, die entweder die Funktion des Proteins nicht verändern oder für den Organismus von Vorteil sind. Mutationen, die durch Insertionen oder Deletionen entstanden sind, werden hierbei nicht ausgewertet. Im Laufe der Evolution von Proteinsequenzen kann es vorkommen, dass bereits eingeführte Mutationen durch spätere Mutationsereignisse wieder aufgehoben werden. Deswegen müssen zwei Sequenzen, die um 100 PAM-Einheiten divergieren, nicht an jeder Position Mismatches aufweisen. Selbst für Sequenzen, die sich um 250 PAM-Einheiten unterscheiden, kann erwartet werden, dass sie an ca. 20 % aller Positionen übereinstimmen. Mit dem Begriff PAM werden, wie bereits erwähnt, auch Scoring-Matrizen bezeichnet.

11.5 PAM-Matrizen

PAM-Matrizen enthalten Scores, die evolutionäre Mutationsprozesse auf dem Niveau der Aminosäure-Residuen bewerten. Idealerweise sollten mit einer PAM n-Matrix Proteine verglichen werden, die um n PAM-Einheiten divergieren: Dies gilt, da jeder Wert $s_{as_i as_j}$ der Matrix angibt, wie häufig der Ersatz von Aminosäure as_i durch Aminosäure as_j in homologen Proteinen erwartet wird, die sich bereits um n PAM-Einheiten voneinander entfernt haben.

Bestimmen der PAM-Matrizen

M. Dayhoff verwendete zur Ableitung der Matrizen nur solche Sequenzen, die wenige Mismatches aufwiesen. Aus deren Komposition können PAM n-Matrizen mit niedrigen n-Werten abgeleitet werden. Zur Berechnung von Matrizen mit größerem n wurde folgende Technik angewendet:

> Sei M eine PAM 1-Matrix. Sei M^n die n-mal mit sich selbst multiplizierte Matrix M. Sei $f(as_i)$ die Häufigkeit, mit der die Aminosäure as_i in den betrachteten Sequenzen vorkommt. Dann wird der Eintrag für (i, j) in der Matrix PAM n berechnet als
>
> $$\log \frac{f(as_i)M^n(as_i,as_j)}{f(as_i)f(as_j)} = \log \frac{M^n(as_i,as_j)}{f(as_j)}.$$

Die resultierenden Werte werden mit 10 multipliziert und zu ganzen Zahlen gerundet. Häufig werden die Werte zusätzlich transformiert. $M(as_i, as_j)$ gibt als PAM 1-Matrix an, mit welcher Häufigkeit as_i nach as_j in solchen Sequenzen mutiert, die um eine PAM-Einheit divergieren. Die Matrizen selbst sind symmetrisch, sodass $M(as_i, as_j) = M(as_j, as_i)$ gilt.

Bis zur Einführung der BLOSUM 62-Matrix (siehe Tabelle 11.2) war die PAM 250-Matrix (Tabelle 11.1) diejenige, die für Alignments von Proteinsequenzen am häufigsten verwendet

Tab. 11.1 Die PAM 250-Matrix. Die Aminosäuren sind so angeordnet, dass diejenigen mit ähnlichen physikalisch-chemischen Eigenschaften nahe beieinander liegen. Deswegen treten nahe der Hauptdiagonalen nur positive Scores auf. Fettschrift kennzeichnet Gruppen von Aminosäuren, die sich häufiger als erwartet substituieren.

Cys	12																			
Gly	-3	5																		
Pro	-3	-1	6																	
Ser	0	1	1	1																
Ala	-2	1	1	1	2															
Thr	-2	0	0	1	1	3														
Asp	-5	1	-1	0	0	0	**4**													
Glu	-5	0	-1	0	0	0	**3**	**4**												
Asn	-4	0	-1	1	0	0	**2**	**1**	**2**											
Gln	-5	-1	0	-1	0	-1	**2**	**2**	**1**	**4**										
His	-3	-2	0	-1	-1	-1	**1**	**1**	**2**	**3**	**6**									
Lys	-5	-2	-1	0	-1	0	0	0	1	1	0	**5**								
Arg	-4	-3	0	0	-2	-1	-1	-1	0	1	2	**3**	**6**							
Val	-2	-1	-1	-1	0	0	-2	-2	-2	-2	-2	-2	-2	4						
Met	-5	-3	-2	-2	-1	-1	-3	-2	0	-1	-2	0	0	2	6					
Ile	-2	-3	-2	-1	-1	0	-2	-2	-2	-2	-2	-2	-2	4	2	5				
Leu	-6	-4	-3	-3	-2	-2	-4	-3	-3	-2	-2	-3	-3	2	4	2	6			
Phe	-4	-5	-5	-3	-4	-3	-6	-5	-4	-5	-2	-5	-4	-1	0	1	2	**9**		
Tyr	0	-5	-5	-3	-3	-3	-4	-4	-2	-4	0	-4	-5	-2	-2	-1	-1	**7**	**10**	
Trp	-8	-7	-6	-2	-6	-5	-7	-7	-4	-5	-3	-3	2	-6	-4	-5	-2	0	0	17
	Cys	Gly	Pro	Ser	Ala	Thr	Asp	Glu	Asn	Gln	His	Lys	Arg	Val	Met	Ile	Leu	Phe	Tyr	Trp

wurde. Heutzutage wird sie (oder eine verbesserte Variante) noch in Studien zur Evolution von Proteinen eingesetzt. Es ist allerdings *a priori* nicht klar, welche evolutionäre Distanz Proteine haben, d. h., welche Matrix beim Sequenzvergleich zu wählen ist. Als pragmatische Vorgehensweise wird oft empfohlen, alternativ mehrere Matrizen zu verwenden.

11.6 Erweiterte Datenbasis: Die JTT-Matrix

Die Datengrundlage für die Berechnung der PAM-Matrizen war sehr klein, manche Mutationen wurden nur einmal oder gar nicht beobachtet. Es ist daher zu erwarten, dass Scores, die speziell von diesen Werten stammen, die Mutationshäufigkeiten nur ungenau modellieren. Jones, Taylor und Thornton entwickelten 1992 ein verbessertes Verfahren [8], das die Rohdaten zur Berechnung der Scoring-Matrizen ähnlich wie oben beschrieben prozessiert. In diesem Fall wurden jedoch 23 000 Proteinsequenzen ausgewertet.

Mutationen wurden aus dem paarweisen Vergleich von Sequenzen abgeleitet, die mehr als 85 % identische Residuen aufwiesen. Mit diesem Filter wird die erwartete Anzahl von Mehrfachmutationen einzelner Residuen, die ja nicht beobachtet werden können, reduziert.

JTT-Matrix basiert auf paarweisem Vergleich ähnlicher Proteinsequenzen

Die Vorgehensweise soll an einem Beispiel illustriert werden. Aus dem paarweisen Alignment von

```
ACDEFL
AGDEAL
```

ergeben sich vier akzeptierte Punktmutationen (PAMs). Dies sind C→G, G→C, F→A und A→F. Da die Mutationsrichtung nicht bekannt ist (wurde aus einem C ein G oder umgekehrt?), werden beide Mutationen gezählt. Daher ergibt sich wiederum eine symmetrische Matrix. Insertionen und Deletionen werden ignoriert, da sie nichts über die Mutationsneigung der Aminosäuren aussagen. Nach dem Prozessieren der Rohdaten wurde eine Matrix abgeleitet, die der PAM 250 entspricht. Ein Vergleich der resultierenden JTT-Matrix mit der PAM 250-Matrix mithilfe einer Spearmannschen Rangkorrelation ergab einen Korrelationskoeffizienten von 0.76. Ein Gegenüberstellen der Matrizen belegt, dass Serin und Threonin die Aminosäuren sind, die am häufigsten ersetzt werden. Am wenigsten mutierbar sind Tryptophan und Cystein. Allerdings variieren im Vergleich der beiden Matrizen die Scores für diese zwei Aminosäuren deutlich. Die Unterschiede sind auf die Auswertung einer breiteren Datenbasis zurückzuführen, die nun eine präzisere Angabe der Scores zulässt: Im Dayhoffschen Datensatz wurden 35 Austausche von Aminosäuren nie beobachtet, dazu gehören Substitutionen von Tryptophan und Cystein.

Maximum Likelihood liefert die besten phylogenetischen Bäume

Die PAM- und die JTT-Matrizen beruhen beide auf einem Auszählverfahren und setzen einen Maximum-Parsimony-Ansatz (MP) um. MP versucht eine Menge von Beobachtungen mit der geringsten Anzahl von Mutationen zu erklären. Allerdings wurde gezeigt, dass für phylogenetische Verfahren Maximum-Likelihood-Ansätze besser geeignet sind. Hierfür werden Austauschbarkeitsfaktoren und Häufigkeiten für die Aminosäuren benötigt. Wir gehen im Kapitel 14 auf diese Ansätze ein.

11.7 BLOSUM-Matrizen

Die wichtigste Aufgabe des paarweisen Sequenzvergleichs ist das Identifizieren von Proteindomänen, die ja die Funktion eines Proteins bestimmen. Scoring-Matrizen, die sich für diese Aufgabe bewährt und generell durchgesetzt haben, gehören zur BLOSUM-Familie.

BLOSUM-Matrizen werden aus BLOCKS-Datenbank abgeleitet

Die BLOSUM (BLOcks SUMmen)-Matrizen wurden von Henikoff und Henikoff aus der Datenbank BLOCKS entwickelt [9]. Zum damaligen Zeitpunkt enthielt BLOCKS mehr als 3000 Blöcke aus ca. 800 Proteinfamilien. Blöcke werden aus multiplen Sequenzalignments extrahiert; hierbei werden keine Lücken (*gaps*) zugelassen. Zum Bestimmen der Blöcke wird das Softwaresystem PROTOMAT verwendet, welches die Motive, die in der PROSITE-Datenbank abgelegt sind, auswertet. Diese Datenbank wird im Kapitel 10 vorgestellt. Zu jedem Motiv ist in der PROSITE-Datenbank eine Gruppe (Familie) verwandter Proteinsequenzen abgelegt. PROTOMAT erstellt ein multiples Sequenzalignment und ermittelt solche Blöcke, die in einer vordefinierten Anzahl von Sequenzen einer Gruppe konserviert sind. Der erste Schritt bei der Entwicklung der BLOSUM-Matrizen ist die Auswertung sämtliche Blöcke der BLOCKS-Datenbank, die spaltenweise erfolgt. Zunächst wird für jede Aminosäure as_i ihre Häufigkeit $f(as_i)$ berechnet. Anschließend wird für jedes Paar von Aminosäuren bestimmt, wie häufig Paare as_i, as_j gemeinsam in sämtlichen Spalten vorkommen. Die folgende Definition erläutert die Berechnung der Scores.

Scores aus BLOSUM-Matrizen

> Sei $f(as_i)$ die Häufigkeit, mit der as_i an allen Positionen innerhalb der Blöcke von BLOCKS vorkommt. Sei $f(as_i, as_j)$ die Häufigkeit für das spaltenweise bestimmte Vorkommen der Paare as_i, as_j. Dann kann der Score $s_{as_i as_j}$ definiert werden als:
>
> $$s_{as_i as_j} := \log_2 \frac{f(as_i, as_j)}{f(as_i) f(as_j)} .$$

Wir haben somit wiederum ein klassisches *Log-odds-Verhältnis* vor uns, mit dem die Scores der BLOSUM-Matrizen gebildet werden. In Abb. 11.1 ist das Vorgehen an einem Block illustriert.

BLOSUM N-Matrizen: Aus Sequenzen mit maximal N % identischen Residuen errechnet

Eine Verfeinerung des bisher beschriebenen Verfahrens besteht darin, Sequenzen, die einander sehr ähnlich sind, aus den Blöcken zu entfernen. Werden sehr ähnliche Sequenzen aus den Blöcken gelöscht, so bekommen Mutationen hin zu anderen Aminosäuren bei der Berechnung der Scores einen größeren Einfluss. Dieser „Einfangtrichter" wird umso größer, je unähnlicher die bewerteten

Abb.11.1 Berechnen der Häufigkeiten für die BLOSUM-Matrizen. Die aus der BLOCKS-Datenbank ausgewählten Blöcke dienen dazu, die Häufigkeit, mit der die Aminosäuren as_i vorkommen, sowie die Verbundhäufigkeiten $f(as_i, as_j)$ zu bestimmen. Hierfür wird aus sämtlichen Spalten das Vorkommen der Paare as_i, as_j abgeleitet.

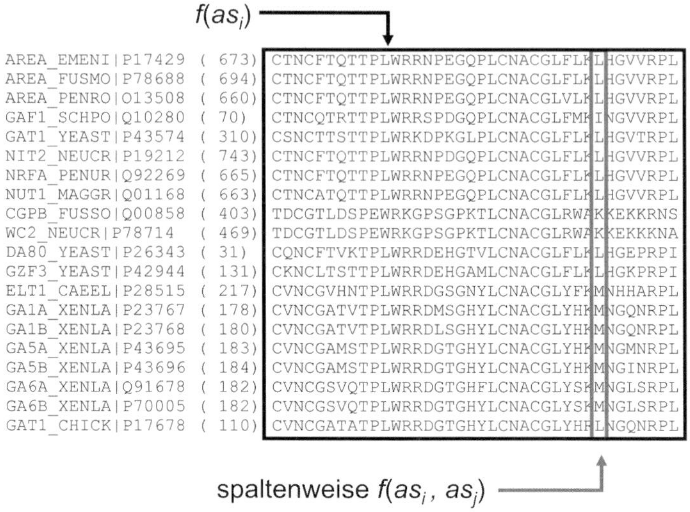

Tab. 11.2 Die BLOSUM 62-Matrix. Die Werte zeigen, dass ein Alignment seltener Aminosäuren höher bewertet wird als das häufiger. So ist der Score für ein Trp-Trp-Paar höher als der für ein Ala-Ala-Paar.

Ala	4																			
Arg	-1	5																		
Asn	-2	0	6																	
Asp	-2	-2	1	6																
Cys	0	-3	-3	-3	9															
Gln	-1	1	0	0	-3	5														
Glu	-1	0	0	2	-4	2	5													
Gly	0	-2	0	-1	-3	-2	-2	6												
His	-2	0	1	-1	-3	0	0	-2	8											
Ile	-1	-3	-3	-3	-1	-3	-3	-4	-3	4										
Leu	-1	-2	-3	-4	-1	-2	-3	-4	-3	2	4									
Lys	-1	2	0	-1	-3	1	1	-2	-1	-3	-2	5								
Met	-1	-1	-2	-3	-1	0	-2	-3	-2	1	2	-1	5							
Phe	-2	-3	-3	-3	-2	-3	-3	-3	-1	0	0	-3	0	6						
Pro	-1	-2	-2	-1	-3	-1	-1	-2	-2	-3	-3	-1	-2	-4	7					
Ser	1	-1	1	0	-1	0	0	0	-1	-2	-2	0	-1	-2	-1	4				
Thr	0	-1	0	-1	-1	-1	-1	-2	-2	-1	-1	-1	-1	-2	-1	1	5			
Trp	-3	-3	-4	-4	-2	-2	-3	-2	-2	-3	-2	-3	-1	1	-4	-3	-2	11		
Tyr	-2	-2	-2	-3	-2	-1	-2	-3	2	-1	-1	-2	-1	3	-3	-2	-2	2	7	
Val	0	-3	-3	-3	-1	-2	-2	-3	-3	3	1	-2	1	-1	-2	-2	0	-3	-1	4
	Ala	Arg	Asn	Asp	Cys	Gln	Glu	Gly	His	Ile	Leu	Lys	Met	Phe	Pro	Ser	Thr	Trp	Tyr	Val

Sequenzen zueinander sind. Zur Berechnung wird zunächst paarweise für alle Sequenzen der Blöcke bestimmt, wie hoch der Anteil identischer Residuen ist. Für das Generieren einer BLOSUM N-Matrix wurde dann von allen Paaren, die mehr als N % identische Residuen besaßen, eine Sequenz entfernt. Somit enthielten die Blöcke, die z. B. zur Berechnung der BLOSUM 62-Matrix verwendet wurden, nur noch Sequenzen, die im paarweisen Vergleich maximal 62 % identische Residuen aufwiesen. Auf diese Weise wurden die Matrizen BLOSUM 50 bis BLOSUM 80 gebildet. Als „Allrounder“ wird häufig die BLOSUM 62-Matrix eingesetzt.

11.8 Matrix-Entropie

Zur Charakterisierung von Scoring-Matrizen wird häufig der Begriff der relativen Entropie verwendet. Er ist der von Shannon [10] entwickelten Informationstheorie entlehnt, in die hier knapp eingeführt wird. Sie behandelt Probleme der Informationsübertragung und -speicherung. Die *Entropie* einer Wahrscheinlichkeitsverteilung $P := (p_1, \ldots p_n)$ ist definiert als

Entropie H einer Wahrscheinlichkeitsverteilung

$$H(P) := E(-P) := -\sum_{i=1}^{n} p_i \log(p_i).$$

Wird als Logarithmus der zur Basis 2 verwendet, so ist die Dimension von H das bit. Die Entropie ist auch ein Maß für den Informationsgehalt eines Ereignisses.

Beispiele

$H(P)$ für das sichere Ereignis mit $p = 1.0$ ist null, dessen Eintreten vermittelt keinerlei Information. Sei $P = (p_1, p_2)$ mit $p_1 = 0.2$ und $p_2 = 0.8$, dann ist $H(P) = 0.46 + 0.26 = 0.72$ bit.

Relative Entropie

Die relative Entropie zweier Wahrscheinlichkeitsverteilungen P und Q ist

$$H(P,Q) := -\sum_{i=1}^{n} p_i \log\left(\frac{p_i}{q_i}\right).$$

Die relative Entropie wird als Maß für die Distanz zwischen Q und P interpretiert. Je ähnlicher P und Q, desto kleiner ist $H(P, Q)$.

$H(P, Q)$ ist auch der Erwartungswert des *log-likelihood-Verhältnisses*. Mit diesen Ausführungen können wir die Entropie von Matrizen bewerten. Scoring-Matrizen können durch ihre relative Entropie H charakterisiert werden. Die Matrix-Entropie für die Matrix S wurde von Altschul [5] definiert als

Matrix-Entropie: Kennwert für Scoring-Matrizen

$$H(S) := \sum_{i,j} q(as_i, as_j) s_{as_i as_j} \text{ [bit]}.$$

Hierbei sind die $s_{as_i as_j}$ derart normiert, dass $\lambda = \ln 2$ (siehe 11.1). Die relative Entropie einer Matrix kann interpretiert werden als der mittlere Informationsgehalt einer jeden Position im Alignment. Bei der Entwicklung eines evolutionären Modells und von Scoring-Matrizen wird eine bestimmte evolutionäre Distanz zwischen den Sequenzen, die unter Verwendung der Matrix miteinander verglichen werden sollen, angenommen.

Extremfälle

Eine Betrachtung von Extremfällen macht den Einfluss der Matrix-Entropie auf die Natur der Alignments deutlich. Je kürzer die evolutionäre Distanz, desto größer ist H. Bei einer evolutionären Distanz von 0 geht der Score für einen Mismatch gegen $-\infty$ und Lücken im Alignment sind völlig verboten. Dann wird die relative Entropie gleich der Entropie der Aminosäurenverteilung: $H = -\Sigma\, p(as_i) \log_2 p(as_i)$. Im Falle von Identitätsmatrizen ist $H \approx 4.32$ bit und das Berechnen eines lokalen Alignments entartet zur Suche nach dem längsten gemeinsamen Substring zweier Sequenzen.

Werte für Matrix-Entropie liegen zwischen null und 4.32 bit

Geht die evolutionäre Distanz, die bei der Bildung einer Matrix unterstellt wird, gegen ∞, so gehen die Unterschiede zwischen den $q(as_i, as_j)$-Werten gegen null und die Entropie H der Matrix geht ebenfalls gegen null. Aus diesen Überlegungen folgt, dass real existierende Matrizen relative Entropien zwischen 4.32 und null bit besitzen müssen und dass die Entropie angibt, für welche evolutionäre Distanz eine Matrix entworfen wurde und am besten geeignet ist.

In Tabelle 11.3 sind die Matrix-Entropien für die zwei wichtigsten Familien von Scoring-Matrizen angegeben. Während die Entropie-Werte in der Reihung PAM 100 … PAM 250 fallen, steigen sie von der BLOSUM 45 zur BLOSUM 90-Matrix hin an. Dieser reziproke Verlauf erklärt sich aus den unterschiedlichen Verfahren zum Erzeugen der Matrizen.

Tab. 11.3 Entropie für Scoring-Matrizen der BLOSUM- und PAM-Familie. Für den Vergleich nahe verwandter Sequenzen eignen sich die BLOSUM 90- bzw. die PAM 100-Matrizen. Für weniger verwandte Sequenzen wurden die BLOSUM 45- bzw. PAM 250-Matrizen entwickelt.

	Entropie [bit]		Entropie [bit]
BLOSUM 90	1.18	PAM 100	1.18
BLOSUM 80	0.99	PAM 120	0.98
BLOSUM 60	0.66	PAM 160	0.70
BLOSUM 52	0.52	PAM 200	0.51
BLOSUM 45	0.38	PAM 250	0.36

11.9
Scoring-Schemata und Anwendungen

Die oben geschilderte Herleitung der beiden Familien von Scoring-Matrizen hat gleichzeitig auch ihre Anwendungsbereiche erschlossen. Die PAM-Matrizen wurden aus stark homologen Proteinsequenzen abgeleitet und durch Extrapolation bestimmt. PAM-Matrizen und Nachfolger werden für evolutionäre Studien verwendet und eignen sich weniger für die Suche nach Proteindomänen. Für diesen Zweck wurden explizit die BLOSUM-Matrizen entwickelt. Es wird angenommen, dass Scores, die aus hochkonservierten Regionen global eher divergenter Proteine abgeleitet wurden, gut geeignet sind, in lokalen Sequenzalignments Regionen ähnlicher Funktion zu identifizieren. Vergleichstests haben mehrfach die gute Performanz der BLOSUM-Matrizen für diese Aufgabe nachgewiesen [11]. Insbesondere die BLOSUM 62-Matrix hat sich als „Allrounder" bewährt. Für Spezialanwendungen wurden weitere Matrizen eingeführt. Darunter sind z. B. Scoring-Schemata, die eine verzerrte Aminosäurenkomposition der Proteine kompensieren [12].

Scores für Nucleotide

Ein Scoring-System für die Bewertung von DNA-Sequenzen lässt sich wesentlich leichter ermitteln. Meist werden für den Vergleich von DNA-Sequenzen die folgenden Scores verwendet:

$$s(\text{Match}) := +5,\ s(\text{Mismatch}) := -4.$$

Diese Werte gelten für alle Nucleotide.

11.10
Scoring-Funktionen

Gibt es weitere Einsatzgebiete für Scoring-Matrizen? Ihre Verwendung ist nicht auf die Analyse von Substitutionsvorgängen beschränkt. Ganz allgemein kann der Inhalt von Scoring-Matrizen zur Bewertung von *Objektpaaren* herangezogen werden.

Scoring-Matrizen zum Bewerten von Protein-Kontakten

Ein wichtiges Teilgebiet der Analyse von Proteinkomplexen ist das Studium von *Protein-Interfaces*. Bei dieser Fragestellung ist man daran interessiert, solche Paare von Residuen zu identifizieren und zu charakterisieren, die einerseits zu verschiedenen Proteinen gehören, sich aber andererseits im Interface, d. h. an der Kontaktfläche, räumlich nahe kommen. Wie kann man Scores zur Bewertung einzelner Residuenpaare ableiten? Ausgehend von einer Datenbank mit bekannten Proteinkomplexstrukturen können solche Paare von Seitenketten as_i^A und as_j^B identifiziert werden, die zu den Proteinen *A* bzw. *B* gehören und sich räumlich nahe kommen. Hierfür wird man eine maximale räumliche Distanz d_{max} definieren und die beiden Aminosäuren as_i^A und as_j^B als interagierend bezeichnen, sofern sie einen räumlichen Abstand kleiner d_{max} aufweisen. Nach Auszählen aller Häufigkeiten kann wiederum ein Chancenquotient gebildet werden. Derartige Scoring-Matrizen können dazu dienen, Interfaces und einzelne Kontaktpaare zu charakterisieren. Analog wurden Matrizen gebildet, die Kontakte innerhalb von Proteinen bewerten. Hier wird man ebenfalls einen maximalen Abstand d_{max} definieren und zwei Aminosäurereste als interagierend bezeichnen, wenn sie einen intramolekularen Abstand kleiner d_{max} aufweisen. In beiden Anwendungen muss jedoch eine feste Schwelle d_{max} festgelegt werden. Konsequenterweise werden Residuenpaare mit einem geringfügig größeren Abstand als d_{max} bei der Analyse ignoriert. Diese Situation ist unbefriedigend und kann mit einer Parametrisierung des Abstandes verbessert werden. Welche Konsequenz folgt aus diesem Ansatz für die Scoring-Matrix? Anstelle einer 2D-Scoring-Matrix ist eine mehrdimensionale anzulegen. In Abhängigkeit von der gewünschten räumlichen Auflösung muss nun für jedes Abstandsintervall eine Scoring-Matrix bestimmt und verwaltet werden. Mit dieser Skizze ist der Übergang zu *Scoring-Funktionen* angedeutet. Wir werden dieses Thema im Kapitel 20 wieder aufnehmen und vertiefen.

Interaktives Arbeiten

Auf der begleitenden Website bieten wir Übungen an, die das Verständnis zu Scoring-Schemata vertiefen helfen.

11.11 Zitierte Literatur

1 Henikoff S., Henikoff J. G. (1993) Performance evaluation of amino acid substitution matrices. Proteins, **17**(1), 49–61.

2 Overington J., Donnelly D., Johnson M. S., Sali A., Blundell T. L. (1992) Environment-specific amino acid substitution tables: tertiary templates and prediction of protein folds. Protein Sci, **1**(2), 216–226.

3 Deken J. (1983) Probabilistic behavior of longest-common-subsequence length. In Time warps, string edits and macromolecules: the theory and practice of sequence comparison. Hrsg.: Kruskal J. B., Sankoff D., Addison-Wesley, Reading, 359–362.

4 Karlin S., Altschul S. F. (1990) Methods for assessing the statistical significance of molecular sequence features by using general scoring schemes. Proc Natl Acad Sci U S A, **87**(6), 2264-2268.

5 Altschul S. F. (1991) Amino acid substitution matrices from an information theoretic perspective. J Mol Biol, **219**(3), 555–565.

6 Dayhoff M. O., Schwartz R. M., Orcutt B. C. (1978) A model of evolutionary change in proteins. In Atlas of protein sequence and structure. Vol. 5, Natl. Biomed. Res. Found., Washington D. C., 345–352.

7 Schwartz R. M., Dayhoff M. O. (1978) Matrices for detecting distant relationships. In Atlas of protein sequence and structure. Natl. Biomed. Res. Found., Washington DC, 353–358.

8 Jones D. T., Taylor W. R., Thornton J. M. (1992) The rapid generation of mutation data matrices from protein sequences. Comput Appl Biosci, **8**(3), 275–282.

9 Henikoff S., Henikoff J. G. (1992) Amino acid substitution matrices from protein blocks. Proc Natl Acad Sci U S A, **89**(22), 10915–10919.

10 Shannon C. E. (1948) A mathematical theory of communication. Bell Syst Tech J, **27**, 379-423, 623–656.

11 Vogt G., Etzold T., Argos P. (1995) An assessment of amino acid exchange matrices in aligning protein sequences: the twilight zone revisited. J Mol Biol, **249**(4), 816–831.

12 Altschul S. F., Wootton J. C., Gertz E. M., Agarwala R., Morgulis A., Schaffer A. A., Yu Y. K. (2005) Protein database searches using compositionally adjusted substitution matrices. FEBS J, **272**(20), 5101–5109.

12
FASTA, BLAST, PSI-BLAST

Wir haben bereits Algorithmen eingeführt, die den minimalen Editierabstand zwischen zwei Zeichenketten berechnen. Dazu gehört der Smith-Waterman-Algorithmus [1], der aufgrund seiner algorithmischen Rigorosität das Auffinden der optimalen, lokalen Alignments garantiert. Der Preis, der für diese Optimalität bezahlt werden muss, ist ein Aufwand von mindestens $O(n^2)$. Deswegen wird dieser Algorithmus im Normalfall nicht zum Durchmustern ganzer Datenbanken genutzt. Für diese Aufgabe wurden heuristische Verfahren entwickelt, die den genannten Algorithmus approximieren. Ziel dieser Bemühungen ist es, Methoden zu schaffen, die einerseits effektiver, d. h. schneller große Datenbanken durchmustern, andererseits aber die Empfindlichkeit der exakten Algorithmen möglichst erreichen. Zwei Strategien die Geschwindigkeit zu steigern, liegen auf der Hand: *Preprocessing* und *frühzeitiges Abbrechen.*

Beschleunigen des Sequenzvergleichs: Verwenden eines Indexes

Der Grundgedanke beim *Preprocessing* ist, Algorithmen so anzulegen, dass ein möglichst großer Anteil des Rechenaufwandes im Voraus abgearbeitet werden kann, d. h. ehe die erste Eingabesequenz (Query) bewertet wird. Der Vergleich einer Query gegen eine Datenbank zielt darauf ab, der Eingabesequenz eine Funktion zuzuordnen. Dies kann nur dann mit hoher statistischer Sicherheit erfolgen, wenn der Treffer in der Datenbank eine entsprechende Ähnlichkeit zur Query aufweist. Daher lohnt es nicht, die aufwändige Berechnung eines paarweisen Alignments anzustoßen, wenn abzusehen ist, dass der maximal zu erzielende Score einen geeignet gewählten Schwellenwert nicht erreicht. Gelingt es diejenigen Datenbankeinträge zu identifizieren, die im Vergleich zur Query keine hinreichende Übereinstimmung besitzen, kann der Rechenaufwand für das teure Alignmentverfahren eingespart werden. Derartige Überlegungen führen zu Algorithmen, bei denen die Query zunächst in kurze Teilzeichenketten zerlegt wird. Anschließend wird fokussiert nach denjenigen Datenbankeinträgen gesucht, die eine bestimmte Anzahl dieser (oder ähnlicher) Teilzei-

Bioinformatik Interaktiv. 2. Auflage. Rainer Merkl und Stephan Waack

ISBN: 978-3-527-32594-8

chenketten in richtiger Reihenfolge enthalten. Wie kann diese Idee beim Sequenzvergleich umgesetzt werden?

Erstellen des Indexes

In biologischen Sequenzen kommt nur eine begrenzte Anzahl (4 bzw. 20) von Symbolen vor. Die maximale Anzahl unterschiedlicher Zeichenketten der Länge n ist gleich 4^n für DNA-Sequenzen oder 20^n für Proteinsequenzen. Somit ist es für kleine n möglich, einen *Index*, d. h. eine Tabelle zu erstellen, die angibt, in welchen Datenbankeinträgen die jeweiligen Teilzeichenketten vorkommen. Wie wir zeigen werden, kann bereits durch Nachschlagen in diesem Index entschieden werden, ob eine Sequenz aus der Datenbank genauer analysiert werden muss. Der *Preprocessing*-Schritt, mit dem der Index erstellt wird, ist jedoch sehr rechenintensiv, da jeder Eintrag der Datenbanken, d. h. jede Sequenz analysiert werden muss. Deswegen wird dafür gesorgt, dass der Inhalt der großen Sequenzdatenbanken für einige Monate konstant bleibt. Die Sequenzdatenbanken werden in zwei Teile gegliedert: Sie bestehen aus einem konstanten Teil, der all die Sequenzen enthält, die beim Erstellen des Indexes in der Datenbank enthalten waren, und einem dynamisch wachsenden Teil, der alle Neusubmissionen aufnimmt. Diese Einträge werden beim nächsten *Release* dem konstanten Teil zugeschlagen. Das Neuberechnen der Indizes ist ca. halbjährlich notwendig, da die Sequenzdatenbanken ja kontinuierlich wachsen; das tägliche Indizieren der Neueinträge ist hingegen wenig belastend.

Weitere Beschleunigung durch Abbruch bei niedrigen Score-Werten

Die Überlegung, dass beim Vergleich der Query mit Objekten einer Datenbank nur „hinreichend" ähnliche Sequenzen interessant sind, kann durch Einführen einer Abbruchbedingung bei der Alignmentberechnung in einen zusätzlichen Zeitgewinn umgemünzt werden. Unter dieser Voraussetzung kann die Berechnung eines Alignments dann abgebrochen werden, wenn die lokalen Scores einen vordefinierten Schwellenwert *unterschreiten*. Es ist nicht notwendig, rein mechanisch sämtliche Einträge der für das Berechnen lokaler Alignments benutzten Matrix zu kalkulieren, wenn abzusehen ist, dass bestenfalls ein nicht signifikanter Score erreicht wird.

Die beiden im Folgenden vorgestellten Algorithmen, FASTA und BLAST, greifen diese Ideen auf. Damit wird eine erhebliche Beschleunigung im Sequenzvergleich erreicht und deswegen sind diese Algorithmen die am häufigsten eingesetzten. Aus obigen Überlegungen folgt auch, dass Algorithmen zum Sequenzvergleich, die auf diesen Strategien basieren, mehrstufig angelegt sein müssen. Wir beschäftigen uns im Folgenden jeweils mit der Version, die für den paarweisen Vergleich von Proteinsequenzen entwickelt wurde. Daneben gibt es für beide Programme Varianten für den Vergleich von DNA- mit DNA-Sequenzen oder von DNA- mit Proteinsequenzen.

12.1
FASTA

Das ältere der beiden Programme ist FASTA [2]. Der Programmablauf kann in 4 Phasen eingeteilt werden. Deren Funktion ist in Abb. 12.1 schematisch dargestellt.

Phase 1: Hashing

FASTA erzielt seinen Geschwindigkeitsvorteil hauptsächlich *in der ersten Phase.* Darin werden sämtliche Infixe der Eingabe (hier als *k-Tupel* bezeichnet) einer definierten Länge (*k-tup*) untersucht. FASTA bestimmt die Positionen (*i, j*), für die ein Teilstring mit Länge *k-tup* in der Eingabe an *i* beginnend, **exakt** mit einem Teilstring der Vergleichssequenz (an Position *j* beginnend) übereinstimmt. Diese Paare (*i, j*) werden *Hot-spots* genannt. Für die Suche in DNA-Datenbanken wird für *k-tup* der Wert 6 und für die Suche in Protein-Datenbanken wird *k-tup* gleich 2 empfohlen. Aufgrund der Kürze der Strings sind die *Hot-spots* mittels *Hash*-Verfahren (*Lookup*-Tabellen) sehr effektiv zu bestimmen. Für sämtliche *Hot-spots* wird nun deren relative Lage ausgewertet, um die zehn besten *Diagonalfolgen* von *Hot-spots* zu identifizieren. Eine solche Diagonalfolge besteht aus *Hot-spots*, die alle auf **einer** Diagona-

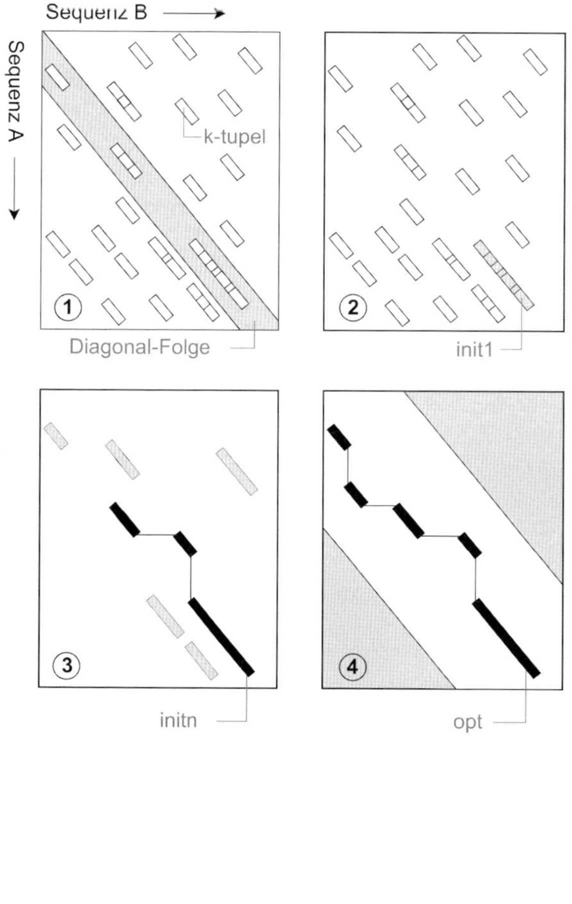

Abb. 12.1 Die vier Phasen des FASTA-Algorithmus. Die Rechtecke ① – ④ symbolisieren die Matrix, die als Datenstruktur zur Berechnung von Sequenzalignments mit dynamischer Programmierung eingeführt wurde. *Phase* ①: Es wird die Lage identischer Teilstrings (*k-Tupel*) und hieraus der Score für Diagonalfolgen bestimmt. *Phase* ②: Innerhalb der 10 Diagonalfolgen mit höchsten Scores werden lokal optimale Regionen bestimmt; der größte Scorewert wird als *init1* ausgegeben. *Phase* ③: Es wird versucht, lokal optimale Regionen zu größeren Alignments zu vereinen. Der größte Score wird als *initn* ausgegeben. *Phase* ④: Ausgehend von der Lage der lokal optimalen Region mit dem Score *init1* wird ein Sequenzalignment errechnet. Hierfür wird der Smith-Waterman-Algorithmus benutzt, allerdings wird nur ein schmaler Streifen der durch die Sequenzen aufgespannten Matrix ausgewertet. Dessen Lage ist durch die Region mit dem *init1*-Wert definiert. Das Alignment hat den Scorewert *opt*.

len (einer gedachten Matrix, so wie im Smith-Waterman-Algorithmus eingeführt) liegen. Diagonalfolgen werden aufgrund von Scores bewertet, die aus der Anzahl der *Hot-spots* und der Anzahl und Länge der zwischen den *Hot-spots einer Folge* liegenden Lücken errechnet werden. Hierfür wird ein einfaches Scoring-Schema verwendet; die Scores von *Hot-spots* sind positiv, die von Lücken negativ; diese Scores nehmen mit wachsender Länge der Lücke ab. Die Suche nach Diagonalfolgen benötigt aufgrund der *Hash*-Tabelle nur einen Zeitaufwand, der proportional zur Anzahl der *Hot-spots* und damit deutlich niedriger als von $O(n^2)$ ist. Jede dieser Diagonalfolgen spezifiziert ein Alignment. Jedes Alignment enthält *Matches* (exakte Übereinstimmung der Sequenzen in den *Hot-spots*) und *Mismatches* (in den Lücken), jedoch keine *Gaps*, da jede Folge auf **einer** Diagonalen (der gedachten Matrix) liegt.

Phase 2: Scoring 1

In der *Phase 2* werden die zehn Diagonalfolgen mit den höchsten Scorewerten nun weiter prozessiert. Innerhalb einer jeden Diagonalfolge wird unter Verwendung einer Substitutionsmatrix (PAM oder BLOSUM) ein optimales lokales Alignment bestimmt. Dieses ergibt sich aus der Bewertung sämtlicher Positionen einer Diagonalfolge, d. h. auch übereinstimmende Teilstrings kürzer als *k-tup* und konservative Mismatches tragen nun zu den Scores bei. Diese Alignments werden *initiale Regionen* genannt. Der Score für das beste Subalignment, das in dieser Phase gefunden wird, wird als *init1* ausgegeben.

Phase 3: Scoring 2

In *Phase 3* wird überprüft, ob *initiale Regionen*, deren Score jeweils über einem Schwellenwert liegt, zu größeren Alignments verbunden werden können. Hierbei werden möglicherweise Lücken eingeführt. Aus der Lage der *initialen Regionen*, deren Scores und einer Bestrafung der Lücken wird ein optimales Alignment als Kombination kompatibler Regionen mit maximalem Score errechnet. Dieser Wert wird als *initn* ausgegeben.

Phase 4: Alignment

In der *vierten Phase* wird ein zu *initn* alternativer Score *opt* errechnet. Hierfür wird unter Verwendung des *Smith-Waterman*-Algorithmus nur ein schmaler, diagonal verlaufender Streifen der durch die Sequenzen aufgespannten Matrix ausgewertet. Die Mitte des Streifens wird durch diejenige initiale Region mit dem maximal erreichten Score *init1* festgelegt, im Falle *ktup* = 2 ist der Streifen 16 Diagonalen breit. Für *ktup* = 1 enthält der Streifen 32 Diagonalen. Der *opt*-Wert ist der höchste Score, der in dieser Phase bestimmt wurde. Dieser Parameter ist die Grundlage für das Sortieren und Bewerten der Alignments, die aus dem Vergleich der Eingabesequenz mit den Sequenzen einer Datenbank resultieren.

12.2 FASTA-Statistik

FASTA errechnet für jede Datenbankabfrage eine Statistik. Diese ist jedoch nicht so rigoros wie die von BLAST, die wir später analysieren werden, da das zugrunde liegende Modell die im Alignment vorkommenden Lücken nicht berücksichtigt. Zuerst werden die *opt*-Scores in Z-Scores umgerechnet. Generell gibt ein Z-Score die Abweichung eines Wertes x vom Mittelwert μ in Vielfachen der Standardabweichung σ an:

Z-Score: Abweichung vom Mittelwert in Vielfachen der Standardabweichung

$$Z\text{-}Score := \frac{x - \mu}{\sigma}.$$

Nun wird für jeden Sequenzvergleich ein Erwartungswert gebildet, der die Wahrscheinlichkeit dafür angibt, ein Alignment der vorliegenden Güte im Vergleich mit Zufallssequenzen zu finden. Diejenigen Alignments, deren Erwartungswert über einem Schwellenwert (*cutoff*) liegt, werden ausgegeben.

Vergleich zweier Verteilungen: Erwartete Scores vs. berechnete Scores

Ein Teil der FASTA-Ausgabe ist in Abb. 12.2 gezeigt. Unter ① ist die Verteilung der Z-Scores als Histogramm geplottet. Die Anzahl von Sequenzen in der Datenbank, für die sich der jeweilige Z-Score ergab, wird durch „=“-Zeichen und die erwartete (theoretische) Anzahl durch ein überlagertes „*“-Zeichen dargestellt. Der Vergleich der Verteilungen zeigt, wo die größten Unterschiede in den Verteilungen auftraten. Sequenzen mit guter Übereinstimmung zur Query liegen alle am Ende der Verteilung (hohe Z-Scores, bzw. kleine Erwartungswerte). Wegen des starken Abfalls der Histogrammwerte ist dieser Teil vergrößert dargestellt. In diesem Bereich ist bei erfolgreicher Suche der Unterschied zwischen der Anzahl erwarteter und beobachteter Treffer auch am größten und statistisch auffällig: Es ist statistisch äußerst unwahrscheinlich, dass rein zufällig zwei Sequenzen über einen längeren Bereich eine derart gute Übereinstimmung aufweisen.

Falls die Query-Sequenz eine Region niedriger Komplexität enthält oder die Kosten für die Lücken zu niedrig gewählt wurden, ergeben sich für viele Alignments hohe Scores. Damit weicht die Verteilung sämtlicher Scorewerte auffällig von der erwarteten Häufigkeitsverteilung ab, was sowohl im visuellen Vergleich der beiden Histogramme als auch in der Bewertung mithilfe der KS-Statistik (siehe unten) auffällt. Es wird empfohlen, Teilsequenzen niedriger Komplexität auszufiltern und/oder die Kosten für die Lücken zu erhöhen, falls die Verteilung der Z-Scores zwischen 80 und 110 drei- bis fünfmal mehr Einträge aufweist, als durch die erwartete Verteilung vorgegeben.

①

```
FASTA searches a protein or DNA sequence data bank
 version 35.04 Aug. 28, 2008
Please cite:
 W.R. Pearson & D.J. Lipman PNAS (1988) 85:2444-2448

Query: @
  1>>>Sequence - 284 aa
Library: UniProt 2333982602 residues in 7124693 sequences

       opt      E()
< 20  3901      0:=
  22    62      0:=          one = represents 11625 library sequences
  24   220      7:*
  26   775    150:*
  28  3240   1615:*
  30 13439   9813:*=
  32 46450  37944:===*
  34 119540 102898:========*==
  36 247976 211329:=================*===
  38 400728 349248:============================*====
  40 535974 487170:=======================================*=====
  42 669953 595506:=================================================*======
  44 697474 656899:=====================================================*===
  46 663161 669068:======================================================*
  48 618565 640555:==================================================== *
  50 568258 584509:=============================================== *
  52 477426 513881:========================================  *
  54 394305 438945:================================   *
  56 326202 366653:============================  *
  58 274190 301015:======================= *
  60 217279 243840:================== *
  62 173626 195487:============== *
  64 137805 155470:=========== *
  66 109383 122879:==========*
  68 86935 96654:========*
  70 70869 75744:======*
  72 54920 59186:=====*
  74 45020 46146:===*
  76 34789 35916:===*
  78 27366 27917:==*
  80 21410 21677:=*
  82 17453 16583:=*
  84 13702 13135:=*
  86 11108 10164:*
  88  8721  7864:*          inset = represents 109 library sequences
  90  6671  6085:*
  92  5421  4708:*         :======================================*
  94  4091  3643:*         :================================*====
  96  3167  2819:*         :=========================*====
  98  2377  2181:*         :====================*=
 100  2063  1687:*         :===============*===
 102  1609  1306:*         :===========*===
 104  1238  1010:*         :=========*==
 106   974   782:*         :=======*=
 108   770   605:*         :=====*==
 110   584   468:*         :====*=
 112   496   362:*         :===*=
 114   438   280:*         :==*==
 116   282   217:*         :=*=
 118   237   168:*         :=*=
>120  2050   130:*         :=*=================
2333982602 residues in 7124693 sequences
```

②

```
Statistics:  Expectation_n fit: rho(ln(x))= 6.0318+/-0.000185; mu= 5.8135+/- 0.010
 mean_var=88.6050+/-17.949, 0's: 28 Z-trim: 42  B-trim: 0 in 0/66
 Lambda= 0.136253
 statistics sampled from 60000 to 7122763 sequences
 Kolmogorov-Smirnov  statistic: 0.0398 (N=29) at  44
Algorithm: FASTA (3.5 Sept 2006) [optimized]
Parameters: BL50 matrix (15:-5) ktup: 2
 join: 36, opt: 24, open/ext: -10/-2, width:  16
The best scores are:                                      opt bits E(7124693)
```

③

```
UNIPROT:Q72JV1_THET2 Q72JV1 L-serine dehydratase O ( 284) 1786 360.4 1.9e-97
UNIPROT:Q5SJH9_THET8 Q5SJH9 L-serine dehydratase,  ( 284) 1767 356.6 2.5e-96
UNIPROT:B4CQS1_THEAQ B4CQS1 L-serine dehydratase,  ( 286) 1605 324.8 9.8e-87
UNIPROT:Q1IYQ7_DEIGD Q1IYQ7 L-serine dehydratase,  ( 296) 1203 245.8 6.2e-63
```

④

```
>>UNIPROT:A6U4R1_STAA2 A6U4R1 L-serine dehydratase, iron  (299 aa)
 initn: 709 init1: 633 opt: 720  Z-score: 772.2  bits: 150.8 E(): 2.4e-34
Smith-Waterman score: 720; 45.7% identity (72.5% similar) in 269 aa overlap (19-283:23-286)

                 10        20        30        40        50
Sequen      MPLTLNQLALLSGRASEHVLAEEVEETGMPAGEILARLRERLAVMRDSVRRGLASD
                              .. ::.: .:    :. :.... : ::::.: .: ..:
UNIPRO MFDSIRETIDYAVENNMSFADIMVKEEMELSGKSRDEVRAQMKQNLDVMRDAVIKGTTGD
               10        20        30        40        50        60

          60        70           80        90       100       110
Sequen A-PSVAGLVGKNAKTLW---EAPDPLQDPLLKRVQAYAMAVNEENARMGRIVAAPTAGSA
       .  ::.: .:..:  :      :.    :.    .  .   :.:.:: :: :: : :.:::::.
UNIPRO GVESVTGYTGHDAAKLRDYNETHHALSGYEMIDAVKGAIATNEVNAAMGIICATPTAGSS
               70        80        90       100       110       120
```

Abb. 12.2 Ausschnitte aus der FASTA-Ausgabe. Im Teil ① werden zwei Histogramme miteinander verglichen. Mit dem „*“ wird die erwartete Verteilung von Scores dargestellt, mit „=“ die Verteilung der tatsächlich aufgetretenen Scorewerte. Bei geeigneter Wahl der Scoring-Funktion (Scoring-Matrix und Kosten für die Bewertung der Lücken) stimmen die beiden Histogramme gut überein. Dies wird hier durch einen niedrigen Wert der KS-Statistik bestätigt, der in Teil ② ausgegeben wird. Teil ③ ist der Anfang der Liste mit signifikanten Treffern. Im letzten Teil der Ausgabe ④ werden signifikante Alignments gezeigt. Matches werden durch „:“, Mismatches mit positivem Score durch „.“ und Lücken durch „–“ angegeben.

Dem Histogramm folgt eine Zusammenstellung statistischer und programmspezifischer Parameter ②. Ein wichtiger Indikator ist der Wert der *Kolmogorov-Smirnov*-Statistik. Er gibt an, wie gut die Verteilung der *Z*-Scores mit der theoretischen Verteilung übereinstimmt. Je kleiner der KS-Wert, desto besser die Deckung. Allgemein zeigen Werte unter 0.1 eine gute Übereinstimmung zweier Verteilungen an. Ist der Werte größer 0.2, so wird empfohlen, die FASTA-Suche mit einem stringenteren (d. h. negativeren) Wert für die *gap-penalty* zu wiederholen.

KS-Statistik: Vergleich zweier Verteilungen

In der Ausgabe folgen Angaben zu den Treffern in der Datenbank mit den höchsten Scorewerten ③. Der Erwartungswert gibt an, wie häufig ein derartiger *Z*-Score bei der Abfrage einer gleich großen, aus Zufallssequenzen bestehenden Datenbank erwartet wird. Ein E-Wert von 3 kann interpretiert werden als: *„Es wird erwartet, dass im Vergleich mit einer Datenbank der gegebenen Größe, die aus Zufallsequenzen besteht, 3 Alignments mindestens einen Score der betrachteten Größe erreichen"*. Ein Erwartungswert kleiner 0.05 ist auf dem Konfidenzniveau von 95 % (statistisch) signifikant. Für eine Funktionszuweisung werden jedoch Treffer mit wesentlich kleineren E-Werten in Betracht gezogen.

Erwartungswert gibt die statistische Signifikanz des Treffers an

In der Ausgabe folgen die Alignments ④. Für jedes Alignment werden *initn, init1, opt*, der *Z*-Score, der Erwartungswert, ein nach Smith-Waterman berechneter Score und der Anteil identischer Residuen ausgegeben.

12.3 BLAST

BLAST (***B**asic **L**ocal **A**lignment **S**earch **T**ool*) [3, 4] ist ähnlich wie FASTA eine Approximation des Smith-Waterman-Algorithmus. BLAST beginnt mit der Lokalisation kurzer Teilsequenzen (Segment-Paare oder *Hits* genannt), die als Paar in der Query- bzw. Vergleichssequenz vorkommen und einen bestimmten Score aufweisen. *Hits* sind der Ausgangspunkt für das Bestimmen von *HSPs* (***H**igh-**S**coring **S**egment-**P**airs*), d. h. lokal optimaler Paare, die zwei *Hits* enthalten. Beginn und Ende der *HSPs* werden so gewählt, dass sowohl eine Verkürzung als auch eine Verlängerung der Strings den Score erniedrigt. Im Folgenden wird die Version von BLAST [4] beschrieben, mit der Proteinsequenzen verglichen werden.

Das Alignment

Lokal optimales Alignment

```
GGGG  WLRYL  DDDD
      :.:.:
IIII  WMRHL  AAAA,
```

welches mit W beginnt und in L endet, ist *lokal optimal*, da eine Erweiterung oder Verkürzung an beiden Enden den Score erniedrigen würde. Aufgrund der gewählten Strategie ist auch BLAST ein mehrstufiges Verfahren.

Preprocessing: Liste aller w-mers

Zunächst wird aus der Eingabesequenz die Menge aller Teilworte *TW* mit Länge *w* abgeleitet. Jedes Teilwort *TW* dient dazu, *sämtliche* Worte (*w-mers*) mit Länge *w* zu bestimmen, die einen Score *von mindestens T haben, wenn sie mit TW verglichen werden*. Lücken werden hierbei nicht eingeführt. Für die Länge *w* wird im Vergleich von Proteinsequenzen meist 3 und im Vergleich von DNA meist 11 gewählt. Für ein Protein mit 250 Residuen ergibt sich eine Liste mit ca. 12 500 *w-mers*. Der Übersichtlichkeit halber verwenden wir im Beispiel (siehe Tabelle 12.1) *w-mers* der Länge 2. Weshalb werden *w-mers*, und nicht identische *w*-Tupel untersucht? Auf diese Weise können zusätzlich solche Bereiche identifiziert werden, die zur Eingabe eine *hinreichende Ähnlichkeit* aufweisen.

Beispiel mit Worten der Länge zwei

Die folgenden Programmschritte werden nun für jede Sequenz *B* der Datenbank ausgeführt.

Erster Schritt: Lokalisieren der Hits

Im ersten Schritt wird *B* auf das Vorkommen der *w-mers* hin untersucht, von jedem Vorkommen (*Hit* genannt) wird die Position bestimmt.

Zweiter Schritt: Bestimmen der HSPs

Im zweiten Schritt wird festgestellt, welche Paare von *Hits* einer jeden Sequenz *B* auf derselben Diagonalen (einer gedachten Matrix des SW-Algorithmus) liegen und einen räumlichen Abstand kleiner als *L* haben. Der Abstand zweier *Hits* ist die Differenz der Positionen des jeweils ersten Zeichens der *w-mers*. Für Proteinsequenzen

Tab. 12.1 Liste aller *w-mers* der Länge 2 mit Score *T* größer 8 für die Sequenz RQCSAGW. In der ersten Spalte sind sämtliche Teilworte *TW* der Länge 2 angegeben, die aus der Eingabesequenz (RQCSAGW) gebildet werden können. Die zweite Spalte enthält sämtliche Worte, die im direkten Vergleich mit dem Teilwort *TW* links einen Score größer 8 liefern. Zum Bilden der *w-mers* wurde hier die BLOSUM 62-Matrix herangezogen.

Teilwort *TW*	*w-mers*
RQ	RQ
QC	QC, RC, EC, NC, DC, HC, KC, MC, SC
CS	CS, CA, CN, CD, CQ, CE, CG, CK, CT
SA	kein *w-mer* der Länge 2 hat einen Score > 8
AG	AG
GW	GW, AW, RW, NW, DW, QW, EW, HW, KW, PW, SW, TW, WW

wird L gleich 40 gewählt. Beide *Hits* werden nun zu einem *HSP* erweitert. Wenn der Score $S(HSP)$ einen Schwellenwert S_g überschreitet, wird eine *Erweiterung mit Lücken* angestoßen. Existiert ein Index, der für alle *w-mers* deren Vorkommen in sämtlichen Sequenzen der Datenbank enthält, so kann $S(HSP)$ effizient abgeleitet werden.

Dritter Schritt: Erweiterung mit Lücken

Ausgehend von einem Residuenpaar (*seed* genannt) wird mittels dynamischer Programmierung das Alignment in beide Richtungen erweitert. Hierbei werden nur solche Zellen der (gedachten) Matrix betrachtet, für die der errechnete Score um weniger als X_g im Vergleich zum bisher berechneten maximalen Score abfällt. Der Parameter X_g hat eine ähnliche Funktion wie die Begrenzung der Breite des Diagonalenstreifens zur Bestimmung des *opt*-Wertes im FASTA-Algorithmus, vermeidet jedoch ein spezifisches Problem: Der Pfad für das optimale Alignment kann aus dem, in seiner Breite begrenzten Diagonalenstreifen herausführen. Der im BLAST-Algorithmus (Abb. 12.3) ausgewertete Teil der Matrix passt sich dynamisch dem Alignment an, ist jedoch nur ein kleiner Ausschnitt der kompletten Matrix und damit effektiver abzuarbeiten. Das Residuenpaar (*seed*) wird folgendermaßen bestimmt: In demjenigen *HSP*, das ein *Erweitern mit Lücke* anstieß, wird das 11-mer mit höchstem Score identifiziert. Dessen zentrales Residuenpaar wird als *seed* verwendet. Ist das *HSP* kürzer als 11 Residuen, wird ein zentrales Residuenpaar gewählt.

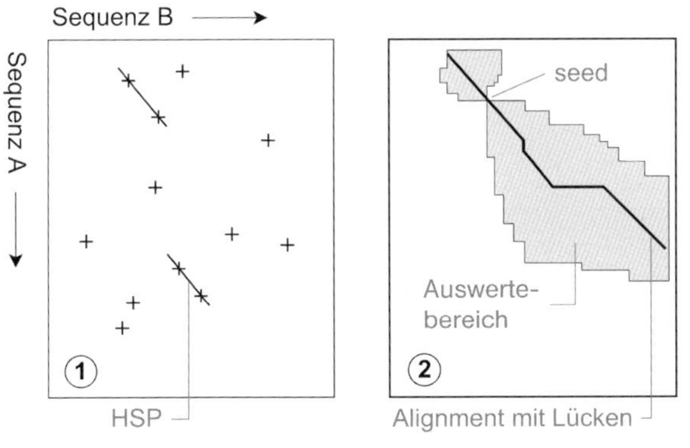

Abb. 12.3 Prinzip des BLAST-Algorithmus. ① Zunächst werden *Hits* lokalisiert (hier durch ein + markiert). Im Beispiel liegen nur zwei Paare von *Hits* mit einem Abstand kleiner L auf derselben Diagonalen; diese werden zu *HSPs* erweitert. ② Für *HSPs* mit einem Score größer S_g wird ein Alignment mit Lücken berechnet. Ausgangspunkt hierfür ist das als *seed* bezeichnete Paar von Residuen. Ausgewertet werden nur diejenigen Zellen der Matrix, deren Score um weniger als X_g vom maximalen Score abweicht.

Ausgabe

Das resultierende Alignment mit Lücken wird ausgegeben, wenn der berechnete *E*-Wert den vorgegebenen Schwellenwert unterschreitet.

12.4
Statistik von Alignments

An dieser Stelle muss ein Exkurs zur statistischen Bewertung von Alignments eingefügt werden. Es ist notwendig zu überlegen, welche Scorewerte beim Vergleich mit Datenbanken zu erwarten sind, um ein Maß für die Signifikanz von Einzelergebnissen ableiten zu können.

12.4.1
Statistik globaler Alignments

Selbst unter Annahme der einfachsten statistischen Modelle und bei Benutzung einfachster Scoring-Schemata ist über die Statistik von *globalen* Sequenzalignments nur wenig bekannt (siehe hierzu [5]). Monte-Carlo-Simulationen liefern einen groben Überblick über die Verteilung von Scores; die Ergebnisse können jedoch nicht verallgemeinert werden. Deswegen müsste, um die Signifikanz eines jeden konkreten, globalen Alignments (Treffer in einer Datenbank) abschätzen zu können, eine Menge von Zufallssequenzen generiert werden, die in ihrer Länge und Aminosäurekomposition mit dem Treffer übereinstimmen. Anschließend müsste jede dieser Zufallssequenzen mit der Eingabesequenz aligniert werden. Aus der Verteilung resultierender Scores könnte dann die Signifikanz des Scores für den ursprünglichen Treffer abgeschätzt werden. Ein statistisches Maß hierfür ist der Z-Score. Dieser Aufwand ist jedoch nicht vertretbar. Weiterhin ist die Annahme falsch, die Scores von globalen Alignments wären normalverteilt und dürften in *p*-Werte umwandelt werden.

12.4.2
Statistik lokaler Alignments

Im Gegensatz zu globalen Alignments ist die Statistik lokaler Alignments, insbesondere solcher ohne Lücken, gut verstanden. Die von einem Alignmentverfahren gelieferten Scores hängen von mehreren Parametern ab. Dazu gehören die Länge der Eingabesequenz und die Natur des Scoring-Schemas. In eine statistische Bewertung der Scores ist auch die Größe der Datenbank einzubeziehen, da die Ergebnisse sicherlich von der Anzahl ausgeführter Vergleiche abhängen. Es ist sinnvoll, einen *Erwartungswert* zu bestimmen, dessen Bedeutung in der Statistik wohldefiniert ist. Voraussetzung für dessen Berechnung ist eine statistische Modellierung, die nun in einem kurzen Abriss dargestellt werden soll. Wir greifen hier nochmals die Konzepte auf, die bereits im Kapitel 11 eingeführt wurden.

Eine exakte statistische Theorie ist nur für Alignments *ohne Lücken* ausgearbeitet [6]. Die Scores lokaler Alignments resultieren aus den Scores $s_{a_i a_j}$, mit denen die Paare a_i, a_j von Residuen bewertet werden. Zur Betrachtung der Signifikanz von lokalen Alignments wird zunächst ein Modell für Zufallssequenzen benötigt. Das einfachste Modell beruht auf der Annahme, dass jede Position unabhängig besetzt wird, wobei die Wahrscheinlichkeiten $p_{as_1}, \ldots, p_{as_{20}}$ für die einzelnen Residuen-Typen (wir betrachten hier das Alignment von Proteinsequenzen) *sinnvoll* gewählt werden. Eine Voraussetzung für die im Folgenden beschriebene Theorie ist, dass der erwartete mittlere Score

Erwartungswert für den Score eines zufälligen Alignments

$$\sum_{ij} p_{as_i} p_{as_j} s_{as_i as_j}$$

negativ ist. Diese Forderung ist jedoch keine Einschränkung, da ansonsten Alignments von Sequenzen, die keine Ähnlichkeit aufweisen, hohe Scores erreichen würden. Bei hinreichend großen Längen n und m gilt für die erwartete Anzahl E (d. h. den Erwartungswert) von lokalen Alignments mit Scores S:

$$E(S) = \mathrm{K}mne^{-\lambda S}. \tag{12.1}$$

Parameter λ und K

Die Parameter λ und K hängen ab vom Scoring-Schema und der Aminosäurekomposition der betrachteten Sequenzen. $E(S)$ aus Gleichung (12.1) wird im folgenden E-Wert genannt. Mit unterschiedlichen Methoden bestimmte Werte für K liegen bei 0.02 bis 0.04 und für λ bei 0.27 [7]. Die Anzahl von Alignments mit einem Score $\geq S$ wird durch eine Poisson-Verteilung beschrieben. Für die Wahrscheinlichkeit, ein Alignment mit Score von wenigstens S′ zu finden, gilt dann:

$$p(S \geq S') = 1 - e^{-E(S')}.$$

Hierbei ist $E(S')$, der E-Wert von S' nach Gleichung (12.1). Damit ergibt sich für die Scores eine *Extremwertverteilung* als Wahrscheinlichkeitsdichte. Allgemein gilt für diese Verteilung:

Extremwertverteilung

$$F(x) = 1 - e^{-e^{\frac{x-\mu}{\sigma}}}$$

$$f(x) = \frac{1}{\sigma} e^{\frac{x-\mu}{\sigma}} e^{-e^{\frac{x-\mu}{\sigma}}}.$$

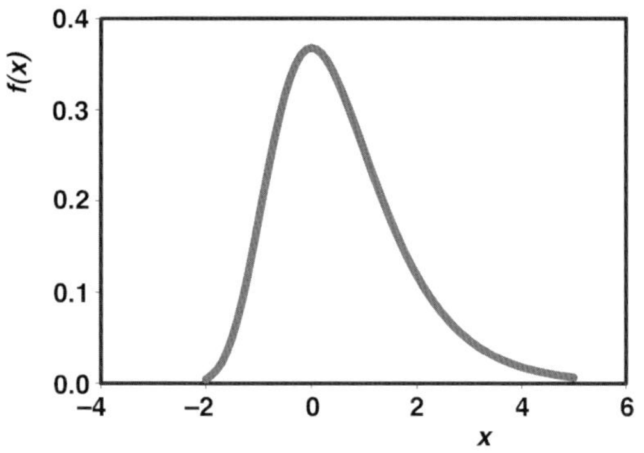

Abb. 12.4 Wahrscheinlichkeitsdichte für die Extremwertverteilung mit $\mu = 0$ und $\lambda = 1$. Hierbei ist $\mu = (\ln K\, mn) / \lambda$ und K wie in (12.1) eingeführt.

Normiert hat diese Funktion den in Abb. 12.4 dargestellten Verlauf, den wir bereits aus der FASTA-Ausgabe kennen.

Lokale Alignments mit Lücken

Für (lokale) Alignments *mit Lücken* existiert keine fundierte statistische Theorie. Umfangreiche Simulationsexperimente belegen allerdings, dass bei geeigneter Wahl der Kosten für das Einführen von Lücken die Verteilung der Scorewerte ebenfalls gut durch eine Extremwertverteilung approximiert wird. Sind die Kosten für Lücken zu niedrig gewählt, so verlieren Alignments jedoch ihren lokalen Charakter; sie werden über einen größeren Bereich „verschmiert". Mögliche Abweichungen können durch den Vergleich der berechneten Scores mit einer Extremwertverteilung identifiziert werden. Genau dies wird bei der FASTA-Ausgabe mithilfe der KS-Statistik getan.

Normalisierte Scores

Zurück zur Situation von BLAST. Die beiden Parameter λ und K können auch dazu verwendet werden, Scores zu normalisieren. Für normalisierte Scores S_n gilt:

$$S_n := \frac{\lambda S - \ln K}{\ln 2}.$$

Normalisierte Scores S_n werden in der Einheit bit angegeben.

Werden zwei Zufallssequenzen hinreichender Längen n und m miteinander verglichen, so wird die Anzahl E von *HSPs* mit minimalem Score S_n, die rein zufällig auftreten, gut approximiert durch

Erwartungswert für BLAST-Treffer

$$E(Anzahl\ von\ HSPs\ mit\ S > S_n) = \frac{N}{2^{S_n}}, \tag{12.2}$$

wobei $N = nm$ ist. Gleichung (12.2) kann umgeformt werden in $S_n = log_2(N/E)$ und liefert dann den normalisierten Score S_n, dem ein bestimmter E-Wert entspricht. Wird ein Protein der Länge $n = 250$ mit den Einträgen einer Datenbank, bestehend aus 50×10^6 Residuen verglichen, ist für einen E-Wert von 0.05 ein normalisierter Score S_n von ca. 38 bit erforderlich.

Die skizzierte Theorie ist, wie bereits erwähnt, nur für Alignments ohne Lücken ausgearbeitet. Simulationen lassen allerdings darauf schließen, dass die Ergebnisse auch dann gelten, wenn Lücken zugelassen werden. Die Werte für λ und K müssen in diesem Fall jedoch für jeden BLAST-Lauf individuell bestimmt werden. In der BLAST-Ausgabe werden die Paare λ und K für beide Fälle (Alignments mit und ohne Lücken) angegeben.

Interpretation des E-Wertes

Der E-Wert aus Gleichung (12.2) gilt für den Vergleich zweier Sequenzen der Längen n und m. Für die Bewertung von Alignments einer Sequenz gegen Datenbanken, die unterschiedlich viele Sequenzen enthalten, gibt es zwei Betrachtungsweisen:

Man kann den Standpunkt vertreten, dass *a priori* alle Sequenzen der Datenbank mit derselben Wahrscheinlichkeit ähnlich zur Query sind. Dann hat der E-Wert eines Alignments mit einer kurzen Sequenz (einer Datenbank mit wenigen Einträgen) dasselbe Gewicht, wie der eines Alignments mit einer langen Sequenz (vielen Objekten einer Datenbank).

Alternativ kann angenommen werden, dass sich in einer längeren Sequenz mit höherer Wahrscheinlichkeit eine zur Query ähnliche Teilsequenz findet, da Proteine häufig aus Domänen zusammengesetzt sind und mit zunehmender Länge (d. h. wachsender Anzahl von Sequenzobjekten in der Datenbank) die Wahrscheinlichkeit für einen Treffer zunimmt. In diesem Fall, d. h. unter der Annahme, dass diese Wahrscheinlichkeit von der Gesamtlänge der Sequenzen abhängt, ist der E-Wert mit m/n zu multiplizieren. Hierbei ist n die Länge der Querysequenz und m die Gesamtanzahl der Residuen in der Datenbank. BLAST gibt E-Werte aus, die auf diese Art berechnet wurden.

Wir sind nun in der Lage, die komplette Ausgabe von BLAST zu interpretieren. In Abb. 12.5 werden die wichtigsten Elemente verkürzt dargestellt. Es sei noch erwähnt, dass der BLAST-Server des NCBI jede Eingabesequenz mit weiteren Algorithmen analysiert. Auf die zugehörigen Ergebnisse gehen wir hier nicht ein.

In ① ist eine Rangtabelle der Treffer mit höchsten Scorewerten angegeben. Zu jeder Sequenz ist der Score (in bit, siehe oben) sowie der E-Wert angegeben. Der Liste folgen in ② die einzelnen Alignments. Neben Teilen der Annotation zur Datenbanksequenz sind Score und E-Wert gelistet sowie die Anzahl identischer Residuen, die Anzahl solcher Residuen, die beim Alignment positive Scores erreichten, und die Anzahl eingeführter Lücken. Anschließend folgt das Alignment der Sequenzen. In der Query-Sequenz markieren Kleinbuchstaben Regionen niedriger Komplexität. *Gaps* werden durch „-“ angegeben. Im Alignment sind identische Residuen im Einbuchstabencode und Mismatches, die mit positivem Score bewerten werden, durch „+“ gekennzeichnet. Zusätzlich kön-

①
```
Sequences producing significant alignments:                          (Bits)  Value

ref|NP_637179.1|  imidazole glycerol phosphate synthase subuni...   517   3e-145
ref|YP_001903506.1|  Imidazoleglycerol phosphate synthase, cyc...   514   2e-144
ref|YP_363611.1|  imidazole glycerol phosphate synthase subuni...   504   3e-141
ref|NP_642160.1|  imidazole glycerol phosphate synthase subuni...   499   7e-140
ref|YP_451153.1|  imidazole glycerol phosphate synthase subuni...   496   9e-139
gb|AAW75515.1|  cyclase [Xanthomonas oryzae pv. oryzae KACC103...   495   1e-138
gb|ABD14409.1|  HisF [Xanthomonas oryzae pv. oryzicola]             495   1e-138
ref|ZP_02243116.1|  imidazole glycerol phosphate synthase subu...   492   1e-137
ref|YP_001913487.1|  imidazoleglycerol phosphate synthase, cyc...   473   9e-132
ref|NP_779462.1|  imidazole glycerol phosphate synthase subuni...   449   1e-124
ref|ZP_00650723.1|  Histidine biosynthesis protein HisF [Xylel...   447   3e-124
ref|ZP_00680610.1|  Histidine biosynthesis protein HisF [Xylel...   447   5e-124
ref|YP_001971968.1|  putative imidazole glycerol phosphate syn...   445   2e-123
ref|NP_299493.1|  imidazole glycerol phosphate synthase subuni...   444   2e-123
ref|YP_002028149.1|  imidazoleglycerol phosphate synthase, cyc...   442   8e-123
ref|YP_662449.1|  imidazole glycerol phosphate synthase subuni...   350   7e-95
gb|EDX81153.1|  imidazoleglycerol phosphate synthase, cyclase ...   345   2e-93
ref|ZP_01949253.1|  hisF protein (cyclase) [Vibrio cholerae 15...   341   3e-92
```

②
```
GENE ID: 5139434 HisF | imidazoleglycerol-phosphate synthase
[Pelotomaculum thermopropionicum SI] (10 or fewer PubMed links)

 Score =  228 bits (581),  Expect = 3e-58, Method: Compositional matrix
adjust.
 Identities = 123/256 (48%), Positives = 160/256 (62%), Gaps = 6/256 (2%)

Query  1    MLSRRIIPCLDVRDGRVVKGVKFRDHIDMGDIVELAMRYRDQGADELVFYDIGASPEGRS  60
            ML +RIIPCLDV +GRVVKG  F +  D GD VELA  Y  +GADELVF DI AS EGR
Sbjct  1    MLQKRIIPCLDVTEGRVVKGTNFINLRDAGDPVELAAFYDREGADELVFLDITASAEGRK  60

Query  61   VDYAWVERVARLIDIPFCVAGGIRDVETARAVLHAGADKISINSPALGRPQLISELADAF  120
                 V R A  + IPF V GGI  +E  R +L AGADK+SIN+ A+  PQL++E A+ F
Sbjct  61   TTVEMVYRTAGEVFIPFTVGGGISTLEDIRFILSAGADKVSINTAAVKDPQLVTEAANRF  120

Query  121  GVQCVVVGIDSIREEDGQWRVRRYTG-DPSKTQALPMRTLDWVAEAQRLGAGEIVLNCMD  179
            G QC+VV ID+ +     W V  + G  P+   A     ++W  +A+ LGAGEI+L  MD
Sbjct  121  GSQCIVVAIDARQRGPESWEVYIHGGRTPTGIDA-----VEWAKKAEFLGAGEILLTSMD  175

Query  180  NDGVRHGYDIAQLRQVRALCRVPLIASGGAGEMQHFADVFDQADADGALAASVFHSGAIP  239
             DG + GYD+A  R V     +P+IASGGAG ++H  +   + +AD  LAAS+FH G
Sbjct  176  RDGTKDGYDLALTRAVARAVNIPVIASGGAGSLEHLYEGLTEGEADAVLAASIFHFGEYS  235

Query  240  IPELKRFLRAQQIEVR  255
            I E K +LR++ + VR
Sbjct  236  IREAKEYLRSRGVPVR  251
```

Abb. 12.5 Typische Elemente der BLAST-Ausgabe. Sie enthält eine Liste mit signifikanten Treffern und die zugehörigen Alignments. In der Liste ① ist zu jedem Treffer der E-Wert angegeben. Bei den Alignments ② werden Übereinstimmungen in der Zeile zwischen der Eingabe (Query) und dem Datenbanktreffer markiert. Identische Residuen werden ausgeschrieben; Mismatches mit positivem Score werden durch „+" markiert. Lücken werden unter Verwendung von „-" in die Sequenzen eingetragen. Die Zahlen, die links und rechts neben den Zeichenketten angegeben sind, kennzeichnen ihre Lage in der Eingabe (Query) und im Treffer (Sbjct).

nen statistische Parameter, z. B. Werte für λ und K sowohl für Alignments mit und ohne Lücken abgefragt werden. Daten zum Programm selbst und zur Statistik werden auf separaten Ausgabeseiten angeboten. Darunter finden sich auch Angaben zur Anzahl von *Hits*, *HSPs* etc.

Die Eingabemaske von BLAST bietet eine Vielzahl von Optionen. Dazu gehören die Parameter des Scoring-Systems sowie die Wahl der Datenbank bzw. von Teildatensätzen. Zusätzlich kann die Ausgabe formatiert werden.

PSI-BLAST: Profil basiertes BLAST

Es gibt weitere Versionen und konzeptionelle Erweiterungen des BLAST-Pakets, z. B. PSI-BLAST. In dieser Variante von BLAST werden aus den signifikanten Treffern eines ersten BLAST-Laufs positionsspezifische Profile extrahiert, die iterativ im jeweils nächsten Lauf gegen die Sequenzdatenbank eingesetzt werden. Mit dieser Strategie konnte die Empfindlichkeit von BLAST erheblich gesteigert werden. Wir beschäftigen uns im Folgenden genauer mit diesem Algorithmus.

12.5 Vergleich der Empfindlichkeit von FASTA und BLAST

Für den Vergleich der Empfindlichkeit von FASTA und BLAST haben Park *et al.* [8] die Sequenzmenge *PDB40D* generiert, die nur solche Einträge enthielt, die paarweise maximal 40 % Sequenzidentität aufwiesen. Hierbei gingen sie von der SCOP-Datenbank (***S****tructural* ***C****lassification* ***O****f* ***P****roteins*) aus und wählten solche Sequenzen, die obiger Bedingung genügten und für die eine Abstammung von einem gemeinsamen Vorgänger gesichert ist. Es wurde untersucht, wie viele der bekannten evolutionären Relationen im direkten Sequenzvergleich durch FASTA und BLAST erkannt werden. Die Ergebnisse sind in Tabelle 12.2 zusammengefasst. Es wird deutlich, dass FASTA und BLAST etwa die gleiche Performanz im Hinblick auf Sensitivität und Spezifität erreichen.

Tab. 12.2 Vergleich der Performanz beim Identifizieren evolutionärer Beziehungen im Datenbestand *PDB40D*.
Es ist angegeben, welcher Anteil der in der SCOP-Datenbank annotierten Beziehungen im *Jeder-mit-jedem*-Vergleich gefunden wurden (Treffer) bzw. wie viele der Treffer mit höchsten Scores nicht in SCOP annotiert sind (Fehlerrate); nach [8].

Programm	Treffer	Fehlerrate
FASTA (*ktup* = 1)	15 %	1 %
BLAST	11 %	1 %

12.6
Verfeinerung der Algorithmen

Korrektur der E-Werte in Abhängigkeit von der Sequenz-Komposition

Kann die Qualität der Vorhersagen gesteigert werden? Für BLAST wurden mehrere Verfeinerungen vorgeschlagen. Die wichtigste bezieht sich auf eine leicht modifizierte Bewertung der Treffer. Eine häufige Ursache für signifikante, allerdings wenig aussagekräftige Treffer, sind Regionen niedriger Komplexität. Wie wir im Kapitel 10 dargestellt haben, können Proteine Regionen niedriger Komplexität enthalten, dazu gehören z. B. repetitive Sequenzen. Diese Regionen werden üblicherweise vor der statistischen Analyse ausgeblendet. Als Filter dienen hierbei Programme wie SEG (siehe Kapitel 10). Allerdings besitzen viele Proteine *auch nach dem Ausblenden* dieser Regionen eine verzerrte Komposition, die von den mittleren Aminosäurehäufigkeiten abweicht. Diese Verzerrung ist bei speziellen Proteinfamilien zu beobachten, aber auch ganz allgemein in Genomen, die einen extremen GC-Gehalt (GC- oder AT-reich) aufweisen. Weshalb ist die statistische Behandlung dieser Sequenzen schwierig? Bei der Bewertung von Treffern mithilfe der Scoring-Matrizen wird als Nullmodell eine zufällige Zusammensetzung der Proteine angenommen, wobei zur Berechnung der Werte $p(as_i, as_j)$ mittlere Aminosäurehäufigkeiten verwendet werden. Für Proteine mit verzerrter Komposition führt dies zu einer unpräzisen Bewertung der Treffer. Ohne Korrektur können die berechneten Erwartungswerte um einige Größenordnungen zu niedrig sein. Aus diesem Grund wurde vorgeschlagen, die Aminosäurekomposition der Proteinsequenzen in die statistische Bewertung einfließen zu lassen [9]. Unter einem modifizierten Nullmodell werden allerdings die Substitutions-Matrizen unsymmetrisch. Wird die Komposition der Sequenzen bei der statistischen Analyse berücksichtigt, so ergeben sich realistischere E-Werte, wie an einem größeren Datensatz gezeigt wurde [10]. Der am NCBI betriebene BLAST-Server erlaubt die Verwendung dieser Variante. In der BLAST-Ausgabe wird dies vermerkt, vergleiche Teil ② der Abb. 12.5.

12.7
Profil basierter Sequenzvergleich

Profilsuche ist empfindlicher als paarweiser Sequenzvergleich

Wie die Befunde aus Tabelle 12.2 zeigen, können sich homologe Proteine auf Sequenzniveau derart weit voneinander entfernt haben, dass ihre Verwandtschaft nicht mehr durch einfachen Sequenzvergleich abgeleitet werden kann. Ab einem bestimmten Grad an Divergenz (weniger als ca. 40 % Identität) geht der Score im statistischen Rauschen unter. Die Empfindlichkeit von Sequenzvergleichsmethoden kann jedoch gesteigert werden, wenn anstelle einer einzigen Sequenz *eine Menge verwandter Sequenzen* als Query benutzt wird. Zwei Methoden, die eine derartige Strategie verfolgen, werden im Folgenden vorgestellt.

Weshalb ist diese Strategie erfolgreich? Ursache für die erhöhte Sensitivität ist das Mehr an Information, das in einem Profil enthalten ist. Durch eine Menge von Sequenzen werden die Ansprüche an die einzelnen Residuen präziser beschrieben. Dieser Informationsgewinn ist derselbe, der beim Übergang von einer Sequenz zu einem multiplen Sequenzalignment erzielt wird. Ehe wir uns dem Programm PSI-BLAST, dem wichtigsten Vertreter Profil basierter Alignmentprogramme zuwenden, beschäftigen wir uns zunächst mit einem einfacheren Konzept, mit dem unter Verwendung paarweiser Alignments entfernte Homologien detektiert werden können.

12.8 Verwenden von Intermediärsequenzen

Park *et al.* [8] benutzten sogenannte *intermediäre Sequenzen* und entwickelten das Konzept des „*Intermediate Sequence Search, ISS*", um die Empfindlichkeit des paarweisen Sequenzvergleichs zu steigern. Ihr Ansatz beruht auf der folgenden Transitivitätsbeziehung:

Für Proteine gilt Transitivität von Verwandtschaftsbeziehungen

> Zeigt *Proteindomäne A* hinreichende Ähnlichkeit zu Domäne *B* und diese hinreichende Ähnlichkeit zu Domäne *C*, dann müssen auch *A* und *C* verwandt sein, selbst wenn die Ähnlichkeit zwischen *A* und *C* gering ist.

Die Autoren demonstrierten, dass mit diesem Konzept die Empfindlichkeit von FASTA um 70 % gesteigert werden kann. Sie gingen wie folgt vor: Zunächst generierten sie eine spezielle Sammlung von Proteinsequenzen. Ausgangspunkt für die Sequenzauswahl war die SCOP-Datenbank, die eine Beschreibung der evolutionären und strukturellen Beziehungen solcher Proteine enthält, deren 3D-Struktur bekannt ist. Die unterste Beschreibungsebene in SCOP ist die Proteindomäne. Domänen werden in SCOP geclustert zu Familien und Superfamilien. Da es den Autoren um die Detektion geringer Sequenzähnlichkeit ging, wurden aus der zu SCOP gehörenden Sequenzmenge solange Proteinsequenzen entfernt, bis nur noch Sequenzen verblieben, die im paarweisen Vergleich zu höchstens 40 % identisch waren. Die resultierende Datenbank (PDB40D) enthielt 971 Sequenzen. Nach

SCOP-Klassifikation sind 2143 der möglichen Sequenzpaare auf dem Niveau der Familien oder Superfamilien miteinander verwandt, d. h. homolog.

In einem Vergleich *„jeder-mit-jedem"* wurden zunächst sämtliche Sequenzen aus PDB40D miteinander verglichen. Mit FASTA (*ktup* = 1) wurden 15 % der aus SCOP bekannten Homologien (insgesamt 320) bei einer Fehlerrate von 1 % (drei falsch positive) gefunden. Mit BLAST waren dies 11 %, ebenfalls bei einer Fehlerrate von 1 %. Das Ergebnis belegt, dass die Methoden des paarweisen Sequenzvergleichs bei derart geringer Sequenzähnlichkeit nicht geeignet sind, homologe Proteine mit hinreichender Sensitivität sicher zu identifizieren.

Test des ISS

Nun testeten die Autoren das Konzept der intermediären Sequenzen. Jede der Sequenzen aus PDB40D wurde gegen eine redundanzfreie Proteinsequenzdatenbank (hier OWL) abgeglichen. Für diesen Zweck wurde FASTA (Version 3.0 mit *ktup* = 1) benutzt. Alle Treffer mit einem Erwartungswert ≤ 5 wurden zunächst in einer Liste L gesammelt. In L wurden sämtliche Paare von Sequenzen aus PDB40D identifiziert, die einen *Match mit derselben Region* (Länge ≥ 30) zu einer Sequenz aus der OWL-Datenbank aufwiesen (Transitivitätsprinzip!). Diese Paare wurden in die Liste L_{trans} übernommen. Für jedes Paar wurde der größere der beiden E-Werte identifiziert und dazu verwendet L_{trans} zu sortieren. Den Anfang der Liste bildeten 607 Paare mit einem Erwartungswert < 0.15. Die Auswertung ergab, dass mit dieser Methode der Nachweis einer homologen Abstammung um ca. 70 % gesteigert werden kann. Dieses Ergebnis darf allerdings nicht kritiklos auf den allgemeinen Fall übertragen werden: In der PDB40D-Datenbank sind aufgrund der Kenntnis der 3D-Struktur *die Domänengrenzen* bekannt und es wurde jede Proteindomäne als separate Sequenz ausgewertet. Bei der Übertragung dieser Methode auf Proteingesamtsequenzen muss sorgfältig auf die Lage von Domänen und die relative Lage der Alignments ähnlicher Teilsequenzen geachtet werden. Diese Problematik wird in Abb. 12.6 deutlich.

Verfeinerung

Das in Abb. 12.6 unter Fall 3 dargestellte Alignment ist schwer zu beurteilen, sofern die Domänengrenzen nicht genau bekannt sind. Um dieses Problem nicht aufkommen zu lassen, wird folgendes Vorgehen vorgeschlagen:

1. Es werden statistisch signifikante *Hits* eines ersten BLAST-Laufes gegen eine nichtredundante Datenbank gesammelt. Diese Datenmenge enthält Sequenzpaare (*Query*-Intermediärsequenz).
2. In allen Intermediärsequenzen werden alle Prä- und Suffixe gestrichen, die nicht zum Alignment mit einer *Query* beitragen. Diese Fragmente werden

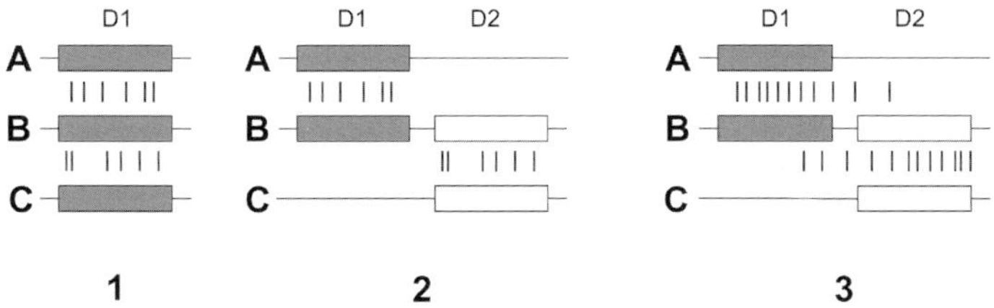

Abb. 12.6 Drei mögliche Situationen beim Alignment von Proteindomänen. Fall 1: Aus hinreichend großer Ähnlichkeit der Sequenzen *A* und *B* sowie *B* und *C innerhalb derselben Domäne* D1 kann eine Verwandtschaftsbeziehung zwischen *A* und *C* abgeleitet werden.
Fall 2: Aus der Ähnlichkeit der Sequenzen *A* und *B* innerhalb der Domäne D1 und der von *B* und *C* innerhalb von D2 folgt keine Homologie von *A* und *C*.
Fall 3: Die Alignments *A*, *B* und *B*, *C* überlappen nur wenig, die Scores in den überlappenden Bereichen sind niedrig. Das Ableiten von Verwandtschaftsbeziehungen muss in solchen Fällen sehr sorgfältig abgewägt werden.

wiederum mit BLAST in einer zweiten Runde gegen eine Datenbank abgeglichen, statistisch signifikante *Hits* werden gesammelt.

3. Aus den Paaren (*Query*-Intermediärsequenz, Intermediärsequenz-$\mathit{Treffer}_{\mathit{Runde\ 2}}$) kann bei hinreichend hohem Score eine Homologie zwischen *Query* und $\mathit{Treffer}_{\mathit{Runde\ 2}}$ abgeleitet werden.

Dieses Verfahren weist den Weg, mit dem die Empfindlichkeit Sequenz basierter Alignmentverfahren gesteigert werden kann. Zur Beschreibung von Proteindomänen wird nicht mehr nur eine Sequenz, sondern eine alignierte Sequenzmenge eingesetzt. Im Programm PSI-BLAST wurde dieses Konzept konsequent in ein iteratives Verfahren umgesetzt.

12.9
PSI-BLAST

BLASTen unter Verwendung eines Profils

Wir haben bei der *ISS*-Methode gesehen, wie die Empfindlichkeit von Sequenzvergleichsmethoden gesteigert werden kann, nämlich durch die Verwendung mehrerer Sequenzen. Diese Strategie wird mit PSI-BLAST [4] ganz konsequent verfolgt. Hierbei werden iterativ aus den Treffern einer initialen BLAST-Suche positionsspezifische Scores abgeleitet, die in den nachfolgenden Runden als jeweils aktualisiertes Profil gegen die Sequenzdatenbank abgeglichen werden. Für jeden Iterationsschritt muss eine *positionsspezifische*

Scoring-Matrix generiert werden. Die Entwickler von BLAST haben diese Aufgabe in die folgenden Schritte zerlegt:

- Identifizieren der Sequenzen, die in ein multiples Sequenzalignment (MSA) aufgenommen werden,
- Konstruktion eines MSAs,
- Berechnen eines Profils aus Verbundwahrscheinlichkeiten.

Überlegungen zur Konstruktion eines Profils

Lokale Sequenzalignments dienen dazu, aus der Ähnlichkeit der Eingabesequenz zu *einer bekannten Domäne* Hinweise auf die Struktur oder Funktion der eingegebenen Sequenz abzuleiten. Daher ist ja, wie wir bei der *ISS*-Methode gesehen haben, die Lage des Alignments relativ zu bekannten Domänengrenzen ein wichtiges Kriterium bei der Bewertung von Treffern. Die Selektivität und Sensitivität eines Profils, das zum Bestimmen lokaler Sequenzalignments verwendet werden soll, hängt sicherlich davon ab, ob im Profil die Domänengrenzen hinreichend gut definiert sind. Optimal wäre daher jeweils das Generieren eines Profils pro Domäne.

Konstruktion eines multiplen Sequenzalignments für PSI-BLAST

Die Entwickler von PSI-BLAST nehmen beim Generieren eines Profils auf diese Überlegung keine Rücksicht. Profile haben hier exakt die Länge der Eingabesequenz; sie erzeugen die Profile wie folgt.

Zunächst werden für die Eingabesequenz diejenigen Treffer (*Hits*) einer ersten Datenbankabfrage mit BLAST gesammelt, die einen vorgegebenen Erwartungswert unterschreiten. Aus der Menge der *Hits* werden all diejenigen eliminiert, die identisch zur Query sind. Außerdem wird aus der Menge der Treffer von jedem Paar, das mehr als 98 % Sequenzidentität aufweist, nur eine Sequenz in das MSA aufgenommen. Im MSA selbst wird die Lage der Residuen ausschließlich aus dem paarweisen Alignment der *Hits* mit der Querysequenz abgeleitet. Aus den *Hits* werden diejenigen Residuen nicht in das MSA übernommen, die gegenüber von solchen Lücken liegen, die in die Querysequenz eingeführt werden müssten. Diese Spalten werden gestrichen. Auf diese Weise entsteht eine Matrix mit n Spalten, wobei n der Länge der Query entspricht. Allerdings kann die Anzahl von Zeilen, d. h. Einträgen pro Residuenposition unterschiedlich sein.

Wie wir bei der Vorstellung der Log-odds-Scores erläutert haben, ist es sinnvoll, bei der Berechnung positionsspezifischer Scores die individuellen Häufigkeiten der Aminosäuren zu normieren. Daher wird zu jeder Spalte k ein spaltenspezifisches multiples Sequenzalignment MSA_k auf die folgende Weise kreiert:

Spaltenspezifisches MSA

Sei *MSA* ein multiples Sequenzalignment, das nach obigem Verfahren generiert wurde. Sei $Hits_{sel}$ die Menge von Sequenzen A_i (*Hits*), die in das *MSA* aufgenommen wurden. Sei n die Anzahl der Spalten von *MSA*, sei *MSA*[k] eine Spalte aus *MSA*, sei $1 \leq k \leq n$.
Sei $S_k := \{A_i \in Hits_{sel} \mid \exists\, a_j \in A_i : a_j \in MSA[k]\}$.
Dann ist
$MSA_k := \{MSA[i] \mid \forall\, A_j \in S_k : \exists\, a_l \in A_j : a_l \in MSA[i]\}$.

Oder umgangssprachlich formuliert: Das positionsspezifische MSA für Position k wird aus denjenigen *Hits* gebildet, die diese Position überdecken. Die Länge des MSAs ergibt sich aus der Überlappung der ausgerichteten Sequenzen. Diese Situation wird in Abb. 12.7 deutlich. Das spaltenspezifische multiple Sequenzalignment MSA_k hat in jeder Zelle einen Eintrag entweder für eine Aminosäure oder eine Lücke.

Bestimmen der Anzahl unabhängiger Beobachtungen

Es wurde bereits mehrmals betont, dass die Zusammensetzung einer Sequenzmenge, die zur Bestimmung von Scores herangezogen werden soll, sorgfältig überprüft werden muss. Eine große Menge sehr ähnlicher Sequenzen enthält nicht wesentlich mehr Information als ein einziger Vertreter dieser Sequenzfamilie. Würden Scores einfach aus Gesamthäufigkeiten ermittelt, würden sie im Wesentlichen die Komposition derjenigen Sequenz wiedergeben, die das Alignment dominiert. Aus diesem Grund wurden beim Generieren des MSAs bereits all die Sequenzen eliminiert, die einander sehr ähnlich sind. Dieses Streichen von Sequenzen ist der erste Schritt zum Bestimmen der Anzahl unabhängiger Beobachtungen N_k. Auf dieses statistische Konzept berufen sich die Autoren von PSI-BLAST für das folgende Verfahren.

Die Bedeutung der Anzahl unabhängiger Beobachtungen N_k macht folgende Überlegung klar: Eine Spalte, in der beispielsweise einmal Aminosäure as_i und einmal as_j vorkommt, hat beim Ableiten eines Profils eine geringere Relevanz als eine, in der dieselben Aminosäuren jeweils häufiger auftreten. Die Autoren von PSI-

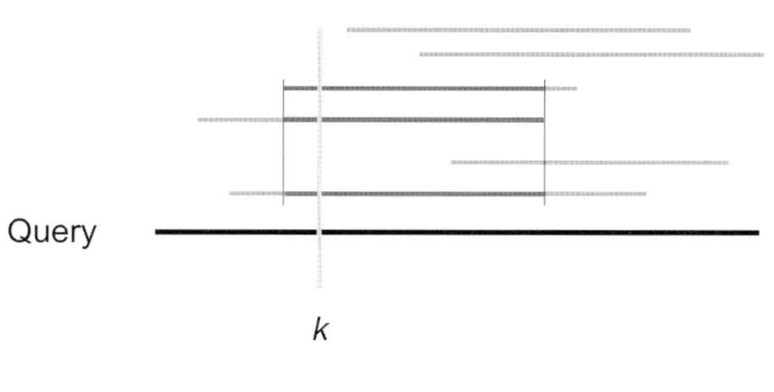

Abb. 12.7 Auswahl der Teilsequenzen für das spaltenspezifische multiple Sequenzalignment MSA_k. Die lokalen Sequenzalignments aus der Menge der *Hits* sind durch graue Linien dargestellt. Zum spaltenspezifischen MSA_k gehören die hervorgehobenen Teilsequenzen.

BLAST definieren als Näherung für N_k (die Anzahl unabhängiger Beobachtungen in MSA_k) die mittlere Anzahl von Aminosäuren, die in MSA_k insgesamt vorkommen. N_k wird als Parameter für die Gewichtung der *Pseudocounts* benötigt (siehe unten).

Der klassische Ansatz für das Berechnen von Scores aus multiplen Sequenzalignments ist die Angabe in Form eines *Log-odds-Ratios*, d. h. als $s(as_i, k) := log(p(as_i, k) \ / \ p(as_i))$. Hierbei ist $p(as_i, k)$ die Wahrscheinlichkeit, mit der as_i in Spalte k vorkommt und $p(as_i)$ die Wahrscheinlichkeit für das Vorkommen von as_i im gesamten MSA. Bei einer kleinen Anzahl von Beobachtungen ist es jedoch zunächst nicht klar, wie die Wahrscheinlichkeiten aus den Häufigkeiten zu bestimmen sind. Es kann *a priori* nicht entschieden werden, ob eine Aminosäure deswegen in einer Spalte des Alignments nicht vorkommt, weil sie den Anforderungen, die aus der Struktur oder Funktion erwachsen, nicht genügt oder nur deswegen nicht beobachtet wurde, weil der Stichprobenumfang zu gering ist.

Korrektur kleiner Werte mithilfe von Pseudocounts

Daher ist es sinnvoll, die beobachteten Häufigkeiten in Abhängigkeit vom Stichprobenumfang durch das Addieren von *Pseudocounts* zu korrigieren. Für den Fall einer ausreichenden Zahl voneinander unabhängiger Beobachtungen sollte die Verbundwahrscheinlichkeit gegen die beobachtete Häufigkeit der Aminosäure in Spalte k konvergieren. Ist die Anzahl von Beobachtungen klein, ist es vernünftig, mittlere Häufigkeiten einzusetzen. In mehreren Arbeiten wurde gezeigt, dass Dirichlet-Schätzer am besten zum Bestimmen der *Pseudocount*-Werte geeignet sind [11]. Die Autoren von PSI-BLAST verwenden jedoch eine einfachere Korrekturmethode. Sie bestimmen den Wert für *Pseudocounts* $g(as_i, k)$ der Aminosäure as_i an Position k folgendermaßen:

$$g(as_i,k) := \sum_j \frac{f(as_j,k)}{f(as_j)} r(as_i,as_j).$$

Hierbei ist $r(as_i,as_j) = f(as_i)f(as_j)e^{\lambda as_i as_j}$. $s_{as_i as_j}$ ist der aus der verwendeten Substitutionsmatrix stammende Score (siehe Kapitel 11). λ ist ein Matrix spezifischer Faktor, $f(.)$-Terme sind relative Häufigkeiten im betrachteten Datensatz. Schließlich wird $q(as_i, k)$ bestimmt als:

Korrigierter Wert der Verbundwahrscheinlichkeit

$$q(as_i,k) := \frac{\alpha f(as_i,k) + \beta g(as_i,k)}{\alpha + \beta}.$$

Dieser Wert $q(as_i, k)$ wird nun zum Berechnen des *Log-odds-Scores* anstelle von $p(as_i, k)$ eingesetzt. Der Wert für α ist definiert als $\alpha := N_k - 1$. N_k ist ein Maß für die Anzahl unabhängiger Beobachtungen (siehe oben). Basierend auf den Ergebnissen empirischer Tests wurde β gleich 7 gesetzt.

12.10
Die Empfindlichkeit von Sequenzvergleichsmethoden

Sind Profil basierte Methoden tatsächlich empfindlicher als FASTA und BLAST? Dieser Frage gingen Park *et al.* [12] nach, indem sie Sensitivität und Selektivität dreier Profil basierter Methoden mit der von FASTA und BLAST verglichen.

Ausgangspunkt für die Kompilation einer Sequenzmenge, für die einerseits Verwandtschaftsbeziehungen bekannt sein müssen, die jedoch andererseits auf Sequenzniveau nur wenig Ähnlichkeit aufweisen darf, war wiederum die SCOP-Datenbank. In dieser Datenbank sind Proteine aufgrund ihrer Struktur und Funktion in Superfamilien zusammengefasst. Aus der zu SCOP gehörenden Menge von Sequenzen wurden diejenigen entfernt, die zu mehr als 40 % identisch zu einer anderen Sequenz waren. Die auf diese Weise generierte Datenbank von Sequenzen (*PDBD40-J*) enthielt 935 Einträge. Für das im Folgenden beschriebene Experiment wird ein Paar von Sequenzen als homolog betrachtet, sofern beide Sequenzen zur selben SCOP-Superfamilie gehören. Laut SCOP-Klassifikation gibt es in PDBD40-J 2096 homologe Paare, dies sind 0.48 % aller möglichen Sequenz-Kombinationen.

Die Autoren verglichen die Ausgaben von FASTA und BLAST mit denen der drei Methoden *ISS*, PSI-BLAST und SAM-T98, einer auf Hidden-Markov-Modellen basierenden Methode. Für die Praxis ist interessant, dass nach einer größeren Anzahl von Vorexperimenten, PSI-BLAST mit den Parametern $j = 20$ (20 Iterationen) und einem E-Wert von 0.0005 betrieben wurde, um die Anzahl von falsch positiven Treffern zu minimieren. Bei den 935 Sequenzen waren die PSI-BLAST-Läufe für 61 % nach maximal 4 Iterationen, für 18 % nach maximal 10 Iterationen und für 11 % nach maximal 20 Iterationen beendet. Die Ergebnisse der Tests werden als CVE-Plots *„coverage vs. error"* dargestellt. Die Anzahl von homologen Sequenzen, die mit den drei Methoden identifiziert werden, hängt natürlich von der Fehlerrate ab, die man zu akzeptieren bereit ist. In Tabelle 12.3 sind die Ergebnisse zusammengefasst. Die Abb. 12.8 liefert einen Überblick zur Performanz der fünf Verfahren.

Tab. 12.3 Auswertung des *PDB40-J* Datensatzes unter Verwendung dreier Methoden. Angegeben ist der Anteil homologer Proteine, der von den Methoden bei den betrachteten Fehlerraten gefunden wurde; nach [12].

Fehlerrate	SAM-T98	PSI-BLAST	ISS
1/100 000	29 %	27 %	24 %
1/1000	50 %	44 %	34 %

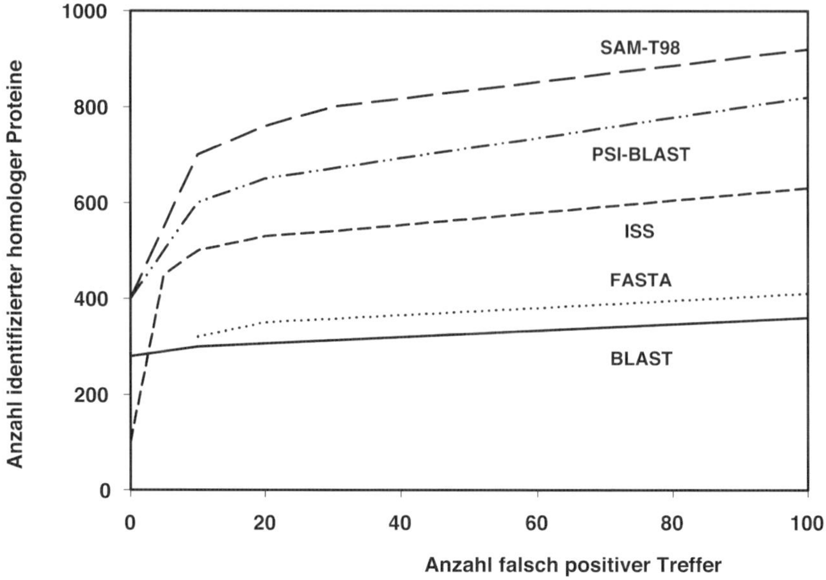

Abb. 12.8 Die Anzahl identifizierter homologer Proteine gegen falsch positive Treffer für fünf Methoden zur Suche nach homologen Proteinen; schematisch nach [12].

Treffer vs. Fehlerrate

Die Ergebnisse machen deutlich, dass im Vergleich zu den einfachen Suchalgorithmen wie FASTA und BLAST mit den Methoden des multiplen Sequenzvergleichs ca. dreimal so viele homologe Sequenzen gefunden werden. Das auf Hidden-Markov-Modellen basierende Verfahren SAM-T98 schnitt in diesem Test am besten ab. Erfahrungen und Empfehlungen zum Umgang mit PSI-BLAST sind in [13] zusammengefasst. Auf Hidden-Markov-Modelle gehen wir in einem gesonderten Kapitel ein.

12.11
Vergleich von Profilen und Konsensus-Sequenzen

Kann die Empfindlichkeit Sequenz basierter Vergleichsverfahren über das bisher erreichte Maß noch weiter gesteigert werden? Der nächste, verallgemeinernde Schritt besteht darin, ein Profil mit einer Konsensus-Sequenz zu vergleichen, die aus einem Profil abgeleitet worden ist. Für das Bestimmen der Profile kann PSI-BLAST verwendet werden. Konsensus-Sequenzen wurden mithilfe mehrerer Strategien abgeleitet [14]. Es stellte sich heraus, dass sich die betrachteten Methoden (Mehrheitsregel, Entropie oder Score basierte Verfahren) nicht wesentlich in ihrer Performanz unterscheiden. Die Abb. 12.9 macht den Gewinn an Empfindlichkeit deutlich, belegt aber auch die hohe Fehlerrate, die bei diesem und ähnlichen Verfahren in Kauf genommen werden muss. Die Klassifikationsgüte wurde wiederum mithilfe von Proteinpaaren bestimmt, die zur selben SCOP-Superfamilie gehören. Damit ist sichergestellt, dass die Proteine homolog sind.

Wie wir später zeigen werden, dienen MSAs auch dazu, Hidden-Markov-Modelle (HMM) zu parametrisieren. Mithilfe eines HMMs kann anschließend eine Sequenz mit dem Profil verglichen werden, um so die Zugehörigkeit zu einer Proteinfamilie zu untersuchen. Die in Abb. 12.8 gezeigten Ergebnisse machen deutlich, dass HMM-basierte Verfahren empfindlicher sind als PSI-BLAST. Es ist daher zu erwarten, dass der Vergleich zweier Profile die Empfindlichkeit Sequenz basierter Methoden weiter steigert. Auf entsprechende Algorithmen gehen wir im Kapitel 20 ein.

Interaktives Arbeiten

Den Einsatz der vorgestellten Heuristiken können Sie mithilfe der Übungen erproben, die wir auf der begleitenden Website zusammengestellt haben.

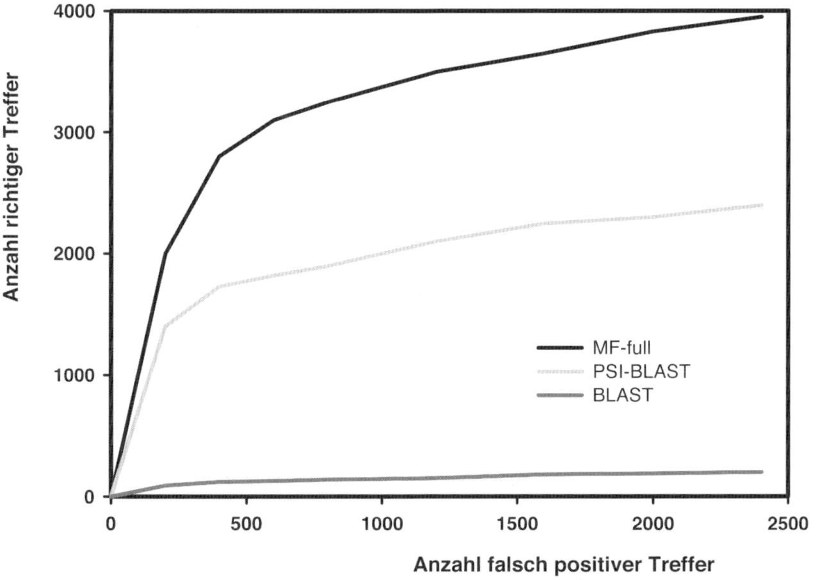

Abb. 12.9 Vergleich der Performanz dreier Sequenz basierter Suchmethoden. Aufgetragen ist die Performanz von BLAST, PSI-BLAST und MF-full. Bei dieser Methode werden die Konsensus-Sequenzen mithilfe der Mehrheitsregel ermittelt. Alignments von Typ *jeder-mit-jedem* wurden im Hinblick auf ihren E-Wert sortiert. Die kumulierte Anzahl echter Treffer (gleiche SCOP-Superfamilie, unterschiedliche SCOP-Familien) wurde aufgetragen gegen die Anzahl falsch positiver Treffer (unterschiedliche SCOP-Faltungstypen). Schematische Darstellung, nach [14].

12.12 Zitierte Literatur

1 Smith T. F., Waterman M. S. (1981) Identification of common molecular subsequences. *J Mol Biol*, **148**(1), 195–197.
2 Pearson W. R., Lipman D. J. (1988) Improved tools for biological sequence comparison. *Proc Natl Acad Sci U S A*, **85**(8), 2444–2448.
3 Altschul S. F., Gish W., Miller W., Myers E. W., Lipman D. J. (1990) Basic local alignment search tool. *J Mol Biol*, **215**(3), 403–410.
4 Altschul S. F., Madden T. L., Schaffer A. A., Zhang J., Zhang Z., Miller W., Lipman D. J. (1997) Gapped BLAST and PSI-BLAST: a new generation of protein database search programs. *Nucleic Acids Res*, **25**(17), 3389–3402.
5 Deken J. (1983) Probabilistic behavior of longest-common-subsequence length. In *Time warps, string edits and macromolecules: the theory and practice of sequence comparison*. Hrsg.: Kruskal J. B., Sankoff D., Addison-Wesley, Reading, 359–362.
6 Karlin S., Altschul S. F. (1990) Methods for assessing the statistical significance of molecular sequence features by using general scoring schemes. *Proc Natl Acad Sci U S A*, **87**(6), 2264–2268.
7 Altschul S. F., Gish W. (1996) Local alignment statistics. *Methods Enzymol*, **266**, 460–480.
8 Park J., Teichmann S. A., Hubbard T., Chothia C. (1997) Intermediate sequences increase the detection of homology between sequences. *J Mol Biol*, **273**(1), 349–354.
9 Altschul S. F., Wootton J. C., Gertz E. M., Agarwala R., Morgulis A., Schaffer A. A., Yu Y. K. (2005) Protein database searches using compositionally adjusted substitution matrices. *FEBS J*, **272**(20), 5101–5109.
10 Yu Y. K., Gertz E. M., Agarwala R., Schaffer A. A., Altschul S. F. (2006) Retrieval accuracy, statistical significance and compositional similarity in protein sequence database searches. *Nucleic Acids Res*, **34**(20), 5966–5973.
11 Baldi P., Brunak S. (1999) Bioinformatics, MIT Press, Cambridge MA.
12 Park J., Karplus K., Barrett C., Hughey R., Haussler D., Hubbard T., Chothia C. (1998) Sequence comparisons using multiple sequences detect three times as many remote homologues as pairwise methods. *J Mol Biol*, **284**(4), 1201–1210.
13 Jones D. T., Swindells M. B. (2002) Getting the most from PSI-BLAST. *Trends Biochem Sci*, **27**(3), 161–164.
14 Przybylski D., Rost B. (2008) Powerful fusion: PSI-BLAST and consensus sequences. *Bioinformatics*, **24**(18), 1987–1993.

13
Multiple Sequenzalignments

Im Jahre 1974 postulierten E. Zuckerkandl und M. Dayhoff (siehe [1]), dass alle natürlich vorkommenden Proteine in *Familien* zusammengefasst werden können. Die damaligen Annahmen über die Anzahl von Proteinfamilien haben sich kaum geändert, wahrscheinlich gibt es nicht mehr als einige Tausend [2]. Ein häufig verwendetes Klassifikationskriterium für die Bildung von Proteinfamilien und Superfamilien ist die *Proteindomäne*. Dies sind kompakte Proteinsubstrukturen, die sich autonom, d. h. unabhängig von der restlichen Struktur falten und meist für eine spezifische Funktion verantwortlich sind. Im Kapitel 1 wird die Domänenstruktur einiger Proteine dargestellt. Eine Proteinfamilie ist demnach eine Menge von Proteinen, die alle *dieselbe* Domäne enthalten; der Name der Proteinfamilie leitet sich von der charakteristischen Domäne ab. Für die Charakterisierung solcher Sequenzmengen und eine repräsentative Darstellung sind paarweise Alignments nicht geeignet; hierfür sind andere Konzepte gefragt. *Multiple Sequenzalignments* (MSAs) sind die konsequente Ausweitung paarweiser Alignments auf *n* Sequenzen mit dem Ziel, deren Gemeinsamkeiten herauszuarbeiten. Aus MSAs werden häufig *Profile* abgeleitet, die in Form einer Matrix positionsspezifische Scores für das Vorkommen der Aminosäuren angeben. *Signaturen* hingegen definieren Sequenzen in Form von *regulären Ausdrücken*. Mit diesen Darstellungsarten haben wir uns bereits im Kapitel 10 beschäftigt.

„One or two homologous sequences whisper... a full multiple sequence alignment shouts out loud.“
Arthur Lesk, 1996

MSAs verstärken Sequenzmuster

Weshalb werden multiple Sequenzalignments generiert? In evolutionär verwandten Proteinen ist meist die Sekundär- oder Tertiärstruktur diejenige Eigenschaft, die am stärksten konserviert ist. Hingegen sind Funktion und vor allem die Sequenz weniger stark erhalten. Es wurde gezeigt, dass zwei Proteine in der Regel noch dieselbe 3D-Struktur besitzen, wenn die Sequenzen zu wenigstens 30 % identisch sind [3]. Sind jedoch in Sequenzen mit geringer Übereinstimmung die wenigen strukturell oder funktionell relevanten Residuen über die gesamte Sequenz verteilt, so gehen Alignments und Scores verwandter Proteine möglicherweise im statistischen Rauschen unter. Solch schwache Signale können jedoch durch ein Alignment *mehrerer* Sequenzen (multiples Alignment) verstärkt werden, da konservierte Residuen dann aus dem Rauschen hervortreten.

Das Identifizieren *biologisch relevanter* Residuen oder Muster ist auch in sehr ähnlichen Sequenzen schwierig. Die wichtigen Signale werden in diesem Fall möglicherweise durch solche Muster überdeckt, die von der gemeinsamen Evolution herrühren. Können jedoch mehrere Sequenzen mit unterschiedlichem Grad an Divergenz verglichen werden, lassen sich auch in solchen Fällen Residuen identifizieren, die in allen Sequenzen konserviert sind.

Verwendung von MSAs

Ein multiples Sequenzalignment ist einerseits eine Erweiterung des Alignments von zwei Sequenzen. In dieser Anwendung werden bisher nicht bekannte biologische Verwandtschaften aus eher starken Sequenzähnlichkeiten abgeleitet. Andererseits kann ein multiples Sequenzalignment auf eine Weise benutzt werden, die hierzu komplementär ist: Dann ist die Eingabe eine Menge von Sequenzen mit ähnlicher Funktion, um bisher nicht bekannte Muster zu identifizieren, die aus wenigen Residuen bestehen können. Zudem können solche Bereiche identifiziert werden, die kaum konserviert sind oder Lücken enthalten. Diese deuten auf Regionen hin, in denen Schleifen inseriert wurden. Voraussetzung für dieses Vorgehen ist biologisches Wissen: Die Sequenzen werden aufgrund von Vorkenntnissen zu einer Menge zusammengefasst und analysiert.

Anwendungen: Konstruktion phylogenetischer Bäume, Strukturvorhersage

Multiple Sequenzalignments spielen für unterschiedliche Fragestellungen eine bedeutende Rolle. Sie sind eine notwendige Voraussetzung für die Konstruktion phylogenetischer Bäume und dienen dem Vergleich einer Sequenz mit Proteinfamilien. Je nach Fragestellung werden daher beim Erstellen eines MSAs unterschiedliche Ziele verfolgt: Es wird entweder unterstellt, dass die Residuen homolog sind, d. h. von derselben Position in einem gemeinsamen Vorgänger abstammen. Alternativ wird angenommen, dass die Residuen dieselbe Funktion besitzen. Für nahe verwandte Proteine sind diese Ziele äquivalent. Da sich Sequenz und Struktur in evolutionären Zeiträumen ändern, ist jedoch zu erwarten, dass unterschiedliche Kriterien zu verschiedenen Alignments führen. Dies gilt insbesondere dann, wenn sich die Sequenzen insgesamt deutlich voneinander unterscheiden.

Die Verwendung von multiplen Sequenzalignments anstelle einzelner Sequenzen hat die Qualität vieler Algorithmen wesentlich verbessert, wie wir exemplarisch für die Vorhersage der Proteinsekundärstruktur zeigen. MSAs bilden die Grundlage für die Parametrisierung von Hidden-Markov-Modellen, mit denen z. B. in der Pfam-Datenbank Proteinfamilien beschrieben werden.

MSAs von DNA-Sequenzen: Grundlage für PCR-Primer

Auf DNA-Ebene werden multiple Sequenzalignments zur Definition von Primern für die Polymerase-Ketten-Reaktion (*PCR*) benutzt. Sie bilden auch die Grundlage für das Assemblieren von kurzen DNA-Fragmenten zu Konsensus-Sequenzen in Genomprojekten.

MSAs von RNA-Sequenzen: Basis für phylogenetische Bäume

Bei RNA-Molekülen sind multiple Sequenzalignments die Grundlage für eine Vielzahl weiterer Analysen. Das Berechnen phylogenetischer Bäume auf der Grundlage von ribosomaler RNA (rRNA) ist ein wesentlicher Bestandteil moderner Genetik. Das Erkennen nicht für Proteine codierender RNA und die RNA-Strukturanalyse basieren ebenfalls auf MSAs. Wir gehen am Ende des Kapitels auf diese Molekülgruppe ein.

13.1 Berechnen von Scores für multiple Sequenzalignments

Aufwand für SP-Score: $O(n^k)$

Man würde erwarten, dass die Qualität eines MSAs durch einen Score, ähnlich dem eines paarweisen Alignments, bewertet werden kann. Es ist jedoch schwierig, den *Gesamtscore* für ein multiples Sequenzalignment so zu objektivieren, wie es z. B. mit der Levenshtein-Distanz beim Vergleich zweier Sequenzen möglich ist. Viele der eingeführten Methoden bilden multiple Sequenzalignments, ohne ein derartiges Kriterium zu benutzen. Es liegt nahe, die Summe der Scorewerte aller paarweisen Alignments (***Sum** of **Pairs***) zu verwenden, die aus den am multiplen Sequenzalignment beteiligten Sequenzen gebildet werden können; vergleiche Abb. 13.1. Dieser Score kann mit dynamischer Programmierung exakt berechnet werden. Für k Sequenzen der Länge n ist der Aufwand allerdings von $O(n^k)$; daher ist ein derartiges Vorgehen nur für Alignments mit wenigen Sequenzen praktikabel.

SP-Score: Summe aller paarweisen Scorewerte

Abb. 13.1 Multiples Sequenzalignment und SP-Score. Es sind die Scores angegeben, die sich für die drei Paare im paarweisen Vergleich mittels dynamischer Programmierung und $s(a, a) = 1$, $s(a, b) = -1$, $s(a, \varepsilon) = -2$ ergeben. Der SP-Score für die Menge dieser drei Sequenzen ist dann 3+3+1 = 7.

13.2
Iteratives, progressives Bestimmen eines multiplen Alignments

Eine effiziente Methode zur Konstruktion eines multiplen Sequenzalignments ist das im Folgenden beschriebene iterative Verfahren. Es bildet die Grundlage von ClustalW [4]. Für die Entwicklung des Algorithmus benötigen wir die folgenden Definitionen:

> Sei $Z := \{SEQ_1, SEQ_2, \ldots\ldots SEQ_n\}$ eine Menge von Zeichenketten. Sei $S(SEQ_i, SEQ_j)$ der Score für das globale Alignment von SEQ_i und SEQ_j, sei $\overline{SEQ_j}$ eine Zeichenkette, die sich von $SEQ_j \in Z$ nur durch das Einführen von Lücken unterscheidet. Sei MSA_i ein multiples Alignment, sei $Z_i \subseteq Z$ die Menge der Zeichenketten, die in MSA_i bereits aufgenommen sind.

Erster Schritt: Alignment zweier Zeichenketten

Zunächst wird dasjenige Paar SEQ_i, SEQ_j von Zeichenketten mit dem höchsten mittels dynamischer Programmierung berechneten, paarweisen Score bestimmt und es wird ein globales Alignment der beiden Zeichenketten erzeugt. Das heißt es gilt:

$$\forall\ SEQ_k, SEQ_l \in Z\colon S(SEQ_k, SEQ_l) \leq S(SEQ_i, SEQ_j).$$

Dieses Paar von Sequenzen bildet MSA_1.

$i \longrightarrow i+1$ Erweiterung des Alignments

In jedem Schritt i wird nun eine weitere Zeichenkette $SEQ_k \in Z$ dem bestehenden multiplen Alignment MSA_i hinzugefügt. Sei $SEQ_j \in Z_i$ und es gelte:

$$\forall\ SEQ_l \in MSA_i : S(SEQ_k, SEQ_l) \leq S(SEQ_k, SEQ_j).$$

SEQ_j ist folglich die zu SEQ_k ähnlichste Sequenz. Sei $\overline{SEQ_j} \in MSA_i$ diejenige Zeichenkette, die aus SEQ_j durch das Einfügen der im Alignmentverfahren bisher eingeführten Lücken entstanden ist.

Nun kann ein Alignment von SEQ_k und $\overline{SEQ_j}$ mittels dynamischer Programmierung berechnet werden. Hierbei gelte für die Scores von sich gegenüberstehenden Lücken: $s(\varepsilon, \varepsilon) := 0$. Beim Alignment können die folgenden beiden Situationen auftreten:

- Falls das Alignment von SEQ_k und $\overline{SEQ_j}$ keine weiteren Lücken in $\overline{SEQ_j}$ einführt, kann $\overline{SEQ_k}$ dem Alignment MSA_i hinzugefügt werden und das Alignment MSA_{i+1} ist fertig.
- Falls das Alignment von SEQ_k und SEQ_j in $\overline{SEQ_j}$ zusätzliche Lücken inseriert, müssen diese in sämtliche Strings aus Z_i eingeführt werden. Anschließend wird $\overline{SEQ_k}$ gebildet und dem Alignment hinzugefügt, was MSA_{i+1} ergibt.

Dieses Erweitern des Alignments wird so lange fortgesetzt, bis alle Zeichenketten aus Z zum MSA gehören. Bei der Beschreibung des Algorithmus ist offen geblieben, nach welchem Kriterium die Zeichenkette SEQ_k selektiert wird. Für diese Aufgabe kommen mehrere Auswahlverfahren infrage, z. B. phylogenetische Bäume. Datenbasis für diese Algorithmen ist eine Distanzmatrix $D[i, j]$. Hierbei ist jeder Eintrag die per dynamischer Programmierung ermittelte paarweise Distanz der Sequenzen SEQ_i und SEQ_j.

13.3 ClustalW: Konzepte

Der Algorithmus ClustalW stützt sich auf das oben beschriebene, progressive Alignment. Hierfür werden zunächst die beiden Sequenzen aligniert, die den höchsten paarweisen Score aufweisen. Anschließend werden dem Alignment alle weiteren Sequenzen der Eingabemenge iterativ hinzugefügt. Diesem Vorgehen liegt die Idee zugrunde [5], dass die Information, die aus den Sequenzen der Eingabemenge gefiltert werden kann, umso „zuverlässiger" ist, je näher die Sequenzen miteinander verwandt sind. Es ist daher konsequent, Lücken und Fehlpaarungen, die einmal in das Alignment eingeführt worden sind, in der weiteren Entwicklung des Alignments nicht wieder zu verändern. Dieser Ansatz eines progressiven Alignments besitzt allerdings zwei nachteilige Eigenschaften:

Problem des lokalen Minimums

Ist die Ähnlichkeit der Sequenzen, die als erste aligniert werden, nur gering, so ist die Wahrscheinlichkeit, dass die falschen Residuen gepaart bzw. Lücken an den falschen Stellen eingeführt werden, hoch. Derartige Fehlalignments, die während der ersten Iterationen gebildet werden, sind jedoch im weiteren Programmverlauf nicht mehr korrigierbar. Diese Eigenheit wird mit dem bekannten Spruch „*Once a gap, always a gap*" kritisiert.

Problem der Parameterwahl

Zur Bewertung der Alignments müssen eine Substitutionsmatrix und Scores für das Einführen und Verlängern von Lücken gewählt werden. Ähnlich wie beim Vergleich zweier Sequenzen sind diese Parameter eher unkritisch, wenn sich die Sequenzen sehr ähnlich sind. Für stark divergente Sequenzen – und solche werden beim multiplen Sequenzalignment häufig ausgewertet – beeinflusst die Parameterwahl die Ergebnisse jedoch empfindlich.

In ClustalW (W für ge**W**ichten) wird versucht, das Problem der Parameterwahl zu minimieren durch:

- *Unterschiedliche Wahl von Substitutionsmatrizen* in Abhängigkeit von der Ähnlichkeit der Sequenzen.
- *Positionsspezifische Wahl der Kostenfunktion* für das Einführen und Verlängern von Lücken.

13.4 ClustalW: Algorithmus

Im Folgenden wird der Algorithmus von ClustalW beschrieben, so wie er in [4] dokumentiert ist.

Erster Schritt: Paarweises Alignment

Zunächst wird mit dynamischer Programmierung für jedes Paar von Sequenzen der Eingabemenge eine Distanz D für das globale Alignment bestimmt. Es gilt:

$$D := -\log(S_{eff}) = -\log\frac{S_{obs} - S_{rand}}{S_{max} - S_{rand}}. \tag{13.1}$$

Hierbei ist S_{obs} der beobachtete Score für ein Paar von Sequenzen, S_{max} ist der größte Score, der aus der Eingabemenge resultiert und S_{rand} ist der Erwartungswert für das Alignment zweier Zufallssequenzen gleicher Länge und Komposition wie das betrachtete Sequenzpaar.

Zweiter Schritt: Binärer Baum

Die im Schritt 1 bestimmten Distanzen D sind die Ausgangsbasis für die Berechnung eines phylogenetischen Baumes. Es wird der *Neighbour-Joining*-Algorithmus [6] verwendet, der einen binären Baum kreiert. Dieses Verfahren wird im Kapitel 14 vorgestellt.

Dritter Schritt: Progressives Alignment

Gemäß ihrer Position im binären Baum werden die Sequenzen paarweise aligniert oder dem bestehenden Alignment hinzugefügt. Dabei wird von demjenigen Knoten des Baumes ausgegangen, der als erster in den Baum eingefügt wurde. Anschließend werden alle weiteren Knoten in der Reihenfolge abgearbeitet, mit der sie in den Baum aufgenommen wurden. Hat ein Knoten zwei Sequenzen als Kinder, so wird für diese ein Alignment berechnet; hat er ein Alignment und eine Sequenz bzw. zwei Alignments als Kinder, so werden diese zusammengefasst.

13.5 ClustalW: Multiples Sequenzalignment für Trypsin-Inhibitoren

Im folgenden Beispiel werden die einzelnen Zwischenergebnisse vorgestellt. Dem Programm ClustalW wurden die in Abb. 13.3 aufgelisteten 9 Sequenzen übergeben. Ein Teil der Ausgabe des ersten Schrittes ist im Folgenden dargestellt.

Erster Schritt: Bestimmen paarweiser Scores

Für jedes Paar von Sequenzen wird ein globales Alignment bestimmt. Der Beginn der resultierenden Liste ist in Tabelle 13.1 gezeigt. Die jeweiligen Scores sind die Grundlage für die Berechnung der Distanzen D, siehe Gleichung (13.1). Aus diesen Abständen wird dann ein binärer Baum abgeleitet; dieser ist in Abb. 13.2 wiedergegeben.

Zweiter Schritt: Berechnung eines binären Baumes

Tab. 13.1 Beginn der Tabelle mit paarweise berechneten Scores für das globale Alignment der Eingaben. Für jedes Paar von Sequenzen sind ihre Länge und der berechnete Score angegeben.

SeqA	Name	Len(aa)	SeqB	Name	Len(aa)	Score
1	EETIII	30	2	Ii_Mutant	28	96
1	EETIII	30	3	BDTIII	29	82
1	EETIII	30	4	CMeTIB	29	68
1	EETIII	30	5	CMTIIV	32	66
1	EETIII	30	6	CSTIIIB	32	60
1	EETIII	30	7	MRTII	29	68
1	EETIII	30	8	MTCIS	28	57
1	EETIII	30	9	ITRA_MOMCH	28	57
2	Ii_Mutant	28	3	BDTIII	29	82
2	Ii_Mutant	28	4	CMeTIB	29	67
2	Ii_Mutant	28	5	CMTIIV	32	67

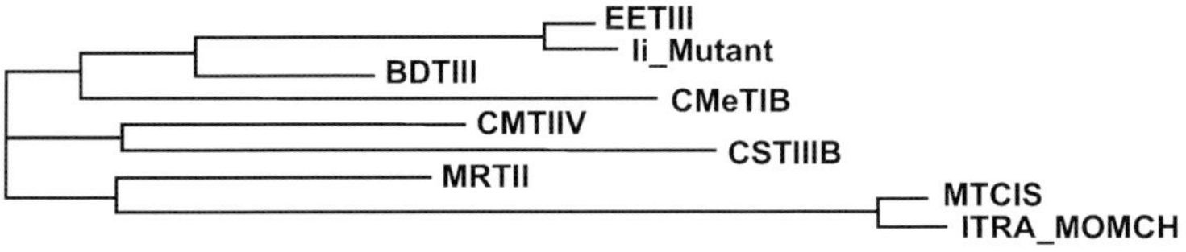

Abb. 13.2 Binärer Baum für die Sequenzen der Trypsin-Inhibitoren. Die Lage der Sequenzen im Baum bestimmt die Reihenfolge, mit der sie in das entstehende MSA aufgenommen werden.

Dritter Schritt: Progressives Alignment und Ausgabe

Dieser phylogenetische Baum ist die Grundlage für die Berechnung des multiplen Sequenzalignments. Hierbei kommt das oben geschilderte Verfahren zur iterativen und progressiven Erweiterung des MSAs zum Zuge. Nach der Berechnung wird das Alignment ausgegeben.

Für das betrachtete Beispiel ergibt sich das in Abb. 13.3 gezeigte MSA. MSAs werden meist spaltenweise interpretiert, um z. B. die Konserviertheit der Residuen zu bewerten. Eine Analyse des MSAs zeigt, dass ein Fehlalignment hätte vermieden werden können: Das in den Sequenzen MTCIS und ITRA_MOMCH an Position 25 vorkommende G würde die Spalte 30 des MSAs zu einer strikt konservierten ergänzen, wenn die Lücke in den genannten Sequenzen anders positioniert worden wäre. Für die detaillierte Analyse von MSAs und die weitere Prozessierung sind spezielle Editoren wie Jalview entwickelt worden [7]. Diese erlauben durch Wahl der Farbcodierung die Konserviertheit einzelner Spalten oder das Vorkommen spezieller Klassen von Aminosäuren hervorzuheben und die Position der Symbole zu verändern; siehe Abb. 13.6.

```
                              1         2         3
                     12345678901234567890123456789012345
EETIII               ----GCPRILMRCKQDSDCLAGCVCGPN-GFCGSP
Ii_Mutant            ----GCPRLLMRCKQDSDCLAGCVCGPN-GFCG--
BDTIII               ---RGCPRILMRCKRDSDCLAGCVCQKN-GYCG--
CMeTIB               ---VGCPRILMKCKTDRDCLTGCTCKRN-GYCG--
CMTIIV               HEERVCPRILMKCKKDSDCLAECVCLEH-GYCG--
CSTIIIB              ---MVCPKILMKCKHDSDCLLDCVCLEDIGYCGVS
MRTII                ---GICPRILMECKRDSDCLAQCVCKRQ-GYCG--
MTCIS                ---RICPRIWMECTRDSDCMAKCICVAG--HCG--
ITRA_MOMCH           ---RSCPRIWMECTRDSDCMAKCICVAG--HCG--
Konserviertheit           **:: *.*. * **:  * *     .**
```

Abb. 13.3 Multiples Sequenzalignment für Trypsin-Inhibitoren. Rechts neben den Namen sind die Sequenzen angegeben. Unterhalb des Sequenzblocks ist die Konserviertheit der Spalten charakterisiert. „*" markiert strikt konservierte Positionen, die Symbole „:" und „." geben zwei Grade abnehmender Ähnlichkeit an.

Multiples Sequenzalignment basierend auf lokaler Homologie

Grundlage für ClustalW ist die Berechnung einer Distanz, die von einem globalen Alignment abgeleitet wird. Damit ist es z. B. nicht optimal geeignet für die Analyse von Sequenzmengen, die nur *eine einzige* Domäne gemeinsam besitzen, sich aber sonst unterscheiden. Für derartige Alignments müssen *lokale Sequenzähnlichkeiten* bewertet werden.

13.6 T-Coffee

T-Coffee basiert auf erweiterter Bibliothek

T-Coffee [8] kann als logische Weiterentwicklung von ClustalW betrachtet werden. Das Programm basiert ebenfalls auf einer progressiven Alignmentstrategie. Die Scores für das Alignment stammen hierbei jedoch aus einer *erweiterten Bibliothek* und werden mithilfe einer Menge paarweiser Alignments abgeleitet. In der ursprünglichen Version von T-Coffee werden die Scores mittels zweier paarweiser Alignmenttechniken erzeugt. Dies sind zum einen *globale Alignments* (hierfür wird ClustalW verwendet) sowie *lokale Alignments* (diese werden mithilfe einer FASTA-Variante berechnet). Aus jedem Alignment werden nach folgender Definition Scores abgeleitet.

Score resultiert aus der Anzahl identischer Residuen

Seien SEQ_i und SEQ_j Sequenzen und a^i_k, a^j_l die an Position k bzw. l vorkommenden Symbole aus diesen Sequenzen. Sei $IdentRes(SEQ_i, SEQ_j)$ der aus einem Alignment abgeleitete Prozentsatz identischer Residuen. Dann ist $s(a^i_k, a^j_l) := IdentRes(SEQ_i, SEQ_j)$ ein Score, der allen Paaren (a^i_k, a^j_l) des Alignments von SEQ_i und SEQ_j zugewiesen wird.

```
SEQ1 GARFIELD THE LAST FAT CAT  Score: 88
     |||||||| |||  |||  ||
SEQ2 GARFIELD THE FAST CAT

SEQ3 GARFIELD THE VERY FAST CAT Score: 100
              |||      || | |||
SEQ4 -------- THE ---- FA-T CAT

SEQ1 GARFIELD THE LAST FA-T CAT Score: 77
     |||||||| |||      || | |||
SEQ3 GARFIELD THE VERY FAST CAT
```

Abb. 13.4 Paarweiser Sequenzvergleich von vier Sequenzen SEQ_1 .. SEQ_4. Der Score ergibt sich jeweils aus dem Anteil identischer Residuen; nach [8].

In Abb. 13.4 wird dieses Vorgehen deutlich. Aus dem Vergleich von SEQ_1 und SEQ_2 resultiert ein Score von 88 für alle Paare (a_1^1, a_1^2) bis (a_{18}^1, a_{18}^2), wobei die Mismatches an Position 12 (L, F) und 16 (F, C) bei der Score-Zuweisung ausgenommen werden. Aus dem Vergleich von SEQ_3 und SEQ_4 resultiert ein Score von 100 für 9 Residuenpaare. Der Vergleich von SEQ_1 und SEQ_3 ergibt einen Score von 77.

Transitive Bibliothekserweiterung mittels dritter Sequenz

Beim Erzeugen eines MSAs wird in T-Coffee jeder Score $s(a_k^i,a_l^j)$ als Nebenbedingung betrachtet, die es zu beachten gilt. Es ist bekannt, dass die Berechnung eines MSAs unter Berücksichtigung gewichteter Nebenbedingungen NP-vollständig ist. Daher schlugen die Entwickler von T-Coffee ein heuristisches Verfahren vor, das sie *Bibliothekserweiterung* nannten. Es ist das Ziel dieser Heuristik, in die resultierenden Scores möglichst viel Information aus den paarweisen Alignments zu übertragen. Dazu wird jedes paarweise Sequenzalignment SEQ_i, SEQ_j unter Verwendung *einer dritten Sequenz* SEQ_r bewertet. Der hieraus resultierende zusätzliche Score kann wie folgt definiert werden.

Erweiterte Bibliothek: Aufsummieren der Scorewerte aus transitivem Vergleich

Sei $Ali(SEQ_i, SEQ_r)$ die Menge der alignierten Symbolpaare (a_k^i, a_s^r) im Alignment der Sequenzen SEQ_i und SEQ_r. Sei $MinS := \min(IdentRes(SEQ_i, SEQ_r), IdentRes(SEQ_r, SEQ_j))$. Dann erhöht sich der Score für Paare a_k^i, a_l^j gemäß:

$$s(a_k^i,a_l^j) := s(a_k^i,a_l^j) + MinS.$$

Für diese Paare a_k^i, a_l^j muss gelten:

$$\exists\,(a_k^i,a_s^r) \in Ali(SEQ_i,SEQ_r) \wedge \exists\,(a_s^r,a_l^j) \in Ali(SEQ_r,SEQ_j).$$

Diese Definition besagt Folgendes: Für die Kombination derjenigen Symbole a_k^i, a_l^j, die in den Alignments (SEQ_i, SEQ_r) und $(SEQ_r,$

SEQ_j) mit *demselben* Symbol a_s^r verknüpft sind, erhöht sich der Score um den Wert, der sich aus der kleineren der beiden Größen *IdentRes*(SEQ_i, SEQ_r) und *IdentRes*(SEQ_r, SEQ_j) ergibt. Die Abb. 13.5 verdeutlicht das Vorgehen. Das transitive Alignment von SEQ_1 und SEQ_2 unter Verwendung von SEQ_3 ergibt den *MinS*-Wert von 77; siehe Teilabbildung A). Zu den Scores der in der Abbildung mit einem Strich markierten Symbolpaare wird dieser Wert hinzuaddiert. Das Alignment von SEQ_1 und SEQ_2 vermittels SEQ_4 ergibt einen *MinS*-Wert von 100, siehe Teilabbildung B). Es werden die Scores der neun Paare (a_9^1, a_9^2) bis (a_{21}^1, a_{18}^2) um diesen Wert erhöht. In Teilabbildung C) ist die Stärke der Linien ein Maß für die resultierenden Scores für alle Symbolpaare aus SEQ_1 und SEQ_2.

Wie ist die Zeitkomplexität des Verfahrens? Die Autoren geben $O(m^3L^2)$ an. Hierbei ist L die mittlere Länge der m Sequenzen.

Ist die erweiterte Bibliothek erstellt, so kann jedes Paar von Sequenzen mittels dynamischer Programmierung aligniert werden. Als Scores dienen nun die $s(a_k^i, a_l^j)$-Werte. Die Reihenfolge für die Auswahl der Paare wird wiederum mithilfe eines Baumes festgelegt, so wie bei ClustalW eingeführt. Im Fall von T-Coffee müssen keine weiteren Parameter, z. B. für das Behandeln von Lücken fest-

Abb. 13.5 Entwickeln der erweiterten Bibliothek für vier Sequenzen SEQ_1 .. SEQ_4. Im gezeigten Beispiel werden SEQ_1 und SEQ_2 transitiv aligniert. Im Fall A) dient hierzu SEQ_3 und im Fall B) SEQ_4. Der angegebene Score ist jeweils *MinS*, d. h. der kleinere der *IdentRes*(SEQ_i, SEQ_r), *IdentRes*(SEQ_r, SEQ_j)-Werte. Sämtliche Scores werden aufsummiert, resultierende Scorewerte sind in C) durch die unterschiedliche Stärke der Linien angedeutet; nach [8].

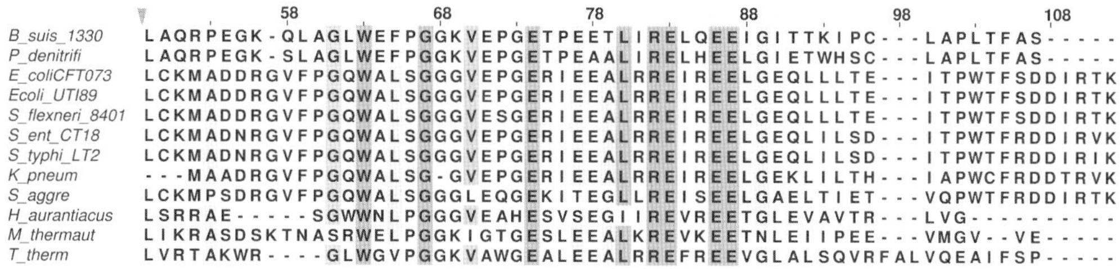

Abb. 13.6 Ausschnitt aus einem multiplen Sequenzalignment. In der Abbildung ist bei konservierten Residuen der Hintergrund eingefärbt. Deutlich sind stark konservierte Positionen zu erkennen und Regionen, in denen Insertionen eingeführt wurden. Das Alignment wurde mit T-Coffee erzeugt, die Abbildung mithilfe von Jalview generiert.

gelegt werden; die erweiterte Bibliothek enthält alle erforderlichen Scorewerte.

Performanz von T-Coffee höher als die von ClustalW

Wie ist die Performanz des Verfahrens? Die BaliBase-Datenbank (siehe [8]) enthält eine Menge sorgfältig komponierter MSAs, wobei für die meisten der beteiligten Proteine die 3D-Struktur bekannt ist. Diese Datenbank ist für Zwecke des Methodenvergleichs zusätzlich annotiert, sodass diejenigen Bereiche bekannt sind, die mit hoher Wahrscheinlichkeit korrekt aligniert sind. Um die Qualität eines neuen MSA-Verfahrens zu testen, wird die Zusammensetzung der MSA-Spalten analysiert. Im Falle von T-Coffee wurde die Performanz von vier Programmen (siehe [8]) verglichen. Die mittlere Genauigkeit über alle Alignments war bei T-Coffee um mehrere Prozentpunkte besser als die der anderen Methoden; vergleiche Tabelle 13.2. Wie hat man sich reale MSAs vorzustellen? Die Abb. 13.6 zeigt einen Ausschnitt aus einem typischen MSA. Es sind deutlich diejenigen Residuen und Bereiche zu erkennen, die in allen Sequenzen konserviert sind. Diese bilden häufig die aktiven Zentren von Proteinen oder sind für die Struktur wichtig. Daneben lassen sich Regionen ableiten, in die Schleifen inseriert wurden.

Tab. 13.2 Performanz von vier Verfahren zum Erzeugen von multiplen Sequenzalignments. Für Sequenzen, die in der Datenbank BaliBase hinterlegt und bereits in MSAs angeordnet sind, wurden mit den genannten Programmen eigene MSAs erzeugt. Die Zusammensetzung der neu generierten MSA-Spalten wurde mit der Komposition der in der Datenbank hinterlegten 141 MSAs verglichen. Richtigkeit ist die mittlere Genauigkeit über alle Alignments, die hier bewertet wurden; nach [8].

	Dialign	ClustalW	Prrp	T-Coffee
Richtigkeit [%]	61.5	66.4	66.4	72.1

13.7
M-Coffee und 3D-Coffee

Jury-Verfahren

M-Coffee ist eine Meta-Methode

Die mit T-Coffee eingeführte erweiterte Bibliothek erlaubt es, für jedes Paar von Symbolen (a_k^i, a_l^j) Scores zu kombinieren, die aus unterschiedlichsten Quellen stammen können. Es liegt daher nahe, mithilfe komplementärer Algorithmen MSAs zu generieren und die resultierenden Alignments in Scores umzusetzen, die in die erweiterte Bibliothek aufgenommen werden. Dieses Vorgehen entspricht einem in der Bioinformatik häufiger angewandten Verfahren: Es werden mehrere, möglichst unabhängige Ansätze zu einer *Meta-Methode* oder einem *Jury-Verfahren* kombiniert. Ein weiteres Beispiel für diese Technik führen wir bei den Algorithmen zur Sekundärstrukturvorhersage von Proteinen ein; daneben wird sie z. B. für die Genvorhersage genutzt. T-Coffee bietet für diese Vorgehensweise das ideale Grundgerüst, da es selbst keine Alignments generiert und auf extern berechnete angewiesen ist. In M-Coffee [9] wurden 8 verschiedene Methoden kombiniert, die unterschiedlichste Konzepte verfolgen. Dies sind die MSA-Programme POA-global, Dialign-T, ClustalW, PCMA, FINSI, T-Coffee, und ProbCons. Für die optimale Kombination der einzelnen Alignments wurde im Rahmen der Entwicklung von M-Coffee für jede Methode ein Gewichtsfaktor bestimmt, mit dem die Scores beim Zusammenführen beaufschlagt werden. Die Abb. 13.7 zeigt, dass jedes Verfahren zu einer Steigerung der Performanz von M-Coffee beiträgt. Die Qualität der Vorhersagen wurde wiederum an sorgfältig annotierten Referenzdatensätzen überprüft. Die Autoren wiesen nach, dass M-Coffee im Schnitt um ein bis drei Prozentpunkte bes-

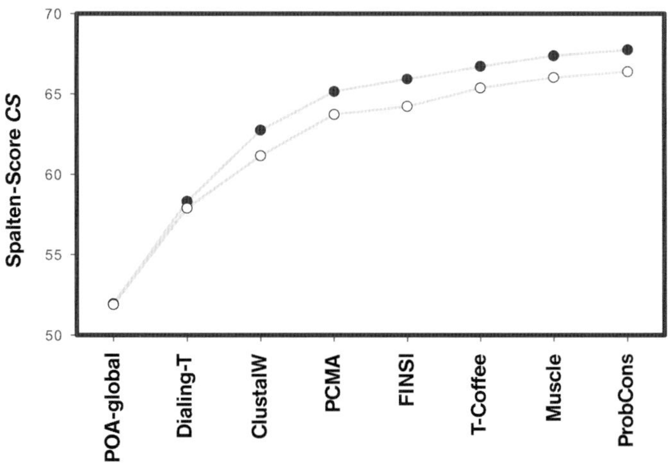

Abb. 13.7 Performanz der Kombination von MSA-Methoden in M-Coffee. Die Qualität der Alignments wurde unter Verwendung eines Spalten-Scores (*column score, CS*) bewertet, der für die Einträge der HOMSTRAD-Datenbank ermittelt wurde. Die obere Kurve illustriert die Performanz von M-Coffee, die untere die Vorhersagequalität einzelner Methoden. Für den ersten Eintrag wurden in M-Coffee nur die Alignments bewertet, die von POA-global stammten. Für jeden weiteren Datenpunkt wurden in die erweiterte Bibliothek zusätzlich die Alignments aufgenommen, die von der unten angegebenen Methode geliefert wurden; nach [9].

ser ist als jede individuelle Methode. Hierfür wurden drei MSA-Datensätze analysiert, darunter war die HOMSTRAD-Datenbank, die aus MSAs zu bekannten Protein-3D-Strukturen besteht. Voraussetzung für diese Performanzsteigerung ist die Unabhängigkeit der kombinierten Verfahren, die sorgfältig ausgewählt werden müssen.

3D-Coffee: Kombination von Struktur- und Sequenzinformation

Die Qualität von MSAs kann sicherlich auch durch ein Ausrichten von Sequenzen an Protein-3D-Strukturen erhöht werden. 3D-Coffee [10] nutzt die offene Architektur der erweiterten Bibliothek, um Struktur- und Sequenzinformation zu verknüpfen. Für das Alignment der Strukturen wird hier SAP, für das Alignment von Strukturen und Sequenzen wird FUGUE genutzt. Details sind in [10] nachzulesen.

13.8 Alternative Ansätze

Wie mehrfach betont, kommt multiplen Alignments bei der Sequenzanalyse eine zentrale Bedeutung zu, sodass dieses Feld der Bioinformatik intensiv bearbeitet wird: In den letzten zehn Jahren wurden mehr als 50 MSA-Methoden beschrieben. Bei der Vorstellung von M-Coffee haben wir bereits einige alternative MSA-Algorithmen genannt. Im Rahmen einer Einführung müssen wir uns damit begnügen, nur wenige erwähnen zu können.

MUSCLE [11] erlaubt das Alignment von DNA- und Protein-Sequenzen. MUSCLE ist ein besonders schneller Algorithmus und daher für das Alignment umfangreicher Datensätze geeignet. MAFFT [12] nutzt schnelle Fourier-Transformation zum Erkennen ähnlicher Sequenzbereiche. Für das Alignieren kann aus mehreren Iterationsstrategien gewählt werden.

13.9 Verwenden von MSAs zur Charakterisierung von Residuen

Wie bereits in der Einleitung betont, kommt MSAs bei der Analyse von Sequenzen eine zentrale Bedeutung zu. Wir wollen hier zwei weitere Anwendungen vorstellen. Beide zielen darauf ab, funktionsbestimmende Residuen zu identifizieren. Wir orientieren uns hierbei an [13] und [14]. Bei der Charakterisierung von Proteinen kommt es auch darauf an, die Residuen zu identifizieren, die spezifische Eigenschaften von Bindetaschen definieren oder solche, die an Protein-Protein-Wechselwirkungen beteiligt sind und zum Interface gehören. Ist die 3D-Struktur des Proteins bekannt, so kann am leichtesten auf wichtige Residuen geschlossen werden. Ist zumindest die Struktur eines homologen Proteins verfügbar, kann ein Homologie-Modell weiterhelfen. In allen anderen Fällen bleibt nur, möglichst viel Information aus Sequenzen, insbesondere aus MSAs abzuleiten, die aus homologen Proteinen generiert wurden. Genau dieses Ziel verfolgen die nun zu beschreibenden Ansätze. Das wichtigste Signal, das ein MSA im Hinblick auf einzelne Spalten zu bieten hat, ist strikte Konserviertheit. Wie wir bereits im Kapitel 1 erläutert haben, können sich Aminosäuren jedoch substituieren. Daher müssen bei der Analyse funktionell wichtiger Residuen auch solche Spalten betrachtet werden, die nicht völlig konserviert sind.

Ableiten funktionell wichtiger Positionen

Ist man daran interessiert, solche Residuen zu identifizieren, die in nahe verwandten Proteinen für die *spezifische* Funktion verantwortlich sind, so wird man nach den Spalten suchen, die innerhalb von Proteingruppen mit identischer Funktion konserviert, im Vergleich von Proteinen mit unterschiedlicher Funktion jedoch verschieden besetzt sind. Auf solche Ansätze gehen wir später ein. Zunächst stellen wir Algorithmen vor, die darauf abzielen, Residuen (d. h. Spalten) zu identifizieren, die in einem MSA *einen gewissen Grad* von Konserviertheit aufweisen.

13.9.1 Entwickeln der Scoring-Funktion

Anforderungen an Scoring-Funktion

Konserviertheit wird aus den Aminosäurehäufigkeiten der einzelnen Spalten abgeleitet. Für die Quantifizierung der Konserviertheit wurden verschiedene Ansätze vorgeschlagen, die für jede Spalte des MSAs einen Score berechnen. Generell sollten derartige Scoring-Funktionen

- eine Abhängigkeit von der Zusammensetzung der einzelnen Spalten aufweisen,
- die Ähnlichkeiten zwischen den Aminosäuren berücksichtigen,
- Lücken im Alignment bestrafen,
- die einzelnen Sequenzen in Abhängigkeit von ihrer Diversität gewichten,
- als Wertebereich ein reelles und abgeschlossenes Intervall besitzen und
- möglichst einfach zu berechnen sein.

Shannonsche Entropie

Der einfachste Ansatz beruht auf dem Konzept der *Shannonschen Entropie*. Hierfür wird zunächst für jede Spalte k die Häufigkeit bestimmt, mit der die Aminosäuren as_i ($i = 1$ .. 20) vorkommen. Dann ist

$$Entropie(k) := -\sum_{i=1}^{20} p(as_i,k)\log p(as_i,k). \tag{13.2}$$

Hierbei ist $p(as_i, k)$ die Wahrscheinlichkeit, mit der Aminosäure as_i in Spalte k vorkommt. Diese Werte müssen aus den Häufigkeiten geschätzt werden, die aus dem MSA ermittelt werden. Die Entropie ist null für strikt konservierte Positionen k. Die Entropie bewertet alle 20 Aminosäuren gleich. Soll das Vorkommen von Aminosäuren in einem Referenzdatensatz ebenfalls in die Bewertung eingehen, sollte die relative Entropie berechnet werden:

Korrektur mithilfe von Hintergrundwahrscheinlichkeiten

$$relative\ Entropie(k) := -\sum_{i=1}^{20} p(as_i,k)\log\frac{p(as_i,k)}{p_{BG}(as_i)}.$$

Hierbei ist $p_{BG}(as_i)$ die Hintergrundwahrscheinlichkeit, die aus dem Referenzdatensatz stammt. Als weitere Verfeinerung kann die *Jensen-Shannon*-Divergenz betrachtet werden. Sie lautet:

Jensen-Shannon-Divergenz

$$JSD(k) := H\left(\frac{P(as,k) + P_{BG}(as)}{2}\right) - \frac{1}{2}H(P(as,k)) - \frac{1}{2}H(P_{BG}(as)).$$

Dieser Wert kann als *Transinformation* interpretiert werden. Hierbei sind die $P(.)$ die Wahrscheinlichkeiten für sämtliche Aminosäuren und $H(.)$ wird analog zu Gleichung (13.2) berechnet. Den Begriff der Transinformation nehmen wir im Kapitel 24 erneut auf. In [13] wird ein weiterer Score vorgeschlagen:

FR_cons-Score

$$FR\_cons_{Basic}(k) := \frac{\log \sum_{i=1}^{20} p(as_i,k)^2/p(as_i)}{\log \sum_{i=1}^{20} p(as_i,k)/p(as_i)}.$$

Hierbei werden sämtliche Wahrscheinlichkeiten aus dem MSA abgeleitet. In dieser Formel werden Lücken nicht bewertet. Dies kann erreicht werden, indem die FR_cons_{Basic}-Werte mit dem Faktor $(1.0 - f(Lücken_k))$ multipliziert werden. Hierbei ist $Lücken_k$ der Anteil von Lücken in der Spalte k. Häufig reicht die Anzahl von Sequenzen nicht aus, um in allen Spalten die Größe aller $p(as_i, k)$-Werte mit hinreichender Genauigkeit zu schätzen. Deswegen werden Pseudocounts addiert. Hierbei wird ein Verfahren verwendet, das dem Ansatz von PSI-BLAST ähnelt. Wir gehen auf die Berechnung von Pseudocounts bei der Vorstellung von SDPpred genauer ein. Es ist bekannt, dass die Vorhersage von Residuen, die Liganden binden und die für die Katalyse wichtig sind, verbessert werden kann, wenn Information über die Konserviertheit benachbarter Residuen in den Score für Spalte k mit einfließt.

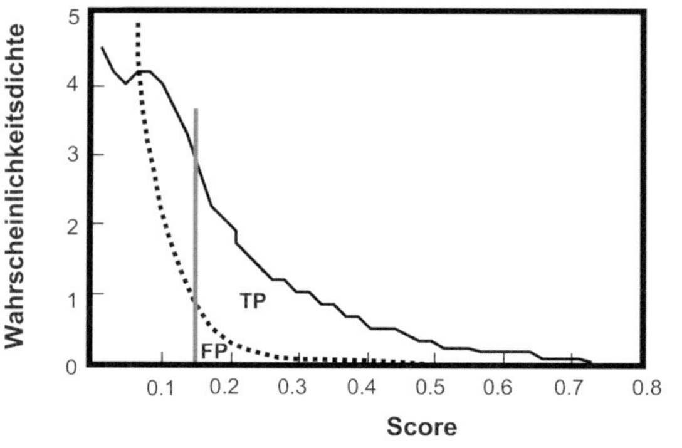

Abb. 13.8 Performanz der Vorhersage wichtiger Residuen mithilfe des *FR_cons*-Scores. Für einen Testdatensatz wurde die Anzahl echt positiver Vorhersagen (TP) und falsch positiver Vorhersagen (FP) bestimmt und geplottet. Die graue Linie entspricht der Situation bei der Wahl des Schwellenwertes von 1.5; vereinfacht nach [13].

Daher werden diese Werte aufaddiert, wobei die Nachbarn mit einem Gewichtsfaktor beaufschlagt werden.

Als weitere Faktoren werden bei diesem Ansatz die Zugehörigkeit zu Sekundärstrukturelementen und die Lösungsmittelzugänglichkeit berücksichtigt. Die Parameter werden für jedes Residuum mithilfe der Programme PSIPRED und SABLE vorhergesagt. Um die Wahrscheinlichkeit dafür abzuschätzen, dass eine Position k mit der Häufigkeitsverteilung $f_{as}(k)$ ein katalytisches oder ein Liganden bindendes Residuum ist (+), wird ein Naiver Bayesscher Klassifikator verwendet. Es gilt:

$$P(k, + \mid f_{as}(k), r_k, h_k, e_k, Z_k) \approx \prod_{j=1}^{20} A(as_j, r_k, Z_k)^{f_{as_j}(k)} R(r_k, Z_k) S(h_k, e_k, Z_k) C(Z_k) p(+).$$

Hierbei ist r_k die vorhergesagte Lösungsmittelzugänglichkeit, h_k und e_k sind Maße für die Zugehörigkeit zu den 2D-Elementen und Z_k ist der *FR_cons*-Wert in Form eines *Z-Scores*. Aus einem Trainingsdatensatz stammen $p(+)$ sowie die Verteilungen $A(.)$, $R(.)$, $S(.)$ und $C(.)$, die als Chancenquotienten abgeleitet wurden.

Wie gut ist die Performanz? Bei einem Schwellenwert von 1.5 werden für einen Testdatensatz ca. 40 % der positiven, d. h. funktionell wichtigen Residuen als echt positive vorhergesagt, wobei ca. 4 % falsch positive Vorhersagen erzeugt werden. Der Verlauf der Fehlerkurve wird in Abb. 13.8 deutlich.

13.9.2
SDPpred: Vergleich homologer Proteine mit unterschiedlicher Spezifität

SDPpred sagt funktionsdeterminierende Residuen vorher

Welche Residuen bestimmen die funktionelle Spezifität eines Proteins? Das Werkzeug SDPpred [14] wurde entwickelt für die Untersuchung von Proteinfamilien, die mit biochemisch ähnlichen, jedoch nicht völlig identischen Partnern interagieren. Das Programm erwartet als Eingabe ein MSA, wobei die Sequenzen in Gruppen aufgeteilt sein müssen, die jeweils eine spezifische Proteinfunktion charakterisieren. Um Residuen zu finden, die innerhalb der Gruppen konserviert sind und sich gleichzeitig im Vergleich der Gruppen unterscheiden, wird die *Transinformation* berechnet. In diesem Falle mit

Transinformation einzelner Spalten

$$H_{Trans}(k) := \sum_{l=1}^{n} \sum_{i=1}^{20} f(as_i^k, l) \log \frac{f(as_i^k, l)}{f(as_i^k) n(l)}.$$

Hierbei ist $f(as_i^k, l)$ die Häufigkeit, mit der Aminosäure as_i aus Spalte k in der Gruppe l vorkommt. $f(as_i^k)$ ist die Gesamthäufigkeit und $n(l)$ ist die Anzahl von Sequenzen, die zur Gruppe l gehören. Da in diesem Fall die Anzahl von Sequenzen klein ist, werden die Häufigkeiten unter Verwendung von Pseudocounts korrigiert. Die Werte innerhalb der einzelnen Gruppen werden angehoben entsprechend der Formel:

Berechnen von Pseudocounts

$$f(as_i^j) := \frac{n(as_i^j) + \lambda\left(\sum_{r=1, r \neq i}^{20} n(as_r^j) S(as_i, as_r)\right) / \sqrt{n(j)}}{n(j) + \lambda \sqrt{n(j)}}.$$

Hierbei ist $n(as_i^j)$ das absolute Vorkommen von Aminosäure as_i in der Gruppe j und $n(j)$ ist die Anzahl von Sequenzen, die zur Gruppe j gehören. $S(as_k, as_r)$ ist ein Score aus einer Scoring-Matrix wie BLOSUM und λ ist ein Gewichtsfaktor. Welche Überlegung steckt hinter dieser Korrektur? Da hier die Stichproben sehr klein sind, werden viele Aminosäuren aus diesem Grunde nicht beobachtet. Daher werden die Werte korrigiert, wobei das Vorkommen von ähnlichen Aminosäuren den Korrekturfaktor erhöht. Dies bewirkt die Multiplikation der $n(as_r^j)$-Werte mit dem Score $S(as_i, as_r)$.

Spalten-Shuffling für statistische Bewertung

Zur Bewertung der statistischen Signifikanz einzelner H_{Trans}-Werte wird der Inhalt der einzelnen Spalten durchmischt und es wird für jede Spalte Mittelwert und Standardabweichung der H_{Trans}-Werte bestimmt. Die H_{Trans}-Werte, die aus der Eingabe resultieren, werden in Z-Scores umgerechnet und jeweils mit einem spezifischen Schwellenwert verglichen. Wird dieser überschritten, so wird die Spalte als spezifitätsdeterminierend ausgegeben. In Abb. 13.9 ist ein Ausschnitt aus einer typischen Ausgabe gezeigt. Die Sequenzen gehören alle zu bakteriellen Membrankanälen. Die AQP-Gruppe transportiert hauptsächlich Wasser, Kanäle aus der GLP-Gruppe Glycerol.

```
AQP
1   sp_Q9L772_AQPZ_BRUME --MLNKLSAEFFGTFWLVFGGCGSAILAA--AFP-------ELGIGFLGVALAFGLTVLTMA
2   sp_P48838_AQPZ_ECOLI --MFRKLAAECFGTFWLVFGGCGSAVLAA--GFP-------ELGIGFAGVALAFGLTVLTMA
3   tr_Q8UJW4            --MGRKLLAEFFGTFWLVFGGCGSAVFAA--AFP-------ELGIGFTGVALAFGLTVLTMA
4   tr_Q92ZW9            --MFKKLCAEFLGTCWLVLGGCGSAVLAS--AFP-------QVGIGLLGVSFAFGLTVLTMA
5   tr_Q9HWZ3            ---MKQYGAEFFGTFWLVLGGCGSAVLAA--GVP-------ELGIGYLGVALAFGLSVLTMA
6   tr_Q97P66            ---MKKFVAELIGTFMFVFVGTGAVVFGN-----G------LDGLGHLGIAFAFGLAIVVAA
7   tr_P73809            ---MKKYIAEFIGTFWLVLGGCGSAVFAAFIAPGG-GNTNEFGLGYLGVALAFGLTVFTGA
 GLP
8   sp_P11244_GLPF_ECOLI -TLKGQCIAEFLGTGLLIFFGVGCVAALKVAG---------A-SFGQWEISVIWGLGVAMAI
9   sp_P44826_GLPF_HAEIN --LKANCIGEFLGTALLIFFGVGCVAALKVAG---------A-SFGLWEISIMWGMGVALAV
10  sp_Q51389_GLPF_PSEAE -SLFGQCLAEFLGTALLIFFGTGCVAALKVAG---------A-SFGLWEISIIWGVGVSMAI
11  tr_Q8ZJK5            -TLKGQCIAEFLGTGLLIFFGAGCVAALKLAG---------A-SFGQWEISIIWGLGVAMAI
12  sp_P18156_GLPF_BACSU ---MTAFWGEVIGTMLLIIFGAGVCAGVNLKKS-------LSFQSGWIVVVFGWGLGVAMAA
13  sp_P52281_GLPF_STRPN --MMNELFGEFLGTLILILLGNGVVAGVVLPKT-------KSNSSGWIVITMGWGIAVAVAV
14  tr_Q97JG6            ---MTIFFAELVGTLLLILLGDGVVANVVLKNS-------KGHASGWIVITMGWAFAVAIPA
15  tr_Q99UH4            ---MNVYLAEFLGTAILILFGGGVCANVNLKRS-------AANGADWIVITAGWGLAVTMGV
16  tr_Q8Y6Z1            -SLATQFLGEVIGTAILIILGAGVVAGVSLKRS-------KAENGGWVVITLAWGLGVTMGV

17  tr_Q9KDW9            ---MSPFLGEVIGTMILIILGGGVVAGVVLKGT-------KSENGGWIVITAAWGLAVATAV
```

Abb. 13.9 Ausschnitt aus einer Ausgabe von SDPpred. Es sind die Residuen markiert, die innerhalb der beiden Gruppen strikt konserviert sind, aber im Vergleich der Gruppen mit zwei unterschiedlichen Aminosäuren besetzt sind. Diese Residuen werden als spezifitätsdeterminierend vorhergesagt.

13.10 Alignment von DNA- und RNA-Sequenzen

Twilight zone bei ncRNAs: 50–60%

Wie mehrfach betont, ist die Wahl der Scoring-Parameter eine wesentliche Entscheidung beim Alignment von Sequenzen. Für das Alignment von Proteinen wurden mit viel Aufwand Scoring-Matrizen wie die der PAM- oder BLOSUM-Familie abgeleitet. Im Vergleich dazu ist das Scoring-System für DNA- und RNA-Moleküle ein sehr einfaches. Nun wurde in den letzten Jahren gezeigt, dass nicht für Proteine codierende RNA (ncRNA) eine wichtige Bedeutung in der Genregulation hat. Daher ist es notwendig, bioinformatische Verfahren für deren Analyse zu entwickeln. Von Interesse sind insbesondere die Untersuchung der RNA-Struktur, Homologie basierte Suche nach RNA-Sequenzen und das Lokalisieren von ncRNA-Sequenzen. In diese Algorithmen ist häufig eine Auswertung von MSAs eingebunden; deswegen ist es notwendig, die Qualität der resultierenden Alignments zu überprüfen. In [15] wurde die Performanz von 11 Programmen anhand eines größeren Datensatzes von ncRNAs überprüft. Es stellte sich heraus, dass die *„twilight zone"* beim ncRNA-Alignment bei ca. 50–60 % identischer Nucleotide beginnt. Dieser Bereich, der ja bei Proteinsequenzen mit ca. 25 % identischer Aminosäuren drastisch tiefer liegt, gibt an, wann auf übereinstimmende Struktur geschlossen werden kann. Wie schlugen sich die Programme? Generell war auf allen Datensätzen die Performanz von ClustalW, ProAlign und POA am besten. Diese Befunde belegen die universelle Verwendbarkeit der in diesem Kapitel vorgestellten Methoden.

Interaktives Arbeiten

Auf der begleitenden Website werden Sequenzmengen und Übungen angeboten, mit denen Sie interaktiv MSAs erzeugen und bewerten können.

13.11 Zitierte Literatur

1 Zuckerkandl E. (1975) The appearance of new structures and functions in proteins during evolution. *J Mol Evol*, **7**(1), 1–57.
2 Chothia C. (1992) Proteins. One thousand families for the molecular biologist. *Nature*, **357**(6379), 543–544.
3 Sander C., Schneider R. (1991) Database of homology-derived protein structures and the structural meaning of sequence alignment. *Proteins*, **9**(1), 56–68.
4 Higgins D. G., Thompson J. D., Gibson T. J. (1996) Using CLUSTAL for multiple sequence alignments. *Methods Enzymol*, **266**, 383–402.
5 Feng D. F., Doolittle R. F. (1987) Progressive sequence alignment as a prerequisite to correct phylogenetic trees. *J Mol Evol*, **25**(4), 351–360.
6 Saitou N., Nei M. (1987) The neighbor-joining method: a new method for reconstructing phylogenetic trees. *Mol Biol Evol*, **4**(4), 406–425.
7 Clamp M., Cuff J., Searle S. M., Barton G. J. (2004) The Jalview Java alignment editor. *Bioinformatics*, **20**(3), 426–427.
8 Notredame C., Higgins D. G., Heringa J. (2000) T-Coffee: A novel method for fast and accurate multiple sequence alignment. *J Mol Biol*, **302**(1), 205–217.
9 Wallace I. M., O'Sullivan O., Higgins D. G., Notredame C. (2006) M-Coffee: combining multiple sequence alignment methods with T-Coffee. *Nucleic Acids Res*, **34**(6), 1692–1699.
10 O'Sullivan O., Suhre K., Abergel C., Higgins D. G., Notredame C. (2004) 3DCoffee: combining protein sequences and structures within multiple sequence alignments. *J Mol Biol*, **340**(2), 385–395.
11 Edgar R C (2004) MUSCLE: a multiple sequence alignment method with reduced time and space complexity. *BMC Bioinformatics*, **5**, 113.
12 Katoh K., Kuma K., Toh H., Miyata T. (2005) MAFFT version 5: improvement in accuracy of multiple sequence alignment. *Nucleic Acids Res*, **33**(2), 511–518.
13 Fischer J. D., Mayer C. E., Söding J. (2008) Prediction of protein functional residues from sequence by probability density estimation. *Bioinformatics*, **24**(5), 613–620.
14 Kalinina O. V., Novichkov P. S., Mironov A. A., Gelfand M. S., Rakhmaninova A. B. (2004) SDPpred: a tool for prediction of amino acid residues that determine differences in functional specificity of homologous proteins. *Nucleic Acids Res*, **32**(Web Server issue), W424–428.
15 Gardner P. P., Wilm A., Washietl S. (2005) A benchmark of multiple sequence alignment programs upon structural RNAs. *Nucleic Acids Res*, **33**(8), 2433–2439.

14
Grundlagen phylogenetischer Analysen

Taxonomie = Klassifikationsschema

Das Bestreben einer jeden Bemühung um Klassifikation (d. h. Taxonomie) ist es, Objekte in Gruppen zusammenzufassen und meist auch Beziehungen zwischen diesen Gruppen herzustellen. Bei den Klassifikationshierarchien sind sowohl baumartige als auch netzartige Strukturen möglich. Mit dem Begriff Taxonomie wird zugleich das konzeptuelle Schema bezeichnet, das zur Klassifizierung dient. Die kleinste Einheit einer jeden Taxonomie ist das *Taxon*. Dies gilt ganz generell für alle Klassifikationssysteme.

Biologisches Klassifikationssystem stammt von Carl von Linné

Das heute in seinen Grundprinzipien noch gültige *biologische* Klassifikationssystem wurde vom schwedischen Botaniker Carl Linnaeus (Carl von Linné) entwickelt und zum ersten Male 1735 publiziert. Gleichzeitig hat Linné die heute noch üblichen Bezeichnungen für Arten auf zwei Begriffe reduziert, mit denen *Genus* und *Art* (Spezies) benannt werden. So wird beispielsweise ein intensiv untersuchtes Bakterium als *Escherichia coli* bezeichnet.

Homologie: Ähnlichkeit aufgrund gemeinsamer Abstammung

Vergleicht man die Extremitäten von Säugetieren, so fällt auf, dass sie einen ähnlichen Aufbau besitzen. Als Beispiele sind in Abb. 14.1 die Vorderextremitäten von vier Arten dargestellt. Obwohl sich Größe und Form einzelner Knochen stark unterscheiden, ist ein gemeinsames Bauprinzip erkennbar, das darauf hindeutet, dass diese Tiere von einem gemeinsamen Vorfahren abstammen. In der Biologie wird jede Ähnlichkeit zwischen Merkmalen, die auf eine *gemeinsame Abstammung* zurückzuführen ist, als *Homologie* bezeichnet.

Molekulare Taxonomie basiert auf Sequenzen

Das Konzept der Homologie ist nicht auf makroskopische Objekte beschränkt; deswegen spricht man beispielsweise auch von *homologen Genen*. Schon der Fall homologer Knochen macht deutlich, dass sich die zu vergleichenden Objekte mehr oder weniger stark voneinander unterscheiden können. Es ist plausibel anzunehmen, dass die Unterschiede bei nahe Verwandten weniger stark ausfallen und dass die Unterschiede umso größer werden, je weniger ausgeprägt die Verwandtschaft ist. Für die exakte Taxierung dieser Unterschiede ist es jedoch notwendig, sie quantitativ zu fassen.

Bioinformatik Interaktiv. 2. Auflage. Rainer Merkl und Stephan Waack

ISBN: 978-3-527-32594-8

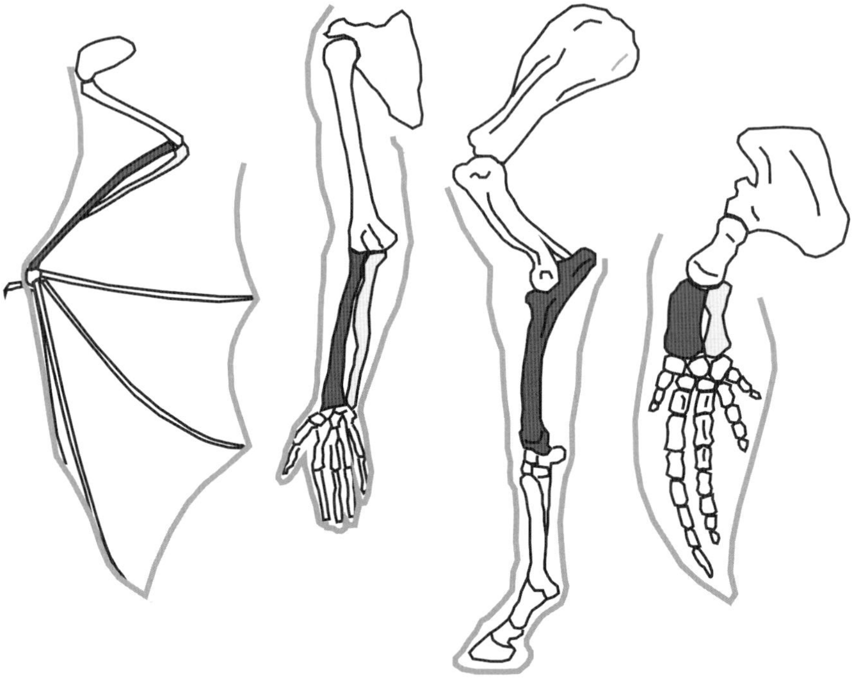

Abb. 14.1 Anordnung der Knochen in der vorderen Extremität von Fledermaus, Mensch, Pferd und Schweinswal. Die Anordnung der Knochen ist in allen Fällen sehr ähnlich, obwohl sich Größe und Form der Knochen deutlich unterscheiden. Die homologen Knochen *Elle* und *Speiche* sind mit unterschiedlichen Grauwerten eingefärbt. Nach einer Abbildung von J. F. Sjogren, siehe [1].

Es ist sicherlich nicht einfach, Unterschiede von Knochen zu quantifizieren. Weiterhin ist unmittelbar einsichtig, dass für eine taxonomische Studie, bei der verschiedenste Spezies betrachtet werden sollen, nur solche Eigenschaften infrage kommen, die universell vertreten sind. Damit ist klar, dass sich hierfür nur wenige Zellbestandteile eignen, da Vielzeller wie Tiere oder Pflanzen mit Einzellern wie Bakterien verglichen werden müssen. Somit bleiben nur die Komponenten solcher Stoffwechselfunktionen übrig, die ganz allgemein vertreten sind. Für die Konstruktion eines umfassenden Stammbaums hat sich die Analyse der 16S rRNA durchgesetzt. Der Verdienst, die Eignung der RNA für diese Fragestellung erkannt zu haben, kommt Carl Woese [2] zu. Er begann 1966, einen Stammbaum des Lebens abzuleiten. Die RNA selbst haben wir bereits im Kapitel 1 vorgestellt.

Die Anzahl von Mutationen repräsentiert Zeitintervalle

Die Zusammensetzung der DNA, die auch die Gene für die RNA enthält, bleibt über längere Zeiträume betrachtet, nicht völlig konstant. Umwelteinflüsse, wie UV-Strahlung, Radioaktivität oder das Einwirken von Wasser, sind die Ursache für Veränderungen im Erbgut, die sich als *Mutationen* bemerkbar machen. Unterstellt man, dass die Häufigkeit, mit der Mutationen auftreten, relativ konstant bleibt, so ist die Anzahl beobachteter Mutationen proportional zum Zeitintervall des Einwirkens mutagener Agenzien. Aufgrund dieser Proportionalität kann die Anzahl beobachteter Mutationen dazu genutzt werden, Zeitintervalle im evolutionären Maßstab abzuschätzen.

Moleküle als Uhren: Rückmutationen verfälschen die Ganggeschwindigkeit

E. Zuckerkandl und L. Pauling haben im Jahre 1965 mit ihrem Artikel „*Molecules as documents of evolutionary history*“ [3] überzeugend belegt, dass Moleküle eine reiche Quelle für phylogenetische Fragestellungen darstellen. Sollen Moleküle der Rekonstruktion von Verwandtschaftsbeziehungen dienen, so müssen sie die Eigenschaften von Uhren besitzen, um Zeitintervalle bestimmen zu können. Allerdings reicht ein einigermaßen konstantes „Ticken“ nicht aus: Die Laufgeschwindigkeit der molekularen Uhr muss zum Zeitraum passen, der im Rahmen einer phylogenetischen Analyse abgedeckt werden soll. Treten zu wenige Mutationen auf, überwiegt statistisches Rauschen. Sind es zu viele, so können sich Mutationen überlagern und zu *Rückmutationen* führen, die möglicherweise nicht zu erkennen sind. Auf diese Problematik sind wir bereits bei der Entwicklung von Scoring-Matrizen gestoßen.

Welche Rahmenbedingungen beeinflussen die Ganggeschwindigkeit von molekularen Uhren? Es ist zu erwarten, dass die mittlere Mutationsrate für alle DNA-Segmente eines betrachteten Genoms in etwa konstant ist. Aufgrund mehrerer Faktoren fällt jedoch die Anzahl *fixierter* Mutationen in den Genen unterschiedlich aus. Fixierte Mutationen sind solche, die weiter vererbt werden, d. h. auch in den Genomen der Nachkommen vorhanden sind. Genau diese Mutationen bilden die Grundlage taxonomischer Studien. In der 16S rRNA repräsentieren größere Sequenzbereiche eine besonders langsam laufende molekulare Uhr. Es wird angenommen, dass sich die rRNA-Sequenzen nahe verwandter Bakterien in 50 Millionen Jahren aufgrund von Mutationen um ca. 1–2 % unterscheiden. Andere Gene sind für das Vermessen kürzerer Zeiträume besser geeignet. Es bleibt festzuhalten, dass ein Satz von DNA-Sequenzen verfügbar ist, mit denen die Verwandtschaft praktisch aller Arten bestimmt werden kann.

Phylogenie: Verwandtschaft, die aus der Evolutionstheorie resultiert

Mit Darwins Theorie von der Entwicklung der Arten gilt es als gesichert, dass alles existierende Leben von einem *gemeinsamen* Vorgänger abstammt und dass neue Spezies natürlicherweise durch Abspaltung aus einer existierenden Population und nicht durch Kreuzung entstehen. Damit sollte es möglich sein, die Entwicklung der Arten als *gerichteten Baum* abzubilden. Die resultierende Ver-

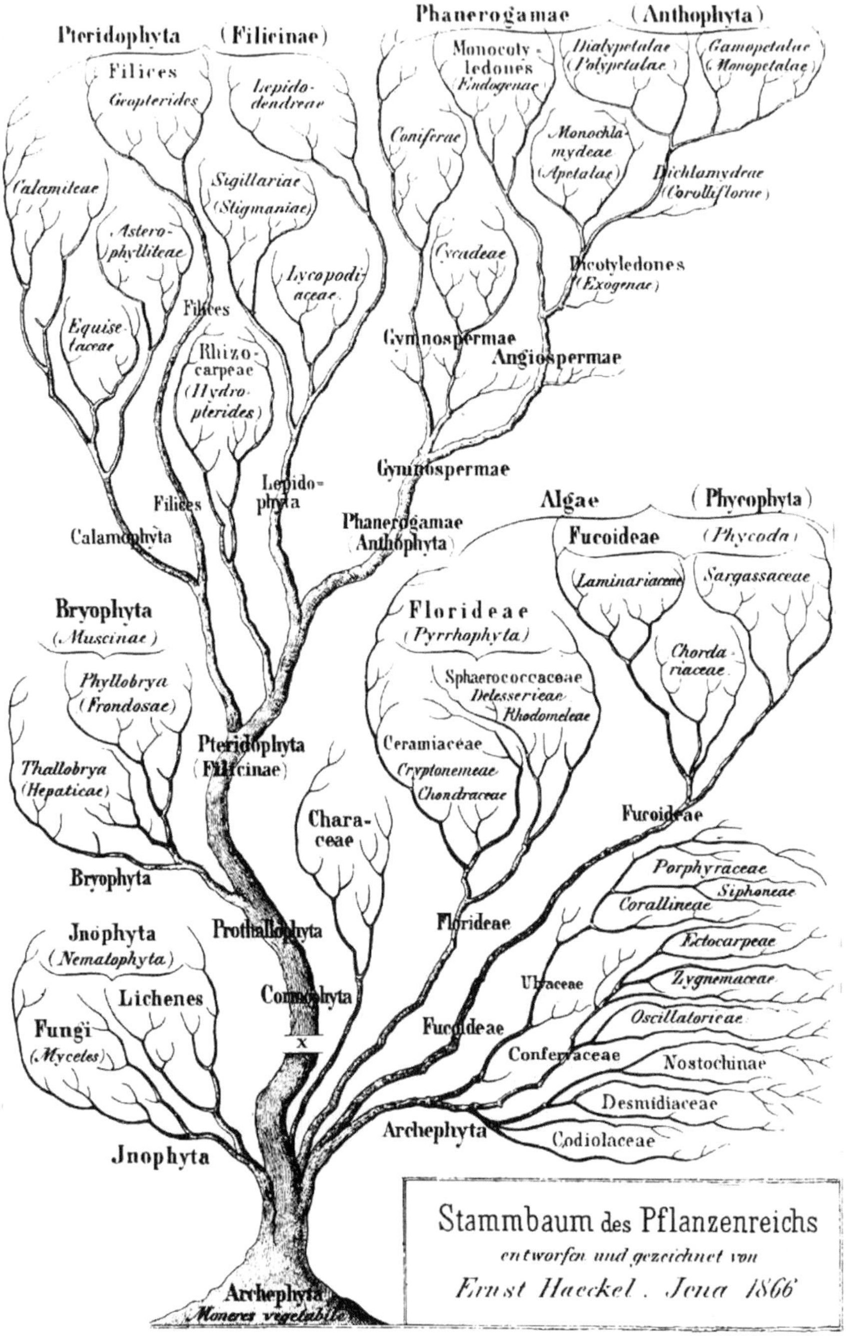

Abb. 14.2 Stammbaum des Pflanzenreichs. Nach Ernst Heinrich Haeckel, Jena 1866.

wandtschaft zwischen den Arten wird als *Phylogenie* bezeichnet. Die Wurzel dieses phylogenetischen Baumes müsste dann auf die Urform allen Lebens weisen; an den Blättern wären einzelne Spezies anzuordnen und Verzweigungen würden dann entweder auf gemeinsame Vorgänger oder Zeitpunkte schließen lassen, an denen sich Spezies evolutionär getrennt haben. Im Idealfall sollte die Länge der einzelnen Pfade ein Maß für evolutionäre Zeiträume sein. Berühmt sind die Stammbäume, die der „deutsche Apostel des Darwinismus" Ernst Heinrich Haeckel (1834–1919) entworfen und gezeichnet hat. Als Beispiel ist in Abb. 14.2 der von ihm geschaffene Stammbaum der Pflanzen wiedergegeben.

Für die Konstruktion phylogenetischer Bäume wurde eine Vielzahl von Algorithmen implementiert. Im Folgenden werden wir die wichtigsten theoretischen Grundlagen phylogenetischer Analyse erarbeiten. Hierfür werden zum Teil Konzepte aus [4] und [5] verwendet.

14.1 Phylogenetische Ansätze

Phylogenetische Algorithmen: phaenetische oder kladistische Ansätze

Wie bereits erwähnt, wird bei phylogenetischen Untersuchungen angenommen, dass die betrachteten Eigenschaften homolog sind, d. h. von einem gemeinsamen Vorfahren abstammen. Es sind folglich Klassifikationsverfahren zu entwickeln, um diese Verwandtschaftsbeziehungen zu quantifizieren. Ziel bei der Konstruktion von phylogenetischen Bäumen ist die Verteilung einer Menge von Objekten (Taxa) auf Knoten und Blätter, sodass die Lage der Knoten und Blätter zueinander und die Länge der Kanten die Verwandtschaft zwischen den Objekten wiedergibt. Hierbei können zwei alternative Strategien verfolgt werden: Orientieren sich die Verfahren an den Phänotypen, ohne ein evolutionäres Modell für deren Entstehung zu interpretieren, so spricht man von *phaenetischer* Klassifikation. Die Alternative sind *kladistische* Verfahren: Hierbei werden mögliche evolutionäre Entwicklungen bewertet. Dies bedingt, dass Vorgänger rekonstruiert werden müssen. Wir werden für jeden Ansatz einen Vertreter vorstellen. Dies sind:

Phaenetische Klassifikation: Distanz basierte Verfahren

Distanz basierte Methoden: Hierbei besteht die Eingabemenge aus evolutionären Distanzen (z. B. Editierdistanzen zwischen Paaren von Sequenzen). Ziel ist es, die Elemente als Blätter derart anzuordnen, dass die relativen Positionen im Baum gut mit den paarweisen Distanzen übereinstimmen.

Kladistik: Maximum-Parsimony oder Maximum-Likelihood

Maximum-Parsimony-Methoden: Bei diesen Ansätzen werden *Charakteristiken*, nicht Distanzen ausgewertet. Charakteristik meint in diesem Kontext eine beobachtbare Eigenschaft; dies ist im Falle von DNA- oder Proteinsequenzen eine Sequenzposition und deren Besetzung. Das Ziel der Methode ist es, einen Baum zu konstruieren, dessen Blätter von den Elementen der Eingabemenge und dessen interne Verzweigungen durch abgeleitete Taxa besetzt sind. Abgeleitete Taxa werden so konstruiert, dass die Anzahl von Mutationen, die notwendig sind, um die evolutionäre Entwicklung zu erklären, *minimal* wird. *Maximum-Parsimony* meint daher maximale Sparsamkeit im Hinblick auf die eingeführten Mutationsereignisse.

Maximum-Likelihood-Algorithmen: Hierbei wird derjenige phylogenetische Baum gesucht, dessen Wahrscheinlichkeit *bei gegebenen* Taxa maximal ist. Voraussetzung für die Berechnung der Likelihood-Werte ist ein Modell für Mutationsereignisse.

14.2 Distanz basierte Verfahren

Wir gehen im Folgenden davon aus, dass auf sinnvolle Weise für jedes Paar von Objekten eine Distanz bestimmt wurde und dass diese Werte in Form einer Abstandsmatrix D der Größe $n \times n$ vorliegen. Üblicherweise handelt es sich bei den n Objekten S_i um Sequenzen, die mithilfe eines Alignmentverfahrens paarweise verglichen wurden. Wir führen zunächst Begriffe ein, mit denen Datensätze genauer spezifiziert werden können. Als Erstes definieren wir eine spezielle Form von Metrik.

14.2.1 Ultrametrische Matrizen

Definition Ultrametrik

Sei X ein metrischer Raum und seien $x, y, z \in X$. Eine Metrik d ist eine *Ultrametrik*, wenn gilt:

$$d(x, y) \leq \max(d(x, z), d(y, z)) \text{ für alle } x, y, z. \tag{14.1}$$

Für die klassische Distanzfunktion wird nur die Erfüllung der Dreiecksungleichung gefordert:

$$d(x, y) \leq d(x, z)+d(y, z)).$$

Stammen die Einträge der Distanzmatrix D aus einem ultrametrischen Raum, so können ultrametrische Bäume entwickelt werden. Diese sind wie folgt definiert.

Definition ultrametrischer Baum

> Sei D eine $n \times n$ Distanzmatrix. Ein ultrametrischer Baum für D ist ein mit einer Wurzel versehener Baum T, für den Folgendes gilt:
> T besitzt n Blätter. Jeder interne Knoten von T ist mit einem Eintrag $D[i, j]$ markiert und hat mindestens zwei Nachfolger. Längs des Pfades von der Wurzel zu einem Blatt nehmen die Zahlen, die Knoten markieren, *strikt ab*. Für jede Kombination i, j von Blättern in T ist $D[i, j]$ die Markierung des jüngsten gemeinsamen Vorfahrens.

Das Beispiel aus Abb. 14.3 macht die Situation deutlich.

Sogleich stellt sich die Frage, welche Eigenschaften ultrametrische Matrizen und Bäume auszeichnen. Der folgende Satz gibt eine Vorschrift an, mit der eine Matrix auf diese Qualität hin überprüft werden kann.

Überprüfen der Ultrametrik-Eigenschaft

Eine Distanzmatrix D ist ultrametrisch, wenn die folgende Bedingung erfüllt ist:

> Für jeweils drei Indizes i, j, k wird das Maximum der drei Werte $D[i, j]$, $D[i, k]$ und $D[j, k]$ von mindestens zwei der drei Werte angenommen, d. h. der Wert ist nicht singulär.

Konstruktionsanweisung für ultrametrischen Baum

Wie kann zu einer ultrametrischen Matrix ein Baum konstruiert werden? Die folgenden Überlegungen ergeben eine Konstruktionsanweisung:

Sei i ein Blatt. Falls in Zeile i der Matrix D genau d unterschiedliche Einträge vorkommen, muss jeder ultrametrische Baum T einen Pfad von der Wurzel zum Blatt i mit genau d internen Knoten besitzen. Zusätzlich muss jeder interne Knoten mit einem der d Einträge aus Zeile i markiert sein. Diese Markierungen müssen zudem in der nach Wert fallenden Reihenfolge angeordnet sein.

	A	*B*	*C*	*D*	*E*
A		9	9	4	2
B			2	9	9
C				9	9
D					4
E					

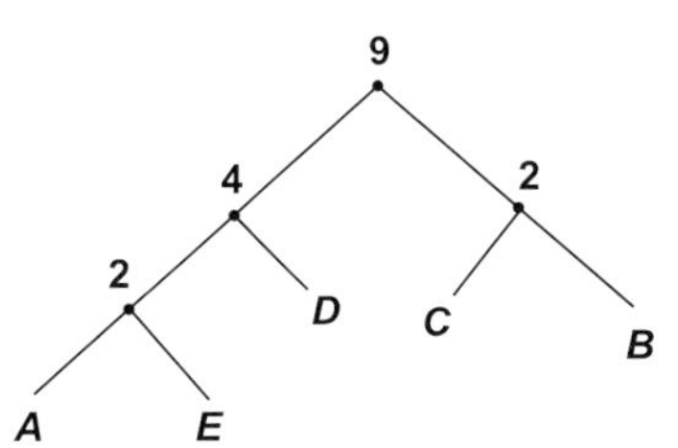

Abb. 14.3 Ultrametrische Matrix und zugehöriger Baum. In der Matrix sind für fünf Objekte paarweise Distanzwerte eingetragen. In ultrametrischen Bäumen sind die *Knoten* markiert. In diesem Beispiel bekommt die Wurzel den Wert 9.

	A	*B*	*C*	*D*	*E*	*F*	*G*	*H*
A	0	2	2	3	5	3	6	3
B			1	3	5	3	6	3
C				.	.	.	.	.

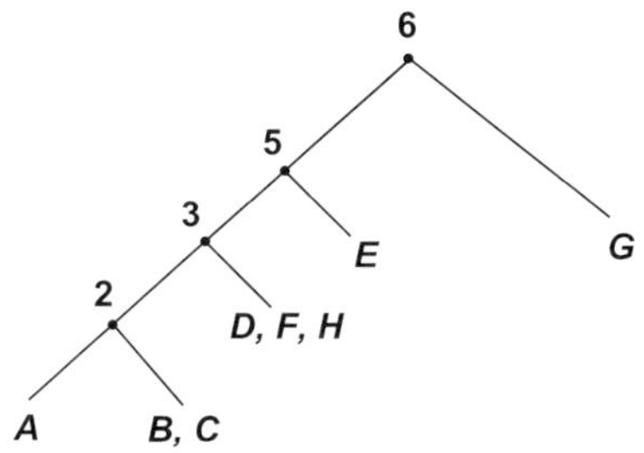

Abb. 14.4 Beispiel für die Partitionierung der Blätter in Abhängigkeit von den Einträgen in Zeile *A*. Es ist nur ein Teil der Distanzmatrix angegeben.

Daher sind die Knoten und Markierungen auf dem Pfad von der Wurzel zum Blatt *i* durch die Zeile *i* aus *D* in ihrer Reihenfolge festgelegt. Zusätzlich muss jeder Knoten, der mit dem Eintrag $D[i, j]$ markiert ist, der jüngste gemeinsame Vorfahre von *i* und *j* sein. Damit ist festgelegt, wo auf dem Pfad von der Wurzel zum Knoten *i* der Pfad zum Blatt *j* abzweigt. Auf diese Weise separiert der *i*-Pfad die restlichen *n*-1 Blätter in *d*-1 Klassen. Zwei Blätter *j* und *k* gehören zur selben Klasse, wenn $D[i, j] = D[i, k]$. Damit ist die Aufteilung der restlichen Blätter festgelegt. Für die *d*-1 Klassen können nun jeweils separat ultrametrische Bäume konstruiert werden, die mit dem *i*-Pfad zu einem Baum zusammengefügt werden können. Mit einem rekursiven Ansatz kann auf diese Weise ein ultrametrischer Baum konstruiert werden. Auf Details wird nicht eingegangen, siehe hierzu [5]. Der Aufwand für ein derartiges Verfahren ist von $O(n^2)$. Die Abb. 14.4 erläutert dieses Konstruktionsprinzip.

Reale Datensätze genügen allerdings höchst selten der Ultrametrik-Bedingung. Eine schwächere Eigenschaft von Distanzmatrizen ist die der Additivität. Diese Eigenschaft wollen wir als Nächstes untersuchen.

14.2.2
Additive Matrizen

Wir beginnen mit der Definition und einem Beispiel, vergleiche Abb. 14.5.

Definition Additivität

Sei *D* eine symmetrische $n \times n$ Distanzmatrix. Sei *T* ein gewichteter Baum mit höchstens *n* Knoten. Der Baum *T* wird additiv genannt, wenn für jedes Paar (i, j) von Knoten die Summe der Gewichte des Pfades von *i* nach *j* die Distanz (das Gewicht) $D[i, j]$ besitzt. Existiert ein solcher Baum, ist die Matrix additiv.

	A	B	C	D	E
A	0	7	9	7	3
B		0	6	4	8
C			0	4	10
D				0	8
E					0

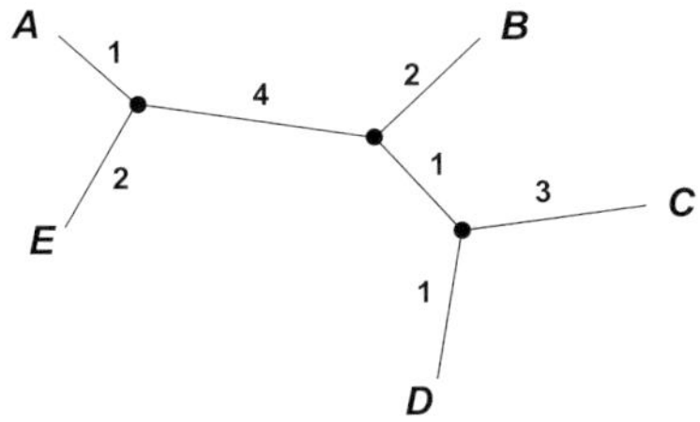

Abb. 14.5 Beispiel für additive Matrix und zugehörigen Baum.

Überprüfen der Additivität

Die Eigenschaft der Additivität kann mit der folgenden Vier-Punkte-Bedingung überprüft werden:

Eine Matrix ist additiv genau dann, wenn für beliebige vier Objekte Indices i, j, k, l gefunden werden können, so dass gilt:

$$D[i, j] + D[k, l] \leq D[i, k] + D[j, l] = D[i, l] + D[j, k].$$

Die Abb. 14.6 macht diese Bedingung deutlich, es gilt:

$$D[i, j] + D[k, l] = a+b+d+e$$

$$D[i, k] + D[j, l] = a+c+d+b+c+e = D[i, l] + D[j, k].$$

Gibt es überhaupt Distanzmatrizen, die obiger Gleichung nicht genügen? Abb. 14.7 zeigt ein Gegenbeispiel:

Es gilt:

$$D[i, j] + D[k, l] = 3 + 5 = 8$$

$$D[i, k] + D[j, l] = 2 + 4 = 6$$

$$D[i, l] + D[j, k] = 5 + 4 = 9.$$

Da sich die letzten beiden Zeilen unterscheiden, ist die Matrix nicht additiv.

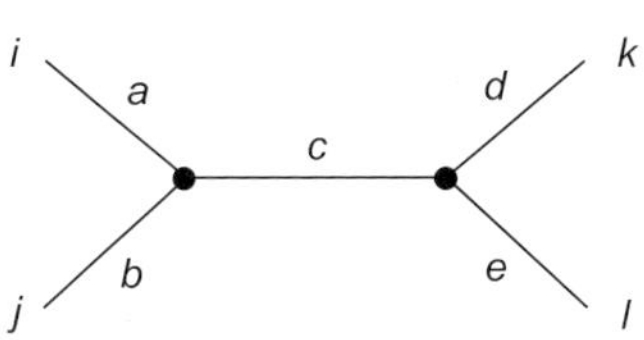

Abb. 14.6 Illustration zur Vier-Punkte-Bedingung.

	i	j	k	l
i	0	3	2	5
j		0	4	4
k			0	5
l				0

Abb. 14.7 Eine Distanzmatrix, die nicht additiv ist.

14.3 Linkage-Algorithmen

Für das Ableiten von Bäumen aus Distanzmatrizen wurde eine Vielzahl von Algorithmen entwickelt. Im Folgenden wird die Verwendbarkeit von Verfahren diskutiert, die wir bereits im Kapitel 6 eingeführt haben. Wir gehen davon aus, dass auf sinnvolle Weise für jedes Paar von Objekten ein Abstand bestimmt wurde und dass diese Abstände in Form einer $n \times n$ Abstandsmatrix D vorliegen. Das Problem, das es zu lösen gilt, ist die Konstruktion eines Baumes auf der Basis von D. Weiterhin nehmen wir an, dass die betrachteten Taxa t_i alle von einem gemeinsamen Vorfahren abstammen und dass jede Distanz $d_{ij} = D[i, j]$ proportional zur Zeit T_{ij} ist, die verstrich, seit sich die Taxa t_i und t_j aus dem letzten gemeinsamen Vorfahren entwickelten. Wir verwenden hier ein klassisches agglomeratives und hierarchisches Clusterverfahren, das im Kapitel 6 vorgestellt wird. Es liegt nahe, beim Vereinen von Clustern C_i und C_j eine der folgenden Distanzfunktionen zu wählen:

$$d_{C_i,C_j} := \begin{cases} \min(d_{kl}) \\ \max(d_{kl}) \\ \mathrm{avg}(d_{kl}) \end{cases} . \qquad (14.2)$$

Hierbei gilt für die Taxa jeweils $t_k \in C_i$ und $t_l \in C_j$. Was folgt für die resultierenden Cluster, wenn die Distanzen aus einem ultrametrischen Raum stammen? Die Bedingung $d(t_i, t_j) \leq \max(d(t_i, t_k), d(t_j, t_k))$ fordert, dass der Abstand $d(t_i, t_j)$ zwischen zwei Taxa t_i, t_j nicht größer sein darf als der Abstand von t_i **und** t_j zu einem weiteren Taxon t_k (vergleiche Abb. 14.8). Wann kann $d(t_i, t_k)$ oder $d(t_j, t_k)$ größer sein als $d(t_i, t_j)$? Wenn wir unterstellen, dass die Distanzwerte $d(.)$ proportional zu den Zeitintervallen sind, kann dieser Fall nur eintreten, wenn t_i, t_j und t_k einen gemeinsamen Vorfahren besitzen.

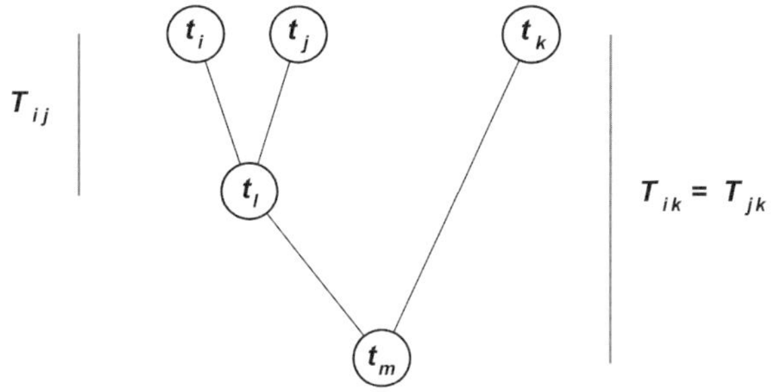

Abb. 14.8 Illustration der Ultrametrik-Ungleichung.

Gilt die Annahme der direkten Proportionalität von d_{ij} und der Zeit T_{ij}, so gilt folgende Überlegung:

Ergebnis für ultrametrische Matrizen

Der Vorgänger t_m von t_k, der zum Zeitpunkt $max(T_{ik}, T_{jk})$ existierte, muss auch ein Vorfahre des gemeinsamen Vorfahren t_l von t_i und t_j gewesen sein, vergleiche Abb. 14.8. Hieraus folgt wiederum die Ultrametrik-Ungleichung (14.1):

Ultrametrik-Ungleichung

$$T_{ij} \leq \max(T_{ik}, T_{jk}). \tag{14.3}$$

Als Konsequenz aus der Annahme der Proportionalität ($d_{ij} \sim T_{ij}$) folgt:

$$d_{ij} \leq \max(d_{ik}, d_{jk}),\ d_{ik} \leq \max(d_{ij}, d_{jk}) \text{ und } d_{jk} \leq \max(d_{ij}, d_{ik}),$$

was wiederum

$$d_{ik} \leq \max(d_{ij}, d_{jk}) = d_{jk} \text{ impliziert ebenso wie } d_{jk} \leq \max(d_{ij}, d_{ik}) = d_{ik}$$

und deshalb gilt [4]:

$$d_{ik} = d_{jk} = \min(d_{ik}, d_{jk}) = \max(d_{ik}, d_{jk}) = 1/2\ (d_{ik} + d_{jk}).$$

Hieraus folgt:

Für ultrametrische Daten liefern die drei Ansätze aus Gleichung (14.2) dasselbe Ergebnis.

Dieses Resultat ist für all diejenigen, die bereits praktische Erfahrung mit dem Clustern realer Daten gesammelt haben, ernüchternd und ganz generell eine Warnung, da sich phylogenetische Bäume, die mit dem gleichen Datensatz und den drei genannten *Linkage*-Verfahren konstruiert wurden, häufig stark unterscheiden. Dem ist so, weil reelle Datensätze gewöhnlich nicht der Ultrametrik-Ungleichung (14.3) genügen. Meist ist die Annahme der Proportionalität zwischen der Anzahl von Mutationen, die S_i und S_j unterscheiden und der verstrichenen Zeit nicht erfüllt. Beispielsweise sind die Mutationsraten verschiedener Spezies (oder sogar unterschiedlicher Teilsequenzen) abhängig vom Zellmilieu. Aus diesem Grund werden *Linkage*-Verfahren oder auch die UPGMA-Methode (*Unweighted Pair Group Method with Arithmetic mean*) beim Erstellen von Bäumen häufig scheitern. Auf Letztere gehen wir aus diesem Grund nicht weiter ein.

Pragmatische Vorgehensweise

Ganz generell empfiehlt sich das folgende Verfahren, um die Zuverlässigkeit phylogenetischer Analysen zu überprüfen:

Aus einem Datensatz sollten mit unterschiedlichen Algorithmen phylogenetische Bäume konstruiert und anschließend die Resultate verglichen werden. Sind wenigstens zwei Bäume identisch, so repräsentieren sie mit hoher Wahrscheinlichkeit die wahre Phylogenie. Gilt das Gleiche für eine Gruppe von Taxa, d. h. kommen sie in mindestens zwei Bäumen geclustert vor, kann abgeleitet werden, dass sie im Hinblick auf die restlichen Taxa eine *monophyletische* Gruppe bilden. Gilt diese Übereinstimmung weder für zwei Bäume noch für Gruppen von Sequenzen, sollte man den phylogenetischen Bäumen misstrauen, d. h. keine Schlüsse aus den sich widersprechenden Resultaten ziehen. Die Umsetzung dieser Vorgehensweise zu einem allgemeinen Verfahren führt zu den *Bootstrapping*-Methoden. Statistische Verfahren und weitere Konzepte, mit denen die Plausibilität von Bäumen überprüft werden kann, führen wir am Ende des Kapitels ein.

14.4 Der Neighbour-Joining-Algorithmus

Zu den Linkage-Algorithmen gehört auch das *Neighbour-Joining*-Verfahren. Dieser Algorithmus generiert aus einer Abstandsmatrix einen Baum mit ungerichteten, gewichteten Kanten. Dieser ist additiv, sofern die Matrix D additiv ist. Der Algorithmus wird beispielsweise auch in ClustalW und T-Coffee verwendet, die wir im Kapitel 13 eingeführt haben. Bei diesem Verfahren wird nicht mehr vorausgesetzt, dass die Mutationsrate in allen betrachteten Zweigen dieselbe ist.

Algorithmus 14.1 Neighbour-Joining

1 Initialisiere Distanzmatrix $D[1..n, 1..n]$, $E := \{\ \}$, $V := L: = \{1,\ldots\ldots, n\}$.

2 Führe aus

3 Für jedes Paar $i \neq j \in L$ berechne $d^*_{ij} := d_{ij} - (r_i + r_j)$.
Hierbei ist
$$r_i := \frac{1}{|L| - 2} \sum_{m \in L} d_{im}$$

4 Wähle die Indizes i, j ($i \neq j$) so, dass d^*_{ij} minimal ist.

5 Definiere neuen Knoten k, füge diesen in V und L ein und lösche i, j aus L.

6 Berechne die Abstände $d_{km} := 1/2\ (d_{im} + d_{jm} - d_{ij})$ ($m \in L$) zum neuen Knoten k.

7 Füge die Kanten (i, k), (j, k) zu E hinzu, die Längen sind:
$d_{ik} := 1/2\ (d_{ij} + r_i - r_j)$ und $d_{jk} := d_{ij} - d_{ik}$.

8 bis L nur noch aus zwei Einträgen i und j besteht.
Füge die Kante (i, j) mit Gewicht d_{ij} zu E hinzu.

9 Ausgabe: (V, E)

Erläuterung des Algorithmus

In Zeile 1 werden die Mengen V (Vertices) und E (Kanten), die den Baum T ausmachen, sowie die Menge L der momentan verwendeten Knoten initialisiert. In Zeile 3 wird für jedes Paar i, j die Distanz d^*_{ij} berechnet. Hierbei werden vom Wert d_{ij} die Terme r_i und r_j subtrahiert. Diese entsprechen dem mittleren Abstand der anderen $|L|$-2 Einträge zu i bzw. j. In Zeile 4 werden die zwei Knoten mit dem kleinsten Abstand identifiziert und zu einem neuen Knoten k zusammengefasst. In Zeile 6 wird für alle noch in L verbliebenen Knoten die Distanz zu k berechnet. Hierbei wird die Summe der Werte d_{im} und d_{jm} um d_{ij} korrigiert. Dieses Verfahren wird solange fortgesetzt, bis L nur noch aus zwei Einträgen besteht. Dieser Algorithmus hat eine angenehme Eigenschaft: T ist ein additiver Baum für D und jeder innere Knoten ist vom Grad 3, falls ein derartiger Baum existiert. Die Vorgehensweise wird in Abb. 14.9 illustriert.

Wie leicht zu erkennen, haben wir es wiederum mit einem Greedy-Algorithmus zu tun, sodass nicht garantiert ist, dass der optimale Baum gefunden wird. Zusätzlich stellt sich die Frage, wie sich der Algorithmus bei nichtadditiven Matrizen verhält. Es gilt der Satz von Atteson [6]:

Ist D' *fast additiv*, so ist die Topologie des vom *Neighbour-Joining*-Algorithmus ausgegebenen Baumes T' dieselbe wie die von T. *Fast additiv* ist eine Matrix D', wenn gilt:

$$|D - D'| = \max_{i,j} (|D[i,j] - D'[i,j]|) \leq \min_{v_k} \left(\frac{v_k}{2}\right).$$

Hierbei ist T der zu D berechnete Baum. Solange also der Unterschied zwischen den wahren und den gemessenen Distanzen kleiner als die Hälfte der kleinsten Kantenlänge v_k ist, rekonstruiert der *Neighbour-Joining*-Algorithmus den korrekten Baum.

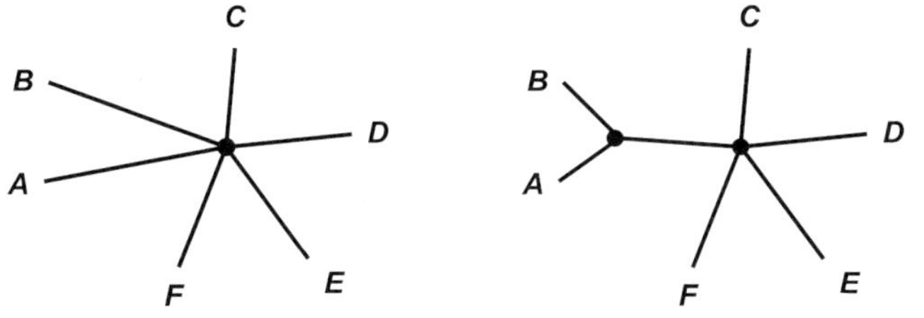

Abb. 14.9 Illustration eines Schrittes beim *Neighbour-Joining*. Es werden diejenigen Knoten, die voneinander den geringsten Abstand haben und am stärksten isoliert liegen, durch einen neu generierten Knoten verbunden. Dessen Abstand zu allen anderen Knoten im Baum wird neu berechnet. Mit jedem Schritt wird auf diese Weise die Anzahl von Knoten um 1 reduziert.

14.5 Parsimony-Methoden

Parsimony-Ansätze bewerten Charakteristiken

Neben den Distanz basierten Verfahren stellen die Parsimony-Methoden die zweite, große Klasse von Algorithmen zur Konstruktion phylogenetischer Bäume. Ganz allgemein wird beim Parsimony-Ansatz das Vorkommen von **Charakteristiken** bewertet. Werden Sequenzen analysiert, so sind Charakteristiken die an den betrachteten Positionen vorkommenden Aminosäuren oder Nucleotide. Die Vorgehensweise soll zunächst an einem Beispiel skizziert werden. Wir nehmen hierbei an, dass für 7 Sequenzen *a*–*g* ein phylogenetischer Baum abgeleitet werden soll; diese sind in Abb. 14.10 angegeben. Am stärksten unterscheiden sich die Sequenzen *b* und *g* vom Rest. An der Position 11 tritt eine A⟶T Mutation auf, an Position 15 eine vom Typ G⟶C und an Position 16 ein A⟶T Übergang. Die genannten Sequenzen haben wiederum mit *c* und *f* die Mutationen (6, T⟶C) und (9, G⟶A) gemeinsam. In Klammern sind jeweils die Position und die einzuführende Mutation angegeben. Aus *b* und *g* kann die Konsensus-Sequenz Λ := ACGAACGCAATGGACT gebildet werden. An den beiden Stellen, an denen *b* und *g* unterschiedlich besetzt sind, entscheiden wir uns jeweils für das in *a*–*g* am häufigsten vorkommende Symbol. Analog bilden wir für *c* und *f* eine Konsensus-Sequenz Φ := ACGAACGCATAGGAGA. Der Vergleich von Λ und Φ ergibt den Konsensus Θ := ACGAACGCAAAGGAGA. Der Vergleich von Θ und *e* zeigt, dass die Sequenzen an den Positionen 4, 6 und 9 differieren. Wir entscheiden uns für die Konsensus-Sequenz Ψ := ACGAATGCGAAGGAGA. Diese ändern wir unter Beachtung der restlichen Sequenzen schließlich noch zu Ω := ACGAATGCGAAGCAGA. Nun sind alle Vorgänger rekonstruiert, sodass ein *Maximum-Parsimony*-Baum gezeichnet werden kann; siehe Abb. 14.10. In diesem Baum sind die einzelnen Pfade mit den Mutationen markiert, die eingeführt werden müssen, damit jeweils die Nachkommen entstehen. Die von Λ–Ω repräsentierten Sequenzen entsprechen gemeinsamen Vorfahren, die aufgrund unserer Modellannahmen rekonstruiert wurden. Ω stimmt mit keiner der Eingabesequenzen überein.

Ziel von Parsimony-Ansätzen: Anzahl von Mutationen minimieren

Mit diesem Beispiel ist skizziert, wie Maximum-Parsimony-Bäume konstruiert werden: Jede Position einer Sequenz wird als Merkmal interpretiert und aus den Merkmalsunterschieden wird eine Menge von Mutationsereignissen abgeleitet. Nun wird ein Baum gesucht, der mit minimalem Aufwand an Mutationen (daher *maximum parsimony*) sämtliche Sequenzen der Eingabemenge erzeugt. Hierbei werden, soweit erforderlich, Vorgänger rekonstruiert. Quasi automatisch ergibt sich ein phylogenetischer Baum.

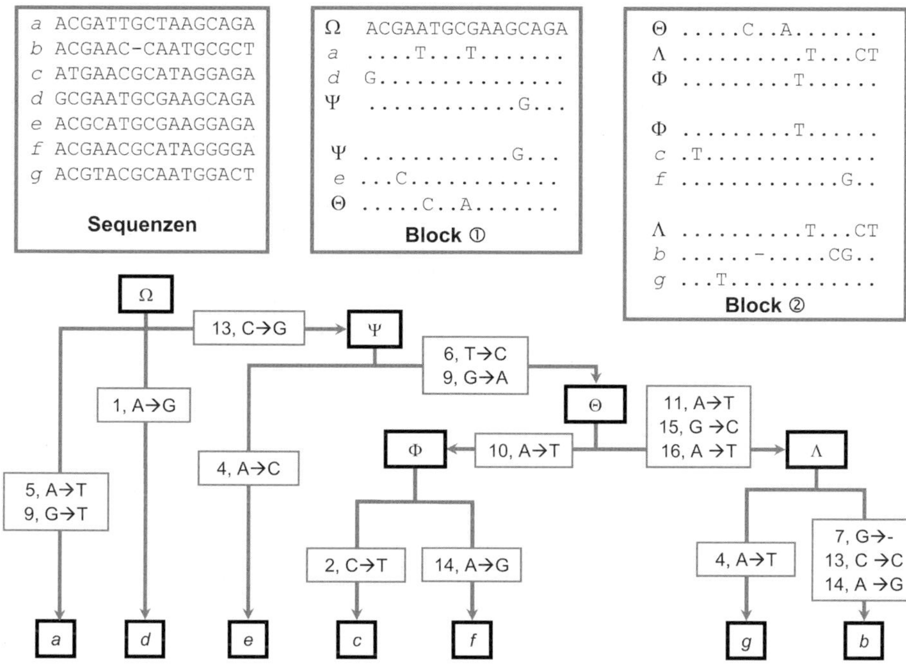

Abb. 14.10 Prinzip zur Konstruktion eines Maximum-Parsimony-Baumes. Es liegen 7 homologe Sequenzen *a–g* vor, von denen angenommen wird, dass sie einen gemeinsamen Vorfahren besitzen. Aus den Sequenzen *b* und *g* wurde der Vorgänger Λ rekonstruiert. Für die Sequenzen *c* und *f* ergibt sich der Vorgänger Φ. Aus Φ und Λ wird Θ abgeleitet und schließlich unter Beachtung der restlichen Sequenzen Ψ und Ω. In den Blöcken ① und ② sind Übereinstimmungen (Matches) der betrachteten Sequenzen mit den rekonstruierten Vorgängersequenzen durch das Symbol „." markiert, um Sequenzabweichungen stärker hervorzuheben. Im Baum sind in den grau umrandeten Feldern die Mutationen eingetragen, die auszuführen sind, um die als Blätter angegebenen Sequenzen zu erzeugen. Es ist jeweils die Position und die dort auszuführende Mutation angeführt. Die Sequenz Ω entspricht der Wurzel. Zu Details siehe Text. Die Kantenlängen enthalten in diesem Beispiel keine phylogenetische Information. Lücken, die beim Ausrichten der Sequenzen eingeführt werden, sind mit dem Symbol „-" markiert.

Bei dieser einführenden Darstellung blieb vieles offen. Es wurde z. B. nicht erklärt, nach welchen Kriterien die Sequenzen ausgewählt und gruppiert wurden. Wir wollen nun einen Algorithmus genauer vorstellen.

14.6 Konstruktion eines Parsimony-Baumes

Wiederum betrachten wir den einfachsten Fall. Hierbei wird angenommen, dass ein Objekt eine Charakteristik besitzt oder eben nicht. Somit werden n Objekte mit m Charakteristiken durch eine binäre $n \times m$ Matrix beschrieben. $M[i, j]$ ist dann 1, wenn Objekt i die Charakteristik j besitzt. Die Definition eines phylogenetischen Baumes zur Matrix M ist dann:

Definition Parsimony-Baum

> Sei M eine binäre $n \times m$ Matrix. Ein phylogenetischer Baum zu M ist ein mit Wurzel versehener Baum für den gilt:
> 1) Jedes der n Objekte O ist in Form einer Zeile gegeben und markiert genau ein Blatt.
> 2) Jede der m Charakteristiken markiert genau eine *Kante*.
> 3) Für jedes Objekt O geben die Kantenmarkierungen, die auf dem Pfad von der Wurzel zu dem mit O besetzten Blatt liegen, die Charakteristiken an, die O besitzt.

Wir beschreiben nun ein Verfahren, mit dem bei perfekten Phylogenie-Signalen ein Baum bestimmt werden kann. Für die Konstruktion eines Baumes ist es sinnvoll, die Matrix M zunächst umzusortieren. Hierbei wird jede *Spalte* von M als Binärzahl interpretiert. Die Spalten werden absteigend sortiert. Die so entstandene Matrix sei $\underline{M}$, vergleiche Abb. 14.11.

Konstruktion mithilfe eines Präfixbaumes

Wie wird ein Parsimony-Baum konstruiert? Es wird für jede Zeile a aus $\underline{M}$ eine Zeichenkette abgeleitet, an die das spezielle Symbol \$, das nicht zum Alphabet gehört, angehängt wird. Die Zeichenkette ergibt sich aus den Charakteristiken, die S_i besitzt. Zu Objekt A aus $\underline{M}$ (vergl. Abb. 14.11) des obigen Beispiels wird der String 1,\$ generiert, C ergibt 1,2,\$, B 1,2,3,\$ und E ergibt 4,5,\$. Diese Zeichenketten werden verwendet, um einen *Präfixbaum* zu konstruieren. Dessen Konstruktion verläuft analog zu der von Suffix-Bäumen, die wir im Kapitel 22 vorstellen. Der resultierende Baum ist ein Parsimony-Baum und in Abb. 14.11 dargestellt.

Sortierung der Spalten und phylogenetischer Baum für M

Verallgemeinertes Parsimony-Problem

Bisher konnte eine Charakteristik genau die zwei Zustände 0 oder 1 annehmen. Zur Verallgemeinerung werden nun mehrere Zustände für jede Charakteristik zugelassen. In diesem Fall sind die Blätter eines Baumes T wiederum mit genau einem Objekt besetzt, die Kanten sind nun jedoch mit „Mutationen" belegt. Die Markierungen haben nun die Form $(n, x \rightarrow y)$, so wie oben bereits eingeführt. Wenn die Anzahl der Zustände, die eine Charakteristik annehmen kann, auf r begrenzt ist, kann ein Baum in $O(n^r)$ abgeleitet werden.

	1	2	3	4	5
A	1	0	0	0	0
B	1	0	1	0	1
C	1	0	0	0	1
D	0	0	0	1	0
E	0	1	0	1	0

Matrix M

Neu	1	2	3	4	5
Alt	*1*	*5*	*3*	*4*	*2*
A	1	0	0	0	0
B	1	1	1	0	0
C	1	1	0	0	0
D	0	0	0	1	0
E	0	0	0	1	1

Matrix $\underline{M}$

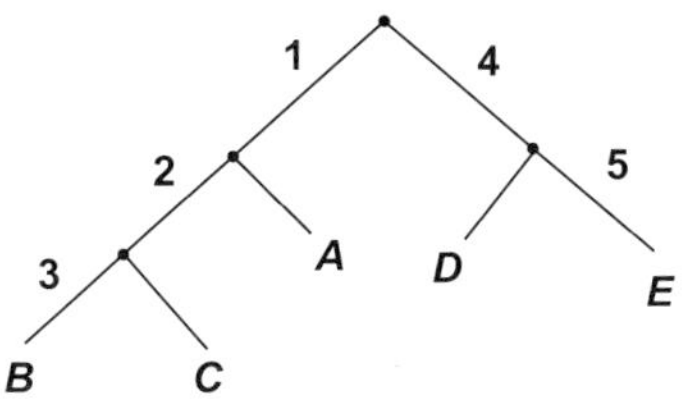

Abb. 14.11 Sortierung der Spalten von *M* und phylogenetischer Baum. In der Matrix $\underline{M}$ sind die Spalten aus *M* neu geordnet und zwar derart, dass die Spalten entsprechend des als Binärzahl interpretierten Inhalts abfallend sortiert sind. Die Nummerierung der Spalten wurde entsprechend angepasst. Für das Beispiel wurde aus Spalte 5 [dual(01100) = dezimal(12)] die neue Spalte 2. Der Baum wurde als Präfix-Baum entwickelt, die schließenden $ der Präfixe wurden in der Darstellung weggelassen.

14.7 Maximum-Likelihood-Ansätze

Ausgangspunkt für Maximum-Likelihood (ML)-Verfahren ist wiederum ein multiples Sequenzalignment, das zu einer Menge $Z := \{A, B, C, D, E, \ldots\}$ von Sequenzen berechnet wurde. ML-Ansätze zielen darauf ab, denjenigen Baum zu finden, der mit höchster Wahrscheinlichkeit die gegebenen Daten generiert. Wir orientieren uns im Folgenden an einem Ansatz von J. Felsenstein [7]. Die Basisaufgabe ist zunächst, die Wahrscheinlichkeit für das Auftreten von Z zu berechnen unter der Voraussetzung, dass ein bestimmter phylogenetischer Baum gegeben ist. Ist diese Aufgabe gelöst, so muss diese Wahrscheinlichkeit über alle möglichen evolutionären Bäume maximiert werden. Die Wahrscheinlichkeit für das Auftreten der Sequenzen von Z als Blätter eines Baumes kann mithilfe eines Modells berechnet werden. Dieses muss angeben, mit welcher Wahrscheinlichkeit die Sequenz K auf einer Kante v des Baumes mit Länge (Zeit) t in die Sequenz L übergeht.

14.7.1 Übergangswahrscheinlichkeiten für DNA-Sequenzen

Im Folgenden beschäftigen wir uns mit DNA-Sequenzen, da wir es hier nur mit vier Ausprägungen von Charakteristiken (Basen) zu tun haben. Die Erweiterung der Modelle auf die Behandlung von Proteinsequenzen ist jedoch einfach.

Modellierung mithilfe eines Markov-Prozesses

Wir modellieren mithilfe eines Markov-Prozesses und nehmen zunächst an, dass jede Base k mit konstanter Rate π_l in die Base l übergeht. Unterstellen wir eine konstante Mutationsrate μ, so ist die Wahrscheinlichkeit, dass an der betrachteten Position nach t Generationen **keine** Mutationen auftraten, gleich $(1-\mu)^t$. Die Wahrscheinlichkeit, dass eine Mutation auftrat, ist dann

$$p_{Mut} := 1 - (1 - \mu)^t \approx 1 - e^{-\mu t}.$$

Damit ergibt sich die Wahrscheinlichkeit für einen Wechsel von Base k zu Base l innerhalb der Zeit t zu

$$p_{kl}(t) := \begin{cases} (1 - p_{Mut}) + p_{Mut}\pi_l & k = l \\ p_{Mut}\pi_l & k \neq l \end{cases}. \tag{14.4}$$

Für die 16 π_l-Werte wurden verschiedene Modelle eingeführt. Sie beschreiben Mutationsvorgänge mithilfe von Übergangswahrscheinlichkeiten zwischen den Basen. Das erste Modell wurde 1969 von Jukes und Kantor [8] vorgeschlagen, die aufwändigsten erfordern 12 unabhängige Parameter. Häufig werden Modelle von Kimura [9] oder Felsenstein [7] genutzt.

14.7.2 Empirische Modelle der Protein-Evolution

ML-Ansätze sind aufwändig, liefern aber die besten Evolutionsmodelle

Im Kapitel 11 haben wir die PAM- und die JTT-Matrix eingeführt. Beides sind Auszählmethoden, die einen Maximum-Parsimony-Ansatz umsetzen. Beim Bestimmen der JTT-Matrix wurden nur solche Sequenzen bewertet, die im paarweisen Vergleich minimal 85 % identischer Residuen aufweisen. So wird die erwartete Anzahl von Mehrfachmutationen reduziert, die möglicherweise an derselben Position vorkommen können und nicht beobachtbar sind. Andererseits wird bei dieser Vorgehensweise all die Information ignoriert, die in den verworfenen Sequenzen steckt. Maximum-Likelihood-Ansätze vermeiden die mit den Auszählmethoden verbundenen Probleme, da die gesamte Information aus allen Sequenzen gezogen wird und sie auf einem Modell beruhen, das Mehrfachmutationen zulässt. Allerdings erfordert das Maximieren der Modelle erhebliche Rechenzeit, sodass zum Berechnen von Substitutions-Matrizen üblicherweise nur kleine Datenmengen analysiert werden. Mit einigen vereinfachenden Annahmen lassen sich jedoch größere Datensätze nutzen. Auf diese Verfahren gehen wir hier jedoch nicht ein.

Bei ML-Ansätzen wird üblicherweise angenommen, dass Residuen unabhängig voneinander evolvieren und durch einen homogenen, stationären und umkehrbaren Markov-Prozess modelliert werden können. Die Wahrscheinlichkeit für den Ersatz der Aminosäure as_i durch as_j im Zeitintervall T ist $p_{as_i as_j}(T)$. Diese Wahrscheinlichkeiten können als Matrix beschrieben werden, wobei gilt:

$$\mathbf{P}(T) := \exp(T\mathbf{Q}),$$

hierbei ist **Q** eine Raten-Matrix. Die abseits der Diagonalen liegenden Werte $Q_{i,j}$ geben die Raten an, mit der die Aminosäure as_i durch as_j ersetzt wird und die Werte $Q_{i,i}$ sind so normiert, dass die Zeilensummen null ergeben. Die Werte $Q_{i,j}$ können beschrieben werden als Produkt zweier Matrizen:

$$\mathbf{Q} := \begin{pmatrix} - & s_{as_1,as_2} & \cdot & s_{as_1,as_{20}} \\ s_{as_1,as_2} & - & & \cdot \\ \cdot & & - & \cdot \\ s_{as_1,as_{20}} & s_{as_2,as_{20}} & & - \end{pmatrix} \cdot diag(\pi_{as_1}, \ldots \pi_{as_{20}}) \tag{14.5}$$

Damit wird **Q** durch zwei Datensätze definiert: Jeder Wert s_{as_i,as_j} quantifiziert die Austauschbarkeit der Aminosäure as_i durch as_j. Zeitumkehrbarkeit ergibt $s_{as_i,as_j} = s_{as_j,as_i}$, wie in Gleichung (14.5) bereits eingeführt. Unter diesen Bedingungen müssen für **Q** 90 Parameter geschätzt werden. Die π_{as_i}-Werte repräsentieren die Gleichgewichtshäufigkeiten der Aminosäuren im betrachteten Datensatz. Gewöhnlich werden sie aus den Sequenzen abgeleitet, für die ein phylogenetischer Baum berechnet wird. Von Whelan and Goldman wurde 2001 ein Parametersatz bestimmt, der als WAG-Matrix bekannt geworden ist [10]. Wie wird die Performanz solcher Modelle bewertet? Es werden phylogenetische Bäume konstruiert und die resultierenden Likelihood-Werte verglichen. Die mit diesem Datensatz erzeugten Bäume besitzen höhere Likelihood-Werte als solche, die mit PAM- oder JTT-Matrizen berechnet wurden. Ein neueres Evolutionsmodell lässt beim Schätzen der Parameter Variationen in den positionsspezifischen Mutationsraten zu. Einträge aus der Pfam-Datenbank und daraus abgeleitete ML-Bäume waren die Grundlage für die Berechnung des LG-Parametersatzes [11]. Dieser zeichnet sich durch nochmals erhöhte Likelihood-Werte aus. In Abb. 14.12 sind die korrespondierenden Werte der LG- und der JTT-Matrix verglichen. Ein globaler Vergleich der Wertepaare zeigt zunächst, dass die Substitutionshäufigkeiten korreliert sind. Unterschiede in den Paaren lassen sich jedoch nur durch Vergleich der absoluten Zahlenwerte ableiten.

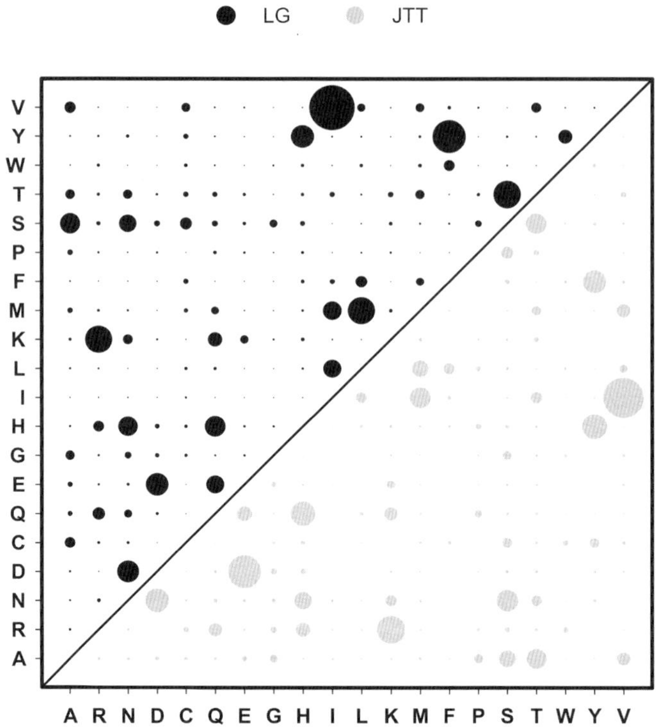

Abb. 14.12 Vergleich der Substitutionshäufigkeiten aus der LG- und der JTT-Matrix. Die Zahlenwerte bestimmen den Durchmesser der Scheiben. In der oberen Diagonalmatrix sind die Werte der LG-Matrix eingetragen.

14.7.3 Berechnen der Likelihood eines Baumes

Berechnung der Likelihood für eine Stelle

Mit obigen Modellen haben wir die Parameter in Händen, mit denen wir die Likelihood eines Baumes berechnen können. Zur Vereinfachung nehmen wir wiederum an, dass alle Positionen in den Sequenzen unabhängig voneinander mutieren. Diese Annahme reduziert das Berechnen der Gesamtwahrscheinlichkeiten auf die Multiplikation der pro Position berechneten Einzelwahrscheinlichkeiten. Daher konzentrieren wir uns im Folgenden auf die Betrachtung *einer* Position s. Es geht also darum, den Likelihood-Wert für einen gegebenen Baum zu berechnen, also die Wahrscheinlichkeit für das Auftreten der beobachteten Basen (Taxa) an Position s, gegeben den Baum. Die Berechnung des Likelihood-Wertes wollen wir an einem Beispiel einführen. Gegeben sei der in Abb. 14.13 gezeigte Baum, die Länge der einzelnen Kanten sei durch die Werte v_i bestimmt. Kennen wir die Zustände (vorkommende Basen) e_i an den Knoten i, so ist die Likelihood für den Baum das Produkt sämtlicher Übergangswahrscheinlichkeiten. Im konkreten Fall ergibt sich unter Verwendung der Werte nach Gleichung (14.4):

Modell für Proteinevolution

$$L(Baum) := \pi_{e_0} p_{e_0 e_6}(\nu_6) p_{e_6 e_1}(\nu_1) p_{e_6 e_2}(\nu_2) p_{e_0 e_8}(\nu_8) p_{e_8 e_3}(\nu_3) p_{e_8 e_7}(\nu_7) p_{e_7 e_4}(\nu_4) p_{e_7 e_5}(\nu_5).$$

Da wir die Zustände in den Knoten nicht kennen, müssen wir *alle möglichen* Ausprägungen von Basen aufaddieren; damit folgt:

Summierung über alle Ausprägungen

$$L(Baum) := \sum_{e_0} \sum_{e_6} \sum_{e_7} \sum_{e_8} \pi_{e_0} p_{e_0 e_6}(\nu_6) p_{e_6 e_1}(\nu_1) p_{e_6 e_2}(\nu_2) p_{e_0 e_8}(\nu_8) p_{e_8 e_3}(\nu_3) p_{e_8 e_7}(\nu_7) p_{e_7 e_4}(\nu_4) p_{e_7 e_5}(\nu_5).$$

Dieser Term kann effizient berechnet werden, da die Summenbildung nach innen verlagert werden kann. Es ergibt sich:

Aufbau des Terms analog zur Topologie

$$\begin{aligned} L(Baum) := \quad & \sum_{e_0} \pi_{e_0} \{ \sum_{e_6} p_{e_0 e_6}(\nu_6) [p_{e_6 e_1}(\nu_1)][p_{e_6 e_2}(\nu_2)] \} \\ & \{ \sum_{e_8} p_{e_0 e_8}(\nu_8) [p_{e_8 e_3}(\nu_3)] [\sum_{e_7} p_{e_8 e_7}(\nu_7) (p_{e_7 e_4}(\nu_4)) (p_{e_7 e_5}(\nu_5))] \} \end{aligned} \tag{14.6}$$

Das Muster der Klammern {[][]}{[][()()]} in Gleichung (14.6) entspricht der Topologie des Baumes. Es liegt nahe, den Ausdruck mit einem *bottom-up* Ansatz zu berechnen. Sei $L_{e_k}^k$ die Likelihood, die sich aus den Daten am Knoten k mit Zustand e_k und in Richtung der Blätter ergibt. Für die Blätter ist $L_{e_k}^k$ gleich eins für das Symbol, das in der betrachteten Sequenz vorkommt und null

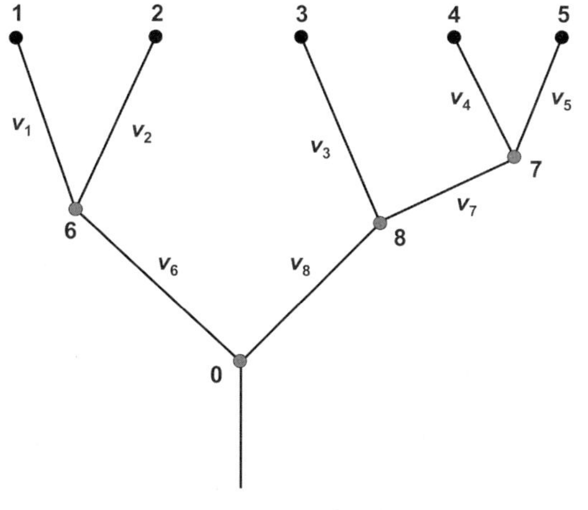

Abb. 14.13 Beispiel für die Berechnung eines Likelihood-Wertes zu einem phylogenetischen Baum. Die Knoten sind von 1 bis 8 durchnummeriert. Die Kanten sind mit Gewichten (Zeitintervallen) ν_i markiert; nach [7].

sonst. Bei Knoten, die näher zur Wurzel liegen, werden die Werte zweier Kinder i, j dann wie folgt zusammengefasst:

$$L_{e_k}^k := \Big(\sum_{e_i} p_{e_k e_i}(v_i) L_{e_i}^i\Big)\Big(\sum_{e_j} p_{e_k e_j}(v_j) L_{e_j}^j\Big).$$

$L(Baum)$ ergibt sich dann zu

$$L(Baum) := \sum_{e_0} \pi_0 L_{e_0}^0 .$$

Wir halten zunächst fest, dass wir auf diese Weise die Likelihood für **einen** Baum berechnen können, sofern die Übergangswahrscheinlichkeiten p_{ij} bekannt sind. Maximum-Likelihood ist jedoch darauf aus, denjenigen Baum mit dem größten L-Wert zu bestimmen. Wie kommen wir zu den Bäumen, die wir vergleichend bewerten müssen? Hierfür werden iterative Verfahren genutzt oder andere Heuristiken. Eine dieser Heuristiken ist das *Quartett-Puzzle*, das wir nun einführen wollen.

14.7.4 Quartett-Puzzle

Quartett-Puzzle: Rekonstruktion des Baumes aus Quartetten

Das generelle Ziel des ML-Ansatzes ist das Identifizieren desjenigen Baumes und das Bestimmen der Kantenlängen, die insgesamt den größten Likelihood-Wert besitzen. Diese Aufgabe kann in zwei Teilaufgaben zerlegt werden:

Zum einen muss die Topologie des Baumes bestimmt und zum anderen müssen die Kantenlängen angepasst werden. Da die Anzahl möglicher Bäume exponentiell mit der Anzahl von Taxa wächst, verwenden alle Algorithmen eine Heuristik, um die optimale Topologie zu finden. Wesentlich geringer ist der Aufwand, einen ML-Baum für vier Sequenzen zu berechnen. Strimmer und von Haeseler [12] führten ein Verfahren ein, das zunächst für alle $\binom{n}{4}$ möglichen Quartette die ML-Bäume bestimmt. In einem *Puzzle-Schritt* werden dann Sequenzen in zufälliger Reihenfolge in den wachsenden Baum eingefügt. Der Puzzle-Schritt wird mehrere Male wiederholt, um schließlich einen Konsensus-Baum abzuleiten.

Zu jedem Quartett gibt es genau drei Topologien, hieraus wird die optimale ausgewählt

Der erste Schritt besteht darin, für alle $\binom{n}{4}$ Quartette von Taxa A, B, C, D die drei möglichen ML-Bäume Q_1, Q_2, Q_3 zu konstruieren. Deren Topologien sind in Abb. 14.14 gezeigt. Die ML-Werte seien m_1, m_2, m_3. Alle Bäume Q_j mit $m_i := max(m_1, m_2, m_3)$ für die betrachteten Quartette sind *optimal* und werden im Puzzle-Schritt weiterverwendet. Gibt es mehr als einen optimalen Baum,

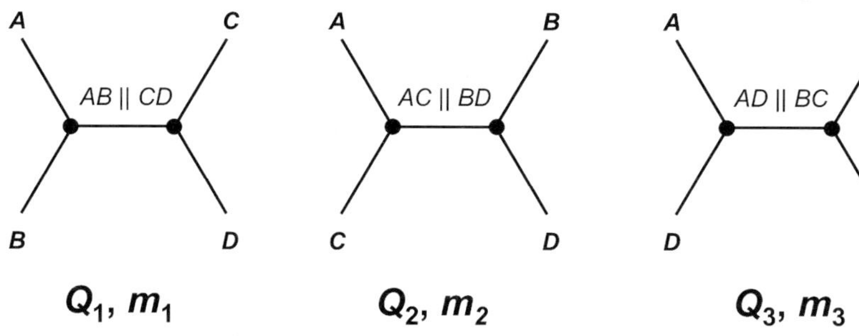

Abb. 14.14 Für jedes Quartett von vier Taxa (*A*, *B*, *C*, *D*) gibt es drei mögliche Baumtopologien Q_1, Q_2, Q_3. Diese implizieren jeweils die angegebene Nachbarschaftsrelation und werden durch unterschiedliche ML-Werte m_1–m_3 charakterisiert.

so wird nach dem Zufallsprinzip ausgewählt. Mit diesem Ansatz wird für jedes Quartett von vier Taxa eine Nachbarschaftsrelation || hergestellt. *AB* || *CD* impliziert, dass (*A* und *B*) sowie (*C* und *D*) jeweils nächste Nachbarn sind.

Puzzle-Schritt: Berechne Scores für alle Kanten, füge Taxon in Kante mit kleinstem Score-Wert ein

Für den Puzzle-Schritt wird die Reihenfolge der Eingaben randomisiert. Die resultierende Reihenfolge sei *A*, *B*, *C*, *D*, *E* ,... Der ML-Baum von (*A*, *B*, *C*, *D*) wird nun zur Initialisierung verwendet. Die Relation || bedingt für jedes der verbliebenen Quartette, an denen ein weiteres Taxon *E* beteiligt ist, eine individuelle Gruppierung. Diese sei z. B. (*i*, *j*) und (*k*, *E*). Aufgrund dieses Befundes ist es sicherlich nicht sinnvoll, *E* auf dem Pfad (*i*, *j*) zu positionieren. Unter Verwendung aller optimalen Quartette, die *E* enthalten, werden nun im aktuellen Baum *T* die Kanten charakterisiert, in denen *E* **nicht** eingefügt werden soll. Das Vorgehen wird in Abb. 14.15 und Abb. 14.16 an einem Beispiel mit fünf Taxa illustriert. Bei fünf Taxa resultieren 5 Quartette. Im Puzzle-Schritt wird mit dem ML-Baum zu (*A*, *B*, *C*, *D*) begonnen. Die verbliebenen vier optimalen Quartette dienen der Bestimmung der Kanten-Scores: Es werden die Scores derjenigen Pfade jeweils um eins erhöht, in die *E* aufgrund der Nachbarschaftsrelation des betrachteten Quartetts nicht eingesetzt werden soll. Schließlich wird *E* im Pfad mit dem niedrigsten Score platziert.

Konsensus-Baum resultiert aus der Überlagerung temporärer Bäume

Nach Abschluss des Puzzle-Schrittes ist ein erster temporärer Baum konstruiert. Der Puzzle-Prozess wird mehrere Male wiederholt und aus den resultierenden temporären Bäumen wird ein Konsensus-Baum abgeleitet. Seit seiner Einführung wurde der Algorithmus mehrfach verfeinert; so wurde auch ein parallelisierter Ansatz entwickelt, um die Wartezeit zu reduzieren [13].

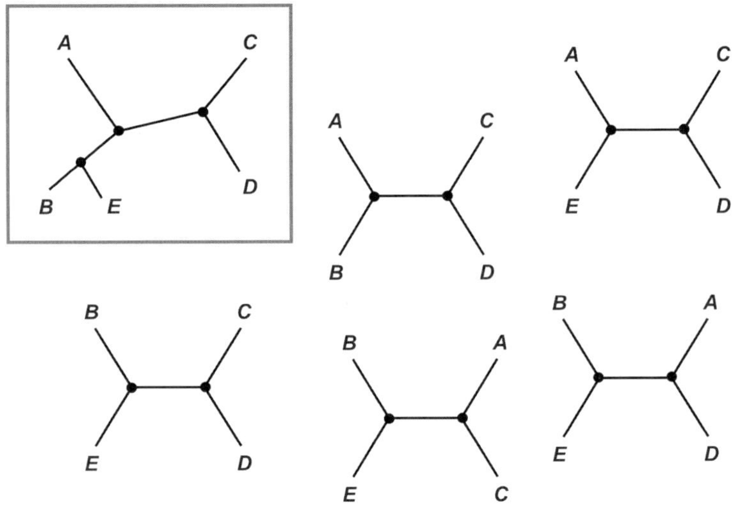

Abb. 14.15 Quartett-Puzzle für einen Baum mit fünf Knoten. Der zu rekonstruierende Phylogenie-Baum ist grau umrandet angegeben. In diesem Beispiel ergeben sich fünf Quartette mit den gezeigten Topologien.

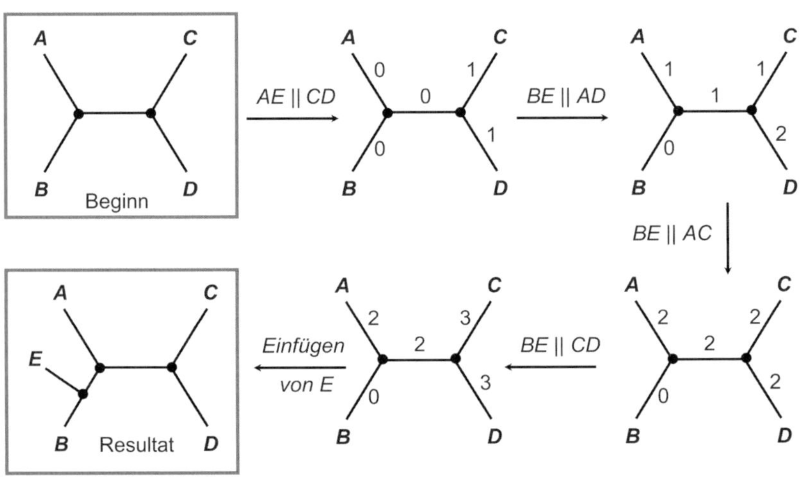

Abb. 14.16 Berechnung der Scores für die Kanten beim Einfügen des Knotens *E*. Ausgangspunkt ist der optimale Baum für das Quartett (*A*, *B*, *C*, *D*). Zunächst sind alle Scores null. Aufgrund der Relation *AE* || *CD* werden die Scores zweier Kanten um eins erhöht. Diese verbinden C und D und entsprechen dem Pfad, in den E aufgrund der Relation *AE* || *CD* nicht eingefügt werden soll. Nach dem Bewerten der vier Quartette hat die Kante *B* den niedrigsten Score. Deshalb wird *E* dort eingefügt. Die Topologie des resultierenden Baumes entspricht dem aus Abb. 14.15.

14.8
Grundannahmen phylogenetischer Algorithmen

Sämtliche Methoden, die verwendet werden, um phylogenetische Bäume zu entwickeln, basieren auf einem phylogenetischen Modell. So wird bei den meisten Algorithmen angenommen, dass die Objekte in eine *Baumstruktur* integriert werden können. Für Sequenzen werden häufig die folgenden Bedingungen vorausgesetzt, ohne sie explizit zu erwähnen:

Annahmen phylogenetischer Verfahren

- Die Sequenzen müssen *homolog* sein, d. h. es wird angenommen, dass sie alle von einem gemeinsamen Vorfahren abstammen und nicht *paralog* sind, d. h. nicht durch Genduplikation und darauf folgende Mutationen entstanden sind.
- Alle Sequenzen müssen eine *gemeinsame evolutionäre* Entwicklung durchlaufen haben. Dies muss z. B. für den Vergleich von Sequenzen aus verschiedenen Zellorganellen nicht zutreffen.
- Die Sequenzvariabilität in der Eingabemenge muss *hinreichend groß* sein. Ansonsten wird die Topologie durch Rauschsignale bestimmt.

Zusätzlich wird zumindest bei den einfacheren mathematischen Modellen das Folgende angenommen:

Annahmen mathematischer Modelle

- Die in den Sequenzen aufgetretenen Mutationen können mit einem einzigen stochastischen Prozess beschrieben werden.
- Dieser Prozess erklärt die Mutationen an sämtlichen Positionen.
- Alle Positionen mutieren und evolvieren unabhängig voneinander.

Der oben eingeführte ML-Ansatz beruht auf diesen Annahmen. Bei jeder phylogenetischen Analyse ist daher zu überlegen, ob der betrachtete Datensatz die vom Algorithmus unterstellten Voraussetzungen erfüllt.

14.9
Phylogenetische Analyse und statistische Bewertung

Im Allgemeinen kann jede phylogenetische Analyse in vier Schritte eingeteilt werden:

- Alignment
- Wahl eines Substitutionsmodells
- Generieren eines Baumes
- Bewertung des phylogenetischen Baumes

Phylogenetische Analyse der DNA: Modelle basieren auf Mutationshäufigkeiten

MSAs können beispielsweise mit T-Coffee generiert werden. Dieses Programm wird im Kapitel 13 eingeführt. Die Wahl des Substitutionsmodells hängt stark vom zu modellierenden Prozess ab und muss individuell festgelegt werden. Sind Proteinsequenzen zu vergleichen, können z. B. die WAG- oder LG-Modelle genutzt werden. Für die Analyse von DNA-Sequenzen sind die oben erläuterten Mutationsmodelle von Kimura oder Felsenstein sinnvoll. Die Grundlage für das Berechnen phylogenetischer Bäume haben wir bereits eingeführt. *State-of-the-art*-Verfahren beruhen zum Teil auf aufwändigeren Modellen. Zu einer vollständigen Analyse gehört jedoch stets auch eine Bewertung der Ergebnisse. Wie können Plausibilität und statistische Relevanz der Bäume überprüft werden? Hierfür bieten sich zwei Ansätze an.

14.9.1
Verwenden von Outgroups

Outgroup: Sequenzen aus entfernt verwandten Spezies

Zunächst ist es sinnvoll, den zu analysierenden Sequenzdaten eine *outgroup* hinzuzufügen. Diese Menge enthält homologe Sequenzen aus Arten, die mit den zu untersuchenden nur entfernt verwandt sind. Sind die Unterschiede zwischen den Sequenzen ausreichend groß, so wird die *outgroup* als monophyletische Gruppe im Baum klar getrennt von den zu untersuchenden Arten liegen. Sind jedoch die Mitglieder der *outgroup* breit über den berechneten Baum verteilt, so sind die Sequenzen insgesamt nicht für eine taxonomische Studie geeignet. Die *outgroup* lässt zusätzlich den Schluss auf die Lage der Wurzel des resultierenden Baumes zu: Sie muss auf der Kante liegen, die *outgroup* und den restlichen Datensatz verbindet.

14.9.2
Das Bootstrap-Verfahren

Bootstrapping = Resampling-Methode angewandt auf MSAs

Statistische Analysen sind ein weiterer und wesentlicher Bestandteil in der Validierung der Datensätze. Das wichtigste Verfahren ist *Bootstrapping*, dass von J. Felsenstein in phylogenetische Verfah-

Algorithmus 14.2 *Bootstrapping* eines multiplen Sequenzalignments

```
1   Kopiere MSA[1..n, 1..m] nach MSA*[1..n, 1..m], initialisiere i.
2   Berechne phylogenetischen Baum T = DET_T(MSA*).
3   Führe i-mal aus
4       Belege MSA* neu: Wähle aus MSA zufällig m Spalten und kopiere sie nach MSA*.
5       Berechne T* = DET_T(MSA*).
6       Vergleiche die Topologie von T und T*.
7       Erhöhe das Gewicht aller internen Kanten, die zwischen T und T* übereinstimmen, um 1.
8   Gibt Baum T aus; markiere alle Kanten mit dem prozentualen Bootstrap-Wert.
```

ren eingeführt wurde [14]. *Bootstrapping* ist eine ganz allgemein verwendbare statistische Resampling-Methode [15] zum Schätzen von Parametern. Bei der Bewertung phylogenetischer Bäume wird so vorgegangen, wie im Algorithmus 14.2 beschrieben. Grundlage ist ein multiples Sequenzalignment *MSA*, das aus n Sequenzen mit m Positionen (Spalten) besteht.

Zunächst ist (Zeile 2) mit dem gewählten Verfahren *DET_T* ein phylogenetischer Baum T aus dem Originaldatensatz abzuleiten. Anschließend wird i-mal (in der Regel einige Hundert Mal) *resampled*: Es wird ein neuer Datensatz MSA^* konstruiert, der aus m zufällig (mit Zurücklegen) gewählten Spalten besteht (Zeile 4). Unter Verwendung von MSA^* und *DET_T* wird ein neuer Baum T^* berechnet. Nun werden T und T^* verglichen und das Gewicht aller Kanten von T, die auch in T^* vorkommen, wird um eins erhöht. Schließlich wird der Baum T ausgegeben; für jede Kante wird das Gewicht durch i geteilt und als Bootstrap-Wert beigefügt. Im Allgemeinen werden alle Kanten mit Bootstrap-Werten $\geq 95\,\%$ als korrekt angesehen. Dem Bootstrap-Test können alle Verfahren *DET_T* unterzogen werden, die als Eingabe ein multiples Sequenzalignment verarbeiten. Was ist die Philosophie dieser Vorgehensweise? Auf diese Art wird überprüft, ob die Topologie des Baumes von wenigen Positionen (Spalten) im MSA abhängt. In diesem Fall wären die Bootstrap-Werte niedrig, da die meisten Datensätze MSA^* diese Spalten nicht enthielten.

14.10
Weitere phylogenetische Ansätze und Resultate

Programmpakete

Es ist eine Vielzahl von phylogenetischen Algorithmen entstanden, auf die hier im Detail nicht eingegangen werden kann. Eine häufig verwendete Programmsuite ist Phylip, die von J. Felsenstein entwickelt wurde. Sie enthält Implementationen der oben vorgestellten Algorithmen sowie weitere Verfahren.

Alternativer Ansatz: SplitsTrees

Als Alternative zu den klassischen Ansätzen sollte das Konzept der SplitsTrees in Betracht gezogen werden, (siehe [16]). Die Analyse eines „idealen" Datensatzes mit dieser Methode liefert, wie erwartet, einen phylogenetischen Baum; im Gegensatz dazu werden Zweige, deren Topologie nicht eindeutig bestimmt werden kann, in Form netzwerkartiger Verbindungen dargestellt. Auf diese Weise können Bereiche, in denen es nicht möglich ist, eine eindeutige Topologie abzuleiten, klar identifiziert werden.

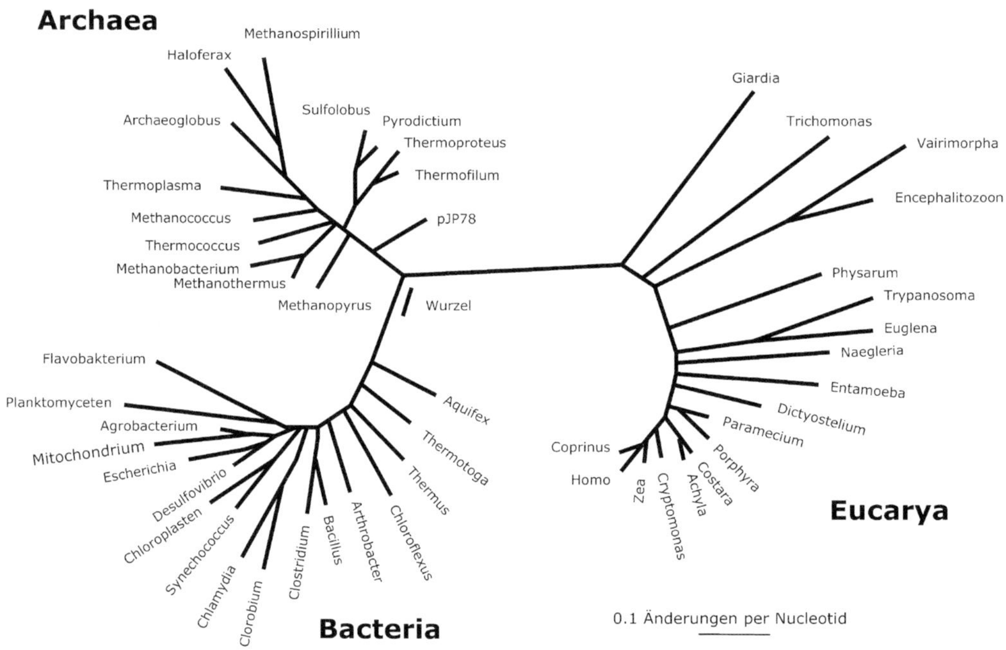

Abb. 14.17 Stammbaum des Lebens. In diesem Baum ist die Lage der Wurzel angegeben, die auf den gemeinsamen Vorfahren aller Lebewesen hindeutet. Die Position der Wurzel kann bisher nicht genauer bestimmt werden. Anstelle von taxonomischen Gruppen sind repräsentative Vertreter angegeben. Der Baum belegt, dass die Archaeen (Archaea) der Wurzel näher liegen als die Bakterien (Bacteria) oder die Eukaryonten (Eucarya). Innerhalb der Bakterien sind die phylogenetischen Unterschiede ähnlich groß wie die zwischen Eukaryonten. Vereinfacht, nach [17].

Obige Ausführungen haben gezeigt, dass phylogenetische Analysen sorgfältig ausgeführt werden müssen. Korrekte Anwendung erlaubt jedoch das Ableiten weitreichender Hypothesen. So belegt der von C. Woese abgeleitete Stammbaum des Lebens (vergleiche Abb. 14.17), dass die Archaeen ein eigenes taxonomisches Reich bilden und näher an der Wurzel des Stammbaumes liegen als die beiden anderen Reiche. Die Eigenständigkeit der Archaeen war von führenden Mikrobiologen lange bezweifelt worden. Die nahe Verwandtschaft der Mitochondrien und der Agrobakterien sowie die der Chloroplasten und von *Synechococcus* unterstützt die Symbiontentheorie. Weiterhin spricht die endständige Lage von *Homo sapiens* für ein spätes Entstehen dieser Spezies.

Interaktives Arbeiten

Die begleitende Website hält Material und Anleitungen für das interaktive Erstellen von phylogenetischen Bäumen vor.

14.11 Zitierte Literatur

1 Sjorgen J. F., Lattimer R. L., Rudy D. D. The evolution controversy. www.sciohio.org.

2 Woese C. R. (2000) Interpreting the universal phylogenetic tree. *Proc Natl Acad Sci U S A*, **97**(15), 8392–8396.

3 Zuckerkandl E., Pauling L. (1965) Molecules as documents of evolutionary history. *J Theor Biol*, **8**(2), 357–366.

4 Dress A. (1995) The mathematical basis of molecular phylogenetics. http://www.techfak.uni-bielefeld.de/bcd/Curric/welcome.html

5 Gusfield D. (1997) Algorithms on strings, trees and sequences, Cambridge University Press, Cambridge.

6 Atteson K. (1997) The performance of neighbor-joining algorithms of phylogeny reconstruction. In *Lecture Notes in Computer Science* Springer, Heidelberg, 101–110.

7 Felsenstein J. (1981) Evolutionary trees from DNA sequences: a maximum likelihood approach. *J Mol Evol*, **17**(6), 368–376.

8 Jukes T. H., Cantor C. R. (1969) Evolution of protein molecules. In *Mammalian protein metabolism*. Hrsg.: Munro H. N., Academic Press, New York, 21–132.

9 Kimura M. (1981) Estimation of evolutionary distances between homologous nucleotide sequences. *Proc Natl Acad Sci U S A*, **78**(1), 454–458.

10 Whelan S., Goldman N. (2001) A general empirical model of protein evolution derived from multiple protein families using a maximum-likelihood approach. *Mol Biol Evol*, **18**(5), 691–699.

11 Le S. Q., Gascuel O. (2008) An improved general amino acid replacement matrix. *Mol Biol Evol*, **25**(7), 1307–1320.

12 Strimmer K., Von Haeseler A. (1996) Quartet Puzzling: A quartet maximum-likelihood method for reconstructing tree topologies. *Mol Biol Evol*, **13**(7), 964–969.

13 Schmidt H.A., Strimmer K., Vingron M., von Haeseler A. (2002) TREE-PUZZLE: maximum likelihood phylogenetic analysis using quartets and parallel computing. *Bioinformatics,* **18**(3), 502–504.

14 Felsenstein J. (1985) Confidence limits on phylogenies: An approach using the bootstrap. *Evolution,* **39**(4), 783–791.

15 Efron B. (1982) The jackknife, the bootstrap and other resampling plans *NSF Regional Conference Series in Applied Mathematics, Monograph 38, 1982; Philadelphia.*

16 Huson D.H., Bryant D. (2006) Application of phylogenetic networks in evolutionary studies. *Mol Biol Evol,* **23**(2), 254–267.

17 Pace N R (1997) A molecular view of microbial diversity and the biosphere. *Science,* **276**(5313), 734–740.

15
Hidden-Markov-Modelle

Hidden-Markov-Modelle (HMMs) sind ein mächtiges stochastisches Werkzeug zur Modellierung von Sequenzdaten. Nach A. Markov [8] benannt, wurde ihre Theorie jedoch von Baum [1] entwickelt. In der Sprachverarbeitung [6] sind sie sehr weit verbreitet. D. Haussler *et al.* brachten sie 1992 erstmalig in die Bioinformatik ein [4]. Mittlerweile sind sie dort von fundamentaler Bedeutung. Es ist unser Ziel, die Grundlagen sowie die Möglichkeiten und die Grenzen dieser Modelle zu verstehen. Deshalb ist dieses Kapitel breiter angelegt als die anderen. Kapitel 16 und Kapitel 17 stehen zu ihm in einem besonders engen Verhältnis.

Wir wiederholen einige Begriffe und Bezeichnungen. Ein Wort $\mathbf{z} = z_1 z_2 \ldots z_n$ über einem endlichen Alphabet $\Gamma = \{1,2,\ldots,\gamma\}$ – wir schreiben dafür $\mathbf{z} \in \Gamma^*$ – ist die Folge seiner Buchstaben. Man kann sich $\mathbf{z}$ als Feld (Array) der Länge n im Sinne einer Programmiersprache vorstellen, wobei die Buchstaben von 1 bis n nummeriert sind. Dann schreiben wir $\mathbf{z}[1,n]$ oder auch $\mathbf{z}(0,n]$. Die halbrunde öffnende und die eckige schließende Klammer sollen an halboffene Intervalle erinnern, wie sie in der Mathematik üblich sind: Der rechte Wert gehört zum Intervall, der linke nicht. Wir stellen fest, dass sich die Länge eines Wortes bei der Verwendung halboffener Intervalle aus der Differenz aus dem oberen und dem unteren Index ergibt. Wollen wir z. B. den Buchstaben z_5 aus $\mathbf{z}$ ansprechen, so schreiben wir neben z_5 auch $\mathbf{z}[5]$. Schließlich bezeichnen wir mit $\mathbf{z}(i,j)$ das Wort $z_{i+1} z_{i+2} \ldots z_{j-1}$.

Teilwort

Ein Wort $\mathbf{z}_1$ über Γ heißt *Teilwort* eines anderen Wortes $\mathbf{z}_2$, wenn es Wörter $\mathbf{z}'$ und $\mathbf{z}''$ über Γ derart gibt, dass $\mathbf{z}_2$ die Verkettung von $\mathbf{z}'$, $\mathbf{z}_1$ und $\mathbf{z}''$ ist: $\mathbf{z}_2 = \mathbf{z}'\mathbf{z}_1\mathbf{z}''$. Ist $\mathbf{z}_2 = \mathbf{z}_2(0,n_2]$ und haben $\mathbf{z}'$ und $\mathbf{z}''$ die Längen n' bzw. n'', so ist $\mathbf{z}_1$ aufgefasst als Teilwort von $\mathbf{z}_2$ gleich $\mathbf{z}_2(n',n_2-n'']$. Die Länge des indizierten Teilwortes ergibt sich aus der Differenz des oberen und des unteren Index.

Teilfolge

Ein Wort $\mathbf{z}_1 = \mathbf{z}_1(0,n_1]$ ist *Teilfolge* eines Wortes $\mathbf{z}_2 = \mathbf{z}_2(0,n_2]$, wenn es Indizes $1 \leq i_1 < i_2 < \ldots < i_{n_1} \leq n_2$ so gibt, dass für alle $\iota = 1,2,\ldots,n_1$ $\mathbf{z}_1[\iota] = \mathbf{z}_2[i_\iota]$ ist.

Bioinformatik Interaktiv. 2. Auflage. Rainer Merkl und Stephan Waack

ISBN: 978-3-527-32594-8

Beispiel

Beispiel. Das Wort

$$\mathbf{z}_1 = \text{GATTER}$$

ist Teilwort von

$$\mathbf{z}_2 = \text{GXGATTERXIYLZZTTTUTEURZZ:}$$
$$\mathbf{z}_1 = \mathbf{z}_2(2,8].$$

Im Wort

$$\mathbf{z}_3 = \text{GXAYLZZTUTXXEQR}$$

ist $\mathbf{z}_1$ nur Teilfolge:

$$\mathbf{z}_1 = \mathbf{z}_3[1]\mathbf{z}_3[3]\mathbf{z}_3[8]\mathbf{z}_3[10]\mathbf{z}_3[13]\mathbf{z}_3[15].$$

15.1 Eine Problem orientierte Einführung

Eine der großen Herausforderungen der Bioinformatik ist es, biologisch interessante DNA-Fragmente (Teilwörter eines längeren Wortes über dem Alphabet $\Sigma_{\text{dna}} := \{A,C,G,T\}$) – sogenannte *Signale* – zu erkennen. Beispiele dafür sind Transkriptionsfaktorbindestellen sowie Promotoren und *splice sites,* die bei der Genlokalisierung von Bedeutung sind.

CpG-Inseln

Das Dinucleotid CpG ist aufgrund biochemischer Gegebenheiten im menschlichen Genom relativ selten. (Man schreibt „CpG", um diese Paarung von der Bindung von C und G vermöge einer Wasserstoffbrücke zwischen den Strängen der DNA zu unterscheiden.) In speziellen Teilwörtern, den sogenannten *CpG-Inseln,* ist das Dinucleotid häufiger. Es ist bekannt, dass Signale nicht selten in CpG-Inseln liegen. Deshalb ist das Auffinden von CpG-Inseln in diesem Zusammenhang von Interesse. Es geht uns um die Lösung der folgenden beiden Probleme.

Diskriminationsproblem

Das Diskriminationsproblem für CpG-Inseln
Eingabe: eine Zeichenkette $\mathbf{y}$ der Länge n über dem Alphabet $\{A,C,G,T\}$.
Ausgabe: eine Entscheidung darüber, ob es sich bei $\mathbf{y}$ um eine CpG-Insel handelt.

Das Problem der Lokalisierung von CpG-Inseln *Lokalisierungsproblem*
Eingabe: eine Zeichenkette $\mathbf{y}$ = der Länge n über dem Alphabet {A,C,G,T}.
Ausgabe: eine Liste L von Indexpaaren derart, dass die Teilwörter $\mathbf{y}(i,j]$ $((i,j) \in L)$ genau die CpG-Inseln von $\mathbf{y}$ sind.

Man könnte auf den Gedanken kommen, einen Ansatz zur Lösung dieser Probleme zu wählen, wie er in der praktischen Informatik im Umgang mit Programmiersprachen Standard ist: Man definiert die formalen Sprachen

$$L_{\text{CpG-Insel}} := \{\mathbf{y} \in \Sigma_{\text{dna}}^{*} \mid \mathbf{y} \text{ ist eine CpG-Insel}\}$$

und sucht einen Algorithmus, der für jedes Wort $\mathbf{y}$ aus $\{A,C,G,T\}^*$ das Problem

$$\mathbf{y} \in L_{\text{CpG-Insel}}?$$

löst.

Ist dieser Ansatz angemessen? Die Abgrenzung zwischen CpG-Inseln und Sequenzen, die keine CpG-Inseln sind, ist nicht so klar, wie man es sich wünschen würde: Es gibt genügend viele Wörter, bei denen die Zuordnung zweifelhaft ist.

Probabilistisches Modell

Deshalb erscheint es als sinnvoll, *probabilistische* Modelle zu betrachten. Den einzelnen Zeichenketten werden Wahrscheinlichkeiten zugeordnet, mit denen ihr Auftreten z. B. als CpG-Insel zu erwarten ist. Genauer gesagt, verfährt man wie folgt.

Auf der Menge $\{A,C,G,T\}^*$ aller Wörter über dem Alphabet {A,C,G,T} werden zwei Wahrscheinlichkeitsverteilungen eingeführt, die Verteilung $\mathbb{P}^- = \mathbb{P}_H$ für den Normalfall, bei dem keine CpG-Insel vorliegt, und die Verteilung $\mathbb{P}^+ = \mathbb{P}_A$ für den Fall der CpG-Inseln. (Die Buchstaben „H" und „A" im Index stehen für „Hypothese" oder „Nullhypothese" bzw. „Alternative". Wir sprechen aber auch vom *Minus-* bzw. vom *Plusmodell.*)

Wie sind diese Verteilungen zu interpretieren? Steht beispielsweise das Experiment „Ziehe eine zufällige CpG-Insel" zur Ausführung an, so erhält man ein beliebiges $\mathbf{y} \in \{A,C,G,T\}^*$ mit Wahrscheinlichkeit $\mathbb{P}_A(\mathbf{y})$.

Geht man so vor, so hat man die Natur der beiden in Rede stehenden Probleme verändert: Kein Algorithmus zur Lösung kann mehr in jedem Falle die richtige Entscheidung treffen, denn Wörter haben (in der Regel) sowohl im Plus- als auch im Minusmodell eine positive Wahrscheinlichkeit.

Wie *bewertet* man die Güte eines solchen Algorithmus, der vorgibt, z. B. das Diskriminationsproblem für CpG-Inseln zu lösen?

Standard ist eine Vorgehensweise, die aus der Statistik kommt und unsere Beschäftigung mit ROC-Kurven ergänzt.

Sei $\mathfrak{A}$ ein Algorithmus, der ein Problem der genannten Art löst. Wir schreiben $\mathfrak{A}(\mathbf{y}) = 1$, wenn der Algorithmus die Entscheidung trifft, die Eingabe $\mathbf{y}$ ist aus dem Plusmodell (ist z.B. eine CpG-Insel), $\mathfrak{A}(\mathbf{y}) = 0$ andernfalls. Seien $\mathbf{Y}_1^+, \mathbf{Y}_2^+, \ldots, \mathbf{Y}_{m_+}^+$ und $\mathbf{Y}_1^-, \mathbf{Y}_2^-, \ldots, \mathbf{Y}_{m_-}^-$ unabhängige Stichproben aus dem Plus- bzw. dem Minusmodell. Wir ermitteln die Anzahl TPFP

$$\text{TP} := \sum_{j=1}^{m_+} \mathfrak{A}(\mathbf{Y}_j^+) \quad \text{und} \quad \text{FP} := \sum_{j=1}^{m_-} \mathfrak{A}(\mathbf{Y}_j^-) \tag{15.1}$$

der richtig bzw. falsch als zum Plusmodell gehörig klassifizierten Instanzen sowie die Anzahl

$$\text{TN} := \sum_{j=1}^{m_-} (1-\mathfrak{A}(\mathbf{Y}_j^-)) \quad \text{und} \quad \text{FN} := \sum_{j=1}^{m_+} (1-\mathfrak{A}(\mathbf{Y}_j^+)) \tag{15.2}$$

der richtig bzw. falsch als zum Minusmodell gehörig klassifizierten Instanzen.

Die Größe

$$\text{SPEZ}_{\mathfrak{A}} := \frac{\text{TN}}{\text{TN}+\text{FP}} = \frac{\text{TN}}{m_-} \tag{15.3}$$

Spezifität

heißt *Spezifität* (engl. *specificity*) des Algorithmus $\mathfrak{A}$. Sie ist ein Maß dafür, wie gut $\mathfrak{A}$ in der Lage ist, eine Instanz aus dem Minusmodell auch als solche zu erkennen.

$$\text{SEN}_{\mathfrak{A}} := \frac{\text{TP}}{\text{TP}+\text{FN}} = \frac{\text{TP}}{m_+} \tag{15.4}$$

Sensitivität

wird *Sensitivität* (engl. *sensitivity, true positive rate*) des Algorithmus $\mathfrak{A}$ genannt. Sie misst, wie wahrscheinlich es ist, dass $\mathfrak{A}$ eine Instanz des Plusmodells richtig klassifiziert.

Die Größe

$$\text{FPR} := \frac{\text{FP}}{\text{TN}+\text{FP}} := 1-\text{SPEZ}_{\mathfrak{A}} \tag{15.5}$$

Falscher-Alarm-Rate

heißt *Falscher-Alarm-Rate* (engl. *false alarm rate, false positive rate*).

Natürlich hängen Sensitivität und Falscher-Alarm-Rate von den Stichproben ab. Sie haben die folgende invariante Bedeutung: Sie sind Maximum-Likelihood-Schätzer für die *Macht* bzw. den *Fehler 1. Art* des dem Algorithmus zugrunde liegenden Tests (siehe Abschnitt 15.4.)

Als Gütemaß für einen Algorithmus $\mathfrak{A}$ ist ferner der *positive Vorhersagewert* (engl. *positive prediction value*) üblich:

Positiver Vorhersagewert

$$\mathrm{PPV}_{\mathfrak{A}} := \frac{\mathrm{TP}}{\mathrm{TP}+\mathrm{FP}}. \tag{15.6}$$

Er misst den Anteil der richtig positiven an den positiven Entscheidungen des Algorithmus. Positiver Vorhersagewert und Spezifität haben gemeinsam, dass sie genau dann gleich eins sind, wenn $\mathrm{FP}=0$ ist. Man beachte, dass der positive Vorhersagewert nur dann zum Nennwert zu nehmen ist, wenn die Zahl $m_+/(m_+ + m_-)$ annähernd die Wahrscheinlichkeit dafür ist, auf ein positives Beispiel zu stoßen.

Kann man Probleme dieser Art stets gut lösen? Natürlich nicht! Die beiden Verteilungen müssen sich deutlich voneinander unterscheiden.

Unerlässliche Voraussetzung dafür, dass Algorithmen der in Rede stehenden Art effizient arbeiten können, ist es, dass sich die Wahrscheinlichkeiten einer Eingabe $\mathbf{y}$ sowohl im Plus- als auch im Minusmodell leicht berechnen lassen. Wie man vorgehen kann, ist Gegenstand des nächsten Abschnittes.

15.2 Markov-Modelle

Markovsche Ketten sind eine einfache Modellklasse zur Festlegung der Wahrscheinlichkeiten $(p_{\mathbf{y}})_{\mathbf{y}\in\Sigma^*}$, mit denen ein *Zufallswort* $\mathbf{Y}$ über dem Alphabet $\Sigma = \{1,2,\ldots,\sigma\}$ ein *beliebiges aber festes* Wort $\mathbf{y} = y_1y_2\ldots y_n \in \Sigma^*$ annimmt:

$$\mathbb{P}(\mathbf{Y} = \mathbf{y}) = ?$$

Die Länge des Zufallswortes $\mathbf{Y}$ ist eine *diskrete zufällige Variable* L mit Werten in den natürlichen Zahlen $\mathbb{N}$:

$$\mathbb{P}(L = n) = \text{Wahrscheinlichkeit dafür, dass } \mathbf{Y} \text{ die Länge } n \text{ hat.} \tag{15.7}$$

In der Bioinformatik nicht unüblich zur Modellierung von Zeichenkettenlängen ist die im Kapitel 4 eingeführte geometrische Verteilung.

Die *totale Wahrscheinlichkeit* für das Auftreten einer Zeichenkette $\mathbf{y} = y_1y_2\ldots y_n$ ist folglich gleich

$$\mathbb{P}(\mathbf{Y} = \mathbf{y}) = \mathbb{P}(L = n)\cdot\mathbb{P}(\mathbf{Y} = \mathbf{y}|L = n). \tag{15.8}$$

Die Wahrscheinlichkeit, dass unser Zufallswort $\mathbf{Y}$ *bei gegebener Länge n* den Wert $\mathbf{y} = y_1 y_2 \dots y_n \in \Sigma^*$ annimmt, wollen wir ermitteln, indem wir das Zufallswort als Präfix der Länge n eines *stochastischen Prozesses* $Y_1, Y_2, \dots$ ansehen, wobei für $i = 1,2,\dots$ die Y_i Zufallselemente aus dem Alphabet Σ sind. Wir definieren

$$\mathbb{P}(\mathbf{Y} = \mathbf{y} \mid L = n) := \mathbb{P}(Y_1 = y_1, Y_2 = y_2, \dots, Y_n = y_n). \qquad (15.9)$$

Wir bezeichnen den Index der Zufallselemente $Y_1, Y_2, \dots$ als *diskreten Zeitparameter* und ihren Wertebereich Σ als *Zustandsmenge* des stochastischen Prozesses. (Es muss sich dabei nicht um eine endliche Menge handeln. Grundsätzlich sind in den Definitionen 15.1 und 15.2 abzählbare Zustandsmengen erlaubt.)

Zum Zeitpunkt n wird ein Zufallsexperiment ausgeführt, infolge dessen das Zufallselement Y_n einen Wert y_n aus Σ annimmt. Zu diesem Zeitpunkt haben die Zufallselemente $Y_1, Y_2, \dots, Y_{n-1}$ bereits Werte $y_1, y_2, \dots, y_{n-1}$ angenommen. Um eine Vorstellung davon zu bekommen, wie dieses Experiment aussehen kann, formen wir die *gemeinsamen Wahrscheinlichkeiten*

$$\mathbb{P}(Y_1 = y_1, Y_2 = y_2, \dots, Y_n = y_n)$$

Bedingte Wahrscheinlichkeit

der Zufallselemente $Y_1, Y_2, \dots, Y_n$ unter Verwendung *bedingter Wahrscheinlichkeiten* wie folgt um:

$$\begin{aligned}&\mathbb{P}(Y_1 = y_1, Y_2 = y_2, \dots, Y_n = y_n) = \\ &\mathbb{P}(Y_1 = y_1) \cdot \mathbb{P}(Y_2 = y_2 | Y_1 = y_1) \cdot \dots \\ &\cdot \mathbb{P}(Y_n = y_n | Y_1 = y_1, Y_2 = y_2, \dots, Y_{n-1} = y_{n-1}).\end{aligned} \qquad (15.10)$$

Das Zufallsexperiment zum Zeitpunkt n können wir uns so vorstellen: In Abhängigkeit von den Werten $y_1, y_2, \dots, y_{n-1}$ der Zufallselemente $Y_1, Y_2, \dots, Y_{n-1}$ steht eine Urne bereit, in der die mit Buchstaben aus Σ markierten Bälle mit einer Vielfachheit liegen, die es erlaubt, jedes $y \in \Sigma$ mit der Wahrscheinlichkeit

$$\mathbb{P}(Y_n = y_n | Y_1 = y_1, Y_2 = y_2, \dots, Y_{n-1} = y_{n-1})$$

zu ziehen. (Diese Vorgehensweise ist natürlich nur bei rationalen Wahrscheinlichkeiten möglich.)

Wir erkennen, dass es mit fortschreitender Zeit immer aufwändiger wird, die Wahrscheinlichkeiten

$$\mathbb{P}(Y_1 = y_1, Y_2 = y_2, \dots, y_n = y_n)$$

zu berechnen, da die Anzahl der zu verwendenden Urnen exponentiell anwachsen kann.

Markovsche Ketten begrenzen die Anzahl der zu verwendenden unterschiedlichen Urnen auf $n \cdot |\Sigma|$, wobei n die Länge des zu ziehenden Wortes über Σ ist. Die Befüllung der Urne zum Zeitpunkt n hängt nur von diesem Zeitpunkt und dem Wert $y_{n-1} \in \Sigma$ ab, den Y_{n-1} angenommen hat.

Markovsche Kette

Definition 15.1 Eine *Markovsche Kette erster Ordnung* (kurz: Markovsche Kette) ist ein stochastischer Prozess $Y_1, Y_2, \ldots$ mit Werten in einer höchstens abzählbaren Zustandsmenge Σ, der die *Markovsche Eigenschaft* besitzt:
Für jeden Zeitpunkt $n > 1$ und jede Zustandsfolge $y_1, y_2, \ldots, y_{n-1}, y_n$ mit

$$\mathbb{P}(Y_1 = y_1, Y_2 = y_2, \ldots, Y_{n-1} = y_{n-1}) > 0$$

ist

$$\mathbb{P}(Y_n = y_n | Y_1 = y_1, Y_2 = y_2, \ldots, Y_{n-1} = y_{n-1}) = \mathbb{P}(Y_n = y_n | Y_{n-1} = y_{n-1}). \tag{15.11}$$

Die Wahrscheinlichkeiten

$$\pi_y^{(1)} = \mathbb{P}(Y_1 = y) \quad (y \in \Sigma) \quad p_{y'y''}^{(n-1)} = \mathbb{P}(Y_n = y'' | Y_{n-1} = y') \quad (y', y'' \in \Sigma) \tag{15.12}$$

heißen *Startwahrscheinlichkeiten* bzw. *Übergangswahrscheinlichkeiten.*

Startwahrscheinlichkeiten
Übergangswahrscheinlichkeiten

In der Bioinformatik ist die Zustandsmenge häufig endlich. Wir beschränken uns auf diesen Fall. Zur Vereinheitlichung der Notation ist es dort üblich, die Zustandsmenge $\Sigma = \{1, 2, \ldots, \sigma\}$ mit einem zusätzlichen *initialen oder Startzustand* $\mathbf{0}$ anzureichern, in dem sich der stochastische Prozess ganz am Anfang befindet - man kann das durch $Y_0 \equiv \mathbf{0}$ ausdrücken - und der später nicht mehr angenommen wird. Dann schreiben wir für die Startwahrscheinlichkeiten auch

$$p_{0y}^{(0)} := \pi_y^{(1)} \quad (y \in \Sigma). \tag{15.13}$$

Aufgrund unserer Vereinbarungen über den initialen Zustand $\mathbf{0}$ ist

$$p_{y0}^{(n)} = 0 \quad (y \in \Sigma, n \geq 1).$$

Setzen wir $y_0 \equiv \mathbf{0}$, so erhält die gemeinsame Verteilung von $Y_1, Y_2, \ldots, Y_n$ aus Gleichung 15.10 unter Verwendung der Gleichungen 15.12 und 15.13 die folgende einfachere Gestalt:

$$\mathbb{P}(Y_1 = y_1, \ldots, Y_n = y_n) = \prod_{i=0}^{n-1} p^{(i)}_{y_i y_{i+1}}. \tag{15.14}$$

Sind die Start- bzw. Übergangswahrscheinlichkeiten

$$p^{(i)}_{y'y''} \qquad (0 \leq i \leq n, y', y'' \in \Sigma \cup \{\mathbf{0}\})$$

in einem Array tabelliert, so kann man auf der Grundlage von Gleichung 15.14 die Wahrscheinlichkeiten

$$\mathbb{P}(Y_1 = y_1, Y_2 = y_2 \ldots, Y_n = y_n)$$

in Linearzeit, in Zeit $\mathcal{O}(n)$ also, berechnen. Natürlich kann man n Zahlen aus dem Intervall (0,1) nicht einfach miteinander multiplizieren, da sehr schnell die kleinste darstellbare positive reelle Zahl unterschritten würde. Man erhielte als Ergebnis die 0. Es bietet sich an, die Logarithmen der Wahrscheinlichkeiten zu addieren.

Erweiterter Zustandsgraph

Eine Markovsche Kette bis zum Zeitpunkt n kann man sich als *zufällige Irrfahrt* in dem *erweiterten Zustandsgraphen* der Kette vorstellen. Die Knotenmenge dieses Graphen besteht aus der Menge $\Sigma \times \{1, \ldots, n\} \cup \{0\}$. Der durch den initialen Zustand $\mathbf{0}$ repräsentierte Startknoten ist mit jedem Knoten $(y,1)$ $(y \in \Sigma)$, ein Knoten (y',i) mit jedem Knoten $(y'',i+1)$ $(y',y'' \in \Sigma)$ durch eine Kante verbunden, die mit der Startwahrscheinlichkeit $p^{(0)}_{0y}$ bzw. der Übergangswahrscheinlichkeit $p^{(i)}_{y'y''}$ markiert ist (siehe Abb. 15.1 für $n = 4$). Üblicherweise lässt man die Kanten weg, die mit null markiert sind.

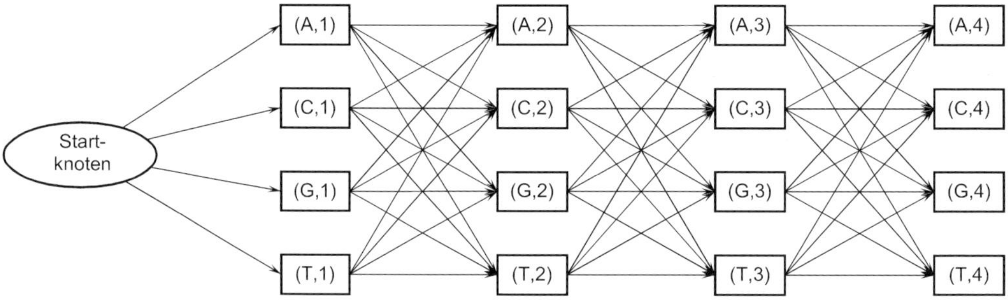

Abb. 15.1 Der erweiterte Zustandsgraph für $\Sigma = \{A, C, G, T\}$und n=4.

Wie läuft die Irrfahrt ab? Am Anfang befindet man sich im Startknoten **0** und wählt zufällig eine Kante aus, die zu einem Knoten $(y,1)$ $(y \in \Sigma)$ führt. Die Wahrscheinlichkeit, mit der eine Kante gewählt wird, ist durch deren Markierung festgelegt. Ist man im Laufe der Irrfahrt zu einem Knoten (y',i) gekommen, so ist die Situation wie am Anfang. Man wählt die Kante zum Knoten $(y'',i+1)$ mit Wahrscheinlichkeit $p^{(i)}_{y'y''}$. (Man kann sich vorstellen, dass jeder Knoten der Aufstellungsort einer entsprechenden Urne ist.)

Wie ist Gleichung 15.14 hier zu interpretieren? Es ist die Wahrscheinlichkeit, mit der im erweiterten Zustandsgraphen der Weg $\mathbf{0},(y_1,1),(y_2,2),\ldots,(y_n,n)$ in der soeben beschriebenen zufälligen Irrfahrt beschritten wird.

Homogene Markovkette

Definition 15.2 Eine Markovsche Kette gemäß Definition 15.1 heißt *homogen*, wenn die Übergangswahrscheinlichkeiten für je zwei Zustände y',y'' nicht vom aktuellen Zeitpunkt abhängen: Für jedes $n \geq 1$ ist

$$p_{y'y''} := \mathbb{P}(Y_{n+1} = y'' | Y_n = y'). \tag{15.15}$$

Für die Startwahrscheinlichkeiten $p^{(0)}_{\mathbf{0}y}$ schreiben wir nun $p_{\mathbf{0}y}$.

In unserem Urnenmodell zur Erzeugung zufälliger Wörter ist für homogene Markovsche Ketten die Anzahl der zu verwendenden unterschiedlichen Urnen auf $|\Sigma|+1$ begrenzt. Die Befüllung der Urne zum Zeitpunkt $i \geq 0$ hängt nur vom Wert $y_i \in \Sigma$ ab, den Y_i angenommen hat. (Man beachte, dass nach unserer Konvention über den initialen Zustand $Y_0 \equiv \mathbf{0}$ ist.)

Für eine homogene Markovsche Kette vereinfacht sich Gleichung 15.14 zu

$$\mathbb{P}(Y_1 = y_1, \ldots, Y_n = y_n) = \prod_{i=0}^{n-1} p_{y_i y_{i+1}}. \tag{15.16}$$

Zur Beschreibung einer homogenen Markovschen Kette als zufällige Irrfahrt reicht es, den *Zustandsgraphen* zu betrachten. Die Knotenmenge dieses Graphen ist gleich der durch den initialen Zustand angereicherten Zustandsmenge der Kette. Ein Knoten ist mit einem anderen durch eine gerichtete Kante verbunden, die mit der Übergangswahrscheinlichkeit markiert ist, wenn diese größer null ist. Die Wahrscheinlichkeiten hängen ja nicht vom Zeitpunkt ab. Dennoch ist es auch für homogene Markovsche Ketten sinnvoll, den erweiterten Zustandsgraphen zu betrachten. Man hat dadurch den zeitlichen Ablauf des stochastischen Prozesses besser im Blick. Das liegt daran, dass dort jeder Kantenzug ein Weg ist, also keinen Knoten doppelt enthält.

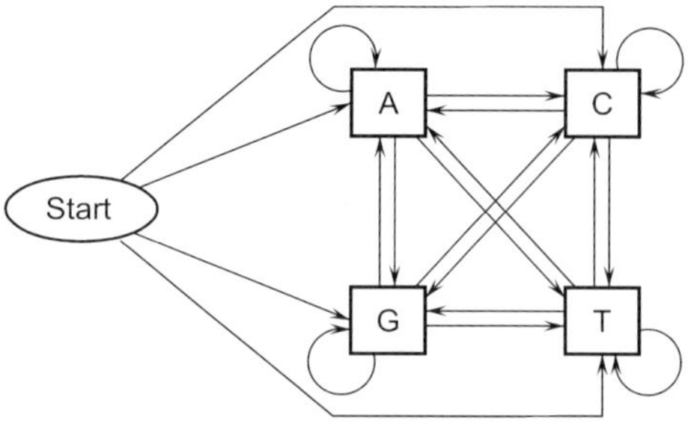

Abb. 15.2 Der Zustandsgraph für das Plus- und das Minusmodell von CpG-Inseln.

Der Zustandsgraph sowohl für das Plus- als auch für das Minusmodell von CpG-Inseln ist in Abb. 15.2 dargestellt. (Die jeweiligen Kantenmarkierungen müssen Tabelle 15.1 entnommen werden.)

In Tabelle 15.1 sind für das menschliche Genom die Übergangswahrscheinlichkeiten für CpG-Inseln (Bezeichnung: $p^+_{y'y''}$) und Strings, die keine CpG-Inseln sind (Bezeichnung: $p^-_{y'y''}$), angegeben.

Wie kommt man auf die Daten aus Tabelle 15.1? Wir nehmen an, dass wir über hinreichend große, unabhängige Trainings-Stichproben $\mathbf{Y}^+_1, \mathbf{Y}^+_2, \ldots, \mathbf{Y}^+_{m_+}$ und $\mathbf{Y}^-_1, \mathbf{Y}^-_2, \ldots, \mathbf{Y}^-_{m_-}$ von CpG-Inseln bzw. von Strings, die keine CpG-Inseln sind, verfügen. Die Übergangswahrscheinlichkeiten können wir für alle $y', y'' \in \{A,C,G,T\}$ wie folgt *schätzen*:

Maximum-Likelihood-Schätzer für die Übergangswahrscheinlichkeiten

$$\hat{p}^+_{y'y''} = \frac{\text{count}^+_{y'y''}}{\sum_{y\in\{A,C,G,T\}} \text{count}^+_{y'y}} \qquad \hat{p}^-_{y'y''} = \frac{\text{count}^-_{y'y''}}{\sum_{y\in\{A,C,G,T\}} \text{count}^-_{y'y}} \tag{15.17}$$

Dabei sind $\text{count}^+_{y_1y_2}$ und $\text{count}^-_{y_1y_2}$ die Anzahlen, mit denen das Teilwort y_1y_2 in den Wörtern $\mathbf{Y}^+_1, \mathbf{Y}^+_2, \ldots, \mathbf{Y}^+_m$ bzw. den Wörtern $\mathbf{Y}^-_1, \mathbf{Y}^-_2, \ldots, \mathbf{Y}^-_n$ vorkommt.

Was ist mit den initialen Wahrscheinlichkeiten p^+_{0y} und p^-_{0y}? Wir schätzen sie als die relativen Häufigkeiten, mit denen der

Tab. 15.1 Übergangswahrscheinlichkeiten innerhalb („+“) und außerhalb („–“) von CpG-Inseln.

+	A	C	G	T	–	A	C	G	T
A	0.180	0.274	0.426	0.120	A	0.300	0.205	0.285	0.210
C	0.171	0.368	0.274	0.188	C	0.322	0.298	0.078	0.302
G	0.161	0.339	0.375	0.125	G	0.248	0.246	0.298	0.208
T	0.079	0.355	0.384	0.182	T	0.177	0.239	0.292	0.292

Buchstabe y innerhalb bzw. außerhalb einer CpG-Insel vorkommt. Dies sind die sogenannten *Hintergrundwahrscheinlichkeiten* für die Buchstaben. (In Abschnitt 15.3 werden wir in Folgerung 15.22 sehen, was wir damit eigentlich schätzen.)

Was ist mit der Verteilung der zufälligen Variablen L^+ und L^- für die Längen? Sind L^+ und L^- zum Beispiel geometrisch verteilt, so sind

Maximum-Likelihood-Schätzer für den Parameter der geometrischen Verteilung

$$\hat{p}^+ = \frac{m_+}{\sum_{j=1}^{m_+} |\mathbf{Y}_j^+|} \qquad \hat{p}^- = \frac{m_-}{\sum_{j=1}^{m_-} |\mathbf{Y}_j^-|} \tag{15.18}$$

Schätzer für die Erfolgswahrscheinlichkeiten p^+ bzw. p^- der zugehörigen Bernoulli-Experimente.

Wie sieht ein Ansatz zur Lösung des Diskriminationsproblems für CpG-Inseln aus? Für jeden String $\mathbf{y} = y_1y_2 \ldots y_n$ über dem Alphabet Σ_{dna}berechnen wir in Linearzeit den Logarithmus des Chancen-Quotienten (*log-odds-ratio*) aus den Wahrscheinlichkeiten für das Auftreten von $\mathbf{y}$ innerhalb (Plus-Modell) und außerhalb (Minus-Modell) von CpG-Inseln unter der Bedingung $\{L = n\}$:

$$\text{score}(\mathbf{y}) := \log \frac{\mathbb{P}^+(\mathbf{Y} = \mathbf{y}|L = n)}{\mathbb{P}^-(\mathbf{Y} = \mathbf{y}|L = n)} = \sum_{j=1}^{n} log \frac{p^+_{y_{j-1}y_j}}{p^-_{y_{j-1}y_j}}, \tag{15.19}$$

wobei $y_0 = \mathbf{0}$ ist. Unterstellt, die Länge n der Zeichenkette $\mathbf{y}$ enthält keine Information zur Diskrimination, ist dieser Score intuitiv vernünftig gewählt. Wenn sich das Plus- und das Minus-Modell deutlich unterscheiden, so sollte eine typische CpG-Insel im Plus-Modell eine größere Wahrscheinlichkeit haben als im Minus-Modell. Der Score wird positiv. Im umgekehrten Falle erwartet man von der Wahrscheinlichkeit im Minus-Modell einen größeren Wert: Der Score wird negativ.

Wenn man eine Entscheidung darüber will, ob $\mathbf{y}$ aus einer CpG-Insel ist, kann man einen Schwellwert c^* festlegen und die folgende Testfunktion definieren:

$$\tau^*(\mathbf{y}) := \begin{cases} 1 & \text{falls score } (\mathbf{y}) > c^*; \\ 0 & \text{falls score } (\mathbf{y}) < c^*; \end{cases}$$

wobei $\tau^*(\mathbf{y}) = 1$ heißen soll, dass wir $\mathbf{y}$ als CpG-Insel ansehen wollen. Ein solcher Test heißt *Neyman-Pearson-Test*, den wir bereits im Kapitel 4 kennengelernt haben.

Gibt es keinen besseren Test? Wir behandeln diese und die Frage danach, wie man sich entscheiden soll, wenn score $(\mathbf{y}) = c^*$ ist, in Abschnitt 15.4. Zunächst wollen wir uns in Abschnitt 15.3 dafür rechtfertigen, dass wir die relative Häufigkeit eines in Daten vorkommenden Musters als Schätzwert für dessen Wahrscheinlichkeit verwendet haben. Dazu müssen wir unsere Kenntnisse über Markovsche Ketten deutlich erweitern.

15.3
Ergodische Markovsche Ketten

Im Folgenden soll dargestellt werden, unter welchen Voraussetzungen es bei Markovschen Ketten möglich ist, Wahrscheinlichkeiten von Mustern durch deren relative Häufigkeiten zu schätzen. Wer mehr wissen will, der sei auf [5–8] verwiesen.

Kronecker-Funktion

In diesem Abschnitt bezeichnen $Z_1,Z_2,\ldots$ eine homogene Markovkette erster Ordnung über der endlichen Zustandsmenge $\Gamma = \{1,2,\ldots,\gamma\}$ und δ die Kronecker-Funktion: Die Kronecker-Funktion δ angewendet auf ein Argumentpaar (a,b) ist genau dann eins, wenn $a = b$ ist. Andernfalls ist sie null. Die Startwahrscheinlichkeiten der Kette sind für uns die Übergangswahrscheinlichkeiten von dem zusätzlichen Startzustand $\mathbf{0}$, in dem sich die Kette zum Zeitpunkt 0 stets befindet – wir schreiben $\mathbb{P}(Z_0 = \mathbf{0}) = 1$ –, zu den Zuständen aus Γ. Mit dieser Annahme ist offenbar

$$\mathbb{P}(Z_1 = z_1,\ldots,Z_n = z_n) = \mathbb{P}(Z_1 = z_1,\ldots,Z_n = z_n|Z_0 = \mathbf{0})$$
$$(n \geq 1, z_1,\ldots,z_n \in \Gamma). \qquad (15.20)$$

15.3.1
Die Kolmogorov-Chapman-Gleichungen

Übergangsmatrizen

Die in Gleichung 15.15 definierten Übergangswahrscheinlichkeiten zwischen den Zuständen aus Γ werden üblicherweise zur *Übergangsmatrix* P mit Koeffizienten

$$P_{z'z''} := \mathbb{P}(Z_{n+1} = z''|Z_n = z') \quad (z',z'' \in \Gamma, n \geq 1)$$

zusammengefasst. Für $s \geq 1$ nennt man die Matrix

$$P^{(s)}_{z'z''} := \mathbb{P}(Z_{n+s} = z''|Z_n = z') \quad (z',z'' \in \Gamma, n \geq 1)$$

die *s-Schritt-Übergangsmatrix* der Kette.

Für jedes natürliche $n \geq 1$ ist der Zustandsvektor zum Zeitpunkt n

$$\pi^{(n)} := \left(\pi^{(n)}_1,\pi^{(n)}_2,\ldots,\pi^{(n)}_\gamma\right)$$

durch

$$\pi^{(n)}_z := \mathbb{P}(Z_n = z) \quad (z \in \Gamma)$$

definiert. Die Startwahrscheinlichkeiten aus Gleichung 15.12 bilden den Zustandsvektor zum Zeitpunkt 1. Sie sind durch die Übergangswahrscheinlichkeiten vom Startzustand zu den Zuständen aus Γ gegeben (siehe Gleichung 15.13).

Die Kolmogorov-Chapman-Gleichungen liefern eine Methode, die s-Schritt-Übergangswahrscheinlichkeiten zu berechnen.

Kolmogorov-Chapman-Gleichungen

Satz 15.3 (*Für je drei Zeitpunkte $n' < n < n''$ und zwei Zustände $z', z'' \in \Gamma$ ist*

$$\mathbb{P}(Z_{n''} = z''|Z_{n'} = z') = \sum_{z\in\Gamma} \mathbb{P}(Z_{n''} = z''|Z_n = z)\mathbb{P}(Z_n = z|Z_{n'} = z').$$

Beweis. Die Gleichung ist intuitiv durch einen Blick auf den erweiterten Zustandsgraphen der Kette klar. Formal kann man so vorgehen:

$$\mathbb{P}(Z_{n''} = z'', Z_{n'} = z') = \sum_{z\in\Gamma} \mathbb{P}(Z_{n''} = z'', Z_n = z, Z_{n'} = z')$$

$$= \sum_{z\in\Gamma} \mathbb{P}(Z_{n''} = z''|Z_n = z, Z_{z'} = z')\mathbb{P}(Z_n = z, Z_{n'} = z')$$

$$= \sum_{z\in\Gamma} \mathbb{P}(Z_{n''} = z''|Z_{n'} = z')\mathbb{P}(Z_n = z, Z_{n'} = z').$$

Indem wir beide Seiten durch $\mathbb{P}(Z_{n'} = z')$ teilen, erhalten wir das Ergebnis.

Folgerung 15.4 *1. Die s-Schritt-Übergangsmatrix $P^{(s)}$ ist gleich der s-ten Potenz der Übergangsmatrix P:*

$$P^{(s)} = P^s.$$

2. Der Zustandsvektor zum Zeitpunkt $n + s$ ergibt sich durch s-fache Anwendung der Übergangsmatrix auf den Zustandsvektor zum Zeitpunkt n:

$$\pi^{(n+s)} = \pi^{(n)} \cdot P^s.$$

Es liegt nun nahe, $P^{(0)}$ als die Einheitsmatrix zu definieren.

15.3.2 Klassifikation der Zustände

Wie im Abschnitt 15.2 anhand eines Beispiels dargestellt, ist es üblich, Markovsche Ketten durch ihren Zustandsgraphen zu visualisieren: Zwei nicht notwendigerweise verschiedene Zustände z' und z'' werden dann und nur dann durch eine gerichtete Kante von z' nach z'' verbunden, wenn $P_{z'z''} > 0$ ist. Darüber hinaus nennen wir einen Zustand z'' von einem Zustand z' aus erreichbar, wenn es im Zustandsgraphen einen gerichteten Kantenzug von z' nach z'' gibt. Einen solchen Kantenzug mit genau s Kanten gibt es offenbar genau dann, wenn $P^{(s)}_{z'z''} > 0$ ist.

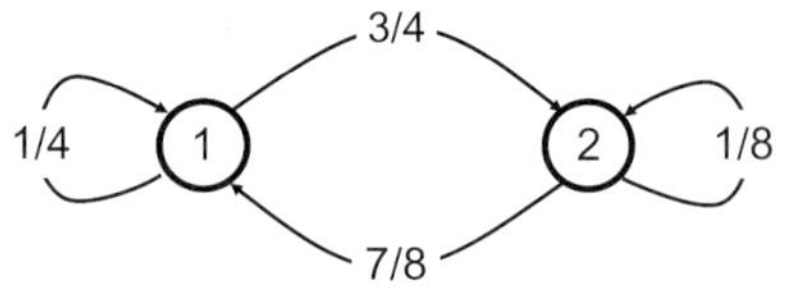

Abb. 15.3 Beispiel für eine irreduzible Markovsche Kette.

Klassen

Irreduzible Markovkette

Wir nennen eine Markovsche Kette, deren Zustandsgraph *stark zusammenhängend* ist, *irreduzibel*, wobei starker Zusammenhang meint, dass es für je zwei Zustände $z' \neq z''$ einen gerichteten Weg von z' nach z'' gibt. Das ist äquivalent zu

$$\forall z' \neq z'' \colon \exists s \geq 1 \colon P^{(s)}_{z'z''} > 0.$$

Abbildung 15.3 zeigt ein Beispiel einer irreduziblen Kette. Aber auch die durch Tabelle 15.1 definierten Markovketten des Plus- und des Minusmodells für CpG-Inseln sind irreduzibel.

Klassen einer Markovkette

Klassen-DAG

Ist eine Markovsche Kette nicht irreduzibel, so zerfällt ihr Zustandsgraph in *starke Zusammenhangskomponenten*, die in diesem Zusammenhang Klassen genannt werden. In der Graphentheorie ist es Standard, auf der Menge der starken Zusammenhangskomponenten als Knotenmenge den *Komponentengraphen* zu definieren: Eine starke Zusammenhangskomponente ist mit einer anderen durch eine gerichtete Kante verbunden, wenn es in dem ursprünglichen Graphen eine gerichtete Kante von einem Knoten aus jener Komponente zu einem Knoten aus dieser gibt. Dieser Graph ist ein gerichteter azyklischer Graph (DAG). Wir wollen ihn hier *Klassen-DAG* nennen.

Wiederkehrwahrscheinlichkeiten

Sei $z \in \Gamma$ ein beliebiger, aber fester Zustand. In Analogie zu Gleichung 15.20 definieren wir für Zeitpunkte $n \geq 1$ und Zustände $z_1, z_2, \ldots, z_n \in \Gamma$

$$\mathbb{P}_z(Z_1 = z_1, Z_2 = z_2, \ldots, Z_n = z_n) := \mathbb{P}(Z_1 = z_1, Z_2 = z_2, \ldots, Z_n = z_n | Z_0 = z),$$

wobei $\mathbb{P}(Z_0 = z) = 1$ ist, und die Übergangswahrscheinlichkeiten aus dem Zustand z zum Zeitpunkt 0 gleich den Übergangswahrscheinlichkeiten zu jedem anderen Zeitpunkt sind. Die Betrachtung der Kette $Z_1, Z_2, \ldots$ unter der Verteilung $\mathbb{P}_z$ dient dem Studium von Kantenzügen, die im Zustand z starten. Wir sehen sofort, dass

$$\mathbb{P}_z(Z_n = z') = P^{(n)}_{zz'}$$

ist.

Auf dieser Grundlage definieren wir eine zufällige Variable, die die *Wartezeit* bis zum *erstmaligen* Erreichen eines Zustandes z' bei Start im Zustand z registriert:

Wartezeit

$$T_{zz'} := \begin{cases} \min\{n | n \geq 1, Z_n = z'\} & \text{falls } z' \text{ von } z \text{ aus erreichbar ist;} \\ \infty & \text{andernfalls} \end{cases} .$$

Die Zufallsvariable $T_{zz'}$ ist eine sogenannte *Stoppzeit* des Prozesses $Z_1, Z_2, \ldots$: Das Ereignis $T_{zz'} = n$ hängt nur von den Ausgängen der Zufallselemente $Z_1, Z_2, \ldots, Z_n$ ab.

Stoppzeit

Für die Wahrscheinlichkeit, dass die Wartezeit bis zum erstmaligen Erreichen von z' bei Start in z gleich n ist, führen wir die folgende Bezeichnung ein:

$$f_{zz'}^{(n)} := \mathbb{P}(T_{zz'} = n).$$

Für das Beispiel aus Abb. 15.3 ist

$$\mathbb{P}_1(T_{12} = n) = \frac{1}{4^{n-1}} \cdot \frac{3}{4} = \frac{3}{4^n} \quad (n \geq 1).$$

Wie groß ist die Wahrscheinlichkeit, bei Start in z in endlicher Zeit den Zustand z' zu erreichen? Sie ist gleich

$$f_{zz'}^{*} := \mathbb{P}(T_{zz'} < \infty) = \sum_{n=1}^{\infty} f_{zz'}^{(n)}.$$

Wir nennen $f_{zz'}^{*}$ die *Ankunftswahrscheinlichkeit in z' bei Start in z.*

Für unser vorstehendes Beispiel ist

$$f_{12}^{*} = 3 \sum_{n=1}^{\infty} \frac{1}{4^n} = 1.$$

Die Ankunftswahrscheinlichkeit in 2 bei Start in 1 ist also gleich eins.

Für den Fall $z = z'$ sprechen wir von der *Wiederkehrzeit* statt von der Wartezeit und von der *Wiederkehrwahrscheinlichkeit* statt von der Ankunftswahrscheinlichkeit.

Rekurrente transiente Zustände

Definition 15.5 Ein Zustand heißt rekurrent, wenn seine Wiederkehrwahrscheinlichkeit gleich eins ist. Andernfalls heißt er transient.

Für die Kette aus Abb. 15.3 ist

$$\mathbb{P}_1(T_{11} = 1) = \frac{1}{4} \quad \mathbb{P}_1(T_{11} = n) = \frac{3}{4} \cdot \frac{7}{8} \cdot \frac{1}{8^{n-2}} = \frac{42}{8^n} \quad (n \geq 2),$$

und man erhält für die Wiederkehrwahrscheinlichkeit

$$f_{11}^* = \frac{1}{4} + 42 \cdot \sum_{n=2}^{\infty} \frac{1}{8^n} = 1.$$

Der Zustand 1 ist rekurrent.

Der folgende Satz verdeutlicht den gravierenden Unterschied zwischen rekurrenten und transienten Zuständen.

Satz 15.6 *Sei $z \in \Gamma$ ein beliebiger, aber fester Zustand, in dem die Kette startet.*

1. *Ist z rekurrent, so ist die Kette mit Wahrscheinlichkeit eins unendlich oft im Zustand z.*
2. *Ist z transient, so ist der Erwartungswert der Anzahl, mit der die Kette im Zustand z ist, gleich $1/\left(1 - f_{zz}^*\right)$. Insbesondere ist die Kette mit Wahrscheinlichkeit eins nur endlich oft im Zustand z.*

Beweis. Sei zunächst z rekurrent. Dann kehrt die Kette bei Start in z mit Wahrscheinlichkeit 1 zu z zurück. Wir können dieses Argument iterieren und erhalten die erste Behauptung.
Ist z transient, so ist die Wahrscheinlichkeit, dass die Kette bei Start in z niemals mehr nach z zurückkehrt, gleich $1 - f_{zz}^* > 0$. Deshalb ist die Wahrscheinlichkeit, dass die Kette bei Start in z exakt s mal im Zustand z ist, gleich $(f_{zz}^*)^{s-1}(1 - f_{zz}^*)$. Diese Anzahl ist mit Parameter $1 - f_{zz}^*$ geometrisch verteilt, der Erwartungswert folglich gleich $1/\left(1 - f_{zz}^*\right)$.

Ist I_n die Indikatorvariable für das Ereignis $\{Z_n = z\}$ bei Start in z, so steht $I := \sum_{n=0}^{\infty} I_n$ für die Anzahl, mit der sich die Kette bei Start in z in diesem Zustand befindet. Offenbar ist der Erwartungswert $\mathbb{E}I_n$ gleich $\mathbb{P}_z(Z_n = z) = P_{zz}^{(n)}$ und folglich $\mathbb{E}I = \sum_{n=0}^{\infty} P_{zz}^{(n)}$. Unter Verwendung von Satz 15.6 erhalten wir:

Satz 15.7 (Rekurrenzsatz) *Ein Zustand z ist genau dann rekurrent, wenn*

$$P_{zz}^* := \sum_{n=0}^{\infty} P_{zz}^{(n)} = \infty$$

ist. Er ist transient, wenn $P_{zz}^* < \infty$ ist.

Klasseneigenschaft

Eine Eigenschaft von Zuständen nennt man eine Klasseneigenschaft, wenn mit einem Zustand alle Zustände dieser Klasse sie haben.

Folgerung 15.8 *Rekurrenz und Transienz sind Klasseneigenschaften: Die Zustände einer Klasse sind entweder alle rekurrent oder alle transient.*

Folglich ist auch Zustand 2 aus Abb. 15.3 rekurrent.

Alle bisherigen Aussagen dieses Unterabschnittes gelten auch für abzählbare Markov-Ketten. Der folgende Satz, der sich leicht aus dem bisher Gesagten ergibt, ist eine Spezialität für endliche Ketten.

Satz 15.9 *Alle Zustände aus Senken des Klassen-DAG sind rekurrent. Alle anderen Zustände sind transient. Insbesondere hat eine endliche irreduzible Markovsche Kette nur rekurrente Zustände.*

Erwartete Wiederkehrzeiten

Abweichend von unserer generellen Konvention betrachten wir bis zum Ende von Abschnitt 15.3.3 Markov-Ketten über einer abzählbaren Zustandsmenge Γ als Regelfall. Andernfalls hätte der hier definierte Begriff der positiven Rekurrenz keinen Sinn.

Bei Start in einem rekurrenten Zustand z hat die Wiederkehr Wahrscheinlichkeit eins. Aber wie lange muss man auf sie im Mittel warten? Dazu betrachten wir den *Erwartungswert der Wiederkehrzeit*:

$$m_{zz} := \mathbb{E}T_{zz} = \sum_{n=1}^{\infty} n \cdot f_{zz}^{(n)}. \tag{15.21}$$

Positiv rekurrente Zustände

Definition 15.10 Hat ein rekurrenter Zustand z eine endliche erwartete Wiederkehrzeit, so heißt er positiv rekurrent. Andernfalls wird er als null-rekurrent bezeichnet.

Für Zustand 1 aus Abb. 15.3 gilt:

$$\begin{aligned} m_{11} &= \frac{1}{4} + 42 \cdot \sum_{n=0}^{\infty} (n+2) \cdot \frac{1}{8^{n+2}} \\ &= \frac{1}{4} + \frac{21}{16} \cdot \underbrace{\sum_{n=0}^{\infty} \cdot \frac{1}{8^n}}_{=\frac{8}{7}} + \frac{3}{32} \cdot \underbrace{\sum_{n=1}^{\infty} n \cdot \frac{1}{8^{n-1}} \frac{7}{8}}_{=\frac{8}{7}} \\ &= \frac{1}{4} + \frac{3}{2} + \frac{3}{28} \\ &= \frac{13}{7}. \end{aligned}$$

Zustand 1 ist folglich positiv rekurrent.

Satz 15.11 *Die positive Rekurrenz und die Null-Rekurrenz sind Klasseneigenschaften.*

Folglich ist auch Zustand 2 aus Abb. 15.3 positiv rekurrent.

Man kann beweisen, dass es bei Markovschen Ketten mit endlicher Zustandsmenge keine null-rekurrenten Zustände gibt:

Satz 15.12 *Jeder rekurrente Zustand einer endlichen Markov-Kette ist auch positiv rekurrent.*

Nach Satz 15.9 haben im endlichen Fall genau die Zustände aus den Senken des Klassen-DAG endliche erwartete Wiederkehrzeiten. Für eine irreduzible endliche Kette sind dies alle Zustände.

Die einfache Berechnung der erwarteten Wiederkehrzeit für Zustand 1 aus Abb. 15.3 mithilfe der Definitionsgleichung 15.21 ist ein Ausnahmefall. Dazu bedarf es in der Regel des Umweges über die stationäre Verteilung.

15.3.3 Stationäre Verteilungen

Definition 15.13 Eine Verteilung $\pi = (\pi_1, \pi_2, \ldots)$ auf der Zustandsmenge Γ heißt stationär für eine Markovsche Kette mit Übergangsmatrix P, wenn $\pi = \pi \cdot P$ ist.

Stationäre Verteilung

Man kann leicht zeigen, dass eine stationäre Verteilung die folgende Eigenschaft hat. Für jeden Schnitt des Zustandsgraphen, jede nichttriviale Partition der Knotenmenge in zwei Blöcke, ist der Wahrscheinlichkeitsfluss über Kanten, die den Schnitt kreuzen, d. h. Knoten aus den beiden Blöcken miteinander verbinden, gleich null.

Wenden wir diesen Satz auf den Schnitt $\{\{1\},\{2\}\}$ des Zustandsgraphen aus Abb. 15.3 an, so erhalten wir

$$\frac{1}{4}\pi_1 - \frac{7}{8}\pi_2 = 0$$

$$\pi_1 + \pi_2 = 1.$$

Folglich ist (7/13,6/13) die stationäre Verteilung. In analoger Weise berechnet man für die Kette aus Abb. 15.4 (1/2,1/2) als stationäre Verteilung.

Der folgende Satz ist von zentraler Bedeutung.

Satz 15.14 *Eine irreduzible Markovsche Kette besitzt genau dann eine stationäre Verteilung, wenn alle ihre Zustände positiv rekurrent sind. In diesem Fall ist die stationäre Verteilung* π *durch die Gleichungen* $\pi_z = 1/m_{zz}$ $(z \in \Gamma)$ *eindeutig bestimmt.*

Folgerung 15.15 *Eine irreduzible endliche Markovsche Kette besitzt eine stationäre Verteilung* π, *die durch die Gleichungen* $\pi_z = 1/m_{zz}$ $(z \in \Gamma)$ *eindeutig bestimmt ist.*

Unter welchen zusätzlichen Bedingungen konvergieren die Zustandsvektoren $\pi^{(n)}$ einer irreduziblen Markovkette mit stationärer Verteilung π bei Start in einer beliebigen Verteilung gegen π? Dazu benötigen wir den folgenden Begriff.

Aperiodische Markov-Kette

Definition 15.16 Die Periode $d(x)$ eines Zustandes z ist der größte gemeinsame Teiler aller natürlichen Zahlen $n \geq 1$ mit $P_{zz}^{(n)} > 0$. Ist $P_{zz}^{(n)} = 0$ für alle $n \geq 1$, so ist $d(x) := \infty$.
Ein Zustand mit Periode eins heißt aperiodisch.
Sind alle Zustände aperiodisch, nennt man die ganze Kette aperiodisch.

Die Kette aus Abb. 15.3 ist aperiodisch. Beide Zustände der in Abb. 15.4 dargestellten Kette haben dagegen die Periode zwei. Die beiden Ketten aus Tabelle 15.1 sind wiederum aperiodisch.

Es gilt der folgende einfach zu beweisende Satz:

Satz 15.17 *Die Zustände einer Klasse haben dieselbe Periode.*

Man kann den folgenden Satz beweisen.

Satz 15.18 *Sei* $Z_1, Z_2, \ldots$ *eine irreduzible Kette mit stationärer Verteilung* π. *Ist die Kette auch aperiodisch, so gilt für jede Startverteilung und jeden Zustand* $z \in \Gamma$

$$\lim_{n \to \infty} |\mathbb{P}(Z_n = z) - \pi_z| = 0.$$

Durch geeignete Wahl der Anfangsverteilung erhält man sofort:

Folgerung 15.19 *Für eine aperiodische irreduzible Kette mit stationärer Verteilung* π *gilt für alle* $z, z' \in \Gamma$:

$$\pi_z = \lim_{n \to \infty} P_{z'z}^{(n)}.$$

Nicht für jede irreduzible Kette mit einer stationären Verteilung π muss bei Start in einer beliebigen Verteilung die Konvergenz

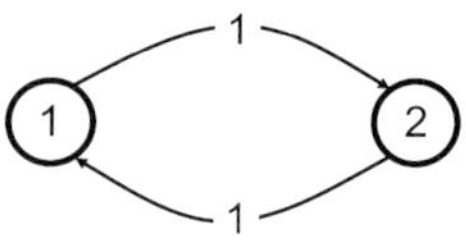

Abb. 15.4 Unterschied von Satz 15.14 zu Satz 15.18.

gegen π im Sinne von Satz 15.18 gesichert sein. Dazu betrachten wir das Beispiel aus Abb. 15.4.

Ist $\pi^{(1)} = (1,0)$, starten wir also mit Wahrscheinlichkeit eins im Zustand 1, so ist für jedes ν aus dem Bereich der natürlichen Zahlen $\pi^{(2\nu+1)} = (1,0)$ und $\pi^{(2\nu+2)} = (0,1)$. Wie wir bereits gesehen haben, ist die stationäre Verteilung $(1/2,1/2)$.

15.3.4
Ergodizität von Quellen

Ergodische Quellen

Sei $\mathbf{Z} = (Z_1,Z_2,\dots)$ ein Zufallsprozess, der Werte in einer endlichen Zustandsmenge $\Gamma = \{1,2,\dots,\gamma\}$ annimmt. Wir betrachten diesen Prozess als Quelle aller Wörter aus Γ^*.

Definition 15.20
1. Die Quelle $\mathbf{Z}$ heißt stationär, wenn für jede Folge von Zuständen $z_1,z_2,\dots,z_\nu$, jede Folge von Zeitpunkten $n_1 < n_2 < \dots < n_\nu$ und jedes $h > 0$ gilt:

$$\begin{aligned}&\mathbb{P}(Z_{n_1} = z_1,Z_{n_2} = z_2,\dots,Z_{n_\nu} = z_\nu)\\ &= \mathbb{P}(Z_{n_1+h} = z_1,Z_{n_2+h} = z_2,\dots,Z_{n_\nu+h} = z_\nu).\end{aligned} \tag{15.22}$$

2. Die Quelle $\mathbf{Z}$ heißt ergodisch, wenn sie stationär ist, und für jedes Wort $\mathbf{z} = z_1z_2\dots z_\nu \in \Gamma^*$ der Länge ν mit Wahrscheinlichkeit 1

$$\lim_{n\to\infty} \frac{\text{count}(\mathbf{z},\mathbf{Z}(0,n])}{n} = \mathbb{P}(Z_1 = z_1,Z_2 = z_2,\dots,Z_\nu = z_\nu) \tag{15.23}$$

gilt, wobei $\text{count}(\mathbf{z},\mathbf{Z}(0,n])$ die Anzahl der Vorkommen von $\mathbf{z}$ im Präfix $Z_1,Z_2,\dots,Z_n$ der Länge n von $\mathbf{Z}$ ist.

Man beachte, dass wegen der Stationarität einer ergodischen Quelle der Term $\mathbb{P}(Z_1 = z_1,Z_2 = z_2,\dots,Z_\nu = z_\nu)$ in Gleichung 15.23 durch $\mathbb{P}(Z_{1+h} = z_1,Z_{2+h} = z_2,\dots,Z_{\nu+h} = z_\nu)$ für jedes positive natürliche h ersetzt werden kann.

Der folgende Satz ist die zentrale Aussage dieses Unterabschnittes.

Satz 15.21 *Ist* **Z** *eine irreduzible aperiodische Markov-Kette mit ihrer stationären Verteilung* π *als Startverteilung, so ist die Kette als Quelle ergodisch im Sinne von Definition 15.20.*

Folgerung 15.22 *Für jeden Zustand* $z \in \Gamma$ *ist mit Wahrscheinlichkeit* 1

$$\pi_z = \lim_{n \to \infty} \frac{1}{n} \sum_{i=1}^{n} \delta(x, Z_i).$$

Nach Satz 15.22 sind die beiden Ketten aus Tabelle 15.1 als Quelle ergodisch, sofern sie mit ihrer stationären Verteilung starten. Folglich sind in diesem Falle die beiden Schätzer aus den Gleichungen 15.17 in Ordnung. Die stationären Verteilungen werden nach Folgerung 15.22 durch die in Abschnitt 15.2 eingeführten Hintergrundwahrscheinlichkeiten im Plus- und im Minusmodell geschätzt.

Manchmal nützlich ist die nächste Aussage, die man unmittelbar aus Folgerung 15.22 erhält.

Folgerung 15.23 *Ist* $\rho : \Gamma \longrightarrow \mathbb{R}$ *eine Funktion, so ist mit Wahrscheinlichkeit* 1

$$\lim_{n \to \infty} \frac{1}{n} \sum_{i=1}^{n} \rho(Z_i) = \sum_{z \in \Gamma} \rho(x) \pi_z.$$

Ist z.B. eine DNA-Sequenz als ergodische Markovsche Kette modelliert und die stationäre Verteilung π bekannt, so ist nach Folgerung 15.23 in diesem Model der CG-Gehalt gleich $\pi_C + \pi_G$.

15.3.5 Fazit

Die Schätzung der Wahrscheinlichkeit des Auftretens eines Musters in Daten, die aus einer Markovschen Quelle stammen, durch relative Häufigkeiten ist dann uneingeschränkt gerechtfertigt, wenn die Kette irreduzibel und aperiodisch ist und mit ihrer stationären Verteilung startet. In der Praxis ist Letzteres jedoch selten der Fall. Satz 15.18 sichert zu, dass man nur ein hinreichend langes Anfangsstück der Ausgabe der Quelle verwerfen muss, um hier jede beliebige Genauigkeit zu erreichen.

Markovsche Ketten sollten nur dann zur Modellierung herangezogen werden, wenn die Daten nicht etwas grundsätzlich anderes sagen. Um das festzustellen, gibt es statistische Tests, deren Darstellung jedoch nicht in unseren Rahmen passt.

15.4
Niveau und Macht einfacher Tests

In diesem Abschnitt wollen wir unsere Kenntnise zur elementaren Testtheorie, die wir im Kapitel 4 gewonnen haben, vertiefen.

Hypothese

Alternative

Die Situation. Sei Z ein Zufallselement aus einem höchstens abzählbaren Stichprobenraum $\mathfrak{Z}$. Z ist entweder $\mathbb{P}_H$- oder $\mathbb{P}_A$-verteilt, wobei $\mathbb{P}_H$ und $\mathbb{P}_A$ zwei Wahrscheinlichkeitsmaße auf $\mathfrak{Z}$ sind. Wir nennen die Aussage „X ist $\mathbb{P}_H$-verteilt" die *Hypothese*, die Aussage „X ist $\mathbb{P}_A$-verteilt" die *Alternative*. Wir nehmen an, dass für alle $z \in \mathfrak{Z}$ wenigstens eine der Wahrscheinlichkeiten $\mathbb{P}_H(z)$ und $\mathbb{P}_A(z)$ größer als null ist. Eventuell vorhandene andere Elemente sind für unsere Untersuchungen irrelevant und können aus $\mathfrak{Z}$ entfernt werden.

Das Problem. Wir wollen aufgrund eines beobachteten Wertes z von Z entscheiden, welche der beiden Verteilungen vorliegt. (Es ist jedoch nicht üblich zu sagen, dass man sich für die eine oder andere Verteilung entschieden habe. Vielmehr spricht man davon, man habe die Hypothese *verworfen* oder aber man habe sie *nicht verworfen*. Warum das so ist, besprechen wir am Ende dieses Abschnitts.)

Der Lösungsansatz. Wir suchen nach einem optimalen *Verwerfungsbereich*, einer Teilmenge $R \subseteq \mathfrak{Z}$ also, für den gilt: Die Hypothese wird genau dann verworfen, wenn der beobachtete Wert z in R liegt. Natürlich kann der Verwerfungsbereich R auch durch seine charakteristische Funktion τ, die in diesem Zusammenhang *Testfunktion* heißt, definiert werden:

$$\tau : \mathfrak{Z} \to \{0, 1\}$$
$$\tau(z) = \begin{cases} 1 & \text{falls}\, z \in R; \\ 0 & \text{andernfalls.} \end{cases}$$

Der deterministische Test auf der Grundlage der Testfunktion τ (kurz: der deterministische Test τ) sieht dann so aus:

Der deterministische Test τ
Eingabe:
ein Element $z \in \mathfrak{Z}$, das durch ein Zufallsexperiment ermittelt wurde.
Schritt 1.
Bestimme $\tau(z) \in \{0, 1\}$.
Schritt 2.
Verwerfe die Hypothese, falls $\tau(z) = 1$.
Andernfalls verwerfe nicht.

Was uns fehlt, ist ein *Kriterium*, vermöge dessen wir R so festlegen können, dass die beim Testen auftretenden Fehler *optimiert* werden. Doch bevor wir optimieren können, müssen wir klären, welche Fehler möglich sind.

Fehler erster Art

Gilt die Hypothese, so ist der *Fehler erster Art* definiert als die Wahrscheinlichkeit dafür, dass die Hypothese dennoch verworfen wird. Man sagt, ein Test τ habe das *Niveau* α, wenn der Fehler erster Art, zu dem offensichtlich jedes $z \in R$ den Wert $\mathbb{P}_H(z)$ beisteuert, durch α nach oben beschränkt ist.

Niveau eines einfachen Tests

$$\underbrace{\sum_{z \in \mathfrak{Z}} \tau(z) \cdot \mathbb{P}_H(z)}_{\text{Der Fehler 1. Art von } \tau} \leq \alpha. \tag{15.24}$$

Fehler zweiter Art

Gilt die Alternative, so heißt die Wahrscheinlichkeit dafür, die Hypothese *nicht* zu verwerfen, der *Fehler zweiter Art*. Da jedes $z \notin R$ einen Beitrag von $\mathbb{P}_A(z)$ zu diesem Fehler liefert, ist der Fehler zweiter Art genau dann durch β nach oben beschränkt, wenn die folgende Ungleichung erfüllt ist.

$$\underbrace{\sum_{z \in \mathfrak{Z}} (1 - \tau(z)) \cdot \mathbb{P}_A(z)}_{\text{Der Fehler 2. Art von } \tau} \leq \beta. \tag{15.25}$$

Ungleichung 15.25 ist offensichtlich äquivalent zu Ungleichung 15.26:

$$\underbrace{\sum_{z \in \mathfrak{Z}} \tau(z) \cdot \mathbb{P}_A(z)}_{\text{Die Macht von } \tau} \geq 1 - \beta. \tag{15.26}$$

Macht eines einfachen Tests

Die linke Seite von Ungleichung 15.26 heißt die *Macht* des Tests τ, wobei jedes $z \in R$ einen Beitrag von $\mathbb{P}_A(z)$ zur Macht leistet.

Wir sehen: Für die Existenz eines deterministischen Tests τ mit Niveau 0 und Macht 1 ist es notwendig und hinreichend, dass es eine Verwerfungsmenge R mit $\mathbb{P}_H(R) = 0$ und $\mathbb{P}_A(R) = 1$ gibt. Dies wiederum ist genau dann der Fall, wenn für alle $z \in \mathcal{Z}$ gilt: $\mathbb{P}_H(z) \cdot \mathbb{P}_A(z) = 0$.

Wie geht man bei der Fehleroptimierung vor? Zunächst legt man ein Niveau α fest, das man verkraften kann, z. B. $\alpha = 0.05$. Dann sucht man nach einem Test maximaler Macht τ mit Niveau α.

Dazu durchmustern wir den Stichprobenraum $\mathfrak{Z}$ und entscheiden für jedes Element, ob wir es unserer Verwerfungsmenge zuordnen wollen oder nicht. Steht ein bestimmtes z zur Entscheidung an, so lieferte eine Zuordnung von z zum Verwerfungsbereich R einen *Machtzuwachs* von $\mathbb{P}_A(z)$. Die *Kosten*, die wir zu entrichten hätten, bestünden in einem Zuwachs des Fehlers erster Art um die Zahl $\mathbb{P}_H(z)$. Wir nennen den Quotienten $\frac{\mathbb{P}_A(z)}{\mathbb{P}_H(z)}$ $(z \in \mathfrak{Z})$ die *Machtdichte* von z. (Ein Element z mit $\mathbb{P}_A(z) \neq 0$ und $\mathbb{P}_H(z) = 0$ hat die Machtdichte ∞.)

Da die Gesamtkosten durch α nach oben beschränkt sind, werden wir Elementen mit hoher Machtdichte vor solchen mit geringerer Machtdichte den Vorzug geben, wenn es darum geht, die Verwerfungsmenge R zu erweitern. (Elemente z mit Machtdichte null werden wir niemals in R aufnehmen, solche mit Machtdichte ∞ dagegen immer.)

Wir verwenden also bei der Bestimmung von R die folgende *Greedy-Strategie*: Wir zählen die Menge $\mathfrak{Z}$ mit monoton fallender Machtdichte auf und fügen dabei die Elemente solange dem Verwerfungsbereich R hinzu, bis das Niveau zu weit ausgeschöpft ist, um eine Erweiterung von R noch zuzulassen. Dabei können wir ohne Beschränkung der Allgemeinheit davon ausgehen, dass die Machtdichte von je zwei verschiedenen Elementen aus $\mathfrak{Z}$ verschieden ist. Haben nämlich zwei Elemente z' und z'' dieselbe Machtdichte, so legen wir sie in einem Preprocessing-Schritt zu einem Element z zusammen. Für das Neu-Element z ist $\mathbb{P}_H(z) = \mathbb{P}_H(z') + \mathbb{P}_H(z'')$ und $\mathbb{P}_A(z) = \mathbb{P}_A(z') + \mathbb{P}_A(z'')$. Die Machtdichte von z ist gleich der von z' und von z''.

Das Studium des in der Informatik wohlbekannten *Rucksackproblems* – der Verwerfungsbereich entspricht hier dem „Rucksack" – lehrt uns, dass eine solche Greedy-Strategie nicht immer zum Optimum führt: Die Zuordnung eines Elementes z mit relativ hoher Machtdichte, aber großen Kosten $\mathbb{P}_H(z)$ zu R kann verhindern, dass eine Anzahl von Elementen mit geringerer Machtdichte als z, aber einem höheren Gesamtbeitrag zur Macht zum Zuge kommen. Dazu betrachten wir ein Beispiel.

Angenommen, das Niveau ist durch den bisherigen Aufbau von R bis auf den Rest von $\frac{1}{100}$ ausgeschöpft. Es stehen die Elemente z_1, z_2 und z_3 zur Entscheidung an. Für diese gilt:

$$
\begin{aligned}
(\mathbb{P}_A(z_1), \mathbb{P}_H(z_1)) &= \left(\frac{31}{20000}, \frac{102}{20000}\right) &\Rightarrow \text{ Machtdichte von } z_1 &= \frac{31}{102} \\
(\mathbb{P}_A(z_2), \mathbb{P}_H(z_2)) &= \left(\frac{19}{20000}, \frac{101}{20000}\right) &\Rightarrow \text{ Machtdichte von } z_2 &= \frac{19}{101} \\
(\mathbb{P}_A(z_3), \mathbb{P}_H(z_3)) &= \left(\frac{13}{20000}, \frac{99}{20000}\right) &\Rightarrow \text{ Machtdichte von } z_3 &= \frac{13}{99}.
\end{aligned}
$$

Nach unserer Greedy-Strategie fügen wir z_1 der Menge R hinzu. Es bleibt ein Restniveau von $\frac{98}{20000}$. Weder z_2 noch z_3 finden in R noch Platz. Verzichtete man darauf, z_1 in R aufzunehmen, so würden z_2 und z_3 zusammen das Restniveau exakt ausschöpfen. Ferner lieferten sie einen Beitrag von $\frac{32}{20000}$ zur Macht, mehr als z_1 allein.

Aber man weiß auch, dass dieses Hindernis nicht auftreten kann, wenn es erlaubt ist, Elemente z, die zur Zuordnung anstehen, *aufzuteilen*: Für ein beliebiges $\tau \in (0, 1]$ dürfen wir den Anteil τ von z der Verwerfungsmenge zuordnen. Natürlich steuert dieser Anteil nur den Wert $\tau \cdot \mathbb{P}_A(z)$ zur Macht bei. Er verursacht aber auch nur Kosten in Höhe von $\tau \cdot \mathbb{P}_H(z)$. Da τ sich herauskürzt, hat jeder nichttriviale Anteil dieselbe Machtdichte wie ganz z.

In unserem Beispiel fügen wir zuerst ganz z_1 der Menge R hinzu. Das Restniveau ist nun $\frac{98}{20000}$. Wir haben noch Platz für den $\frac{98}{20000}/\frac{101}{20000} = \frac{98}{101}$-ten Teil von z_2. Verfahren wir so, verzeichnen wir einen Machtzuwachs von $\left(31 + \frac{98}{101} \cdot 19\right) \cdot \frac{1}{20000} > \frac{49}{20000}$, also mehr als z_2 und z_3 zusammen.

Unser Problem jetzt: Wie kann man diese Aufteilung umsetzen? Was soll es insbesondere heißen, einen Bruchteil eines Elements aus $\mathcal{Z}$ der Verwerfungsmenge hinzuzufügen?

Die Lösung. Wir erlauben *randomisierte Tests.* Diese haben eine Testfunktion

$$\tau : \mathfrak{Z} \to [0, 1]$$

zur Grundlage.

Der randomisierte Test τ.
Eingabe:
ein Element $z \in \mathfrak{Z}$, das durch ein Zufallsexperiment ermittelt wurde.
Schritt 1.
Bestimme $\tau(z) \in [0, 1]$.
Schritt 2.
Führe ein Bernoulli-Experiment mit Erfolgswahrscheinlichkeit $\tau(z)$ aus.
Schritt 3.
Verwerfe die Hypothese, falls das Bernoulli-Experiment erfolgreich war. Andernfalls verwerfe nicht.

Offensichtlich entspricht das Bernoulli-Experiment mit Erfolgswahrscheinlichkeit $\tau(z)$ einer Aufteilung von z: Es trägt nur mit dem Wert $\tau(z) \cdot \mathbb{P}_A(z)$ zur Macht, aber auch nur mit dem Wert $\tau(z) \cdot \mathbb{P}_H(z)$ zum Fehler erster Art bei. Formal bleiben die Gleichungen für den Fehler erster Art und die Macht unverändert:

$$\text{Der Fehler 1. Art von } \tau = \sum_{z \in \mathfrak{Z}} \tau(z) \cdot \mathbb{P}_H(z). \tag{15.27}$$

$$\text{Die Macht von } \tau = \sum_{z \in \mathfrak{Z}} \tau(z) \cdot \mathbb{P}_A(z). \tag{15.28}$$

Greedy-Strategie zur Bestimmung des Verwerfungsbereichs

Die *Greedy-Strategie* zur Bestimmung eines optimalen randomisierten Tests τ sieht nun so aus: Wir führen die Variable α_0 für das noch auszuschöpfende Restniveau ein und initialisieren sie mit α. Wie bisher zählen wir nun die Menge $\mathfrak{Z}$ mit monoton fallender Machtdichte auf und setzen solange $\tau(z) = 1$ und $\alpha_0 := \alpha_0 - \mathbb{P}_H(z)$, bis dass für ein Element z_0 das Restniveau α_0 nicht mehr ausreicht, so zu verfahren. Für dieses Element setzen wir $\tau(z_0) = \frac{\alpha_0}{\mathbb{P}_H(z_0)}$. Für alle weiteren z erhält $\tau(z)$ den Wert null.

Eine kurze Rechnung, die wir uns aber ersparen wollen, zeigt, dass unsere Intuition richtig ist: Die vorstehende Greedy-Strategie liefert einen randomisierten Test τ maximaler Macht zum Niveau α.

Wie bereits gesagt, heißen randomisierte Tests τ mit

$$\tau(z) = \begin{cases} 1 & \text{falls } \mathbb{P}_A(z) > c^* \cdot \mathbb{P}_H(z); \\ 0 & \text{falls } \mathbb{P}_A(z) < c^* \cdot \mathbb{P}_H(z) \end{cases}$$

Neyman-Pearson-Test

Neyman-Pearson-Tests.

Der Parameter c^* ist die Machtdichte desjenigen Elements, das im Laufe unseres Greedy-Algorithmus als letztes einen Beitrag zum Verwerfungsbereich R leistet. (Da die Machtdichten unserer Elemente aus $\mathfrak{Z}$ paarweise verschieden sind, ist es eindeutig bestimmt.) Was passiert im Fall $\mathbb{P}_A(z) = c^* \cdot \mathbb{P}_H(z)$? Falls das Restniveau gleich $\mathbb{P}_H(z)$ ist, wird z vollständig in den Verwerfungsbereich aufgenommen ($\tau(z) = 1$). Andernfalls muss z aufgeteilt werden, und $\tau(z)$ ist gleich der Erfolgswahrscheinlichkeit des nun fälligen Bernoulli-Experiments.

Wir haben den Beweis des folgenden Satzes skizziert.

Neyman-Pearson-Lemma garantiert zu jedem Niveau einen einfachen Test maximaler Macht

Satz 15.24 (Neyman-Pearson-Lemma) *Für das Testen einer einfachen Hypothese gegen eine einfache Alternative gilt:*
Zu jedem Niveau α gibt es einen Neyman-Pearson-Test maximaler Macht.

Die Antwort auf die Frage nach einem besseren Test, die wir am Ende von Abschnitt 15.1 gestellt haben, ist durch Satz 15.24 beantwortet: *Es gibt nichts Besseres!*

Nun zu der Frage, warum man das Testproblem asymmetrisch formuliert und behandelt. Soll beispielsweise ein wirksames Medikament durch ein neues ersetzt werden, so handelt man sich großen Ärger ein, wenn nicht Folgendes gesichert ist: Gilt die Hypothese „Das Altmedikament ist mindestens so wirksam wie das neue", so darf sie der Test nur mit kleiner Wahrscheinlichkeit, eben mit dem wählbaren Niveau, ablehnen.

Will man herausfinden, ob ein Casino verfälschte Würfel benutzt und hat man dafür einen Test entwickelt, so muss man sich bei der

Würdigung des Testergebnisses auch vor überzogenen Bonitätsaussagen („In diesem Casino werden faire Würfel verwendet.“) hüten. Gibt der Test keinen Anlass, diese Hypothese zu verwerfen, so ist das noch lange kein Beweis für ihre Gültigkeit.

Daher entspricht bei der Formulierung eines Testproblems die Hypothese dem aktuellen Stand der Technik („Das Altmedikament ist mindestens so wirksam wie das neue.“) oder dem reinen Zufall („In diesem Casino werden faire Würfel verwendet.“). Ferner lässt man, wie eingangs dargestellt, bei der Würdigung der Testergebnisse Vorsicht walten.

Wollen wir nicht, dass der Fehler erster Art vor dem Fehler zweiter Art bevorzugt wird, können wir die vorstehende Greedy-Strategie so modifizieren, dass beide gleich sind. Wir führen zwei Variablen f_0 und f_1 für den aktuellen Fehler erster bzw. zweiter Art ein. Die Variable f_0 wird mit null initialisiert, die Variable f_1 mit eins, denn am Anfang ist die Verwerfungsmenge R leer. Mit jedem $z \in \mathfrak{Z}$, das wir der Verwerfungsmenge zuordnen, erhöht sich f_0 um $\mathbb{P}_H(z)$, f_1 dagegen vermindert sich um $\mathbb{P}_A(z)$. Wir führen die vollständige Zuordnung von z zur Verwerfungsmenge R nur dann aus, wenn auch danach noch $f_0 \leq f_1$ gilt. Andernfalls wird das Element z durch ein Bernoulli-Experiment mit Erfolgswahrscheinlichkeit $\tau(z) = (f_1 - f_0)/(\mathbb{P}_H(z) + \mathbb{P}_A(z))$ wie in Abschnitt 15.4 beschrieben so aufgeteilt, dass nach Zuordnung dieses Teils von z zur Verwerfungsmenge $f_0 = f_1$ ist. Letzteres ist auch die Abbruchbedingung.

Da die Elemente aus $\mathfrak{Z}$ mit fallender Machtdichte zur Entscheidung darüber anstehen, ob sie der Verwerfungsmenge R zugeordnet werden sollen, gilt zu jedem Zeitpunkt des Algorithmus: $\sum_{z\in R} \mathbb{P}_H(z) \leq \sum_{z\in R} \mathbb{P}_A(z)$. Folglich können sich der Fehler erster und zweiter Art nur im Interval $[0, 1/2]$ treffen.

Was passiert eigentlich, wenn sich die Verteilungen $\mathbb{P}_H$ und $\mathbb{P}_A$ auf $\mathfrak{Z}$ nicht unterscheiden? Dann kommt am Ende $f_0 = f_1 = 1/2$ heraus, und wir können statt den Test auszuführen auch eine faire Münze werfen.

Es soll nicht verschwiegen werden, dass man Bernoulli-Experimente zur Aufteilung einer Instanz in der Praxis kaum durchführt. Mathematiker haben sie erdacht, um das Niveau eines Tests besser ausschöpfen zu können.

Eine breite Darstellung der Anwendung statistischer Methoden in der Bioinformatik findet sich in [9].

In den Anwendungen ist es nur in einigen Fällen möglich, die Greedy-Strategie aus diesem Abschnitt zu übernehmen, da der Stichprobenraum meist viel zu groß ist. Wie wir im Abschnitt 15.6 sehen werden, bietet die Anwendung des *Zentralen Grenzwertsatzes* einen Ausweg.

15.5
Exkurs: Grenzwertsätze

Für das Verständnis bioinformatischer Anwendungen sind das starke Gesetz der großen Zahlen und der Zentrale Grenzwertsatz die wichtigsten Sätze der Wahrscheinlichkeitstheorie.

Wir haben uns im Abschnitt 15.4 einen Greedy-Algorithmus zur Bestimmung des Verwerfungsbereichs eines einfachen Tests angesehen. Motiviert war das durch unser Ziel, für den Score aus Gleichung 15.19 einen geeigneten Schwellwert c^* so zu finden, dass das Diskriminationsproblem für CpG-Inseln optimal gelöst werden kann. Wir haben uns davon überzeugt, dass dieser Algorithmus optimale Schwellwerte ausgibt. Leider ist schon für moderate Sequenzlängen n der zu visitierende Stichprobenraum mit 4^n so groß, dass der Einsatz des Algorithmus in der Praxis nicht möglich ist. Wie bereits am Ende von Abschnitt 15.4 betont, bieten die im Folgenden dargestellten Grenzwertsätze in diesem, wie wir im Abschnitt 15.6 sehen werden, und vielen anderen, ähnlich gelagerten Fällen das theoretische Fundament für einen Ausweg.

Generell lässt sich sagen, dass bei der Modellierung praktischer Probleme die Verteilung der beteiligten Zufallsvariablen oft nicht genau bekannt ist. Deshalb sind Informationen z.B. über das Verhalten im Mittel einer großen Zahl dieser Größen sehr nützlich. Die Aussage des folgenden Satzes ist in diesem Zusammenhang von fundamentaler Bedeutung.

Starkes Gesetz der großen Zahlen

Satz 15.25 (Starkes Gesetz der großen Zahlen) *Sind $Z_1, Z_2, \ldots, Z_n, \ldots$ unabhängige und identisch verteilte Zufallsvariablen mit Erwartungswert μ, so gilt*

$$\mathbb{P}\left(\lim_{n\to\infty} \frac{Z_1 + Z_2 + \ldots + Z_n}{n} = \mu\right) = 1.$$

Das starke Gesetz der großen Zahlen besagt also, dass das im Kapitel 4 eingeführte Stichprobenmittel mit Wahrscheinlichkeit eins gegen den Erwartungswert konvergiert, sofern die Stichprobenlänge gegen unendlich strebt. Die Frage danach, wie die Differenz zwischen dem Stichprobenmittel und dem Erwartungswert verteilt ist, beantwortet der Zentrale Grenzwertsatz.

Im Folgenden betrachten wir für $i = 1,2,\ldots$ Zufallsvariablen Z_i mit Erwartungswerten μ_i und Varianzen σ_i. Mit S_n bezeichnen wir die n-te zentrierte Partialsumme der Folge $Z_1, Z_2, \ldots, Z_n, \ldots$:

$$S_n := (Z_1 - \mu_1) + (Z_2 - \mu_2) + \ldots + (Z_n - \mu_n).$$

Wir erinnern uns, dass

$$\phi_{0,1}(z) = \frac{1}{\sqrt{2\pi}} e^{-\frac{z^2}{2}}$$

die Dichte und

$$\Phi_{0,1}(z) = \int_{-\infty}^{z} \phi_{0,1}(\zeta) d\zeta$$

die Verteilungsfunktion der Standardnormalverteilung ist.

Zentraler Grenzwertsatz (ZGWS) für unabhängig und identisch verteilte Summanden

Satz 15.26 (Zentraler Grenzwertsatz (ZGWS)) *Sind die Zufallsvariablen $Z_1, Z_2, \ldots$ unabhängig und identisch verteilt mit Erwartungswert μ und Varianz σ^2, so konvergiert die Verteilung von $S_n/(\sqrt{n}\sigma)$ für n gegen ∞ gegen die Standardnormalverteilung:*

$$\lim_{n\to\infty} \sup_{z\in\mathbb{R}} \left| \mathbb{P}(S_n/(\sqrt{n}\sigma) \leq z) - \Phi_{0,1}(z) \right| = 0. \tag{15.29}$$

Betrachten wir erneut das Stichprobenmittel

$$\overline{Z}_{(n)} := \frac{1}{n}\sum_{i=1}^{n} Z_i,$$

so besagt Satz 15.26, dass die Verteilungfunktion der Zufallsvariablen $\sqrt{n}(\overline{Z}_{(n)} - \mu)$ für $n \to \infty$ gegen die Verteilungsfunktion der Normalverteilung mit Erwartungswert null und Varianz σ^2 konvergiert.

ZGWS: wichtig für die Anwendungen und theoretisch bedeutsam

Der Zentrale Grenzwertsatz ist für Theorie und Anwendungen deshalb von außergewöhnlich großer Bedeutung, weil viele wichtige Zufallsvariablen Summen von zahlreichen unabhängigen und identisch verteilten Summanden sind. Ihre Untersuchung wird mit seiner Hilfe sehr stark vereinfacht. Ein zunächst theoretisches Anwendungsbeispiel ist die im Kapitel 4 eingeführte Binomialverteilung mit Parametern (n,p). Ist die Zufallsvariable X (n,p)-binomialverteilt und ist n hinreichend groß, so ist $(X - np)/(\sqrt{np(1-p)})$ näherungsweise standardnormalverteilt. Dieser Spezialfall wird der Satz von DeMoivre genannt.

In vielen Anwendungen der Bioinformatik kann man für eine Folge von Zufallsvariablen zwar die Unabhängigkeit, nicht aber die Identität in der Verteilung annehmen. Häufig sind für $i = 1,2,\ldots$ die Zufallsvariablen Z_i jedoch diskret mit Zähldichten $\mathrm{p}_i(z)$, Erwartungswerten μ_i und Varianzen σ_i^2. Für $n = 1,2,\ldots$ bezeichnen wir mit

$$\varsigma_n^2 := \sigma_1^2 + \sigma_2^2 + \ldots + \sigma_n^2 \tag{15.30}$$

die Varianzen der zentrierten Partialsummen S_n. In dieser Situation bietet sich der folgende Satz an.

ZGWS von Lindeberg-Feller

Satz 15.27 (ZGWS von Lindeberg-Feller) *Wenn für alle* $\epsilon > 0$ die *Lindeberg-Feller-Bedingung*

$$\lim_{n\to\infty} \frac{1}{\varsigma_n^2} \sum_{i=1}^{n} \sum_{|z-\mu_i|\geq\epsilon\cdot\varsigma_n} (z - \mu_i)^2 \cdot \mathrm{p}_i(z) = 0 \tag{15.31}$$

erfüllt ist, so konvergiert die Verteilung von S_n/ς_n *für* n *gegen* ∞ *gegen die Standardnormalverteilung:*

$$\lim_{n\to\infty} \sup_{z\in\mathbb{R}} |\mathbb{P}(S_n/\varsigma_n \leq z) - \Phi_{0,1}(z)| = 0. \tag{15.32}$$

Die Folge $Z_1, Z_2, \ldots, Z_n, \ldots$ heißt uniform beschränkt, wenn es eine positive reelle Zahl a so gibt, dass für jedes $i = 1,2,\ldots$ die Zähldichte $\mathrm{p}_i(z)$ von Z_i außerhalb des Intervalls $(\mu_i - a, \mu_i + a)$ verschwindet.

Ist die in Rede stehende Folge uniform beschränkt, so ist die Lindeberg-Feller-Bedingung genau dann erfüllt, wenn die Folge ς_n^2 der Varianzen der Partialsummen S_n aus Gleichung 15.30 für $n \to \infty$ gegen unendlich geht.

Für nicht wenige Anwendungen aus der Bioinformatik ist weder Satz 15.26 noch Satz 15.27 geeignet: Man kann oft nicht annehmen, dass eine unabhängige Folge von Zufallsereignissen vorliegt. Auch die Summanden unseres Scores aus Gleichung 15.19 sind nicht unabhängig, liegt dem Score doch eine Markovsche Kette zugrunde. Trotzdem gilt in diesem, wie in vielen anderen Fällen, ein zentraler Grenzwertsatz. Wir greifen einen besonders wichtigen Fall heraus und nehmen an, dass für $i = 1,2,\ldots$ die Zufallsvariablen Z_i gleich $f(X_i)$ sind, wobei es sich bei $X_1, X_2, \ldots$ um eine aperiodische irreduzible endliche Markov-Kette handelt, die in ihrer stationären Verteilung startet, und f eine reellwertige, auf der Zustandsmenge der Kette definierte Funktion ist.

Asymptotische mittlere Varianz

Sei $\mu_f := \mathbb{E}f(X_1)$, sei

$$\sigma_f^2 := \operatorname{Var} f(X_1) + 2\sum_{i=1}^{\infty} \operatorname{Cov}(f(X_1), f(X_{i+1})),$$

und sei schließlich

$$S_{f,n} := (f(X_1) - \mu_f) + (f(X_2) - \mu_f) + \ldots + (f(X_n) - \mu_f).$$

Satz 15.28 (ZGWS für aperiodische irreduzible endliche MK) *Es ist*

ZGWS für aperiodische irreduzible endliche MK

$$\lim_{n\to\infty} \sup_{z\in\mathbb{R}} \left| \mathbb{P}(S_{f,n}/\sqrt{n}\sigma_f \le z) - \Phi_{0,1}(z) \right| = 0. \tag{15.33}$$

Das Problem bei der Anwendung von Satz 15.28 ist die Schätzung von σ_f^2. Sie ist im Allgemeinen nicht einfach. Wir beschränken uns in diesem Abschnitt auf den Fall, dass uns lediglich ein hinreichend langes Anfangsstück $X_1, X_2, \ldots, X_n$ der zugrunde liegenden Markovschen Kette zur Verfügung steht. Wir nehmen an, dass $n = a \cdot b$ ist und zerlegen es in a Batches zu je b konsekutiven Elementen. Für $j = 1,2,\ldots,a$ ist das j-te Batch gleich $X_{(j-1)b+1}, X_{(j-1)b+2}, \ldots, X_{jb}$. Wir setzen $\hat{Y}$

$$\overline{f}_n := \frac{1}{n}\sum_{i=1}^{n} f(X_i) \qquad \hat{Y}_j := \frac{1}{b}\sum_{i=(j-1)b+1}^{jb} f(X_i)$$

und nennen

Batch-Mean-Schätzer für die asymptotische mittlere Varianz

$$\hat{\sigma}_f^2 := \frac{b}{a-1}\sum_{j=1}^{a} (\hat{Y}_j - \overline{f}_n)^2$$

den *Batch-Mean-Schätzer*, der für $a = b = \sqrt{n}$ gegen σ_f^2 konvergiert. Er neigt in der Praxis für festes n leider dazu, σ_f^2 zu unterschätzen. Es steht eine umfangreiche statistische Spezialliteratur zur Verfügung, mit diesem Problem umzugehen.

In den vorstehenden Bezeichnungen ist Satz 15.28 offensichtlich äquivalent zu der Aussage, dass die Verteilungfunktion der Zufallsvariablen $\sqrt{n}(\overline{f}_n - \mu_f)$ für $n \to \infty$ gegen die Verteilungsfunktion der Normalverteilung mit Erwartungswert null und Varianz σ_f^2 konvergiert. Das rechtfertigt für σ_f^2 die Bezeichnung *asymptotisch mittlere Varianz* der n-ten Partialsummen des Prozesses $Z_1, Z_2, \ldots$.

Abschließend bemerken wir, dass Satz 15.28 auch dann gilt, wenn die Kette in einer anderen als der stationären Verteilung startet, was sich in den Anwendungen nur selten vermeiden lässt.

15.6 Diskrimination von CpG-Inseln

Wir skizzieren die Lösung des Diskriminationsproblems für CpG-Inseln auf der Grundlage des Scores aus Gleichung 15.19. Dazu sei $Y_1, Y_2, \ldots$ die ursprüngliche Kette über dem Alphabet der vier Basen A, C, G und T als Zustandsmenge, die entweder nach dem Plus- oder nach dem Minusmodell verteilt ist, und seien

$$(\pi_v^+)_{v\in\{A,C,G,T\}} \quad \text{und} \quad (\pi_v^-)_{v\in\{A,C,G,T\}}$$

die stationären Verteilungen. Wir betrachten den Prozess $Z_1, Z_2, \ldots$ über den 16 Basenpaaren, der für $i = 1,2,\ldots$ und $(v',v) \in \{A,C,G,T\}^2$ durch

$$Z_i = (v',v) \;\Leftrightarrow\; Y_{i-1} = v',\, Y_i = v$$

definiert ist, wobei v' für $i = 1$ nur den Wert **0** annehmen kann. Er ist eine zum ursprünglichen Prozess $Y_1,Y_2,\ldots$ sehr eng verwandte Markovsche Kette:

$$\mathbb{P}(Z_i = (y_{i-1},y_i)|Z_{i-1} = (y_{i-2},y_{i-1})) = \mathbb{P}(Y_i = y_i|Y_{i-1} = y_{i-1}).$$

Das Plus- und das Minusmodell für die ursprüngliche Kette führen zu entsprechenden Modellen für die neue. Für $v',v \in \{A,C,G,T\}$ sind $\pi^+_{(v',v)} = \pi^+_{v'}p^+_{v'v}$ und $\pi^-_{(v',v)} = \pi^-_{v'}p^-_{v'v}$ die Wahrscheinlichkeiten der stationären Verteilungen. Nun können wir auf den Score aus Gleichung 15.19 Satz 15.28 anwenden, wenn wir

$$f(v',v) := \log \frac{p^+_{v',v}}{p^-_{v',v}}$$

setzen, wobei v' auch gleich **0** sein kann. Wir gehen wie folgt vor.

- Wir berechnen für das Plus- und für das Minusmodell die Erwartungswerte μ_1^+ bzw. μ_1^- und μ_2^+ bzw. μ_2^- von $f(Z_1)$ und $f(Z_2)$ (siehe Folgerung 15.23).
- Wir schätzen für das Plus- und für das Minusmodell die asymptotisch mittleren Varianzen σ_f^+ bzw. σ_f^- (siehe Abschnitt 15.5) mit hinreichender Genauigkeit. Wir sind in einer sehr komfortablen Lage, denn die erforderlichen Daten können wir uns durch Simulation des Zufallsprozesses $Z_1, Z_2, \ldots, Z_n$ verschaffen: Ist n so groß, dass sowohl im Plus- als auch im Minusmodell nach Satz 15.28 die Zufallsvariable $S_{f,n}/\sqrt{n}$ näherungsweise mit Erwartungswert null und Varianz σ_f^2 normalverteilt ist, so verfahren wir wie folgt:
  - Wir erzeugen $m \gg 0$ Sequenzen der Länge n und evaluieren auf jeder dieser Sequenzen $S_{f,n}/\sqrt{n}$. Im Ergebnis dessen erhalten wir für jedes $j = 1,2,\ldots,m$ ein $S_{f,n,j}/\sqrt{n}$.
  - Wir verwenden nun die im Kapitel 4 eingeführte Stichprobenvarianz als Schätzer: Da der Erwartungswert von $S_{f,n}/\sqrt{n}$ null ist, erhalten wir

$$\sigma_f^2 \approx \frac{1}{n(m-1)} \sum_{j=1}^{m} S^2_{f,n,j}.$$

Auf diese Weise erhalten wir Schätzwerte $\hat{\sigma}_f^+$ und $\hat{\sigma}_f^-$.

Sind $\mathbf{Y}^+$ und $\mathbf{Y}^-$ Zufallswörter über {A,C,G,T} der Länge n, die nach dem Plus- bzw. dem Minusmodell verteilt sind, so sind die zufälligen Variablen

$$\frac{1}{\sqrt{n}\hat{\sigma}_f^-}\left(\text{score}(\mathbf{Y}^-) - \mu_1^- - (n-1)\mu_2^-\right)$$

und

$$\frac{1}{\sqrt{n}\hat{\sigma}_f^+}\left(\text{score}(\mathbf{Y}^+) - \mu_1^+ - (n-1)\mu_2^+\right)$$

näherungsweise standardnormalverteilt, sofern n hinreichend groß ist.

- Nun können wir für gegeben $\alpha \in (0,1/2)$ eine Schwelle θ_α so bestimmen, dass für den Fehler erster Art

  $$\mathbb{P}(\text{score}(\mathbf{Y}^-) > \theta_\alpha) = \alpha$$

  gilt, und gleichzeitig der Fehler zweiter Art

  $$\beta = \mathbb{P}(\text{score}(\mathbf{Y}^+) < \theta_\alpha)$$

  minimal ist. Dazu verwenden wir, dass

  $$\alpha = 1 - \Phi_{0,1}\left(\frac{\theta_\alpha - \mu_1^- - (n-1)\mu_2^-}{\sqrt{n}\hat{\sigma}_f^-}\right) \tag{15.34}$$

  bzw.

  $$\beta = \Phi_{0,1}\left(\frac{\theta_\alpha - \mu_1^+ - (n-1)\mu_2^+}{\sqrt{n}\hat{\sigma}_f^+}\right) \tag{15.35}$$

  mit $\Phi_{0,1}$ als der Verteilungsfunktion der Standardnormalverteilung gilt. Die Schwelle θ_α ergibt sich durch Inversenbildung aus Gleichung 15.34. Der zugehörige Fehler zweiter Art wird anschließend vermöge Gleichung 15.35 berechnet.
- Wir können auch eine Schwelle $\theta_{\alpha=\beta}$ so bestimmen, dass

  $$\mathbb{P}(\text{score}(\mathbf{Y}^-) > \theta_{\alpha=\beta}) = \mathbb{P}(\text{score}(\mathbf{Y}^+) < \theta_{\alpha=\beta})$$

  gilt. Man überlegt sich leicht, dass

  $$\theta_{\alpha=\beta} = \frac{(\mu_1^+ + (n-1)\mu_2^+)\hat{\sigma}_f^- + (\mu_1^- + (n-1)\mu_2^-)\hat{\sigma}_f^+}{\hat{\sigma}_f^- + \hat{\sigma}_f^+} \tag{15.36}$$

  ist.

Natürlich sind im Sinne von Satz 15.28 die Gleichungen 15.34, 15.35 und 15.36 nur für hinreichend große n in guter Näherung erfüllt.

15.7
Ansätze zur Lokalisierung von CpG-Inseln

Wir wollen die CpG-Inseln in einer Basensequenz $\mathbf{y}$ der Länge $\ell \gg 0$ lokalisieren.

Lösungsansatz für HMMs

Folgender Ansatz verspricht auf den ersten Blick eine Lösung. Wir schieben ein Fenster der Länge $l \ll \ell$ $(100 < l < 1000)$ über den Eingabestring und berechnen für jede mögliche Anfangsposition k $(0 < k \leq \ell - k + 1)$ den Score

$$\text{score}(\mathbf{y}[k,k+l)) := \log \frac{\mathbb{P}^{+}(\mathbf{y}[k,k+l))}{\mathbb{P}^{-}(\mathbf{y}[k,k+l))}.$$

Teilwörter $\mathbf{y}[k,k+l)$ mit positivem Score sind potenzielle CpG-Inseln.

Der Hauptnachteil dieses Ansatzes ist, dass man keine *A-priori*-Informationen über die Länge der CpG-Inseln hat. Er setzt voraus, dass CpG-Inseln mindestens die Länge l haben. Wählt man l zu groß, sind mögliche CpG-Inseln nur Teilwörter des Fensters und der Score ist eventuell zu klein. Wird l dagegen zu klein angesetzt, unterscheiden sich das Plus- und das Minusmodell nicht hinreichend, um eine gute Trennung zu ermöglichen.

Abhilfe schafft die folgende Idee. Wir integrieren das Plus- und das Minusmodell in einem sogenannten *Hidden-Markov-Modell (HMM)* mit 9 Zuständen. Außer dem initialen Zustand **0** gibt es 8 Zustände, die zu dem Basen-Alphabet {A,C,G,T} und der Infor-

Tab. 15.2 Übergangswahrscheinlichkeiten des HMM für CpG-Inseln mit q_+ und q_- als „Bleibewahrscheinlichkeiten" im Plus- bzw. im Minusmodell.

$p_{x'x''}$	A^+	C^+	G^+	T^+	A^-	C^-	G^-	T^-
A^+	$0.180q_+$	$0.274q_+$	$0.426q_+$	$0.120q_+$	$\frac{1-q_+}{4}$	$\frac{1-q_+}{4}$	$\frac{1-q_+}{4}$	$\frac{1-q_+}{4}$
C^+	$0.171q_+$	$0.368q_+$	$0.274q_+$	$0.188q_+$	$\frac{1-q_+}{4}$	$\frac{1-q_+}{4}$	$\frac{1-q_+}{4}$	$\frac{1-q_+}{4}$
G^+	$0.161q_+$	$0.339q_+$	$0.375q_+$	$0.125q_+$	$\frac{1-q_+}{4}$	$\frac{1-q_+}{4}$	$\frac{1-q_+}{4}$	$\frac{1-q_+}{4}$
T^+	$0.079q_+$	$0.355q_+$	$0.384q_+$	$0.182q_+$	$\frac{1-q_+}{4}$	$\frac{1-q_+}{4}$	$\frac{1-q_+}{4}$	$\frac{1-q_+}{4}$
A^-	$\frac{1-q_-}{4}$	$\frac{1-q_-}{4}$	$\frac{1-q_-}{4}$	$\frac{1-q_-}{4}$	$0.300q_-$	$0.205q_-$	$0.285q_-$	$0.210q_-$
C^-	$\frac{1-q_-}{4}$	$\frac{1-q_-}{4}$	$\frac{1-q_-}{4}$	$\frac{1-q_-}{4}$	$0.322q_-$	$0.298q_-$	$0.078q_-$	$0.302q_-$
G^-	$\frac{1-q_-}{4}$	$\frac{1-q_-}{4}$	$\frac{1-q_-}{4}$	$\frac{1-q_-}{4}$	$0.248q_-$	$0.246q_-$	$0.298q_-$	$0.208q_-$
T^-	$\frac{1-q_-}{4}$	$\frac{1-q_-}{4}$	$\frac{1-q_-}{4}$	$\frac{1-q_-}{4}$	$0.177q_-$	$0.239q_-$	$0.292q_-$	$0.292q_-$

mation darüber korrespondieren, ob man sich gerade in einer CpG-Insel befindet, oder ob das nicht der Fall ist:

$$\Lambda = \{A^+,C^+,G^+,T^+,A^-,C^-,G^-,T^-\}.$$

Wir nennen $\{A^+,C^+,G^+,T^+\}$ die *Plus*- und $\{A^-,C^-,G^-,T^-\}$ die *Minuszustände.*

Auf diesen Zuständen verhält sich der neue Prozess wie eine aperiodische irreduzible homogene Markovsche Kette $X_1,X_2,\ldots$. Ist die Kette zum Zeitpunkt i in einem Zustand $x_i \in \Lambda$, so findet ein Zufallsexperiment statt, in dessen Folge der Nachfolgezustand x_{i+1} ausgewählt wird. Die Wahrscheinlichkeit dafür hängt nur von x_i ab. Diese Übergangswahrscheinlichkeiten sind in Tabelle 15.2 aufgelistet.

Der Unterschied zu der bisherigen Modellierung besteht darin, dass ein Beobachter nicht weiß, in welchem Zustand sich die Kette gerade befindet. Er erhält nur eine Teilinformation in Form eines Buchstabens aus einem endlichen Alphabet Σ. Von diesem Buchstaben sagen wir, er sei von dem jeweiligen Zustand, der selbst im Verborgenen bleibt, *emittiert* worden. Das Alphabet Σ heißt deshalb *Emissionsalphabet.*

Genauer gesagt, geschieht zu jedem Zeitpunkt i Folgendes. Bevor über den Nachfolgezustand x_{i+1} entschieden wird, wird aus Σ ein Buchstabe y_i zufällig ausgewählt. Die Wahrscheinlichkeit für die Emission von y_i hängt nur von x_i ab, nicht aber von der gesamten Vorgeschichte des Prozesses.

Im Falle von CpG-Inseln ist die Emission entartet. Jeder Zustand emittiert mit Wahrscheinlichkeit 1 „seinen" Buchstaben (siehe Tabelle 15.3).

Wir haben also einen zweiten zufälligen Prozess $Y_1,Y_2,\ldots$ mit Werten in Σ, der mit der Markovschen Kette $X_1,X_2,\ldots$ zu einem Gesamtprozess $X_1,Y_1,X_2,Y_2,\ldots$ verschränkt ist. In Tabelle 15.2 stehen die Wahrscheinlichkeiten $p_{xx'} := \mathbb{P}(X_{i+1} = x'|X_i = x)$ $(x,x' \in \Lambda)$, in Tabelle 15.3 die Wahrscheinlichkeiten $e_{xy} = \mathbb{P}(Y_i = y|X_i = x)$ $(x \in \Lambda,\ y \in \Sigma)$.

Warum kann man davon sprechen, dass das soeben vorgestellte Modell mit den Tabellen 15.2 und 15.3 als Basis eine Integration des Plus- und des Minusmodells gemäß Tabelle 15.1 für CpG-Inseln ist?

Zu jedem Zeitpunkt i besteht das Zufallsexperiment, das zur Auswahl des nächsten Zustandes führt, aus zwei Teilexperimenten.

Befinden wir uns im Plusmodell (Minusmodell), so wird ein Bernoulli-Experiment mit Erfolgswahrscheinlichkeit q_+ (q_-) durchgeführt.

Tab. 15.3 Emissionswahrscheinlichkeiten des CpG-MMs.

e_{xy}	A	C	G	T
A^+	1	0	0	0
C^+	0	1	0	0
G^+	0	0	1	0
T^+	0	0	0	1
A^-	1	0	0	0
C^-	0	1	0	0
G^-	0	0	1	0
T^-	0	0	0	1

Im Falle des Erfolgs entscheidet ein zweites Zufallsexperiment mit den Wahrscheinlichkeiten aus der linken (rechten) Hälfte von Tabelle 15.1 über den nächsten Pluszustand (Minuszustand).

Im Falle des Misserfolgs werden zwei faire, unabhängige Münzen geworfen. In Abhängigkeit vom Ausgang dieses Experiments wird der Übergang in einen der vier Minuszustände (Pluszustände) mit jeweils gleicher Wahrscheinlichkeit vollzogen.

Fasst man die vorstehenden Überlegungen zusammen, so erhält man für die Übergangswahrscheinlichkeiten Tabelle 15.2.

Es handelt sich dabei um die einfachste Integration des Plus- und des Minusmodells für CpG-Inseln. Wenn wir einen Modellübergang vollziehen, ist jeder Zustand des Zielmodells gleich wahrscheinlich. Wir vergessen, woher wir gekommen sind, und es ist uns gleichgültig, wohin wir gehen.

Gerade Letzteres ist etwas problematisch. Es erscheint durchaus als sinnvoll, die Hintergrundwahrscheinlichkeiten des Zielmodells ins Spiel zu bringen. Warum soll z.B. eine Base, die im Plusmodell nur relativ selten vorkommt, beim Wechsel vom Minusmodell in das Plusmodell mit derselben Wahrscheinlichkeit erreicht werden wie eine häufigere Base?

Andererseits ist es stets von Vorteil, am Anfang sein Glück mit einem einfacheren Modell zu versuchen. Dieses ist in jedem Falle leichter zu implementieren, und vielleicht sind die Auswirkungen der Verfeinerung ja gering.

Beobachtung

Pfad

Im Kontext von Hidden-Markov-Modellen nennen wir eine Zeichenkette $\mathbf{y}$ der Länge ℓ über dem Emissionsalphabet Σ eine *Beobachtung*. Jede Zustandsfolge $\mathbf{x} \in \Lambda^\ell$ heißt *Pfad* für diese Beobachtung. Natürlich sind wir nur an solchen Pfaden für eine Beobachtung interessiert, die selbst eine positive Wahrscheinlichkeit haben und für die ferner gilt: Für jedes $i = 1,2,\ldots,\ell$ kann der Buchstabe $\mathbf{y}[i]$ mit positiver Wahrscheinlichkeit aus dem Zustand $\mathbf{x}[i]$ emittiert werden. Für die Beobachtung ACGGT ist z.B. $A^+C^-G^-G^+T^+$ ein solcher Pfad, $A^+A^-G^-G^+T^+$ dagegen nicht.

Viterbi-Pfad

Das Lokalisierungsproblem für CpG-Inseln aus Abschnitt 15.1 ist nicht vollständig spezifiziert. Gewiss suchen wir für jede Beobachtung einen Pfad, aber welchen? Obwohl es keineswegs zwingend ist, erscheint es als sehr natürlich, nach einem *Pfad mit maximaler Wahrscheinlichkeit unter der Beobachtung* zu suchen. Wir sprechen von einem Pfad maximaler *A-posteriori-Wahrscheinlichkeit* oder einem *Viterbi-Pfad*.

Im Abschnitt 15.8 werden wir den Begriff des Hidden-Markov-Modells (HMM) einführen und das mit einem HMM M verbundene *Lokalisierungsproblem* (unvollständig) spezifizieren. Die

Algorithmen aus Abschnitt 15.9 ermöglichen uns dann die Berechnung eines Pfades maximaler *A-posteriori*-Wahrscheinlichkeit.

Kann man erwarten, dass ein Viterbi-Pfad der „wahre" Pfad ist? Leider nicht! Besonders deutlich wird das im Abschnitt 15.10, in dem wir das Beispiel des *zeitweise unehrlichen Casinos* betrachten.

Im Abschnitt 15.11 werden wir Methoden kennenlernen, wie man aus Trainingsdaten ein Hidden-Markov-Modell gewinnen kann.

15.8 Der Begriff des Hidden-Markov-Modells

Sei $\Lambda = \{1,2,\ldots,\lambda\}$ eine Menge von *Zuständen* und $\Sigma = \{1,2,\ldots,\sigma\}$ ein *Emissionsalphabet*.

Man mag einwenden, dass weder die Zustände noch die Buchstaben des Emissionsalphabets Zahlen sein müssen. Aber wir können beide Mengen durchnummerieren und dann jedes Element mit seinem Index identifizieren. Zur Abhandlung der allgemeinen Theorie ist deshalb die Annahme ohne Beschränkung der Allgemeinheit gerechtfertigt. In konkreten Fällen ist sie meist lästig und wird deshalb nicht angewandt.

Wir bezeichnen Folgen aus Λ^ℓ und Σ^ℓ mit $\mathbf{x} = x_1,x_2,\ldots,x_\ell$ bzw. $\mathbf{y} = y_1,y_2,\ldots,y_\ell$. Wollen wir deren zufällige Natur betonen, schreiben wir $\mathbf{X} = X_1,X_2,\ldots,X_\ell$ bzw. $\mathbf{Y} = Y_1,Y_2,\ldots,Y_\ell$. Einzelne Elemente aus Λ, Σ und $\{1,2\ldots,\ell\}$ werden vorzugsweise mit ξ, υ bzw. i bezeichnet.

Wir nennen eine Folge von Zuständen $\mathbf{x} \in \Lambda^\ell$ einen *Pfad*, ein Wort $\mathbf{y} \in \Sigma^\ell$ eine *Beobachtung*. Im Laufe dieses Abschnitts wird die Motivation für diese Bezeichnungen deutlich.

Definition HMM

Seien X_i $(i \geq 1)$ Zufallselemente aus der Zustandsmenge Λ, und seien Y_i $(i \geq 1)$ Zufallselemente aus dem Emissionsalphabet Σ. Ein *Hidden-Markov-Modell (HMM)* ist ein diskreter stochastischer Prozess

$$X_1,Y_1,X_2,Y_2,\ldots \tag{15.37}$$

der eine Beobachtung $\mathbf{Y} = \mathbf{y}$ und einen mit ihr verschränkten Pfad $\mathbf{X} = \mathbf{x}$ in ℓ Schritten erzeugt.

Initialer Schritt. Ganz am Anfang ist der Prozess 15.37 in einem Zustand „**0**" , dem *initialen Zustand*, den er dann niemals mehr annehmen wird.

1. Mit Wahrscheinlichkeit $p_{0x_1} := \mathbb{P}(X_1 = x_1)$ wird der Zustand x_1 gewählt. Die Wahrscheinlichkeit p_{0x_1} heißt *Startwahrscheinlichkeit* des Zustandes x_1. Man kann sie auch als Übergangswahrscheinlichkeit vom initialen Zustand in den Zustand x_1 auffassen.
2. Mit Wahrscheinlichkeit $e_{x_1 y_1} := \mathbb{P}(Y_1 = y_1 | X_1 = x_1)$ wird der erste Buchstabe emittiert. Sie hängt von dem Zustand x_1 ab, in dem sich der Prozess zum Zeitpunkt der Emission befindet.

Schritt zum Zeitpunkt $i \geq 2$. Seien $x_1, y_1, x_2, y_2 \ldots, x_{i-1}, y_{i-1}$ die Werte, die bis zum Zeitpunkt $i-1$ angenommen wurden. Insbesondere befindet sich der Prozess im Zustand x_{i-1}.

1. Der nächste Zustand x_i wird mit einer Wahrscheinlichkeit ermittelt, die nur vom aktuellen Zustand abhängt:

$$p_{x_{i-1}x_i} := \mathbb{P}(X_i = x_i | X_{i-1} = x_{i-1}). \tag{15.38}$$

Wir nennen $p_{x_{i-1}x_i}$ die *Übergangswahrscheinlichkeit* vom Zustand x_{i-1} in den Zustand x_i.

Die Wahrscheinlichkeit für den nächsten zu emittierenden Buchstaben y_i hängt nur vom aktuellen Zustand x_i ab. Der Rest der Vorgeschichte ist ohne Einfluss auf die Emission.

$$e_{x_i y_i} := \mathbb{P}(Y_i = y_i | X_i = x_i) \tag{15.39}$$

Die Wahrscheinlichkeit $e_{x_i y_i}$ heißt *Emissionswahrscheinlichkeit* des Buchstabens y_i aus dem Zustand x_i.

Aus dem bisher Gesagten ist klar, dass ein Hidden-Markov-Modell durch die Daten

$$M := \big(\Sigma, \Lambda, (p_{0\xi} \mid \xi \in \Lambda), (p_{\xi\xi'} \mid \xi, \xi' \in \Lambda), (e_{\xi v} \mid \xi \in \Lambda, v \in \Sigma)\big) \tag{15.40}$$

eindeutig bestimmt ist.

Die vorstehende Beschreibung ist gewissermaßen das Innenleben des Prozesses 15.37. Von außen ist nur die Beobachtung sichtbar. Der Pfad bleibt *verborgen*. Es ist unser Anliegen, eine Aussage darüber zu treffen, welcher es sein könnte. Genauer gesagt, geht es uns um das folgende Problem:

Problem

Das Lokalisierungsproblem für das HMM M aus Gleichung 15.40.
Eingabe: eine Beobachtung $\mathbf{y}$ der Länge ℓ über dem Alphabet Σ.
Ausgabe: ein Pfad $\mathbf{x}$ der Länge ℓ, der der Beobachtung $\mathbf{y}$ zu Grunde liegt.

Natürlich ist auch das allgemeine Lokalisierungsproblem nicht vollständig spezifiziert. Es fehlt eine Zielvorgabe, die die Auswahl eines Pfades erst ermöglicht. Im Abschnitt 15.10 werden wir sehen, dass man im Allgemeinen nicht erwarten kann, den Pfad herauszufinden, der einer konkreten Beobachtung tatsächlich zugrunde gelegen hat. In jedem Falle werden wir nur Ausgaben akzeptieren, die unter der Beobachtung eine relativ große Wahrscheinlichkeit haben.

Gemeinsame Verteilung von Pfad und Beobachtung

Sind uns eine Beobachtung **y** und ein Pfad **x** gegeben, so stellt sich die Frage danach, mit welcher Wahrscheinlichkeit sie *gemeinsam* durch den Prozess 15.37 zufällig erzeugt werden. Wir sprechen von der *gemeinsamen Verteilung* von $\mathbf{X} = (X_1,X_2,\ldots,X_\ell)$ und $\mathbf{Y} = (Y_1,Y_2,\ldots,Y_\ell)$. Man erhält für sie die folgende Formel:

$$\mathbb{P}(X_1 = x_1,X_2 = x_2,\ldots,X_\ell = x_\ell,Y_1 = y_1,Y_2 = y_2,\ldots,Y_\ell = y_\ell) =$$
$$= p_{0x_1}p_{x_1x_2}p_{x_2z_3}\cdots p_{x_{\ell-1}x_\ell}e_{x_1y_1}e_{x_2y_2}\cdots e_{x_\ell y_\ell}. \qquad (15.41)$$

Das Produkt der ersten ℓ Faktoren der rechten Seite von Gleichung 15.41 kennen wir bereits. Es handelt sich um die gemeinsame Verteilung der ersten ℓ Glieder der *Markovschen Kette* $X_1,X_2,\ldots$:

$$p_{0x_1}p_{x_1x_2}\cdots p_{x_{\ell-1}x_\ell} = \mathbb{P}(X_1 = x_1,X_2 = x_2,\ldots,X_\ell = x_\ell).$$

Das Produkt der restlichen Faktoren von Gleichung 15.41 ergibt die Wahrscheinlichkeit, dass der Prozess 15.37 die Beobachtung **y** bei gegebenem Pfad **x** zufällig erzeugt:

$$e_{x_1y_1}e_{x_2y_2}\cdots e_{x_\ell y_\ell} = \mathbb{P}(Y_1 = y_1,Y_2 = y_2,\ldots,Y_\ell = y_\ell|X_1 = x_1,\ldots,X_\ell = x_\ell).$$

Man fasst den Hidden-Markov-Prozess am besten als zufällige Irrfahrt in dem *erweiterten Zustandsgraphen* des Modells auf (siehe Abb. 15.5). Wenn wir den Ablauf des Prozesses bis zu einem Zeitpunkt ℓ ins Auge fassen, so ist die Knotenmenge dieses Graphen gleich $(\{\mathbf{0}\} \cup \Lambda) \times \{1,2,\ldots\ell\}$. Die „**0**“ steht für den initialen Zustand des Hidden-Markov-Modells. In jeden Knoten (ξ,i), wobei ξ den aktuellen Zustand und i den aktuellen Zeitpunkt meint, finden im Unterschied zu einem Markov-Prozess (siehe Abschnitt 15.2) *zwei* unabhängige Zufallsexperimente statt. (Man kann sich vorstellen, dass man auf seiner Irrfahrt durch den erweiterten Zustandsgraphen in jedem Knoten auf zwei geeignete Urnen stößt.) Das erste führt zu der Emission eines Buchstaben aus dem Alphabet $\Sigma = \{1,2,\ldots,\sigma\}$. (Die Emissionswahrscheinlichkeiten aus dem aktuellen Zustand sind in die Knoten eingezeichnet.) Das zweite Zufallsexperiment führt zur Auswahl einer herausführenden

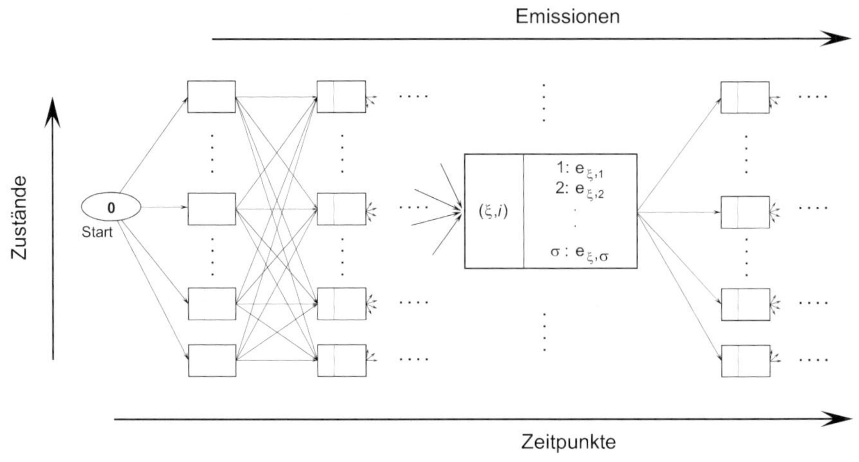

Abb. 15.5 Ein HMM als zufällige Irrfahrt.

Kante und damit eines Nachbarknotens, wobei nur Knoten erreicht werden können, deren zweite Komponente gleich $i + 1$ ist.

Wir sehen, dass es sinnvoll ist, Zustandsfolgen als Pfade zu bezeichnen.

Natürlich ist ein HMM, wie ein homogenes Markov-Modell auch schon, vollständig durch seinen *Zustandsgraphen* bestimmt. Diesen erhält man aus einem erweiterten Zustandsgraphen, indem man für jedes $\xi \in \Lambda$ alle Knoten (ξ,i) $(i \geq 1)$ zusammenlegt. Abb. 15.8 zeigt den Zustandsgraphen für ein zeitweise unehrliches Casino.

Man nennt den Zustandsgraphen eines Hidden-Markov-Modells mit allen Kanten, die eine Auswahlwahrscheinlichkeit größer als null haben, auch die *Topologie* des Modells.

15.9 Wichtige Algorithmen für HMMs

Wir studieren in diesem Abschnitt Algorithmen, die als *Eingabe* eine Beobachtung **y** der Länge ℓ erwarten. *Wir nehmen stets an*, dass

- Das Modell M aus Gleichung 15.40 fest gewählt ist;
- Die Startwahrscheinlichkeiten, die Übergangswahrscheinlichkeiten und die Emissionswahrscheinlichkeiten vorab ermittelt wurden und in Form von Arrays dem jeweiligen Algorithmus vorliegen.

Diese Annahme hat zur Folge, dass die Algorithmen z. B. für ein Paar (ξ,υ) auf die Wahrscheinlichkeit $e_{\xi\upsilon}$ in konstanter Zeit, also $\mathcal{O}(1)$, zugreifen können.

Wie man zu diesen Tabellen kommen kann, ist Gegenstand des Abschnitts 15.11.

15.9.1 Der Vorwärtsalgorithmus

Wie groß ist die Wahrscheinlichkeit, während der zufälligen Irrfahrt im erweiterten Zustandsgraphen des HMM in den Knoten (ξ,i) zu gelangen (siehe Abb. 15.5) und dabei das Präfix $\mathbf{y}(0,i]$ einer beliebigen, aber fest vorgegebenen Beobachtung $\mathbf{y}$ der Länge ℓ zu erzeugen? Diese Größen sind so wichtig, dass für sie die folgende Bezeichnung Standard geworden ist.

Definition der Vorwärtsvariablen

Definition 15.29 Sei $\mathbf{y} = y_1 y_2 \dots y_\ell$ eine Beobachtung der Länge ℓ. Für $i \in 1,2,\dots,\ell$ und $\xi \in \Lambda$ definieren wir die *Vorwärtsvariable* $\alpha_{\xi i}$ wie folgt:

$$\alpha_{\xi i} := \mathbb{P}(X_i = \xi, Y_1 = y_1, Y_2 = y_2, \dots, Y_i = y_i). \quad (15.42)$$

Unter Verwendung der Formel für die totale Wahrscheinlichkeit für das Ereignis $\{X_i = \xi, Y_1 = y_1, Y_2 = y_2, \dots, Y_i = y_i\}$ gilt:

$$\alpha_{\xi i} = \sum_{x_1,\dots,x_{i-1} \in \Lambda} \mathbb{P}(X_1 = x_1, \dots, X_{i-1} = x_{i-1}, X_i = \xi, Y_1 = y_1, \dots, Y_i = y_i). \quad (15.43)$$

Rekursion für die Vorwärtsvariablen

Die algorithmische Umsetzung von Gleichung 15.43 unter Verwendung der Formel 15.41 zur Berechnung der Vorwärtsvariablen ist ineffizient. Es müssten für jedes $\alpha_{\xi i}$ λ^i Summanden berechnet werden, sodass wir schon alleine dafür $\frac{\lambda(\lambda^\ell - 1)}{\lambda - 1}$ Rechenschritte brauchten. Besser geeignet ist die folgende Rekursion.

Lemma 15.30 *Sei* $\mathbf{y} = y_1 y_2 \dots y_\ell$ *eine Beobachtung der Länge* ℓ.
Dann gilt für alle Zeitpunkte $1 \le i \le \ell$ *und alle Zustände* $\xi \in \Lambda$:

$$\alpha_{\xi 1} = p_{0\xi} e_{\xi y_1} \quad (15.44)$$

$$\alpha_{\xi i} = \sum_{\xi' \in \Lambda} \alpha_{\xi', i-1} p_{\xi'\xi} e_{\xi y_i} \quad (i > 1). \quad (15.45)$$

Vorwärtsalgorithmus und verallgemeinerter Zustandsgraph

Man macht sich anhand der zufälligen Irrfahrt durch den erweiterten Zustandsgraphen leicht klar, dass Lemma 15.30 richtig ist. Die Aussage über die $\alpha_{\xi 1}$ ist nach der Definition für die Vorwärtsvariablen klar. Wie kann man für $i > 1$ zum Knoten (ξ,i) gelangen?

Dazu muss man einen der Knoten $(\xi',i-1)$ $(\xi' \in \Lambda)$ passieren. Die Vorwärtsvariable $\alpha_{\xi' i-1}$ gibt die Wahrscheinlichkeit an, den Knoten $(\xi',i-1)$ zu erreichen und auf dem Weg dorthin $\mathbf{y}(0,i-1]$ zu erzeugen. Die Wahrscheinlichkeit, dann vom Knoten $(\xi',i-1)$ zum Knoten (ξ,i) zu gelangen und in diesem den Buchstaben y_i zu emittieren, ist gleich $p_{\xi'\xi} e_{\xi y_i}$. Folglich ist die Wahrscheinlichkeit, über den Knoten $(\xi',i-1)$ in den Knoten (ξ,i) zu gelangen und dabei $\mathbf{y}(0,i]$ zu erzeugen, gleich $\alpha_{\xi',i-1} p_{\xi'\xi} e_{\xi y_i}$. Da man genau einen der Knoten $(\xi',i-1)$ $(\xi' \in \Lambda)$ passiert, sind die betrachteten Ereignisse disjunkt. Wenn man sie vereinigt, addieren sich die Wahrscheinlichkeiten.

Wie kann man die Vorwärtsvariablen schnell berechnen? Abbildung 15.6 legt die Antwort nahe. Man legt sich ein $\lambda \times \ell$- Feld an: für jeden Zustand eine Zeile und für jeden Zeitpunkt zwischen 1 und ℓ eine Spalte. Nun initialisiert man Spalte 1 gemäß Gleichung 15.44. Wie man aus Abb. 15.6 ersieht, benötigt man Spalte $i-1$ zur Berechnung jedes Eintrags von Spalte i unter Verwendung von Gleichung 15.45. Man erhält den *Vorwärtsalgorithmus*, einen typischen Vertreter der *dynamischen Programmierung*.

Vorwärtsalgorithmus zur Berechnung der Vorwärtsvariablen

Algorithmus 15.1 Vorwärtsalgorithmus

```
Schritt 1 (Erzeugung und Initialisierung des Feldes)
    Erzeuge das Feld α_ξi.
    Initialisiere jeden Eintrag mit 0.
Schritt 2 (Berechnung von Spalte 1)
    Für ξ = 1,2,...,λ führe aus.
        α_ξ1 ← p_0,ξ e_ξy1
Schritt 3 (Berechnung von Spalte i aus Spalte i − 1)
    Für i = 2,3,...,ℓ führe aus.
        Für ξ = 1,2,...,λ führe aus.
            Für ξ' = 1,2,...,λ führe aus.
                α_ξi ← α_ξi + α_ξ'i−1 p_ξ'ξ e_ξyi
```

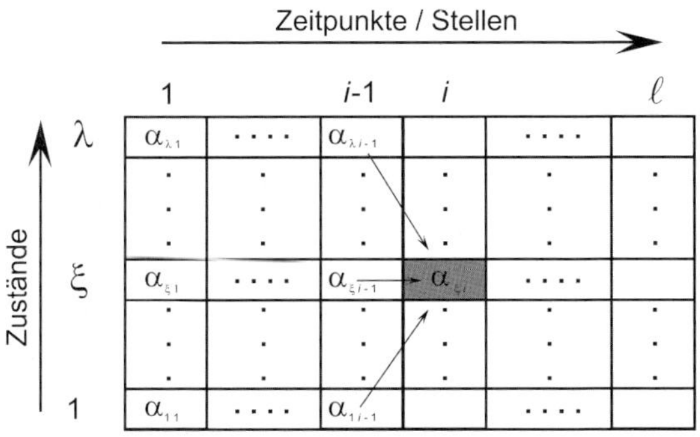

Abb. 15.6 Die Idee des Vorwärtsalgorithmus.

Laufzeitanalyse des Vorwärtsalgorithmus

Wie groß ist die Laufzeit des Vorwärtsalgorithmus? Am aufwändigsten ist natürlich Schritt 3. Wir haben drei verschachtelte Schleifen, die zu iterieren Zeit $\mathcal{O}(\lambda^2 \cdot \ell)$ kostet. Wir halten fest:

> **Satz 15.31** *Sei* $\mathbf{y}$ *eine Beobachtung der Länge* ℓ.
> *Sämtliche Vorwärtsvariablen lassen sich in Zeit* $\mathcal{O}(\lambda^2 \cdot \ell)$ *vermöge des Vorwärtsalgorithmus berechnen.*

Sei ℓ eine beliebige, aber feste Zahl. Unser HMM M erzeugt Beobachtungen der Länge ℓ, wenn man den Prozess 15.37 zum Zeitpunkt ℓ abbricht. Es ist sicherlich natürlich, für eine konkrete Beobachtung $\mathbf{y} = y_1 y_2 \dots y_\ell$ nach der Wahrscheinlichkeit zu fragen, mit der diese von M erzeugt wird. Dabei handelt es sich um $\mathbb{P}(Y_1 = y_1, Y_2 = y_2, \dots, Y_\ell = y_\ell)$. Wir nennen diese Wahrscheinlichkeit den *Baum-Welch-Score* des Modells M bei gegebener Beobachtung $\mathbf{y}$. (Warum es sich dabei um einen Score für das ganze HMM M handeln kann, beantworten wir etwas später.) *Wie kann man den Baum-Welch-Score des Modells bei gegebener Beobachtung* $\mathbf{y}$ *berechnen?*

Der naive Algorithmus, der sich lediglich auf die Formel von der totalen Wahrscheinlichkeit für das Ereignis $\{Y_1 = y_1, Y_2 = y_2, \dots, Y_\ell = y_\ell\}$ bezieht, auf die Gleichung

$$\mathbb{P}(Y_1 = y_1, Y_2 = y_2, \dots, Y_\ell = y_\ell) =$$
$$= \sum_{x_1, x_2, \dots, x_\ell \in \Lambda} \mathbb{P}(X_1 = x_1, X_2 = x_2, \dots, X_\ell = x_\ell, Y_1 = y_1, Y_2 = y_2, \dots, Y_\ell = y_\ell)$$

also, benötigt Laufzeit $\mathcal{O}(\ell \cdot \lambda^\ell)$: Wir müssen λ^ℓ Summanden berechnen und aufaddieren. Die Berechnung jedes einzelnen Summanden, der ein Produkt von 2ℓ Faktoren ist, erfordert $\mathcal{O}(\ell)$ Schritte.

Eine effiziente Berechnung ist unter Verwendung der Vorwärtsvariablen möglich, denn es gilt das folgende Lemma.

Berechnung des Baum-Welch-Score aus den Vorwärtsvariablen

Lemma 15.32 *Sei* **y** *eine Beobachtung der Länge* ℓ.
Der Baum-Welch-Score von M unter **y** *läßt sich wie folgt aus den Vorwärtsvariablen zum Zeitpunkt* ℓ *ermitteln:*

$$\mathbb{P}(Y_1 = y_1, Y_2 = y_2, \ldots, Y_\ell = y_\ell) = \sum_{\xi \in \Lambda} \alpha_{\xi\ell} \tag{15.46}$$

Warum gilt Lemma 15.32? Wir fassen die zufällige Irrfahrt im erweiterten Zustandsgraphen ins Auge. Der Baum-Welch-Score unter **y** ist die Wahrscheinlichkeit, vom Startknoten zu *einem* der Knoten (ξ,ℓ) $(\xi \in \Lambda)$ zu gelangen und dabei **y** zu emittieren. Das zugrunde liegende Ereignis zerfällt in $\lambda = |\Lambda|$ disjunkte Teilereignisse: für *ein festes* $\xi \in \Lambda$ vom Startknoten zu dem Knoten (ξ,ℓ) zu gelangen und dabei **y** zu emittieren. Die Wahrscheinlichkeit dafür ist $\alpha_{\xi,\ell}$. Unter Verwendung des Vorwärtsalgorithmus erhalten wir:

Laufzeitanalyse für die Berechung des Baum-Welch-Scores

Satz 15.33 *Sei* **y** *eine Beobachtung der Länge* ℓ.
Der Baum-Welch-Score des Modells M unter **y** *lässt sich in Zeit* $\mathcal{O}(\lambda^2 \cdot \ell)$ *berechnen.*

Nun zu der Frage, warum die Wahrscheinlichkeit $\mathbb{P}(Y_1 = y_1, Y_2 = y_2, \ldots, Y_\ell = y_\ell)$ ein „Score" für das Modell M unter **y** sein kann. Im Abschnitt 15.11 werden wir erfahren, wie man ein HMM M aus einer oder mehreren Beobachtungen **y** „erlernen" oder „schätzen" kann. Natürlich gibt es mehrere Auswahlmöglichkeiten, die bewertet werden müssen. Liegt nur eine Beobachtung vor, so wählen wir als Bewertungsmaßstab die Wahrscheinlichkeit dieser Beobachtung in dem Modell: Je größer die Wahrscheinlichkeit, desto besser das Modell. Dem liegt die Vorstellung zugrunde, dass man nur „typische" Beobachtungen macht. Typisch kann aber nur etwas sein, was auch eine relativ hohe Wahrscheinlichkeit hat.

15.9.2
Der Viterbi-Algorithmus

In diesem Abschnitt geben wir einen Algorithmus an, der uns das Lokalisierungsproblem für das HMM M mit den Parametern aus Gleichung 15.40 löst.

Wir werden häufig die folgende Bezeichnung verwenden. Ist f eine Funktion von einer endlichen Menge I in die reellen Zahlen, so ist

$$\operatorname*{argmax}_{i \in I} f(i) := \{i^* \mid f(i^*) = \max_{i \in I} f(i)\}$$

die Menge all derjenigen Argumente, auf denen f sein Maximum in I annimmt. (In analoger Weise kann man $\operatorname{argmin}_{i \in I} f(i)$ definieren.)

Wie bereits am Ende von Abschnitt 15.7 angedeutet, wählen wir zur Lösung des Lokalisierungsproblems als zu maximierende Zielfunktion die *A-posteriori*-Wahrscheinlichkeit des Pfades unter der Beobachtung. Wir suchen einen Pfad $\mathbf{x}^* = x_1^* x_2^* \ldots x_\ell^*$, dessen bedingte Wahrscheinlichkeit

$$\mathbb{P}(X_1 = x_1^*, X_2 = x_2^*, \ldots, X_\ell = x_\ell^* | Y_1 = y_1, Y_2 = y_2, \ldots, Y_\ell = y_\ell)$$

unter der Eingabe-Beobachtung $\mathbf{y} = y_1 y_2 \ldots y_\ell$ maximal ist:

$$\mathbf{x}^* \in \operatorname*{argmax}_{\mathbf{x} \in \Lambda^\ell} \mathbb{P}(\mathbf{X} = \mathbf{x} | \mathbf{Y} = \mathbf{y}).$$

Ein solcher Pfad heißt, wie wir bereits wissen, Viterbi-Pfad.

Die Suche nach einem Viterbi-Pfad erfolgt mithilfe des *Viterbi-Algorithmus*. In dessen Vorwärtsteil berechnen wir zunächst die Zahl

Viterbi-Score des Modells gegeben die Beobachtung

$$\max_{\mathbf{x} \in \Lambda^\ell} \mathbb{P}(\mathbf{X} = \mathbf{x}, \mathbf{Y} = \mathbf{y}),$$

die man *Viterbi-Score des Modells M bei gegebener Beobachtung* $\mathbf{y}$ nennt. (Im Abschnitt 15.11.1 wird deutlich werden, warum es sich dabei um einen Score für das Modell M handelt.) Anschließend ermitteln wir im Rückwärtsteil des Viterbi-Algorithmus durch Backtracking einen Pfad aus

$$\operatorname*{argmax}_{\mathbf{x} \in \Lambda^\ell} \mathbb{P}(\mathbf{X} = \mathbf{x}, \mathbf{Y} = \mathbf{y}),$$

für den der Viterbi-Score angenommen wird.

Warum handelt es sich dabei um einen Viterbi-Pfad? Die folgende Gleichungskette gibt Antwort.

$$\operatorname*{argmax}_{\mathbf{x} \in \Lambda^\ell} \mathbb{P}(\mathbf{X} = \mathbf{x}, \mathbf{Y} = \mathbf{y}) = \operatorname*{argmax}_{\mathbf{x} \in \Lambda^\ell} \frac{\mathbb{P}(\mathbf{X} = \mathbf{x}, \mathbf{Y} = \mathbf{y})}{\mathbb{P}(\mathbf{Y} = \mathbf{y})} = \operatorname*{argmax}_{\mathbf{x} \in \Lambda^\ell} \mathbb{P}(\mathbf{X} = \mathbf{x} | \mathbf{Y} = \mathbf{y}).$$

Um den Viterbi-Score effizient berechnen zu können, müssen wir geeignete Etappenziele definieren, sodass das Prinzip der dynamischen Programmierung anwendbar wird. Diese sind die *Viterbi-Variablen* (Definition 15.34), für die die Rekursion aus Lemma 15.35 gilt. Ferner gibt Lemma 15.35 an, wie man aus den Viterbi-Variablen den Viterbi-Score berechnet.

Wir können uns bei der Darstellung des Viterbi-Algorithmus kurz fassen, denn es gibt eine strenge formale Analogie zum Vorwärtsalgorithmus. Man muss nur an den entsprechenden Stellen die Summen- durch die Maximumbildung ersetzen. Abbildung 15.6 kann übernommen werden, wenn man die $\alpha_{\xi i}$ durch die $\mathrm{vit}_{\xi i}$ ersetzt.

Definition Viterbi-Variablen

Definition 15.34 Sei $\mathbf{y} = y_1 y_2 \ldots y_\ell$ eine Beobachtung der Länge ℓ. Für $i \in \{1,2,\ldots,\ell\}$ und $\xi \in \Lambda$ definieren wir die *Viterbi-Variablen* vit_{nt} wie folgt:

$$\mathrm{vit}_{\xi i} := \max_{x_1,\ldots,x_{i-1} \in \Lambda} \mathbb{P}(X_1 = x_1,\ldots,X_{i-1} = x_{i-1}, X_i = \xi, Y_1 = y_1,\ldots,Y_i = y_i). \quad (15.47)$$

Der Wert der Viterbi-Variablen $\mathrm{vit}_{\xi i}$ ist die Wahrscheinlichkeit, mit der man während der zufälligen Irrfahrt im erweiterten Zustandsgraphen auf dem wahrscheinlichsten Pfad zum Knoten (ξ,i) gelangt und dabei $\mathbf{y}(0,i]$ emittiert. (Man vergleiche die Gleichungen 15.42 und 15.47.)

Wie bereits gesagt, bildet Lemma 15.35 die Grundlage für den Vorwärtsteil des Viterbi-Algorithmus.

Rekursion für die Viterbi-Variablen

Lemma 15.35 *Sei* $\mathbf{y} \in \Sigma^\ell$ *eine Beobachtung. Dann gilt für alle Zeitpunkte* $1 \le i \le \ell$*:*

$$\mathrm{vit}_{\xi 1} = p_{0\xi} e_{\xi y_1} \quad (15.48)$$

$$\mathrm{vit}_{\xi i} = \max_{\xi' \in \Lambda} \mathrm{vit}_{\xi',i-1} p_{\xi'\xi} e_{\xi y_i} = e_{\xi y_i} \max_{\xi' \in \Lambda} \mathrm{vit}_{\xi',i-1} p_{\xi'\xi} \quad (i > 0). \quad (15.49)$$

Vorwärtsteil des Viterbi-Algorithmus zur Berechnung aller Viterbi-Variablen und des Viterbi-Scores

Algorithmus 15.2 Viterbi-Algorithmus: Vorwärtsteil

```
Schritt 1 (Erzeugung und Initialisierung des Feldes)
    Erzeuge das Feld vit_{ξi}.
    Initialisiere jeden Eintrag mit 0.
Schritt 2 (Berechnung von Spalte 1)
    Für ξ = 1,2,...,λ führe aus.
        vit_{ξ1} ← p_{0,ξ} e_{ξy_1}
Schritt 3 (Berechnung von Spalte i aus Spalte i − 1)
    Für i = 2,3,...,ℓ führe aus.
        Für ξ = 1,2,...,λ führe aus.
            Für ξ' = 1,2,...,λ führe aus.
                vit_{ξi} ← max {vit_{ξi}, vit_{ξ',i−1} p_{ξ'ξ} e_{ξy_i}}
Schritt 4 (Berechnung des Viterbi-Scores)
    Berechne
        vit_{*ℓ} ← max_{ξ∈Λ} vit_{ξℓ}
```

Der Viterbi-Score $\mathrm{vit}_{*\ell}$ *von* M *bei gegebenem* $\mathbf{y}$ *lässt sich wie folgt aus den Viterbi-Variablen zum Zeitpunkt* ℓ *ermitteln:*

$$\mathrm{vit}_{*\ell} = \max_{\xi \in \Lambda} \mathrm{vit}_{\xi\ell} \tag{15.50}$$

Bildet man das Maximum endlich vieler Zahlen, so wird dieses mindestens von einer von ihnen angenommen. Die Iteration dieses sehr einfachen Gedankens liefert den Beweis des folgenden Lemmas.

Rekursion zur Berechnung des Viterbi-Pfades aus den Werten der Viterbi-Variablen

Lemma 15.36 *Sei* $y \in \Sigma^\ell$ *eine Beobachtung.*
Für jede Zustandsfolge $\mathbf{x}^* = x_1^* x_2^* \ldots x_\ell^* \in \Lambda^\ell$ *mit*

$$x_\ell^* \in \operatorname*{argmax}_{\xi \in \Lambda} \mathrm{vit}_{\xi\ell}$$

$$x_i^* \in \operatorname*{argmax}_{\xi \in \Lambda} \mathrm{vit}_{\xi i} p_{\xi x_{i+1}^*} \qquad (i = \ell - 1, \ell - 2, \ldots, 1)$$

gilt:

$$\mathrm{vit}_{*\ell} = \mathbb{P}(\mathbf{Y} = \mathbf{y}, \mathbf{X} = \mathbf{x}^*).$$

Bemerkung. Wir können in Lemma 15.36 die Relation „$x_i^* \in \mathrm{argmax}_{\xi \in \Lambda} \mathrm{vit}_{\xi i} p_{\xi x_{i+1}^*}$" an die Stelle der Relation „$x_i^* \in \mathrm{argmax}_{\xi \in \Lambda} \mathrm{vit}_{\xi i} p_{\xi x_{i+1}^*} e_{x_{i+1}^* y_{i+1}}$" setzen, weil die Zahl $e_{x_{i+1}^* y_{i+1}}$ nicht von ξ abhängt.

Der Rückwärtsteil des Viterbi-Algorithmus setzt Lemma 15.36 um. Man kann sich vorstellen, dass man in dem verallgemeinerten Zustandsgraphen von M in einer durch Lemma 15.36 festgelegten Weise von einem Knoten (x_ℓ^*, ℓ) zurück zum Startknoten geht. Er schließt sich an den Vorwärtsteil unmittelbar an.

Rückwärtsteil des Viterbi-Algorithmus zur Berechnung des Viterbi-Pfades

Algorithmus 15.3 Viterbi-Algorithmus: Rückwärtsteil

Schritt 5 (Anfang des Backtrackings)
  Berechne
    $x_\ell^* \leftarrow \mathrm{argmax}_{\xi \in \Lambda} \mathrm{vit}_{\xi\ell}$
Schritt 6 (Schleife)
  Für $i = \ell - 1, \ell - 2, \ldots, 1$ führe aus.
    $x_i^* \leftarrow \mathrm{argmax}_{\xi \in \Lambda} \mathrm{vit}_{\xi i} p_{\xi x_{i+1}^*}$

Wir fassen die Lösung des Lokalisierungsproblems für HMMs in dem folgenden Satz zusammen.

Laufzeitanalyse des Viterbi-Algorithmus

Satz 15.37 *Für jede Beobachtung* $y \in \Sigma^\ell$ *lassen sich sämtliche Viterbi-Variablen, der Viterbi-Score und ein Viterbi-Pfad in Zeit* $\mathcal{O}(\lambda^2 \cdot \ell)$ *berechnen.*

15.9.3 Der Rückwärtsalgorithmus

Sei **y** eine beliebige, aber feste Beobachtung der Länge ℓ. Wie groß ist die Wahrscheinlichkeit, während einer zufälligen Irrfahrt im erweiterten Zustandsgraphen des HMM M mit Start im Knoten (ξ,i) (siehe Abb. 15.5) das Suffix $\mathbf{y}(i,\ell] = y_{i+1}y_{i+2}\dots y_\ell$ von **y** zu erzeugen? Diese Größen sind von einer mit den Vorwärtsvariablen vergleichbaren Bedeutung.

Definition Rückwärtsvariablen

Definition 15.38 Sei $\mathbf{y} \in \Sigma^\ell$ eine Beobachtung der Länge ℓ.
Für $i \in \{1,2,\dots,\ell\}$ und $\xi \in \Lambda$ definieren wir die *Rückwärtsvariablen* $\beta_{\xi i}$ wie folgt.

$$\beta_{\xi i} := \begin{cases} 1 & \text{falls } i = \ell; \\ \mathbb{P}(Y_{i+1} = y_{i+1}, Y_{i+2} = y_{i+2}, \dots, Y_\ell = y_\ell | X_i = \xi) & \text{falls } i < \ell. \end{cases} \quad (15.51)$$

Die Grundlage für den *Rückwärtsalgorithmus*, der die Rückwärtsvariablen schnell berechnet, bilden Lemma 15.39 und Abb. 15.7. Es handelt sich um einen Algorithmus zur dynamischen Programmierung.

Rekursion für die Rückwärtsvariablen

Lemma 15.39 Sei $\mathbf{y} \in \Sigma^\ell$ eine Beobachtung.
Für die Rückwärtsvariablen zum Zeitpunkt $1 \le i \le \ell$ gilt die folgende Rekursion:

$$\beta_{\xi i} = \sum_{\xi' \in \Lambda} p_{\xi\xi'} e_{\xi' y_{i+1}} \beta_{\xi' i+1}.$$

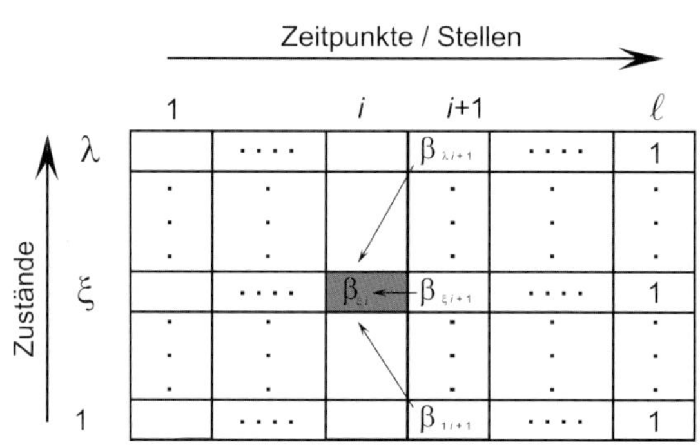

Abb. 15.7 Die Idee des Rückwärtsalgorithmus.

Rückwärtsalgorithmus zur Berechnung der Rückwärtsvariablen

Algorithmus 15.4 Rückwärtsalgorithmus

Schritt 1 (Erzeugung und Initialisierung des Feldes)
  Erzeuge das Feld $\beta_{\xi i}$.
  Initialisiere jeden Eintrag mit 0.
Schritt 2 (Initialisierung von Spalte ℓ)
  Für $\xi = 1,2,\ldots,\lambda$ führe aus.
    $\beta_{\xi\ell} \leftarrow 1$
Schritt 3 (Berechnung von Spalte i aus Spalte $i+1$)
  Für $i = \ell-1,\ell-2,\ldots,1$ führe aus.
    Für $\xi = 1,2,\ldots,\lambda$ führe aus.
      Für $\xi' = 1,2,\ldots,\lambda$ führe aus.
        $\beta_{\xi i} \leftarrow \beta_{\xi i} + p_{\xi\xi'} e_{\xi' y_{i+1}} \beta_{\xi' i+1}$

Man kann sich von der Richtigkeit von Lemma 15.39 wie folgt überzeugen. Eine zufällige Irrfahrt, die im Knoten (ξ,i) des verallgemeinerten Zustandsgraphen beginnt und $\mathbf{y}(i,\ell]$ erzeugt, hat genau λ einander ausschließende Möglichkeiten. Für jedes $\xi' \in \Lambda$ kann sie in den Knoten $(\xi',i+1)$ gehen, dort y_{i+1} emittieren und von dort aus mit der Emission von $\mathbf{y}(i+1,\ell]$ fortfahren. Die Wahrscheinlichkeit, dass das geschieht, ist $p_{\xi\xi'} e_{\xi' y_{i+1}} \beta_{\xi' i+1}$.

Die Laufzeitanalyse des Rückwärtsalgorithmus gleicht der des Vorwärtsalgorithmus. Folglich können wir unsere Erkenntnisse über die Berechnung der Rückwärtsvariablen in dem folgenden Satz zusammenfassen.

> **Satz 15.40** *Sei* $\mathrm{y} \in \Sigma^\ell$ *eine Beobachtung.*
> *Sämtliche Rückwärtsvariablen können in Zeit* $\mathcal{O}(\lambda^2 \cdot \ell)$ *berechnet werden.*

15.9.4
Die *A-posteriori*-Wahrscheinlichkeit der Zustände

Für jede Beobachtung $\mathbf{y} = y_1 y_2 \ldots y_\ell$ der Länge ℓ über dem Emissionsalphabet Σ können wir mithilfe des Viterbi-Algorithmus aus Abschnitt 15.9.2 das Lokalisierungsproblem für das HMM M lösen. Von Fall zu Fall mag es zusätzlich von Interesse sein, die Lösung wie folgt zu bewerten. Mit welcher Sicherheit können wir annehmen, dass eine bestimmte Position i des Eingabestrings $\mathbf{y}$ von einem bestimmten Zustand ξ unterlegt ist? Eine geeignete Maßzahl dafür ist die *A-posteriori-Wahrscheinlichkeit* des Zustandes $\xi \in \Lambda$ zum Zeitpunkt $i \in \{1,2,\ldots,\ell\}$.

Definition A-posteriori-Wahrscheinlichkeit eines Zustandes

Definition 15.41 Sei $\mathbf{y} = y_1 y_2 \ldots y_\ell$ eine Beobachtung der Länge ℓ. Für jeden Zustand $\xi \in \Lambda$ und jeden Zeitpunkt i heißt

$$\mathbb{P}(X_i = \xi | Y_1 = y_1, Y_2 = y_2, \ldots, Y_\ell = y_\ell)$$

die *A-posteriori-Wahrscheinlichkeit* des Zustandes ξ zum Zeitpunkt i bei gegebener Beobachtung $\mathbf{y}$.

In welchem Zusammenhang stehen die *A-posteriori*-Wahrscheinlichkeiten der Zustände zu den bisher betrachteten Größen?

Berechnung der A-posteriori-Wahrscheinlichkeit eines Zustandes

Lemma 15.42 *Sei* $\mathbf{y}$ *eine Beobachtung der Länge* ℓ. *Für jeden Zeitpunkt* $i \in \{1,2,\ldots,\ell\}$ *und jeden Zustand* $\xi \in \Lambda$ *gilt für die A-posteriori-Wahrscheinlichkeit:*

$$\mathbb{P}(X_i = \xi | \mathbf{Y} = \mathbf{y}) = \frac{\alpha_{\xi i} \cdot \beta_{\xi i}}{\mathbb{P}(\mathbf{Y} = \mathbf{y})}. \tag{15.52}$$

Beim Beweis von Lemma 15.42 nutzen wir aus, dass ein HMM, wie in Abschnitt 15.8 beschrieben, als Gedächtnis nur den aktuellen Zustand hat (siehe Gleichungen 15.39 und 15.38):

$$\begin{aligned}
&\mathbb{P}(\mathbf{Y} = \mathbf{y}, X_i = \xi) = \\
&= \mathbb{P}(\mathbf{Y}(0,i] = \mathbf{y}(0,i], X_i = \xi) \cdot \mathbb{P}(\mathbf{Y}(i,\ell] = \mathbf{y}(i,\ell] | \mathbf{Y}(0,i] = \mathbf{y}(0,i], X_i = \xi) \\
&= \mathbb{P}(\mathbf{Y}(0,i] = \mathbf{y}(0,i], X_i = \xi) \cdot \mathbb{P}(\mathbf{Y}(i,\ell] = \mathbf{y}(i,\ell] | X_i = \xi) \\
&= \alpha_{\xi i} \cdot \beta_{\xi i}.
\end{aligned}$$

Da man die Vorwärtsvariablen $\alpha_{\xi i}$ und den Baum-Welch-Score $\mathbb{P}(\mathbf{Y} = \mathbf{y})$ mit dem Vorwärtsalgorithmus und die Rückwärtsvariablen $\beta_{\xi i}$ mit dem Rückwärtsalgorithmus berechnen kann, folgt aus Gleichung 15.52:

Satz 15.43 *Für eine feste Beobachtung* $\mathbf{y}$ *der Länge* ℓ *kann man für alle Zustände* $\xi \in \Lambda$ *und alle Zeitpunkte* $i \in \{1,2,\ldots,\ell\}$ *die A-posteriori-Wahrscheinlichkeiten von* ξ *zum Zeitpunkt* i *in Gesamtzeit* $\mathcal{O}(\lambda^2 \cdot \ell)$ *berechnen.*

Unsere Lösung des Lokalisierungsproblems für ein HMM besteht bisher darin, die als Viterbi-Pfad bezeichnete wahrscheinlichste Zustandsfolge unter der Eingabe-Beobachtung zu berechnen. Man könnte auf den Gedanken kommen, die Folge der wahrscheinlichsten Zustände unter der Beobachtung sei als Lösung besser geeignet:

Definition 15.44 Sei $\mathbf{y}$ eine Beobachtung der Länge ℓ. Ein *wahrscheinlichster Zustand zum Zeitpunkt i* bei gegebener Beobachtung $\mathbf{y}$ ist ein Element aus

$$\tilde{x}_i \in \underset{\xi \in \Lambda}{\operatorname{argmax}}\, \mathbb{P}(X_i = \xi, \mathbf{Y} = \mathbf{y}).$$

Auf der Grundlage von Satz 15.43 ist folgende Aussage offensichtlich.

Satz 15.45 *Für jede Beobachtung* $\mathbf{y}$ *läßt sich eine Folge* $\tilde{\mathbf{x}} = \tilde{x}_1\tilde{x}_2 \ldots \tilde{x}_\ell$ *wahrscheinlichster Zustände in Zeit* $\mathcal{O}(\lambda^2 \cdot \ell)$ *berechnen.*

Kommen Folgen wahrscheinlichster Zustände unter $\mathbf{y}$ als Lösung des Lokalisierungsproblems für ein HMM in Frage? Wir hatten uns darauf verständigt, dass eine Lösung eine relativ hohe Wahrscheinlichkeit haben sollte. Man kann aber sehr leicht Beispiele von HMMs konstruieren, für die es Beobachtungen $\mathbf{y}$ und Folgen $\tilde{\mathbf{x}}$ wahrscheinlichster Zustände derart gibt, dass $\mathbb{P}(\mathbf{X} = \tilde{\mathbf{x}} | \mathbf{Y} = \mathbf{y}) = 0$ ist. Jeder einzelne Zustand $\tilde{x}_i$ ist zwar an seiner Position i am wahrscheinlichsten. Zusammen kommen sie jedoch nicht vor. Daher ist eine Folge wahrscheinlichster Zustände unter $\mathbf{y}$ als Lösung für das Lokalisierungsproblem wenig geeignet.

15.10 Das zeitweise unehrliche Casino

Die Situation. Wir wissen, dass man in einem Spielcasino neben fairen auch unfaire Würfel benutzt. Begonnen wird stets mit einem fairen Würfel. Die Wahrscheinlichkeit des Wechseln von einem fairen zu einem unfairen Würfel ist 0.05. Die Übergangswahrscheinlichkeit von einem unfairen zu einem fairen Würfel ist 0.15. Unfaire Würfel sind in der Weise beschwert, dass die Wahrscheinlichkeit, eine 6 zu würfeln, auf 1/2 erhöht ist, wohingegen alle anderen Zahlen die gleiche Wahrscheinlichkeit haben.

Das zugehörige HMM sieht so aus:

Zustandsmenge. Es gibt zwei Zustände, die für den fairen (F) bzw. den unfairen (L für *loaded*) Würfel stehen: $\Lambda = \{F,L\}$.

Emissionsalphabet: $\Sigma = \{1,2,3,4,5,6\}$.

Startwahrscheinlichkeiten. p_{0F}, p_{0L} (in Abb. 15.8 nicht spezifiziert, in unseren Beispielrechnungen wurde $p_{0F} = 1$ gewählt.).

Übergangs- und Emissionswahrscheinlichkeiten sind Abb. 15.8 zu entnehmen, die den Zustandsgraphen unseres Modells darstellt.

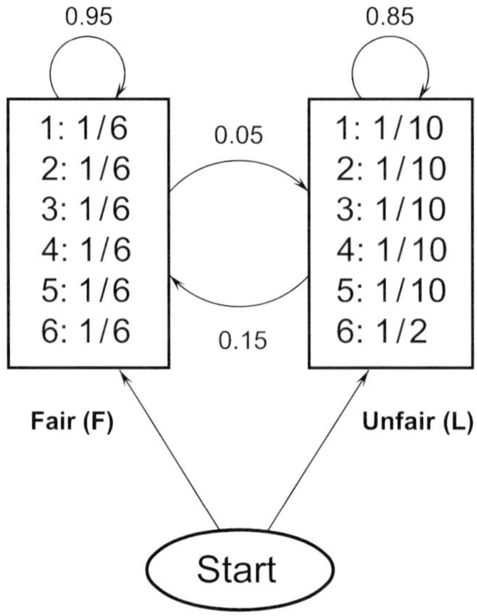

Abb. 15.8 Der Zustandsgraph eines HMMs für ein zeitweise unehrliches Casino.

Wir wollen mithilfe des Viterbi-Algorithmus von einer Folge von Ausgängen des Würfelexperiments darauf schließen, wann ein fairer und wann ein unfairer Würfel eingesetzt wurde. In der jeweils ersten Zeile von Tabelle 15.4 ist der Verlauf eines Spiels in dem unehrlichen Casino angegeben. Die jeweils zweite Zeile gibt an, welcher Würfel bei den Würfen verwendet wurde. Die jeweils dritte Zeile schließlich stellt den Viterbi-Pfad dar. Wir bemerken, dass

Verhältnis vom „wahren" Pfad zum Viterbi-Pfad am Beispiel des zeitweise unehrlichen Casinos

- kurze Sequenzen, in denen der unfaire Würfel verwendet wurde, im Viterbi-Pfad oft übergangen werden;
- die Übergänge vom fairen zum unfairen Würfel und umgekehrt nicht exakt festgestellt sind.

Beide Bemerkungen stehen auf demselben Fundament: Die Unterschiede in der Verteilung der Emissionen von fairem und unfairem Würfel zeigen sich mit großer Sicherheit erst bei entsprechend großer Länge der in Rede stehenden Beobachtung.

Die genaue Begründung der ersten Bemerkung ist sehr interessant: Ein schneller Wechsel vom fairen zum unfairen Würfel und dann zurück zum fairen Würfel ist aufgrund der kleinen Übergangswahrscheinlichkeiten zu jedem einzelnen Zeitpunkt sehr unwahrscheinlich. Deshalb wird ein solcher Wechsel vom Viterbi-Algorithmus übersehen. Dem steht gegenüber, dass ein Ereignis

Tab. 15.4 Beobachtung, zu Grunde liegender Pfad und Viterbi-Pfad.

$\sigma[0,49)$	43212656412266225455345511623326326362612215631446
$z_{\text{wahr}}[0,49)$	FFFFLLFLFFFFFFFFFFFFFFFFFFFFFFFFFFFFFFLLFFFFFFFFFF
$z^*[0,49)$	FFFFFFFFFFFFFFFFFFFFFFFFFFFFFFFFFFFFFFFFFFFFFFFFFF
$\sigma[50,99)$	61644434261252456663615665665223662623356621616263
$z_{\text{wahr}}[50,99)$	LLLFFFFFFFFFFFLLLLLLLLLLLLLLFFFFFFFFFFLLLLLLLLLFFFF
$z^*[50,99)$	FFFFFFFFFFFFFFFFLLLLLLLLLLLLFFFFFFFFFFFFFFFFFFFFFF
$\sigma[100,149)$	43321261165454416666354562653661566355665333354425
$z_{\text{wahr}}[100,149)$	FFLLLFFFFFFFFFFFLLLLLLLLLLLLLFFFFFFFFFLFFFFFFFFFFF
$z^*[100,149)$	FFFFFFFFFFFFFFFFFFFFFFFFFFFFFFFFFFFFFFFFFFFFFFFFFF
$\sigma[150,199)$	51354163562666356433152554522435344211654311121342
$z_{\text{wahr}}[150,199)$	FFLLLFFFFFFLLLFFFFFFFFFFFFFFFFFFFFFFFFFFFFFFFFFFFF
$z^*[150,199)$	FFFFFFFFFFFFFFFFFFFFFFFFFFFFFFFFFFFFFFFFFFFFFFFFFF
$\sigma[200,249)$	64416261434131213265415514412126626336662435216566
$z_{\text{wahr}}[200,249)$	FFFFFFLFFFFFFFFFFFFFFFFFFFFFFFFLLLLLLLLLLLLLLLLLLL
$z^*[200,299)$	FFFFFFFFFFFFFFFFFFFFFFFFFFFFFFLLLLLLLLLLLLLLLLLLLL
$\sigma[250,299)$	66166655664116331454642615436615666344661464224545
$z_{\text{wahr}}[250,299)$	LLLLLLLLLFFFFFFFFFFFFFFFFFFFFFLLLFFFFFFFFFFFFFFFFF
$z^*[250,299)$	LLLLLLLLLLFFFFFFFFFFFFFFFFFFFFFFFFFFFFFFFFFFFFFFFF

der beschriebenen Art bei hinreichend langer Beobachtungszeit mit großer Wahrscheinlichkeit irgendwann einmal auftreten wird.

Fazit. Man kann nicht erwarten, dass der Viterbi-Algorithmus den zugrunde liegenden Pfad exakt herausfindet. Der Viterbi-Pfad enthält jedoch Informationen darüber, wie es wirklich war.

15.11 Das Rekonstruktionsproblem für HMMs

Sei

$$M = \big(\Sigma,\Lambda,\big(p_{0\xi}\,|\,\xi \in \Lambda\big),\big(p_{\xi\xi'}\,|\,\xi,\xi' \in \Lambda\big),\big(e_{\xi\upsilon}\,|\,\xi \in \Lambda,\upsilon \in \Sigma\big)\big)$$

ein HMM, von dem wir nur das Emissionsalphabet Σ und die Zustandsmenge Λ kennen. Die Wahrscheinlichkeitsverteilungen

$$\Theta := \big(\big(p_{0\xi}\,|\,\xi \in \Lambda\big),\big(p_{\xi\xi'}\,|\,\xi,\xi' \in \Lambda\big),\big(e_{\xi\upsilon}\,|\,\xi \in \lambda,\upsilon \in \Sigma\big)\big)$$

sind uns unbekannt. Da die Verteilungen Θ das Modell M bestimmen, sprechen wir in diesem Abschnitt vom Modell Θ.

Wie kann man aus einer *unabhängigen* Stichprobe beobachteter Daten auf das Modell Θ schließen? Die Antwort darauf ist Gegenstand dieses Abschnitts. Wir folgen dabei der Idee, das Modell Θ so zu bestimmen, dass die beobachteten Daten unter Θ *maximale Wahrscheinlichkeit* haben. Wer mehr wissen will, als hier dargestellt ist, sei auf [10] verwiesen.

15.11.1 Ein Maximum-Likelihood-Schätzer

Will man die Parameter für unser CpG-HMM aus Abschnitt 15.7 schätzen, kann man darauf bauen, dass es aufgrund von Experimenten Trainingsdaten gibt, bei denen die CpG-Inseln bereits annotiert sind: Uns sind die Pfade

$$\mathbf{x}^{(1)},\mathbf{x}^{(2)},\ldots,\mathbf{x}^{(m)}$$

bekannt, die zu Trainingsbeobachtungen

$$\mathbf{y}^{(1)},\mathbf{y}^{(2)},\ldots,\mathbf{y}^{(m)}$$

mit Längen $|\mathbf{y}^{(j)}| = \ell_j$ $(j = 1,2,\ldots,m)$ gehören. Diese Daten sind Realisierungen einer unabhängigen Stichprobe $(\mathbf{X}^{(1)},\mathbf{Y}^{(1)})$, $(\mathbf{X}^{(2)},\mathbf{Y}^{(2)}),\ldots,(\mathbf{X}^{(m)},\mathbf{Y}^{(m)})$.

Viterbi-Score – Zielfunktion der ML-Schätzer für die Modellparameter

Wir wollen die Wahrscheinlichkeit der beobachteten Daten maximieren. Folglich müssen wir das Modell Θ so schätzen, dass die Wahrscheinlichkeit

$$\begin{aligned}&\text{score}_{\text{vit}}(\mathbf{x}^{(1)},\mathbf{y}^{(1)},\mathbf{x}^{(2)},\mathbf{y}^{(2)},\ldots,\mathbf{x}^{(m)},\mathbf{y}^{(m)}\,|\,\Theta)\\ &:= \prod_{j=1}^{m} \mathbb{P}_\Theta(\mathbf{X}^{(j)} = \mathbf{x}^{(j)},\mathbf{Y}^{(j)} = \mathbf{y}^{(j)})\end{aligned} \tag{15.53}$$

für die Trainingsmenge $(\mathbf{x}^{(1)},\mathbf{y}^{(1)}),(\mathbf{x}^{(2)},\mathbf{y}^{(2)}),\ldots,(\mathbf{x}^{(m)},\mathbf{y}^{(m)})$ bei Verwendung des Modells Θ maximiert wird. (Gleichung 15.53 ist der uns bereits bekannte Viterbi-Score.) Wir suchen nach einem Θ^* derart, dass

$$\Theta^* = \underset{\Theta}{\operatorname{argmax}}\, \mathrm{score}_{\mathrm{vit}}(\mathbf{x}^{(1)},\mathbf{y}^{(1)},\mathbf{x}^{(2)},\mathbf{y}^{(2)},\ldots,\mathbf{x}^{(m)},\mathbf{y}^{(m)}\,|\,\Theta) \tag{15.54}$$

ist.

Bemerkung. Das Vorkommen von Θ auf der linken Seite von Gleichung 15.53 bezeichnet keine Bedingung, sondern ein Argument der Funktion $\mathrm{score}_{\mathrm{vit}}$, das lediglich besonders hervorgehoben ist. Erst wenn man das Modell Θ als zufällig ansähe, wie es in der Bayesschen Schätztheorie der Fall ist, wäre es anders.

Für jedes $j = 1,2,\ldots,m$ führen wir auf dem Paar $(\mathbf{x}^{(j)},\mathbf{y}^{(j)})$ die folgenden Rechnungen durch:

- Wir sehen nach, welcher Zustand $\xi \in \Lambda$ an Position 1 des Pfades $\mathbf{x}^{(j)}$ ist: Die Größe
  $$b_\xi(\mathbf{x}^{(j)}) \in \{0,1\} \tag{15.55}$$
  hat genau dann den Wert 1, wenn $\xi = \mathbf{x}^{(j)}[1]$ ist.
- Für je zwei Zustände $\xi,\xi' \in \Lambda$ berechnen wir die Häufigkeit
  $$c_{\xi\xi'}(\mathbf{x}^{(j)}) := \#\{i\,|\,1 \le i < \ell_j, \mathbf{x}^{(j)}[i] = \xi, \mathbf{x}^{(j)}[i+1] = \xi'\}, \tag{15.56}$$
  mit der das Teilwort $\xi\xi'$ in dem Pfad $\mathbf{x}^{(j)}$ vorkommt.
- Für jeden Zustand $\xi \in \Lambda$ und jedes Symbol $\upsilon \in \Sigma$ berechnen wir die Häufigkeit, mit der die Emission von υ aus dem Zustand ξ heraus erfolgt:
  $$d_{\xi\upsilon}(\mathbf{x}^{(j)},\mathbf{y}^{(j)}) := \#\{i\,|\,1 \le i \le \ell_j, \mathbf{x}^{(j)}[i] = \xi, \mathbf{y}^{(j)}[i] = \upsilon\}. \tag{15.57}$$

Nun berechnen wir

- für jeden Zustand $\xi \in \Lambda$ die Häufigkeit
  $$B_\xi := \sum_{j=1}^{m} b_\xi(\mathbf{x}^{(j)}), \tag{15.58}$$
  mit der der Zustand ξ bei *allen* Trainingspfaden an Position 1 steht;
- für je zwei Zustände $\xi,\xi' \in Z$ die Häufigkeit
  $$C_{\xi\xi'} := \sum_{j=1}^{m} c_{\xi\xi'}(\mathbf{x}^{(j)}), \tag{15.59}$$
  mit der der Übergang von Zustand ξ zu ξ' in *allen* Trainingspfaden vorkommt;

- für jeden Zustand $\xi \in \Lambda$ und jedes Symbol $\upsilon \in \Sigma$ die Häufigkeit

$$D_{\xi\upsilon} := \sum_{j=1}^{m} d_{\xi\upsilon}(\mathbf{x}^{(j)}, \mathbf{y}^{(j)}), \qquad (15.60)$$

mit der in *allen* Trainingsfolgen die Emission des Symbols υ aus dem Zustand ξ heraus erfolgt.

ML-Schätzer für die Modellparameter

Mithilfe von Standard-Methoden aus der elementaren Analysis kann man zeigen, dass der gesuchte *Maximum-Likelihood-Schätzer* $\hat{\Theta}$ (Abkürzung: ML-Schätzer) für Θ, der Schätzer also, der Gleichung 15.54 löst, so aussieht:

$$\hat{p}_{0\xi} = \frac{B_\xi}{\sum_{\xi' \in \Lambda} B_{\xi'}} = \frac{B_\xi}{m} \quad (\xi \in \Lambda) \qquad (15.61)$$

$$\hat{p}_{\xi\xi'} = \frac{C_{\xi\xi'}}{\sum_{\xi'' \in \Lambda} C_{\xi\xi''}} \quad (\xi, \xi' \in \Lambda) \qquad (15.62)$$

$$\hat{e}_{\xi\upsilon} = \frac{D_{\xi\upsilon}}{\sum_{\upsilon' \in \Sigma} D_{\xi\upsilon'}} \quad (\xi \in \Lambda, \upsilon \in \Sigma). \qquad (15.63)$$

Bemerkung. ML-Schätzer sind problematisch, wenn der Umfang der Trainingsstichprobe gering ist. Dann kann es sein, dass einige der Größen B_ξ (Gleichung 15.58), $C_{\xi\xi'}$ (Gleichung 15.59) oder $D_{\xi\upsilon}$ (Gleichung 15.60) gleich null sind, obwohl das für die zu schätzenden Wahrscheinlichkeiten nicht der Fall ist.

Ein Ausweg ist der Einsatz von *Pseudocounts*, die man den genannten Größen hinzuaddiert. Aus Gleichung 15.62 wird beispielsweise

Einbringen von Pseudocounts in die Schätzer der Modellparameter als Ausdruck von A-priori-Wissen

$$\hat{p}_{\xi\xi'} = \frac{C_{\xi\xi'} + \tau_{\xi\xi'}}{\sum_{\xi'' \in \Lambda} (C_{\xi\xi''} + \tau_{\xi\xi''})} \quad (\xi, \xi' \in \Lambda), \qquad (15.64)$$

wobei die Zahlen $\tau_{\xi\xi'}$ die Pseudocounts für die Transitionen der Zustände sind.

Die Pseudocounts sollten das *A-priori*-Wissen widerspiegeln, das man von den zu schätzenden Wahrscheinlichkeiten hat: Größere Summen $\sum_{\xi'' \in \Lambda} \tau_{\xi\xi''}$ zeigen ein größeres *A-priori*-Wissen an, da sie den Pseudocounts in Gleichung 15.64 ein größeres Gewicht verschaffen.

Laplacesche Regel

Die einfachste Art, Pseudocounts einzusetzen, ist die *Laplacesche Regel*: Zu jeder Häufigkeit wird eins hinzuaddiert.

15.11.2
Der Baum-Welch-Algorithmus zur Parameterschätzung

Für das zeitweise unehrliche Casino kann man sich leicht Trainingsbeobachtungen verschaffen. Es könnte aber sehr gesundheitsschädlich sein, nach den unterliegenden Pfaden zu fragen. Wie können wir zu einer Aussage über das Modell Θ kommen, wenn uns *nur* eine unabhängige Stichprobe von beobachteten Sequenzen $\mathbf{Y}^{(1)},\mathbf{Y}^{(2)},\ldots,\mathbf{Y}^{(m)}$ mit den Realisierungen

$$\mathbf{y}^{(1)},\mathbf{y}^{(2)},\ldots,\mathbf{y}^{(m)} \in \Sigma^*$$

mit den Längen $\ell_1,\ell_2,\ldots,\ell_m$ gegeben ist?

Wenn wir die Wahrscheinlichkeit der beobachteten Daten maximieren wollen, müssen wir das Modell Θ so schätzen, dass die Wahrscheinlichkeit

$$\begin{aligned}&\mathbb{P}_\Theta(\mathbf{Y}^{(1)} = \mathbf{y}^{(1)},\mathbf{Y}^{(1)} = \mathbf{y}^{(1)},\ldots,\mathbf{Y}^{(m)} = \mathbf{y}^{(m)})\\ &= \prod_{j=1}^{m} \mathbb{P}_\Theta(\mathbf{Y}^{(j)} = \mathbf{y}^{(j)})\end{aligned} \tag{15.65}$$

für die Beobachtung der Trainingsmenge $\mathbf{y}^{(1)},\mathbf{y}^{(2)},\ldots,\mathbf{y}^{(m)}$ bei Verwendung des Modells Θ maximiert wird. (Wir erkennen in Gleichung 15.65 den Baum-Welch-Score wieder.) Üblicherweise definiert man in dieser Situation den *Score* des Modells Θ durch

$$\text{score}_{\text{bw}}(\mathbf{y}^{(1)},\mathbf{y}^{(2)},\ldots,\mathbf{y}^{(m)}|\Theta) := \sum_{j=1}^{m} \log \mathbb{P}_\Theta(\mathbf{Y}^{(j)} = \mathbf{y}^{(j)}) \tag{15.66}$$

und sucht ein Θ^* derart, dass

$$\Theta^* = \underset{\Theta}{\text{argmax}}\, \text{score}_{\text{bw}}(\mathbf{y}^{(1)},\mathbf{y}^{(2)},\ldots,\mathbf{y}^{(m)}|\Theta) \tag{15.67}$$

ist.

Baum-Welch-Score – Zielfunktion des Baum-Welch-Algorithmus

Die Lösung von Gleichung 15.67 ist ein NP-schwieriges Problem. Der *Baum-Welch-Algorithmus*, ein Spezialfall des *Expectation-Maximization-Prinzips*, kann als *Heuristik* herangezogen werden.

Eine Iteration des Baum-Welch-Algorithmus liefert für ein Modell Θ ein neues Modell Θ', dessen durch Gleichung 15.66 definierter Score nicht schlechter ist als der von Θ. Insgesamt konvergieren die Scores der Modelle, die der Algorithmus Schritt für Schritt hervorbringt. Allerdings ist *nicht* gesichert, dass es sich bei diesem Grenzwert um das gesuchte Optimum handelt.

Da in diesem Abschnitt das Modell Θ nicht fest ist – es soll ja verbessert werden –, brauchen wir eine Notation, die die einzelnen

Wahrscheinlichkeiten dem jeweiligen Modell zuordnet: Die Zahlen $p_{0\xi}^{(\Theta)}$, $p_{\xi\xi'}^{(\Theta)}$ und $e_{\xi v}^{(\Theta)}$ stehen für die Start-, die Übergangs- bzw. die Emissionswahrscheinlichkeiten im Modell Θ.

Wie arbeitet der Baum-Welch-Algorithmus? Am Anfang muss Θ *initialisiert* werden. Grundsätzlich wollen wir dann einen ähnlichen Weg gehen wie im Abschnitt 15.11.1. Die Gleichungen 15.55, 15.56 und 15.57 können wir jedoch nicht heranziehen, da wir die Pfade $z^{(j)}$ nicht kennen. Aber wir haben ein Näherungsmodell Θ! (Am Anfang ist das Wort „Näherung", sofern keine *A-priori*-Informationen in die Initialisierung geflossen sind, ein Euphemismus.) Folglich haben wir für jedes $j = 1,2,\ldots,m$ jede Beobachtung $\mathbf{y}^{(j)}$ aus der Trainingsmenge eine Wahrscheinlichkeitsverteilung $\mathbb{P}_\Theta\,(\,\cdot\,|\mathbf{Y}^{(j)} = \mathbf{y}^{(j)})$ auf der Menge der Pfade Λ^{ℓ_j} der Länge ℓ_j. Da wir unterstellen, dass unsere Stichproben „typisch" sind, *schätzen* wir die Werte $\mathrm{b}_\xi(\mathbf{x}^{(j)})$, $\mathrm{c}_{\xi\xi'}(\mathbf{x}^{(j)})$, $\mathrm{d}_{\xi v}(\mathbf{x}^{(j)},\mathbf{y}^{(j)})$ durch ihre Erwartungswerte bezogen auf die Verteilung $\mathbb{P}_\Theta(\,\cdot\,|\mathbf{Y}^{(j)} = \mathbf{y}^{(j)})$: Wir mitteln unter Verwendung der Verteilung $\mathbb{P}_\Theta(\,\cdot\,|\mathbf{Y}^{(j)} = \mathbf{y}^{(j)})$ über alle nur denkbaren Pfade der Länge ℓ_j. Das Resultat bezeichnen wir mit

$$\mathbb{E}_{\Theta,j}\,\mathrm{b}_\xi := \sum_{\mathbf{x}\in\Lambda^{\ell_j}} \mathrm{b}_\xi(\mathbf{x}) \cdot \mathbb{P}_\Theta(\mathbf{X}^{(j)} = \mathbf{x}|\mathbf{Y}^{(j)} = \mathbf{y}^{(j)}) \qquad (15.68)$$

$$\mathbb{E}_{\Theta,j}\,\mathrm{c}_{\xi\xi'} := \sum_{\mathbf{x}\in\Lambda^{\ell_j}} \mathrm{c}_{\xi\xi'}(\mathbf{x}) \cdot \mathbb{P}_\Theta(\mathbf{X}^{(j)} = \mathbf{x}|\mathbf{Y}^{(j)} = \mathbf{y}^{(j)}) \qquad (15.69)$$

bzw.

$$\mathbb{E}_{\Theta,j}\,\mathrm{d}_{\xi v} := \sum_{\mathbf{x}\in\Lambda^{\ell_j}} \mathrm{d}_{\xi v}(\mathbf{x},\mathbf{y}^{(j)}) \cdot \mathbb{P}_\Theta(\mathbf{X}^{(j)} = \mathbf{x}|\mathbf{Y}^{(j)} = \mathbf{y}^{(j)}). \qquad (15.70)$$

Das verbesserte Modell Θ' der *aktuellen Iteration* ergibt sich aus den Gleichungen 15.61, 15.62 und 15.63 unseres ML-Schätzers dadurch, dass wir für alle $j = 1,2,\ldots,m$

$$\mathrm{b}_\xi(\mathbf{x}^{(j)}) \quad \text{durch} \quad \mathbb{E}_{\Theta,j}\,\mathrm{b}_\xi,$$

$$\mathrm{c}_{\xi\xi'}(\mathbf{x}^{(j)}) \quad \text{durch} \quad \mathbb{E}_{\Theta,j}\,\mathrm{c}_{\xi\xi'}$$

und

$$\mathrm{d}_{\xi v}(\mathbf{x}^{(j)},\mathbf{y}^{(j)}) \quad \text{durch} \quad \mathbb{E}_{\Theta,j}\,\mathrm{d}_{\xi v}$$

ersetzen. Wir erhalten auf diese Weise:

Darstellung verbesserter Modellparameter im Vorgängermodell

$$p_{0\xi}^{(\Theta')} = \frac{\sum_{j=1}^{m} \mathbb{E}_{\Theta,j}\,\mathrm{b}_\xi}{\sum_{\xi'\in\Lambda}\sum_{j=1}^{m} \mathbb{E}_{\Theta,j}\,\mathrm{b}_{\xi'}} = \frac{\sum_{j=1}^{m} \mathbb{E}_{\Theta,j}\,\mathrm{b}_\xi}{m} \quad (\xi \in \Lambda) \qquad (15.71)$$

$$a_{\xi\xi'}^{(\Theta')} = \frac{\sum_{j=1}^{m} \mathbb{E}_{\Theta,j}\, c_{\xi\xi'}}{\sum_{\xi''\in\Lambda}\sum_{j=1}^{m} \mathbb{E}_{\Theta,j}\, c_{\xi\xi''}} \qquad (\xi,\xi' \in \Lambda) \tag{15.72}$$

$$b_{\xi\upsilon}^{(\Theta')} = \frac{\sum_{j=1}^{m} \mathbb{E}_{\Theta,j}\, d_{\xi\upsilon}}{\sum_{\upsilon'\in\Sigma}\sum_{j=1}^{m} \mathbb{E}_{\Theta,j}\, d_{\xi\upsilon'}} \qquad (\xi \in \Lambda, \upsilon \in \Sigma). \tag{15.73}$$

Lemma 15.46 sagt uns, dass der Score des Modells Θ' zumindest nicht schlechter ist, als der Score des Altmodells Θ. Den Beweis müssen wir schuldig bleiben.

Lemma 15.46 *Ist ein Modell Θ' aus einem Modell Θ wie in den Gleichungen 15.71, 15.72 und 15.73 angegeben hervorgegangen, so ist*

$$\begin{aligned} &\mathrm{score}_{\mathrm{bw}}(\mathbf{y}^{(1)},\mathbf{y}^{(2)},\ldots,\mathbf{y}^{(m)}|\Theta') \\ &\geq \mathrm{score}_{\mathrm{bw}}(\mathbf{y}^{(1)},\mathbf{y}^{(2)},\ldots,\mathbf{y}^{(m)}|\Theta). \end{aligned} \tag{15.74}$$

Da der Score eines Modells als Logarithmus von Wahrscheinlichkeiten nach oben durch 0 beschränkt ist, folgt aus Lemma 15.46 sofort die Konvergenz des Scores, wenn man die Anzahl der Iterationen des soeben beschriebenen Verfahrens gegen ∞ gehen lässt. Die Konvergenz bezieht sich allerdings *nur* auf die Scores. Das neue Modell Θ' kann vom Altmodell Θ *deutlich* abweichen.

Etwas steht noch aus. Wie kann man für $j = 1,2,\ldots,m$ die Größen $\mathbb{E}_{\Theta,j}\, b_\xi$, $\mathbb{E}_{\Theta,j}\, c_{\xi\xi'}$ und $\mathbb{E}_{\Theta,j}\, d_{\xi\upsilon}$ berechnen? Die Definitionsgleichungen 15.68, 15.69 und 15.70 liefern ja nur einen Exponentialzeitalgorithmus.

Lemma 15.47 ist dafür zusammen mit den Ergebnissen aus Abschnitt 15.9 das entscheidende Hilfsmittel. Für alle $j = 1,2,\ldots,m$ bezeichnen wir dort mit $\alpha_{\xi i}^{(\Theta,j)}$ und $\beta_{\xi i}^{(\Theta,j)}$ die Vorwärts- bzw. die Rückwärtsvariablen bezogen auf das Modell Θ unter der Beobachtung $\mathbf{y}^{(j)}$.

Berechnung der verbesserten Modellparameter

Lemma 15.47 *Für alle $j = 1,2,\ldots,m$ gilt:*

$$\mathbb{E}_{\Theta,j}\, b_\xi = \frac{\alpha_{\xi i}^{(\Theta,j)}\beta_{\xi i}^{(\Theta,j)}}{\mathbb{P}_\Theta(\mathbf{Y}^{(j)} = \mathbf{y}^{(j)})} \tag{15.75}$$

$$\mathbb{E}_{\Theta,j}\, c_{\xi\xi'} = \frac{1}{\mathbb{P}_\Theta(\mathbf{Y}^{(j)} = \mathbf{y}^{(j)})} \cdot \sum_{i=1}^{\ell_j - 1} \alpha_{\xi i}^{(\Theta,j)} \cdot p_{\xi\xi'}^{(\Theta)} \cdot e_{\xi'\mathbf{y}^{(j)}[i+1]}^{(\Theta)} \cdot \beta_{\xi',i+1}^{(\Theta,j)} \tag{15.76}$$

$$\mathbb{E}_{\Theta,j}\, d_{\xi\upsilon} = \frac{1}{\mathbb{P}_\Theta(\mathbf{Y}^{(j)} = \mathbf{y}^{(j)})} \cdot \sum_{i\in\{\imath\,|\,1\le\imath\le\ell_j,\, \mathbf{y}^{(j)}[\imath]=\upsilon\}} \alpha_{\xi i}^{(\Theta,j)} \cdot \beta_{\xi i}^{(\Theta,j)}. \tag{15.77}$$

Den Beweis von Lemma 15.47 lassen wir weg.

Baum-Welch-Algorithmus zur Parameterschätzung

Jede Iteration des Verfahrens, in der es um die Evaluierung der linken Seiten der Gleichungen 15.71, 15.72 und 15.73 geht, sind nun gemäß Lemma 15.47 mithilfe des Vorwärts-, des Viterbi- und des Rückwärtsalgorithmus effizient berechenbar.

Algorithmus 15.5 Baum-Welch-Algorithmus

Eingabe: Beobachtungen $\mathbf{y}^{(1)},\mathbf{y}^{(2)},\dots,\mathbf{y}^{(m)} \in \Sigma^*$.

Initialisierung.

  Weise der Abbruchkonstanten ϵ einen (kleinen) positiven Wert zu.

  Weise dem Modell Θ Werte zu.

  Berechne $\text{score}_{\text{aktuell}} \longleftarrow \text{score}_{\text{bw}}(\Theta)$ gemäß Gleichung 15.66.

Erwartung und Maximierung.

  Führe aus.

    Erwartung.

      Für $j = 1,2,\dots,m$ und alle $\xi,\xi' \in \Lambda, \upsilon \in \Sigma$ führe aus.

        Berechne $\mathbb{E}_{\Theta,j}\, \mathrm{b}_\xi$ gemäß Gleichung 15.75.

        Berechne $\mathbb{E}_{\Theta,j}\, \mathrm{c}_{\xi\xi'}$ gemäß Gleichung 15.76.

        Berechne $\mathbb{E}_{\Theta,j}\, \mathrm{d}_{\xi\upsilon}$ gemäß Gleichung 15.77.

    Maximierung

      Für $j = 1,2,\dots,m$ und alle $\xi,\xi' \in \Lambda, \upsilon \in \Sigma$ führe aus.

        Berechne $p_{0\xi}^{(\Theta')}$ gemäß Gleichung 15.71.

        Berechne $p_{\xi\xi'}^{(\Theta')}$ gemäß Gleichung 15.72.

        Berechne $e_{\xi\upsilon}^{(\Theta')}$ gemäß Gleichung 15.73.

      Rette den alten Score: $\text{score}_{\text{alt}} \longleftarrow \text{score}_{\text{aktuell}}$

      Berechne $\text{score}_{\text{aktuell}} \longleftarrow \text{score}_{\text{bw}}(\Theta')$ gemäß Gleichung 15.66.

      Aktualisiere das Modell: $\Theta \longleftarrow \Theta'$

  bis dass $\text{score}_{\text{aktuell}} - \text{score}_{\text{alt}} \leq \epsilon$.

Ausgabe: das Modell Θ.

Es ist das Hauptproblem bei der Anwendung des Baum-Welch-Algorithmus, dass der Score des aktuellen Modells Θ nicht gegen das globale Maximum konvergieren muss. Als Ausweg bietet es sich an, den Algorithmus mehrfach mit unterschiedlichen initialen Modellen laufen zu lassen. Falls man auf diese Weise mehrfach dasselbe Maximum erreicht, kann man begründet vermuten, dass es sich um das globale Maximum handelt.

Es ist wichtig zu wissen, dass zwar der Score der Modelle Θ konvergiert, nicht aber deren Parameter. Diese können sich vielmehr von einer Iteration zur nächsten dramatisch verändern.

Eine Anwendung des Baum-Welch-Algorithmus auf eine Beobachtung der Länge 50 000 für das Modell aus Abb. 15.8 hat die folgende Schätzung der Parameter des Casino-Modells ergeben:

Geschätzte Übergangswahrscheinlichkeiten

$p_{\xi\xi'}$	F	L
F	0.952606	0.047394
L	0.154159	0.845841

Geschätzte Emissionswahrscheinlichkeiten

$e_{\xi\varepsilon}$	1	2	3	4	5	6
F	0.169248	0.166412	0.166853	0.162614	0.160084	0.174789
L	0.101442	0.100119	0.091031	0.103626	0.101310	0.502472

Dazu wurde der Baum-Welch-Algorithmus mehrfach mit einem zufälligen Anfangsmodell gestartet.

Interaktives Arbeiten

Auf der begleitenden Website finden Sie Übungen, mit denen Sie den hier vorgestellten Lehrstoff anwenden können.

15.12 Zitierte Literatur

1 Baum L. E., Petrie T., Soules G., and Weiss N. (1970) A maximization technique occurring in the statistical analysis of probabilistic functions of markov chains. *The Annals of Mathematical Statistics*, **41**(1):164–171.

2 Clote P. and Backofen R. (2000) *Computational Molecular Biology*. John Wily & Sons Ltd..

3 Ewens W.J. and Grant G. R. (2001) *Statistical Methods in Bioinformatics*. Springer Verlag.

4 Haussler D., Krogh A., Mian S., and Sjolander K. (1992) Protein modeling using hidden markov models: Analysis of globins. Technical report, Santa Cruz, CA, USA.

5 Hesse Ch. (2002) *Angewandte Wahrscheinlichkeitstheorie*. Vieweg Verlag, Braunschweig, Wiesbaden.

6 Huang X., Acero A., Hon H.W. (2001) *Spoken Language Processing: A Guide to Theory, Algorithm and System Development*. Prentice Hall.

7 Krengel U. (1991) *Einführung in die Wahrscheinlichkeitstheorie und Statistik*. Vieweg Verlag, Braunschweig/Wiesbaden.

8 Markov A. A. (1913) An example of statistical investigation of the text eugene onegin concerning the connection of samples in chains. *In Royal Academy of Sciences, St. Petersburg.*

9 Mathar R. and Pfeifer D. (1990) *Stochastik für Informatiker*. Leitfäden und Monographien der Informatik. Teubner Verlag, Stuttgart.

10 Ross S. M. (2002) *Probability Models for Computer Science*. Harcourt/ Academic Press.

16
Profil-HMMs zur Modellierung von Proteinfamilien

Modellierung von Proteinfamilien

Ein Protein besteht aus einer oder aus mehreren *Domänen*. Es handelt sich dabei um Einheiten mit definierter Funktion und unabhängig gefalteter Struktur. Wenn unterschiedliche Proteine eine Domäne mit gleicher Funktion haben, so liegt für die entsprechenden Teilwörter oft eine hohe Sequenzähnlichkeit vor.

Pfam-Datenbank

Im Kapitel 3 ist die Datenbank Pfam [1] besprochen worden. Ein Pfam-A-Datensatz modelliert gemeinsame Domänen von Proteinen. Wir wollen in diesem Kapitel die Grundlagen für den Betrieb einer solchen Datenbank kennenlernen, ohne uns auf Pfam festzulegen. Die interessierte Leserin, der unsere Darstellung nicht ausreicht, sei auf [2] verwiesen.

Grundidee der Modellierung einer Proteinfamilie

Kern eines Datensatzes ist ein Paar (A,M_A). Er besteht aus einem multiplen Sequenzalignment A und einem HMM M_A, einem sogenannten *Profil-HMM* für das MSA A.

Da es um Proteinsequenzen geht, haben unsere HMMs als Emissionsalphabet Σ die Menge

$$\Sigma_{\text{amino}} := \{\text{A,C,D,E,F,G,H,I,K,L,M,N,P,Q,R,S,T,V,W,Y}\}$$

der 20 Aminosäuren, die um den (unechten) Buchstaben „–“ für die Streichung angereichert ist:

$$\Sigma := \Sigma_{\text{amino}} \cup \{-\}.$$

Modellierung von Proteinfamilien auf der Grundlage von MSAs

Wir erinnern uns, dass ein multiples Sequenzalignment (MSA) $A = A(0,m](0,n]$ von $\mathbf{w}^{(1)}, \mathbf{w}^{(2)}, \ldots, \mathbf{w}^{(m)}$ aus Σ^*_{amino} eine $m \times n$-Matrix über $\Sigma_{\text{amino}} \cup \{-\}$ ist, für die gilt:

- Die Sequenzen $\mathbf{w}^{(j)}$ $(j \in \{1,2,\ldots,m\})$ erhält man aus den Zeilen $A[j][\cdot]$ zurück, indem man die Exemplare des Buchstabens „–“ herausstreicht. Die $\mathbf{w}^{(j)}$ sind also Teilfolgen über Σ_{amino} maximaler Länge der Zeile $A[j][\cdot]$.
- Keine Spalte $A[\cdot][i]$ $(i \in \{1,2,\ldots,n\})$ besteht nur aus Exemplaren des Buchstabens „–“.

Bioinformatik Interaktiv. 2. Auflage. Rainer Merkl und Stephan Waack

ISBN: 978-3-527-32594-8

Beispiel eines MSA

Beispiel. Die folgende Matrix $A = A(0,4](0,10]$ ist ein Alignment der Sequenzen LCIEFPCCH, LIEFTPCVH, LYETTPICH und LIETPCCH:

$$A := \begin{array}{l}\texttt{LCIEF-PCCH}\\ \texttt{L-IEFTPCVH}\\ \texttt{L-YETTPICH}\\ \texttt{L-IE-TPCCH.}\end{array} \tag{16.1}$$

Erweiterungs-MSAs – eine Konstruktion zum Verständnis von Proteinfamilien

Wir nennen ein MSA $B = B(0,m+1](0,\ell]$ eine *Erweiterung* eines MSA $A = A(0,m](0,n]$ ($n \leq \ell$), wenn B aus A durch einen Prozess hervorgeht, der die folgenden Eigenschaften hat:

- Die Matrix A wird durch $\ell - n$ nicht notwendigerweise zusammenhängende *Blank-Spalten* erweitert. (Eine Blank-Spalte besteht nur aus Exemplaren des Buchstabens „–“.)
- Nun wird zu dem durch Blank-Spalten aufgefüllten A eine letzte Zeile so hinzugefügt, dass ein MSA entsteht. (Blank-Spalten müssen durch einen echten Buchstaben vervollständigt werden.)

Ist B ein Erweiterungs-MSA von A, und ist $\mathbf{w}$ die Sequenz, die man aus der letzten Zeile von B durch Herausstreichen der „–“ erhält, so heißt B auch eine *Erweiterung von A mit* $\mathbf{w}$.

Beispiel eines Erweiterungs-MSA

Beispiel. Das MSA

$$B := \begin{array}{l}\texttt{-LCIEF-P-CCH-}\\ \texttt{-L-IEFTP-CVH-}\\ \texttt{-L-YETTP-ICH-}\\ \texttt{-L-IE-TP-CCH-}\\ \texttt{WL-IEF-PQCCHY}\end{array} \tag{16.2}$$

ist eine Erweiterung von $A = A(0,4](0,10]$ aus Gleichung 16.1 mit WLIEFPQCCHY.

Anfrageproblem

Wir wollen das *Anfrageproblem* studieren: Uns ist ein Paar (A,M_A) und eine *Anfragesequenz* $\mathbf{w}$ der Länge l gegeben. Enthält $\mathbf{w}$ eine Domäne entsprechender Funktion? Wenn ja, wo liegt sie?

Verhältnis von Erweiterungs-MSA und Anfrageproblem

Eine Möglichkeit der Lösung sieht so aus. Das MSA A wird möglichst gut um ein Teilwort der Anfragesequenz $\mathbf{w}$ erweitert. Die zu treffende Entscheidung hängt dann von der Güte des Erweiterungsalignments B ab. Erweitert wird mithilfe des Profil-HMM M_A, bewertet z. B. mithilfe des Viterbi-Pfades von $\mathbf{w}$ in M_A.

16.1 Profil-HMMs

Wir suchen nach einem stochastischen Prozess, der uns alle möglichen Erweiterungen eines MSA $A(0, m)(0, n]$ erzeugt. Die Topologie eines HMM M, das diese Aufgabe lösen kann, ist in Abb. 16.1 dargestellt. Dem Parameter n, der die Anzahl der Spalten des Alignments A bezeichnet, begegnen wir hier als der *Länge* von M wieder. Die Zustandsmenge von M bezeichnen wir wie gewohnt mit Λ, die Übergangswahrscheinlichkeiten mit $p_{\xi\xi'}$ und die Emissionswahrscheinlichkeiten mit $e_{\xi\upsilon}$ ($\xi,\xi' \in \Lambda$, $\upsilon \in \Sigma_{\text{amino}} \cup \{-\}$). Für $i = 1,2,\ldots,n$ bilden die Zustände $\{\mathbf{i}_i, \mathbf{m}_i, \mathbf{d}_i\}$ das i-te *Niveau* des Modells M. Das Niveau 0 besteht nur aus den Zuständen $\mathbf{0}$ und $\mathbf{i}_0$, das Niveau $n + 1$ nur aus dem Zustand ∞. Dieses Modell wurde von Krogh *et al.* in [4] eingeführt. Man nennt es *Profil-HMM*. Warum es so heißt, werden wir gleich sehen.

Topologie eines Profil-HMMs zur Modellierung von Proteinfamilien

Wir machen uns den Zusammenhang zwischen dem HMM und den Erweiterungen B eines MSA A anhand des Beispiels aus den Gleichungen 16.1 und 16.2 klar.

Zusammenhang zwischen Profil-HMMs und Erweiterungs-MSAs

Nicht ohne Grund sind die **m**-, **i**- und **d**-Zustände mit Indizes aus dem Bereich der Spaltenindizes des MSA A versehen: Ist die durch das HMM erzeugte Beobachtung die Zeichenkette

$$\mathbf{y} = \texttt{WL - IEF - PQCCHY} \tag{16.3}$$

der Länge 13 über $\Sigma_{\text{amino}} \cup \{-\}$, und ist der zugrunde liegende Pfad gleich

$$\mathbf{x} = \mathbf{0}\mathbf{i}_0\mathbf{m}_1\mathbf{d}_2\mathbf{m}_3\mathbf{m}_4\mathbf{m}_5\mathbf{d}_6\mathbf{m}_7\mathbf{i}_7\mathbf{m}_8\mathbf{m}_9\mathbf{m}_{10}\mathbf{i}_{10}\infty, \tag{16.4}$$

so entspricht dies dem erweiterten MSA B aus Gleichung 16.2, das wir um den zugrunde liegenden Pfad angereichert haben:

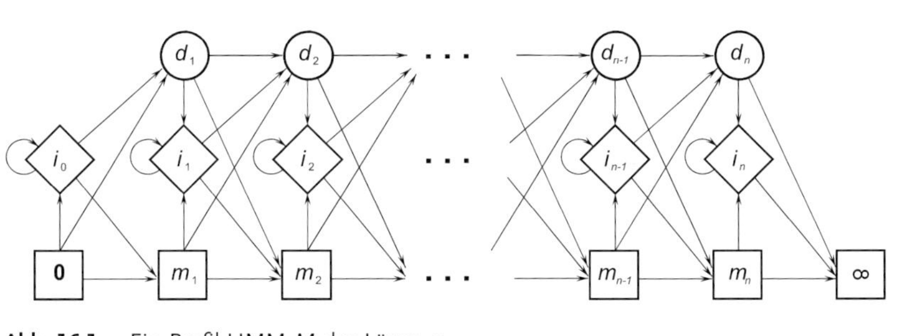

Abb. 16.1 Ein Profil-HMM M der Länge n.

$$\begin{array}{ccccccccccccc}
- & L & C & I & E & F & - & P & - & C & C & H & - \\
- & L & - & I & E & F & T & P & - & C & V & H & - \\
- & L & - & Y & E & T & T & P & - & I & C & H & - \\
- & L & - & I & E & - & T & P & - & C & C & H & - \\
W & L & - & I & E & F & - & P & Q & C & C & H & Y \\
\hline
\end{array}$$
$$\mathbf{0}\,\mathbf{i}_0\,\mathbf{m}_1\,\mathbf{d}_2\,\mathbf{m}_3\,\mathbf{m}_4\,\mathbf{m}_5\,\mathbf{d}_6\,\mathbf{m}_7\,\mathbf{i}_7\,\mathbf{m}_8\,\mathbf{m}_9\,\mathbf{m}_{10}\,\mathbf{i}_{10}\,\infty$$

So wird die Bedeutung der Zustände unseres HMMs besonders deutlich: Der Zustand **0** ist der Start. Wir lassen ihn in der Folge bei der Angabe von Pfaden weg. Insbesondere werden Längen von Pfaden ohne ihn bestimmt.

Match-Zustand

Die Zustände $\mathbf{m}_i$ für $i = 1,2,\ldots,n$ heißen *Match-Zustände*. Ist der diskrete stochastische Prozess im Zustand $\mathbf{m}_i$, so emittiert er einen Buchstaben v aus dem Alphabet Σ_{amino} mit einer Wahrscheinlichkeit $e_{\mathbf{m}_i v}$, die von der Spalte $A[\cdot][i]$ des zugrunde liegenden Alignments abhängt: Es handelt sich bei den Wahrscheinlichkeiten $e_{\mathbf{m}_i,v}$ $(1 \leq i \leq n, v \in \Sigma)$ um das im Kapitel 13 eingeführte *Profil* des MSA A. (Bei dessen Berechnung ist darauf zu achten, dass jeder Buchstabe aus Σ_{amino} mit positiver Wahrscheinlichkeit aus jedem Match-Zustand emittiert werden kann. Das kann z. B. durch die Verwendung von Pseudocounts geschehen.) Der im Zustand $\mathbf{m}_\mathrm{i}$ emittierte Buchstabe wird mit der Spalte $A[\cdot][i]$ aligniert. Die Spalte i von $A[\cdot][i]$ ist damit abgearbeitet.

Insertionszustand

Die *Insertionszustände* $\mathbf{i}_i$ $(i = 1,2,\ldots,n)$ führen ebenfalls dazu, dass der Prozess einen Buchstaben aus Σ_{amino} emittiert. Welche Emissionswahrscheinlichkeiten $e_{\mathbf{i}_i,v}$ sind für die Einfügezustände vernünftig? Man kann die *Hintergrundwahrscheinlichkeiten*$p_{\text{bg}}(v)$ der $v \in \Sigma_{\text{amino}}$ verwenden. In jedem Falle ist darauf zu achten, dass für jedes $v \in \Sigma_{\text{amino}}$ die Wahrscheinlichkeit $e_{\mathbf{i}_i,v}$ verschieden von null ist. Die im Zustand $\mathbf{i}_\mathrm{i}$ emittierten Buchstaben werden für $i = 0$ vor der Spalte $A[\cdot][1]$, für $i \geq 1$ nach der Spalte $A[\cdot][i]$ in das Alt-Alignment A, das vorher an dieser Stelle um eine Blank-Spalte erweitert wurde, *eingefügt*.

Deletionszustand

Aus einem *Deletionszustand* $\mathbf{d}_i$ wird mit Wahrscheinlichkeit 1 der Buchstabe „–" emittiert, der mit der Spalte $A[\cdot][i]$ aligniert wird. Wir sprechen auch davon, dass diese Spalte *gestrichen* wurde. Die i-te Spalte ist damit verarbeitet.

Initialer Zustand

Terminaler Zustand

Wir haben neben einem initialen Zustand **0** zusätzlich einen *terminalen* Zustand ∞, der nichts emittiert und von dem aus es nicht weiter geht. Der stochastische Prozess *beginnt stets* im initialen Zustand und *endet erst*, wenn er den terminalen Zustand erreicht hat. Der terminale Zustand ist erforderlich, weil man nicht gezwungen sein will, mit mindestens einer Einfügung fortzufahren, wenn man z. B. die letzte Spalte des Alt-MSA A gerade gestrichen hat.

Bis auf den terminalen Zustand ist ein Profil-HMM dem, was wir im Kapitel 15 kennengelernt haben, sehr ähnlich. Die Verwendung eines terminalen Zustands hat zur Folge, dass die Länge der Beobachtung als diskrete zufällige Variable nicht gesondert definiert werden muss. Deren Verteilung ist durch das Modell bereits festgelegt.

Fazit

Fazit. Sei uns ein MSA $A = A(0, m](0, n]$ von m Sequenzen $\mathbf{w}^{(j)}$ $(j = 1,2,\ldots,m)$ und ein zugehöriges Profil-HMM M gemäß Abb. 16.1 gegeben, wobei die Anzahl n der Spalten von A gleich der Länge des Profil-HMMs M ist. Dann entspricht jeder Pfad $\mathbf{x}$ der Länge $\ell + 1$ von $\mathbf{0}$ nach ∞ in M und jede Beobachtung $\mathbf{y}$ der Länge ℓ unter $\mathbf{x}$ in der vorstehend beschriebenen Weise umkehrbar eindeutig einem Erweiterungs-MSA $B = B(0, m+1](0, \ell]$ des MSA A mit einer Sequenz $\mathbf{w}$, die sich aus der Beobachtung $\mathbf{y}$ durch Streichen der „–" ergibt.

Wir fassen Erweiterungen von A mit $\mathbf{w}$ als *paarweise* Alignments der *Spalten* von A mit der *Zeichenkette* $\mathbf{w}$ der Länge l auf. Wir haben in diesem Abschnitt gesehen, dass diese Alignments nicht von A direkt, sondern nur von M_A und natürlich von $\mathbf{w}$ abhängen. Wir sprechen deshalb von Alignments der *Zeichenkette* $\mathbf{w}$ *gegen* das *Profil-HMM* M_A. Wie bereits gesagt, ist ein solches Alignment durch den zugrunde liegenden Pfad eindeutig bestimmt.

Abschnitt 16.2 dient durch Einführung der *Log-Likelihood-Viterbi-Variablen* für Profil-HMMs dazu, die Voraussetzungen für eine erste Lösung unseres Anfrageproblems im Abschnitt 16.3 zu schaffen.

Die Vorwärts- und die Rückwärtsvariablen, die Gegenstand von Abschnitt 16.4 sein werden, ermöglichen uns eine zweite Lösung des Anfrageproblems.

Abschnitt 16.5 schließlich gibt Antwort auf die Frage, wie man von einem MSA A zu einem Profil-HMM M_A kommen kann.

Obwohl wir den Zusammenhang zwischen dem MSA A und dem zugehörigem Profil-HMM M nur grob skizziert haben, sind die folgenden beiden Probleme offensichtlich.

Problem der Handhabung dünnbesetzter Spalten bei Profil-HMMs

Das Problem der dünnbesetzten Spalten von A. Erstens ist es problematisch, aus einer Spalte von A, die nur wenige Buchstaben aus Σ_{amino} enthält, auf die Verteilung der Buchstaben an dieser Stelle zu schließen.

Zweitens ist es fraglich, ob man von einem Match sprechen sollte, wenn man in einem Alignment einen Buchstaben aus $\mathbf{w}$ mit einer dünnbesetzten Spalte von A zur Deckung bringt. Die Einträge solcher Spalten sind ja für das MSA A nicht typisch. Sie wirken vielmehr selbst so, als wären sie eingefügt. (Man denke an die Spalte $A[\cdot][2]$ von A aus Gleichung 16.1, die nur in ihrer ersten Zeile einen von „–" verschiedenen Eintrag enthält.)

Wie bestimmt man die Übergangswahrscheinlichkeiten von und nach Insertionszuständen?

Das Problem, die Übergangswahrscheinlichkeiten von und nach Insertionszuständen zu schätzen. Ordnet man A das Profil-HMM M_A wie skizziert zu, geben die Trainingsdaten, die im Wesentlichen aus dem MSA A bestehen, keinerlei Information über diese Übergangswahrscheinlichkeiten her.

Die Lösung beider Probleme besteht darin, dünnbesetzte Spalten von A zum Trainieren der Übergangswahrscheinlichkeiten $p_{\mathrm{i}_i\xi}$ und $p_{\xi\mathrm{i}_i}$ ($\xi \in \Lambda$) und eventuell auch der Emissionswahrscheinlichkeiten aus den Insertionszuständen, falls man die Hintergrundwahrscheinlichkeiten nicht nehmen will, zu verwenden. Ihnen wird kein Tripel bestehend aus einem Match-, einem Deletetions- und einem Insertionszustand zugeordnet. Vielmehr unterstellt man, dass jeder Eintrag einer solchen Spalte selbst Ergebnis einer Einfügeoperation ist. Als Folge kann die Länge des Profil-HMM $M = M_A$ kleiner sein als die Anzahl der Spalten von A. Genaueres dazu findet sich in Abschnitt 16.5. Bis dahin gehen wir davon aus, dass wir das Profil-HMM M aus dem MSA A bereits bestimmt haben.

16.2 Viterbi-Pfade in Profil-HMMs

Sei M ein Profil-HMM gemäß Abb. 16.1, und sei $\mathbf{w} = w_1 w_2 \ldots w_l$ eine Anfragesequenz der Länge l, die längs eines Pfades $\mathbf{x} = x_1 x_2 \ldots, x_\ell x_{\ell+1}$ der Länge $\ell + 1$ von $\mathbf{0}$ nach $x_{\ell+1} = \infty$ gegen M aligniert ist. Die Beobachtung, die dabei erzeugt wird, bezeichnen wir mit $\mathbf{y} = y_1 y_2 \ldots y_\ell$. Natürlich erhält man die Anfragesequenz $\mathbf{w}$ aus $\mathbf{y}$ zurück, indem man alle Exemplare des Buchstabens „–" aus $\mathbf{w}$ streicht. Wir wiederholen, dass $x_0 \equiv \mathbf{0}$ nach unserer Konvention bei der Angabe des Pfades nicht auftaucht.

Länge des Gesamtpfades – eine Stoppzeit

Sei $\mathbf{X} = X_1, X_2, \ldots, X_L$ ein zufälliger Pfad der Länge L, der in $\mathbf{0}$ startet und in ∞ endet. Mit $\mathbf{Y} = Y_1, Y_2, \ldots, Y_{L-1}$ bezeichnen wir die zugehörige zufällige Beobachtung. Nicht ohne Grund haben wir die Länge L mit einem großen Buchstaben bezeichnet. Es handelt sich dabei um eine Zufallsvariable, eine *Stoppzeit* des Zufallsprozesses $X_1, X_2, \ldots$, der die Gesamtpfade durch das Modell M erzeugt. (Formal haben wir diesen Begriff im Kapitel 15 definiert.) Wir nennen L die *Länge des Gesamtpfades*. Man kann sagen, dass X_L mit Wahrscheinlichkeit eins gleich dem Zustand ∞ ist: Es gibt zwar unendlich lange Pfade in dem Modell, doch es ist $\mathbb{P}(L < \infty) = 1$.

Die Wahrscheinlichkeit

$$\mathbb{P}(\mathbf{X} = \mathbf{x}, \mathbf{Y} = \mathbf{y}) = \prod_{j=1}^{\ell+1} p_{x_{j-1}x_j} \cdot \prod_{j=1}^{\ell} e_{x_j y_j}, \tag{16.5}$$

mit der das Profil-HMM M den Pfad $\mathbf{x}$ der Länge $\ell + 1$ und die Beobachtung $\mathbf{y}$ der Länge ℓ *gemeinsam erzeugt*, ist als Güte für den Pfad $\mathbf{x}$ *grundsätzlich geeignet*. Es ist jedoch sehr vorteilhaft, durch Division mit der Hintergrundwahrscheinlichkeit der Sequenz $\mathbf{w}$ zu *normieren* und dann zu *logarithmieren*. Obwohl es sich dabei nicht um eine Wahrscheinlichkeit handelt, nennen wir das Resultat den *Viterbi-Score* des Pfades $\mathbf{x}$ und der Sequenz $\mathbf{w}$:

Viterbi-Score

$$\begin{aligned}&\text{score}_{\text{vit}}(\mathbf{w},\mathbf{x})\\ &:= \sum_{j=1}^{\ell+1} \log p_{x_{j-1}x_j} + \sum_{j=1}^{\ell} \log e_{x_j y_j} - \sum_{k=1}^{l} \log p_{\text{bg}}(w_k).\end{aligned} \tag{16.6}$$

Für festes $\mathbf{w}$ sind natürlich die Pfade $\mathbf{x}$, die die rechte Seite von Gleichung 16.5 maximieren genau diejenigen, die die rechte Seite von Gleichung 16.6 maximieren.

Die rechte Seite von Gleichung 16.6 kann stark vereinfacht werden. Die Terme „$\log e_{x_j y_j}$" fallen weg, sofern es sich bei x_j um einen Deletionszustand handelt. Ist $\hat{\mathbf{x}} := \hat{x}_1\hat{x}_2\ldots\hat{x}_l$ die Teilfolge der Match- und Insertionszustände aus $\mathbf{x}$, so nimmt der Score die folgende Gestalt an:

$$\text{score}_{\text{vit}}(\mathbf{w},\mathbf{x}) = \sum_{j=1}^{\ell} \log p_{x_{j-1}x_j} + \sum_{k=1}^{l} \log \frac{e_{\hat{x}_k w_k}}{p_{\text{bg}}(w_k)}. \tag{16.7}$$

Sind die Emissionswahrscheinlichkeiten der Insertionszustände gleich den Hintergrundwahrscheinlichkeiten der Elemente aus Σ_{amino}, kann Gleichung 16.7 weiter vereinfacht werden. Die Terme „$\log\frac{e_{\hat{x}_k w_k}}{p_{\text{bg}}(w_k)}$" ($\hat{x}_k$ ein Insertionszustand) entfallen. Das Alignment von w gegen M hat dann die folgenden Komponenten.

Obere Lücken. Eine obere Lücke ist eindeutig durch einen Teilpfad $\mathbf{x}[j,j+h)$ des Gesamtpfades bestimmt, der nur aus Insertionszuständen besteht und folglich gleich $\mathbf{i}_i^h$ für ein $i \in \{1,2,\ldots,n\}$ ist. Der Beitrag dieser Lücke zum Score ist gleich

Profil-HMMs und paarweise Alignments

$$\left(\log p_{x_{j-1}\mathbf{i}_i} + \log p_{\mathbf{i}_i x_{j+h}}\right) + (h-1)\cdot \log p_{\mathbf{i}_i\mathbf{i}_i}.$$

Wir verwenden also eine affine Gap-Funktion.

Untere Lücken. Eine untere Lücke ist ein maximaler aus Deletionszuständen bestehender Teilpfad $\mathbf{x}[j,j+h)$ des Gesamtpfades: $\mathbf{x}[j,j+h) = \mathbf{d}_i\mathbf{d}_{i+1}\cdots\mathbf{d}_{i+h-1}$, für ein $i \in \{1,2,\ldots,n-h+1\}$. Der Beitrag einer solchen Lücke zum Score ist gleich

$$\left(\log p_{x_{j-1}\mathbf{d}_i} + \log p_{\mathbf{d}_{i+h-1}x_{j+h}}\right) + \sum_{k=0}^{h-2} \log p_{\mathbf{d}_{i+k}\mathbf{d}_{i+k+1}}.$$

Sind in M die Übergangswahrscheinlichkeiten von einem Deletionszustand zum nächsten gleich, so liegt auch hier das Modell einer affinen Gap-Funktion vor.

Match-Positionen. Die restlichen Summanden der rechten Seite von Gleichung 16.7 lassen sich kanonisch den Match-Zuständen des Pfades $\mathbf{x}$ zuordnen.

Die vorstehenden Überlegungen sind sehr lehrreich. Sie zeigen, dass Profil-HMMs ein außerordentlich flexibles Hilfsmittel sind. Insbesondere werden die Methoden des deterministischen paarweisen Sequenzalignments überdeckt (siehe Kapitel 9 sowie die Bücher [3] und [5] zum Vergleich).

Wir wollen nun das folgende Problem effizient lösen.

Anfrageproblem

Gegeben: ein Profil-HMM M gemäß Abb. 16.1.

Eingabe: eine Anfragesequenz $\mathbf{w}$ der Länge l über dem Alphabet Σ_{amino}.

Ausgabe: ein Pfad $\mathbf{x}^*$ der Länge $\ell + 1$ so, dass gilt:

$$\mathbf{x}^* \in \underset{\mathbf{x} \text{ ist Pfad von } \mathbf{0} \text{ nach } \infty \text{ in } M}{\text{argmax}} \text{score}_{\text{vit}}(\mathbf{w}, \mathbf{x}) \tag{16.8}$$

Viterbi-Pfad

Einen Pfad $\mathbf{x}^*$, der Gleichung 16.8 erfüllt, nennen wir einen *Viterbi-Pfad* zur Anfragesequenz $\mathbf{w}$ im Profil-HMM M.

Zur Berechnung eines Viterbi-Pfades zur Sequenz $\mathbf{x}$ im Profil-HMM M müssen wir die Viterbi-Variablen für diesen Fall anpassen. Das gelingt leicht, wenn man sowohl die gewöhnlichen Viterbi-Variablen als auch den Algorithmus zur Berechnung optimaler paarweiser Alignments Pate stehen lässt.

Zunächst definieren wir auf der Menge aller Wörter über $\Sigma_{\text{amino}} \cup \{-\}$ die Abbildung reduce, die jedem Wort $\mathbf{u} \in (\Sigma_{\text{amino}} \cup \{-\})^*$ das Wort reduce($\mathbf{u}$) zuordnet, das aus $\mathbf{u}$ durch Streichen der Buchstaben „–“ entsteht.

Modellierung der Länge von Wegstücken als Stoppzeichen

Für jedes $t \in \{1,2,\ldots,l\}$ und jeden Zustand $\xi \in \Lambda$ des Modells M bezeichnen wir mit $\mathcal{V}_{\xi t}$ die Menge aller Pfade $\mathbf{x}$ in dem Zustandsgraphen von M (siehe Abb. 16.1), die im initialen Zustand $\mathbf{0}$ starten, exakt t Match- oder Insertionszustände enthalten und im Zustand ξ enden. Wir nennen sie *Wegstück* für t bis zu ξ. Die zufällige Länge $\Theta_{\xi t}$ der Wegstücke für t bis zu ξ fassen wir als Stoppzeit des Zufallsprozesses $X_1,X_2,\ldots$ auf, der die Gesamtwege durch das Modell M erzeugt. Das erfordert eine gewisse Sorgfalt. Insbesondere ist die Aussage $X_{\Theta_{\xi t}} \equiv \xi$ meist falsch, denn in typischen Beispielen ist die Wahrscheinlichkeit kleiner eins, dass ein Weg erzeugt wird, der den Zustand ξ passiert: $\mathbb{P}(\Theta_{\xi t} < \infty) < 1$. Um in den Definitionsgleichungen dieses Kapitels eine größtmögliche Ähnlichkeit zu den Definitionen der Viterbi-, Vorwärts- und Rückwärtsvariablen aus dem Kapitel 15 zu erreichen, bezeichnen wir das Ereignis $\{\Theta_{\xi t} < \infty\}$ mit $\{X_{\Theta_{\xi t}} = \xi\}$.

Nun sind wir für die Definition der *Log-Likelihood-Viterbi-Variablen* gerüstet. Für jedes $t \in \{1,2,\ldots,l\}$ und jeden Zustand ξ von M definieren wir sie wie folgt:

Log-Likelihood-Viterbi-Variablen

$$\mathrm{vit}^{(pf)}_{\xi t} := \max_{\mathbf{x}\in\mathcal{V}_{\xi t}} \log \frac{\mathbb{P}(X(0,\Theta_{\xi t}] = \mathbf{x}, X_{\Theta_{\xi t}} = \xi, \mathrm{reduce}\,(Y(0,\Theta_{\xi t}]) = \mathbf{w}(0,t])}{\prod_{j=1}^{t} p_{\mathrm{bg}}(w_j)}. \tag{16.9}$$

Der Wert von $\mathrm{vit}^{(pf)}_{\xi t}$ ist der Score eines besten Wegstückes für t bis zu ξ, längs dessen das Anfangsstück $\mathbf{w}(0,t]$ der Sequenz $\mathbf{w}$ beobachtet wird.

Um die Log-Likelihood-Viterbi-Variablen zu berechnen, wenden wir dieselbe Technik an wie bei den gewöhnlichen Viterbi-Variablen. Im aktuellen Fall sind die Rekursionen jedoch einfacher, da die Knoten des Zustandsgraphen von M einen Eingangsgrad haben, der durch drei beschränkt ist.

Zur Vermeidung zahlreicher Sonderfälle am Anfang verfahren wir wie folgt. Wir vervollständigen das Niveau 0, indem wir $\mathbf{m}_0 := \mathbf{0}$ setzen und einen neuen Deletionszustand $\mathbf{d}_0$ als *vollständig isolierten* Zustand hinzufügen. Dann haben wir die folgenden Anfangsbedingungen:

$$\mathrm{vit}^{(pf)}_{\mathbf{m}_0 0} = 0, \tag{16.10}$$

denn ganz am Anfang befindet man sich mit Wahrscheinlichkeit eins im initialen Zustand $\mathbf{0}$, und es ist noch nichts emittiert worden.

$$\mathrm{vit}^{(pf)}_{\mathbf{d}_0 t} = -\infty \quad (t \geq 0), \tag{16.11}$$

denn das Erreichen des Zustandes $\mathbf{d}_0$ von $\mathbf{0}$ aus ist unmöglich.

$$\mathrm{vit}^{(pf)}_{\xi 0} = -\infty \tag{16.12}$$

für alle Match- und Insertionszustände ξ aus den Niveaus $1,2,\ldots,n$ und für $\xi = \mathbf{i}_0$, denn es ist unmöglich, in einem dieser Zustände zu sein und noch keinen Buchstaben verschieden von „–“ emittiert zu haben.

Sei nun der aktuelle Zustand ξ aus dem i-ten Niveau und t die Anzahl der bereits emittierten Buchstaben der Anfragesequenz $\mathbf{w}$ der Länge l. Wir nehmen an, dass kein Fall vorliegt, der schon durch die Gleichungen 16.10, 16.11 und 16.12 behandelt worden ist.

Rekursionen der Log-Likelihood-Viterbi-Variablen: Grundlage des Viterbi-Algorithmus

Ist $\xi = \mathbf{m}_i$, so müssen die drei Zustände des vorherigen Niveaus in Betracht gezogen werden. Da der Zustand $\mathbf{m}_i$ selbst ein Element aus Σ_{amino} emittiert, folgt:

$$\text{vit}^{(pf)}_{\mathbf{m}_i t} = \log \frac{e_{\mathbf{m}_i w_t}}{p_{\text{bg}}(w_t)} + \max \begin{cases} \text{vit}^{(pf)}_{\mathbf{m}_{i-1} t-1} + \log p_{\mathbf{m}_{i-1}\,\mathbf{m}_i} \\ \text{vit}^{(pf)}_{\mathbf{i}_{i-1} t-1} + \log p_{\mathbf{i}_{i-1}\,\mathbf{m}_i} \\ \text{vit}^{(pf)}_{\mathbf{d}_{i-1} t-1} + \log p_{\mathbf{d}_{i-1}\,\mathbf{m}_i}. \end{cases} \tag{16.13}$$

Ist ξ gleich dem Insertionszustand $\mathbf{i}_i$, so liegen die Dinge grundsätzlich genauso wie im Falle von Gleichung 16.13:

$$\text{vit}^{(pf)}_{\mathbf{i}_i t} = \log \frac{e_{\mathbf{i}_i w_t}}{p_{\text{bg}}(w_t)} + \max \begin{cases} \text{vit}^{(pf)}_{\mathbf{m}_i t-1} + \log p_{\mathbf{m}_i\,\mathbf{i}_i} \\ \text{vit}^{(pf)}_{\mathbf{i}_i t-1} + \log p_{\mathbf{i}_i\,\mathbf{i}_i} \\ \text{vit}^{(pf)}_{\mathbf{d}_i t-1} + \log p_{\mathbf{d}_i\,\mathbf{i}_i}. \end{cases} \tag{16.14}$$

Allerdings liegen die Vorgänger eines Insertionszustandes in demselben Niveau. Emittiert $\mathbf{i}_i$ die Buchstaben mit deren Hintergrundwahrscheinlichkeit, so entfällt in Gleichung 16.14 der erste Summand.

Im Falle $\xi = \mathbf{d}_i$ kann der aktuelle Zustand nichts für die Emission der Sequenz $\mathbf{w}$ tun:

$$\text{vit}^{(pf)}_{\mathbf{d}_i t} = \max \begin{cases} \text{vit}^{(pf)}_{\mathbf{m}_{i-1} t} + \log p_{\mathbf{m}_{i-1}\,\mathbf{d}_i} \\ \text{vit}^{(pf)}_{\mathbf{i}_{i-1} t} + \log p_{\mathbf{i}_{i-1}\,\mathbf{d}_i} \\ \text{vit}^{(pf)}_{\mathbf{d}_{i-1} t} + \log p_{\mathbf{d}_{i-1}\,\mathbf{d}_i}. \end{cases} \tag{16.15}$$

Schließlich gilt für jeden Viterbi-Pfad $\mathbf{x}^*$ zur Sequenz $\mathbf{w}$ in M:

$$\text{score}_{\text{vit}}(\mathbf{w}, \mathbf{x}^*) = \max \begin{cases} \text{vit}^{(pf)}_{\mathbf{m}_n l} + \log p_{\mathbf{m}_n\,\infty} \\ \text{vit}^{(pf)}_{\mathbf{i}_n l} + \log p_{\mathbf{i}_n\,\infty} \\ \text{vit}^{(pf)}_{\mathbf{d}_n l} + \log p_{\mathbf{d}_n\,\infty}. \end{cases} \tag{16.16}$$

In analoger Weise wie im Kapitel 15 überzeugt man sich von der Richtigkeit des folgenden Satzes.

Laufzeit der Berechnung der Log-Likelihood-Viterbi-Variablen, des Viterbi-Scores und eines Viterbi-Pfades

Satz 16.1 *Seien M ein Profil-HMM gemäß Abb. 16.1 und $\mathbf{w}$ eine Anfragesequenz der Länge l über dem Alphabet Σ_{amino}.*
Sämtliche Log-Likelihood-Viterbi-Variablen, der Viterbi-Score und ein Viterbi-Pfad zur Anfragesequenz $\mathbf{w}$ in M können in Zeit $\mathcal{O}(n \cdot l)$ berechnet werden.

16.3 Eine Lösung des Anfrageproblems

Wir haben im Abschnitt 16.2 nach einem optimalen *globalen* Alignment einer Anfragesequenz $\mathbf{w}$ gegen ein Profil-HMM M der Länge n gesucht. Bei der Lösung des Anfrageproblems soll aber nur der Score des besten Alignments der putativen Domäne gegen M den Ausschlag geben. Wir müssen folglich über die Scores sämtlicher Teilwörter $\mathbf{w}(i,j]$ $(0 \leq i < j \leq l)$ maximieren; siehe Algorithmus 16.1.

Algorithmus zur Lösung des Anfrageproblems auf der Grundlage des Viterbi-Scores

Woher kommt der Schwellwert c^*? Hier müssen wir auf das zugrunde liegende MSA A zurückgreifen. Seine um den Buchstaben „–“ reduzierten Zeilen bestehen aus typischen Vertretern der modellierten Domäne. In einem Preprocessing-Schritt kann man für die reduzierten Zeilen von A den Viterbi-Score nach Gleichung 16.16 berechnen und daraus einen Schwellwert bestimmen.

Erster Algorithmus zur Lösung des Anfrageproblems: Berechnung des Schwellwertes

Erster Algorithmus zur Lösung des Anfrageproblems: Laufzeitreduktion

Mit der vorstehenden Lösung hat man unter Umständen ein Laufzeitproblem, denn diese ist ein $\mathcal{O}(n \cdot l^3)$. Um wieder auf eine Laufzeit von der Größenordnung $\mathcal{O}(n \cdot l)$ zu kommen, kann man ein Profil-HMM $\tilde{M}$ mit derselben Topologie wie M (siehe Abb. 16.1) verwenden. Allerdings haben die Zustände $\mathbf{i}_0$ und $\mathbf{i}_n$ jetzt eine andere Bedeutung: Sie sollen diejenigen Teile der Anfragesequenz $\mathbf{w}$ emittieren, die *nicht* zu der putativen Domäne gehören. Es ist sicherlich vernünftig, sie die Buchstaben aus Σ_{amino} mit deren Hintergrundwahrscheinlichkeit emittieren zu lassen. Was die Übergangswahrscheinlichkeiten angeht, so sollten $1 - p_{\mathbf{i}_0\mathbf{i}_0}$ und $1 - p_{\mathbf{i}_n\mathbf{i}_n}$ klein sein, da die nicht alignierten Teile der Anfragesequenz in der Regel deutlich länger sind als die alignierten. Für die Größen $p_{\mathbf{i}_0\mathbf{m}_1}$

Algorithmus 16.1 Erste Lösung des Anfrageproblems

Schritt 1

  Berechne für alle Paare (i,j) mit $i < j$:

    $\mathbf{x}^*_{ij} \in \operatorname{argmax}_{\mathbf{x}\text{ ist Pfad von }\mathbf{0}\text{ nach }\infty}\ \text{score}_{\text{vit}}(\mathbf{w}(i,j],\mathbf{x})$

  mithilfe der Gleichungen 16.10, 16.11, 16.12, 16.13, 16.14, 16.15 und 16.16.

Schritt 2

  Berechne $(i^*,j^*,\mathbf{x}^*) \in \operatorname{argmax}\ \text{score}_{\text{vit}}(\mathbf{w}(i,j],\mathbf{x}^*_{ij})$.

Schritt 3

  Falls $\text{score}_{\text{vit}}(\mathbf{w}(i^*,j^*],\mathbf{x}^*) > c^*$ ist, so gib (i^*,j^*) aus.

---

und $p_{\mathbf{i}_0\mathbf{d}_1}$ kommt eine Aufteilung der Restwahrscheinlichkeit in zwei gleiche Teile in Frage:

$$p_{\mathbf{i}_0\mathbf{m}_1} = p_{\mathbf{i}_0\mathbf{d}_1} = \frac{1 - p_{\mathbf{i}_0\mathbf{i}_0}}{2}.$$

Nun berechnet man für die Anfragesequenz $\mathbf{w}$ einen Viterbi-Pfad $\mathbf{x}^*$ von $\mathbf{0}$ nach ∞ in $\tilde{M}$. Ist dessen Score größer als ein Schwellwert, so wird das Paar (i^*,j^*) mit $\mathbf{x}^*[i^* + 1] \in \{\mathbf{m}_1,\mathbf{d}_1\}$ und $\mathbf{x}^*[j^*] \in \{\mathbf{m}_n,\mathbf{d}_n\}$ ausgegeben.

16.4
Vorwärts- und Rückwärtsvariablen

Seien M ein Profil-HMM gemäß Abb. 16.1 und $\mathbf{w} = w_1 w_2 \ldots w_l$ eine Anfragesequenz.

Der Hauptunterschied zwischen den Log-Likelihood- und den gewöhnlichen Viterbi-Variablen besteht nicht darin, dass die $\mathrm{vit}_{\xi t}^{(pf)}$ normiert und logarithmiert sind. Entscheidend ist vielmehr, dass die Beobachtung um den (unechten) Buchstaben „–“ reduziert wird. Anders ausgedrückt, die zu berechnende Wahrscheinlichkeit wird nicht auf die gesamte Beobachtung, sondern nur auf eine wohldefinierte Teilfolge bezogen.

Der Unterschied ist jedoch geringer, als es zunächst den Anschein hat. Da der zugrunde liegende Pfad die Reduktion eindeutig bestimmt, muss weiterhin nur über eine bestimmte Menge von Pfaden maximiert werden. Für die Vorwärts- und die Rückwärtsvariablen für Profil-HMMs gilt etwas Analoges. Diese große Ähnlichkeit ist auch der Grund dafür, dass die Viterbi-, die Vorwärts- und die Rückwärtsvariablen für Profil-HMMs weitgehend dieselben Eigenschaften haben wie im Standardfall.

Definition der Vorwärtsvariablen mithilfe der Längen $\Theta_{\xi t}$ der Wegstücke für t bis zu ξ

Für jedes $t \in \{1,2,\ldots,l\}$ und jeden Zustand ξ von M definieren wir die Vorwärtsvariablen für das Profil-HMM M wie folgt:

$$\alpha_{\xi t}^{(pf)} := \mathbb{P}\left(X_{\Theta_{\xi t}} = \xi, \mathrm{reduce}\big(Y\big(0,\Theta_{\xi t}\big]\big) = \mathbf{w}(0,t]\right) \qquad (16.17)$$

Wie im Falle der Log-Likelihood-Viterbi-Variablen auch schon, bezeichnet $\mathcal{V}_{\xi t}$ die Menge aller Wegstücke $\mathbf{x}$ für t bis zu ξ.

Da die Ereignisse

$$\{\mathbf{X}(0,\Theta_{\xi t}] = \mathbf{x}, X_{\Theta_{\xi t}} = \xi, \mathrm{reduce}(Y[0,\Theta_{\xi t}]) = \mathbf{w}(0,t]\}$$

für $\mathbf{x} \in \mathcal{V}_{\xi t}$ paarweise disjunkt sind, gibt die Zahl $\alpha_{\xi t}^{(pf)}$ die Wahrscheinlichkeit für das folgende Ereignis an: Das Profil-HMM M hat neben Exemplaren des Buchstabens „–“ die ersten t Buchstaben der Anfragesequenz $\mathbf{w}$ emittiert und ist nun im Zustand ξ. Insbesondere ist $\alpha^{(pf)}_{\infty l}$ die Wahrscheinlichkeit dafür, dass der stochastische Prozess einen endlichen Gesamtpfad durchläuft und dabei $\mathbf{y} = y_1 y_2 \ldots y_\ell$ mit reduce($\mathbf{y}$) = $\mathbf{w}$ emittiert.

Deshalb nennen wir $\alpha^{(pf)}_{\infty l}$ den *Baum-Welch-Score des Profil-HMM M bei gegebener Anfragesequenz* $\mathbf{w}$.

Baum-Welch-Score

Die vorstehende Überlegung hilft uns dabei, die Vorwärtsvariablen unter Verwendung der Formel für die totale Wahrscheinlichkeit zu berechnen:

Vorwärtsvariablen und die Formel für die totale Wahrscheinlichkeit

$$\alpha^{(pf)}_{\xi t} = \sum_{\mathbf{x} \in \mathcal{V}_{\xi t}} \mathbb{P}(X(0,\Theta_{\xi t}] = \mathbf{x}, X_{\Theta_{\xi t}} = \xi, \text{reduce}(Y(0,\Theta_{\xi t}]) = \mathbf{w}(0,, t]). \tag{16.18}$$

Ein Vergleich der Gleichungen 16.9 und 16.18 zeigt, dass bis auf Normierung und Logarithmierung die Größen $\text{vit}^{(pf)}_{nt}$ und $\alpha^{(pf)}_{nt}$ in dem gleichen Verhältnis zueinander stehen, wie die Viterbi- und die Vorwärtsvariablen im Standardfall.

Wie schon im Standardfalle, ist die algorithmische Umsetzung von Gleichung 16.18 zur Berechnung der Vorwärtsvariablen für Profil-HMMs ineffizient. Um bei der Formulierung von Lemma 16.2, das der schnellen Berechnung der Vorwärtsvariablen dient, zahlreiche Randfälle vermeiden zu können, verfahren wir wie im Abschnitt 16.2: Es seien $\mathbf{m}_0 := 0$ und $\mathbf{d}_0$ ein neuer, vollständig isolierter Zustand. Ferner lassen wir bei den Variablen $\alpha^{(pf)}_{\xi t}$ auch den Fall $t = 0$ zu. Hier ist gemeint, dass es bis zum aktuellen Knoten noch zu keiner Emission eines Buchstabens der Anfragesequenz $\mathbf{w}$ gekommen ist. Da Match- und Insertionszustände ξ einen Buchstaben aus Σ_{amino} emittieren, haben in $\mathcal{V}_{\xi 0}$ alle Pfade und in $\mathcal{V}_{\mathbf{d}_i 0}$ für $i > 0$ alle Pfade außer $\mathbf{0}\mathbf{d}_1\mathbf{d}_2 \ldots \mathbf{d}_i$ die Wahrscheinlichkeit null.

Lemma 16.2 *Seien M ein Profil-HMM und* $\mathbf{w}$ *eine Anfragesequenz der Länge l.*
Rekursionsanfang. Für $t \geq 0$ und alle Match- und Insertionszustände ξ aus den Niveaus $1,2,\ldots,n$ und für $\xi = \mathbf{i}_0$ gilt:

$$\alpha^{(pf)}_{00} = 1 \qquad \alpha^{(pf)}_{\mathbf{d}_0 t} = 0 \qquad \alpha^{(pf)}_{\xi 0} = 0 \tag{16.19}$$

Rekursionen für die Vorwärtsvariablen: Grundlage des Vorwärtsalgorithmus

Rekursionsschritt. Für $i \geq 0$ und $t \in \{1,2,\ldots,l\}$ gilt:

$$\alpha^{(pf)}_{\mathbf{m}_{i+1} t} = \left(\alpha^{(pf)}_{\mathbf{m}_i t-1} \cdot p_{\mathbf{m}_i,\mathbf{m}_{i+1}} + \alpha^{(pf)}_{\mathbf{i}_i t-1} \cdot p_{\mathbf{i}_i,\mathbf{m}_{i+1}} + \alpha^{(pf)}_{\mathbf{d}_i t-1} \cdot p_{\mathbf{d}_i,\mathbf{m}_{i+1}}\right) \cdot e_{\mathbf{m}_{i+1} w_t} \tag{16.20}$$

$$\alpha^{(pf)}_{\mathbf{i}_i t} = \left(\alpha^{(pf)}_{\mathbf{m}_i t-1} \cdot p_{\mathbf{m}_i,\mathbf{i}_i} + \alpha^{(pf)}_{\mathbf{i}_i t-1} \cdot p_{\mathbf{i}_i,\mathbf{i}_i} + \alpha^{(pf)}_{\mathbf{d}_i t-1} \cdot p_{\mathbf{d}_i,\mathbf{i}_i}\right) \cdot e_{\mathbf{i}_i w_t} \tag{16.21}$$

$$\alpha^{(pf)}_{\mathbf{d}_{i+1}t} = \alpha^{(pf)}_{\mathbf{m}_i t} \cdot p_{\mathbf{m}_i,\mathbf{d}_{i+1}} + \alpha^{(pf)}_{\mathbf{i}_i t} \cdot p_{\mathbf{i}_i,\mathbf{d}_{i+1}} + \alpha^{(pf)}_{\mathbf{d}_i t} \cdot p_{\mathbf{d}_i,\mathbf{d}_{i+1}} \quad (16.22)$$

Finaler Schritt.

$$\alpha^{(pf)}_{\infty l} = \alpha^{(pf)}_{\mathbf{m}_n l} \cdot p_{\mathbf{m}_n\infty} + \alpha^{(pf)}_{\mathbf{i}_n l} \cdot p_{\mathbf{i}_n\infty} + \alpha^{(pf)}_{\mathbf{d}_n l} \cdot p_{\mathbf{d}_n\infty} \quad (16.23)$$

Log. Baum-Welch-Score

Die Größe

$$\text{score}_{\text{bw}}(\mathbf{w}) := \log \alpha^{(pf)}_{\infty l} \quad (16.24)$$

ist der Logarithmus des Baum-Welch-Scores von M unter der Anfragesequenz $\mathbf{w}$. Man macht keinen tiefgreifenden Fehler, wenn man sie auch als Baum-Welch-Score bezeichnet.

Wie nicht anders zu erwarten ist, erhalten wir

Laufzeit für die Berechnung der Vorwärtsvariablen

Satz 16.3 *Seien M ein Profil-HMM gemäß Abb. 16.1 und $\mathbf{w}$ eine Anfragesequenz der Länge l über dem Alphabet Σ_{amino}.*
Sämtliche Vorwärtsvariablen für M und $\mathbf{w}$ und der Score $\text{score}_{bw}(\mathbf{w})$ können in Zeit $\mathcal{O}(n \cdot l)$ berechnet werden.

Schon die Bezeichnung der linken Seite von Gleichung 16.24 deutet an, dass es sich dabei um eine Alternative zum Viterbi-Score handelt. Wir können das Anfrageproblem auf der Grundlage des Baum-Welch-Scores auch wie folgt lösen.

Algorithmus: Lösung des Anfrageproblems auf der Grundlage des Baum-Welch-Scores

Über die Berechnung des Schwellwertes d^* und die Laufzeit lässt sich etwas Analoges sagen wie im Falle der ersten Lösung des Anfrageproblems.

Wiederum ist die Laufzeit ein $\mathcal{O}(n \cdot l^3)$. Um ggf. nicht wochenlang rechnen zu müssen, kann man wie folgt vorgehen. Man berechnet zunächst ein Paar (i^*,j^*) mithilfe des Algorithmus zur ersten Lösung des Anfrageproblems. Man gibt (i^*,j^*) nur dann aus, wenn $\text{score}_{\text{bw}}(\mathbf{w}(i^*,j^*]) > d^*$ ist.

Algorithmus 16.2 Zweite Lösung des Anfrageproblems

Schritt 1

  Berechne für alle Paare (i,j) $(i < j)$ die Zahl $\text{score}_{\text{bw}}(\mathbf{w}(i,j])$

  mithilfe der Gleichungen 16.19, 16.20, 16.21, 16.22, 16.23 und 16.24.

Schritt 2

  Berechne $(i^*,j^*) \in \text{argmax}_{1 \le i < j \le l}\text{score}_{\text{bw}}(\mathbf{w}(i,j])$.

Schritt 3

  Falls $\text{score}_{\text{bw}}(\mathbf{w}(i^*,j^*]) > d^*$ ist, so gib (i^*,j^*) aus.

Welche Lösung des Anfrageproblems soll man nehmen? Das steht im Ermessen des Designers der jeweiligen Datenbank.

Bemerkung. Es lohnt sich für praktische Rechnungen, die Vorwärtsvariablen, wie die Viterbi-Variablen auch schon, zu *normieren* und dann zu *logarithmieren*. Während das Normieren einfach ist, erscheint das Logarithmieren problematisch, da man Summen von Produkten behandeln muss. Es bleibt einem nicht erspart, für jeden Summanden die Logarithmierung durch eine Exponentiation rückgängig zu machen (siehe [2]).

Wir kommen zu den Rückwärtsvariablen für Profil-HMMs bei gegebener Anfragesequenz $\mathbf{w} = w_1 w_2 \dots w_l$: Der Wert von $\beta_{\xi t}^{(pf)}$ ist die Wahrscheinlichkeit dafür, dass das Profil-HMM M aus Abb. 16.1 bei Start im Zustand ξ zum zufälligen Zeitpunkt $\Theta_{\xi t}$ in den Zustand ∞ gelangt und dabei neben Exemplaren des Buchstabens „–" alle Buchstaben des Suffix $\mathbf{w}(t,l]$ von $\mathbf{w}$ in der richtigen Reihenfolge emittiert.

Definition der Rückwärtsvariablen mithilfe der Längen $\Theta_{\xi t}$ der Wegstücke für t bis zu ξ und der Länge L des Gesamtpfades

Definition 16.4 Seien M ein Profil-HMM und $\mathbf{w}$ eine Anfragesequenz der Länge l.

Für alle $t \in \{1,2,\dots,l\}$ und alle Zustände $\xi \neq \infty$ von M definieren wir die Rückwärtsvariablen für das Profil-HMM M als

$$\beta_{\xi t}^{(pf)} := \mathbb{P}(\text{reduce}(Y(\Theta_{\xi t},L)) = \mathbf{w}(t,l] | X_{\Theta_{\xi t}} = \xi), \tag{16.25}$$

wobei $\Theta_{\xi t}$ die Länge des Wegstückes für t bis zu ξ und L die Länge des Gesamtpfades ist.

Die schnelle Berechenbarkeit der Rückwärtsvariablen für Profil-HMMs wird durch das folgende Lemma gesichert.

Lemma 16.5 *Seien M ein Profil-HMM und $\mathbf{w} = w_1 w_2 \dots w_l$ eine Anfragesequenz der Länge l. Dann gilt für die Rückwärtsvariablen folgendes: Rekursionsanfang.*

Rekursion für die Rückwärtsvariablen: Grundlage für den Rückwärtsalgorithmus

$$\beta_{\mathbf{m}_n l}^{(pf)} = p_{\mathbf{m}_n \infty} \qquad \beta_{\mathbf{i}_n l}^{(pf)} = p_{\mathbf{i}_n \infty} \qquad \beta_{\mathbf{d}_n l}^{(pf)} = p_{\mathbf{d}_n \infty} \tag{16.26}$$

Rekursionsschritt.

$$\begin{aligned} \beta_{\mathbf{m}_i t}^{(pf)} &= p_{\mathbf{m}_i \mathbf{m}_{i+1}} \cdot e_{\mathbf{m}_{i+1} w_{t+1}} \cdot \beta_{\mathbf{m}_{i+1} t+1}^{(pf)} \\ &\quad + p_{\mathbf{m}_i \mathbf{i}_i} \cdot e_{\mathbf{i}_i w_{t+1}} \cdot \beta_{\mathbf{i}_i t+1}^{(pf)} + p_{\mathbf{m}_i \mathbf{d}_{i+1}} \cdot \beta_{\mathbf{d}_{i+1} t}^{(pf)} \end{aligned} \tag{16.27}$$

$$\begin{aligned} \beta_{\mathbf{i}_i t}^{(pf)} &= p_{\mathbf{i}_i \mathbf{m}_{i+1}} \cdot e_{\mathbf{m}_{i+1} w_{t+1}} \cdot \beta_{\mathbf{m}_{i+1} t+1}^{(pf)} \\ &\quad + p_{\mathbf{i}_i \mathbf{i}_i} \cdot e_{\mathbf{i}_i w_{t+1}} \cdot \beta_{\mathbf{i}_i t+1}^{(pf)} + p_{\mathbf{i}_i \mathbf{d}_{i+1}} \cdot \beta_{\mathbf{d}_{i+1} t}^{(pf)} \end{aligned} \tag{16.28}$$

$$\beta^{(pf)}_{\mathbf{d}_i t} = p_{\mathbf{d}_i \mathbf{m}_{i+1}} \cdot e_{\mathbf{m}_{i+1} w_{t+1}} \cdot \beta^{(pf)}_{\mathbf{m}_{i+1} t+1} + p_{\mathbf{d}_i \mathbf{i}_i} \cdot e_{\mathbf{i}_i w_{t+1}} \cdot \beta^{(pf)}_{\mathbf{i}_i t+1} + p_{\mathbf{d}_i \mathbf{d}_{i+1}} \cdot \beta^{(pf)}_{\mathbf{d}_{i+1} t} \tag{16.29}$$

Aus Lemma 16.5 folgt unmittelbar der folgende Satz.

Laufzeit für die Berechnung der Rückwärtsvariablen

Satz 16.6 *Seien M ein Profil-HMM gemäß Abb. 16.1 und $\mathbf{w}$ eine Anfragesequenz der Länge l über dem Alphabet Σ_{amino}.*
Sämtliche Rückwärtsvariablen für M und $\mathbf{w}$ können in Zeit $\mathcal{O}(n \cdot l)$ berechnet werden.

Baum-Welch-Algorithmus

Der Baum-Welch-Algorithmus zur Parameterschätzung aus dem Kapitel 15 kann ohne Probleme auf die speziellen Erfordernisse von Profil-HMMs, gegen die Sequenzen über dem Alphabet Σ_{amino} aligniert werden, angepasst werden. Eingaben sind Zeichenketten $\mathbf{w}^{(1)}, \mathbf{w}^{(2)}, \ldots, \mathbf{w}^{(m)}$ über Σ_{amino}. (Im Standardfall wären es Zeichenketten über $\Sigma_{\text{amino}} \cup \{-\}$.) Der Hauptunterschied zum Standardfall ist, dass statt der Ereignisse $\{\mathbf{Y}^{(j)} = \mathbf{y}^{(j)}\}$ die Ereignisse $\{\text{reduce}(\mathbf{Y}^{(j)}) = \mathbf{w}^{(j)}\}$ ($j \in \{1,2,\ldots,m\}$) verwendet werden.

Einen großen Teil der Anpassungsarbeit haben wir bereits geleistet, indem wir die Vorwärts- und die Rückwärtsvariablen modifiziert haben. Es lässt sich nun zeigen, dass zu Lemma 15.46 und Lemma 15.47 analoge Aussagen gelten.

Eine Iteration des Baum-Welch-Algorithmus für Profil-HMMs auf Zeichenketten $\mathbf{w}^{(1)}, \mathbf{w}^{(2)}, \ldots, \mathbf{w}^{(m)} \in \Sigma^*_{\text{amino}}$ als Eingabe ist wie folgt spezifiziert. Das aktuelle Profil-HMM M wird zu einem M' mit gleicher Topologie modifiziert, für das gilt:

$$\sum_{j=1}^{m} \text{score}_{\text{bw}}(\mathbf{w}^{(j)} | M') \geq \sum_{j=1}^{m} \text{score}_{\text{bw}}(\mathbf{w}^{(j)} | M). \tag{16.30}$$

Eine vollständige Darstellung des Baum-Welch-Algorithmus für Profil-HMMs findet sich in [2].

Software-Suite HMMER

Zum Abschluss dieses Abschnitts sei darauf hingewiesen, dass mit HMMER eine Software-Suite für die Nutzung von Profil-Hidden-Markov-Modellen zur Analyse biologischer Daten zu Verfügung steht.

16.5 Vom MSA zum Profil-HMM

Im Abschnitt 16.1 haben wir bereits den Zusammenhang zwischen einem MSA $A = A(0, m](0, n]$ und dem zugehörigen Profil-HMM M_A angedeutet. Wir stellen hier die von Krogh *et al.* [4] entwickelte grundlegende Heuristik dar, die die Anwendung des Schätzers aus dem Abschnitt „Ein Maximum-Likelihood-Schätzer" des Kapitels 15 ermöglicht. Dazu werden die Zeilen von A als Beobachtungen aufgefasst, zu denen jeweils ein Pfad konstruiert wird.

Eine Heuristik zur Bestimmung eines Profil-HMMs aus einem MSA

1. Jeder Spalte von A ordnen wir genau dann einen Match-Zustand zu, wenn die Anzahl ihrer Buchstaben aus Σ_{amino} größer $\rho \cdot m$ ist, wobei ρ einen Schwellwert aus $(0,1)$ bezeichnet. Die Länge n von M – die Anzahl der Dreierblöcke von Deletions-, Insertions- und Match-Zuständen mit gleichem Index – ist gleich der Anzahl dieser Match-Zustände. Damit ist die Topologie von M festgelegt.
   Wir betrachten als Beispiel das MSA

   $$A(0,5](0,13] := \begin{array}{l} \texttt{-LCIEF-P-CCH-} \\ \texttt{-L-IEFTP-CVH-} \\ \texttt{-L-YETTP-ICH-} \\ \texttt{-L-IE-TP-CCH-} \\ \texttt{WL-IEF-PQCCHY.} \end{array} \qquad (16.31)$$

   Ist $\rho := 1/2$, so werden den Spalten $A[\cdot][2]$, $A[\cdot][4]$, $A[\cdot][5]$, $A[\cdot][6]$, $A[\cdot][7]$, $A[\cdot][8]$, $A[\cdot][10]$, $A[\cdot][11]$ und $A[\cdot][12]$ die Match-Zustände $\mathbf{m}_1$, $\mathbf{m}_2$, $\mathbf{m}_3$, $\mathbf{m}_4$, $\mathbf{m}_5$, $\mathbf{m}_6$, $\mathbf{m}_7$, $\mathbf{m}_8$ bzw. $\mathbf{m}_9$ zugeordnet. Für das Profil-HMM M ist der Parameter n aus Abb. 16.1 gleich 9.
2. Wir bestimmen für jede Zeile $A[\iota][\cdot]$ von A ($\iota \in \{1,2,\ldots,m\}$) wie folgt einen Pfad $\mathbf{x}^{(\iota)}$ der Länge ℓ_ι.
   Ist für $\kappa \in \{1,2,\ldots,n\}$ die Spalte $A[\cdot][\kappa]$ dem Match-Zustand $\mathbf{m}_i$ zugeordnet, so gilt $A[\iota,\kappa]$ als vom Zustand $\mathbf{m}_i$ emittiert, falls $A[\iota,\kappa]$ ein Element von Σ_{amino} ist. Andernfalls legen wir fest, dass $A[\iota,\kappa]$ vom Zustand $\mathbf{d}_i$ emittiert wird.
   Ist für $\kappa \in \{1,2,\ldots,n\}$ die Spalte $A[\cdot][\kappa]$ *keinem* Match-Zustand zugeordnet und ist $A[\iota,\kappa]$ ein Element von Σ_{amino}, so sind zwei Fälle möglich. Falls es eine Spalte $A[\cdot][\kappa']$ mit $\kappa' < \kappa$ gibt, die einem Match-Zustand $\mathbf{m}_i$ zugeordnet ist, wobei κ' als maximal mit dieser Eigenschaft gewählt wurde, so gilt $A[\iota,\kappa]$ als vom Insertionszustand $\mathbf{i}_i$ emittiert. Andernfalls geht die Emission von $A[\iota,\kappa]$ vom Insertionszustand $\mathbf{i}_0$ aus.
   Wie sieht das für unser Beispiel aus Gleichung 16.31 aus? Der besseren Übersichtlichkeit halber reichern wir das MSA A durch eine weitere Zeile an. Sie enthält diejenigen Zustände, aus denen die Einträge der jeweiligen Spalte emittiert werden. (Natürlich werden von Insertionszuständen keine Buchstaben „–" emittiert. Die den Zeilen von A entsprechenden Beobachtungen enthalten genau diese Exemplare des Buchstabens „–" nicht.)

	−	L	C	I	E	F	−	P	−	C	C	H	−	
	−	L	−	I	E	F	T	P	−	C	V	H	−	
	−	L	−	Y	E	T	T	P	−	I	C	H	−	
	−	L	−	I	E	−	T	P	−	C	C	H	−	
	W	L	−	I	E	F	−	P	Q	C	C	H	Y	
$\mathbf{0}$	$\mathbf{i}_0$	$\mathbf{m}_1$	$\mathbf{i}_1$	$\mathbf{m}_2$	$\mathbf{m}_3$	$\mathbf{m}_4$ / $\mathbf{d}_4$	$\mathbf{m}_5$ / $\mathbf{d}_5$	$\mathbf{m}_6$	$\mathbf{i}_6$	$\mathbf{m}_7$	$\mathbf{m}_8$	$\mathbf{m}_9$	$\mathbf{i}_9$	∞

Für jede Zeile von A ergibt sich eine Beobachtung und ein zugrunde liegender Pfad:

für A[0][.]:

	L	C	I	E	F	−	P	C	C	H		
$\mathbf{0}$	$\mathbf{m}_1$	$\mathbf{i}_1$	$\mathbf{m}_2$	$\mathbf{m}_3$	$\mathbf{m}_4$	$\mathbf{d}_5$	$\mathbf{m}_6$	$\mathbf{m}_7$	$\mathbf{m}_8$	$\mathbf{m}_9$	∞	

für A[1][.]:

	L	I	E	F	T	P	C	V	H	
$\mathbf{0}$	$\mathbf{m}_1$	$\mathbf{m}_2$	$\mathbf{m}_3$	$\mathbf{m}_4$	$\mathbf{m}_5$	$\mathbf{m}_6$	$\mathbf{m}_7$	$\mathbf{m}_8$	$\mathbf{m}_9$	∞

für A[2][.]: (16.32)

	L	Y	E	T	T	P	I	C	H	
$\mathbf{0}$	$\mathbf{m}_1$	$\mathbf{m}_2$	$\mathbf{m}_3$	$\mathbf{m}_4$	$\mathbf{m}_5$	$\mathbf{m}_6$	$\mathbf{m}_7$	$\mathbf{m}_8$	$\mathbf{m}_9$	∞

für A[3][.]:

	L	I	E	−	T	P	C	C	H	
$\mathbf{0}$	$\mathbf{m}_1$	$\mathbf{m}_2$	$\mathbf{m}_3$	$\mathbf{d}_4$	$\mathbf{m}_5$	$\mathbf{m}_6$	$\mathbf{m}_7$	$\mathbf{m}_8$	$\mathbf{m}_9$	∞

für A[4][.]:

	W	L	I	E	F	−	P	Q	C	C	H	Y	
$\mathbf{0}$	$\mathbf{i}_0$	$\mathbf{m}_1$	$\mathbf{m}_2$	$\mathbf{m}_3$	$\mathbf{m}_4$	$\mathbf{d}_5$	$\mathbf{m}_6$	$\mathbf{i}_6$	$\mathbf{m}_7$	$\mathbf{m}_8$	$\mathbf{m}_9$	$\mathbf{i}_9$	∞

3. Der aus den Gleichungen 15.61, 15.62 und 15.63 bestehende Schätzer für die Emissions- und die Übergangswahrscheinlichkeiten von M ist nun anwendbar. Die folgenden Bemerkungen sind jedoch angebracht.

Der Schätzer für die Emissionswahrscheinlichkeiten der Insertionszustände wird häufig nicht verwendet. Stattdessen werden die Hintergrundwahrscheinlichkeiten genommen.

Die Datenlage für die Übergangswahrscheinlichkeiten $p_{\mathbf{d}_\kappa \mathbf{i}_\kappa}$ und $p_{\mathbf{i}_\kappa \mathbf{d}_{\kappa+1}}$ kann sehr dürftig sein. (In unserem Beispiel aus Gleichung 16.32 ist sie nicht vorhanden.) Das ist ein Hinweis darauf, dass diese Wahrscheinlichkeiten sehr klein sind. Dem muss beim Einsatz der Pseudocounts Rechnung getragen werden.

In unserem Beispiel aus Gleichung 16.32 betrachten wir den Zustand $\mathbf{m}_6$ unter Verwendung der Laplaceschen Regel. Wir erhalten für die Übergangswahrscheinlichkeiten von $\mathbf{m}_6$ die folgende Schätzung:

$$p_{\mathbf{m}_6 \mathbf{m}_7} = \frac{5}{8} \qquad p_{\mathbf{m}_6 \mathbf{d}_7} = \frac{1}{8} \qquad p_{\mathbf{m}_6 \mathbf{i}_6} = \frac{2}{8} .$$

Die Emissionswahrscheinlichkeiten aus $\mathbf{m}_6$ schätzen wir so:

$$e_{\mathbf{m}_6\mathrm{P}} = \frac{6}{25} \qquad e_{\mathbf{m}_6 v} = \frac{1}{25} \qquad (\text{für alle } v{\neq}\mathrm{P} \text{ aus } \Sigma_{\mathrm{amino}}).$$

Interaktives Arbeiten

Übungen zur Verwendung von Profil-HMMs in bioinformatischen Fragestellungen finden Sie auf der begleitenden Website.

16.6 Zitierte Literatur

1 Bateman A., Coin L., Durbin R., Finn R. D., Hollich V., Griffiths-Jones S., Khanna A., Marshall M., Moxon S., Sonnhammer E. L. L., Studholme D. J., Yeats C., and Eddy S. R.. (2004) The Pfam protein families database. *Nucleic Acids Research,* **32**(Database-Issue): 138–141.

2 Durbin R., Eddy S., Krogh A., and Mitchinson G. (1998) *Biological Sequence Analysis.* Cambridge University Press.

3 Gusfield D. (1997) *Biological Sequence Analysis.* Cambridge University Press, 1997.

4 Krogh A., Brown M., Mian M., Sjölander M., and Haussler D. (1994) Hidden Markov models in computational biology: Applications to protein modelling. *Journal of Molecular Biology,* **235**: 1501–1531.

5 Setubal J. and Meidanis J. (1997) *Introduction to Computational Molecular Biology.* PWS Publishing Company.

17
Bedingte Markovsche Zufallsfelder

Occam's Razor: „Die einfachste Erklärung ist die beste."

In der Bioinformatik ist es weitverbreitet, zu Daten, auch Beobachtungen genannt, Markierungssequenzen zu finden. In Kapitel 15 haben wir das Lokalisierungsproblem für CpG-Inseln betrachtet, um uns mit Hidden-Markov-Modellen vertraut zu machen. Ein HMM modelliert gemeinsame Verteilungen der Markierungssequenzen – dort haben wir sie Zustandsfolgen genannt – und der Daten, obwohl wir zur Lösung unserer Aufgaben nur der bedingten Verteilungen der Markierungssequenzen gegeben die Daten bedurften: ein klarer Verstoß gegen ein Prinzip, das in der Literatur als *Occam's Razor* bezeichnet wird. Es besagt: Stehen für ein beobachtetes Phänomen mehrere Hypothesen zur Verfügung, so ist es am vernünftigsten, die einfachste (am kürzesten zu formulierende) Hypothese anzunehmen. Hinzu kommt, dass jedes Datenelement zu jedem Zeitpunkt nur von der aktuellen Marke direkt abhängt. In vielen Anwendungen ist das unrealistisch. Abhilfe schaffen *bedingte Markovsche Zufallsfelder*, die gerade das modellieren, was wir brauchen: die bedingten Verteilungen der Markierungssequenzen gegeben die Daten.

Beim Training, der Schätzung dieser bedingten Verteilungen, bedienen wir uns des Prinzips der Maximierung der Entropie bzw. der bedingten Entropie. Was ist darunter zu verstehen?

Maximum-Entropie-Prinzip

Das Maximum-Entropie-Prinzip (ME-Prinzip) besagt: Von allen Verteilungen, die mit dem Wissen des Verwenders verträglich sind, sollte er diejenige maximaler Entropie auswählen.

Beispiel 1 für das ME-Prinzip. Weiß man von einer Verteilung über einer endlichen Menge nichts, so wähle man die Gleichverteilung.

Beispiel 2 für das ME-Prinzip. Kennt man von einer stetigen Zufallsvariablen den Erwartungswert, und weiß man überdies, dass sie nur nichtnegative Werte annehmen kann, so wähle man als die durch sie induzierte Verteilung die entsprechende Exponentialverteilung.

Bioinformatik Interaktiv. 2. Auflage. Rainer Merkl und Stephan Waack

ISBN: 978-3-527-32594-8

Beispiel 3 für das ME-Prinzip. Sind von einer stetigen Zufallsvariablen nur Erwartungswert und Varianz bekannt, so wähle man die entsprechende Normalverteilung.

Bezeichnung. Auch in diesem Kapitel bezeichnet δ die Kronecker-Funktion:

$$\delta(a,b) = \begin{cases} 1 & \text{falls } a = b; \\ 0 & \text{andernfalls.} \end{cases}$$

Für die Einführung bedingter Markovscher Zufallsfelder in die Bioinformatik ist der Aufsatz [6] von zentraler Bedeutung. Wer zu ihnen und allgemeiner zu grafischen Modellen mehr erfahren will, als in diesem Kapitel steht, der sei auf [9] verwiesen.

17.1
Markierungsprobleme und ME-Prinzip

Wir betrachten ein Paar von Zufallsvektoren

$$\mathbf{U} = (\mathbf{X}, \mathbf{Y}) \in \mathfrak{X} \times \mathfrak{Y} \subset \mathbb{R}^n \times \mathbb{R}^\ell,$$

Stellen oder Knoten, Markierungen, Daten: Terminologie zum Verständnis von Markierungsproblemen

wobei wir unter $\mathfrak{X}$ die Menge aller Folgen der Länge n über der *Markenmenge* $\Lambda = \{1,2,\ldots,\lambda\}$ und unter $\mathfrak{Y}$ die Menge aller Folgen der Länge ℓ über dem *Beobachtungsalphabet* $\Sigma = \{1,2,\ldots,\sigma\}$ verstehen wollen. Die Menge der Indizes $V = \{1,2,\ldots,n\}$ des Zufallsvektors $\mathbf{X}$ nennt man *Stellen* oder *Knoten*. (Im Kontext der Bildverarbeitung, die hier keine Rolle spielt, heißen sie *Pixel*.) Die Elemente aus $\mathfrak{X}$ heißen *Markierungen* der Stellen aus V, die Elemente aus $\mathfrak{Y}$ *Beobachtungen* oder *Daten*. Die durch $\mathbf{U}$ induzierte Verteilung ist durch ihre Zähldichte

$$\mathrm{p}(\mathbf{u}) = \mathrm{p}(\mathbf{x}, \mathbf{y}) = \mathrm{p}_{\mathbf{U}}(\mathbf{x}, \mathbf{y}) = \mathbb{P}(\mathbf{U} = \mathbf{u})$$

bestimmt. Für jede Instanz $\mathbf{y}$ von $\mathbf{Y}$ sei darüber hinaus

$$\mathrm{p}(\mathbf{x} \mid \mathbf{y}) = \mathrm{p}_{\mathbf{X}}(\mathbf{x} \mid \mathbf{Y} = \mathbf{y}) = \mathbb{P}(\mathbf{X} = \mathbf{x} \mid \mathbf{Y} = \mathbf{y}) \tag{17.1}$$

die bedingte Zähldichte von $\mathbf{X}$ gegeben $\mathbf{Y} = \mathbf{y}$.

Ist $(\mathbf{x}, \mathbf{y})$ eine Instanz von $(\mathbf{X}, \mathbf{Y})$, so nennen wir $\mathbf{x}$ eine *Markierung* der Stellen aus V gegeben die Beobachtung $\mathbf{y}$.

Informal gesagt, besteht das Markierungsproblem (für $\mathbf{U}$) darin, für jede Beobachtung $\mathbf{y}$ eine „angemessene" Markierung $\mathbf{x}$ der Stellen aus V zu finden. Was damit genau gemeint ist, findet sich im Abschnitt 17.1.1. Man kann schon jetzt sagen, dass das Markierungsproblem wenigstens für generative Modelle, wie es HMMs sind, ein *inverses Problem* ist: Bei HMMs werden die Buchstaben des Beobachtungsalphabets aus den Marken (Zuständen) emittiert.

17.1.1 Umfang eines Markierungsproblems

Die Lösung eines Markierungsproblems umfasst *Training* und *Inferenz*. Beim Training werden die bedingten Verteilungen gemäß-Gleichung 17.1 bestimmt. Danach geht es darum, für eine Beobachtung $\mathbf{y}$ eine Markierung $\mathbf{x}^*$ der Stellen aus V mit

$$\mathbf{x}^* = \underset{\mathbf{x}}{\operatorname{argmax}}\, \mathrm{p}\,(\mathbf{x} \mid \mathbf{y}) \tag{17.2}$$

zu finden. Der algorithmische Vorgang des Auffindens von $\mathbf{x}^*$ gegeben $\mathbf{y}$ heißt Inferenz. Im Falle der HMMs war das der Viterbi-Algorithmus.

Training und Inferenz – Bestandteile der Lösung des Markierungsproblems

Lernstichprobe

Bis zum Ende des Abschnitts 17.1 beschäftigen wir uns mit Paradigmen des Trainings zur Lösung von Markierungsproblemen. Es erfolgt auf der Grundlage einer iid. Lernstichprobe

$$\mathbf{U}_1 = (\mathbf{X}_1, \mathbf{Y}_1), \mathbf{U}_2 = (\mathbf{X}_2, \mathbf{Y}_2), \ldots, \mathbf{U}_m = (\mathbf{X}_m, \mathbf{Y}_m). \tag{17.3}$$

Neben der Anzahl n der Stellen und der Länge ℓ der Beobachtungen ist die Länge m der Lernstichprobe der dritte Parameter unserer Analysen. Schreiben wir beispielsweise von einer Größe, sie sei ein $\mathcal{O}(1)$, so ist damit eine von n,m und ℓ unabhängige Konstante gemeint.

Seien $\hat{\mathbf{U}}$ und $\hat{\mathbf{Y}}$ die Zufallselemente, die mit Wahrscheinlichkeit $1/m$ einen der m $\mathbf{U}$- bzw. $\mathbf{Y}$-Wert aus aus der Folge (17.3) annehmen. Mit

Empirische Zähldichte der Lernstichprobe

$$\hat{p}_m(\mathbf{u}) = \hat{p}_m(\mathbf{x},\mathbf{y}) := \mathrm{p}_{\hat{\mathbf{U}}}(\mathbf{x},\mathbf{y}) := \frac{1}{m}\sum_{\mu=1}^{m} \delta(\mathbf{u},\mathbf{U}_\mu)$$

und mit

Empirische Zähldichte der Daten aus Lernstichprobe

$$\hat{p}_m(\mathbf{y}) := \mathrm{p}_{\hat{\mathbf{Y}}}(\mathbf{y}) := \frac{1}{m}\sum_{\mu=1}^{m} \delta(\mathbf{y},\mathbf{Y}_\mu)$$

bezeichnen wir dann die Zähldichten der Verteilungen, die durch $\hat{\mathbf{U}}$ und $\hat{\mathbf{Y}}$ induziert werden, die *empirischen Zähldichten*. Dabei handelt es sich um Zufallselemente, da sie von der zufälligen Lernstichprobe (17.3) abhängen. Erst bezogen auf eine Instanz

$$\mathbf{u}_1 = (\mathbf{x}_1,\mathbf{y}_1),\mathbf{u}_2 = (\mathbf{x}_2,\mathbf{x}_2),\ldots,\mathbf{u}_m = (\mathbf{x}_m,\mathbf{y}_m) \tag{17.4}$$

dieser Lernstichprobe liegen Verteilungen vor.

Man sieht sofort, dass $\hat{p}_m(\mathbf{y})$ das Produkt aus $1/m$ mit einer $(m,p(\mathbf{y}))$-binomialverteilten Zufallsvariablen ist. Folglich ist für jedes $\mathbf{y} \in \mathfrak{Y}$

$$\mathbb{E}\hat{p}_m(\mathbf{y}) = p(\mathbf{y}).$$

Um trainieren zu können, bedarf es einerseits Observabler, die wir *Merkmale* nennen werden, als Brücke zu den Daten und andererseits eines *Induktionsprinzips.*

17.1.2
Merkmale

Merkmale

Merkmale sind ganz allgemein Funktionen f von $\mathfrak{X} \times \mathfrak{Y}$ in die Menge der reellen Zahlen. Wir betrachten nur Merkmale, die eine Darstellung als Summe von *lokalen* Merkmalen haben. *Lokale Basismerkmale* werden auf diese Weise nicht weiter zerlegt.

Stellencliquen und lokale Merkmale

Ein Merkmal heißt lokal, wenn es eine sogenannte *Stellenclique* $I \subset V$ so gibt, dass $|I| = \mathcal{O}(1)$ ist und $f(\mathbf{x},\mathbf{y})$ nur von $(\mathbf{x}_I,\mathbf{y})$ abhängt, wobei man $\mathbf{x}_I$ durch Projektion pr_I von ganz $\mathbf{x} = (x_1,x_2,\ldots,x_n)$ auf diejenigen Koordinaten erhält, die zur Stellenclique gehören: $\mathbf{x}_I = (x_i)_{i\in I}$. Wollen wir die Lokalität eines Merkmals f betonen, so schreiben wir statt „$f(\mathbf{x},\mathbf{y})$" auch „$f_I(\mathbf{x}_I,\mathbf{y})$": Formal gesehen, ist die Funktion f_I die Faktorisierung des Merkmals f über die Projektion pr_I: $f = f_I \circ \mathrm{pr}_I$.

Bei lokalen Merkmalen ist die Existenz einer Teilmenge $J \subset \{1,2,\ldots,\ell\}$ mit $|J| = \mathcal{O}(1)$ so, dass $f(\mathbf{x},\mathbf{y})$ nur von $(\mathbf{x}_I,\mathbf{y}_J)$ mit $\mathbf{y}_J = (y_j)_{j\in J}$ abhängt, nicht gefordert. Sie ist aber vom Standpunkt der algorithmischen Komplexität aus gesehen wünschenswert. Liegt sie vor, so schreiben wir statt „$f_I(\mathbf{x}_I,\mathbf{y})$" auch „$f_{I,J}(\mathbf{x}_I,\mathbf{y}_J)$".

Wir können eine Stellenclique I mit dem Zufallsvektor $\mathbf{X}_I = (X_i)_{i\in I}$ identifizieren. Unter einer *Markierungsclique* verstehen wir dann eine Instanz $\mathbf{x}_I$ der Stellenclique $\mathbf{X}_I$.

Indikator-Transformator- und Indikator-Indikator-Merkmale

Von besonderer Bedeutung für uns sind

- *Indikator-Transformator-Merkmale*
  $f_{I,J}(\mathbf{x}_I,\mathbf{y}_J) = \delta(\mathbf{x}_I,\xi) \cdot \tau(\mathbf{y}_J)$, wobei ξ ein festes Element aus $\Lambda^{|I|}$ ist, und die Transformation τ die Menge $\Sigma^{|J|}$ in die reellen Zahlen abbildet;
- *Indikator-Indikator-Merkmale*
  $f_{I,J}(\mathbf{x}_I,\mathbf{y}_J) = \delta(\mathbf{x}_I,\xi) \cdot \delta(\mathbf{y}_J,\upsilon)$, die wir auch *binäre Merkmale* nennen, wobei υ ein festes Element aus $\Sigma^{|J|}$ ist.

Ein Indikator-Transformator-Merkmal $f_{I,J}(\mathbf{x}_I,\mathbf{y}_J)$ bezeichnen wir gerne durch $f_{I,J,\xi,\tau}(\mathbf{x}_I,\mathbf{y}_J)$ oder durch $f_{I,J,\xi}(\mathbf{x}_I,\mathbf{y}_J)$, sofern die Abbildung τ aus dem Zusammenhang klar ist, ein Indikator-Indikator-Merkmal durch $f_{I,J,\xi,\upsilon}(\mathbf{x}_I,\mathbf{y}_J)$. Leere Mengen als Indizes und die zugehörigen Argumente werden weggelassen, einelementige Mengen nur durch ihr Element repräsentiert, sodass wir zum Beispiel statt „$\mathbf{x}_{\{i\}}$“ „x_i“ schreiben.

Wie sieht das bei inhomogenen HMMs aus? Hier gibt es durch die Emission von Beobachtungen aus Zuständen einen strengen grafischen Zusammenhang zwischen den Zuständen, die jetzt Marken heißen, und den Elementen des Beobachtungsalphabets. Wollen wir ein HMM auf diese Weise simulieren, so haben wir zwei Grundtypen lokaler Basismerkmale: *Lokale Transitionsmerkmale* und *lokale Emissionsmerkmale* haben die Gestalt

$$t_{\{i-1,i\},(\xi',\xi'')}(x_{i-1},x_i) = \delta(x_{i-1},\xi') \cdot \delta(x_i,\xi'') \qquad (17.5)$$

bzw.

$$e_{i,i,\xi,\upsilon}(x_i,y_i) = \delta(x_i,\xi) \cdot \delta(y_i,\upsilon). \qquad (17.6)$$

Es ist oft sinnvoll, lokale Merkmale durch Addition zu globalen Merkmalen zusammenzufassen. Wie wir später sehen werden, bekommen sie durch gemeinsames Training gleiches Gewicht.

Globale Merkmale

Ein typisches Beispiel dafür findet sich bei der Simulation homogener HMMs, da hier Übergänge und Emissionen positionsunabhängig sind. Die globalen Transitionsmerkmale $t_{\xi',\xi''}$ und globalen Emissionsmerkmale $e_{\xi,\upsilon}$ sind wie folgt definiert:

$$\begin{aligned} t_{\xi',\xi''}(\mathbf{x},\mathbf{y}) &:= \sum_{i=2}^{n} t_{\{i-1,i\},(\xi',\xi'')}(x_{i-1},x_i) \\ e_{\xi,\upsilon}(\mathbf{x},\mathbf{y}) &:= \sum_{i=1}^{n} e_{i,i,\xi,\upsilon}(x_i,y_i). \end{aligned} \qquad (17.7)$$

Das globale Merkmal $t_{\xi',\xi''}$ steht für die positionsunabhängige Beobachtung eines Übergangs von Marke ξ' zu Marke ξ'', das Merkmal $e_{\xi,\upsilon}$ für die positionsunabhängige Emission von υ aus ξ.

17.1.3
Maximierung der bedingten Entropie als Induktionsprinzip

Seien $f_1, f_2, \ldots, f_k$ die ggf. globalen Merkmale, die wir durch Summation zusammengehöriger lokaler Basismerkmale erhalten haben. Für ein Merkmal f bezeichnen wir mit $\overline{f}$ den empirischen Erwartungswert bezogen auf die Lernstichprobe (17.3):

Empirische Erwartungswerte der Merkmale

$$\overline{f} := \mathbb{E}\, f(\hat{X},\hat{Y}) := \sum_{\mathbf{u}} f(\mathbf{u})\hat{p}_m(\mathbf{u}).$$

Uns geht es darum, p (x | y) auf der Grundlage der Lernstichprobe (17.3) so zu bestimmen, dass die bedingte Entropie

Bedingte Entropie: Zielfunktion beim Training

$$H := \sum_{x,y} - \ln (p(x \mid y))\, p(x \mid y)\, \hat{p}_m(y) \tag{17.8}$$

unter den Nebenbedingungen

$$\overline{f_\kappa} = \sum_{x,y} f_\kappa(x,y)\, p(x \mid y)\, \hat{p}_m(y) \quad (\forall \kappa = 1,2,\ldots,k) \tag{17.9}$$

$$\hat{p}_m(y) = \sum_{x} p(x \mid y)\, \hat{p}_m(y) \quad (y \in \mathfrak{Y}) \tag{17.10}$$

maximiert wird.

Nebenbedingungen für die Maximierung der bedingten Entropie

Die Forderung von Nebenbedingung 17.10 ist klar: Für alle vorkommenden Daten **y** soll $(p(x \mid y))_{x\in\mathfrak{X}}$ eine Wahrscheinlichkeitsverteilung sein. Auch Nebenbedingung 17.9 ist sehr intuitiv: Für jedes Merkmal soll der empirische Erwartungswert gleich dem Erwartungswert bezüglich der sogenannten *Modellverteilung* $(p(x \mid y) \cdot \hat{p}_m(y))_{(x,y)\in\mathfrak{X}\times\mathfrak{Y}}$ sein.

Modellverteilung

Primale Optimierungsfunktion

Wir setzen $\gamma := (\gamma_1,\gamma_2,\ldots,\gamma_k)$ und $\nu = (\nu_y)_{y\in\mathfrak{Y}}$. Nun stellen wir die sogenannte primale Optimierungsfunktion

$$L := H + \sum_{y} \nu_y \left(\sum_{x} p(x \mid y)\, \hat{p}_m(y) - \hat{p}_m(y) \right) + \sum_{\kappa=1}^{k} \gamma_\kappa \left(\sum_{x,y} f_\kappa(x,y) p(x \mid y) \hat{p}_m(y) - \overline{f_\kappa} \right)$$

auf, die wir bezüglich der Variablen $\hat{p}(x \mid y)$ maximieren müssen. Notwendige Bedingung für ein Maximum ist es, dass alle partiellen ersten Ableitungen nach diesen Variablen verschwinden:

$$\frac{\partial L}{\partial p(x \mid y)} = \hat{p}_m(y) \left(-1 - \ln(p(x \mid y)) + \nu_y + \sum_{\kappa=1}^{k} \gamma_\kappa f_\kappa(x,y) \right) = 0.$$

Für jedes $y \in \mathfrak{Y}$ lösen wir die vorstehende Gleichung nach p (x | y) auf, setzen ν_y geeignet, um Nebenbedingung (17.10) zu erfüllen, und erhalten

Merkmalbasiertes Exponentialmodell als Ergebnis des Trainings auf der Grundlage des ME-Prinzips

$$p_\gamma(x \mid y) = \frac{1}{Z_\gamma(y)} \exp\left(\sum_{i=\kappa}^{k} \gamma_\kappa f_\kappa(x,y) \right), \tag{17.11}$$

wobei

$$Z_\gamma(y) = \sum_{x\in\mathfrak{X}} \exp\left(\sum_{i=\kappa}^{k} \gamma_\kappa f_\kappa(x,y) \right) \tag{17.12}$$

das Reziproke des Normierungsfaktors aus Gleichung 17.11 ist.

Schließlich muss der Gewichtsvektor $\gamma = (\gamma_1,\gamma_2,\ldots,\gamma_k)$ aus den Gleichungen 17.11 und 17.12 so gewählt werden, dass die Nebenbedingungen (17.9) wirklich erfüllt sind. Das geschieht auf der Grundlage des Maximum-Likelihood-Prinzips. Wie wir im Abschnitt 17.1.4 sehen werden, führt es bei den in Rede stehenden Merkmalbasierten Exponentialmodellen (engl. *feature based exponential models*) zu demselben Ergebnis wie das Prinzip der Maximierung der bedingten Entropie.

CRFs – eine starke Verallgemeinerung von HMMs

Nun können wir die Simulation homogener HMMs durch CRFs abschließen. Das globale Transitionsmerkmal $t_{\xi',\xi''}(\mathbf{x},\mathbf{y})$ ist mit dem natürlichen Logarithmus der Übergangswahrscheinlichkeit von ξ' nach ξ'' gewichtet, das globale Emissionsmerkmal $e_{\xi,\upsilon}$ mit dem natürlichen Logarithmus der Emissionswahrscheinlichkeit von υ aus ξ (siehe Gleichung 17.7).

17.1.4 ML-Parameterbestimmung

Nimmt man die Log-Likelihood-Funktion einer Merkmalbasierten Exponentialverteilung gemäß Gleichung 17.11 bezogen auf die Lernstichprobe (17.3) und teilt durch die Stichprobenlänge m, so erhält man

$$\mathcal{L}(\gamma) = \sum_{\mathbf{x},\mathbf{y}} \hat{p}_m(\mathbf{x},\mathbf{y}) \ln \mathrm{p}_\gamma(\mathbf{x}|\mathbf{y}) \tag{17.13}$$

Indem man Gleichung 17.11 einsetzt, folgt

$$\mathcal{L}(\gamma) = \sum_{\mathbf{x},\mathbf{y}} \hat{p}_m(\mathbf{x},\mathbf{y}) \sum_{\kappa=1}^{k} \gamma_\kappa f_\kappa(\mathbf{x},\mathbf{y}) - \sum_{\mathbf{y}} \hat{p}_m(\mathbf{y}) \ln\left(\sum_{\mathbf{x}} \exp\left(\sum_{\kappa=1}^{k} \gamma_\kappa f_\kappa(\mathbf{x},\mathbf{y}) \right)\right). \tag{17.14}$$

Diese Funktion – wir bezeichnen sie ebenfalls als Log-Likelihood-Funktion – ist konkav. Folglich ist eine Lösung $\gamma^* = (\gamma_1^*, \gamma_2^*, \ldots, \gamma_k^*)$ des Gleichungssystems, das man erhält, wenn man die partiellen Ableitungen von $\mathcal{L}(\gamma)$ nach allen γ_κ ($\kappa = 1,2,\ldots,k$) gleich null setzt, ein globales Maximum. Rechnet man diese partiellen Ableitungen aus, so erhält man

Bestimmung der Gewichtsvektoren des merkmalbasierten Exponentialmodells durch ML-Parameterbestimmung

$$\frac{\partial \mathcal{L}(\gamma)}{\partial \gamma_\kappa} = \overline{f_\kappa} - \sum_{\mathbf{x},\mathbf{y}} f_\kappa(\mathbf{x},\mathbf{y})\ \mathrm{p}\ (\mathbf{x} \mid \mathbf{y})\ \hat{p}_m\ (\mathbf{y}) \qquad (\kappa = 1,2,\ldots,k). \tag{17.15}$$

Die Wahl einer Lösung $\gamma^* = (\gamma_1^*, \gamma_2^*, \ldots, \gamma_k^*)$ zieht also die Erfüllung der Nebenbedingungen (17.9) nach sich.

Wie findet man ein γ^*? Eine Möglichkeit ist der Improved-Iterative-Scaling-Algorithmus (IIS-Algorithmus), den wir im Abschnitt 17.3 exemplarisch darstellen werden.

Zusammenfassung

Wir haben gezeigt, dass man ein merkmalbasiertes Exponentialmodell erhält, wenn man auf eine bestimmte Weise (Maximum-Entropie-Prinzip) trainiert, wenn auch die Vorgehensweise beim Training noch nicht vollständig abgehandelt ist. Im nächsten Abschnitt werden wir kurz darstellen, dass unter bestimmten Voraussetzungen jede bedingte Verteilung von dieser Gestalt ist. Damit ist die Verwendung dieser Modellklasse hinreichend motiviert.

17.2 Der Satz von Hammersley und Clifford

Wir nennen merkmalorientierte Exponentialmodelle gemäß (17.11) und (17.12) unter bestimmten Voraussetzungen *bedingte Markovsche Zufallsfelder*. Im folgenden Abschnitt werden diese dargestellt. Nebenbei wird auch die Bezeichnung „Stellenclique" motiviert werden. Wir folgen im Wesentlichen der Darstellung aus [7].

Nachbarschaftssysteme

Ein Nachbarschaftssystem auf der Stellenmenge $V = \{1,2,\ldots,n\}$ ist eine Menge von Teilmengen $\mathcal{N} = \{\mathcal{N}_i \mid i \in V\}$ mit den folgenden beiden Eigenschaften:

1. Jeder Knoten $i \in V$ liegt in seiner eigenen Nachbarschaft $\mathcal{N}_i$.
2. Die Nachbarschaftsrelation ist für je zwei Knoten i_1 und i_2 symmetrisch: Ist $i_1 \in \mathcal{N}_{i_2}$, so ist $i_2 \in \mathcal{N}_{i_1}$. (Ist $i_1 \in \mathcal{N}_{i_2}$, so können wir nun sagen, i_1 und i_2 seien benachbart.)

Das Paar $(V,\mathcal{N})$ nennt man auch eine *Topologie*. Man sieht sehr leicht, dass Topologien dieser Art stets einen ungerichteten Graphen (V,E) zur Grundlage haben, wobei sich die Nachbarschaften aus Adjazenzen von Knoten ergeben.

Eine *Clique* der Topologie $(V,\mathcal{N})$ ist eine Teilmenge $I \subseteq V$, sodass je zwei Elemente aus I einander benachbart sind. Insbesondere sind auch die leere Menge und Einermengen Cliquen. In diesem Abschnitt schließen wir jedoch die leere Menge aus.

Lokale Markov-Eigenschaft

Das in Rede stehende Paar $(\mathbf{X}, \mathbf{Y})$ von Zufallsvektoren heißt *bedingtes Markovsches Zufallsfeld* (engl. *conditional random field (CRF)*) in Bezug auf das Nachbarschaftssystem $\mathcal{N}$, wenn die sogenannte lokale *Markov-Eigenschaft* in Bezug auf dieses Nachbarschaftssystem vorliegt: Für alle Stellen $i \in V$ und alle möglichen Instanzen $\mathbf{x}$ und $\mathbf{y}$ von $\mathbf{X}$ bzw. $\mathbf{Y}$ ist

$$\mathbb{P}\left(X_i = x_i | \mathbf{Y} = \mathbf{y}, \mathbf{X}_{V\setminus\{i\}} = \mathbf{x}_{V\setminus\{i\}}\right) = \mathbb{P}\left(X_i = x_i | \mathbf{Y} = \mathbf{y}, \mathbf{X}_{\mathcal{N}_i\setminus\{i\}} = \mathbf{x}_{\mathcal{N}_i\setminus\{i\}}\right). \quad (17.16)$$

Das bedeutet, dass für jede Stelle $i \in V$ die Zufallsmarkierung X_i von i gegeben die Daten und die Markierung der Nachbarschaft $\mathcal{N}_i$ von i bedingt unabhängig von der Zufallsmarkierung der Stellen ist, die nicht Nachbarn von i sind.

Man überzeugt sich leicht davon, dass HMMs die lokale Markov-Eigenschaft in Bezug auf das Nachbarschaftssystem haben, das sich aus dem *Liniengraphen*

$$(V,E = \{(i-1,i) \mid i \in V, i > 1\}) \tag{17.17}$$

über der Knotenmenge V ergibt.

Merkmalbasierte Exponentialmodelle und Nachbarschaftssysteme

Wir sagen, die bedingten Verteilungen $\mathrm{p}(\mathbf{x} \mid \mathbf{y})$ genügen bezogen auf die Cliquen der Topologie $(V,\mathcal{N})$ einem merkmalbasierten Exponentialmodell, wenn

$$\mathrm{p}(\mathbf{x} \mid \mathbf{y}) = \frac{1}{Z(\mathbf{y})} \exp\left(\sum_{I \text{ Clique}} \phi_I(\mathbf{x}_I,\mathbf{y}) \right) \tag{17.18}$$

ist, wobei

$$Z(\mathbf{y}) := \sum_{\mathbf{x} \in \mathfrak{X}} \exp\left(\sum_{I \text{ Clique}} \phi_I(\mathbf{x}_I,\mathbf{y}) \right) \tag{17.19}$$

ist.

Satz von Hammersley und Clifford

Der Satz von Hammersley und Clifford aus dem Jahre 1971 (siehe [5]) besagt, dass die folgenden beiden Bedingungen äquivalent sind, vorausgesetzt $\mathrm{p}(\mathbf{x} \mid \mathbf{y})$ ist für alle $\mathbf{x}$ und $\mathbf{y}$ größer als null:

1. Das Paar $(\mathbf{X}, \mathbf{Y})$ hat die lokale Markov-Eigenschaft bezüglich der Topologie $(V,\mathcal{N})$.
2. Die $\mathrm{p}(\mathbf{x} \mid \mathbf{y})$ genügen bezogen auf die Cliquen der Topologie $(V,\mathcal{N})$ einem merkmalbasierten Exponentialmodell.

Der Satz von Hammersley und Clifford zeigt nicht nur, dass CRFs Merkmalbasierten Exponentialverteilungen gehorchen. Umgekehrt ist eine merkmalbasierte Exponentialverteilung ein CRF, falls die Stellencliquen im graphentheoretischen Sinne Cliquen eines ungerichteten Graphen über der Knotenmenge V sind.

Nachbarschaftssysteme und Lokalität von Merkmalen

Liegt ein Nachbarschaftssystem vor, so wird der Begriff der Lokalität eines Merkmals besser verständlich: Jedes Merkmal $\phi_I(\mathbf{x}_I,\mathbf{y})$ aus Gleichung 17.18 ist lokal, denn es hängt nur von den Markierungen der Clique I des Nachbarschaftssystems ab.

17.3 IIS-Algorithmus

Im Abschnitt 17.1.4 haben wir bemerkt, dass für die Log-Likelihood-Funktion $\mathcal{L}(\gamma)$ aus Gleichung 17.13 jedes lokale Maximum γ^* ein globales ist. Wir suchen deshalb nach einer Prozedur, die einem γ ein

$$\gamma' = \gamma + \epsilon = (\gamma_1 + \epsilon_1, \gamma_2 + \epsilon_2, \ldots, \gamma_k + \epsilon_k)$$

so zuordnet, dass $\mathcal{L}(\gamma + \epsilon) - \mathcal{L}(\gamma) > 0$ ist. Diese Prozedur wird ausgehend von einem beliebigen Startwert bis zur Konvergenz gegen ein γ^* durchgeführt, praktisch gesagt so lange, bis dass der Absolutwert der ϵ_κ für alle $\kappa = 1,2,\ldots,k$ unterhalb einer Toleranzschwelle liegt. Diese Prozedur ist eine Iteration des IIS-Algorithmus. Uns geht es darum, ihn darzustellen und eine Idee davon zu bekommen, warum er funktioniert. Dabei stützen wir uns vor allem auf [1].

Unter Verwendung von Gleichung 17.13 ist die Veränderung der Log-Likelihood-Funktion beim Übergang von γ zu γ' gleich

$$\begin{aligned}\mathcal{L}(\gamma + \epsilon) - \mathcal{L}(\gamma) &= \sum_{\mathbf{x},\mathbf{y}} \hat{p}_m(\mathbf{x},\mathbf{y}) \ln \mathrm{p}_{\gamma'}(\mathbf{x} \mid \mathbf{y}) - \sum_{\mathbf{x},\mathbf{y}} \hat{p}_m(\mathbf{x},\mathbf{y}) \ln \mathrm{p}_{\gamma}(\mathbf{x} \mid \mathbf{y}) \\ &= \sum_{\mathbf{x},\mathbf{y}} \hat{p}_m(\mathbf{x},\mathbf{y}) \sum_{\kappa=1}^{k} \epsilon_\kappa f_\kappa(\mathbf{x},\mathbf{y}) - \sum_{\mathbf{y}} \hat{p}_m(\mathbf{y}) \ln \frac{Z_{\gamma'}(\mathbf{y})}{Z_{\gamma}(\mathbf{y})}.\end{aligned}$$

Unter Verwendung von $-\ln z \geq 1 - z \ (z > 0)$ erhalten wir

$$\mathcal{L}(\gamma + \epsilon) - \mathcal{L}(\gamma) \geq \sum_{\mathbf{x},\mathbf{y}} \hat{p}_m(\mathbf{x},\mathbf{y}) \sum_{\kappa=1}^{k} \epsilon_\kappa f_\kappa(\mathbf{x},\mathbf{y}) + 1 - \sum_{\mathbf{y}} \hat{p}_m(\mathbf{y}) \frac{Z_{\gamma'}(\mathbf{y})}{Z_{\gamma}(\mathbf{y})}.$$

Eine Maximierung der rechten Seite der vorstehenden Ungleichung durch Bildung und Nullsetzung der partiellen Ableitungen nach den ϵ_κ ($\kappa = 1,2,\ldots,k$) ist nicht ohne Weiteres möglich, da die resultierenden Gleichungen *gekoppelt* sind: Jede von ihnen enthält alle $\epsilon_1,\epsilon_2,\ldots,\epsilon_k$. Deshalb formen wir wie folgt um:

$$\begin{aligned}&\sum_{\mathbf{x},\mathbf{y}} \hat{p}_m(\mathbf{x},\mathbf{y}) \sum_{\kappa=1}^{k} \epsilon_\kappa f_\kappa(\mathbf{x},\mathbf{y}) + 1 - \sum_{\mathbf{y}} \hat{p}_m(\mathbf{y}) \frac{\sum_{\mathbf{x}} \exp\left(\sum_\kappa (\gamma_\kappa + \epsilon_\kappa) f_\kappa(\mathbf{x},\mathbf{y})\right)}{\sum_{\mathbf{x}} \exp\left(\sum_\kappa \gamma_\kappa f_\kappa(\mathbf{x},\mathbf{y})\right)} \\ &= \sum_{\mathbf{x},\mathbf{y}} \hat{p}_m(\mathbf{x},\mathbf{y}) \sum_{\kappa=1}^{k} \epsilon_\kappa f_\kappa(\mathbf{x},\mathbf{y}) + 1 - \sum_{\mathbf{y}} \hat{p}_m(\mathbf{y}) \sum_{\mathbf{x}} \mathrm{p}_{\gamma}(\mathbf{x} \mid \mathbf{y}) \exp\left(\sum_\kappa \epsilon_\kappa f_\kappa(\mathbf{x},\mathbf{y})\right).\end{aligned}$$

Zur weiteren Abschätzung der rechte Seite dieser Gleichung nach unten bedienen wir uns eines simplen Tricks, um die Jensensche

Ungleichung anwenden zu können. Wir definieren die *totale Merkmalsumme*

$$\mathrm{tfs}(\mathbf{x},\mathbf{y}) = \sum_{\kappa=1}^{k} f_\kappa(\mathbf{x},\mathbf{y}) \tag{17.20}$$

und wählen, einer in [6] dargestellten Idee folgend, eine von $\mathbf{x}$ und $\mathbf{y}$ unabhängige obere Schranke:

$$\mathrm{tfs}(\mathbf{x},\mathbf{y}); \leq \mathrm{up}_{n,\ell}. \tag{17.21}$$

Nun können wir wie folgt fortfahren:

$$\sum_{\mathbf{x},\mathbf{y}} \hat{p}_m(\mathbf{x},\mathbf{y}) \sum_{\kappa=1}^{k} \epsilon_\kappa f_\kappa(\mathbf{x},\mathbf{y}) + 1 - \sum_{\mathbf{y}} \hat{p}_m(\mathbf{y}) \sum_{\mathbf{x}} \mathrm{p}_\gamma\,(\mathbf{x} \mid \mathbf{y})\ \exp\left(\sum_{\kappa} \epsilon_\kappa f_\kappa(\mathbf{x},\mathbf{y})\right)$$

$$= \sum_{\mathbf{x},\mathbf{y}} \hat{p}_m(\mathbf{x},\mathbf{y}) \sum_{\kappa=1}^{k} \epsilon_\kappa f_\kappa(\mathbf{x},\mathbf{y}) + 1 - \sum_{\mathbf{y}} \hat{p}_m\,(\mathbf{y}) \sum_{\mathbf{x}} \mathrm{p}_\gamma\,(\mathbf{x} \mid \mathbf{y})\ \exp\left(\mathrm{up}_{n,\ell} \sum_{\kappa} \epsilon_\kappa \frac{f_\kappa(\mathbf{x},\mathbf{y})}{\mathrm{up}_{n,\ell}}\right).$$

Wir bemerken, dass wir

$$\frac{f_1(\mathbf{x},\mathbf{y})}{\mathrm{up}_{n,\ell}}, \ldots, \frac{f_k(\mathbf{x},\mathbf{y})}{\mathrm{up}_{n,\ell}}, \frac{\mathrm{up}_{n,\ell} - \mathrm{tfs}(\mathbf{x},\mathbf{y})}{\mathrm{up}_{n,\ell}}$$

als Wahrscheinlichkeitsverteilung auf der Menge $\{1,2,\ldots,k,k+1\}$ auffassen können. Setzen wir für einen kurzen Moment $\epsilon_{k+1} = 0$, so erhalten wir unter Verwendung von Jensens Ungleichung

$$\sum_{\mathbf{x},\mathbf{y}} \hat{p}_m\,(\mathbf{x},\mathbf{y}) \sum_{\kappa=1}^{k} \epsilon_\kappa f_\kappa(\mathbf{x},\mathbf{y}) + 1 - \sum_{\mathbf{y}} \hat{p}_m\,(\mathbf{y}) \sum_{\mathbf{x}} \mathrm{p}_\gamma\,(\mathbf{x} \mid \mathbf{y})\ \exp\left(\mathrm{up}_{n,\ell} \sum_{\kappa} \epsilon_\kappa \frac{f_\kappa(\mathbf{x},\mathbf{y})}{\mathrm{up}_{n,\ell}}\right)$$

$$\geq \sum_{\mathbf{x},\mathbf{y}} \hat{p}_m\,(\mathbf{x},\mathbf{y}) \sum_{\kappa=1}^{k} \epsilon_\kappa f_\kappa(\mathbf{x},\mathbf{y}) + 1 - \sum_{\mathbf{y}} \hat{p}_m\,(\mathbf{y}) \sum_{\mathbf{x}} \mathrm{p}_\gamma\,(\mathbf{x} \mid \mathbf{y}) \sum_{\kappa=1}^{k} \exp(\epsilon_\kappa \mathrm{up}_{n,\ell}) \frac{f_\kappa(\mathbf{x},\mathbf{y})}{\mathrm{up}_{n,\ell}} := aux(\gamma',\gamma).$$

Indem wir für jedes $\kappa = 1,2,\ldots,k$ die partielle Ableitung von $aux(\gamma',\gamma)$ nach ϵ_κ bilden und gleich null setzen, erhalten wir

$$0 = \sum_{\mathbf{x},\mathbf{y}} \hat{p}_m\,(\mathbf{x},\mathbf{y})\, f_\kappa\,(\mathbf{x},\mathbf{y}) - e^{\epsilon_\kappa \cdot \mathrm{up}_{n,\ell}} \sum_{\mathbf{x},\mathbf{y}} f_\kappa\,(\mathbf{x},\mathbf{y}\,)\mathrm{p}_\gamma\,(\mathbf{x} \mid \mathbf{y})\, \hat{p}_m\,(\mathbf{y}),$$

woraus

$$\epsilon_\kappa = \frac{1}{\mathrm{up}_{n,\ell}} \ln \frac{\sum_{\mathbf{x},\mathbf{y}} \hat{p}_m\,(\mathbf{x},\mathbf{y}\,)\, f_\kappa\,(\mathbf{x},\mathbf{y})}{\sum_{\mathbf{x},\mathbf{y}} f_\kappa\,(\mathbf{x},\mathbf{y})\, \mathrm{p}_\gamma\,(\mathbf{x} \mid \mathbf{y})\, \hat{p}_m\,(\mathbf{y})} \tag{17.22}$$

folgt: Die Gleichungen sind in Bezug auf die $\epsilon_1,\epsilon_2,\ldots,\epsilon_k$ *entkoppelt.*

Vorstehendes legt den IIS-Algorithmus S (Bezeichnung nach [6]) nahe:

Algorithmus 17.1 IIS-Algorithmus S

Eingabe: die Lernstichprobe (17.3) (eigentlich eine Instanz (17.4)).
Schritt 1 (Initialisierung)
  Initialisiere die Gewichte γ_κ für alle $\kappa = 1,2,\ldots,k$ beliebig.
  Bestimme obere Schranke $\text{up}_{n,\ell}$ für die totale Merkmalssumme
    gemäß den Gleichungen 17.20 und 17.21.
  Berechne für jedes $\kappa = 1,2,\ldots,k$ den empirischen Erwartungswert
    $\sum_{\mathbf{x},\mathbf{y}} \hat{p}_m\,(\mathbf{x},\mathbf{y})\,f_\kappa\,(\mathbf{x},\mathbf{y})$
  des Merkmals f_κ.
Schritt 2
  Führe aus
    Für $\kappa = 1,2,\ldots,k$ führe aus.
      Berechne die Erwartung des Merkmals f_κ
        $\sum_{(\mathbf{x},\mathbf{y})\in\mathfrak{X}\times\mathfrak{Y}} f_\kappa\,(\mathbf{x},\mathbf{y})\;\text{p}_\gamma\,(\mathbf{x}\mid\mathbf{y})\;\hat{p}_m\,(\mathbf{y}]$
        bezüglich der aktuellen Modellverteilung.
      Berechne ϵ_κ gemäß Gleichung 17.22
      $\gamma_\kappa \leftarrow \gamma_\kappa + \epsilon_\kappa$
  bis dass alle ϵ_κ unterhalb einer geeignet gewählten Schwelle liegen.

Der IIS-Algorithmus S zur Bestimmung der Gewichtsvektoren

Zum Beweis der Konvergenz des vorstehenden Algorithmus ist der Nachweis notwendig, dass für jedes Paar (γ',γ) aus einem Gewichtsvektor γ und seinem durch den IIS-Algorithmus berechneten Nachfolger-Vektor γ' der Wert der Hilfsfunktion $aux(\gamma',\gamma)$ positiv ist. Diese Technik wurde im Detail in [4] entwickelt. Für die Parameterschätzung bei Exponentialmodellen sind ferner [2, 3] relevant.

Der Algorithmus ist noch generisch. Um ihn effizient umzusetzen, muss man angeben, wie die Erwartungen der Merkmale bezüglich der aktuellen Modellverteilung schnell berechnet werden können. Ob und wie das geht, hängt vom Nachbarschaftssystem auf der Stellenmenge ab. Im Abschnitt 17.4.3 stellen wir dar, wie man bei Linien-CRFs vorgehen kann.

In manchen Fällen ist $\text{up}_{n,\ell}$ recht groß. Der Algorithmus konvergiert dann ziemlich langsam und man ist ggf. auf Alternativen angewiesen. Siehe dazu [6, 8].

17.4 Linien-CRFs

Bei Linien-CRFs liegt eine große formale Ähnlichkeit zu HMMs vor: *Linien-CRFs*

Die lokalen Basismerkmale zerfallen in zwei Arten:

- Transitionsmerkmale $f_{\{i-1,i\}}$ $(i \in V,\ i > 1)$;
- Emissionsmerkmale f_i $(i \in V)$.

Man erkennt sofort, dass Linien-CRFs dennoch begrifflich weiter gefasst sind als HMMs: Transitionsmerkmale können auch von den Daten abhängen, Emissionsmerkmale unterliegen bezogen auf die Daten keinen Einschränkungen.

Es sei an dieser Stelle ausdrücklich gesagt, dass die Bezeichnung „Emissionsmerkmal" nicht so zu verstehen ist, dass nun doch eine gemeinsame Verteilung von Markierungen der Stellen aus V und Beobachtungen modelliert wird. Sie soll lediglich zum Vergleich mit HMMs anregen.

Angenommen, wir haben insgesamt k lokale Basismerkmale. Jeder Stelle $i \in V$ ordnen wir diejenigen Merkmale f_I mit $i = \max I$ zu. Auf diese Weise erhalten wir zu jedem i die Folge derjenigen Transitions- oder Emissionsmerkmale f_κ $(\kappa = 1,2,\ldots,k_i)$, die nur von (x_{i-1},x_i) bzw. x_i abhängen. Natürlich ist $k = \sum_i k_i$. Für $i \geq 2$ und $\kappa = 1,2,\ldots,k_i$ vereinheitlichen wir die Bezeichnungen zu „$f_{i\kappa}(x_{i-1},x_i,\mathbf{y})$", wobei dieses Merkmal eventuell nicht von x_{i-1} abhängt und in Bezug auf die Beobachtungen lokal ist. Da für $i = 1$ nur Emissionsmerkmale f_κ in Frage kommen, schreiben wir „$f_{1\kappa}(x_1,\mathbf{y})$".

17.4.1 Precomputing

Wir folgen der Darstellung in [6]. Wir nehmen an, dass ein (vorläufiger oder endgültiger) Gewichtsvektor $\gamma \in \mathbb{R}^k$ vorliegt, der die Bedeutung der einzelnen Merkmale gegeneinander abwägt. Um die Inferenz für eine Eingabe-Beobachtungssequenz $\mathbf{y}$ (siehe Gleichung 17.2) effizient durchführen zu können, stellen wir

- einen λ-dimensionalen Zeilenvektor $M_1 = M_1^{(\mathbf{y})}$;
- für jedes $i = 2,3,\ldots,n$ eine $\lambda \times \lambda$-Matrix $M_i = M_i^{(\mathbf{y})}$;
- einen λ-dimensionalen Spaltenvektor $M_{n+1} = M_{n+1}^{(\mathbf{y})}$

mit Koeffizienten in den reellen Zahlen wie folgt auf:

$$M_1(\xi) := \exp\left(\sum_{\kappa=1}^{k_1} \lambda_{1\kappa} f_{1\kappa}(\xi,\mathbf{y})\right) \quad M_i(\xi_1,\xi_2) := \exp\left(\sum_{\kappa=1}^{k_i} \lambda_{i\kappa} f_{i\kappa}(\xi_1,\xi_2,\mathbf{y})\right) \quad (i > 1), \tag{17.23}$$

wobei ξ,ξ_1,ξ_2 beliebige Marken aus $\Lambda = \{1,2,\ldots,\lambda\}$ sind. Der Spaltenvektor M_{n+1} hat an jeder Stelle eine Eins. Darüber hinaus sei M das Matrixprodukt von $M_2,M_3,\ldots,M_n$:

$$M := M^{(\mathbf{y})} := M_2 \cdot M_3 \cdot \ldots \cdot M_n. \qquad (17.24)$$

Die Laufzeit für die Aufstellung der Matrizen bzw. Vektoren $M_1,M_2,\ldots,M_{n+1}$ hängt natürlich von der Natur und der Anzahl der Merkmale ab. In jedem Falle muss jedes Merkmal $\leq \lambda^2$-mal berechnet werden. Die Berechnung der Matrix M aus Gleichung 17.24 ist ein $\mathcal{O}(n\cdot \mathrm{M}(\lambda))$, wobei $\mathrm{M}(\lambda)$ die Anzahl der arithmetischen Operationen ist, die zur Multiplikation zweier $\lambda \times \lambda$-Matrizen aufgewendet werden müssen.

Der Laufzeitbedarf für die Evaluierung eines binären Merkmals $f_{\{i-1,i\},J,\xi,v}$ ist ein $\mathcal{O}(|J|)$, eines Indikator-Transformator-Merkmals $f_{\{i-1,i\},J,\xi,\tau}$ ein $\mathcal{O}(|J| + \mathrm{time}(\tau))$, wobei $\mathrm{time}(\tau)$ die Zeit bezeichnet, die die Berechnung von $\tau(\mathbf{y}_J)$ kostet.

Liegen beispielsweise nur binäre Merkmale vor, und ist die Anzahl der Elemente des „J" für jedes solche Merkmal durch ι nach oben beschränkt, so sind die Gesamtkosten ein $\mathcal{O}((n+k+\iota)\cdot\lambda^2)$.

Das folgende Lemma ist unter Verwendung der Gleichungen 17.11 und 17.12 offensichtlich:

Lemma 17.1 *1. Ist* $\mathbf{x} = (x_1,x_2,\ldots,x_n)$ *eine Markierung der Stellen aus* V*, gilt für die „nichtnormierten Wahrscheinlichkeiten" – die linke Seite von Gleichung 17.25 – folgendes:*

$$\mathrm{p}_\gamma\,(\mathbf{x}\mid\mathbf{y})\cdot Z_\gamma(\mathbf{y}) = M_1(x_1)\cdot M_2(x_1,x_2)\cdot M_3(x_2,x_3)\cdot\ldots\cdot M_n(x_{n-1},x_n). \qquad (17.25)$$

2. Ist $(\zeta_1,\zeta_2,\ldots,\zeta_n)$ *gleich dem Matrixprodukt* $M_1\cdot M$*, so ist*

$$Z_\gamma(\mathbf{y}) = \sum_{i=1}^{n}\zeta_i = M_1\cdot M\cdot M_{n+1}. \qquad (17.26)$$

3. Sind der Vektor M_1 *und die Matrizen* $M_2,M_3,\ldots,M_n$ *bereits aufgestellt, so hat für jede Markierung* $\mathbf{x}$ *der Stellen aus* V *die Berechnung*

- *der nichtnormierten Wahrscheinlichkeit* $\mathrm{p}_\gamma\,(\mathbf{x}\mid\mathbf{y})\cdot Z_\gamma(\mathbf{y})$ *eine Laufzeit von* $\mathcal{O}(n)$*;*
- *es Normierungsfaktors* $Z_\gamma(\mathbf{y})$ *und der Wahrscheinlichkeit* $\mathrm{p}_\gamma\,(\mathbf{x}\mid\mathbf{y})$ *eine Laufzeit von* $\mathcal{O}(n\cdot\mathrm{M}(\lambda))$.

17.4.2
Inferenz

Unser Ziel ist ein Viterbi-Algorithmus für Linien-CRFs. Wir sehen sofort, dass es genügt, mit dem zu rechnen, was wir in Lemma 17.1, Behauptung 1 „nichtnormierte Wahrscheinlichkeiten“ genannt haben. Um uns das Verständnis zu erleichtern, ziehen wir die folgenden Parallelen zu inhomogenen HMMs:

- Für jedes $\xi \in \Lambda$ entspricht $M_1(\xi)$ dem Produkt aus der Übergangswahrscheinlichkeit vom Startzustand nach ξ an Stelle 1 und der Wahrscheinlichkeit der zu $\mathbf{y}$ gehörigen Emission aus ξ an Stelle 1.
- Für jede zwei $\xi_1,\xi_2 \in \Lambda$ entspricht $M_i(\xi_1,\xi_2)$ dem Produkt aus der Übergangswahrscheinlichkeit von ξ_1 an Stelle $i-1$ nach ξ_2 an Stelle i und der Wahrscheinlichkeit der zu $\mathbf{y}$ gehörigen Emission aus ξ_2 an Stelle $i > 1$.

Algorithmus 17.2 Der Viterbi-Algorithmus: Vorwärtsteil

Schritt 1 (Erzeugung und Initialisierung des Feldes)
    Erzeuge das Feld $\text{vit}_{\xi i}$.
    Initialisiere jeden Eintrag mit 0.
Schritt 2 (Berechnung von Spalte 1)
    Für $\xi = 1,2,\ldots,\lambda$ führe aus.
        $\text{vit}_{\xi 1} \leftarrow M_1(\xi)$
Schritt 3 (Berechnung von Spalte i aus Spalte $i-1$)
    Für $i = 2,3,\ldots,n-1$ führe aus.
        Für $\xi = 1,2,\ldots,\lambda$ führe aus.
            Für $\xi' = 1,2,\ldots,\lambda$ führe aus.
                $\text{vit}_{\xi i} \leftarrow \max\{\text{vit}_{\xi i}, \text{vit}_{\xi,i-1}\, M_i(\xi',\xi)\}$
Schritt 4
    $\text{vit}_{*,n} \leftarrow \max_{\xi\in\Lambda} \text{vit}_{\xi,n}$

Algorithmus 17.3 Der Viterbi–Algorithmus: Rückwärtsteil

Schritt 5 (Anfang des Backtrackings)
  Berechne
    $x_n^* \leftarrow \operatorname{argmax}_{\xi\in\Lambda} \mathrm{vit}_{\xi,n}$
Schritt 6 (Schleife)
  Für $i = n-1, n-2, \ldots, 1$ führe aus.
    $x_i^* \leftarrow \operatorname{argmax}_{\xi\in\Lambda}\left(\mathrm{vit}_{\xi i}\cdot M_{i+1}(\xi, x_{i+1}^*)\right)$

Der Viterbi-Algorithmus für HMMs überträgt sich direkt. Der guten Ordnung halber schreiben wir ihn noch einmal auf.

Definition 17.2 Für eine feste Beobachtung $\mathbf{y}$ ist

$$\mathrm{vit}_{\xi 1} := M_1(\xi) \quad \mathrm{vit}_{\xi i} := \max_{\xi'\in\Lambda} \mathrm{vit}_{\xi', i-1}\ M_i(\xi) \quad (1 < i \le n)$$

$$\mathrm{vit}_{*n} := \max_{\xi\in\Lambda} \mathrm{vit}_{\xi,n}.$$

Vorwärtsteil des Viterbi-Algorithmus für Linien-CRFs

Rückwärtsteil des Viterbi-Algorithmus für Linien-CRFs

Wie bei den HMMs auch schon, dient der Vorwärtsteil der Berechnung der Viterbi-Variablen und des Wertes vit_{*n}.

Im Rückwärtsteil wird der Viterbi-Pfad berechnet.

Es wäre relativ unglücklich, vit_{*n} als Viterbi-Score des Linien-CRF gegeben die Beobachtung $\mathbf{y}$ zu bezeichnen. Dafür eignet sich die Wahrscheinlichkeit $\mathrm{p}_\gamma\ (\mathbf{x}^* \mid \mathbf{y})$ besser, die im Anschluss an den Viterbi-Algorithmus leicht zu berechnen ist.

17.4.3 Training: Umsetzung des IIS-Algorithmus

Wir haben im Abschnitt 17.3 gesehen, dass man für diejenigen globalen Merkmale f_κ ($\kappa = 1,2,\ldots,k$), die sich durch Addition der lokalen Basismerkmale gleichen Gewichts ergeben, die Erwartungen bezüglich der Modellverteilung

Umsetzung des IIS-Algorithmus für Linien-CRFs: Berechnung der Erwartungswerte der globalen Merkmale bzgl. der Modellverteilung

$$\sum_{(\mathbf{x},\mathbf{y})\in\mathfrak{X}\times\mathfrak{Y}} f_\kappa(\mathbf{x},\mathbf{y})\ \mathrm{p}_\gamma\ (\mathbf{x}\mid\mathbf{y})\ \hat{p}_m\ (\mathbf{y}) \qquad (\kappa = 1,2,\ldots,k)$$

effizient berechnen können muss, um den IIS-Algorithmus, der bisher generisch geblieben ist, im Falle von Linien-CRFs effizient umsetzen zu können. Wir legen auf der Grundlage von [1] dar, wie man vorgehen kann.

Da der Erwartungswert einer Summe gleich der Summe der Erwartungswerte und die Mittelung mithilfe der empirischen Verteilung $\hat{p}_m(\mathbf{y})$ trivial ist, genügt es, wenn wir uns für jedes lokale Transitionsmerkmal $f_{\{i-1,i\}}$ und jedes lokale Emissionsmerkmal f_i um die Berechnung von

$$\sum_{\mathbf{x}\in\mathfrak{X}} f_{\{i-1,i\}}(x_{i-1},x_i,\mathbf{y})\ \mathrm{p}_\gamma\ (\mathbf{x}\mid\mathbf{y}) \quad \text{bzw.} \quad \sum_{\mathbf{x}\in\mathfrak{X}} f_i(x_i,\mathbf{y})\ \mathrm{p}_\gamma\ (\mathbf{x}\mid\mathbf{y})$$

kümmern.

Warum studieren wir dazu die Berechnung der Wahrscheinlichkeiten

$$\mathbb{P}_\gamma\ (X_{i-1}=\xi_1,X_i=\xi_2\mid\mathbf{Y}=\mathbf{y}) \quad \text{und} \quad \mathbb{P}_\gamma\ (X_i=\xi\mid\mathbf{Y}=\mathbf{y})$$

für beliebige $\xi,\xi_1,\xi_2\in\Lambda$, die wir als *Wahrscheinlichkeiten der Markierungscliquen gegeben die Beobachtung* $\mathbf{y}$ bezeichnen wollen? Um diese Frage zu beantworten, betrachten wir die Projektionsabbildung2en

$$\begin{aligned} \mathfrak{X} &\to \Lambda^2 & \qquad \mathfrak{X} &\to \Lambda \\ \mathbf{x} &\mapsto (x_{i-1},x_i) & \qquad \mathbf{x} &\mapsto x_i. \end{aligned}$$

Offenbar sind die Wahrscheinlichkeiten der Markierungscliquen gegeben die Beobachtung die von den $\mathrm{p}_\gamma\ (\mathbf{x}\mid\mathbf{y})$ längs dieser Abbildungen auf Λ^2 bzw. Λ induzierten Verteilungen. Nach dem Transformationssatz für Erwartungswerte, den wir ansatzweise im Kapitel 4 dargestellt haben, folgt für jedes lokale Transitionsmerkmal $f_{\{i-1,i\}}$ und jedes lokale Emissionsmerkmal f_i

$$\sum_{\mathbf{x}\in\mathfrak{X}} f_{\{i-1,i\}}(x_{i-1},x_i,\mathbf{y})\ \mathrm{p}_\gamma\ (\mathbf{x}\mid\mathbf{y}) = \sum_{(\xi_1,\xi_2)\in\Lambda^2} f_{\{i-1,i\}}(x_{i-1},x_i,\mathbf{y})\ \mathbb{P}_\gamma\ (X_{i-1}=\xi_1,X_i=\xi_2\mid\mathbf{Y}=\mathbf{y})$$

bzw.

$$\sum_{\mathbf{x}\in\mathfrak{X}} f_i(x_i,\mathbf{y})\ \mathrm{p}_\gamma\ (\mathbf{x}\mid\mathbf{y}) = \sum_{\xi\in\Lambda} f_i(x_i,\mathbf{y})\ \mathbb{P}_\gamma\ (X_i=\xi\mid\mathbf{Y}=\mathbf{y}).$$

Wer die Wahrscheinlichkeiten von Markierungscliquen gegeben die Daten effizient berechnen kann, der kann folglich auch die Erwartungswerte von lokalen Basismerkmalen gegeben die Daten effizient berechnen.

Zur Berechnung der Markierungscliquen-Wahrscheinlichkeiten führen wir zunächst in einer zu HMMs analogen Weise die Vorwärts- und die Rückwärtsvariablen durch vollständige Induktion ein. Als Induktionsanfänge haben wir Folgendes.

$$(\alpha_{11},\alpha_{21},\ldots,\alpha_{\lambda 1}) := M_1 \quad (\beta_{1n},\beta_{2n},\ldots,\beta_{\lambda n})^T := M_{n+1} \tag{17.27}$$

Der Induktionsschritt sieht für die Vorwärts- und die Rückwärtsvariablen so aus:

$$(\alpha_{1i},\alpha_{2i},\ldots,\alpha_{\lambda i}) := (\alpha_{1i-1},\alpha_{2i-1},\ldots,\alpha_{\lambda i-1}) \cdot M_i \quad (i > 1) \tag{17.28}$$

$$(\beta_{1i},\beta_{2i},\ldots,\beta_{\lambda i})^T := M_{i+1} \cdot (\beta_{1i+1},\beta_{2i+1},\ldots,\beta_{\lambda i+1})^T \quad (i < n) \tag{17.29}$$

Man sieht leicht ein, dass für $i = 2,3,\ldots,n$

$$\mathbb{P}_\gamma\left(X_{i-1} = \xi_1, X_i = \xi_2 \mid \mathbf{Y} = \mathbf{y}\right) = \frac{\alpha_{\xi_1 i-1} \cdot M_i(\xi_1,\xi_2) \cdot \beta_{\xi_2 i}}{Z_\gamma(\mathbf{y})} \tag{17.30}$$

und für $i = 1, 2, \ldots, n$

$$\mathbb{P}_\gamma\left(X_i = \xi \mid \mathbf{Y} = \mathbf{y}\right) = \frac{\alpha_{\xi i} \cdot \beta_{\xi i}}{Z_\gamma(\mathbf{y})} \tag{17.31}$$

ist.

Was die Laufzeitanalyse angeht, so lassen sich sämtliche Vorwärts- und Rückwärtsvariablen zusammen in Zeit $\mathcal{O}(n\cdot\lambda^2)$ berechnen sofern alle M_i vorliegen. Ist auch $Z_\gamma(\mathbf{y})$ bereits berechnet, so kann die Wahrscheinlichkeit jeder Markierungsclique gegeben $\mathbf{y}$ auf dieser Grundlage in Zeit $\mathcal{O}(1)$ bestimmt werden.

Vorschlag eines Linien-CRF für die Lokalisierung von CpG-Inseln

Wie kann ein Linien-CRF für die Lokalisierung von CpG-Inseln aussehen, das nicht einfach nur aus der Standardtransformation des entsprechenden HMMs entstanden ist? Wir wählen als Markenmenge $\Lambda = \{I, N\}$, wobei „I“ für „Insel“ und „N“ für „Nicht-Insel“ steht. Eine Instanz $(\mathbf{x},\mathbf{y})$ besteht aus der DNA-Sequenz $\mathbf{y}$ zusammen mit ihrer Markierung $\mathbf{x}$, wobei hier den Daten $\mathbf{y}$ derselbe Linien-Graph unterliegt wie der Markierung $\mathbf{x}$. Für jede zulässige Stelle i bzw. jedes zulässige Stellenpaar $(i-1, i)$ verwenden wir die folgenden Indikator-Transformator-Merkmale als lokale Basismerkmale:

- Emissionsmerkmale: Für $\xi \in \Lambda$ sei

  $$f_{i,\xi}(\mathbf{x},\mathbf{y}) = \begin{cases} \delta(x_i,\xi)\log p^+_{0y_i} & \text{falls } x_i = \mathrm{I}; \\ \delta(x_i,\xi)\log p^-_{0y_i} & \text{falls } x_i = \mathrm{N}. \end{cases}$$

  Dabei sind $p^+_{0y_i}$ und $p^-_{0y_i}$ die Hintergrundwahrscheinlichkeiten der Base y_i im Plus- bzw. im Minusmodell (siehe Kapitel 15, Abschnitt „Markov-Modelle“).

  Beim Trainieren fassen wir für $\xi = \mathrm{I}$ und für $\xi = \mathrm{N}$ die Merkmale $f_{1,\xi}, f_{2,\xi}, \ldots$ zu einem globalen Merkmal f_ξ zusammen:

  $$f_\xi := \sum_i f_{i,\xi}.$$

- Transitionsmerkmale: Für $\xi', \xi \in \Lambda$ sei

$$f_{i,\xi',\xi}(\mathbf{x},\mathbf{y}) = \begin{cases} \delta(x_{i-1},\xi')\delta(x_i,\xi) \log p^{+}_{y_{i-1}y_i} & \text{falls } \xi' = \text{I und } \xi = \text{I;} \\ \delta(x_{i-1},\xi')\delta(x_i,\xi) \log p^{-}_{y_{i-1}y_i} & \text{falls } \xi' = \text{N und } \xi = \text{N;} \\ \delta(x_{i-1},\xi')\delta(x_i,\xi) \log q^{+} & \text{falls } \xi' = \text{I und } \xi = \text{N;} \\ \delta(x_{i-1},\xi')\delta(x_i,\xi) \log q^{-} & \text{falls } \xi' = \text{N und } \xi = \text{I.} \end{cases}$$

Dabei sind die Wahrscheinlichkeiten $p^{+}_{y_{i-1}y_i}$, $p^{-}_{y_{i-1}y_i}$ und q^{+}, q^{-} aus Kapitel 15, Tab. 15.1 bzw. Tab. 15.2.

Analog zu den Emissionsmerkmalen bilden wir für alle $\xi', \xi \in \Lambda$ die globalen Merkmale

$$f_{\xi'\xi} := \sum_i f_{i,\xi'\xi},$$

damit die Summanden durch das Training gleiche Gewichte bekommen.

Man kann bei dieser Modellbildung einerseits einwenden, dass die Information über die Zusammensetzung von Inseln und Nicht-Inseln in Bezug auf die Basen überrepräsentiert wird. Folgt man dem, so reicht die Verwendung der Emissionsmerkmale $f_{1,\xi}$ für $\xi \in \Lambda$. Andererseits sollte ein gutes Training diesen Einwand bei der Berechnung der Gewichte für die Merkmale berücksichtigen, sofern er begründet ist.

17.5
Zitierte Literatur

1 Berger A. (1997) The improved iterative scaling algorithm: A gentle introduction. Technical Report.

2 Brown D. (1959) A note on approximations to discrete probability distributions. *Information and Control*, **2**:386–392.

3 Csiszar I. and Tusnady G. (1984) Information geometry, alternating minimization procedures. *Statistics, Decisions, Supplemetary Issue*, **1**:205-237.

4 Della Pietra S., Della Pietra V. J., and Lafferty J. D. (1997) Inducing features of random fields. *IEEE Trans. Pattern Anal. Mach. Intell.*, **19**(4):380–393.

5 Hammersley J. and Clifford P. (1971) Markov fields on finite graphs and lattices. Unpublished manuscript.

6 Lafferty J., McCallum A., and Pereira F. (2001) Conditional Random Fields: Probabilistic models for segmenting and labeling sequence data. In *Proc. 18th International Conf. on Machine Learning*, 282–289.

7 Mayer B. (2006) Zufällige Markov-Felder und Gibbs-Potentiale. Seminar „Bayessche Ansätze in der Bildanalyse" an der Universität Ulm.

8 Ritter H. (2006) Entropie. Skriptum zur Vorlesung an der Universität Bielefeld.

9 Sutton C. and McCallum A. (2007) An introduction to conditional random fields for relational learning. In Lise Getoor and Ben Taskar, editors, *Introduction to Statistical Relational Learning*. MIT Press.

18
Vorhersage der Sekundärstruktur

Protein-Sekundärstrukturelemente: α-Helix, β-Faltblatt

Abstrahiert man ein Protein-3D-Modell auf die Darstellung der Hauptkette, so fallen sofort regelmäßige Strukturen auf, die *Sekundärstrukturelemente* genannt werden. Deren wichtigste Vertreter sind die α-Helix und das β-Faltblatt, die jeweils durch Wasserstoffbrückenbindungen zwischen *Atomen der Hauptkette* stabilisiert werden. Wie im Kapitel 1 ausgeführt, liegen die Interaktionspartner in der Sequenz nicht benachbart, daher wird ein Algorithmus zur Sekundärstrukturvorhersage, der sich auf die Auswertung kurzer Teilsequenzen beschränkt, keine optimalen Ergebnisse liefern können. Die Kenntnis der Sekundärstruktur ist für viele Fragestellungen bedeutsam, sie wird z. B. für den Vergleich von Proteinen oder die 3D-Modellierung benötigt. Trotz der im Vergleich zur 3D-Strukturvorhersage scheinbar deutlichen Vereinfachung des Problems auf die Vorhersage einer eindimensionalen Sequenz, wie sie eine Sekundärstruktur darstellt, ist auch dieses Klassifikationsproblem nicht vollständig gelöst. Aus theoretischen Überlegungen wurde gefolgert, dass die Obergrenze für die Genauigkeit der 2D-Vorhersage bei 88–90 % liegt. *State-of-the-art*-Verfahren sagen die Sekundärstruktur im Mittel nur zu maximal 80 % korrekt vorher. Voraussetzung für das Erreichen solcher Spitzenwerte ist zusätzlich, dass für die Eingabesequenz ein Profil generiert werden kann. Für Einzelsequenzen fällt die Vorhersagequalität um ca. 10 %.

Aufbau der RNA

Neben der Sekundärstruktur von Proteinen interessiert die von RNA-Molekülen. RNA ist ein einzelsträngiges Molekül, in dem *Ribonucleotide* durch kovalente Bindungen zu einer Kette verknüpft sind. Jedes Ribonucleotid (oder kürzer Nucleotid) hat als einen Bestandteil eine der Basen A, C, G oder U. Die Sequenz der Basen bestimmt maßgeblich die dreidimensionale Struktur sowie die physikalisch-chemischen Eigenschaften des Moleküls. Die Tertiärstruktur wird im Wesentlichen durch Wasserstoffbrücken determiniert, die sich zwischen komplementären Basen ausbilden und daher Basenpaarungen genannt werden. Zusätzlich haben elektro-

Bioinformatik Interaktiv. 2. Auflage. Rainer Merkl und Stephan Waack

ISBN: 978-3-527-32594-8

statische Kräfte und Wechselwirkungen zwischen der RNA und Interaktionspartnern wie zellulären Proteinen Einfluss auf die RNA-3D-Struktur. Für eine Vorhersage der 3D-Struktur können die Methoden der Moleküldynamik eingesetzt werden. Diese Techniken erlauben es zurzeit für größere Moleküle jedoch noch nicht, *ab initio* eine Struktur zu berechnen.

Sequenz faltet auf sich selbst

Mehr noch als bei Proteinen hat die bioinformatische Sekundärstrukturvorhersage bei RNA-Molekülen eine besondere Bedeutung: Aus ihr lässt sich in vielen Fällen die Funktion der Moleküle vorhersagen. Im Folgenden werden wir zunächst Verfahren zur Vorhersage der Protein-2D-Struktur vorstellen, ehe wir uns der RNA-2D-Struktur zuwenden.

18.1
Vorhersage der Proteinsekundärstruktur

Im folgenden Text wird zunächst als Vertreter für einfachste Ansätze der von Chou und Fasman gewählt und dann das System PHD vorgestellt, welches auf der Auswertung von Profilen durch neuronale Netze basiert. Neben diesem Programm gibt es weitere, ähnlich erfolgreiche Methoden, die meist dieselbe Technologie nutzen. Das Kapitel schließt mit einer kurzen Beschreibung eines Verfahrens, das im Mittel 80 % Genauigkeit erzielt.

18.1.1
Erste Ansätze: Chou-Fasman

Chou und Fasman [1] bestimmten im Jahre 1974 in 15, mittels Röntgendiffraktometrie gelösten Protein-3D-Strukturen das Vorkommen der Aminosäuren in den Sekundärstrukturelementen α-Helix und β-Faltblatt und entwickelten daraus Faktoren (Tabelle 18.1), mit denen sie die „Neigung" der Aminosäuren, die genannten Strukturelemente auszubilden bzw. zu terminieren, charakterisierten.

Score-Werte nach Chou-Fasman

Regelwerk zum Bilden von Sekundärstrukturelementen

Zusätzlich wurde ein Satz von Regeln erstellt, um Nukleationsstellen für α-Helices bzw. β-Faltblätter zu suchen. Beispiel: „*Suche Cluster von 4 Aminosäuren aus* $\mathbf{H}_\alpha$ *oder* $\mathbf{h}_\alpha$ *unter jeweils 6 aufeinanderfolgenden Residuen und erweitere diese nach beiden Seiten hin, bis der mittlere Score* $<P>$ *für ein Tetrapeptid unter den Wert 1.03 fällt.*"

Mit weiteren Regeln wurde die Länge der Sekundärstrukturelemente genauer bestimmt. Beispiel: „*In β-Regionen kommt Glu selten, im Inneren von β-Regionen Pro selten vor.*"

Mit dieser Methode wird die Sekundärstruktur zu ca. 50–55 % korrekt vorhergesagt.

Tab. 18.1 Einteilung der Aminosäuren im Hinblick auf ihre Neigung, die Sekundärstrukturelemente α-Helix und β-Faltblatt auszubilden bzw. zu terminieren. Bedeutung der Symbole: $\mathbf{H}_\alpha$ starke Helix-Former, $\mathbf{h}_\alpha$ Helix-Former, $\mathbf{I}_\alpha$ schwache Helix-Former, $\mathbf{i}_\alpha$ indifferent, $\mathbf{b}_\alpha$ Helix-Terminatoren, $\mathbf{B}_\alpha$ starke Helix-Terminatoren. Analoges gilt bei der Einteilung für β-Faltblätter; nach [1].

	Glu	Ala	Leu	His	Met	Gln	Trp	Val	Phe	Lys	Ile	Asp	Thr	Ser	Arg	Cys	Asn	Tyr	Pro	Gly
P_α	1.53	1.45	1.34	1.24	1.20	1.17	1.14	1.14	1.12	1.07	1.00	0.98	0.82	0.79	0.79	0.77	0.73	0.61	0.59	0.53
	$\mathbf{H}_\alpha$			$\mathbf{h}_\alpha$						$\mathbf{I}_\alpha$		$\mathbf{i}_\alpha$					$\mathbf{b}_\alpha$		$\mathbf{B}_\alpha$	
	Met	Val	Ile	Cys	Tyr	Phe	Gln	Leu	Thr	Trp	Ala	Arg	Gly	Asp	Lys	Ser	His	Asn	Pro	Glu
P_β	1.67	1.65	1.60	1.30	1.29	1.28	1.23	1.22	1.20	1.19	0.97	0.90	0.81	0.80	0.74	0.72	0.71	0.65	0.62	0.26
	$\mathbf{H}_\beta$			$\mathbf{h}_\beta$							$\mathbf{I}_\beta$	$\mathbf{i}_\beta$			$\mathbf{b}_\beta$					$\mathbf{B}_\beta$

Beschränkungen

Die in Tabelle 18.1 angegebenen Faktoren sind aus lokalen Häufigkeiten gewonnen, es werden keine längerreichweitigen Interaktionen berücksichtigt. Der Datensatz, aus dem die Präferenzen abgeleitet wurden, war zum Zeitpunkt der Entwicklung des Algorithmus sehr klein. Allerdings verbessert auch die Auswertung einer größeren Menge von Trainingsdaten die Genauigkeit der Vorhersage bei diesem Ansatz nicht. Eine Performanzsteigerung wurde erst durch die Analyse längerer Teilsequenzen und vor allem durch die Verwendung von Profilen erreicht.

18.1.2
PHD – Profil basierte Vorhersage

PHD: Kombination von neuronalen Netzen

Einer der anerkannt besten Algorithmen zur Vorhersage der 2D-Stuktur von Proteinen ist das von Rost und Sander entwickelte PHD-System [2, 3]. In PHD wird anstelle einer einzelnen Sequenz ein Profil unter Verwendung eines neuronalen Netzwerkes analysiert. Auch im Falle der Sekundärstrukturvorhersage war der Übergang zu Profilen die entscheidend zur Qualitätssteigerung beitragende Designentscheidung. Inzwischen gibt es mehrere Profil basierte Verfahren, die vergleichbar gute Resultate liefern. Neuronale Netze stellen wir in einem gesonderten Kapitel vor. PHD selbst besteht aus zwei hintereinandergeschalteten neuronalen Netzen mit jeweils einem *hidden layer*. Den neuronalen Netzen sind Mittelwertbildner nach- sowie ein Programm zur Berechnung eines multiplen Sequenzalignments vorgeschaltet. Die Architektur ist in Abb. 18.1 schematisch dargestellt.

18.1.2.1 Vorgehensweise in PHD

Auswerten globaler und lokaler Eigenschaften

Zunächst wird für die Eingabesequenz ein multiples Sequenzalignment generiert. Zur Identifikation ähnlicher Sequenzen werden Datenbanken mit PSI-BLAST durchsucht. Aus signifikanten Treffern wird unter Verwendung des Programms MAXHOM ein multiples Sequenzalignment abgeleitet. Durch Vergleich mit einem längenabhängigen Schwellenwert werden signifikante Treffer ermittelt. Aus dem multiplen Sequenzalignment werden *globale* und *lokale* Parameter extrahiert. Diese Daten werden der Eingabeschicht des ersten neuronalen Netzwerkes aufgeprägt.

Globale Parameter

Die globalen Parameter bestehen aus einer Tabelle mit der Aminosäurenkomposition der Sequenz, der Länge der Sequenz und für jede Position deren Abstand zum C- bzw. N-Terminus. Da die drei zuletzt genannten Parameter in jeweils vier diskrete Klassen aufgeteilt werden, sind für die globalen Parameter insgesamt $20 + 3 \times 4$ Eingabepfade notwendig. Die globalen Parameter werden in beiden Netzen ausgewertet.

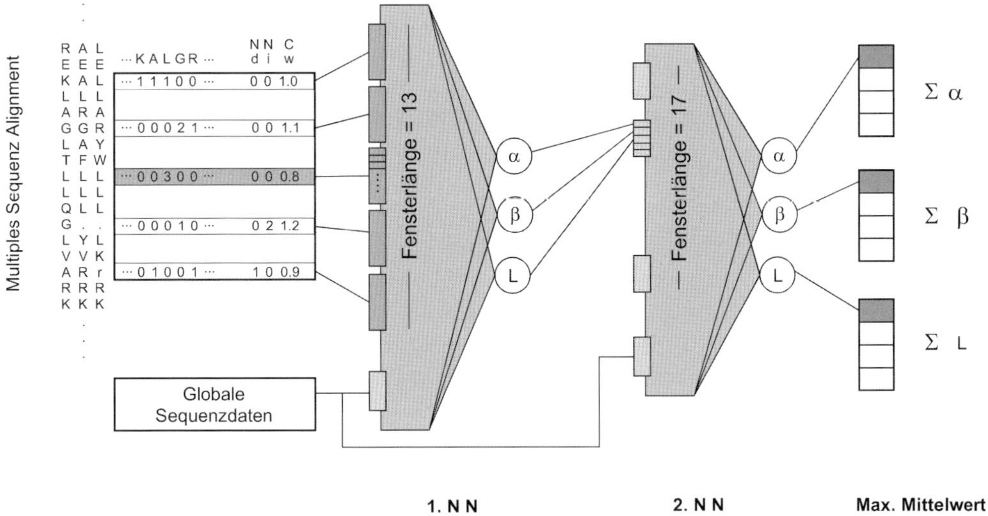

Abb. 18.1 Architektur des PHD-Systems. Für die eingegebene Sequenz wird zunächst ein multiples Sequenzalignment generiert. Dieses ist die Datenbasis für ein Profil, in dem das Vorkommen der 20 Aminosäuren, die Anzahl von Deletionen (Nd), die Anzahl von Insertionen (Ni) sowie ein Wert für die Konserviertheit (Cw) pro Residuum eingetragen sind. Diese residuenweise übergebenen Datenblöcke sind in der Abbildung jeweils als Zeile dargestellt. Im ersten neuronalen Netz werden die Blöcke von 13 unmittelbar aufeinanderfolgenden Residuen ausgewertet, um die Sekundärstruktur (α, β, L) für das jeweils mittig im Fenster liegende Residuum vorherzusagen. Diese Vorhersage erfolgt in Form von drei reellen Zahlenwerten. Zusätzlich zu den lokalen Parametern werden in beiden Netzen globale Parameter, wie z. B. die Aminosäurekomposition der untersuchten Sequenz bewertet. Die reellen Zahlenwerte für die Zustände (α, β, L), die das erste Netz generiert, werden mit den residuenweise gespeicherten Angaben über Lücken und Konserviertheit zu einem weiteren Datenblock zusammengefasst, der die lokalen Parameter für das zweite Netz liefert. Aus jeweils 17 dieser Blöcke sowie den globalen Sequenzparametern wird für das zentral liegende Residuum die Zugehörigkeit zu einem Sekundärstrukturelement vorhergesagt. Das vom zweiten Netz ausgegebene Zahlentripel für (α, β, L) wird zunächst in einer Tabelle gespeichert und dann zu einer Juryentscheidung herangezogen. Die Auswertung des multiplen Sequenzalignments durch 2 × 2 Paare von jeweils unabhängig voneinander trainierten neuronalen Netzen liefert für jede Sekundärstruktur-Konformation vier Zahlenwerte. Aus diesen wird jeweils der Mittelwert gebildet und schließlich wird für das betrachtete Residuum diejenige Sekundärstruktur vorhergesagt, die den höchsten Mittelwert aufweist.

Lokale Parameter: residuenweise bestimmte Häufigkeiten

Die lokalen Parameter werden residuenweise ermittelt. Für jedes Residuum wird aus dem multiplen Sequenzalignment eine Häufigkeitsverteilung der Aminosäuren, die Anzahl der Insertionen und Deletionen sowie ein Wert für die Konserviertheit bestimmt. Für die Eingabe der lokalen Parameter sind pro Residuum 24 Eingänge notwendig, davon dient einer zum Ausblenden der Positionen jenseits des C- bzw. N-Terminus.

Erstes neuronales Netz: Sequenz → Struktur

Mit dem ersten neuronalen Netz wird die Sekundärstruktur für das **zentrale Residuum** eines Fensters der Länge 13 bestimmt. Dieses Fenster wird um jeweils eine Position längs des multiplen Sequenzalignments verschoben. Die Eingabe an das Netz besteht aus den, für 13 Residuen bestimmten, lokalen Werten sowie den globalen Parametern. Für das zentrale Residuum werden drei Werte ausgegeben, die für die drei Typen von Sekundärstrukturelementen α-Helix, β-Faltblatt und Sonstiges (L) stehen.

Zweites neuronales Netz: Struktur → Struktur

Mit dem zweiten neuronalen Netz wird die Ausgabe des ersten Netzes weiter prozessiert. Hierfür wird ein Fenster der Länge 17 benutzt. Lokale Parameter sind residuenweise die drei, vom ersten Netz bestimmten Werte (α, β, L) sowie ein Wert für Lücke und einer für Konserviertheit. Zusätzlich werden wiederum die globalen Parameter ausgewertet. Das zweite Netz bestimmt für das zentrale Residuum drei Score-Werte für das Vorkommen in den drei Sekundärstrukturelementen. Diese Werte werden zunächst in eine Tabelle *MM* eingetragen.

Jury-Entscheidung: Maximaler Mittelwert

Das endgültige Vorhersageergebnis zur Sekundärstruktur einzelner Residuen wird aus den Ausgaben von vier, unabhängig voneinander trainierten neuronalen Netzen (siehe unten) ermittelt. Für die drei betrachteten Sekundärstrukturelemente wird somit aus den jeweils vier Resultaten, die in der Tabelle *MM* gespeichert sind, der Mittelwert gebildet und die Klassifikation, die den höchsten Wert erreicht hat, wird schließlich als Vorhersage ausgegeben.

Architektur von PHD

18.1.2.2 Entwicklung und Validierung der Konformation von PHD

Weshalb werden zwei Netzwerke hintereinandergeschaltet? In der Trainingsphase werden die Elemente der Trainingsmenge in zufälliger Reihenfolge ausgewählt. Daher ist die, vom ersten neuronalen Netz zum Zeitpunkt $t+1$ trainierte Teilsequenz nicht diejenige, die der um eine Position verschobenen und zum Zeitpunkt t trainierten Sequenz entspricht. Deswegen kann das neuronale Netz keine Korrelationen zwischen aufeinanderfolgenden Residuen „erlernen". Das zweite neuronale Netz (Struktur → Struktur) ist jedoch aufgrund der präsentierten Daten hierzu in der Lage, mit dem Resultat, dass die vorhergesagten Längenverteilungen denen von tatsächlich vorkommenden Sekundärstrukturelementen entsprechen.

Begründung für die Kopplung zweier Netze

18.1.2.3 Trainieren der neuronalen Netze

Die Trainingsmenge muss aus Paaren (Sequenz, bekannte Sekundärstruktur) bestehen. Die Autoren leiteten die Trainingsmenge aus der PDB-Datenbank ab. Es wurden nur solche Strukturen betrachtet, die im paarweisen Vergleich auf Sequenzniveau weniger als 25 % Identität aufwiesen. Dies waren 130 Datensätze.

Zwei Arten von Training: korrigierte, nichtkorrigierte Auswahl der Objekte

In diesen Datensätzen sind die drei Sekundärstrukturelemente jedoch nicht gleich häufig vertreten. 32 % der Residuen kommen in Helices, 21 % in β-Faltblättern und 47 % in *loops* vor. Eine rein zufällige Auswahl der Trainingsbeispiele (*unbalanced training*) bewirkt, dass die drei Sekundärstrukturelemente mit eben diesen Häufigkeiten trainiert werden. Daher wird auch die Genauigkeit, mit der die drei Typen vorhergesagt werden, diese Verteilung widerspiegeln. Da die Autoren an einer vergleichbaren Zuverlässigkeit in der Vorhersage aller Sekundärstrukturelemente interessiert waren, haben sie zusätzlich Netze mit *balanced training* eingestellt: Aus den drei Mengen von Sekundärstrukturelementen wurden die Trainingsbeispiele so ausgewählt, dass die Vertreter mit jeweils gleicher Häufigkeit dem neuronalen Netz präsentiert wurden. Auf diese Weise wird eine ähnlich hohe Güte für die Vorhersage der drei Typen von Sekundärstrukturelementen erreicht.

Kombination von vier Netzen Jury-Verfahren

Module von PHD werden in vier verschiedenen Konfigurationen parallel betrieben. Die Konfigurationen unterscheiden sich in den Methoden, die für das Training der neuronalen Netze benutzt wurden. Für je eine Version beider Netze wurde *balanced* und *unbalanced* Training eingesetzt. Damit ergeben sich 2 × 2 Kombinationen von neuronalen Netzen und hieraus resultieren die vier Werte, aus denen als maximaler Mittelwert die Sekundärstrukturvorhersage abgeleitet wird.

18.1.2.4 Validierung mit *Leave-one-out*-Verfahren

Ist die Trainingsmenge klein, so steht man beim maschinellen Lernen vor folgendem Problem: Wie kann der Lernerfolg gemessen werden, ohne dass bei der nachfolgenden Validierung auf Elemente der Trainingsmenge zurückgegriffen wird? Im vorliegenden Fall bedeutet dies, dass die 3D-Strukturen, die für die Validierung der Vorhersagemethode ausgewählt werden, nicht gleichzeitig Element der Trainingsmenge sein dürfen.

Eine Teststrategie, die bei derartigen Fragestellungen gewählt werden kann, ist die *Leave-one-out*-Methode, die auch *Jackknife*-Verfahren genannt wird. Hierbei wird jeweils ein Element i aus der Trainingsmenge, die insgesamt n Elemente enthält, entfernt. Somit können n-1 Elemente für das Lernen und das Element i für die Validierung verwendet werden. Da dieses Vorgehen für jedes der n Elemente möglich ist, kann so die Vorhersagequalität aus insgesamt *n* unabhängigen Messungen abgeleitet werden. Genauer ist diese Technik im Kapitel 5 erläutert.

Qualität der Vorhersage

In mehreren Tests wurde bestätigt, dass die Vorhersage von PHD *pro Residuum* im Mittel zu 72 % richtig ist. Voraussetzung ist, dass zur Querysequenz hinreichend viele ähnliche Sequenzen bekannt sind, damit ein Profil generiert werden kann. Für die Vorhersage *von ganzen Segmenten* sind die Vorhersagen zu 74 % richtig. Kann zur Querysequenz kein multiples Sequenzalignment gebildet werden, so fällt die Genauigkeit der Vorhersage um ca. 10 %.

PHD ist Teil von PredictProtein

PHD wurde kontinuierlich weiterentwickelt und ist nun Teil der Softwaresuite *PredictProtein,* mit der mehrere Proteineigenschaften vorhergesagt werden. Dazu gehören die Lösungsmittelzugänglichkeit einzelner Residuen und die mögliche Verteilung von Disulfidbrücken. Zusätzlich wird die Eingabesequenz auf das Vorkommen von Domänen überprüft.

Ist es möglich, die Qualität der 2D-Vorhersage weiter zu steigern? Es wurden zwischenzeitlich Verfahren veröffentlicht, für die eine mittlere Vorhersagegenauigkeit von 80 % für Sequenzen mit einer Länge zwischen 80 und 300 Residuen ermittelt wurde. Eines dieser

```
1      VLGKPQTDPTLEWFLSHCHIHKYPSKSTLIHQGEKAETLYYIVKGSVAVL
               HHHHHHHTTSEEEEE TT EEE TTSB  EEEEEEES EEEE
              HHHHHHHHHHHHH       EEEE      EEEEEEE  EEEE

51     IKDEEGKEMILSYLNQGDFIGELGLFEEGQERSAWVRAKTACEVAEISYK
       EE TTS EEEEEEE TT EESGGGTTSTT B  SEEEESS EEEEEEEHH
       EE     EEEEEEE    EEEEEEEE       EEEEEE   EEEEE HH

101    KFRQLIQVNPDILMRLSAQMARRLQVTSEKVGNLAFLDVTGRIAQTLLNL
       HHHHHHHH THHHHHHHHHHHHHHHHHHHHHHHHHHS HHHHHHHHHHHH
       HHHHHHH  HHHHHHHHHHHHHHHHHHHHHHHHHHHH HHHHHHHHHHHH

151    AKQPDAMTHPDGMQIKITRQEIGQIVGCSRETVGRILKMLEDQNLISAHG
       TTSTT EEETTEEEEE  HHHHHHHHT  HHHHHHHHHHHHHTTSEEEST
       HHH        EEEEE  HHHHHHHH   HHHHHHHHHHHHH   EEE

201    KTIVV
       TEEEE
        EEE
```

Abb. 18.2 Vergleich der Sekundärstruktur des CAP-Proteins (PDB-Code 2CGP) mit der Vorhersage von PHD. Unter der Sequenz ist die, aus der 3D-Strukur ermittelte 2D-Struktur angeben. Die jeweils dritte Zeile enthält die Vorhersage von PHD. Die Symbole bedeuten: H Helix, E Faltblatt, T Turn, S (Biegung) und B einzelne β-Stränge.

Verfahren ist SPINE [4], das eine PHD-ähnliche Architektur aufweist. Die Fensterlänge des ersten neuronalen Netzes wurde an großen Datensätzen optimiert und beträgt 21 Residuen. Zusätzlich zu Profilen, die wiederum aus PSI-BLAST Alignments stammen, werden für jedes Residuum sieben weitere Parameter bewertet. Dies sind Sterik, Hydrophobizität, Volumen, Polarisierbarkeit, isoelektrischer Punkt sowie die Häufigkeit für das Vorkommen der Aminosäuren in Helices und Faltblättern. Eine generelle Einschränkung ist jedoch auch mit diesem Ansatz nicht zu beheben: Aufgrund der limitierten Fenstergröße können nichtlokale Interaktionen nicht angemessen bewertet werden. Daher ist unklar, ob *State-of-the-art*-Algorithmen die maximal mögliche Vorhersagequalität bereits erreicht haben.

SPINE: Bewertung weiterer Parameter

18.2 Vorhersage der RNA-Sekundärstruktur

Das zweite Makromolekül, dessen 2D-Struktur interessiert, ist die RNA. In den folgenden Abschnitten werden zwei Verfahren zur 2D-Vorhersage vorgestellt. Zunächst werden die Grundzüge eines Algorithmus beschrieben, der im Wesentlichen von M. Zuker [5] entwickelt wurde. Das Grundgerüst ist dynamische Programmierung, die wir bereits vorgestellt haben. In dieser Anwendung sind die zu berechnenden Terme jedoch wesentlich komplexer. Weiterhin ist zu beachten, dass im Falle von RNA die Sequenz *auf sich selbst* zurückfaltet und dass beim Alignment die *Komplementarität* von Basen bewertet werden muss. Eine wichtige und umfangreiche Zusammenstellung von Programmen zur bioinformatischen RNA-Analyse ist das *Vienna-Package* [6].

Generell gilt, dass auch die RNA-2D-Vorhersage durch das Verwenden von multiplen Sequenzalignements (MSAs) profitiert. So können die Methoden zur 2D-Vorhersage in zwei Gruppen eingeteilt werden: Es wurden einerseits Algorithmen entwickelt, die ihre Vorhersagen aus MSAs ableiten. Daneben gibt es solche, die eine Vorhersage für einzelne Sequenzen bestimmen. Diese Methoden stützen sich auf die Minimierung der freien Energie.

Diesen Bemühungen liegt die Idee zugrunde, dass Moleküle natürlicherweise die energetisch günstigste Konformation einnehmen. Die naheliegende Lösung des Vorhersageproblems wäre daher die Energieberechnung sämtlicher möglicher Strukturen und die Ausgabe der energetisch günstigsten Konformation. Das Aufzählen sämtlicher Lösungen ist bei der RNA-2D-Vorhersage jedoch aus Komplexitätsgründen nicht möglich, da die Anzahl potenzieller Sekundärstrukturen exponentiell mit der Länge der

Zentrales Paradigma: RNA nimmt die energetisch günstigste Konformation ein

RNA-Sequenz wächst. Selbst für ein Molekül mit nur 120 Basen gibt es mehr als 1×10^{47} mögliche Sekundärstrukturen [5]. Daher kann der allgemeine Fall auf diese Weise nicht gelöst werden.

ncRNA wichtig in der Genregulation

In den letzten Jahren hat sich herausgestellt, dass RNA-Moleküle eine ganz wesentliche Rolle in der Genregulation spielen. Bisher stand eher die Funktion der RNA als strukturgebendes Molekül in Ribosomen (rRNA), als Transportvehikel (tRNA) oder als Genkopie (mRNA) im Vordergrund. Nun weiß man, dass sowohl microRNAs (22–25 Nucleotide), Transkriptionsregulatoren der Länge 100–200 Nucleotide und RNAs länger als 10 000 Nucleotide bei höheren Eukaryonten als *gene silcencer* eine Rolle spielen. All diese, nicht für Proteine codierenden RNAs, sind in unterschiedlichste Prozesse involviert. Dazu gehören die Transkriptionskontrolle, das Stummschalten von Genen (*gene silencing*), die Replikation und das weitere Prozessieren von RNA-Molekülen.

18.2.1 RNA-Sequenzen und -Strukturen

Für die Notation von RNA-Sequenzen und 2D-Strukturen werden die folgenden Definitionen benötigt.

Definition RNA-Sequenz

> Eine RNA-Sequenz $R := r_1\ r_2 \ldots\ldots r_n$ ist eine Zeichenkette mit $r_i \in \{A, C, G, U\}$. Teilsequenzen $r_i \ldots\ldots r_j$ werden mit $R_{i,j}$ bezeichnet. Typische RNA-Sequenzen sind einige Hundert Ribonucleotide lang.

Watson-Crick-Basenpaare

Die zueinander komplementären Basen C und G bzw. A und U bilden Basenpaare, die durch Wasserstoffbrückenbindungen (2 bei A-U, 3 bei C-G) stabilisiert werden. Die genannten Basenpaare werden auch *Watson-Crick-Basenpaare* (W-C) genannt. Zusammen mit den W-C-Basenpaaren gehört das Basenpaar G-U zu den *kanonischen Basenpaarungen*. Alle anderen Basenpaarungen werden „nichtkanonisch“ genannt.

Definition Sekundärstruktur

> Eine *Sekundärstruktur* ist eine Menge S von Paaren $(r_i\,, r_j)$ mit $1 \leq i < j \leq n$.
> Hierbei gilt für jedes Paar $(r_i\,, r_j) \in S$: $j–i > 4$.
> Weiterhin gilt für die im Folgenden betrachteten Sekundärstrukturen: Es kommen keine Pseudoknoten vor. Eine Sekundärstruktur einer Teilsequenz $R_{i,j}$ wird mit $S_{i,j}$ bezeichnet.

Starke Verbiegungen und Pseudoknoten sind ausgeschlossen

Die Bedingung der Komplementarität von r_i und r_j für $(r_i\,, r_j) \in S$ muss nicht explizit gefordert werden. In die algorithmische Bewertung der Sekundärstrukturen geht die freie Energie der

Basenpaarungen ein; energetisch ungünstige Konstellationen werden mit hohen (positiven) Energien beaufschlagt und daher bei der Berechnung automatisch eliminiert. Die Bedingung $j–i > 4$ stellt sicher, dass die Sekundärstruktur keine zu starken Verbiegungen aufweist. Diese Forderung ist aus dem biologischen Wissen über RNA-Strukturen abgeleitet. Pseudoknoten sind real existierende RNA-Teilstrukturen. Ihre Bewertung im Rahmen der dynamischen Programmierung ist schwierig. Daher werden sie in Programmen wie MFOLD und in der folgenden Entwicklung eines Algorithmus ausgeschlossen. Ohne Knoten wird eine Sekundärstruktur ein planarer Graph. Wie ist ein Pseudoknoten zu erkennen? Hier hilft die folgende Definition:

Definition Pseudoknoten

> In einer Sekundärstruktur S kommt ein *Pseudoknoten* vor, wenn es zwei Paare $(r_i, r_j) \in S$, $(r_k, r_l) \in S$ gibt mit $i < k < j < l$.

Eine typische, Pseudoknoten freie RNA-Sekundärstruktur ist in Abb. 18.3 gezeigt. Eine RNA mit Pseudoknoten wird in Abb. 18.5 vorgestellt.

18.2.2
Freie Energie und Strukturen

In der Sekundärstruktur aus Abb. 18.3 können wir neben helikalen Elementen vier verschiedene Arten von Schleifen identifizieren. Eine Voraussetzung für den, im folgenden Text zu entwickelnden Algorithmus ist die Existenz von Funktionen, die diesen Strukturen „*Scores*" im Sinne der dynamischen Programmierung zuweisen. Im Falle der Sekundärstrukturvorhersage von RNA werden die Scores aus der freien Energie von (Teil)-Strukturen bzw. von Basenpaarungen abgeleitet. Die Indizierung ist in Abb. 18.4 dargestellt.

Scores sind aus experimentellen Messungen abgeleitet

Werte für die freie Energie von Basenpaaren, helikalen Strukturen und Loops basieren auf experimentellen Messungen, in denen das Schmelzverhalten kurzer RNA-Moleküle oder von Oligonucleotiden untersucht wurde. Aus diesen Messungen und thermodynamischen Überlegungen können Regelwerke für freie Energien entwickelt werden. Diese Regeln werden mit zunehmender Komplexität die tatsächlichen Verhältnisse immer besser modellieren. Allerdings sind die Algorithmen dann nur noch schwer zu überblicken. Da es uns hier darum geht, das Prinzip darzustellen, werden wir uns auf relativ einfache Regelwerke beschränken.

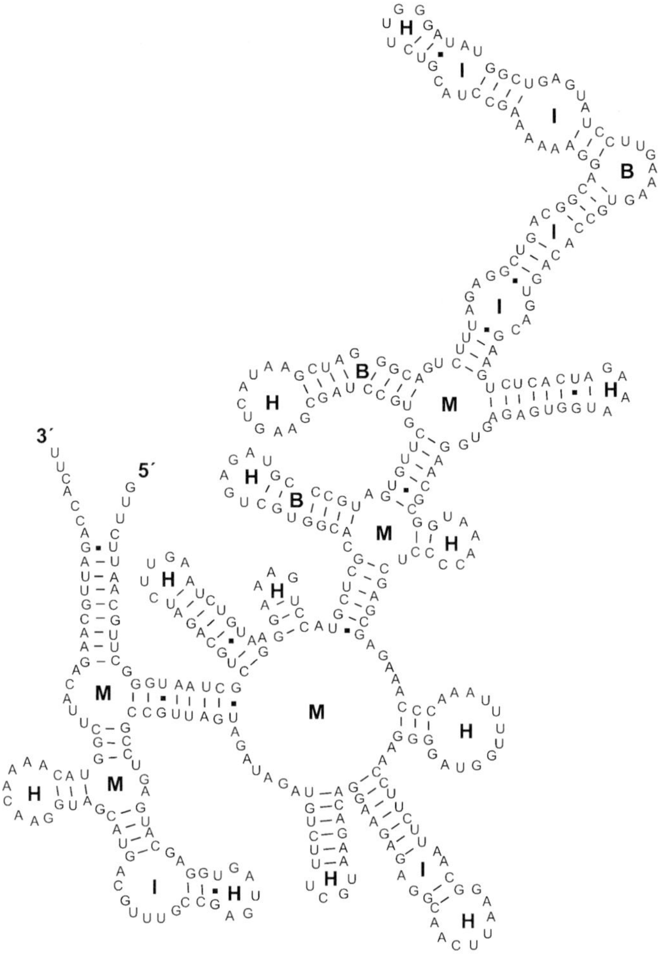

Abb. 18.3 Sekundärstruktur von RNase P. Dargestellt ist eine Strukturvorhersage für die RNA-Komponente der RNase P von *Bacillus subtilis* (nach M. Zuker). W-C-Basenpaare sind durch „-“, G-U-Basenpaare durch „■“ markiert. Ein großer Teil der Nucleotide ist in helikale Strukturen eingebunden. Daneben kommen Schleifen (*loops*) vor. Diese werden in vier Klassen eingeteilt: Mit H sind *Hairpins*, mit I interne Schleifen, mit B Ausbuchtungen (*bulge*) und mit M Multi-Loops gekennzeichnet.

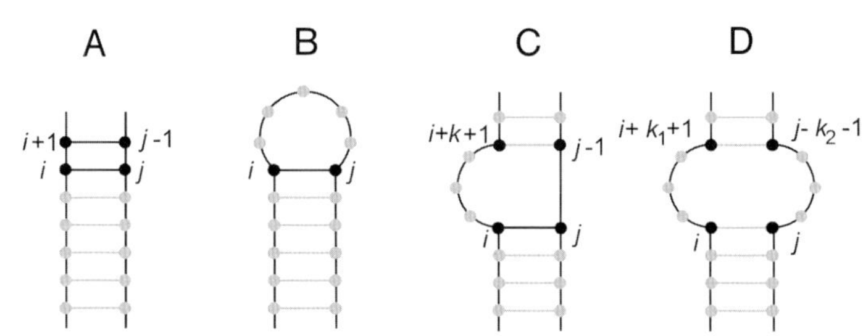

Abb. 18.4 Elemente von RNA 2D-Strukturen. (A) Helikale Struktur (B) *Hairpin-Loop*, (C) Ausbuchtung (*bulge*), (D) Interne Schleife. Auf die Indizierung wird im Text Bezug genommen. Es gilt stets $i < j$.

18.2.3 Vorhersage der Sekundärstruktur durch Energieminimierung

Die folgende Entwicklung eines Algorithmus ist angelehnt an die Darstellung in [7]. Die Grundidee ist, die Struktur mittels dynamischer Programmierung vorherzusagen. Die Ableitung einer Sekundärstruktur alleine aus Energiewerten für Basenpaarungen kann kein realistisches Modell liefern. Allerdings ist es aus didaktischen Gründen sinnvoll, mit einem einfachen Regelwerk zu beginnen. Für die Entwicklung eines ersten Algorithmus wird nun angenommen, dass die Struktur aus den Energiebeiträgen von Basenpaarungen abgeleitet werden kann. Geeignete, d. h. durch biophysikalische Messungen gestützte Werte sind bei 37 °C für *GC –3 kcal/mol*, für *AU –2 kcal/mol* und für *GU –1 kcal/mol*. Mit der Existenz einer Scoring-Funktion α kann nun definiert werden:

Erste Definition der freien Energie

> Sei $\alpha(r_i, r_j)$ eine Funktion, die für jedes Basenpaar (r_i, r_j) dessen freie Energie liefert. Es gelte $\alpha(r_i, r_j) < 0$ für kanonische Basenpaare und $\alpha(r_i, r_j) := 0$ für $i = j$. Dann gilt für die freie Energie $E(S)$ der Sekundärstruktur S :
>
> $$E(S) := \sum_{(r_i,r_j)\in S} \alpha(r_i,r_j). \qquad (18.1)$$
>
> Die freie Energie der Teil-Sekundärstruktur $S_{i,j}$ sei $E(S_{i,j})$.

Mit der Annahme, dass die freie Energie einer Sekundärstruktur ausschließlich von den Energiebeiträgen der Basenpaarungen abhängt, kann nun ein iterativer Algorithmus entwickelt werden, der mit dynamischer Programmierung aus Strukturen kürzerer Sequenzen als Gesamtlösung eine Sekundärstruktur *minimaler Energie* bestimmt. Für den Induktionsschritt gilt die folgende Überlegung:

Iterationsgleichungen

Für $R_{i,i}$ kann keine Sekundärstruktur existieren, daher ist $E(S_{i,i}) := 0$.

Für die Iteration gilt dann:

$$E(S_{i,j}) := \min \begin{cases} E(S_{i,j}) := 0 \quad \text{für } j - i < 4 & (18.2) \\ E(S_{i+1,j}) & (18.3) \\ E(S_{i,j-1}) & (18.4) \\ \alpha(r_i,r_j) + E(S_{i+1,j-1}) & (18.5) \\ \min_{i<k<j}\{E(S_{i,k-1}) + E(S_{k,j})\} & (18.6) \end{cases}$$

$E(S_{i,j})$ ist das Minimum aller möglichen Interaktionen

Bei der Berechnung der Energie $E(S_{i,j})$ müssen alle möglichen Fälle der Interaktionen von Basen r_i oder r_j betrachtet werden.

Da verhindert werden soll, dass starke Biegungen auftreten, wird Bedingung (18.2) eingeführt. Den Fall, dass Base r_i mit keiner Base aus $R_{i,j}$ eine Basenpaarung eingeht, behandelt (18.3). Den Fall, dass Base r_j mit keiner Base aus $R_{i,j}$ eine Basenpaarung eingeht, bewertet (18.4). Die Basenpaarung von r_i mit r_j wird mit Term (18.5) berücksichtigt. Er gilt wegen der Additivität der Energien und wird aus der Summe der Energie für die Basenpaarung $\alpha(r_i, r_j)$ und der Energie für die Teil-Sekundärstruktur $E(S_{i+1,j-1})$ berechnet. Die Basenpaarung von r_j mit einer Base r_k $(i < k < j)$ behandelt Term (18.6). Die Energie wird als Summe der Energien zweier Teilstrukturen $E(S_{i,k-1})$ und $E(S_{k,j})$ berechnet. Da jedes k zwischen i und j infrage kommen kann, muss das Minimum der Energiewerte aller möglichen Teilstrukturen bestimmt werden. Mit diesen Überlegungen kann nun mittels dynamischer Programmierung die minimale Energie einer Sekundärstruktur berechnet werden. Die Sekundärstruktur selbst ergibt sich wiederum durch *backtracking*.

Laufzeitverhalten

Von den eingeführten Funktionen ist Term (18.6) der aufwändigste; sein Laufzeitverhalten ist von $O(n)$. Da das gesamte Regelwerk für jeden Teilschritt des klassischen Algorithmus der dynamischen Programmierung ausgeführt werden muss und dieser von $O(n^2)$ ist, ergibt sich insgesamt ein Laufzeitverhalten von $O(n^3)$.

18.2.4 Strukturen mit Schleifen

Die Annahme, dass die freie Energie von Basenpaaren nicht von deren Umgebung abhängt, ist unrealistisch. Lässt man diese Annahme fallen, kommt man zu einer völlig anderen Betrachtungsweise von RNA-Sekundärstrukturen. Wir wollen sie nun als *eine Menge von Schleifen* behandeln.

Definition zugänglich,

Schleife

> Sei $(r_i, r_j) \in S$. Dann heißt die Base r_v *zugänglich* für (r_i, r_j), wenn es kein Paar (r_u, r_w) gibt mit $i < u < v < w < j$. Eine *Schleife* ist die Menge aller Basen, die für das Basenpaar (r_i, r_j) zugänglich sind. Die Größe einer Schleife ist die Anzahl beteiligter Basen.

Helikale Regionen stabilisieren die Struktur

In der allgemeinsten Form wird auch eine Schleife der Größe null betrachtet. Diese enthält all diejenigen Basen, die für kein anderes Basenpaar zugänglich sind. Sie werden auch freie Basen genannt. Liegen mehrere Basenpaare direkt hintereinander, so spricht man von *helikalen Regionen*. Aufgrund der Basenpaarungen und zusätzlicher *Stacking*-Interaktionen zwischen aufeinanderfolgenden Basenpaaren stabilisieren helikale Regionen Strukturen, während Schleifen destabilisierend wirken. Der Beitrag der *Stacking*-Interaktionen zur Energie von Sekundärstrukturen hat für die Formulierung der Iterationsgleichungen erhebliche Konsequenzen. Es kann der folgende Fall auftreten:

Es sei (r_i, r_j) dasjenige Basenpaar, welches eine Schleife $S_{i+1,\, j-1}$ schließt. Es mag eine alternative Sekundärstruktur $S'_{i+1,\, j-1}$ geben, die für die um das Basenpaar r_i, r_j *verkürzte* Sequenz $R_{i+1,\, j-1}$ eine niedrigere Energie besitzt als $S_{i+1,\, j-1}$. Die Addition der Energieterme (unter Berücksichtigung möglicher *Stacking*-Interaktionen) für das Basenpaar r_i, r_j kann jedoch dazu führen, dass die Sekundärstruktur $S_{i+1,\, j-1}$ in Kombination mit (r_i, r_j) energetisch günstiger ist als $S'_{i+1,\, j-1}$. *Stacking* ist ein Energiebeitrag, der auf Wechselwirkungen zwischen den aufeinanderfolgenden Wasserstoffbrückenbindungen in helikalen Strukturen zurückzuführen ist.

Stacking: Stabilisierende Wechselwirkungen benachbarter Wasserstoffbrücken

Dieses Beispiel macht deutlich, dass für eine realistischere Modellierung andere Iterationsgleichungen erforderlich sind. Eine Verfeinerung wird mit den folgenden Termen erreicht.

18.2.4.1 Berücksichtigung von Stacking-Interaktionen

Es soll wiederum für die Sequenz $R_{i,j}$ die Sekundärstruktur $S_{i,j}$ mit minimaler freier Energie bestimmt werden. Für die Formulierung der Iterationsgleichungen sind die folgenden Fälle zu unterscheiden.

Annahme 1: r_i ist nicht gepaart. Dann ist $E(S_{i,\, j}) := E(S_{i+1,\, j})$.

Annahme 2: r_j ist nicht gepaart. Dann ist $E(S_{i,\, j}) := E(S_{i,\, j-1})$.

Annahme 3: r_i und r_j sind Elemente zweier unterschiedlicher Basenpaare. Dann ist $E(S_{i,\, j}) := \min \{E(S_{i,\, k-1}) + E(S_{k,\, j})\}$ mit $i < k < j$.

Annahme 4: r_i, r_j bilden ein Basenpaar. Dann können zwischen r_i und r_j eine oder mehrere Schleifen vorkommen. Sei $L_{i,j}$ die Struktur mit minimaler Energie für diese Konstellation.

Dann kann die Iterationsgleichung wie folgt formuliert werden:

Iterationsgleichung

$$E(S_{i,j}) := \min \begin{cases} E(S_{i+1,j}) & (18.7) \\ E(S_{i,j-1}) & (18.8) \\ \min_{i<k<j}(E(S_{i,k-1}) + E(S_{k,j})) \text{ mit } i<k<j & (18.9) \\ E(L_{i,j}) & (18.10) \end{cases}$$

Neues bringt nur Term (18.10). Es müssen nun Funktionen eingeführt werden, die es erlauben, für alle Arten von Schleifen (*loops*) Energieterme zu berechnen. Hierfür werden definiert:

Definition Energieterme

$$\alpha(r_i, r_j) := \text{freie Energie des Basenpaares } (r_i, r_j) \quad (18.11)$$

$$\beta(k) := \text{Energieterm einer Ausbuchtung der Größe } k \text{ (destabilisierend)} \quad (18.12)$$

$$\gamma(k) := \text{Energieterm einer internen Schleife der Größe } k \text{ (destabilisierend)} \quad (18.13)$$

$\xi(k)$:= Energieterm eines *Hairpin-Loops* der Größe k (destabilisierend) (18.14)

η := Energieterm für *Stacking*-Interaktion (stabilisierend) (18.15)

Mit diesen Funktionen können die Iterationsgleichungen nun wie folgt definiert werden.

Definition Freie Energie von Loops

18.2.4.2 Rekursionsgleichungen mit Stacking-Interaktionen

	Gilt falls $L_{i,j}$	
$\alpha(r_i, r_j) + \xi(j\text{-}i\text{-}1)$	*Hairpin-Loop*	(18.16)
$\alpha(r_i, r_j) + \eta + E(S_{i+1, j-1})$	helikale Region	(18.17)
$\min(\alpha(r_i, r_j) + \beta(k) + E(S_{i+k+1, j-1})),\ k \geq 1$	Ausbuchtung von i bis $i{+}k$	(18.18)
$\min(\alpha(r_i, r_j) + \beta(k) + E(S_{i+1, j-k-1})),\ k \geq 1$	Ausbuchtung von $j{-}k$ bis j	(18.19)
$\min(\alpha(r_i, r_j) + \gamma(k_1 + k_2) + E(S_{i+1+k1, j-1-k2})),\ k_1, k_2 \geq 1$	interne Schleife	(18.20)

$E(L_{i,j})$ ist das Minimum aller möglichen Terme (18.16–18.20). Diese Gleichungen liefern zusammen mit Gleichung (18.7) alle notwendigen Informationen, um einen Matrix basierten Algorithmus zur dynamischen Programmierung formulieren zu können. Es muss allerdings bei der Implementation darauf geachtet werden, die Programmausführung so zu strukturieren, dass für die Berechnung der $E(S_{i,j})$-Werte die jeweils benötigten Teilergebnisse vorrätig sind.

Komplexität ist von $O(n^3)$

Am aufwändigsten ist Term (18.20); er ist von $O(n^2)$. Da dieser Term wiederum in den üblichen Algorithmus zur dynamischen Programmierung eingebunden wird, der selbst von $O(n^2)$ ist, ergibt sich insgesamt eine Zeitkomplexität von $O(n^4)$. Die Laufzeit kann allerdings auf $O(n^3)$ reduziert werden.

Resümee

Der bisher beschriebene Algorithmus hat die folgenden Nachteile:

- Multi-Loops werden nicht behandelt.
- Es wird nur die Energie einer einzigen Sekundärstruktur bestimmt.

Stand der Technik sind wesentlich komplexere Regelwerke, die in den hier eingeführten Algorithmus zur dynamischen Programmierung integriert werden. Unter Verwendung geeigneter Erweiterungen ist es möglich, biologisch relevante Klassen von Pseudoknoten zuzulassen [8]. Das vorgestellte Beispiel macht zugleich die universelle Anwendbarkeit der dynamischen Programmierung deutlich.

18.2.5
STAR: Vorhersage der Sekundärstruktur unter Verwendung eines genetischen Algorithmus

Es gibt alternative Methoden zur 2D-Strukturvorhersage, die nicht auf dynamischer Programmierung basieren. Im Programmpaket STAR wird die Struktur mithilfe eines genetischen Algorithmus vorhergesagt [9, 10]. Diesen Ansatz, der auch mit Pseudoknoten umgehen kann, wollen wir nun betrachten. Die Grundlage genetischer Algorithmen wird in einem gesonderten Kapitel vorgestellt.

Grundlage sind helikale Strukturen

Der oben vorgestellte Algorithmus stützt sich auf die Annahme, dass RNA-Moleküle den Zustand niedrigster Energie einnehmen. Dies trifft jedoch nicht auf alle RNA-Moleküle zu, vermutlich determiniert die Faltungskinetik die endgültige 3D-Struktur. Möglicherweise werden bei der Faltung mehrere lokale Minima durchlaufen, ohne jemals das globale Optimum zu erreichen. Die Autoren von STAR versuchen daher, in der Simulation der 2D-Struktur den Faltungsweg zu modellieren. Basiseinheit der Modellierung ist nicht das Basenpaar, sondern die *helikale Struktur* (*stem*). Deswegen werden bei der Simulation der RNA-Faltung Mengen von Helices bewertet.

18.2.5.1 Erste Version des Modells

Erster Ansatz eines genetischen Algorithmus

In einer ersten Implementierung eines genetischen Algorithmus gingen die Autoren wie folgt vor (nach [10]):

1) Es wurden sämtliche Helices bestimmt, die aufgrund der RNA-Sequenz ausgebildet werden können und in eine Liste *HelList*[1..*n*] eingetragen; vergleiche Tabelle 18.2. Diese Liste enthält eine Menge möglicherweise *nicht kompatibler* Elemente. Dies sind solche, deren gleichzeitiges Vorkommen in einer Struktur sich wechselseitig ausschließt. Inkompatibel sind zwei Helices dann, wenn beide dieselben Residuen r_i enthalten. Jedes Residuum kann ja höchstens mit einem anderen eine Basenpaarung eingehen und daher nur Element einer Helix sein. Aufgabe des genetischen Algorithmus ist es nun, aus der Menge sämtlicher Helices einen „geeigneten" Satz auszuwählen.
2) Es wurde eine initiale Population von zufälligen Objekten (Lösungen) angelegt. Jedes Objekt A_k besteht aus einer Bitfolge a_1a_2 .. a_n, die angibt, ob die Helix *HelList*[a_i] zum Objekt A_k gehört oder nicht.

Tab. 18.2 Datenstruktur für den ersten Ansatz. Zunächst wurden alle innerhalb einer RNA-Sequenz möglichen Helices bestimmt und in einer Liste gespeichert. Angegeben ist jeweils die Lage der Stränge, d. h. die Positionen für Anfang und Ende miteinander gepaarter Residuen. Rechts ist die Zusammensetzung der Objekte 1–3 angegeben. Zum Objekt 1 gehören die Helices 2 und 3, zum Objekt 2 die Helices 1, 2 und 4, zum Objekt 3 nur die Helix 4. Die Angabe 212–233/245–266 bedeutet, dass die Nucleotide 212–233 mit den Nucleotiden 245–266 Basenpaarungen eingehen, d. h. zusammen eine Helix bilden. Helix 1 und Helix 3 sind nicht miteinander kompatibel, da die Residuen 212–227 an beiden Helices als Bindungspartner beteiligt sind. Die Nichtkompatibilität gilt auch für Helix 2 und 4.

Beispiel für Liste

	Helix	Objekt		
		1	2	3
1	212-233/245-266	0	1	0
2	134-144/310-320	1	1	0
3	35-52/210-227	1	0	0
4	315-326/352-363	0	1	1
	.....			

3) Es wurde die Fitness eines jeden Objektes A_k berechnet. Als Fitnesswert wird die Summe der Längen sämtlicher Helices, die zum Objekt gehören, d. h. für die $a_i = 1$ gilt, bestimmt.
4) Es wurde reproduziert, um die nächste Generation zu erzeugen. Hierfür werden existierende Objekte zufällig ausgewählt, wobei Objekte mit höchsten Fitnesswerten ca. zweimal häufiger als die schlechtesten Lösungen selektiert werden.
5) Mutationen und Crossover wurden, wie im Kapitel 8 beschrieben, an zufällig gewählten Objekten und Positionen ausgeführt.
6) Das Programm wurde abgebrochen, sobald sich die maximale Fitness für eine bestimmte Anzahl von Iterationsschritten nicht mehr verbesserte.

Ergebnisse des ersten Ansatzes

Der obige Ansatz wurde mit unterschiedlichen Populationsgrößen (4–64 Individuen) sowie verschiedenen Wahrscheinlichkeiten (0.005–0.01 für Crossover und 0.005–0.05 für Mutationen) ausgeführt. Mit dieser ersten Implementation wurde keine gültige Lösung gefunden. Sämtliche Objekte enthielten zueinander inkompatible Helices.

18.2.5.2 Zweite Version: Modellierung der RNA-Faltung

Zweiter Ansatz: alternative Fitnessfunktion

Nun wurde versucht, den Faltungsprozess realistischer zu simulieren. Anstelle der oben eingeführten Fitnessfunktion (Summe der Länge aller Helices) wurde eine Alternative verwendet. Deren Wert resultiert aus der Summe aller *Stacking*-Energien der zu einem Objekt gehörenden Helices.

Korrektur von Lösungen

Zusätzlich wurden die einzelnen Objekte auf wechselseitige Kompatibilität der Helices hin untersucht. Alle sich wechselseitig ausschließenden Helices wurden bis auf eine (H_i) aus den Objekten entfernt (durch Nullsetzen entsprechender Bits).

Zunächst wurde als H_i diejenige Helix ausgewählt, die den höchsten Fitnesswert (Helixlänge bzw. größte *Stacking*-Energie) hatte. Diese Modifikation des Algorithmus verbesserte die Lösung nicht. Anschließend wurde als H_i diejenige Helix gewählt, deren Stränge in der RNA-Sequenz den kürzesten Abstand zueinander aufwiesen (Bevorzugung von *short range interactions*). Damit verbesserte sich die Qualität der Ergebnisse erheblich.

Weitere Modifikationen: Veränderte Übergangswahrscheinlichkeiten, modifizierte Fitnessfunktion

Durch diese Korrektur in der Zusammensetzung der Objekte werden Helices, die möglicherweise soeben durch den Mutationsprozess eingeführt wurden, wieder eliminiert. Um die Wahrscheinlichkeit für das Einführen und Löschen von Helices auszubalancieren, wurde die Wahrscheinlichkeit für den $0 \longrightarrow 1$ Übergang (Einführen einer Helix) auf 0.5 gesetzt und die für den $1 \longrightarrow 0$ Übergang (Entfernen einer Helix aus einer Lösung) zwischen 0.01 und 0.1 variiert. Eine Analyse der Ergebnisse zeigte, dass kurze Helices in den Objekten überrepräsentiert waren. Daher wurde die Quadratwurzel des oben eingeführten Fitnesswertes verwendet, um längere Helices zu begünstigen. Die Summe der Längen vieler kurzer Helices ergibt so einen kleineren Wert als die Summe weniger, aber längerer Elemente.

Der Verlauf der mittleren Fitnesswerte während der Programmausführung zeigte, dass der genetische Algorithmus zu leicht Objekte mit bereits guten Lösungen „aufgab", d. h. im Lösungsraum in Gebiete driftete, die weniger optimal waren. Daher wurde der Replikationsschritt verändert: Das Objekt mit dem jeweils höchsten Fitnesswert wurde unverändert in die nächste Population übernommen. Diese Veränderung verbesserte das Konvergenzverhalten, allerdings trat ein weiteres Problem auf: Der genetische Algorithmus war sehr häufig in rasch gefundenen, lokalen Minima gefangen. Schließlich wurde der Algorithmus ein weiteres Mal modifiziert: Neben dem Objekt mit dem höchsten Fitnesswert wurde auch dasjenige mit dem niedrigsten Wert unverändert in die nächste Population übernommen. Auf diese Weise wurde eine hinreichende Diversität im Lösungsraum gesichert.

```
.........1.........2.........3.........4.........5.........6.........7......      Freie
1234567890123456789012345678901234567890123456789012345678901234567890123456    Energie
GCGAAUUUAGCUCAGUUGGGAGAGCGCCAGACUGAAGAUCUGGAGGUCCUGUGUUCGAUCCACAGAAUUCGCACCA   [kcal/mol]
((.......)).................................................................      - 0.1
..........(((..[[[[)))....]]]]..............................................      - 4.4
((.......))((((((((.......)))).)))).........................................      - 5.3
.........((((........)))).(((((.......))))).................................      - 8.0
((.......))[[[[...........(((((]]]]...))))).................................      - 8.4
((.......))[[[[...........(((((]]]]...))))).....(((((.......)))))...........      -11.4
((((((((...((((((.((......)).)))))).((((....)))).((((.......))))))))))))....      -15.5
(((((((..((((........)))).(((((.......))))).....(((((.......))))))))))))....      -17.0
```

Abb. 18.5 Sekundärstrukturvorhersage für tRNA-Phe von *Saccharomyces cerevisiae* durch STAR. In jeder Zeile ist eine im Iterationsschritt t gefundene Lösung angegeben, wobei die Sekundärstruktur als Klammerausdruck notiert wird. Ein Basenpaar ist jeweils durch eine öffnende und eine schließende Klammer markiert. Eckige Klammern kennzeichnen Elemente von Pseudoknoten. Die Angaben in der ersten Zeile definieren einen *Hairpin-Loop*, bestehend aus der Helix $((r_1, r_{11}), (r_2, r_{10}))$ und den ungepaarten Basen $r_3 \ldots r_9$.

18.2.5.3 Ergebnisse

Nach der Einführung all dieser Modifikationen wurden ca. 30–45 % der Basenpaarungen korrekt vorhergesagt. Dieser Wert ist niedriger als der für die gleichen Moleküle von MFOLD (M. Zukers Algorithmus) erzielte (50–60 %, nach [10]). Im Gegensatz zu obigem, auf dynamischer Programmierung basierenden Algorithmus kann der genetische Algorithmus jedoch Pseudoknoten behandeln und vorhersagen.

An diesen Ausführungen ist nachzuvollziehen, welche Probleme beim Aufsetzen eines genetischen Algorithmus zu lösen sind. Das Konzept von STAR ist nach wie vor aktuell. So wurde zwischenzeitlich ein massiv paralleler Ansatz implementiert [11], der die Fitness mithilfe derselben Regeln bewertet. Hierbei werden jedoch Populationen mit bis zu 65 000 Individuen erzeugt.

18.2.6 Weitere Verfahren zur Vorhersage von Strukturen mit Pseudoknoten

Die oben eingeführten Algorithmen stützen sich alle auf *genau eine* RNA-Sequenz. Diese Methoden repräsentieren zwei Klassen, in die RNA-2D-Vorhersagealgorithmen eingeteilt werden. Eine Gruppe von Algorithmen ist optimal im Hinblick auf die betrachtete Zielfunktion, allerdings müssen Pseudoknoten ausgeschlossen werden. Die andere Gruppe subsumiert heuristische Methoden. Für diese ist Konvergenz nicht garantiert, sie können jedoch Pseudoknoten modellieren. Kann globale Optimierung mit der Behandlung von Pseudoknoten kombiniert werden? Es wurde ein Algorithmus vorgestellt, der auf dynamischer Programmierung beruht und dessen Energiefunktion eine große Klasse von Pseudoknoten zulässt [12]. Allerdings ist dessen Laufzeit von $O(n^6)$, sodass nur kleine Moleküle bewertet werden können. Schränkt man die Menge modellierbarer Pseudoknoten ein, so können Algorithmen mit günstigerer Zeitkomplexität entwickelt werden, die auf dynamischer Programmierung beruhen [8]. Zusätzlich wurden weitere Heuristiken vorgeschlagen: *HotKnots* ist ein derartiger Ansatz, der darauf abzielt, die freie Energie zu minimieren [13]. Der Algorithmus arbeitet auf einer Menge unvollständiger Strukturen, die sukzessive um weitere Strukturelemente erweitert werden. Über die Auswahl der Substrukturen, die hinzugefügt werden, entscheidet ein Algorithmus nach M. Zuker, wobei energetisch günstige ausgewählt werden. Ein Vergleich mit mehreren Algorithmen zeigte, dass die Vorhersagequalität von HotKnots höher ist als die von Verfahren der dynamischen Programmierung. In vielen Fällen waren die Vorhersagen auch besser als die von STAR berechneten.

2D-Vorhersage mithilfe von MSAs

Neben den oben eingeführten Programmen gibt es eine weitere Klasse von Algorithmen, die sich auf eine Menge alignierter RNA-Sequenzen (MSA) stützen. Häufig verwenden sie das folgende Paradigma: In einem ersten Schritt wird aus dem MSA eine Scoring-Matrix abgeleitet. Die einzelnen Scores werden aus thermodynamischen Parametern und der Konserviertheit der Spalten berechnet. Konserviertheit wird z. B. mithilfe der Transinformation (*mutual information*) bestimmt [14]. In einem zweiten Schritt werden diese Scores auf eine 2D-Struktur abgebildet. Auf Details können wir an dieser Stelle nicht genauer eingehen.

Interaktives Arbeiten

Die auf der begleitenden Website zusammengestellten Übungen erlauben die interaktive Vorhersage von 2D-Strukturen mithilfe öffentlich zugänglicher Server.

18.3 Zitierte Literatur

1 Chou P. Y., Fasman G. D. (1974) Prediction of protein conformation. *Biochemistry*, **13**(2), 222–245.

2 Rost B., Sander C. (1993) Prediction of protein secondary structure at better than 70 % accuracy. *J Mol Biol*, **232**(2), 584–599.

3 Rost B. (1996) PHD: predicting one-dimensional protein structure by profile-based neural networks. *Methods Enzymol*, **266**, 525–539.

4 Dor O., Zhou Y. (2007) Achieving 80 % ten-fold cross-validated accuracy for secondary structure prediction by large-scale training. *Proteins*, **66**(4), 838–845.

5 Zuker M. (1998) The use of dynamic programming algorithms in RNA secondary structure prediction. In *Mathematical methods for DNA sequences*. CRC Press, Boca Raton, 159–184.

6 Gruber A. R., Lorenz R., Bernhart S. H., Neuböck R., Hofacker I. L. (2008) The Vienna RNA websuite. *Nucleic Acids Res*, **36**(Web Server issue), W70–74.

7 Setubal J. C., Meidanis J. (1997) Introduction to computational molecular biology, PWS Publishing Company, Boston.

8 Reeder J., Giegerich R. (2004) Design, implementation and evaluation of a practical pseudoknot folding algorithm based on thermodynamics. *BMC Bioinformatics*, **5**, 104.

9 Gultyaev A. P., van Batenburg F. H., Pleij C. W. (1995) The computer simulation of RNA folding pathways using a genetic algorithm. *J Mol Biol*, **250**(1), 37–51.

10 van Batenburg F. H., Gultyaev A. P., Pleij C. W. (1995) An APL-programmed genetic algorithm for the prediction of RNA secondary structure. *J Theor Biol*, **174**(3), 269–280.

11 Shapiro B. A., Wu J. C., Bengali D., Potts M. J. (2001) The massively parallel genetic algorithm for RNA folding: MIMD implementation and population variation. *Bioinformatics*, **17**(2), 137–148.

12 Rivas E., Eddy S. R. (1999) A dynamic programming algorithm for RNA structure prediction including pseudoknots. *J Mol Biol*, **285**(5), 2053–2068.

13 Ren J., Rastegari B., Condon A., Hoos H. H. (2005) HotKnots: heuristic prediction of RNA secondary structures including pseudoknots. *RNA*, **11**(10), 1494–1504.

14 Witwer C., Hofacker I. L., Stadler P. F. (2004) Prediction of consensus RNA secondary structures including pseudoknots. *IEEE/ACM Trans Comput Biol Bioinform*, **1**(2), 66–77.

19
Vergleich von Protein-3D-Strukturen

Die vergleichende Analyse von Protein-3D-Strukturen kann wichtige Beiträge zum Verständnis von Proteinstruktur und -funktion liefern. In jedem Ansatz zum Vergleich von zwei Proteinstrukturen sind die folgenden Probleme zu lösen:

- die Superposition, d. h. die Überlagerung korrespondierender Residuen und
- die Berechnung eines Scores, der die Ähnlichkeit der beiden Strukturen bewertet.

Das Überlagerungsproblem (*Superposition*) kann interaktiv ausgeführt werden. Eine der interessierenden Strukturen wird solange translatiert und rotiert, bis bestimmte Kriterien hinsichtlich der relativen räumlichen Lage der Strukturen möglichst optimal erfüllt sind. Es kann z. B. das Ziel sein, die Summe aller Distanzen zwischen äquivalenten Atomen der Hauptketten zu minimieren. Wie nicht anders zu erwarten, werden solche Aufgaben rechnergestützt erledigt. Wir beginnen mit der Vorstellung eines Verfahrens, das für die Überlagerung zweier Protein-3D-Strukturen mit identischer Anzahl von Atomen entwickelt wurde. Anschließend stellen wir Algorithmen vor, mit denen die Superposition unterschiedlicher Strukturen möglich ist.

19.1
Vergleich zweier Protein-3D-Strukturen

RMSD = Mittleres Fehlerquadrat über Raumpositionen

Ein häufig verwendetes Kriterium zum Vergleich zweier Proteinraumstrukturen ist der RMSD-Wert. RMSD steht für *Root Mean Square Deviation*, meint also das mittlere Fehlerquadrat über einer Menge von Raumpositionen. Der klassische Ansatz zum Berechnen des RMSD-Wertes stammt von Kabsch [1] und wurde für ein Problem entwickelt, das bei der Aufklärung der Proteinraumstruktur mittels kristallographischer Verfahren auftritt. Hierbei muss eine

Bioinformatik Interaktiv. 2. Auflage. Rainer Merkl und Stephan Waack

ISBN: 978-3-527-32594-8

Rotationsoperation für einen gegebenen Satz von Atomen gefunden werden, sodass diese möglichst optimal zu den im Experiment nur näherungsweise bestimmten Raumkoordinaten passen. In der Regel ist für ein Protein, dessen Struktur determiniert werden soll, die Sequenz bekannt. Somit weiß man, welche Atome im Strukturdatensatz vorkommen müssen.

Berechnung des RMSD-Wertes

Es seien **X** und **Y** zwei Proteinraumstrukturen mit jeweils n Atomen. Zunächst werden die Massenzentren der beiden Proteine aus der räumlichen Lage aller Atome bestimmt und **X** und **Y** so translatiert, dass beide Zentren im Ursprung des Koordinatensystems liegen. Ein Koordinatensatz bleibt fixiert, der zweite muss nun so rotiert werden, dass die Unterschiede möglichst klein werden. Wir rotieren den Datensatz **X** und berechnen dazu eine 3×3 Covarianz-Matrix *Cov* für die n Koordinatenvektoren **x** und **y**. Hierbei gilt für jedes $\mathbf{x}_i := (x_{i1}, x_{i2}, x_{i3})$. Mit i, j $(1 \leq i, j \leq 3)$, ergibt sich:

$$\mathbf{Cov} := \mathbf{Y}^T\mathbf{X}; \text{ d.h. } cov_{ij} := \sum_n y_{ni}x_{nj}.$$

Das Quadrat der Covarianz-Matrix ist

$$\mathbf{Cov}^2 := \mathbf{Cov}^T\mathbf{Cov}.$$

Nun werden die Eigenvektoren **A** und Eigenwerte von $\mathbf{Cov}^2$ berechnet und nach Größe der Eigenwerte abfallend sortiert. Das normalisierte Produkt ($\mathbf{Cov} \times \mathbf{A}$) liefert die Matrix **B**. Aus den Matrizen **A** und **B** kann nun die Rotationsmatrix **U** berechnet werden mit

$$\mathbf{U} := \mathbf{B}^T\mathbf{A}; \text{ d.h. } u_{ij} := \sum_k b_{ki}a_{kj}. \tag{19.1}$$

Mithilfe dieser Rotationsmatrix werden alle Koordinaten von **X** rotiert, um den Koordinatensatz **X'** zu erzeugen:

$$\mathbf{X}'^T := \mathbf{U}\mathbf{X}^T; \text{ d.h. } x'_{ni} := \sum_k u_{ik}x_{nk}.$$

Die transformierten Daten **X'** werden nun mit dem Datensatz **Y** verglichen und es wird der RMSD-Wert berechnet:

RMSD-Wert: Mittlere Abweichung nach optimaler Ausrichtung

$$RMSD(\mathbf{X},\mathbf{Y}) := \left(\frac{1}{n}\sum_i d_i\right)^{1/2}. \tag{19.2}$$

Hierbei ist

$$d_i := \sum_{j=1}^{3} (x'_{ij} - y_{ij})^2 \tag{19.3}$$

die Euklidsche Distanz für ein Atompaar. Häufig werden bei der Berechnung nur die Positionen der C_α-Atome bewertet.

Der oben eingeführte Ansatz zur Berechnung des RMSD-Wertes unterstellt, dass die Zusammensetzung der beiden Datensätze übereinstimmt. Dies ist jedoch beim Vergleich homologer Proteine oder bei der Bewertung von Modellen nicht immer der Fall. Daher hat dieser Ansatz für die Zwecke der statistischen Bewertung von Strukturmodellen, die im Rahmen von Proteindesignaufgaben entwickelt werden, einige Nachteile: Ein Modellvorschlag mit einem RMSD von 3 Å und einem strukturellen Alignment von 60 % der Positionen ist sicherlich nicht besser als ein Modell mit einem RMSD-Wert von 5 Å, das 85 % der Positionen korrekt aligniert. Zusätzlich ist eine Korrelation zwischen dem RMSD-Wert und der Länge der Proteine zu erkennen, wenn zufällig gewählte Protein-3D-Strukturen superpositioniert werden [2]. Um diese Abhängigkeiten zu eliminieren, wurde für den Vergleich von Volllängen-Proteinmodellen der TM-Score vorgeschlagen [3]. Dieser wird wie folgt berechnet:

$$\text{TM-Score} := \frac{1}{n}\sum_{i=1}^{m}\frac{1}{1+\left(\frac{d_i}{d_0}\right)^2}. \tag{19.4}$$

TM-Score dient der Bewertung von Proteinmodellen

Hierbei ist n die Länge der nativen Struktur und m die Anzahl von Residuen des zu modellierenden Proteins, d_i ist der Abstand zwischen dem i-ten Paar von Residuen, die aligniert wurden [Gleichung (19.3)] und d_0 ist ein Normalisierungsfaktor. Wird der Wert $d_0 = 0.17$ gewählt, so zeigt der TM-Score keine Abhängigkeit von der Sequenzlänge. Mit diesem Ansatz ist eine längenunabhängige Bewertung der Superposition zweier Strukturen möglich. Allerdings ist noch unklar, wie zwei Strukturen mit unterschiedlicher Zusammensetzung zu überlagern sind. Diesem Problem wollen wir uns nun zuwenden. Es ist offensichtlich, welche Strategie zu verfolgen ist: Die Lage der Residuen eines Proteins wird so verändert, dass ein Score, wie in Gleichung (19.2) oder (19.4) angegeben, möglichst optimal wird.

19.2 Superposition von Protein-3D-Strukturen

Die Aufgabe, die es zu lösen gilt, besteht darin, zwei Strukturen zu vergleichen, wobei kein Alignment äquivalenter Positionen vorgegeben ist. Analog zum paarweisen Sequenzalignment ist mit Lücken und Insertionen zu rechnen. Es ist daher ein optimales

Alignment von Substrukturen zu finden. Diese Aufgabe ist NP-hart [4], daher ist keine exakte Lösung zu erwarten. Es wurden mehrere Heuristiken eingeführt, die sich im Wesentlichen in der Scoring-Funktion unterscheiden, mit der Lösungen bewertet werden. So verwendet DALI [5] Ähnlichkeiten von intramolekularen Residuen-Kontakten. Im Programm STRUCTAL [6] werden mehrere Parameter zur Bewertung der Übereinstimmungen zwischen Residuenpaaren berechnet. Die genannten Programme zählen zu den besten, wie mit einem Vergleichstest belegt wurde [7]. Neben DALI werden wir TM-Align, eine Weiterentwicklung von STRUCTAL vorstellen. Zunächst gehen wir jedoch auf ein Verfahren ein, mit dem das Konzept der dynamischen Programmierung erweitert wird.

19.3
SAP: Vergleich von 3D-Strukturen mithilfe von Vektorbündeln

Der Algorithmus zur dynamischen Programmierung kann zum Alignment von Sequenzen **beliebiger Objekte** herangezogen werden, sofern eine adäquate Scoring-Funktion verfügbar ist. Wir skizzieren zunächst ein Verfahren für den Vergleich von Kurvenzügen, das neue Möglichkeiten erschließt. Diese Skizze dient der Illustration von Techniken, die auch für das Strukturalignment angewendet wurden. Für ein Alignment lokal ähnlicher Polygone ist zunächst eine geeignete Datenstruktur zur Codierung der Kurvenzüge erforderlich. In der Abb. 19.1 werden zwei äquivalente Darstellungen für Vielecke vorgestellt: Zunächst die vertraute, als eine Menge von Punkten, die durch Kanten miteinander verbunden sind und alternativ eine als Folge von *Vektorbündeln*.

Vektor, Vektorbündel

> Ein *Vektor* $\mathbf{v}_{ij}$ ist eine gerichtete Strecke, die durch Länge und räumliche Lage festgelegt ist. Diese Strecke beginnt im Punkt i und endet im Punkt j. Die Länge und die räumliche Lage des Vektors $\mathbf{v}_{ij}$ ergibt sich aus der Lage der Punkte i und j im Raum. Ein *Vektorbündel* VB_i ist die Menge aller Vektoren, die vom Punkt i ausgehen.

Beispiel abgeleitet aus Polygon

In Abb. 19.1 sind für zwei Polygone sämtliche Vektorbündel angegeben. Die Bündel wurden jeweils so rotiert, dass der Vektor $\mathbf{v}_{i,\,i\text{-}1}$ in Richtung der positiven x-Achse zeigt.

Der Vorteil einer derartigen Repräsentation ist die

- *Invarianz gegenüber Translation und Rotation,* d. h. die relative Lage der zu vergleichenden Gesamtstrukturen ist irrelevant.

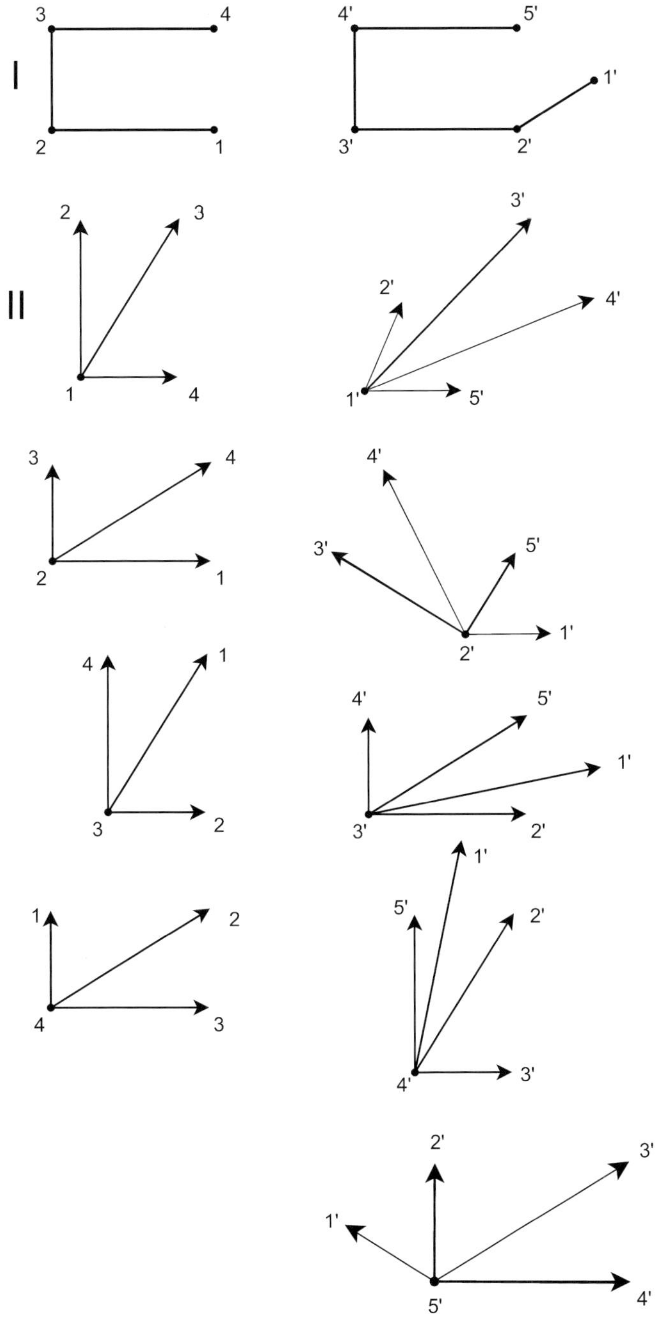

Abb. 19.1 Darstellung eines Vielecks durch Vektorbündel. Die beiden, unter I) dargestellten Polygone können auch (wie unter II) als Bündel von Vektoren interpretiert werden. Jeder Vektor ist durch Länge und Richtung definiert. Diese Parameter ergeben sich aus der relativen Lage der Eckpunkte zueinander. In obiger Darstellung wurden die Bündel so rotiert, dass der auf den Vorgänger zeigende Vektor jeweils in positive x-Richtung weist.

Letztere Eigenschaft lässt dieses Konzept attraktiv erscheinen. Wir werden später, bei der Besprechung von DALI, eine weitere Datenstruktur vorstellen, die ebenfalls diese Eigenschaft aufweist. Die Darstellung von Kurvenzügen als Folge von Vektorbündeln erlaubt eine andere Betrachtungsweise des Superpositionsproblems; dieses ist nun transponiert in ein Alignmentproblem:

Für die Superposition der Kurvenzüge ist das Alignment zweier Folgen von Vektorbündeln zu berechnen.

Doppelte dynamische Programmierung

Allerdings ist der Aufwand für die Berechnung enorm; er ist von $O(n^4)$. Im ersten Schritt wird ein Score für jedes Paar von Vektorbündeln aus dem Alignment der Vektoren abgeleitet. Im zweiten Schritt wird dann ein Alignment der Vektorbündel generiert. Da in beiden Schritten dynamische Programmierung zum Zuge kommt, sprechen die Autoren von *doppelter dynamischer Programmierung.*

Sammeln von Score-Werten in einer Matrix

Diese Vorgehensweise wurde in frühen Programmen zur Superposition von 3D-Strukuturen und für das *Threading* verwendet, allerdings zwischenzeitlich durch schnellere Verfahren abgelöst. Aus den genannten Methoden ging SAP [8] hervor. Hierbei wird zunächst in beiden 3D-Strukturen die Sekundärstruktur bestimmt. Ein Vergleich der 2D-Strukturen erlaubt beim Durchmustern von Strukturdatenbanken, solche Raumstrukturen auszusondern, die bereits auf 2D-Niveau nicht hinreichend ähnlich zur Query sind. Damit wird für diese Einträge der aufwändige Alignment-Schritt ganz vermieden. Bei den verbleibenden Strukturen wird durch ein Alignment der 2D-Strukturen die Anzahl von Residuen reduziert, die mittels dynamischer Programmierung verglichen werden müssen. Demselben Zweck dient die Bewertung von Lösungsmittelzugänglichkeit und Torsionswinkeln. Wie wird die Superposition berechnet? Die Abb. 19.2 illustriert den ersten Schritt des Verfahrens. Die Berechnungsgrundlage ist eine Scoring-Matrix, in der zunächst alle, paarweise berechneten Scores aufaddiert werden. Hierfür werden jeweils zwei Positionen, i in **X** und k in **Y**, ausgewählt. Die beiden Strukturen werden an diesen Positionen überlagert und mithilfe der Orientierung des C_α-Atoms im Raum ausgerichtet. Nun werden die interessierenden Eigenschaften aller Residuenpaare (j, l) verglichen. Eine Bewertung kann sich auf räumliche Distanzunterschiede oder andere Parameter beziehen, wie die Zugehörigkeit zu einem Sekundärstrukturelement oder die lokale Umgebung der Residuen. Die Umgebung (*environment*) gibt beispielsweise an, welcher Anteil der Seitenkette dem Lösungsmittel ausgesetzt ist. Resultierende Scores werden in einer Matrix aufaddiert; schließlich wird per dynamischer Programmierung ein optimaler Pfad bestimmt. Hier werden, ähnlich wie bei den folgenden Algorithmen genauer erläutert, mehrere Optimierungsrunden ausgeführt. Das resultierende Alignment beschreibt die Superposition der Strukturen.

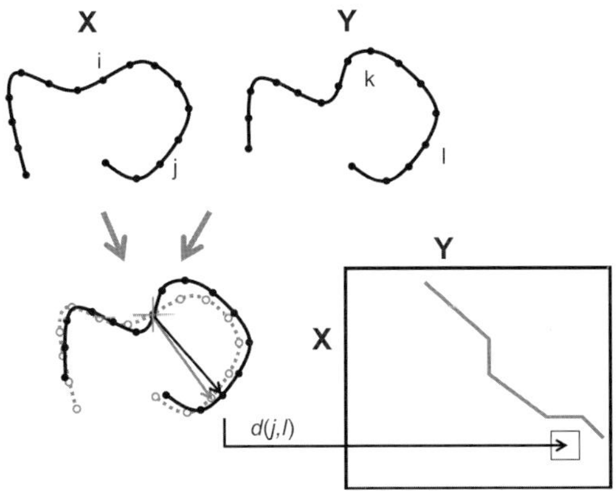

Abb. 19.2 Berechnen einer Superposition zweier Raumstrukturen mittels SAP. Die beiden Strukturen **X** und **Y** werden an allen, vorher ausgewählten Positionen *i* aus **X** und *k* aus **Y** überlagert. Die Orientierung im Raum wird aus der Geometrie der C_α-Atome abgeleitet. Anschließend wird für alle Residuenpaare (*j*, *l*) die Übereinstimmung bestimmter Eigenschaften bewertet. Dies können Abstände *d*(*j*, *l*) oder andere Attribute wie die lokale Umgebung der Residuen sein. Diese Parameter werden für sämtliche Überlagerungen bestimmt, die sich aus jeder Kombination (*j*, *l*) ergeben. Die Werte werden in einer Matrix aufaddiert und dienen dazu, per dynamischer Programmierung einen optimalen Pfad zu bestimmen. Der Pfad, der das optimale Alignment der Residuen angibt, ist in der Abbildung grau; nach [9].

19.4 Simulated Annealing

Simulated Annealing ist ein Meta-Algorithmus zum Bestimmen des globalen Optimums in einem großen Suchraum. Simulated Annealing ist gut geeignet zur Lösung von Problemen der *kombinatorischen Optimierung*. Dieses Verfahren findet in bioinformatischen Algorithmen häufiger Verwendung. Da es in den folgenden Superpositionier-Ansätzen zum Einsatz kommt, stellen wir es an dieser Stelle vor.

Simulated Annealing stellt Abkühlprozess in Schmelzen nach

Der Name deutet auf den Prozess hin, der im Algorithmus nachgestellt wird: Er modelliert das Verhalten von Schmelzen beim Abkühlen. Bei hohen Temperaturen flottieren die Moleküle unabhängig voneinander mit großer Beweglichkeit. Wird die Flüssigkeit langsam abgekühlt, so richten sich die Moleküle zueinander aus und es bilden sich Kristalle, die eine energetisch günstigere Konformation des Systems darstellen. Wird die Flüssigkeit *langsam* abgekühlt, so wird der energetisch günstigste Zustand erreicht. Ein rasches Abkühlen führt hingegen zu einem Zustand mit höherer Energie; die Masse ist dann möglicherweise amorph oder polykristallin. Diese

Beobachtungen zeigen, dass ein *langsames Abkühlen* für das Erreichen des Optimums essenziell ist: Den Molekülen wird viel Zeit zum Finden einer günstigen Orientierung gegeben. Wichtig ist der Befund, dass unter dieser Bedingung ein Optimum erreicht wird. Ein kontrolliertes Abkühlen wird als *Annealing* bezeichnet.

Gradientenverfahren entsprechen schnellen Abkühlvorgängen

Gemäß dieser Analogie entsprechen Gradientenabstiegsmethoden einem raschen Abkühlen. Dies kann, wie bereits mehrfach betont wurde, dazu führen, dass ein lokales und nicht das globale Minimum erreicht wird. In der Physik wird der Zustand von Systemen, beispielsweise der von Gasen, durch die Boltzmannsche Wahrscheinlichkeitsdichte beschrieben:

Boltzmannsche Wahrscheinlichkeitsdichte

$$p(E) \sim \exp\left(-E/(k_B T)\right)$$

Hierbei ist k_B die Boltzmann-Konstante, die Temperatur T und Energie E miteinander verknüpft. Diese Gleichung drückt aus, dass in einem System, das sich im thermischen Gleichgewicht befindet, die Energiezustände probabilistisch verteilt sind. Auch bei einer niedrigen Temperatur T besteht eine geringe Wahrscheinlichkeit dafür, dass sich das System in einem Zustand hoher Energie aufhält. Mit dieser Wahrscheinlichkeit ist die Chance verknüpft, ein lokales Minimum verlassen zu können, um eine bessere Lösung zu finden. Das Konzept ist in Abb. 19.3 illustriert.

Metropolis-Algorithmus hat probabilistische Komponente

1953 wurden von Metropolis und Kollegen [10], (siehe auch [11]) derartige Überlegungen das erste Mal in Berechnungen integriert. Hierbei wird angenommen, dass ein simuliertes, thermodynamisches System seinen Zustand mit Energie E_1 in einen Zustand mit Energie E_2 überführt mit der Wahrscheinlichkeit

$$p(E_1, E_2, T) := \exp(-(E_2 - E_1)/(k_B T)). \tag{19.5}$$

Ist $E_2 < E_1$, so wird p auf eins gesetzt und das System wechselt stets nach E_2. Diese Vorschrift, mit der *jeder* Abwärtsschritt und manche der Aufwärtsschritte akzeptiert werden, wird *Metropolis-Kriterium* genannt. Die Einbettung in einen Abkühlprozess führt zum *Simulated-Annealing*-Verfahren. Eine Formulierung in Pseudocode ist mit Algorithmus 19.1 angegeben.

Anforderungen an die Problemstellung

Welche Voraussetzungen müssen erfüllt sein, damit ein Optimierungsproblem mit diesem Algorithmus bearbeitet werden kann? Es muss möglich sein:

- alle möglichen Zustände des Systems zu beschreiben,
- zufällige Veränderungen in die jeweils gewählte Systemkonfiguration einzuführen,
- die Qualität der Lösung mithilfe einer Funktion E zu bewerten,
- einen der Temperatur analogen Parameter T anzugeben und ein Abkühlschema abzuarbeiten.

Algorithmus 19.1: Simulated Annealing

Initialisierung: $T \leftarrow T_{max}$, $S \leftarrow S_0$, $E_{akt} \leftarrow E(S)$

Führe aus

  Wähle alternative Lösung S^*.

  Falls $E(S^*) < E_{akt}$

    $E_{akt} \leftarrow E(S^*)$, $S \leftarrow S^*$

  Sonst

    Falls $p(E_{akt}, E(S^*), T) > Random()$

      $E_{akt} \leftarrow E(S^*)$, $S \leftarrow S^*$

  Erniedrige Temperatur T.

bis Abbruchkriterium erfüllt.

Ausgabe: Lösung S

Abb. 19.3 Situation beim Suchen nach optimalen Lösungen. In der Regel existieren neben dem globalen Minimum (GM) eine Menge lokaler Minima, die hier durch graue Punkte markiert sind. Eine Gradientenabstiegsmethode ist nicht in der Lage eine Barriere zu überwinden, sodass bei einfachen Optimierungsverfahren das globale Optimum höchstwahrscheinlich nicht gefunden wird und stattdessen ein lokales Minimum als Lösung ausgegeben wird. Die gefundene Lösung ist hierbei abhängig von den Anfangsbedingungen. Beim Simulated Annealing werden mit einer gewissen Wahrscheinlichkeit auch solche Zustände akzeptiert, die zu einem Anstieg der Systemenergie führen. Damit besteht die Chance, einem lokalen Minimum zu entkommen. Die Wahrscheinlichkeit für das Akzeptieren einer Energieerhöhung ist indirekt proportional zum Wert ΔE und fällt mit dem Senken der Temperatur im Rahmen des Abkühlprozesses.

Der Algorithmus wird in Zeile 1 initialisiert: Die Temperatur T wird so gewählt, dass sie wesentlich größer ist, als der maximal zu erwartende Energieunterschied zwischen zwei Zuständen E_1 und E_2. Es wird ein initialer Zustand S_0 gewählt und dessen Energie berechnet. In den Schritten 2–9 wird der Abkühlprozess ausgeführt. In Zeile 3 wird ein neuer Lösungsvorschlag S^* gewählt. Falls dessen Energie niedriger ist als die der aktuell besten Lösung, wird dieser Vorschlag übernommen. Ist $E(S^*)$ größer, so wird die Wahrscheinlichkeit $p(E_{akt}, E(S^*), T)$ nach Formel (19.5) berechnet und jeweils mit einer Zufallszahl *Random* aus [0..1] verglichen. Ist $p(.)$ größer als die Zufallszahl, so wird der Aufwärtsschritt akzeptiert. Anschließend wird in Zeile 9 die Temperatur erniedrigt. Hierfür kommen verschiedene Abkühlverfahren infrage, z. B. lineare oder exponentielle Gradienten. Der Abkühlprozess wird beendet, sobald das Abbruchkriterium erfüllt ist. Dieses kann eine minimale Temperatur bzw. eine bestimmte Anzahl von Schritten sein oder anzeigen, dass bei den letzten k Schritten keine Verbesserung mehr erzielt wurde. Schließlich wird die Lösung S ausgegeben. Wird die Temperatur bei der Ausführung nicht verändert, so geht Simulated Annealing in den Metropolis-Algorithmus über.

19.5
Superposition mithilfe von DALI

Eines der anerkannt besten und häufig benutzen Superpositionier-Verfahren ist DALI, das von C. Sander und L. Holm entwickelt wurde [5]. Datenbasis sind die räumlichen Abstände der C_α-Atome, die für jede Kombination i, j von Residuen einer Struktur **X** in eine Distanzmatrix D_X eingetragen werden. Der Vorteil dieser Art von Strukturrepräsentation ist die *Unabhängigkeit vom Koordinatensystem*. Für beliebige Rotations- und Translationsoperationen ergibt sich für dieselbe Struktur stets derselbe Matrizeninhalt.

DALI: Vergleich der Distanzen von Substrukturpaaren

Die Idee, auf der DALI beruht, ist schnell erklärt: Werden in dieser Matrix solche Einträge (d. h. Distanzwerte) hervorgehoben, die unter einem bestimmten Schwellenwert liegen, so entstehen auffällige Muster. Diese Muster charakterisieren **Paare von Substrukturen**. Proteine mit ähnlicher Raumstruktur werden ähnliche Muster aufweisen; bei unterschiedlicher Topologie der Raumstrukturen werden die Matrizen jedoch nicht deckungsgleich sein. Daher müssen in einem Optimierungsprozess geeignete Kombinationen von Substrukturen gefunden werden. Schließlich wird die bestmögliche Kombination als strukturelles Alignment ausgegeben. Das in DALI umgesetzte Verfahren besteht aus den folgenden Schritten.

Substruktur = Paare von Hexameren

Für die zwei zu alignierenden Proteine **X** und **Y** werden zunächst die Distanzmatrizen D_X und D_Y bestimmt. Diese enthalten sämtliche, paarweise bestimmten Distanzen für die Residuen aus **X** bzw. **Y**. Anschließend werden Paare von Substrukturen betrachtet; dies sind hier jeweils Hexamere. Im Alignmentprozess werden solche Substrukturen kombiniert, die in beiden Proteinen ähnliche Kontaktmuster besitzen. Ein Kontaktmuster verknüpft zwei Hexamere, die **beide in derselben** Struktur liegen und eine 6×6 Teilmatrix in D_X bzw. D_Y definieren. Die in **X** betrachteten Substrukturen $HP_X(i, j)$ werden durch die Residuenpositionen i und j, die in **Y** vorkommenden Substrukturen $HP_Y(k, l)$ durch die Nummern k und l definiert. Die Ähnlichkeit zweier Substrukturen aus **X** und **Y** wird mit einem Ähnlichkeitsscore S bewertet:

$$S(i,j,k,l) := \sum_{i=1}^{s} \sum_{j=1}^{s} \phi(i,j,k,l). \tag{19.6}$$

$\mathbf{x}_i$ und $\mathbf{x}_j$ sowie $\mathbf{y}_k$ und $\mathbf{y}_l$ sind demnach diejenigen Residuenpaare aus den beiden Substrukturen, die als äquivalent superpositioniert wurden. s ist die Anzahl der betrachteten Paare (d. h. die Länge der betrachteten Substrukturen) und ϕ ist ein Ähnlichkeitsmaß, das hier aus den räumlichen Distanzen der C_α-Atome abgeleitet wird. S wird nur aus alignierten Residuenpaaren errechnet. Die nun folgende Optimierungsrunde hat zum Ziel, S zu maximieren.

19.5.1 Scores für Substrukturen

Berechnung des paarweisen Scores

Gewöhnlich wird in DALI das folgende Ähnlichkeitsmaß verwendet:

$$\phi^E(i,j,k,l) := \begin{cases} \left(\theta^E - \frac{|d_{ij}^X - d_{kl}^Y|}{d_{ijkl}^*}\right) w(d_{ijkl}^*) & i \neq k, j \neq l \\ \theta^E & sonst \end{cases}. \tag{19.7}$$

Hierbei sind d_{ij}^X und d_{kl}^Y die Distanzen zwischen äquivalenten Elementen aus **X** bzw. **Y**, die als Euklidsche Abstände berechnet werden, d. h. $d_{ij}^X := d_{Eukl}(\mathbf{x}_i - \mathbf{x}_j)$. d_{ijkl}^* ist das Mittel über alle d_{ij}^X und d_{kl}^Y; θ^E ist ein Schwellenwert und w eine Gewichtsfunktion. θ^E hat den Wert 0.2, d. h. es werden 20 % Abweichung zugelassen. Dies bedeutet konkret, dass nebeneinanderliegende β-Stränge in Faltblättern, die gewöhnlich einen Abstand von 4–5 Å besitzen, maximal um 1 Å abweichen dürfen. Für Kontakte zwischen α-Helices oder zwischen β-Strängen und Helices, die typische Abstände zwischen 8 und 15 Å aufweisen, sind Abweichungen von bis zu 3 Å erlaubt.

Paare, deren Elemente räumlich weit entfernt liegen, sind häufig, tragen aber wenig zur Strukturbeschreibung bei. Daher wird deren Wirkung mithilfe der Gewichtsfunktion abgeschwächt. Es gilt $w(r) := exp(-r^2/\alpha^2)$. Hierbei ist α = 20 Å, dies entspricht der Größe einer typischen Domäne.

Das Berechnen einer optimalen Kombination von Paaren erfolgt in zwei Schritten

Das Finden einer optimalen Superposition erfolgt durch Kombinieren der $HP_X(i, j)$ und $HP_Y(k, l)$-Substrukturen mithilfe eines Greedy-Algorithmus. Dieser ist in zwei Schritte zerlegt.

Erster Schritt: Identifizieren ähnlicher Kontaktpaare

Im ersten Schritt werden alle Kontaktmuster in den beiden Matrizen D systematisch verglichen. Die Kontaktmuster werden unter Verwendung der Gleichung (19.6) paarweise bewertet; ähnliche Paare $[HP_X(i, j), HP_Y(k, l)]$ werden in eine Liste *PAAR_LIST* eingetragen. Hierbei werden einige Präprozessier-Schritte ausgeführt. Kontaktpaare, die längs der Hauptdiagonalen von D überlappende Muster aufweisen, werden vereint. Die Kontaktmuster einer jeden Distanzmatrix werden gemäß ihrer mittleren Distanz sortiert, sodass räumlich benachbarte Paare am Anfang der Liste liegen. Aus mehreren Vergleichsschritten resultiert schließlich eine Liste, die aus maximal 80 000 Paaren $[HP_X(i, j), HP_Y(k, l)]$ besteht, die jeweils einen positiven S-Score besitzen und deren maximaler paarweiser Abstand kleiner als 25 Å ist. Die mögliche Umkehr des Hauptkettenverlaufs für einzelne Strukturelemente kann berücksichtigt werden, indem bei einem der Vergleichsschritte die Indizes einer Matrix permutiert werden.

19.5.2
Alignieren von Substrukturen

Zweiter Schritt: Optimale Kombination mithilfe des Metropolis-Kriteriums

Im zweiten Schritt müssen Paare von Kontaktmustern zu größeren Alignments kombiniert werden. Hierbei wird das Metropolis-Kriterium verwendet. Bei jedem Schritt werden Residuenpaare in das Alignment aufgenommen oder gelöscht und für jede Änderung wird der Gesamtscore S berechnet. In den Optimierungsschritten werden Veränderungen des Alignments bewertet, die sich aus dem Verlängern oder Verkürzen der Längen um ein bis vier Residuen ergeben.

Zwei Modi: Erweiterungsmodus, Trimm-Modus

Jede Optimierung startet mit einem *Seed*-Alignment $[HP_X, HP_Y]$. Der Metropolis-Algorithmus wird in zwei unterschiedlichen Operationsmodi betrieben. Im *Erweiterungsmodus* wird ein Alignment um überlappende Kontaktmuster verlängert. Hierfür wird jedes weitere Kontaktmuster $[HP_X, HP_Y]$ aus *PAAR_LIST*, das eine Residuenkombination (r, s, t, u) aus dem betrachteten Alignment enthält, in zufälliger Reihenfolge bewertet. Die Aufnahme eines Kontaktmusters kann das Löschen eines anderen, nichtkompatiblen Musters bedingen. Im *Trimm-Modus* werden solche Fragmente entfernt, die einen

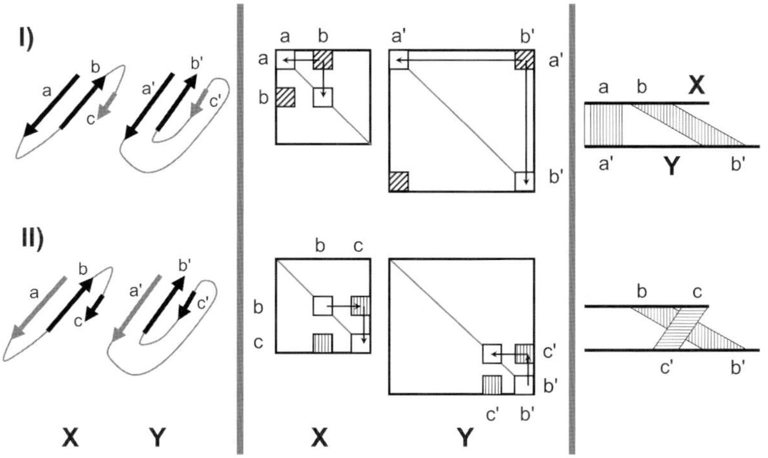

Abb. 19.4 Prinzip der Superposition mithilfe von DALI. Im Beispiel werden zwei Proteine superpositioniert, die jeweils drei β-Stränge enthalten. Die Verknüpfung der Stränge ist jedoch unterschiedlich. Die strukturell äquivalenten Fragmente sind mit a, b, c und a', b', c' bezeichnet. Im ersten Schritt (I) wird ein Alignment durch das Paar $[HP_X(a, b), HP_Y(a', b')]$ initiiert. Die Superposition wird ausgedehnt (II), da $[HP_X(b, c), HP_Y(b', c')]$ ähnliche Kontaktmuster aufweisen. Rechts ist das Alignment der Sequenzen angegeben. Ähnliche Kontaktmuster sind mit derselben Schraffur markiert; vereinfachte Darstellung nach [1].

negativen Beitrag zum Gesamtscore *S* liefern. Um einen breiten Bereich möglicher Optima abzudecken, werden mehrere Lösungen parallel bearbeitet. Die Anzahl bewerteter Alignments wird im Verlauf des Optimierungsprozesses reduziert; am Schluss wird das Strukturalignment mit höchstem Score *S* ausgegeben. Die Abb. 19.4 illustriert das Vorgehen. Zwischenzeitlich ist mit DaliLite eine optimierte Version entstanden [12].

19.6 TM-Align

Breit angelegte Vergleichsstudien belegen, dass bis dato hybride Verfahren die besten Superpositionen liefern [7]. Zu den Algorithmen mit hoher Performanz gehört TM-Align [13]. Dieses Verfahren ist eine Weiterentwicklung von STRUCTAL [6] und soll nun eingeführt werden.

TM-Align basiert auf drei initialen Alignments

Die Datenbasis für TM-Align sind die C_α-Koordinaten der zwei zu vergleichenden Proteinstrukturen **X** und **Y**. Zunächst werden drei initiale Alignments bestimmt. Für das erste Alignment wird die Sekundärstruktur der beiden Proteine aus der lokalen 3D-Struktur abgeleitet. Die Sequenzen von Sekundärstrukturelementen (α, β, L) werden mithilfe dynamischer Programmierung aligniert. Das zweite Alignment wird aus einem *Threading* der kürzeren Proteinsequenz auf die größere Struktur abgeleitet. Da wir Threading im Kapitel 20 vorstellen, gehen wir hier nicht weiter auf das Verfahren ein. Im Moment genügt zu wissen, dass eine Sequenz (hier die kürzere der beiden) derart auf dem gegebenen Proteinrückgrat (hier das längere) verteilt wird, dass ein Score-Wert maximiert wird. Im Falle von TM-Align werden bei diesem Threading-Schritt keine Lücken in die Sequenz eingeführt. Das dritte Alignment wird ebenfalls per dynamischer Programmierung erzeugt. Hierbei werden Sekundärstruktur und Threading gleichzeitig bewertet, wobei Lücken zugelassen sind.

Optimierung mithilfe des TM-Scores

Diese initialen Alignments werden nun mithilfe eines iterativen Verfahrens optimiert. Aus den Alignments werden zunächst korrespondierende Residuen ermittelt. Diese dienen dazu, die Strukturen auszurichten. In diesem Superpositionier-Prozess wird der in Gleichung (19.4) angegebene TM-Score optimiert.

Das hierbei verwendete Verfahren kann ganz allgemein genutzt werden, um für zwei Strukturen diejenige Superposition zu finden, die den *maximalen* TM-Score aufweist. Zunächst wird aus einer Struktur ein Fragment der Länge L_{int} direkt aufeinanderfolgender, alignierter Residuen aus dem initialen Alignment ausgewählt. Diese Fragmente werden mithilfe der von Kabsch eingeführten Methode [siehe Gleichung (19.1)] superpositioniert. Anschließend werden in den Gesamtstrukturen alle Residuenpaare identifiziert, die jeweils einen Abstand kleiner d_0 aufweisen. Diese Residuen werden wiederum, wie oben beschrieben, superpositioniert. Das Verfahren wird solange iteriert, bis die Rotationsmatrix konvergiert. Die resultierende Superposition hängt von der initialen Auswahl des Fragments L_{int} ab. Daher werden mehrere Läufe mit verschiedenen Fragmenten gestartet. Ausgegeben wird die Superposition, die den höchsten TM-Score aufweist.

Scores für nächstes Alignment werden aus Superpositionierung errechnet

Aus dieser Superpositionierung wird nun eine Scoring-Matrix abgeleitet. Die einzelnen Werte $S(i, j)$ werden wie folgt bestimmt:

$$S(i,j) := \frac{1}{1 + d_{ij}^2/d_0(L_{\min})^2}.$$

Hierbei ist d_{ij} der Abstand zwischen Residuum i in $\mathbf{X}$ und Residuum j in $\mathbf{Y}$. $d_0(L_{min})$ ist eine Normalisierungskonstante. Unter Verwendung dieses Scores wird mittels dynamischer Programmierung ein neues Alignment berechnet. Das resultierende Alignment dient wiederum als Grundlage für eine Superpositionierung, so wie oben beschrieben. Dieses iterative Verfahren, das im Wechsel Superpositionierschritte, gefolgt von Alignmentschritten ausführt, wird solange fortgesetzt, bis sich das Alignment stabilisiert. Die finale Superposition wird schließlich ausgegeben. Da Scoring-Matrix und Zielfunktion (TM-Score) aufeinander abgestimmt sind, konvergiert das Verfahren rasch. Daher ist dieser Ansatz ca. um den Faktor 20 schneller als DALI. Die Entwickler von TM-Align berichten, dass im Mittel die berechneten Alignments von höherer Qualität sind als die häufig verwendeter Methoden.

Interaktives Arbeiten

Auf der begleitenden Website finden Sie Übungen zum Vergleich von Protein-3D-Strukturen.

19.7
Zitierte Literatur

1 Kabsch W. (1976) A solution for the best rotation to relate two sets of vectors. *Acta Crystallogr*, **32**, 922–923.
2 Betancourt M. R., Skolnick J. (2001) Universal similarity measure for comparing protein structures. *Biopolymers*, **59**(5), 305–309.
3 Zhang Y., Skolnick J. (2004) Scoring function for automated assessment of protein structure template quality. *Proteins*, **57**(4), 702–710.
4 Lathrop R. H. (1994) The protein threading problem with sequence amino acid interaction preferences is NP-complete. *Protein Eng*, **7**(9), 1059–1068.
5 Holm L., Sander C. (1993) Protein structure comparison by alignment of distance matrices. *J Mol Biol*, **233**(1), 123–138.
6 Levitt M., Gerstein M. (1998) A unified statistical framework for sequence comparison and structure comparison. *Proc Natl Acad Sci U S A*, **95**(11), 5913–5920.
7 Kolodny R., Koehl P., Levitt M. (2005) Comprehensive evaluation of protein structure alignment methods: scoring by geometric measures. *J Mol Biol*, **346**(4), 1173–1188.
8 Orengo C. A., Brown N. P., Taylor W. R. (1992) Fast structure alignment for protein databank searching. *Proteins*, **14**(2), 139–167.
9 Taylor W. R. (2000) Protein structure comparison using SAP. In *Protein structure prediction*. Hrsg.: Webster D. M., Humana Press Inc., Totowa, 19–31.
10 Metropolis N., Rosenbluth A. W., Rosenbluth M. N., Teller A. H., Teller E. (1953) Equation of state calculations by fast computing machines. *J Chem Phys*, **21**(6), 1087–1092.
11 Kirkpatrick S., Gelatt C. D., Jr., Vecchi M. P. (1983) Optimization by simulated annealing. *Science*, **220** (4598), 671–680.
12 Holm L., Park J. (2000) DaliLite workbench for protein structure comparison. *Bioinformatics*, **16**(6), 566–567.
13 Zhang Y., Skolnick J. (2005) TM-align: a protein structure alignment algorithm based on the TM-score. *Nucleic Acids Res*, **33**(7), 2302–2309.

20
Homologiemodellierung und Vorhersage der Protein-3D-Struktur

Die Vorhersage der Protein-Raumstruktur aus der Sequenz unter Verwendung von moleküldynamischen Simulationen in akzeptabler Zeit ist ein nicht gelöstes Problem der Bioinformatik. Zu diesem *ab initio* Verfahren gibt es jedoch eine erfolgsversprechende Alternative, die wir in diesem Kapitel vorstellen wollen. Bei diesem Verfahren, das *Homologiemodellierung* genannt wird, sucht man zunächst nach einer bekannten Raumstruktur, die gut zur gegebenen Sequenz passt. Anschließend wird die Struktur so verändert, dass diese ein Modell für die gegebene Sequenz darstellt.

In der PDB-Datenbank sind mittlerweile mehr als 50 000 Proteinraumstrukturen abgelegt, die allerdings nicht alle unterschiedliche Faltungstypen repräsentieren. Dennoch, benutzt man PSI-BLAST als Suchmethode und eines der Homologiemodellierungsverfahren, die wir im Folgenden einführen, so können mehr als 4 Millionen Modelle erzeugt werden. Die Abdeckung wird in Zukunft sicherlich durch verfeinerte Algorithmen noch weiter verbessert werden. Zusätzlich helfen die Ergebnisse der groß angelegten *Structual Genomics* Initiativen. Diese zielen darauf ab, für die betrachtete Spezies die 3D-Struktur aller Proteine mithilfe unterschiedlichster Verfahren aufzuklären. Auf diese Weise werden für viele Sequenzen evolutionär nahestehende Strukturgerüste bestimmt, sodass sich die Genauigkeit der Alignments weiter verbessern wird. In den folgenden Abschnitten stellen wir unterschiedliche Ansätze der Homologiemodellierung vor, wobei wir mit einfacheren Konzepten beginnen.

Ziel von Structural Genomics Initiativen: Proteinraumstruktur aller Proteine einer Spezies bestimmen

Im Rahmen der *Profil-Methode* wird zunächst für jede bekannte Proteinraumstruktur ein Profil berechnet. Ein Profil charakterisiert jedes Residuum durch einen Vektor von physikalisch-chemischen Eigenschaften, die aus der lokalen Umgebung (E*nvironment*) des Residuums abgeleitet werden. Dieses Verfahren wurde 1991 von Bowie *et al.* [1] vorgeschlagen. Beliebige Sequenzen können anschließend unter Verwendung eines klassischen Ansatzes der dynamischen Programmierung mit derartigen Profilen aligniert werden.

Profilmethode

Bioinformatik Interaktiv. 2. Auflage. Rainer Merkl und Stephan Waack

ISBN: 978-3-527-32594-8

Paarweise Interaktionen Threading: Auffädeln einer Sequenz auf gegebene Struktur

Die zweite Technik, auf die wir eingehen, stützt sich auf den *Vergleich paarweiser Interaktionen* zwischen räumlich nahen Residuen einer Struktur. Diese Interaktionen werden mit sogenannten *Pseudopotenzialen* bewertet. Der Begriff Pseudopotenzial rührt daher, dass aus bekannten 3D-Strukturen Häufigkeitsverteilungen von Atompaaren abgeleitet und diese mit den, in der Physik üblichen, Ansätzen für Potenziale oder Kraftfelder behandelt werden. Beide Verfahren werden häufig unter dem Begriff *Threading* (einfädeln, aufreihen) zusammengefasst. Anders formuliert wird unter Threading das Alignment zwischen einer Proteinsequenz und einer Proteinraumstruktur verstanden. Die Verfügungsmasse für das „Auffädeln" einer Sequenz ist die Menge der bekannten Proteinraumstrukturen. Folglich scheitern derartige Verfahren bei solchen Proteinen, die in Strukturdatenbanken bisher nicht vorkommen. Diese Einschränkung wird allerdings allmählich bedeutungslos, da mit wachsender Zahl gelöster 3D-Strukturen die Wahrscheinlichkeit für völlig unbekannte Strukturmotive immer geringer wird.

CASP-Wettbewerb

Der sicherlich härteste Test für die Evaluation derartiger Verfahren ist im Rahmen des CASP-Wettbewerbs, der 1994 von John Moult vorgeschlagen wurde und seitdem regelmäßig durchgeführt wird, die Teilnahme an der Konkurrenz „*Critical Assessment of Fully Automated Structure Prediction*". In dieser Sparte muss die 3D-Struktur von solchen Proteinen vorhergesagt werden, deren Raumstruktur noch nicht in den öffentlich zugänglichen Datenbanken veröffentlicht, den Veranstaltern des Wettbewerbs jedoch schon bekannt ist. Natürlich werden die zu lösenden Strukturen so ausgewählt, dass ihre Vorhersage auch für die besten Verfahren schwierig bleibt. Die Methoden, die wir im Folgenden vorstellen, haben bei den CASP-Wettbewerben jeweils sehr gut abgeschnitten. Die Performanzunterschiede sind bei den besten Ansätzen zwischenzeitlich so gering, dass die Wahl der Kriterien für die Beurteilung der Modelle oder das Weglassen einer Aufgabe über den Rang der Algorithmen bzw. Server entscheidet. In der Runde CASP7 wurden zwei Kategorien eingeführt: Dies waren *Templat basiertes Modellieren* (TBM) und *freies Modellieren*. Freies Modellieren wird auch als *ab initio* Modellieren bezeichnet. Wir gehen später auf solche Verfahren ein. TBM meint Homologie-Modellierung; hierbei wird auf eine bekannte Protein-3D-Struktur aus der Datenbank zurückgegriffen. Die klassische Vorgehensweise beim TBM kann in vier Schritte zerlegt werden:

Zwei Kategorien: Templat basiertes Modellieren↔freies Modellieren

1) Zunächst ist die Struktur (*Templat*) zu wählen, auf die das *Target* (gegebene Zielsequenz) per Modellierung übertragen werden soll.

2) Die Targetsequenz muss unter Verwendung eines Optimierungskriteriums auf dem Templat verteilt werden.
3) Es muss ein Strukturgerüst geschaffen werden. Gegebenenfalls müssen Schleifen (*loops*) für nicht abgedeckte Sequenzbestandteile eingefügt oder Verkürzungen des Proteinrückgrats (*backbone*) vorgenommen werden.
4) Schließlich müssen sämtliche Seitenkettenatome hinzugefügt und optimal ausgerichtet werden.

Die ersten beiden Schritte werden gewöhnlich durch ein Threading-Verfahren abgedeckt. Die letzten beiden Schritte werden simultan abgearbeitet, da sich Veränderungen gegenseitig beeinflussen.

20.1 Verwenden von Threading-Verfahren

Wir wollen zunächst unterschiedliche Ansätze zum Threading betrachten. Ganz generell kann Threading für die folgenden Fragestellungen eingesetzt werden:

1) *Welche der bekannten 3D-Strukturen sind zu einer gegebenen Sequenz kompatibel?*
   Diese Fragestellung steht am Beginn einer Homologiemodellierung. Ziel ist hierbei die Entwicklung eines 3D-Modells, ausgehend von der Sequenzinformation. Solange die untersuchte Proteinsequenz hinreichende Ähnlichkeit zu einem Protein besitzt, dessen 3D-Strukur bekannt ist, kann durch Sequenzvergleich und unter Verwendung der bekannten 3D-Struktur ein erstes Modell entwickelt werden. Ist die Sequenzähnlichkeit jedoch gering, werden homologe Strukturen auf diese Art nicht mehr gefunden. Threading-Verfahren sind empfindlicher als Profil basierte Alignmentmethoden und können daher Strukturähnlichkeiten eher aufzeigen. Allerdings werden Template kaum mehr gefunden, wenn die Sequenzidentität zwischen Target und Templat weniger als 15 % beträgt.
2) *Ist ein 3D-Modell verträglich mit der Sequenz?*
   Dem Threading liegt die Annahme zugrunde, dass für jedes Residuum einer Struktur eine gewisse „Umgebung“ vorhanden sein muss. Diese Bedingung muss natürlich auch in jedem Proteinraummodell

erfüllt sein und daher kann Threading während der Modellentwicklung für Validierungszwecke genutzt werden. Die unten eingeführte Methode, die auf der Bewertung von Umgebungen beruht, ist eine der zuverlässigsten. Auch in der Homologie-Modellierung werden Meta-Ansätze verwendet, die mehrere Verfahren parallel anstoßen und alternative Modelle generieren. Für die endgültige Auswahl eines Modells ist ein kritischer Vergleich zwingend notwendig.

3) *Welche Sequenzen „passen" zu einer bekannten Struktur?*
Wird Threading auf diese Weise angewendet, können evolutionäre Abhängigkeiten zwischen Proteinen aufgedeckt und mögliche Strukturen für bisher nicht charakterisierte Sequenzen abgeleitet werden. Bei dieser Fragestellung bekommen die rechenintensiven Threading-Verfahren jedoch Konkurrenz durch die sensitiven, Profil basierten Sequenzvergleichsmethoden. Diese Fragestellung wird auch mit *inverser Proteinfaltung* beschrieben.

4) *Welche Proteinfunktionen sind in einem Genom codiert?*
Aufgrund seiner Empfindlichkeit kann Threading die Annotation von Genomen ergänzen und zwar als erster Schritt auf dem Wege zur Funktionszuweisung. Wir wissen bereits, dass homologe Proteine, die ja von einem gemeinsamen Vorgänger abstammen, fast immer eine ähnliche 3D-Struktur aufweisen. Es ist allerdings auch bekannt, dass ca. 10 % entfernt verwandter Proteine eine völlig unterschiedliche Funktion besitzen [2]. Aus dieser Tatsache leitet sich eine Einschränkung im Hinblick auf eine Funktionszuweisung durch Threading ab: Mit großer Sicherheit kann eine Struktur, die Funktion eines Proteins jedoch nur mit Vorbehalt vorgeschlagen werden.

Das konzeptionell einfachste unter den Verfahren zur inversen Proteinfaltung ist die Profil-Methode, der wir uns zunächst zuwenden wollen.

20.2
Eine Profil-Methode: 3D-1D-Profile

Dieser in der Arbeitsgruppe von D. Eisenberg entwickelte Algorithmus [1] reduziert die dreidimensionale (3D) Proteinstruktur auf eine eindimensionale Sequenz (1D) von Umgebungen (*Environments*). Die eindimensionale Repräsentation einer Proteinraumstruktur kann dann mittels dynamischer Programmierung mit der Query verglichen werden. Der hierbei berechnete Score ist ein Maß dafür, wie gut die Eingabesequenz der Folge von lokalen Umgebungen entspricht. Liegt der Score jenseits eines Schwellenwertes, wird die durch das Environment repräsentierte Raumstruktur als passend für die Eingabesequenz interpretiert. Zur Ausführung sind die folgenden drei Schritte notwendig:

1) Die dreidimensionale Struktur eines Proteins wird auf die eindimensionale Folge von Umgebungen reduziert. Jedes Environment wird klassifiziert in Abhängigkeit vom Flächenanteil der Seitenkette, der im Protein abgedeckt (*buried*) ist, dem Flächenanteil der Seitenkette, der polaren Atomen ausgesetzt ist und der lokalen Sekundärstruktur des Proteins.
2) Erstellen eines 3D-1D-Profils, d. h. einer Matrix mit positionsabhängigen Scores. Das Profil wird unter Verwendung der im Schritt 1 generierten, residuenspezifischen Umgebungen und mittels einer Scoring-Matrix für das Vorkommen der Aminosäuren in den verschiedenen Umgebungen sowie heuristischen Scores für Lücken bestimmt.
3) Alignment einer Sequenz mit dem 3D-1D-Profil. Hierbei kommen die bekannten Algorithmen des dynamischen Programmierens zum Zuge.

20.2.1
Bestimmen der Umgebungen

Das Environment jedes Residuums wird hinsichtlich dreier Kriterien bewertet. Die erste Kategorie ist der Flächenanteil der Seitenkette, der im Protein **nicht** Lösungsmittel zugänglich ist (*buried*, vergleiche Tabelle 20.1).

Parameter 1: Lösungsmittelzugänglichkeit

Die Klassen B (*buried*) und P (*partial buried*) werden in Abhängigkeit vom Flächenanteil, der polaren Atomen ausgesetzt ist, feiner klassifiziert (Tabelle 20.2).

Parameter 2: Nachbarschaft zu polaren Atomen

Schließlich wird jede der so entstandenen sechs Environment-Klassen entsprechend der lokalen Sekundärstruktur dreifach unterteilt. Die Sekundärstruktur wird klassifiziert nach α-Helix, β-Strang

Parameter 3: Sekundärstruktur

Tab. 20.1 In Abhängigkeit vom Flächenanteil der Seitenkette (in [Å^2]), der nicht Lösungsmittel zugänglich ist, werden Residuen in die drei Klassen Lösungsmittel zugänglich (E), teilweise abgedeckt (P) oder abgedeckt (B) eingeteilt.

exposed (E)	partial buried (P)	buried (B)
< 40 Å^2	40 Å$^2 < F < 114$ Å^2	> 114Å^2

Tab. 20.2 Einteilung der Klassen B und P in Abhängigkeit vom Flächenanteil der Seitenkette (p), der polaren Atomen zugänglich ist.

B_1	B_2	B_3	P_1	P_2
$p < 0.45$	$0.45 \leq p < 0.58$	$p \geq 0.58$	$p < 0.67$	$p \geq 0.67$

und Andere. *Damit wird jedes beliebige Environment eines Residuums durch 1 von 18 Klassen beschrieben.*

Zu jeder gelösten Proteinraumstruktur gehört also eine Folge von Zahlen aus dem Intervall [1, 18], die für jede Position in der Struktur das Environment angibt.

Bestimmen von Flächen

Für die Klassifizierung müssen in der Proteinraumstruktur Flächenanteile z. B. im Hinblick auf Lösungsmittelzugänglichkeit berechnet werden. Das hierbei verwendete Verfahren wird häufiger zur Lösung derartiger Fragestellungen eingesetzt; daher ist es sinnvoll, diese Methode genauer vorzustellen. Es ist ein von Lee und Richards [3] entwickeltes Sampling-Verfahren, das wie folgt vorgeht:

Um jedes Atom einer Proteinseitenkette wird eine Kugel zentriert, deren Radius dem des Atoms plus dem eines Wassermoleküls entspricht. Diese Kugel wird mit einem Netz von *Sampling*-Punkten (Abstand von 0.75 Å) überzogen. Diejenigen *Sampling*-Punkte, die nicht innerhalb einer, zu einem beliebigen Atom der Seitenkette gehörenden Kugelsphäre liegen, werden als Lösungsmittel zugänglich betrachtet. Die Lösungsmittel zugängliche Fläche eines Atoms ist dann

Lösungsmittelzugänglichkeit

$$A_a := (n_a/n_g)A_g.$$

Hierbei ist n_a die Anzahl von Sampling-Punkten, die Lösungsmittel zugänglich sind, n_g ist die Gesamtzahl aller Punkte und A_g ist die Gesamtfläche der betrachteten Kugelschale. Die Lösungsmittel zugängliche Fläche einer Seitenkette wird berechnet als Summe aller Lösungsmittel zugänglichen Flächen sämtlicher Seitenkettenatome, wobei das C_α-Atom berücksichtigt wird. Die nicht

Lösungsmittel zugängliche Fläche der Aminosäure X ist definiert als die Differenz zwischen der Lösungsmittel zugänglichen Fläche im betrachteten Protein und der in einem Gly-X-Gly-Tripeptid. Diese Flächen sind als Tabelle in [4] angegeben. Der Flächenanteil p der Seitenkette, der polaren Atomen ausgesetzt ist, wird berechnet als:

Polaren Atomen ausgesetzt

$$p := n_p / n_{g\#}.$$

Hierbei ist n_p die Anzahl der *Sampling*-Punkte, die innerhalb der um polare Atome (Stickstoff, Sauerstoff, Lösungsmittel) gelegten Kugelflächen liegen, $n_{g\#}$ ist die Gesamtzahl der *Sampling*-Punkte aller Atome der Seitenkette. Beim Bestimmen von n_p und $n_{g\#}$ werden diejenigen *Sampling*-Punkte, die innerhalb einer zur selben Seitenkette gehörenden Kugelsphäre liegen, nicht berücksichtigt.

20.2.2
Generieren eines 3D-1D-Profils

Mit diesen Angaben können nun aus einer bekannten Proteinraumstruktur Environments und Environment-Strings abgeleitet werden. Ein Environment-String $ES[1..n]$ kann jedoch nicht direkt mit einer beliebigen Proteinsequenz verglichen werden. Was noch fehlt, ist ein Scoring-System, das die Präferenzen der Aminosäuren für Environment-Klassen bewertet. Diese Scores können einer Matrix *Env-As* entnommen werden, die Lüthy *et al.* [5] publiziert haben. Jeder der 20 × 18 Werte aus *Env-As* gibt den Score $s(as_i, k)$ für das Vorkommen der Aminosäure as_i im Environment k an.

Für den späteren Vergleich mit einer Eingabesequenz wird nun ein 3D-1D-Profil erstellt. Die Angaben zu den Environment-Klassen im Environment-String sind die Indizes j, die dazu dienen, eine Matrix (eben das Profil) von Score-Werten durch Aneinanderreihen von Spalten aus *Env-As* aufzubauen. Die Spalte $3D\text{–}1D[j]$ besteht aus den Scores sämtlicher Aminosäuren für das im Environment-String an Position j vorkommende Environment. Das resultierende Profil kann per dynamischer Programmierung mit einer Sequenz aligniert werden. Wie werden die Scores für die Matrix *Env-As* bestimmt? Die Autoren verwenden einen Maximum-Likelihood-Schätzer.

Bestimmen der Scores $s(as_i, k)$

Die Scores $s(as_i, k)$ sind als *Log-odds*-Verhältnisse errechnet mit $s(as_i, k) := \log(p(as_i, k)/p(as_i))$. Hierbei ist $p(as_i, k)$ die Wahrscheinlichkeit, Aminosäure as_i im Environment k zu finden und $p(as_i)$ die Wahrscheinlichkeit, mit der Aminosäure as_i in sämtlichen Environments vorkommt; siehe Tabelle 20.3. Diese Werte wurden aus multiplen Sequenzalignments bestimmt, die zu 16 3D-Strukturen

Tab. 20.3 Scores für das Vorkommen der Aminosäuren in den 18 Environment-Klassen; nach [5].

	Environment-Klasse																	
	B_1			B_2			B_3			P_1			P_2			E		
	α	β	-	α	β	–	α	β	–	α	β	–	α	β	–	α	β	–
W	1.00	1.17	1.05	0.50	0.01	1.02	0.92	0.75	1.07	–1.35	0.36	–1.26	–1.14	–0.79	–0.82	–1.35	0.64	–2.14
F	1.32	0.85	1.45	0.90	1.18	1.05	–0.03	0.81	0.70	–0.82	–0.49	–1.20	–1.43	–0.54	–0.86	–2.20	–0.90	–1.90
Y	0.18	0.07	0.17	0.85	1.06	1.12	0.58	1.30	1.13	–0.59	0.17	–1.31	–0.79	–0.84	–0.51	–2.10	0.30	–0.94
L	1.27	1.13	1.10	1.01	0.76	0.84	0.15	0.18	0.35	–0.52	–1.03	–0.62	–0.35	–1.30	–0.70	–1.58	–1.68	–1.19
I	1.17	1.47	1.11	0.63	1.31	0.81	0.04	0.54	–0.17	–0.24	0.20	–0.23	–0.54	–0.33	–1.09	–2.76	–1.47	–1.61
V	0.66	1.09	1.02	0.68	1.06	0.60	–0.02	0.56	–0.03	0.10	0.46	–0.01	–0.48	0.13	–0.88	–1.10	–1.74	–0.91
M	1.26	0.55	0.98	1.12	0.64	0.90	0.89	–0.57	0.23	–0.03	–0.27	–1.19	–0.45	–0.72	–0.89	–0.72	–0.68	–1.67
A	–0.66	–0.79	–0.91	–0.69	–1.55	–0.66	–0.57	–0.93	–0.96	0.73	0.64	0.46	0.06	–0.55	–0.15	0.46	0.06	0.12
G	–2.53	–2.02	–1.92	–1.49	–2.26	–1.66	–1.86	–1.93	–0.98	–0.49	–0.82	–0.24	–0.50	–0.98	–0.40	0.68	1.46	1.13
P	–1.16	–0.94	0.26	–2.21	–0.49	0.19	–0.68	–0.34	–0.13	–0.25	–0.55	0.66	–0.26	–1.29	0.44	0.04	–0.96	0.20
C	–0.73	–0.22	–1.22	–0.10	–0.87	–0.05	–1.56	–0.54	–1.20	0.95	1.49	1.35	–0.93	–0.57	–0.60	–0.44	–0.24	–0.46

T	−1.29	−1.12	−1.53	−1.50	−2.27	−0.76	−0.57	−0.44	−0.53	0.31	0.93	0.56	−0.05	0.84	0.06	−0.17	0.14	0.12
S	−2.73	−2.91	−2.81	−1.47	−1.77	−1.17	−0.96	−0.74	−0.54	0.34	0.33	0.49	−0.18	0.59	0.26	0.15	0.65	0.32
Q	−1.08	−1.67	−1.17	−0.23	−1.22	−0.76	0.22	0.21	0.05	−0.14	−2.27	−0.63	0.55	−0.08	0.27	0.36	−0.19	−0.03
N	−1.93	−1.42	−2.42	−0.61	−2.07	−0.68	−0.06	−0.24	0.04	−0.54	−1.32	−0.13	−0.05	−0.16	0.50	0.28	−0.06	0.41
E	−1.74	−1.93	−2.52	−0.71	−1.07	−1.35	0.08	−0.14	−0.38	−0.17	−0.73	−0.61	0.56	0.32	0.27	0.59	−0.16	0.03
D	−1.97	−2.56	−1.76	−1.62	−1.41	−1.28	−0.50	−0.86	−1.05	−0.25	−1.07	0.38	0.28	0.19	0.49	0.44	−0.78	0.22
H	−0.34	−1.91	−1.12	0.23	−0.77	0.46	0.73	0.82	1.01	−0.52	−0.42	−1.12	0.06	−0.87	0.13	−0.19	−0.83	−0.25
K	−1.82	−2.69	−2.59	−0.78	−1.14	−2.34	0.43	−0.53	0.10	−0.21	−1.21	−0.74	0.61	0.59	0.44	0.13	−0.52	−0.14
R	−1.67	−1.16	−2.16	0.06	−0.20	−0.80	0.96	0.13	0.66	−0.28	−0.77	−1.29	0.50	0.10	0.30	−0.34	−0.49	−0.32

gebildet worden waren [5]. In die 3D-1D-Matrix werden schließlich noch positionsabhängig Scores für das Einführen und Verlängern von Lücken eingetragen. Auf diese Weise kann das Einführen von Lücken in Sekundärstrukturelementen (α-Helices und β-Strängen) bestraft werden.

Vergleich der Profile mit Sequenzen

Nun sind alle Voraussetzungen geschaffen, um für eine Eingabesequenz eine „passende" Struktur zu finden. Mit den üblichen Algorithmen des dynamischen Programmierens wird die Sequenz direkt mit einem 3D-1D-Profil verglichen. Einen Überblick verschafft Abb. 20.1. Auf Probleme, wie das der Normalisierung der längenabhängigen Scores, wird hier nicht eingegangen.

Verfeinerung des Algorithmus

Der oben vorgestellte Algorithmus wurde seit seiner Einführung im Jahre 1991 in mehrfacher Hinsicht verfeinert. So werden anstelle diskreter Scores solche mit *kontinuierlichem* Verlauf generiert [6]. Weiterentwicklungen dieser Methode berücksichtigen bei der Klassifizierung von Environments *zusätzliche Präferenzen* für Nachbarschaften von Residuen, Sekundärstruktur oder (ϕ, ψ)-Winkel des Hauptkettenverlaufs.

Grenzen des Verfahrens

Methoden, die auf Environments basieren, sind nicht in der Lage, strukturelle Ähnlichkeiten zwischen extrem divergenten Proteinen oder Proteinen, die eine ähnliche Struktur aufgrund konvergenter Evolution gemeinsam haben, zu erkennen. Environments sind davon abhängig, ob ein Protein als Monomer oder Multimer vorliegt. So sind Residuen an der Kontaktfläche eines Homodimers Lösungsmittel zugänglich, sobald das Protein als Monomer vorliegt. Derartige Unterschiede können in einem Environment nicht modelliert werden.

20.3 Wissensbasierte Kraftfelder

Ein völlig anderes Konzept zur inversen Proteinfaltung als das in der Profil-Methode umgesetzte, wird beim Threading mit Pseudopotenzialen verfolgt. Grundlage dieser Methode ist die Analyse paarweiser Interaktionen räumlich benachbarter Atome, die unter Verwendung von Pseudopotenzialen (ein synonymer Begriff ist wissensbasierte Kraftfelder) bewertet werden. Das Bestimmen dieser Pseudopotenziale wollen wir als Nächstes vorstellen.

Energie wird determiniert durch Konformations- und Solvatationsenergie

Die 3D-Struktur von Proteinen wird durch die Überlagerung einer Vielzahl von physikalisch-chemischen Kräften determiniert. Dazu gehören kovalente Bindungen wie Disulfidbrücken, jedoch hauptsächlich schwächere Wechselwirkungen wie z. B. elektrostatische oder Wasserstoff- und Salzbrücken. Ein Verfahren, um diese Kräfte in allgemeingültiger Form zu quantifizieren, ist das Verwen-

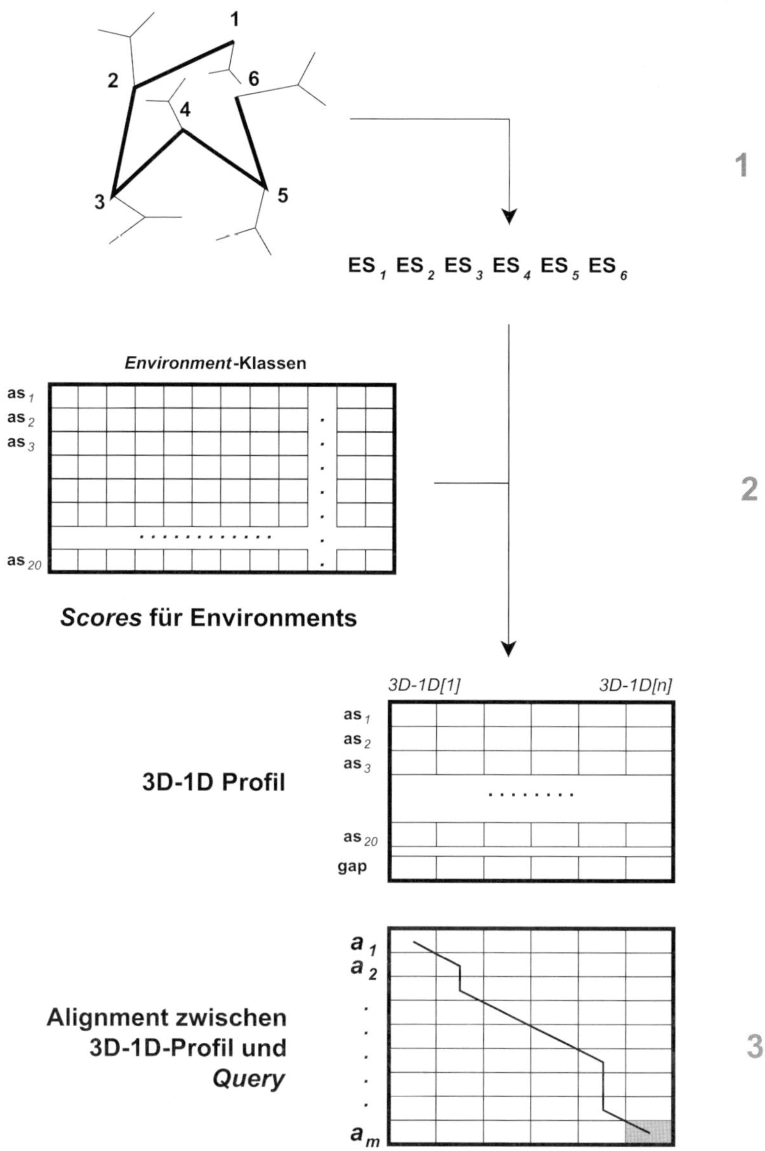

Abb. 20.1 Die *3D-1D-Profil*-Methode im Überblick.
1) Für jede bekannte 3D-Struktur wird der Environment-String ES_1 ... ES_n ermittelt.
2) Das 3D-1D-Profil *3D-1D*[1 .. *n*] wird aus dem Environment-String unter Verwendung der Scoring-Matrix erzeugt.
3) Es wird das Alignment zwischen dem 3D-1D-Profil und der Eingabesequenz (Query) berechnet.

den von Kraftfeldern. Diese Potenziale dienen dazu, die 3D-Struktur von Proteinen, den Faltungsweg und die Stabilität von Makromolekülen vorherzusagen bzw. zu simulieren. Zunächst wollen wir einige Begriffe kontextspezifisch definieren. Der Begriff *Energie* meint den, aus der Konformation einzelner Polypeptidketten und deren Interaktion mit dem umgebenden Lösungsmittel resultierenden Energiebetrag. Parameter, die den Betrag der *Konformationsenergie* determinieren, sind z. B. die Zusammensetzung der Polypeptidkette oder der Abstand zwischen den betrachteten Atomen. Die *Solvatationsenergie* resultiert aus der Interaktion der an der Oberfläche exponierten Reste, der Größe dieser Grenzfläche und der Art des Lösungsmittels, in dem die Moleküle gelöst sind. In der Regel wird im Falle von Proteinen Wasser oder eine Salzlösung als Lösungsmittel verwendet, da dies die „natürliche" Umgebung dieser Makromoleküle ist. Das *Kraftfeld* eines Moleküls ist die Ableitung der Energie hinsichtlich bestimmter Parameter. Häufig wird der Begriff *Potenzial* synonym für Energiefunktion verwendet. Zur Definition von Kraftfeldern werden im Wesentlichen zwei alternative und zueinander konträre Strategien eingeschlagen: Dies sind die induktive bzw. die deduktive Ableitung von Potenzialen.

Induktiver Ansatz

Der induktive Ansatz ist vom Typ *bottom up*: Es werden Ergebnisse quantenmechanischer Berechnungen und thermodynamischer oder spektroskopischer Messungen, die von experimentell beherrschbaren Systemen stammen, extrapoliert auf makromolekulares Niveau. Diesem Ansatz liegt die Annahme zugrunde, dass die auf makromolekularem Niveau beobachtbaren Effekte aus einer großen Anzahl von Interaktionen resultieren, deren individuelle Wirkung aus den untersuchten Basissystemen abgeleitet werden kann. Die Kraftfelder, die auf diese Weise bestimmt werden, heißen *semi-empirische* Kraftfelder.

Deduktiver Ansatz

Der deduktive Ansatz ist vom Typ *top down*: Hierbei wird der Standpunkt eingenommen, dass die einzig zuverlässige Datenquelle die Menge bekannter Proteinraumstrukturen ist. Konsequenterweise werden Kraftfelder alleine durch Auswertung dieser 3D-Strukturen entwickelt. Die Kraftfelder, die so abgeleitet werden, heißen *wissensbasierte* Kraftfelder.

Grundannahmen

Beide Ansätze basieren auf den folgenden zwei Annahmen:

1) Der native Faltungszustand eines Proteins in Lösung entspricht im Äquilibrium dem globalen Minimum an freier Energie.
2) Die Verteilung von Molekülen auf mikroskopischem Niveau wird durch das Boltzmann-Prinzip beschrieben. Dieses verknüpft die Energie E eines Systems mit einer Wahrscheinlichkeitsdichtefunktion F.

20.3.1
Theoretische Grundlagen

Definition von Kraftfeldern

Die Begriffe *Energie* und *Kräfte* sind Elemente einer mikroskopischen Betrachtungsweise von Molekülen auf atomarem Niveau. Im Gegensatz hierzu ist der Term *freie Energie* Teil einer makroskopischen Beschreibung, die abgeleitet wird vom Zustand einer großen Anzahl von Molekülen. Hierbei wird die oben unter 1) formulierte Annahme zugrunde gelegt. Dies impliziert, dass im Äquilibrium und unter physiologischen Bedingungen, Proteine gewöhnlich einen einzigen oder mehrere, sich nur wenig unterscheidende, Zustände einnehmen. Die Verbindung zwischen der mikroskopischen und der makroskopischen Betrachtungsweise stellt das, aus der statistischen Thermodynamik stammende, Boltzmannsche Gesetz her [7]. Demnach gilt für den Zusammenhang zwischen der Energie $E(x)$ des Zustandes x eines physikalischen Systems im Äquilibrium und der Wahrscheinlichkeit $p(x)$, dass dieser Zustand auftritt:

Boltzmannsches Gesetz

$$p(x) := \frac{1}{Z} \exp\left(-\frac{E(x)}{k_B T}\right).$$

Hierbei ist T die absolute Temperatur und k_B die Boltzmann-Konstante. Z ist die Boltzmann-Summe über alle n möglichen Zustände mit Energie $E(x)$:

Boltzmann-Summe

$$Z := \sum_{x=1}^{n} \exp\left(-\frac{E(x)}{k_B T}\right).$$

Wenn sämtliche zu den Zuständen x gehörenden Energien $E(x)$ bekannt sind, kann die Wahrscheinlichkeitsdichtefunktion $F(x)$ berechnet werden. Ist andererseits $F(x)$ bekannt, kann die Energie abgeleitet werden:

Inverses Boltzmann-Gesetz

$$E(x) := -k_B T \ln(p(x)) - k_B T \ln Z. \tag{20.1}$$

Die Kenntnis der Zustandsdichte reicht jedoch nicht aus, um Z zu berechnen. Daher kann $E(x)$ bei dieser Vorgehensweise immer nur bis auf eine additive Konstante bestimmt werden. Obige Gleichung (20.1) heißt *inverses Boltzmann-Gesetz*. Der deduktive Ansatz stützt sich gewöhnlich auf diese Art der Formulierung. Hierbei wird E das *gemittelte Kraftfeld* genannt. Der Parameter x kann beispielsweise der Abstand zwischen zwei Atomen sein. Gemittelte Potenziale für Atom-Atom-Interaktionen erhält man, wenn in Gleichung (20.1) eine Wahrscheinlichkeitsdichte eingesetzt wird, die von Abstandsmessungen in bekannten Protein-3D-Strukturen herrührt.

Solche Potenziale sind gewöhnlich die eine von zwei Komponenten in wissensbasierten Kraftfeldern. Die zweite Komponente ist ein Term, mit dem Protein-Lösungsmittel-Interaktionen quantifiziert werden.

Damit ist das Konzept, das bei diesem Ansatz verfolgt wird, klar: Unter Verwendung bekannter Proteinraumstrukturen werden aus Atomabständen Wahrscheinlichkeitsdichten errechnet, die dann nach geeigneter Prozessierung zur Quantifizierung von Energiebeiträgen dienen.

In der Arbeitsgruppe von M. Sippl wurde ein Konzept zur *spezifischen Quantifizierung* des individuellen Energiebeitrags einer Atom-Atom-Interaktion entwickelt. Hierfür wird der folgende Term berechnet:

Spezifischer Energiebeitrag eines Atompaars

$$\Delta E(a,b,k,r) := E(a,b,k,r) - E(k,r) := -k_B T \ln \frac{f(a,b,k,r)}{f(k,r)}. \quad (20.2)$$

Es definieren a und b die Atomtypen (z. B. a = Arg-$C_ß$, b = Val-$C_ß$), k ist der Abstand (in Residuen) zwischen a und b in der Proteinsequenz und r ist die räumliche Distanz zwischen den Atomen a und b. In Abb. 20.2 wird die Situation dargestellt. Das Ziel ist die Berechnung eines Terms, der möglichst *spezifisch* die Wechselwirkung für das Paar a, b von Atomen angibt. Deswegen werden die Energieterme auf unspezifische Wechselwirkungen hin korrigiert. Dies leistet in Gleichung (20.2) die Division durch $f(k, r)$. Dieser Term, d. h. das zugehörige Potenzial, wird als Summe über alle Atome und Residuentypen gebildet:

Unspezifischer Term

$$f(k,r) := \sum_{a,b} f(a,b,k,r).$$

Die Potenziale sind unsymmetrisch, d. h. $E(a, b, k, r) \neq E(b, a, k, r)$. Von Sippl und Mitarbeitern wurden Potenziale für die paarweisen Interaktionen zwischen den N-, C-, O-, C_α-Atomen der Hauptkette und den $C_ß$-Atomen entwickelt. Hinsichtlich des Parameters k wer-

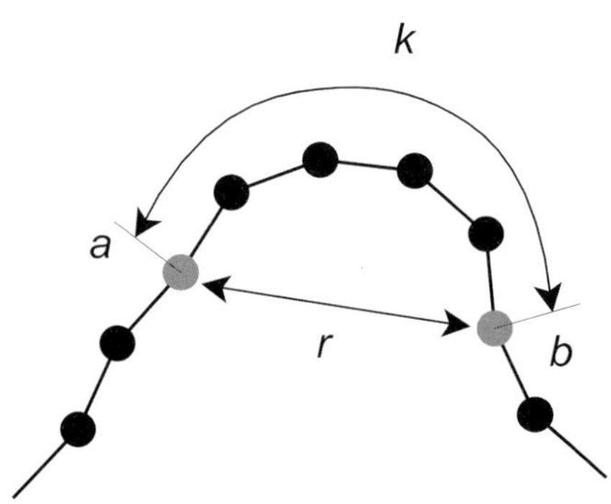

Abb. 20.2 Definition der Parameter für das Generieren von Kraftfeldern nach Sippl. a und b sind Atome (z. B. C_α oder $C_ß$), die in der Proteinsequenz um k Residuen voneinander getrennt sind und deren räumliche Distanz in der Protein-3D-Struktur r beträgt.

den die Potenziale zum Teil in Gruppen zusammengefasst, d. h., es werden Potenziale für $k = 1–6$, $k = 7–9$ und $k > 10$ abgeleitet. Die Häufigkeiten $f(a, b, k, r)$ und $f(k, r)$ werden durch Auszählen aus bekannten Protein-3D-Strukturen ermittelt:

Spezifischer Beitrag

$$f(a,b,k,r) := n(a,b,k,r)/n(a,b).$$

Hierbei ist $n(a, b, k, r)$ die Anzahl von Atomen a, b, die mit räumlichem Abstand r und Residuenabstand k in der Strukturdatenbank gefunden werden; vergleiche Abb. 20.2. Selten vorkommende Kombinationen werden mit Pseudocounts korrigiert; siehe hierzu [7].

Der Oberflächenterm ist definiert als

$$\Delta E(a,s) := -k_B T \ln \frac{f(a,s)}{f(s)}. \tag{20.3}$$

Hierbei ist s die Anzahl von $C_ß$-Atomen, die in einer Kugelschale mit 10 Å Durchmesser um Atom a liegen. Wie in Gleichung (20.2) entspricht die Division durch $f(s)$ der Subtraktion des unspezifischen Anteils.

Diese Argumentationskette führt wiederum auf logarithmierte Quotienten; siehe Gleichungen (20.2) und (20.3). Völlig analog können die Terme als Chancenquotienten interpretiert werden, in denen spezifische und unspezifische Wechselwirkungen verglichen werden.

20.3.2
Ableiten der Potenziale

Die Vorgehensweise beim Bestimmen der Potenziale sollte nun klar geworden sein: In bekannten Proteinraumstrukturen wird zunächst das Vorkommen ausgewählter Atompaare in Abhängigkeit von den Parametern k und r (Abstand innerhalb der Sequenz und räumlicher Abstand in der Struktur) ausgezählt. Anschließend werden, gemäß Gleichungen (20.2) und (20.3), spezifische Potenziale berechnet. Die Anwendung des inversen Boltzmannschen Gesetzes erlaubt, die Kombination einer Vielzahl von Kräften mit *einem einzigen* Potenzial zu quantifizieren. In Abb. 20.3 ist der Verlauf einiger, in beschriebener Weise ermittelter, Potenziale schematisch wiedergegeben.

Beispiele für Kraftfelder

Das Threading der Eingabesequenz auf die Struktur wird durch dynamische Programmierung berechnet. Darauf gehen wir nicht genauer ein. Generell wird bei derartigen Verfahren ein Gesamtscore durch Aufsummieren über paarweise Scores und Solvatationsterme bestimmt. Die Menge zu bewertender Terme wir jeweils durch das Anwenden einer Abstandsbedingung begrenzt. Dies wird in Abb. 20.4 illustriert.

Berechnung

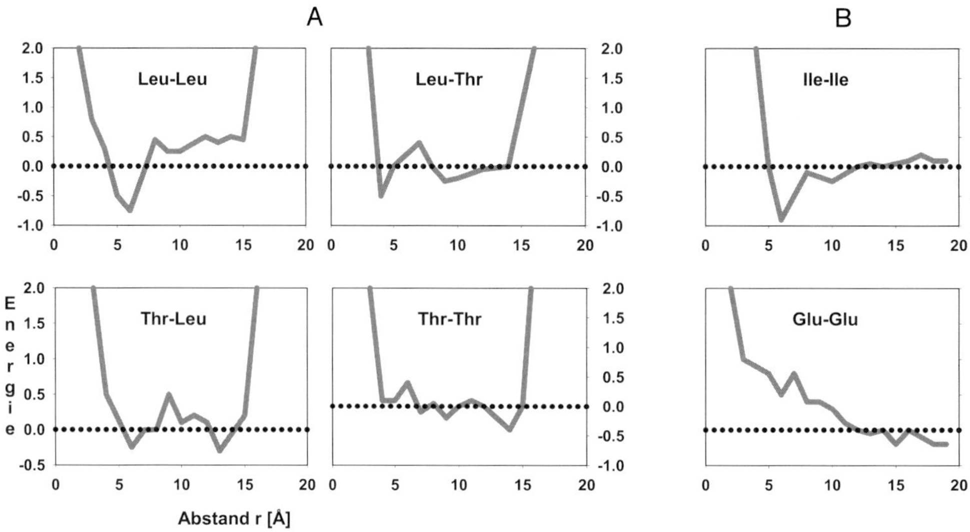

Abb. 20.3 Beispiele für gemittelte Kraftfelder zwischen $C_ß$ - $C_ß$-Atomen. A) Hier gilt $k = 4$. Das Minimum für Leu-Leu bei $r = 6$ ist auf die starke Präferenz für α-Helices zurückzuführen. B) Kraftfelder für $k > 10$. Das Potenzial für Ile-Ile hat ein Minimum bei kurzen Abständen; dies ist charakteristisch für hydrophobe Paare. Im Gegensatz dazu sind enge Kontakte zwischen Glu-Paaren energetisch ungünstig; schematisch nach [8].

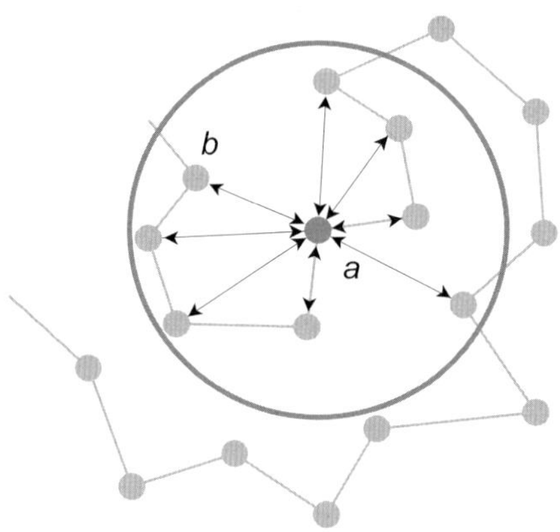

Abb. 20.4 Berechnung der Summe sämtlicher Interaktionsenergien für ein Residuum *a*. Die Menge zu bewertender Terme wird bestimmt, indem um das Residuum *a* eine Kugelschale mit einem fixen Radius gelegt wird. Damit werden jeweils die Score-Terme ausgewählt, die bei der Bewertung von *a* beachtet werden müssen.

20.4
GenThreader

Weitere Verfeinerung

GenTHREADER [9] ist ein Threader, der aufgrund seiner Geschwindigkeit auch bei der Annotation von Genomen zum Einsatz kommt. Der Algorithmus besteht aus den folgenden vier Schritten:

1) Für jedes Protein, *dessen 3D-Struktur bekannt ist,* wird unter Verwendung von PSI-BLAST ein Sequenzprofil generiert.
2) Es wird das Alignment zwischen der Query und dem im Schritt 1) generierten Profil erzeugt.
3) Aus dem unter 2) errechneten Alignment kann die Positionierung der Aminosäurereste aus der Querysequenz auf die Residuen des *backbones* abgeleitet werden. Diese Anordnung wird unter Verwendung der oben vorgestellten Pseudoenergien und Verfahren evaluiert.
4) Dieser Bewertung werden 6 Parameter entnommen, aus diesen wird mithilfe eines neuronalen Netzes eine Gesamtbewertung abgeleitet. Diese sechs Parameter sind der Score des initialen Sequenzalignments aus 2), die Anzahl alignierter Residuen, die Länge der Querysequenz, die Anzahl von Residuen in der Struktur, die Summe sämtlicher paarweiser Energieterme und die der Solvatationsterme.

Dieses Verfahren ist so schnell, dass innerhalb eines Tages für sämtliche ORFs eines bakteriellen Genoms ein Threading berechnet werden kann; siehe [9].

20.5
3D-PSSM

Die klassischen Ansätze für das *Threading* sind solche,

- die Profil basiert sind oder
- paarweise Interaktionen zwischen räumlich benachbarten Atomen der Proteinraumstruktur mithilfe von wissensbasierten Kraftfeldern bewerten.

Für beide Ansätze haben wir bereits einen Vertreter vorgestellt. Im Folgenden werden wir uns mit einem weiteren Konzept beschäftigen, in dem Sequenz abhängige mit Struktur basierter Information verknüpft wird. Dieser Ansatz setzt ganz konsequent auf die

Codierung von Strukturansprüchen in Profilen. Bei diesem Strukturvorhersageverfahren werden uns bereits bekannte Ansätze kombiniert. Ein Designmerkmal, das wesentlich zum Erfolg dieses Verfahrens beiträgt, ist das Einbeziehen von Information aus der SCOP-Datenbank, in der homologe Proteine zu Familien und Superfamilien zusammengefasst sind. Nach Superposition der zu einer Superfamilie gehörenden Proteinraumstrukturen können korrespondierende Residuen homologer Proteine identifiziert und Sequenzprofile aufgrund dieser Information zu umfassenderen Profilen vereint werden.

PSSM: Positionsspezifische Scoring-Matrizen

Dieser Ansatz zur Vorhersage der Proteinstruktur [10] wurde von der Arbeitsgruppe von M. Sternberg vorgestellt. Er wird von den Autoren 3D-PSSM genannt, in Analogie zu den sequenzbasierten **P**ositions**S**pezifischen **S**coring-**M**atrizen (Profilen) die beispielsweise mit PSI-BLAST generiert werden. Solche 1D-PSSMs werden hier mit Struktur basierten Profilen zur Sekundärstruktur und Lösungsmittelzugänglichkeit verknüpft und mittels dynamischer Programmierung verglichen. Das Verfahren ist zwischenzeitlich im Metaserver Phyre [11] aufgegangen.

Verfahren generiert Struktur-, nicht Funktionsmodell

Da ca. 10 % aller Proteine, die eine ähnliche Struktur aufweisen, unterschiedliche Funktion besitzen, kann die Strukturvorhersage nur ein erster, allerdings wichtiger Schritt zur Funktionszuweisung sein.

20.5.1
Generieren einer Profil-Bibliothek

Als *Preprocessing-Schritt* wird zunächst für eine spezielle Klasse von Proteinen eine Bibliothek von Profilen erstellt.

Profile werden für Proteine aus SCOP generiert

Ausgangspunkt für diese Aufgabe sind die Sequenzen der zur SCOP-Datenbank gehörenden Proteinraumstrukturen. In SCOP sind alle bekannten Proteine im Hinblick auf ihre Raumstruktur klassifiziert. Klassifikationskriterium ist die **Proteindomäne**. SCOP ist so angelegt, dass alle Proteine, die zur selben Superfamilie gehören, homolog sind, d. h. einen gemeinsamen Vorfahren haben. Proteine aus unterschiedlichen Superfamilien können analog sein, d. h. sich von unterschiedlichen Vorgängern zu einer gemeinsamen Struktur hin entwickelt haben.

Masterprotein A0

Die für 3D-PSSM verwendete, leicht bereinigte SCOP-Version enthält 1 560 sogenannte Masterproteine, die im Folgenden mit *A0* bezeichnet werden. Für den vorbereitenden Schritt zum Erzeugen eines Profils wird die Sequenz eines repräsentativen „Masterproteins *A0*" einer jeden Proteinsuperfamilie SF_i gewählt. Für dieses Objekt werden die folgenden Informationen zusammengetragen:

PSI-BLAST Profil

Zunächst wird mit PSI-BLAST ein Profil generiert. Dieses Profil beschreibt die Anforderungen, die aufgrund der lokalen Umgebung an die einzelnen Residuen in der Struktur gestellt werden, besser als eine einzelne Sequenz. Hierfür werden 20 Iterationen von PSI-BLAST mit einem Erwartungswert gleich 0.0005 ausgeführt. Da bekannt ist, dass PSI-BLAST in der Iterationsphase bereits identifizierte Homologe unter Umständen wieder ausmustert, werden alle signifikanten Treffer sämtlicher Runden für die finale Prozessierung weggespeichert. Bei mehr als 200 homologen Sequenzen wird die Menge der Sequenzeinträge beschränkt. Dieser Schritt liefert das für PSI-BLAST implementierte, positionsspezifische Profil, das hier mit 1D-PSSM bezeichnet wird.

Sekundärstruktur

Aus der zum Mastermolekül *A0* gehörenden Raumstruktur wird die Sekundärstruktur abgeleitet. Für diese Aufgabe wird das von Frishman und Argos [12] entwickelte Programm STRIDE verwendet. Das Muster von Sekundärstrukturelementen ist häufig stärker konserviert als die Proteinsequenz, daher bietet ein Vergleich der Abfolge von Sekundärstrukturelementen die Chance, Verwandtschaftsbeziehungen, die auf Sequenzniveau nicht mehr erkennbar sind, zu detektieren. Die von STRIDE gelieferte, detaillierte Ausgabe wird auf eine Sekundärstruktur mit drei Zuständen (*helix*, *sheet* und *coil*) reduziert.

Lösungsmittelzugänglichkeit

Als dritter Parameter wird für jedes Residuum der Raumstruktur die Lösungsmittelzugänglichkeit bestimmt. Hierzu wird das Programm DSSP [13] benutzt. So wie die Sekundärstruktur, ist die Abfolge von exponierten und nicht zugänglichen Residuen in Superfamilien häufig stärker konserviert und kann auch dann noch detektiert werden, wenn auf Sequenzniveau mit den bekannten Verfahren keinerlei Ähnlichkeit mehr nachzuweisen ist.

20.5.2 Erstellen einer 3D-PSSM

Aus dem Vergleich von Proteinraumstrukturen ist bekannt, dass viele homologe Proteine existieren, deren Verwandtschaft selbst durch empfindlichste Sequenzvergleichsprogramme nicht mehr nachgewiesen werden kann. In der Strukturdatenbank SCOP sind jedoch genau diejenigen Proteine zu einer Superfamilie zusammengefasst, die alle dieselbe Struktur wie das Masterprotein *A0* besitzen. Diese Strukturen und die zugehörigen Sequenzen werden *B0, C0, ...* etc. genannt. Es sei nochmals betont, dass diese Proteine auf Sequenzniveau keinerlei Ähnlichkeit mehr aufweisen müssen. Kriterium für das Zusammenfassen zu einer Superfamilie ist die *gemeinsame 3D-Struktur*.

MSA-B0

Zu diesen Sequenzen werden jeweils, unter Verwendung von PSI-BLAST, multiple Sequenzalignments angelegt. Diese wollen wir MSA-B0, MSA-C0 *etc.* nennen. Diese Menge von MSAs, die von den Sequenzen *A*0, *B*0, ... abgeleitet wurden, enthalten die komplette Sequenzinformation zu der einen Struktur, die eine Superfamilie SF_i definiert. Ein Kompilieren dieser Profile zu einem Gesamtprofil ist alleine aus Sequenzinformation jedoch nicht möglich, da nicht mit hinreichender Sequenzähnlichkeit zu rechnen ist.

Hier nutzen die Autoren die aus SCOP ableitbare Korrespondenz von Residuenpositionen: Sie generieren ein von der Struktursuperposition instruiertes, multiples Sequenzalignment der zu SF_i gehörenden, sowie der mit PSI-BLAST gefundenen, homologen Sequenzen. Nach dem Alignment wird nach der, in PSI-BLAST implementierten, Methode ein positionsspezifisches Profil erstellt.

Unter Verwendung des Programms SAP [14] werden sämtliche Superpositionen zwischen der 3D-Struktur des Masterproteins *A*0 und allen anderen, zur selben Superfamilie gehörenden, Proteinen berechnet. Es werden nur solche Strukturen weiter prozessiert, die im Vergleich zu *A*0 eine gewichtete *RMSD*-Abweichung von höchstens 6 Å besitzen. Dasjenige Protein, dessen Struktur im Vergleich zu *A*0 die geringste Abweichung aufweist, wird als erstes in die Menge *3D-SUP* aufgenommen und wird *B*0 genannt. In allen folgenden Runden werden sämtliche weiteren Proteine aus SF_i mit allen Strukturen aus *3D-SUP* superpositioniert. Wird das genannte Kriterium zur *RMSD*-Abweichung im Vergleich zu irgendeiner Struktur aus *3D-SUP* erfüllt, so wird die getestete Struktur ebenfalls in *3D-SUP* übernommen.

3D-PSSM: Verknüpfen der Profile mittels Strukturinformation

Aus diesen paarweisen Superpositionen von *A*0 mit *B*0 etc. kann die strukturelle Korrespondenz der jeweiligen Residuen abgeleitet werden. Diese Information wird nun verwendet, um die aus den PSI-BLAST Läufen stammenden, multiplen Sequenzalignments zu vereinen. Dies ist in Abb. 20.5 schematisch dargestellt. Anschließend wird nach der im Kapitel 12 beschriebenen Methode ein positionsspezifisches Profil erstellt, das die Autoren *3D-PSSM* nennen.

Nach diesen Schritten existiert zu jeder Mastersequenz *A*0

- ein PSI-BLAST Profil (1D-PSSM),
- eine 3D-PSSM,
- eine aus der Proteinstruktur abgeleitete Beschreibung der Sekundärstruktur sowie
- eine Spezifikation der Lösungsmittelzugänglichkeit aller Residuen.

Nun müssen für die Query äquivalente Datensätze generiert werden.

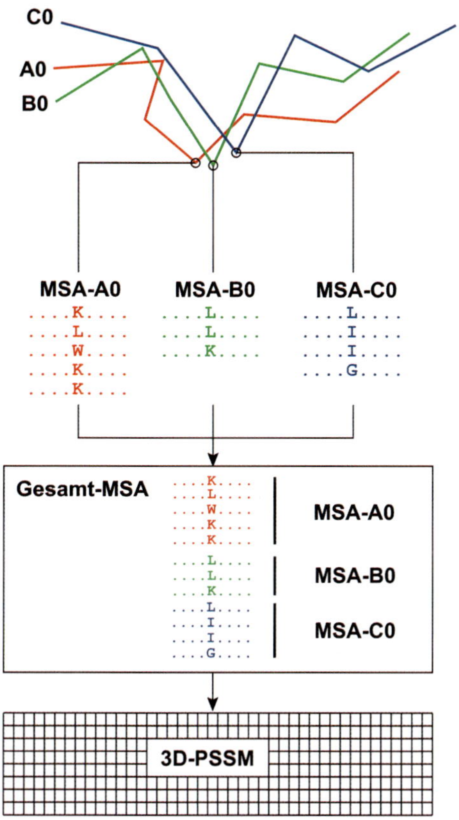

Abb. 20.5 Generieren einer 3D-PSSM. Unter Verwendung des Programms SAP werden die zu *A0*, *B0*, *C0*,... gehörenden Strukturen überlagert. Aus dieser Superposition können sich in der Raumstruktur entsprechende Positionen abgeleitet werden. Diese Information dient dazu, die zu den Sequenzen *A0*, *B0*, ... gehörenden und mittels PSI-BLAST gebildeten multiplen Sequenzalignments (MSAs) untereinander auszurichten. Aus diesem Meta-MSA kann dann mit der in PSI-BLAST implementierten Methode ein positionsspezifisches Profil (3D-PSSM) abgeleitet werden.

20.5.3
Prozessieren der Query

Für den späteren Vergleich mit den Datensätzen der Masterproteine *A0* werden für die Eingabesequenz

1) ein 1D-Profil (1D-PSSM) unter Verwendung von PSI-BLAST generiert und
2) die Sekundärstruktur unter Verwendung des Programms PSIPRED vorhergesagt; die Eingabe für PSIRED ist das im ersten Schritt generierte 1D-PSSM der Query.

20.5.4 Strukturvorhersage

Der zur Query generierte Datensatz kann nun mit sämtlichen Datensätzen aller 1 560 Masterproteine *A0* der Datenbank verglichen werden. Hierfür wird ein klassischer Ansatz der dynamischen Programmierung verwendet. Die Architektur des Algorithmus ist in Abb. 20.6 skizziert. Im Einzelnen werden drei separate Alignments berechnet:

1) Query-Sequenz *versus* 1D-PSSM von *A0*,
2) Sequenz von *A0* *versus* 1D-PSSM der Query,
3) Query *versus* 3D-PSSM von *A0*.

Im Alignmentverfahren selbst werden kombinierte Scores verwendet, die aus dem Vergleich der Datensätze zur Sekundärstruktur, zur Lösungsmittelzugänglichkeit sowie einem der unter 1–3) genannten Sequenz basierten Datensätze resultieren. Als Ergebnis dieser Alignmentprozedur wird der höchste der unter 1–3) berechneten Score-Werte ausgegeben.

Wegen der Profile ist bidirektionales Scoring notwendig

Da bekannt ist, dass der Vergleich einer Query mit einer Sequenz-PSSM ein anderes Ergebnis liefern kann als der Vergleich einer Query-PSSM mit dieser Sequenz, wird PSI-BLAST mit genau diesen Kombinationen (Schritt 1 und 2) ausgeführt.

Details zur Score-Berechnung

Während der dynamischen Programmierung werden Scores verwendet, die als Summe dreier Teil-Scores für die parallele Bewertung der Datensätze sorgen. Diese Teil-Scores ergeben sich aus dem

- *Vergleich einer Sequenz mit einem Profil:* Dieser Score wird nach dem bekannten Schema berechnet. Lücken werden mit einer affinen Funktion bewertet, –10 ist der Score für das Einführen, –1 der für das Verlängern einer Lücke. *Gaps* an den Sequenzenden werden speziell behandelt.
- *Vergleich zweier Sekundärstrukturen:* Hierfür verwenden die Autoren folgendes Scoring-Schema: übereinstimmende Sekundärstruktur +1, ansonsten –1.
- *Vergleich der Lösungsmittelzugänglichkeit:* Für die Bewertung der Lösungsmittelzugänglichkeit werden Potenziale [15] verwendet, die den oben eingeführten ähneln.

Architektur des 3D-PSSM-Servers

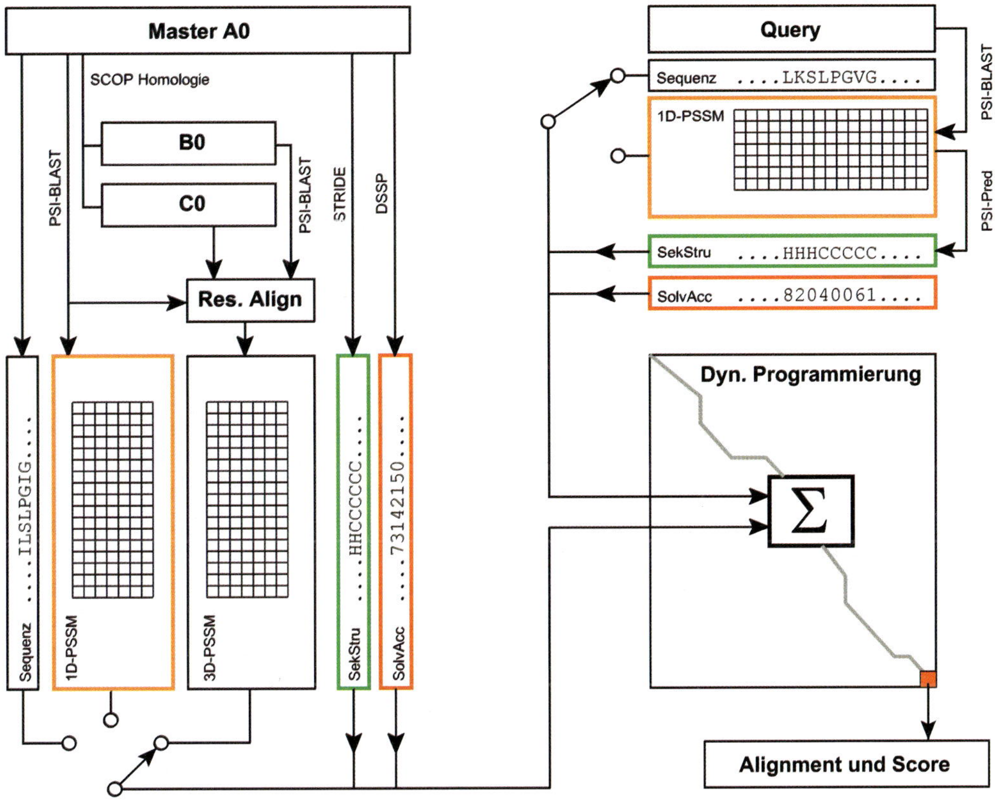

Abb. 20.6 Schematische Darstellung des 3D-PSSM Verfahrens. In jedem Auswertungsschritt werden die Datensätze der Querysequenz mit denen einer Mastersequenz *A*0 aligniert. Diese wurden im *Preprocessing* generiert. Der SCOP-Datenbank können die zu *A*0 homologen Sequenzen *B*0, *C*0, ... entnommen werden. Zu jeder dieser Sequenzen wird unter Verwendung von PSI-BLAST ein multiples Sequenzalignment ermittelt. Aufgrund der aus einem strukturellen Alignment ableitbaren Korrespondenz von Residuen (Res.Align) werden alle Sequenzen *A*0, *B*0, *C*0 aligniert, anschließend wird eine positionsspezifische Scoring-Matrix berechnet (3D-PSSM). Mithilfe des Programms STRIDE wird aus der Struktur von *A*0 die Sekundärstruktur (SekStru) abgeleitet. DSSP wird benutzt, um die Lösungsmittelzugänglichkeit (SolvAcc) der Residuen von *A*0 zu ermitteln.
Zur Query wird ebenfalls mit PSI-BLAST eine 1D-PSSM bestimmt und hieraus wird unter Verwendung des Programms PSIPRED die Sekundärstruktur vorhergesagt. Die Lösungsmittelzugänglichkeit wird während des Alignments unter Verwendung von Pseudopotenzialen quantifiziert.
Als Score wird in der dynamischen Programmierung die Summe dreier Teilergebnisse verwendet: Diese resultieren aus dem Vergleich der Sekundärstrukturen, der Bewertung der Lösungsmittelzugänglichkeit und dem Vergleich einer Sequenz mit einem Profil. Die beiden Schalter sollen die Auswahl der Sequenz basierten Datensätze andeuten, die in drei unabhängigen Läufen jeweils mit den anderen beiden Datensätzen kombiniert werden. Am Ende der dynamischen Programmierung steht ein Alignment (d. h. ein Threading) und ein Score, der die Ähnlichkeit zwischen Query und Mastersequenz im Hinblick auf die drei genannten Parametersätze angibt.

20.5.5 Beitrag individueller Parameter

Die Autoren untersuchten und dokumentierten den Zusammenhang zwischen ausgewerteter Strukturinformation und Fehlerrate. In Abb. 20.7 ist diese Abhängigkeit geplottet. Der Graph macht deutlich, dass jedes Attribut zur Verbesserung der Vorhersagequalität beiträgt.

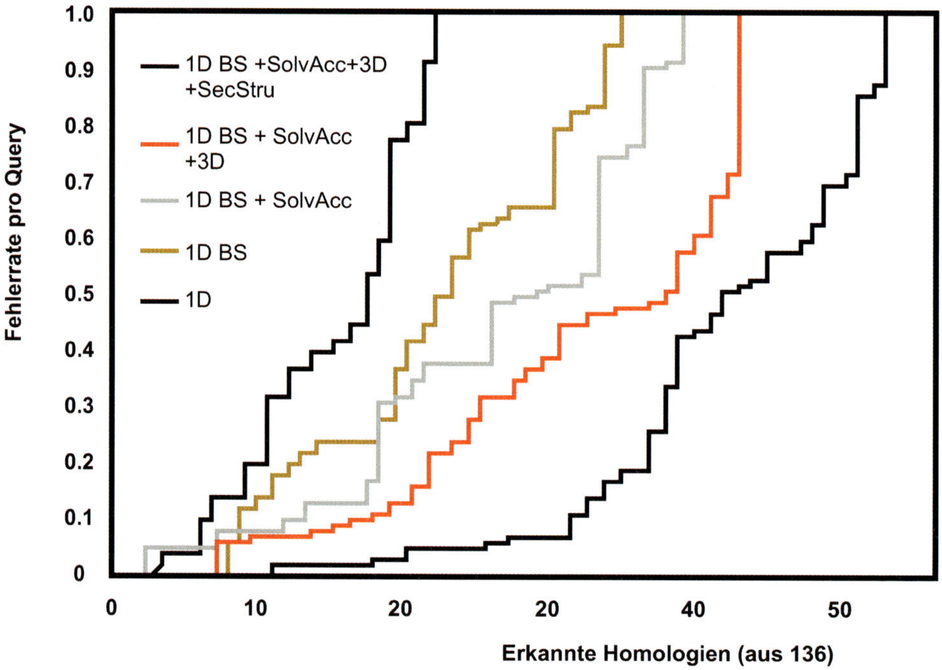

Abb. 20.7 Abhängigkeit der Fehlerrate von der Zusammensetzung ausgewerteter Parameter.
Abkürzungen: 1D = Alignment einer Sequenz gegen ein 1D-PSSM Profil. 1D BS = Bidirektionales Scoring, SolvAcc = Bewertung der Lösungsmittelzugänglichkeit, 3D = Auswertung der 3D-PSSM, SecStr = Bewertung der Sekundärstrukturen. Die Kurven machen deutlich, dass die Bewertung weiterer Parameter die Programmqualität steigert; schematisch nach [10].

20.6 HHsearch

Unterschied Profil ↔ HMM: positionsspezifische Wahrscheinlichkeiten für Insertionen und Deletionen

Wir haben bereits begründet, weshalb ein Profil eine Sequenzfamilie präziser beschreibt als z. B. eine Konsensus-Sequenz: In den positionsspezifischen Spalten mit Häufigkeitsverteilungen werden die Anforderungen an die Aminosäuren genauer definiert. Deswegen ist ein Verfahren wie PSI-BLAST empfindlicher als ein paarweiser Sequenzvergleich. Das nächste Sensitivitätsniveau wird durch den Vergleich von Profilen erreicht. Profil-HMMs, die wir separat einführen, ähneln Profilen im Hinblick auf die Häufigkeitsverteilung der Emissionen. Die beiden Konzepte unterscheiden sich jedoch hinsichtlich der Bewertung von Insertionen und Deletionen. Bei Profilen ist die Wahrscheinlichkeit für das Auftreten dieser Ereignisse *unabhängig von der betrachteten Position* stets die gleiche. Im Gegensatz dazu sind bei HMMs *zu jeder Position* spezifische Wahrscheinlichkeiten für die Insertion oder Deletion von Symbolen gegeben. Diese exaktere Beschreibung einer Proteinfamilie ist die Ursache für die höhere Performanz von HMMs bei der Identifikation entfernter Verwandtschaften. Da Profil-HMMs jeweils eine Proteinfamilie repräsentieren, sollte der *Vergleich von HMMs* die Empfindlichkeit der Sequenz basierten Homologiesuche weiter steigern. J. Söding hat hierfür den Algorithmus HHsearch entwickelt, der auf dynamischer Programmierung beruht. HHsearch gilt als eines der besten, einzeln zu nutzenden Threading-Verfahren; bei der folgenden Darstellung orientieren wir uns an [16].

20.6.1 Grundlagen des Alignments von Hidden-Markov-Ketten

Log-odds-Score für HMM

Das hier verfolgte Konzept beruht auf einer Generalisierung des Log-odds-Scores, der ja sowohl im paarweisen Sequenzvergleich, aber auch beim Vergleich einer Sequenz mit einem HMM maximiert wird. Im letzteren Fall gibt der Log-odds-Score an, um welchen Faktor die Wahrscheinlichkeit einer Emission der gegebenen Sequenz durch das betrachtete HMM höher ist als die Wahrscheinlichkeit der Emission durch das Nullmodell. Der Score $S(x_1, .. , x_L)$ für die Emission der Sequenz $x_1, .. , x_L$ längs eines Pfades im HMM kann wie folgt berechnet werden:

$$S(x_1,..,x_L) := \log \frac{p(x_1,...,x_L|\mathit{Emission\ auf\ Pfad})}{p(x_1,...,x_L|\mathit{Nullmodell})}\,.$$

Wie wir im Kapitel 15 erläutern, ergeben sich die Wahrscheinlichkeiten $p(.)$ für die Emission auf einem Pfad aus dem Produkt der

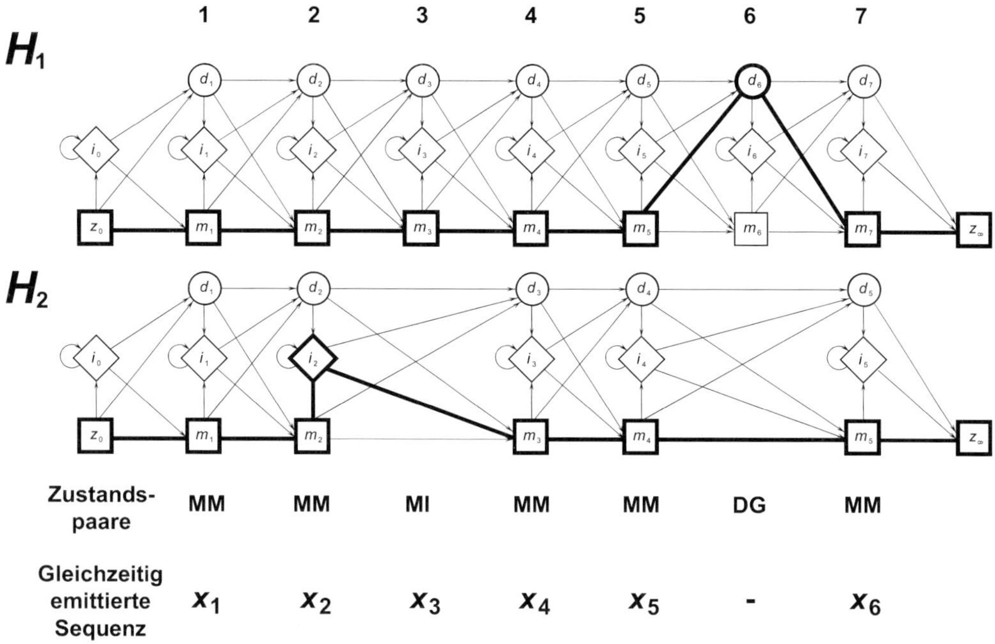

Abb. 20.8 Alignment zweier HMMs. Das HMM H_1 besitzt sieben Spalten von jeweils einem Match-, einem Insertions- und einem Deletionszustand. Das HMM H_2 besitzt fünf Spalten. In diesem Beispiel ist die gemeinsame Emission von x_1 , … x_6 gezeigt. Hierbei werden in den HMMs die dick umrandeten Zustände synchron durchlaufen, sodass sich die sieben Zustandspaare MM, MM, MI, MM, MM, DG, MM ergeben; nach [16].

Übergangs- und Emissionswahrscheinlichkeiten. Der Nenner ist die Wahrscheinlichkeit, die aus dem üblichen Nullmodell resultiert:

$$p(x_1,\ldots,x_L|Nullmodell) := \prod_{i=1}^{L} q_{bg}(x_i).$$

Hierbei sind die $q_{bg}(x_i)$ geeignet gewählte Hintergrundwahrscheinlichkeiten für die Aminosäuren x_i. Wie kann dieses Konzept für den Vergleich von HMMs verallgemeinert werden? In Abb. 20.8 ist das Alignment zweier Profil-HMMs H_1 und H_2 gezeigt. Jedes Alignment entspricht *einem bestimmten* Pfad durch die HMMs, wobei die betrachteten Aminosäuren x_i emittiert werden. Es liegt nahe, diese *gemeinsame Emission* der Sequenz mit folgendem Score S_{com} zu bewerten:

Score für gemeinsamen Pfad durch zwei HMMs

$$S_{Com} := \sum_{x_1,\ldots x_L} \log \frac{p(x_1,\ldots,x_L|gemeinsame\ Emission\ auf\ Pfad)}{p(x_1,\ldots,x_L|Nullmodell)}. \tag{20.4}$$

Die Summe muss über alle Sequenzen $x_1,.., x_L$ laufen, die von beiden HMMs **gemeinsam** emittiert werden können. Im Beispiel der Abb. 20.8 ist $L = 6$. Der Zähler gibt die Wahrscheinlichkeit dafür an, dass die Sequenz längs des betrachteten Pfades von beiden HMMs emittiert wird. Der Nenner entspricht der Emission durch das eingeführte Nullmodell.

Definitionen für HHsearch

Der Pfad durch die beiden HMMs, der für alle möglichen Sequenzen den maximalen Score S_{com} liefert, kann mithilfe des Viterbi-Algorithmus, d. h. mit dynamischer Programmierung berechnet werden. Diesen Algorithmus stellen wir im Kapitel 15 vor. Zum Herleiten der Berechnung muss Gleichung (20.4) genauer spezifiziert werden.

> Die HMMs H_1 und H_2 mögen die Emissionswahrscheinlichkeiten $e_i^1(as)$ und $e_j^2(as)$ besitzen, um die Aminosäure *as* aus dem Matchzustand *i* bzw. *j* zu emittieren. Insertionszustände emittieren mit Hintergrundwahrscheinlichkeit $q_{bg}(as)$. Die Übergangswahrscheinlichkeiten seien $p_i^1(r,r')$ bzw. $p_j^2(s,s')$, um in Spalte *i* bzw. *j* von Zustand *r* nach *r'* bzw. von *s* nach *s'* ($r, r', s, s' \in \{M, I, D\}$) zu wechseln.
> Sei nun ein Pfad *P* durch die HMMs gegeben. Wir definieren *K* als die Anzahl von Spalten im Alignment von H_1 und H_2. In Abb. 20.8 ist $K = 7$. Seien $St^1(k)$ und $St^2(k)$ $[St^i(k) \in \{M, I, D\}]$ die Zustände von H_1 und H_2 in der *k*-ten Spalte des paarweisen Alignments und seien $col_1(l)$ und $col_2(l)$ die beim Zustand *l* des Pfades ausgewählten Spalten von H_1 und H_2. Für die Residuen x_l, die längs des Pfades emittiert werden, definieren wir die Emissionswahrscheinlichkeiten $e_{k_1(l)}^{1,P}(as)$ und $e_{k_2(l)}^{2,P}(as)$. Hierbei ist $e_k^{i,P}(as) := e_k^i(as)$ für $St^i(k) = M$ und $e_k^{i,P}(as) := q_{bg}(as)$ für $St^i(k) = I$.
> Schließlich definieren wir P_{tr} als das Produkt aller Übergangswahrscheinlichkeiten für den Pfad durch H_1 und H_2. Mit diesen Definitionen kann der *Log-sum-of-odds*-Score S_{com} folgendermaßen bestimmt werden:

Log-sum-of-odds-Score S_{com}

$$S_{com} := \log \sum_{x_1..x_L} \frac{\prod_{l=1}^{L} e^{1,P}_{col_1(l)}(x_l) e^{2,P}_{col_2(l)}(x_l) \times P_{tr}}{\prod_{l=1}^{L} q_{bg}(x_l)}$$

$$= \log \sum_{x_1=1}^{20} \dots \sum_{x_L=1}^{20} \prod_{l=1}^{L} \frac{e^{1,P}_{col_1(l)}(x_l) e^{2,P}_{col_2(l)}(x_l)}{q_{bg}(x_l)} \times P_{tr}.$$

$$= \log \prod_{l=1}^{L} \left(\sum_{i=1}^{20} \frac{e^{1,P}_{col_1(l)}(as_i) e^{2,P}_{col_2(l)}(as_i)}{q_{bg}(as_i)} \right) + \log P_{tr}$$

$$= \sum_{k:St^1(k),St^2(k) = MM} S_{as}(e^1_{col_1(k)}, e^2_{col_2(k)}) + \log P_{tr}$$

Diese Herleitung muss erläutert werden. In

$$S_{com} = \sum_{k:St^1(k),St^2(k) = MM} S_{as}(e^1_{col_1(k)}, e^2_{col_2(k)}) + \log P_{tr} \quad (20.5)$$

ist

Score zum Vergleich zweier Spalten

$$S_{as}(e^1_i, e^2_j) := \log \sum_{t=1}^{20} \frac{e^1_i(as_t) e^2_j(as_t)}{q_{bg}(as_t)} \quad (20.6)$$

der Score für die Spalte k des *Alignments*, mit dem die Emissionswahrscheinlichkeiten der beiden HMMs in den Spalten i bzw. j verglichen werden. Kommt in einer Spalte i die Aminosäure as_r, die das Residuum x_i besetzt, strikt konserviert vor, so liefert Gleichung (20.6) den *Log-odds*-Score. Es ist dann z. B. $e^1_i(as_r) = 1$ und es folgt:

$$S_{as}(e^1_i, e^2_j) := \log \frac{e^2_j(as_r)}{q_{bg}(as_r)}.$$

Gibt es eine Spalte mit keinerlei Präferenzen, d. h. gilt z. B. $e^2_j(as) = q_{bg}(as)$ für alle Aminosäuren, dann verschwindet der Spalten-Score:

$$S_{as}(e^1_i, e^2_j) = \log \sum_{t=1}^{20} \frac{e^1_i(as_t) e^2_j(as_t)}{q_{bg}(as_t)}$$

$$= \log \sum_{t=1}^{20} \frac{e^1_i(as_t) q_{bg}(as_t)}{q_{bg}(as_t)}$$

$$= \log \sum_{t=1}^{20} e^1_i(as_t) = \log(1) = 0.$$

Aus dem gleichen Grund verschwinden auch die Scores für die Insertionszustände. Daher genügt es, den Score aus den MM-Kombinationen abzuleiten.

20.6.2
Paarweises Alignment von HMMs

Eine jede Spalte eines Profil-HMMs besteht aus einem Match- (M), einem Insertions- (I) und einem Deletionszustand (D). Nur Match- und Insertionszustände emittieren Aminosäuren. Daher können bei einem Alignment Match- und Insertionszustände des einen HMMs nur mit Match- oder Insertionszuständen des anderen HMMs aligniert werden. Ebenso kann ein Deletionszustand des einen HMMs nur mit einem Deletionszustand des anderen HMMs aligniert werden. Analog zum paarweisen Sequenzalignment müssen Lücken (G) eingeführt werden. Somit ergeben sich die folgenden Paare von Zuständen MM, MI, IM, II, DD, DG und GD.

Zustandsgraph für das Alignment zweier HMMs

Einige Zustandspaare können weggelassen werden und das Zulassen einiger anderer Übergänge schadet der Performanz nicht (siehe [16]), sodass sich der in Abb. 20.9 gezeigte Übergangsgraph ergibt. Um den Score S_{com} nach Gleichung (20.5) bestimmen zu können, müssen fünf Matrizen S^{XY} berechnet werden für die Zustandspaare $XY \in \{MM, MI, IM, DG, GD\}$. Sie enthalten jeweils den Score für das optimale partielle Alignment, das in Spalte i von H_1 und Spalte j von H_2 endet. Für S^{MM} ergibt sich:

Rekursionsgleichungen

$$S_{i,j}^{MM} := S_{as}(e_i^1, e_j^2) + \max \begin{cases} S_{i-1,j-1}^{MM} + \log[p_{i-1}^1(M,M)p_{j-1}^2(M,M)] \\ S_{i-1,j-1}^{MI} + \log[p_{i-1}^1(M,M)p_{j-1}^2(I,M)] \\ S_{i-1,j-1}^{IM} + \log[p_{i-1}^1(I,M)p_{j-1}^2(M,M)]. \\ S_{i-1,j-1}^{DG} + \log[p_{i-1}^1(D,M)p_{j-1}^2(M,M)] \\ S_{i-1,j-1}^{GD} + \log[p_{i-1}^1(M,M)p_{j-1}^2(D,M)] \\ 0 \end{cases}$$

Und für S^{MI} und S^{DG} folgen:

$$S_{i,j}^{MI} := \max \begin{cases} S_{i-1,j}^{MM} + \log[p_{i-1}^1(M,M)p_j^2(M,I)]. \\ S_{i-1,j}^{MI} + \log[p_{i-1}^1(M,M)p_j^2(I,I)] \end{cases}$$

$$S_{i,j}^{DG} := \max \begin{cases} S_{i-1,j}^{MM} + \log[p_{i-1}^1(M,D)]. \\ S_{i-1,j}^{DG} + \log[p_{i-1}^1(D,D)] \end{cases}$$

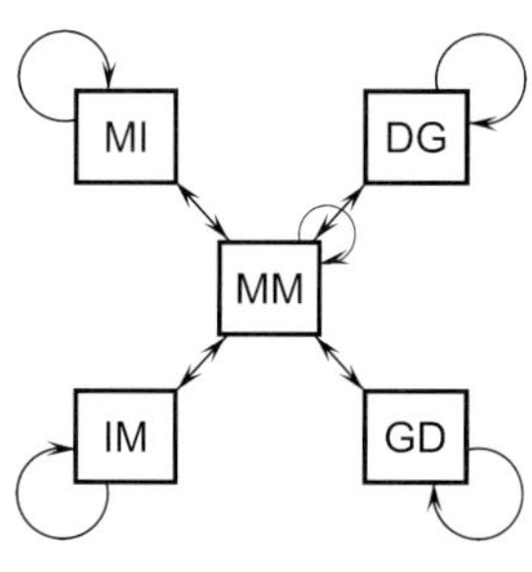

Abb. 20.9 Erlaubte Übergänge zwischen Paaren von Zuständen in den HMMs.

Analog ergeben sich S^{IM} und S^{GD}. Oben waren bereits die Übergangswahrscheinlichkeiten $p_i^1(.)$ bzw. $p_j^2(.)$ eingeführt worden. Die Matrizen werden so initialisiert, dass als erster Zustand MM auftreten muss. Das Ergebnis S_{com} ist der größte Wert über die

Gesamtmatrix S^{MM}. Es können alternativ mehrere Arten von Alignments berechnet werden; oben sind die Rekursionsgleichungen für das Bestimmen lokaler Alignments angegeben. Das Alignment selbst kann wiederum durch *Backtracking* abgeleitet werden.

Weitere Bewertungsfaktoren: Sekundärstruktur und Clustern hoher Score-Werte

Im Algorithmus werden zusätzlich mit PSIPRED vorhergesagte Protein-2D-Strukturen verrechnet. Wie bereits bei der Vorstellung von 3D-PSSM erläutert, ist die Sequenz von Sekundärstrukturelementen stärker konserviert als die der Aminosäuren. Zusätzlich wird die örtliche Verteilung der Score-Werte berücksichtigt. Es ist bekannt, dass im Alignment homologer Sequenzen konservierte Spalten in Clustern auftreten. Daher ist auch beim Alignment homologer HMMs eine Clusterung von Spalten mit hohen Scores zu erwarten. Auf diese Details gehen wir hier nicht weiter ein.

20.6.3 Performanz von HHsearch

Performanztest mit SCOP-20

Für die Performanztests wurde aus der SCOP-Datenbank der Datensatz SCOP-20 abgeleitet. Dieser enthielt 3 691 Sequenzen, die im paarweisen Vergleich weniger als 20 % identische Residuen aufwiesen. 73 Sequenzen gehörten zu Multidomänenproteinen, der Rest beschrieb Einzeldomänenproteine. Für jede Sequenz wurde unter Verwendung von PSI-BLAST ein multiples Alignment abgeleitet. Das Klassifikationssystem von SCOP ist eine Hierarchie von Familien, Superfamilien, Faltungstypen und Klassen. Laut SCOP-Spezifikation sind alle Domänen homolog, wenn sie zur selben Superfamilie gehören. Domänen aus unterschiedlichen Klassen wurden hier im Test als nicht homolog klassifiziert. Alle anderen Paare wurden nicht bewertet, da ihre evolutionäre Verwandtschaft nicht abzuleiten ist. In Abb. 20.10 ist die Anzahl echt positiver (TP) Klassifikationen gegen die Anzahl falsch positiver (FP) aufgetragen. Es wurden mehrere Ansätze verglichen. Dies waren BLAST und PSI-BLAST als Vertreter von Sequenzvergleichsverfahren; HMMER, das Sequenzen mit HMMs vergleicht; PROF_SIM und COMPASS, die beide Profile mit Profilen alignieren und mehrere Varianten von HHsearch.

Vergleich mit BLAST, PSI-BLAST, HMMER, PROF_SIM und COMPASS

Für diesen Datensatz mit derart geringer Sequenzübereinstimmung ist BLAST als Suchmethode nicht mehr geeignet. Bei einer Fehlerrate [FP/(TP+FP)] von 10 % werden nur 2.2 % der TP, d. h. der homologen Proteinpaare gefunden. PSI-BLAST identifiziert bei dieser Fehlerrate 17.7 % und HMMER 18.7 %. PROF_SIM und COMPASS erkennen 24.9 % bzw. 34.0 %. Die beste Variante von HHsearch findet 50 % der homologen Paare. In dieser Konfiguration wurde das Clustern stark konservierter Spalten sowie die Se-

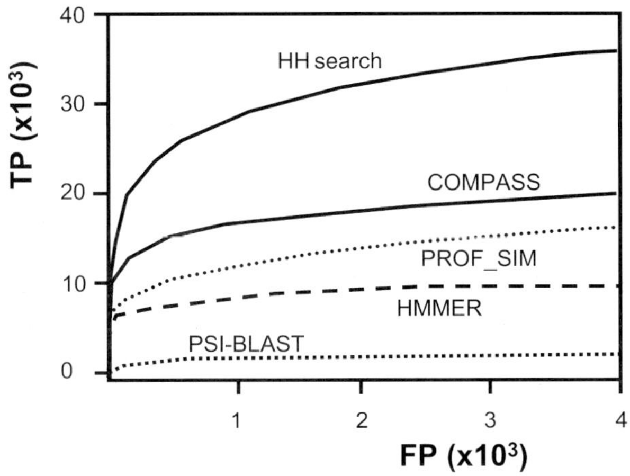

Abb. 20.10 Performanz von Sequenzvergleichsprogrammen. Aufgetragen ist jeweils der Anteil echt positiver (TP) und falsch positiver Treffer (FP) für den SCOP-20-Datensatz; vereinfacht nach [16].

kundärstruktur der Proteine bei der Berechnung der Scores mitbewertet. Es stellte sich bei den Tests heraus, dass die Berechnung lokaler HMM-HMM-Alignments empfindlicher ist als die globaler oder semi-globaler. Bei einer genauen Analyse der Ergebnisse wurde auch festgestellt, dass HHsearch viele Paare als homolog vorhersagt, die zu unterschiedlichen SCOP-Superfamilien oder -Faltungstypen gehören. Ein Beispiel sind die $(\beta\alpha)_8$-Fässer, die auf die SCOP-Superfamilien c1.1 – c1.25 verteilt sind. Im Kapitel 1 haben wir einen Vertreter eines $(\beta\alpha)_8$-Fasses vorgestellt. Die Struktur dieser Proteine ist sehr ähnlich, sodass die Abstammung von einem gemeinsamen Vorfahren (Homologie) sehr wahrscheinlich ist. Um diese strukturelle Korrespondenz zu berücksichtigen, überprüften die Autoren die Übereinstimmung der Vorhersagen mit den Ergebnissen des Tools MaxSub, das ein Maß für den Anteil von Residuen ausgibt, die paarweise superpositioniert werden können. Nun wurde ein Paar als homolog betrachtet, wenn es zur selben SCOP-Superfamilie gehörte *oder* einen MaxSub-Score von wenigstens 0.1 aufwies. Mit dieser Definition fanden alle Tools außer BLAST mehr echt positive Treffer. Insgesamt ergaben die Performanztests, dass HHsearch zwischen 2.7- und 4.2-mal mehr Homologe als PSI-BLAST oder HMMER findet und zwischen 1.44- und 1.9-mal mehr als COMPASS oder PROF-SIM.

20.6.4
Strukturvorhersage mit HHsearch

Performanz von HHsearch als Threading-Verfahren

Wie groß ist die Chance, für eine Eingabesequenz ein geeignetes Templat zu finden? Falls die Datenbank eine Struktur aus derjenigen SCOP-Familie enthält, zu der auch die Query gehört, so wird HHsearch in 66 % aller Fälle ein brauchbares Alignment erzeugen. Gehört der nächste Verwandte der Query zur selben Superfamilie, so liegen die Chancen für ein Alignment immerhin noch bei 19 %. Diese Zahlen erklären, weshalb HHsearch bei einer Anzahl von Homologie basierten Modellieransätzen für das Threading Verwendung findet.

20.7
ROSETTA/ROBETTA

ROSETTA: de novo Faltung basierend auf natürlich vorkommenden Fragmenten

Eine *de novo* Proteinfaltung führen per Definition solche Methoden aus, die sich nicht auf homologe Strukturen stützen. Auch bei dieser Problemstellung schlagen sich Algorithmen hervorragend, die auf in der Natur bereits umgesetzte Lösungen zurückgreifen. Zu den bewährten Verfahren gehört die Programmsuite ROSETTA/ROBETTA [17, 18], die wir im Folgenden vorstellen wollen. Bei diesem Ansatz werden kurze Fragmente (Länge 3–9 Residuen), die aus bekannten Protein-3D-Strukturen extrahiert werden, mithilfe eines Monte-Carlo-Verfahrens kombiniert, um für die Query eine Gesamtstruktur vorherzusagen. Das Optimierungskriterium ist hierbei eine heuristische Energiefunktion. Für die Beschreibung des Proteins und des Proteinrückgrats (um das geht es hauptsächlich) werden zwei unterschiedliche Repräsentationen verwendet: Dies ist zum einen der *Torsionsraum*, in dem jedes Residuum des Rückgrats durch drei Winkel (Φ, Ψ, ω) definiert ist. Der Winkel ω kann nur zwei Werte (+180 ° oder –180 °) annehmen. Während der Optimierungsphase werden Veränderungen des Hauptkettenverlaufes im Torsionsraum ausgeführt. Zur Bewertung einer Lösung wird dessen Energie im kartesischen Raum berechnet. Darin sind die 3D-Positionen aller Backbone-Atome spezifiziert. Die Seitenketten werden mithilfe zweier Repräsentationen von unterschiedlichem Detailliertheitsgrad modelliert, die sich am Bedarf der Energiefunktionen orientieren. Für Residuen basierte Terme, bei denen es nicht auf die exakte Position eines jeden Atoms ankommt, wird die gesamte Seitenkette durch ein Baryzentrum (Massezentrum, *centroid*) modelliert. Wird eine detailliertere Repräsentation benötigt, so werden die Atomkoordinaten sämtlicher Seitenkettenatome benutzt. Die Positionen der Seitenkettenatome werden stets einer Rückgrat abhängigen (*backbone dependent*) Rotamer-Bibliothek entnommen, in der die häufigsten Rotamerkonfigurationen vermerkt sind. Der Begriff des Rotamers wird im Kapitel 1 genauer erläutert.

20.7.1 Energieterme

Zwei Arten von Energietermen: niedrig- und hochaufgelöst

Der Energieterm, der in ROSETTA zur Bewertung einer Struktur (bzw. eines Modells) dient, wurde nach dem Bayesschen Prinzip abgeleitet [19]. Die Gesamtenergie ergibt sich durch Summation über Terme, mit denen die Likelihood einer bestimmten Struktur unabhängig von einer Sequenz bewertet wird und solcher, mit denen die Fitness einer Sequenz beschrieben wird im Hinblick auf die gegebene Struktur. Die einzelnen Terme sind in Tabelle 20.4 angegeben. Diese Gruppe umfasst Funktionen, die unter Verwendung des niedrigaufgelösten Modells für die Seitenketten berechnet werden. Diejenigen Terme, die Solvatations- und elektrostatische Effekte bewerten, wurden als wissensbasierte Potenziale aus bekannten Protein-3D-Strukturen abgeleitet. Es erfolgt keine explizite Berücksichtigung lokaler Interaktionen; durch die Verwendung der Fragmentbibliothek werden die Wechselwirkungen jedoch implizit bewertet. Die Funktionen entsprechen zum Teil bereits eingeführten Potenzialen und die meisten sind als Chancenquotienten formuliert. So wird der Score „Paar“ in Analogie zu dem von Sippl eingeführten Term berechnet, siehe Abb. 20.3 und Gleichung (20.2). Die Bedeutung der anderen Scores erschließt sich erst nach genauerem Studium von Protein-3D-Strukturen.

ROSETTA-Module, die auf eine höhere Auflösung angewiesen sind, nutzen Atom basierte Terme, die in Tabelle 20.5 zusammengefasst sind. Van-der-Waals-Interaktionen werden mithilfe eines 6-12 Lennard-Jones-Potenzials quantifiziert, ein Term bewertet Solvatationseffekte; Wasserstoffbrücken werden mithilfe eines Potenzials berücksichtigt, das 2D-Struktur und deren Orientierung einschließt. Elektrostatische Wechselwirkungen werden mithilfe eines Residuenpaarpotenzials quantifiziert, zusätzlich ist ein Torsionspotenzial integriert. Wir können hier nur auf die zwei wichtigsten Scores (RAMA und LJ) eingehen. RAMA resultiert aus dem Befund, dass in Sekundärstrukturelementen nicht alle Kombinationen von Φ- und Ψ-Winkeln erlaubt sind. Die erwarteten Verteilungen ergeben sich aus dem Ramachandran-Plot, den wir im Kapitel 1 vorstellen. Der Score LJ bewertet atomare Kräfte. Den anziehenden Kräften zwischen einem Paar chemisch nicht gebundener Atome wirkt die Abstoßung ihrer Elektronen entgegen. Das Zusam-

Tab. 20.4 Scores, die in der ersten Phase der Fragmentinsertion berechnet werden. Details sind in [20] nachzulesen. Begriffe werden nur einmal definiert, sie gelten auch für die jeweils folgenden Terme.

Name	Beschreibung	Term	Parameter
Env	Umgebung des Residuums	$\sum_i - \ln[p(as_i \mid nb_i)]$	as_i: Art der Aminosäure nb_i: Anzahl von Nachbarn
Paar	Paarweise Interaktionen	$\sum_i \sum_{j>i} - \ln[\frac{p(as_i, as_i \mid k_{ij}, d_{ij})}{p(as_i \mid k_{ij}, d_{ij}) p(as_j \mid k_{ij}, d_{ij})}]$	k_{ij}: Abstand in der Sequenz (siehe Abb. 20.3) d_{ij}: Abstand der Baryzentren
SP	Paarung der Stränge-(Wasserstoffbrücken)	$SS_{\phi\theta} + SS_{hb} + SS_d$	$SS_{\phi\theta}$: aus Winkeln abgeleiteter Score SS_{hb}: aus Dimerverdrehung abgeleitet SS_d: aus Abstandsverteilung abgeleitet
Blatt	Arrangement der Stränge in Faltblättern	$- \ln[p(n_{Blätter} n_{ungepaart} \mid n_{Stränge})]$	$n_{Blätter}$: Anzahl der Faltblätter $n_{ungepaart}$: Anzahl ungepaarter Stränge $n_{Stränge}$: Gesamtzahl der Stränge
HS	Helix-Strang-Packung	$\sum_m \sum_n - \ln[p(\phi_{mn}, \Psi_{mn} \mid sp_{mn}, d_{mn})]$	m: Position des Strang-Dimers n: Position des Helix-Dimers Φ, ψ: Polarwinkel zwischen $\mathbf{V}_m$ und $\mathbf{V}_n$ $\mathbf{V}_i$: Vektor vom ersten N-Atom zum letzten C-Atom des Dimers
RG	Radius der Gyration	$\sqrt{\langle d_{ij}^2 \rangle}$	d_{ij}: Abstand zwischen Baryzentren
cBeta	C_β-Dichte	$\sum_i \sum_{sh} - \ln[\frac{p_{compakt}(nb_{i,sh})}{p_{random}(nb_{i,sh})}]$	$p_{compakt}$: Wahrscheinlichkeit für Zugehörigkeit zu kompakten Strukturen p_{random}: Wahrscheinlichkeit für Zugehörigkeit zu Strukturen, die zufällig aus Fragmenten entstehen sh: Radius der betrachteten Kugelschale nb: Anzahl der Nachbarn innerhalb der Kugelschale
VDW	Sterische Abstoßung	$\sum_i \sum_{j>i} \frac{(r_{ij}^2 - d_{ij}^2)^2}{r_{ij}}; d_{ij} < r_{ij}$	d: Abstand zwischen Atomen r: Summe der van der Waals Radien

menspiel dieser beiden Kräfte wird durch das Lennard-Jones-Potenzial approximiert. Ganz allgemein gilt:

$$E := E_m[-(\frac{R_m}{R})^{12} + 2(\frac{R_m}{R})^6].$$

Lennard-Jones-Potenzial

Tab. 20.5 Scores, die in ROSETTA für die Optimierung auf Atomniveau verwendet werden; aus [20].

Name	Beschreibung	Term	Parameter
RAMA	Ramachandran-Torsionspräferenzen	$\sum_i -\ln[p(\phi_i,\psi_i \mid as_i,ss_i)]$	ss_i: Art der Sekundärstruktur
LJ	Lennard-Jones-Interaktionen	$\sum_i \sum_{j>i} \begin{cases} [(\frac{r_{ij}}{d_{ij}})^{12} - 2(\frac{r_{ij}}{d_{ij}})^6]e_{ij} & \mathit{falls}\ \frac{d_{ij}}{r_{ij}} > 0.6 \\ [-8759.2(\frac{d_{ij}}{r_{ij}}) + 5672.0]e_{ij} & \mathit{sonst} \end{cases}$	r_{ij}: Summe der Van-der-Waals-Radien d_{ij}: Abstand zwischen den Atomen e_{ij}: Mittelwert der Anziehungskräfte E_m
Hb	Wasserstoffbrückennetz	$\sum_i \sum_j -\ln[p(d_{ij} \mid h_j,ss_{ij})]$ $-\ln[p(\cos\theta_{ij} \mid d_{ij},h_j,ss_{ij})]$ $-\ln[p(\cos\psi_{ij} \mid d_{ij}h_jss_{ij})]$	i: Position des Donor-Residuums j: Position des Akzeptor-Residuums h_i: Art der Hybridisierung θ_{ij}: Bindungswinkel zwischen Proton-Akzeptor-Akzeptierender Base ψ_{ij}: Winkel der Donor-Proton-Akzeptor-Bindung
Solv	Löslichkeitsterm	$\sum_i [\Delta G_i^{ref} - \sum_j (\frac{2\Delta G_i^{free}}{4\pi^{3/2}\lambda_i r_{ij}^2} e^{-d_{ijV_j}^2} + \frac{2\Delta G_i^{free}}{4\pi^{3/2}\lambda_j r_{ij}^2} e^{-d_{ijV_i}^2})]$	ΔG_i: Energie des vollständig Lösungsmittel exponierten Atoms i λ: Korrelationslänge V_i: Volumen des Atoms i
Paar	Interaktionen zwischen Residuenpaaren	$\sum_i \sum_{j>i} -\ln[\frac{p(as_i,as_i \mid d_{ij})}{p(as_i \mid d_{ij})p(as_j \mid d_{ij})}]$	
Dun	Selbstenergie der Rotamere	$\sum_i -\ln[\frac{p(rot_i \mid \phi_i,\psi_i)p(as_i \mid \phi_i,\psi_i)}{p(as_i)}]$	rot_i: Rotamer aus der Rückgrat abhängigen Bibliothek
Ref	Referenz-Energie des ungefalteten Zustandes	$\sum_{as} n_{as}$	n_{as}: Anzahl der Residuen

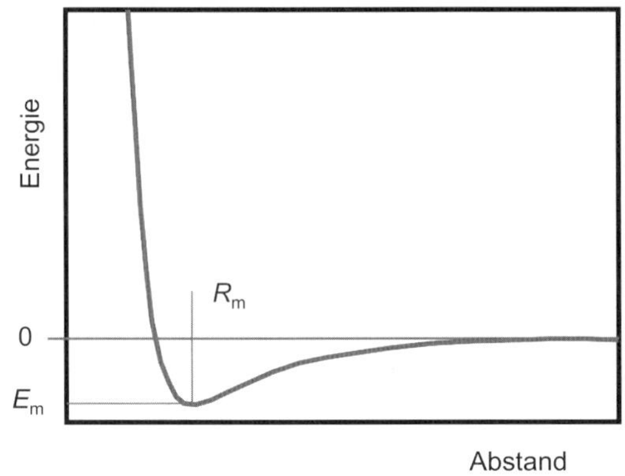

Abb. 20.11 Das Lennard-Jones-Potenzial zur Bewertung anziehender und abstoßender Kräfte zwischen Atomen. Es ergibt sich ein optimaler Abstand R_m, bei dem der Energiewert E_m minimal wird.

Hierbei sind E_m und R_m spezifische Konstanten, die von den beteiligen Atomen abhängen. Wie Abb. 20.11 zeigt, gibt es ein Optimum für den Abstand der beiden Atome. Da ROSETTA mit einer fixen Anzahl diskreter Rotamerausprägungen rechnet, muss das gezeigte Potenzial zu kleineren Abständen hin korrigiert werden.

20.7.2
De novo Strukturvorhersage mit ROSETTA

Generieren der Fragmentbibliothek mithilfe von Profilen und der 2D-Struktur

Die Grundlage für das *de novo* Design ist eine Fragmentbibliothek, die für jede Querysequenz erstellt wird. Hierfür werden zunächst alle 3-mere und 9-mere identifiziert, die in der Querysequenz vorkommen. Diese dienen anschließend dazu, Strukturfragmente derselben Länge aus hochaufgelösten Protein-3D-Strukturen zu extrahieren. Grundlage für die Auswahl sind Sequenzprofile und Sekundärstruktur. Die Profile werden für die Query und sämtliche Elemente einer redundanzfreien Datensammlung repräsentativer 3D-Strukturen mithilfe von PSI-BLAST erzeugt. Für die Querysequenz wird zusätzlich die Sekundärstruktur vorhergesagt. Die Übereinstimmung der Strukturfragmente und der Infixe der Query wird nun mithilfe der Profile und der 2D-Strukturen bewertet. Nach diesem Selektionsprozess sind für jede Position i der Querysequenz zwei Listen mit Strukturfragmenten angelegt, die 200 9-mere ($List_9[i]$) und 200 3-mere ($List_3[i]$) enthalten. Diese Bibliothek ist die Grundlage für das *de novo* Design eines Modells.

Basisoperation: Fragmentinsertion mithilfe von Simulated Annealing

Die Basisoperation des Designverfahrens wird als *Fragmentinsertion* bezeichnet. Hierbei werden die Torsionswinkel, die im ausgewählten Fragment vorkommen, auf die betrachteten Residuen des Modells übertragen. Diese Operation ist in ein Monte-Carlo-Verfahren eingebettet. In der ersten Modellierungsrunde werden nur 9-mere verwendet; hierbei werden insgesamt 28 000 Versuche einer Fragmentinsertion bewertet. Angefangen wird mit einer vollständig gestreckten Konformation der Query. Anschließend wird jeweils zufällig eine Position i gewählt und unter den 25 Fragmenten aus $List_9[i]$, die am besten passen, wird eines zufällig ausgewählt. Es werden die Torsionswinkel übertragen und es wird die Energie der neuen Konformation berechnet. Sämtliche Energieterme sind in Tabelle 20.4 zusammengefasst. Bei den ersten Fragmentinsertionen wird nur der VDW-Term bewertet. Diese Scoring-Funktion wird solange beibehalten, bis alle initialen Torsionswinkel wenigstens einmal verändert wurden. Die nächsten 2 000 Insertionsschritte dienen dazu, die 2D-Struktur auszubilden. Folglich werden alle Terme aus Tabelle 20.4, nicht jedoch derjenige zur Bewertung der Kompaktheit, benutzt. In der folgenden Phase kommen weitere Scores hinzu und es wird die Gewichtung bestimmter Scores verändert; siehe [20]. Während der letzten 4 000 Schritte wird die Gesamtenergie aus sämtlichen Termen abgeleitet. Am Ende dieser Phase existiert ein Modell, das aus 9-meren entwickelt wurde. Nun werden weitere 8 000 Insertionsschritte ausgeführt, wobei versucht wird, das Modell mithilfe der 3-mer Fragmente zu verfeinern.

Auf die geschilderte Art werden für jede Query mehrere Modelle berechnet, bei denen von unterschiedlichen Anfangsbedingungen ausgegangen wird. Das Resultat ist ein Ensemble von Modellen. Diese werden superpositioniert, um das breiteste Energieminimum zu identifizieren. Aus diesem wird ein Modell ausgewählt und als Ergebnis präsentiert.

20.7.3
Alternativen zur Fragmentinsertion

Die Insertionsmethode erlaubt ein rasches Durchsuchen des Konformationsraumes und es wird sehr schnell eine plausible Topologie gefunden. Allerdings ist das Verfahren weniger geeignet, die Modelle *im Detail* zu verbessern. Hierfür sind nur noch leichte Strukturveränderungen erlaubt und diese müssen mit hochaufgelösten Energietermen bewertet werden. Aus diesem Grund wurde die Insertionsoperation um zusätzliche Veränderungsschritte erweitert. Dazu gehören:

Schritte zur Feinabstimmung

- zufällige Veränderungen von Torsionswinkeln,
- Wahl solcher Fragmente, mit denen die globale Konfiguration nicht beeinflusst wird,
- Optimierung des Energiewertes mithilfe eines Gradientenabstieges,
- Effiziente Optimierung von Seitenkettenrotameren.

Auf Details wollen wir hier nicht eingehen. Für die präzise Bewertung resultierender Veränderungen wurden weitere Energieterme eingeführt; diese sind in Tabelle 20.5 zusammengefasst. Wie ist die Performanz des Verfahrens? In [21] wurden mehrere, hochaufgelöste Modelle für Proteine mit weniger als 90 Residuen berechnet. Für fünf von sechzehn Proteinen war der mittlere RMSD-Wert für die C_α-Atome kleiner als 1.5 Å. Der mittlere C_α-RMSD-Wert für alle 16 Modelle war 3.8 Å in den jeweils besten Modellen. Allerdings sind die Rechenzeiten erheblich: Sie betragen im Mittel 150 CPU-Tage pro Modell.

20.7.4 Modellieren strukturell variabler Regionen in Homologiemodellen

Reine Threading-Verfahren können keine Lücken schließen

Die bisher vorgestellten Threading-Verfahren sind in der Lage, zur eingegebenen Querysequenz aus der Menge bekannter Protein-3D-Strukturen mit hoher Empfindlichkeit diejenigen Strukturen herauszufiltern, die als Templat infrage kommen. Gleichzeitig berechnen sie ein Alignment zwischen den Residuen der Query und denen der Templatstruktur. Sind jedoch größere Lücken zu schließen, so sind die Verfahren überfordert. Für diese Aufgabe werden andere Algorithmen benötigt. Generell kommen wiederum wissensbasierte Verfahren infrage. Geeignet sind vom Prinzip her auch *ab initio* Methoden, die mithilfe semi-empirischer Kraftfelder die Proteinfaltung nachstellen bzw. die lokale Topologie optimieren. Es liegt jedoch nahe, das durch ROSETTA eingeführte Verfahren auch für das Schließen von Lücken in Homologiemodellen zu nutzen. Diese Methode wollen wir als Nächstes erläutern. Die interessierenden Bereiche werden als *strukturell variable Regionen* (SVRs) bezeichnet. Wie beim ROSETTA *de novo* Protokoll werden wiederum Fragmente mittels einer Monte-Carlo-Optimierung kombiniert. Nach der Anordnung der Query auf dem Templat mittels Threading ist die Modellstruktur in Templat-Regionen und SVRs klassifiziert. Die SVRs sind solche Bereiche, in denen die Torsionswinkel nicht aus der Templatstruktur abgeleitet werden können. Für diejenigen SVRs, die maximal 15 Residuen umfassen, wird jeweils eine zusätzliche Fragmentbibliothek angelegt. Diese wird, ähnlich wie oben beschrieben, erzeugt; ein zusätzliches Auswahlkriterium ist die geometrische Passung an den Übergängen zum Templat.

Lückenschluss mithilfe des de novo ROSETTA-Ansatzes

Wie werden die SVRs geschlossen? Es wird von mehreren, zufällig gewählten initialen Fragmenten ausgegangen. Mit einem gewählten Fragment wird entweder an das C-terminale oder N-terminale Ende einer Templat-SVR Verbindung angeknüpft. Hierbei wird nicht gefordert, dass der jeweils andere Übergang geschlossen wird.

Initiale Konformationen für SVRs größer als 15 Residuen werden analog zum üblichen *de novo* ROSETTA-Protokoll unter Verwendung von 9-meren geschlossen. SVRs länger als sieben Residuen werden einer weiteren Monte-Carlo-Optimierung unterworfen, wobei Fragmente der Länge drei oder neun zum Einsatz kommen. Zusätzlich zu Insertionen werden im Optimierungsprotokoll auch kleine Änderungen der Torsionswinkel getestet. Dieser ersten Phase, in der Baryzentren als Modelle für die Seitenketten dienen, folgt eine Optimierung, in der die Koordinaten sämtlicher Seitenkettenatome bewertet werden. Hierfür wird wiederum eine Rückgrat abhängige Rotamerbibliothek in einem Simulated-Annealing-Ansatz benutzt. Was kann von diesem Ansatz erwartet werden? Für Schleifen der Länge 4, 8 und 12 Residuen wurden mittlere RMSD-Abweichungen von 0.69, 1.45 und 3.62 Å bestimmt [22].

ROBETTA: Kombination beider Verfahren

Die beiden oben vorgestellten Ansätze der *de novo* Modellierung mittels Fragmentinsertion und der Homologie basierte Ansatz in Kombination mit dem Schließen der SVRs sind im Programm ROBETTA zusammengefasst. Daneben gibt es weitere spezielle Versionen des Programms; so können NMR-Daten berücksichtigt oder Proteininterfaces detailliert untersucht werden. Hierbei werden Interface-Residuen *in silico* durch Alanin ersetzt. Anschließend wird durch Vergleich der Wechselwirkungsenergien der Beitrag der Seitenkette zur Komplexstabilität abgeschätzt. Diese Technik wird *in silico* Alanin-Scanning genannt.

Alanin-Scanning

20.8 Weitere Ansätze

I-TASSER: ein schneller Homologie basierter Server

Beim siebten CASP-Wettbewerb nahm in der Sparte zur Homologie-Modellierung der TASSER-Server [23] einen Spitzenplatz ein. TASSER und ähnliche Ansätze beruhen jedoch auf den bereits eingeführten Methoden, sodass wir auf diese Varianten nicht genauer eingehen. Auch bei diesem Verfahren werden zunächst per Threading in der PDB-Datenbank geeignete Template identifiziert. Die zu entwickelnde Struktur wird wiederum in Bereiche zerlegt, die durch das Homologiemodell definiert sind, und in unalignierte Regionen. Diese werden mithilfe von *ab initio* Modellierung aufgefüllt. Für TASSER wurde eine mit ROSETTA vergleichbare Performanz ermittelt. Dieser Ansatz zeichnet sich durch seine Geschwindigkeit aus: Für den, bei der Vorstellung von ROSETTA erwähnten Datensatz benötigt das Programm bei vergleichbarer Qualität der Vorhersagen jeweils nur 5 CPU-Stunden zum Erstellen eines Modells; für ROSETTA müssen jeweils 150 CPU-Tage investiert werden.

Moleküldynamik ist zu aufwändig

Strukturmodelle können auch mit solchen Ansätzen berechnet werden, die Proteinfaltung und Strukturvorhersage mit rein physikalisch-basierten Kraftfeldern bearbeiten. Ein wichtiger Zwischenschritt war 1997 die *ab initio* Faltung des Villin-Kopfstückes unter ausschließlicher Nutzung von Moleküldynamik-Simulationen. Das Modell wies eine RMSD-Abweichung von 4.5 Å auf. Dieses Proteinfragment ist ein 36-mer und für die Simulation der ersten 300 µs des Faltungsweges wurden ca. 1000 CPU-Jahre benötigt. Diese Zahlen belegen, dass die bisher entwickelten Moleküldynamik-Verfahren für die Strukturvorhersage größerer Proteine nicht geeignet sind.

Interaktives Arbeiten

Die begleitende Website hält Lernmodule vor, in denen das interaktive Erstellen von Homologiemodellen geübt werden kann.

20.9 Zitierte Literatur

1 Bowie J. U., Lüthy R., Eisenberg D. (1991) A method to identify protein sequences that fold into a known three-dimensional structure. *Science*, **253**(5016), 164–170.

2 Hegyi H., Gerstein M. (1999) The relationship between protein structure and function: a comprehensive survey with application to the yeast genome. *J Mol Biol*, **288**(1), 147–164.

3 Lee B., Richards F. M. (1971) The interpretation of protein structures: estimation of static accessibility. *J Mol Biol*, **55**(3), 379–400.

4 Eisenberg D., Wesson M., Yamashita M. (1989) Interpretation of protein folding and binding with atomic solvation parameters. *Chem Scripta*, **29a**, 217–221.

5 Lüthy R., McLachlan A. D., Eisenberg D. (1991) Secondary structure-based profiles: use of structure-conserving scoring tables in searching protein sequence databases for structural similarities. *Proteins*, **10**(3), 229–239.

6 Bowie J. U., Zhang K., Wilmanns M., Eisenberg D. (1996) Three-dimensional profiles for measuring compatibility of amino acid sequence with three-dimensional structure. *Methods Enzymol*, **266**, 598–616.

7 Sippl M. J. (1990) Calculation of conformational ensembles from potentials of mean force. An approach to the knowledge-based prediction of local structures in globular proteins. *J Mol Biol*, **213**(4), 859–883.

8 Sippl M. J. (1993) Boltzmann's principle, knowledge-based mean fields and protein folding. An approach to the computational determination of protein structures. *J Comput Aided Mol Des*, **7**(4), 473–501.

9 Jones D. T. (1999) GenTHREADER: an efficient and reliable protein fold recognition method for genomic sequences. *J Mol Biol*, **287**(4), 797–815.

10 Kelley L. A., MacCallum R. M., Sternberg M. J. (2000) Enhanced genome annotation using structural profiles in the program 3D-PSSM. *J Mol Biol*, **299**(2), 499–520.

11 Bennett-Lovsey R. M., Herbert A. D., Sternberg M. J., Kelley L. A. (2008) Exploring the extremes of sequence/structure space with ensemble fold recognition in the program Phyre. *Proteins,* **70**(3), 611–625.

12 Frishman D., Argos P. (1995) Knowledge-based protein secondary structure assignment. *Proteins,* **23**(4), 566-579.

13 Kabsch W., Sander C. (1983) Dictionary of protein secondary structure: pattern recognition of hydrogen-bonded and geometrical features. *Biopolymers,* **22**(12), 2577–2637.

14 Orengo C. A., Brown N. P., Taylor W. R. (1992) Fast structure alignment for protein databank searching. *Proteins,* **14**(2), 139–167.

15 Jones D. T., Taylor W. R., Thornton J. M. (1992) A new approach to protein fold recognition. *Nature,* **358**(6381), 86–89.

16 Söding J. (2005) Protein homology detection by HMM-HMM comparison. *Bioinformatics,* **21**(7), 951–960.

17 Chivian D., Baker D. (2006) Homology modeling using parametric alignment ensemble generation with consensus and energy-based model selection. *Nucleic Acids Res,* **34**(17), e112.

18 Chivian D., Kim D. E., Malmstrom L., Schonbrun J., Rohl C. A., Baker D. (2005) Prediction of CASP6 structures using automated Robetta protocols. *Proteins,* **61 Suppl** 7, 157–166.

19 Simons K. T., Kooperberg C., Huang E., Baker D. (1997) Assembly of protein tertiary structures from fragments with similar local sequences using simulated annealing and Bayesian scoring functions. *J Mol Biol,* **268**(1), 209–225.

20 Rohl C. A., Strauss C. E., Misura K. M., Baker D. (2004) Protein structure prediction using Rosetta. *Methods Enzymol,* **383**, 66–93.

21 Bradley P., Misura K. M., Baker D. (2005) Toward high-resolution de novo structure prediction for small proteins. *Science,* **309**(5742), 1868–1871.

22 Rohl C. A., Strauss C. E., Chivian D., Baker D. (2004) Modeling structurally variable regions in homologous proteins with Rosetta. *Proteins,* **55**(3), 656–677.

23 Zhang Y. (2008) I-TASSER server for protein 3D structure prediction. *BMC Bioinformatics,* **9**, 40.

21
Analyse integraler Membranproteine

Integrale Membranproteine durchdringen Lipidmembranen

Integrale Membranproteine (IMPs) sind sowohl experimentell, aber auch mit bioinformatischen Methoden nur schwer zu bearbeiten. Biologische Membranen haben häufig eine Dicke von 50 Å und bestehen aus zwei Schichten von Phospholipiden. Die polaren Köpfe dieser Moleküle ragen in die wässrige Umgebung, während die wasserunlöslichen Fettsäureketten ins Innere der Membran zeigen. Die Transmembranproteine besitzen einen dazu passenden Aufbau aus hydrophilen und hydrophoben Bereichen. Die hydrophoben Regionen tauchen in die Lipidschicht ein, während die hydrophilen Enden an beiden Seiten aus der Membran herausragen. Die Lipidmoleküle haben in der Regel keine spezifische Funktion; die speziellen Aufgaben der Membran werden durch die IMPs erfüllt. Was sind die wichtigsten Aufgaben von biologischen Membranen? Sie grenzen die Zelle nach außen hin ab und erlauben somit das Einstellen definierter Bedingungen, unter denen Reaktionen kontrolliert ablaufen können. Zusätzlich beherbergen sie biochemische Maschinen und Sensoren für äußere Signale. Durch die Membranen müssen zudem sämtliche Substanzen transportiert werden, die zwischen dem Zellinneren und der Umgebung getauscht werden. Diese Befunde belegen die enorme Bedeutung der Zellmembranproteine. Andererseits macht diese Schilderung auch plausibel, weshalb IMPs so schwer zu handhaben sind: Ihre Umgebung unterscheidet sich ganz deutlich vom wässrigen Milieu, das im Zellinneren oder in der Zellumgebung herrscht. Aus diesem Grund ist es sehr schwer, hochaufgelöste 3D-Strukturen dieser Proteine zu bestimmen. Sie stellen trotz ihres häufigen Vorkommens nur ca. 1 % der PDB-Datensätze. Da die 3D-Struktur nur sehr schwer aufgeklärt werden kann, wäre eine präzise Vorhersage der Raumstruktur mit bioinformatischen Mitteln von besonderer Bedeutung. Im Folgenden stellen wir den aktuellen Stand bioinformatischer Verfahren dar, wobei wir uns an [1] und [2] orientieren.

Bioinformatik Interaktiv. 2. Auflage. Rainer Merkl und Stephan Waack

ISBN: 978-3-527-32594-8

21.1 Struktur integraler Membranproteine

IMPs werden in zwei Klassen eingeteilt: α-Helix-Bündel und β-Fässer

Generell werden IMPs in zwei Klassen eingeteilt. Dies sind die α-Helix-Bündel und die β-Fässer. Je ein Beispiel für diese Topologien ist in Abb. 21.1 und Abb. 21.2 gezeigt. Beide Topologien besitzen eine ähnliche Verteilung von Aminosäuren, die aus dem Eintauchen in die Membran resultiert und eine passgenaue Positionierung sichert: Die Proteinoberfläche, die den Lipiden im Membraninneren zugewandt ist, enthält hydrophobe Aminosäuren; der aus der Membran herausragende Teil beinhaltet einen Ring aromatischer Seitenketten; dies sind hauptsächlich Tryptophan- und Tyrosin-Reste.

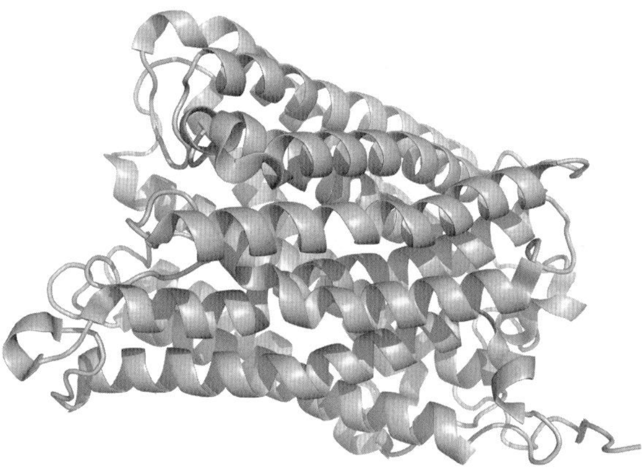

Abb. 21.1 Die Oxidoreductase (PDB-Code 1V54) ist ein typisches Helix-Bündel-Protein. Es enthält sieben Helices, die alle die Membran durchspannen. Die Helices sind in zwei Bündeln organisiert. Eines wird durch die ersten zwei, das andere vom Rest gebildet.

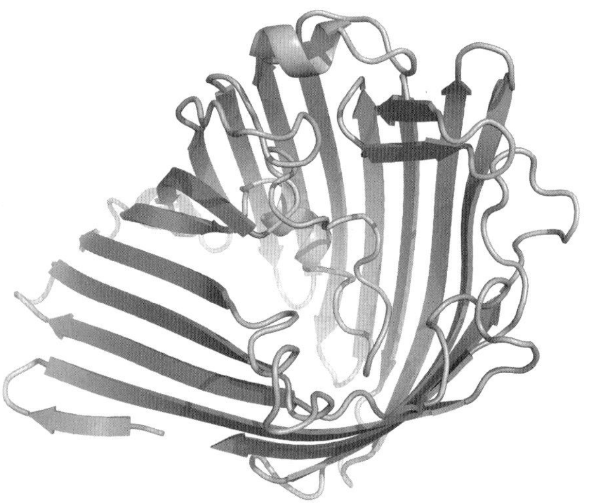

Abb. 21.2 OmpF (PDB-Code 1HXX) ist ein typisches Porin mit einer β-Fass-Topologie. Es kommt in der äußeren Membran Gram-negativer Bakterien vor. Die Pore ist von 16 β-Strängen umgeben, die ein antiparalleles Fass bilden.

Struktur der Helix-Bündel

Wie der Name bereits aussagt, bestehen die Helix-Bündel-Proteine aus α-Helices, die meist die komplette Membran durchspannen. Die Sequenz der Helix-Bündel-Proteine zeigt auffällige Segmente, die hauptsächlich aus hydrophoben Aminosäuren bestehen. Diese Teilsequenzen müssen lang genug sein, um in Form einer α-Helix die Membran zu durchdringen. Wie neueste 3D-Strukturen zeigen, gilt diese Forderung jedoch nicht für alle Helices. Auffällig ist ein GxxxG-Motiv in den Transmembransegmenten [3].

Aufbau der β-Fässer

Alle β-Fass-Proteine folgen einem einheitlichen Organisationsprinzip: Sie bestehen aus einer geradzahligen Menge von β-Strängen, die N- und C-Termini liegen beide auf der periplasmatischen Seite und der Kippwinkel der β-Stränge beträgt ca. 45°. Alle β-Stränge verlaufen antiparallel und sind mit ihrem direkten Nachbarn in der Kette verknüpft. Die einzelnen β-Stränge sind jeweils länger als 10 Residuen und bestehen aus alternierenden Folgen hydrophober und polarer Aminosäuren. Die hydrophoben Aminosäurereste zeigen nach außen zur Lipidschicht hin, während die polaren Aminosäuren die Pore auskleiden. Zusätzlich sind die Regionen, die nicht durch die Membran translokiert werden, mit positiv geladenen Aminosäuren angereichert. Aus diesem Befund wurde die *Positive-inside*-Regel abgeleitet: Positiv geladene Aminosäuren finden sich auf der Membraninnenseite. Aufgrund dieser Beobachtung ist es einfach vorherzusagen, wie die Transmembransegmente in der Membran angeordnet sind. Aus obiger Schilderung folgt, dass die Vorhersage der Topologie und der Sekundärstruktur aufgrund der relativ einheitlichen Struktur für IMPs einfacher ist als bei globulären Proteinen.

Helix-Bündel sind häufig; der Anteil von β-Fässern ist unklar

Wie ist die Verteilung der IMPs? Helix-Bündel werden in allen zellulären Membranen gefunden und repräsentieren 20–25 % aller putativen Gene in komplett sequenzierten Genomen. Allerdings ist bisher die Topologie von nicht mehr als 400 Helix-Bündel-Proteinen bekannt. Unklar ist die Situation bei den β-Fässern: Ihr Anteil ist nur schwer zu bestimmen, da sie schwieriger zu identifizieren sind. Für Bakterien wurde abgeschätzt, dass sie einige Prozent aller Gene stellen. Interessanterweise kommen die β-Fässer nur in den äußeren Membranen von Mitochondrien, Chloroplasten und Gram-negativen Bakterien vor.

21.2 Spezifische Probleme beim Sequenzvergleich

Wie wir gezeigt haben, wurde jüngst der BLAST-Algorithmus modifiziert: Die Scoring-Matrizen werden in dieser Version an die Komposition der betrachteten Sequenzen angepasst. Es ist allerdings unklar, ob dieser Ansatz die Vorhersagequalität bei der Analyse von IMPs steigert. Generell sollte beim Studium von IMPs mithilfe einer BLAST-Suche der *Low-complexity*-Filter ausgeschaltet werden, da ansonsten hydrophobe Teilsequenzen ausgeblendet werden. Ein weiteres Problem beim Alignment ist die unterschiedliche Zusammensetzung der Transmembran und der restlichen Regionen des Proteins. Für die Analyse der Lösungsmittel exponierten Bereiche eignen sich die klassischen Verfahren, während für Transmembranregionen spezielle Substitutionsmatrizen berechnet wurden. Mittlerweile wurden Programme wie STAM [4] entwickelt, die beim Alignment die Regionen unterschiedlich bewerten. Allerdings wurde die Qualität der Vorhersagen nie im größeren Rahmen getestet.

21.3 Vorhersage der Topologie von Helix-Bündeln

Bei den ersten bioinformatischen Ansätzen wurde das überzufällige Vorkommen hydrophober Residuen dazu genutzt, Helices von Loop-Regionen zu trennen. Die zusätzliche Anwendung der *Positive-inside*-Regel erhöhte die Vorhersagequalität; eine weitere Steigerung ergab sich aus der Verwendung moderner Klassifikatoren. Unter den eingeführten Verfahren zur Vorhersage der Topologie schneiden die HMM-basierten Methoden am besten ab. Zu den bewährten Verfahren gehört HMMTOP [5, 6], das wir im Folgenden vorstellen. Dieser Algorithmus sagt die richtige Anzahl von Transmembranhelices und die richtige Orientierung des Proteins in der Membran für ca. 70 % der Fälle korrekt voraus.

21.3.1 HMMTOP: das Topologiemodell

Fünf Arten von Strukturelementen

Die in Abb. 21.1 gezeigte Oxidoreductase besitzt den typischen Aufbau eines Helix-Bündels: α-Helices, die komplett die Membran durchspannen, sind durch Loops miteinander verbunden. Bei HMMTOP werden insgesamt fünf Typen von Strukturelementen unterschieden. Dies sind

- innere Schleifen,
- innere Helixausläufer,
- Membranhelices,
- äußere Helixausläufer und
- äußere Schleifen.

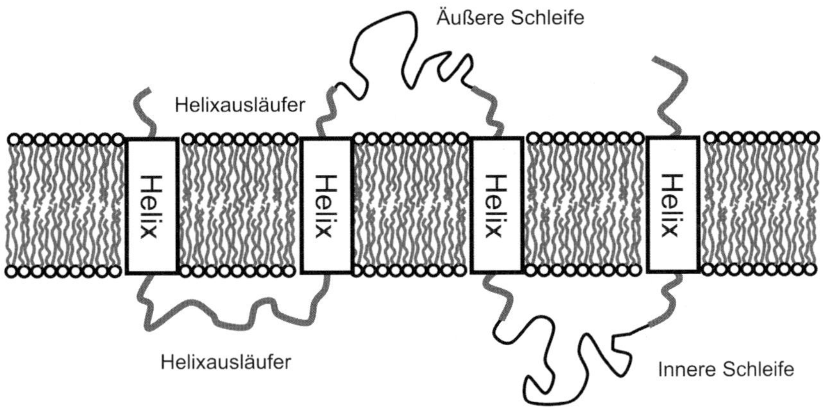

Abb. 21.3 Strukturelemente, so wie sie in HMMTOP definiert sind. Alle Helix-Segmente sind komplett in die Membran eingebettet. Die an die Helix anschließenden Bereiche gehören zu den inneren oder äußeren Helixausläufern. Zwischen zwei Ausläufern kann sich eine innere bzw. äußere Schleife befinden; schematisch nach [5].

Die Helices sind komplett in die Membran eingebettet. Jede Schleifenregion deckt eine möglicherweise längere Teilsequenz ab, die eine Domäne oder eine andere Struktur bilden kann. Die Helixausläufer sind die Verlängerungen der Helix; ihnen kann eine Schleife oder der nächste Ausläufer folgen. Die modellierte Topologie ist in Abb. 21.3 wiedergegeben.

Kürzere Schleifen sind überrepräsentiert

Untersucht man die Länge der Schleifen bekannter Helix-Bündel genauer, so stellt man fest, dass die Schleifenlängen nicht zufällig verteilt sind: Kurze Schleifen mit einer Länge zwischen fünf und dreißig Residuen sind auffällig überrepräsentiert. Ansonsten folgen die Längen einer geometrischen Verteilung. Es ist zu erwarten, dass die Verwendung dieses Befundes die Qualität der Vorhersage steigert. Auch die Länge der α-Helices ist nicht zufällig: Die meisten durchspannen die Membran. Diese beiden Beobachtungen legen nahe, die Länge der genannten Strukturelemente gesondert zu modellieren. Die Autoren von HMMTOP unterscheiden deswegen zwischen zwei Typen von Strukturelementen. Dies sind zunächst solche, bei denen die Länge nicht weiter definiert ist. Sie werden durch *NFL* (*non-fixed length*) Zustände modelliert. Aus einem *NFL*-Zustand kann in denselben Zustand oder das nächste Strukturelement gewechselt werden. Mit einem derartigen Modell ergibt sich eine geometrische Längenverteilung. Daneben wurden *FL*-Strukturelemente (*fixed length*) eingeführt. Diese werden durch eine Folge von Zuständen Z_1 ..., $Z_{L\text{-}MIN}$, ..., $Z_{L\text{-}MAX}$ beschrieben. Aus den Zuständen Z_i ($1 \leq i < Z_{L\text{-}MIN}$) kann nur in den Nachfolgezustand Z_{i+1} gewechselt werden. Aus den Zuständen $Z_{L\text{-}MIN}$, …, $Z_{L\text{-}MAX}$ kann jeweils in den Nachfolgezustand oder in das nächste Strukturelement gewechselt werden.

21.3.2
HMMTOP: Architektur des HMMs

Wie zu erwarten, werden Schleifen als *NFL*-Zustände modelliert, während Helices und Helixausläufer mit *FL*-Zuständen beschrieben werden. Die Architektur des HMMs ist in Abb. 21.4 gezeigt. Wie werden die Werte $Z_{L\text{-}MIN}$ und $Z_{L\text{-}MAX}$ gewählt? Für die Helixausläufer sind die Werte 1 und 15, für die Helices 17 und 25. Die initialen Emissionswahrscheinlichkeiten wurden aus den Sequenzen bekannter Helix-Bündel abgeleitet, die mithilfe von Pseudocounts korrigiert wurden. Hierbei wird für jeden Typ von Strukturelement eine Häufigkeitstabelle für die 20 Aminosäuren bestimmt. Die initialen Übergangswahrscheinlichkeiten wurden ebenfalls aus diesem Datensatz errechnet.

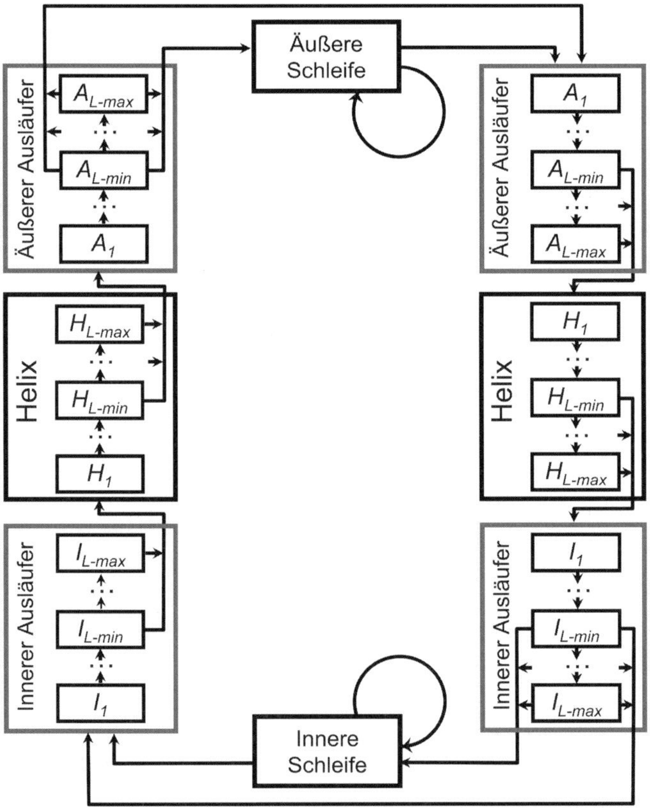

Abb. 21.4 Architektur von HMMTOP. Die innere und die äußere Schleife sind als Strukturelement ohne fixe Länge angelegt. In diesem Zustand kann beliebig lange verblieben werden oder es wird in einen der Ausläuferzustände gewechselt. Alle anderen Strukturelemente haben eine minimale und maximale Länge. Aus den *FL*-Zuständen Z_1 .. $Z_{L\text{-}MIN}$ kann jeweils nur in den Nachfolgezustand gewechselt werden. Aus den darauf folgenden *FL*-Zuständen kann entweder in den nächsten Zustand oder denjenigen gewechselt werden, der zum nächsten Strukturelement gehört; nach [5].

Vorhersage der Topologie: Initialisierung, Optimierung der Parameter → Baum-Welch-Algorithmus, Bestimmen des Pfades → Viterbi-Algorithmus

Wie wird für eine Sequenz die Topologie vorhergesagt? Der Algorithmus zerfällt in drei Schritte. Zunächst müssen die Parameter gesetzt werden. Dazu gehören der Initialzustand, die Emissionswahrscheinlichkeiten und die Übergangswahrscheinlichkeiten. Der zweite Schritt ist die Optimierung dieser Werte im Hinblick auf die betrachtete Sequenz. Hierfür wird der Baum-Welch-Algorithmus eingesetzt. Im dritten Schritt wird mithilfe des Viterbi-Algorithmus der wahrscheinlichste Pfad durch das Modell berechnet und damit die Topologie vorhergesagt. Hierfür wird ein erster Zustand zufällig gewählt. Wird eine Menge homologer Sequenzen mithilfe desselben Modells analysiert, so können die Wahrscheinlichkeiten aufmultipliziert werden, um das Modell zu bewerten.

Wie bereits erwähnt, wurde die Qualität dieses Algorithmus durch unabhängige Tests bestätigt. Eine neuere Version erlaubt, zusätzlich zur Eingabe einer Sequenz das Übergeben von Informationen zur Segmentlokalisation [6]. Diese Daten werden dann im Baum-Welch-Algorithmus verrechnet.

Was sind die Schwächen dieses Ansatzes? Der Baum-Welch-Algorithmus findet nicht notwendigerweise das globale Optimum. Aufgrund der langen Laufzeit ist es schwierig, den Suchraum breit abzudecken, was möglich wäre, wenn der Algorithmus mit unterschiedlichen Anfangsbedingungen gestartet werden könnte.

Vorhersage der 3D-Struktur ist schwierig

Das Verwenden von Homologie basierten Verfahren zur Vorhersage der 3D-Struktur von IMPs ist generell schwierig. Keines der klassischen Verfahren wurde für die Anwendung auf Membranproteine optimiert. Eine Ausnahme ist das SWISS-MODEL 7TM-Interface [7]. Dieses Programm zielt speziell darauf ab, das Modellieren von 7-Helix-Bündeln zu unterstützen.

21.4 Vorhersage der Topologie und Struktur von β-Fässern

Bei den β-Fässern ist die Situation problematischer als bei den Helix-Bündeln. Es gibt zur Zeit Tausende von Sequenzen, für die eine Fassstruktur postuliert wird, und nur 20 bekannte und nichtredundante Strukturen. Da die Ähnlichkeit zwischen den Sequenzen bekannter Strukturen und der putativer Fässer sehr gering ist, lässt sich Homologiemodellierung nicht einsetzen. Aufgrund der Datenlage sind auch wissensbasierte Ansätze nur schwer anzuwenden. Allerdings folgt die Topologie der bekannten Fässer den bereits genannten Regeln: Alle Proteine bestehen aus einer geraden Anzahl von β-Faltblättern in einer antiparallelen, mäanderförmigen Anordnung. Aufgrund dieses Konstruktionsprinzips können Kontakte zwischen Residuen der β-Stränge vorhergesagt werden. Es liegt nahe, diese Information auch bei der Vorhersage von 3D-Strukturen zu nutzen.

21.4.1 Architektur von TMBpro

Die Programmsuite TMBpro [8] hat zum Ziel, die 3D-Struktur von β-Fässern vorherzusagen. Dazu werden zunächst die Sekundärstruktur und Kontakte zwischen β-Strängen bestimmt.

Erstes Modul: Vorhersage der 2D-Struktur (β,–)

Das erste Modul sagt die Sekundärstruktur vorher. In diesem Fall gibt es nur zwei Klassen: Zugehörigkeit zu einem β-Strang (β) oder Sonstiges (–). Zur Vorhersage wird eine spezielle Variante eines *Rekursiven Neuronalen Netzes* (ein 1D-RNN) verwendet. Die Eingabe für das RNN ist pro Position ein Vektor (1D), der neben der Häufigkeitsverteilung der Aminosäuren weitere Attribute oder Marken enthalten kann. Bei rekursiven neuronalen Netzen (RNNs) werden Gewichte gemeinsam genutzt, sodass nur eine kleine Anzahl von Gewichten trainiert werden muss. Im Gegensatz dazu wächst bei klassischen NNs die Anzahl von Gewichtsfaktoren mit der Fenstergröße. Aufgrund dieses Umstandes neigen RNNs nicht zum *Overfitting*, sodass sie für kleine Trainingsmengen gut geeignet sind. In der betrachteten Anwendung wird das Netz anhand bekannter Proteine trainiert. Die Eingabe ist ein Profil, das mithilfe von PSI-BLAST für die Querysequenz bestimmt wird. Da die 2D-Struktur von β-Fässern den oben erwähnten Regeln genügen muss, kann die Vorhersage korrigiert und somit verbessert werden: Die Länge der Faltblätter darf bestimmte Werte nicht unter- bzw. überschreiten; Analoges gilt für die Schleifen. Aus der finalen 2D-Vorhersage kann die Anzahl von β-Strängen abgeleitet werden. Dieser Wert entscheidet im Modul vier über die Auswahl eines Templats für die Homologie-Modellierung.

Zweites Modul: Vorhersage der Seitenketten-Orientierung

In den β-Strängen sind die Aminosäurereste jeweils so angeordnet, dass sie entweder zur Membran hin (M) oder zum zentralen Kanal hin (C) orientiert sind. Das zweite Modul von TMMpro ist ebenfalls ein 1D-RNN, das jedes Residuum aus den vorhergesagten β-Strängen einer von drei Klassen (M, C, -) zuordnet. Die Segmente, die als (-) klassifiziert wurden, werden später als periplasmatisch oder extrazellulär klassifiziert.

Drittes Modul: Vorhersage von β-Kontakten

Das dritte Modul sagt Kontakte zwischen den Residuen der antiparallelen Faltblätter vorher. Hierfür wird ein 2D-RNN verwendet, das mit den Daten aus bekannten Fässern trainiert wurde.

Viertes Modul: Vorhersage der Tertiärstruktur mithilfe von Homologiemodellierung

Die 3D-Struktur wird mithilfe eines Ansatzes vorhergesagt, der ROSETTA ähnelt. Als Strukturgerüst dient ein bekanntes β-Fass; Schleifen werden einer Fragmentdatenbank entnommen, die für ROSETTA entwickelt wurde.

21.4.2
Ausgabe und Performanz von TMBpro

Energiefunktion für die Homologiemodellierung

Die Gesamtstruktur wird in einem Simulated-Annealing-Verfahren bestimmt. Die Energiefunktion bewertet mithilfe einer Linearkombination mehrere Kriterien, dazu gehören:

- die Formation von Wasserstoffbrückenbindungen,
- die Ausprägung von alternierenden M/C-Mustern und
- das Unterdrücken sterischer Kollisionen.

Basierend auf der Anzahl von β-Strängen, die vom Modul zwei bestimmt wurde, wird ein Templat gewählt. Dieses besteht aus dem Rückgrat einer bekannten β-Fass-Struktur. Aufgrund der eingeschränkten Datenlage gibt es 2 Proteine mit 8 Strängen, 2 mit 10, 1 mit 12, 4 mit 16, 2 mit 18 und 3 mit 22 Strängen. Jedes Templat dient dazu, ein Ensemble von Modellen zu generieren; am Ende wird das Modell mit der geringsten Energie ausgegeben. Beim Erstellen eines Modells wird die Querysequenz längs der β-Stränge verschoben. Zusätzlich werden der Datenbank Fragmente entnommen, mit denen Schleifen modelliert werden. Um Schleifen einführen zu können, wird im Templat jede nicht-β Region mittig aufgetrennt, sodass jedes Modell zunächst aus einem Bündel von β-Strängen besteht. In der ersten Phase der Modellierung werden die Transmembransegmente optimiert, anschließend werden die Schleifen modelliert. Details können in [8] nachgelesen werden.

Wie ist die Performanz des Verfahrens? Wie üblich wurde die Vorhersagequalität anhand bekannter 3D-Strukturen bestimmt. Zum Trainieren diente aufgrund der wenigen Beispiele ein *Leave-one-out*-Verfahren (Jackknife). Die Sekundärstruktur wurde, bezogen auf das einzelne Residuum, mit einer Genauigkeit von wenigstens 77.8 % vorhergesagt. Die Vorhersage von β-Kontakten hatte eine Präzision von 0.65 bei einer Sensitivität von 0.67. Für 9 von 14 Proteinen war die RMSD-Abweichung zwischen Modell und bekannter Struktur kleiner als 6 Å. Die größten Fehler traten bei zwei 18-Strang-Proteinen auf. Da deren Sekundärstruktur als 16-strängig vorhergesagt worden war, wurde das falsche Templat gewählt. Wie zu erwarten, waren insbesondere Schleifenregionen und größere Kern-Domänen im Inneren größerer Proteine ungenau modelliert.

21.5
Gegenwärtiger Stand bioinformatischer Methoden

Aktueller Stand bioinformatischer Verfahren

Bisher lässt sich nur die Lage von Transmembranhelices und Transmembransträngen sowie die Topologie mit akzeptabler Qualität vorhersagen. Sowohl bei den Alignmentprogrammen, aber auch bei den Methoden zur Homologiemodellierung, ist davon auszugehen, dass die Ansätze, die für wasserlösliche Proteine entwickelt wurden, für IMPs weniger geeignet sind. Es ist jedoch damit zu rechnen, dass die Vorhersagequalität der oben vorgestellten, speziellen Algorithmen weiter steigt, sobald eine größere Menge von IMP-3D-Strukturen bekannt ist. Dies gilt insbesondere für die β-Fässer, da die genannten Konstruktionsprinzipien den Suchraum massiv einschränken.

21.6
Zitierte Literatur

1 Punta M., Forrest L. R., Bigelow H., Kernytsky A., Liu J., Rost B. (2007) Membrane protein prediction methods. *Methods,* **41**(4), 460–474.

2 Elofsson A., von Heijne G. (2007) Membrane protein structure: prediction vs reality. *Annu Rev Biochem,* **76**, 125–140.

3 Kim S., Jeon T. J., Oberai A., Yang D., Schmidt J. J., Bowie J. U. (2005) Transmembrane glycine zippers: physiological and pathological roles in membrane proteins. *Proc Natl Acad Sci U S A,* **102**(40), 14278–14283.

4 Shafrir Y., Guy H. R. (2004) STAM: simple transmembrane alignment method. *Bioinformatics,* **20**(5), 758–769.

5 Tusnády G. E., Simon I. (1998) Principles governing amino acid composition of integral membrane proteins: application to topology prediction. *J Mol Biol,* **283**(2), 489–506.

6 Tusnády G. E., Simon I. (2001) The HMMTOP transmembrane topology prediction server. *Bioinformatics,* **17**(9), 849–850.

7 Arnold K., Bordoli L., Kopp J., Schwede T. (2006) The SWISS-MODEL workspace: a web-based environment for protein structure homology modelling. *Bioinformatics,* **22**(2), 195–201.

8 Randall A., Cheng J., Sweredoski M., Baldi P. (2008) TMBpro: secondary structure, beta-contact and tertiary structure prediction of transmembrane beta-barrel proteins. *Bioinformatics,* **24**(4), 513–520.

22
Entschlüsselung von Genomen

Mit *Genomik* wird die Erforschung kompletter Genome bezeichnet. Voraussetzung für eine detaillierte Analyse ist die Komplettsequenzierung der DNA. Das erste mikrobielle Genom, dessen vollständige Sequenz 1995 bestimmt wurde, ist das von *Haemophilus influenzae*. Dieses Bakterium lebt in der Schleimhaut des Menschen und ist bei Kleinkindern Verursacher der Hirnhautentzündung (Meningitis). Seither nimmt die Anzahl komplett sequenzierter Genome rasant zu. Häufig werden die Genome solche Arten sequenziert, die aus medizinischer oder wirtschaftlicher Sicht von Interesse sind. Darunter sind die Genome wichtiger Krankheitserreger (z. B. *Clostridium tetani*, Erreger des Wundstarrkrampfes), von Pflanzenschädlingen (*Xanthomonas citris*, verantwortlich für das Absterben von Orangenbäumen) oder von Nutztieren (*Bos taurus*, das Hausrind). Ein erster Entwurf des menschlichen Genoms wurde 2001 veröffentlicht. Zu den ehrgeizigsten wissenschaftlichen Projekten der letzten Jahre gehört ENCODE, das sich der detaillierten Analyse des menschlichen Genoms widmet. Hierbei werden mit allen geeigneten Methoden weitere experimentelle Daten generiert, mit dem Ziel, sämtliche funktionellen Elemente zu identifizieren und zu beschreiben. In einer Pilotphase wurde 1% des Genoms detailliert untersucht. In der Technologiephase wurden Hochdurchsatztechnologien entwickelt bzw. verbessert und auf ihre Brauchbarkeit für die nun laufende Produktionsphase bewertet. Parallel dazu werden im modENCODE Projekt die funktionellen Elemente der Genome ausgewählter Modellorganismen identifiziert. Dazu gehören *Drosophila melanogaster* (die Fruchtfliege) und *Caenorhabditis elegans* (der Fadenwurm). Experimente an diesen Modellorganismen erlauben die biologische Validierung von Befunden aus dem ENCODE Projekt.

Genomik: Studium kompletter Genome

ENCODE-Projekt: präzise Beschreibung des menschlichen Genoms

Das Ergebnis von Genomprojekten ist zunächst eine Beschreibung des Genominhalts. Auf diese Beschreibung, die *Genom-Annotation*, kann sich eine vertiefende Analyse stützen, um weitere biologisch relevante Informationen abzuleiten.

Bioinformatik Interaktiv. 2. Auflage. Rainer Merkl und Stephan Waack

ISBN: 978-3-527-32594-8

Ergebnisse von Sequenzanalysen: Stammbaum des Lebens und Charakterisierung des horizontalen Gentransfers

Die in Annotationen zusammengetragenen Informationen zu Genomen stellen eine unschätzbar reiche Datenquelle dar. Es gibt viele Beispiele für das erfolgreiche Bearbeiten biologischer Fragestellungen, die ausschließlich auf dieser Datengrundlage beruhen. Eine wichtige Erkenntnis, deren Absicherung praktisch ausschließlich auf der Auswertung von genomischen Sequenzen beruht, ist die von C. Woese postulierte Einteilung aller Lebewesen in drei taxonomische Reiche (Archaea, Bacteria und Eucaryota) [1]. Ein weiteres Beispiel ist die Korrektur eines wichtigen und zentralen Paradigmas aufgrund bioinformatischer Befunde: Horizontaler Gentransfer, d. h. die Aufnahme von Genmaterial aus nichtverwandten Arten, spielt unter Mikroorganismen eine bedeutende Rolle. Dieser Effekt ist für diese Spezies, neben dem bisher exklusiv unterstellten Darwinschen Prinzip von Mutation und Selektion, ein weiterer Evolutionsfaktor, der die rasche Anpassung des Genpools an veränderte Bedingungen erlaubt [2, 3]. Diese Beispiele machen auch die Bedeutung klar, die bioinformatische Analysen im Rahmen der modernen Biologie erlangt haben: Die Quantifizierung des horizontalen Gentransfers ist nur mit bioinformatischen Methoden möglich.

In diesem Kapitel wollen wir die Decodierung eines bakteriellen Genoms beschreiben. Der Prozess der Entschlüsselung eukaryontischer Genome folgt den gleichen Prinzipien. Allerdings kommen weitere Faktoren, wie die Größe des Genoms, der komplexere Aufbau von Genen, die durch Introns unterbrochen sind, oder die Existenz von Spliceformen, erschwerend hinzu.

Der Prozess der Genomaufklärung kann grob in vier Phasen eingeteilt werden. In den ersten Phasen wird die komplette DNA-Sequenz der Spezies bestimmt. Hierbei greifen nasschemische Analyse und Methoden der Bioinformatik ineinander, um die vollständige Sequenz zu ermitteln. In der letzten Phase wird die DNA-Sequenz annotiert; es wird versucht, informationstragende Elemente zu identifizieren und ihnen eine Funktion zuzuordnen. Beginnen wir mit einigen Anmerkungen zur Genomentschlüsselung.

Erster Schritt: Sequenzbestimmung mithilfe der Shotgun-Sequenzierung

Eine häufig verwendete Strategie zur Sequenzierung von Genomen ist die *Shotgun*-Technik. Die eingesetzte Labortechnik wird im Folgenden sehr vereinfacht dargestellt, als erstes Teilergebnis liefert sie die Sequenzen kurzer DNA-Fragmente.

Zweiter Schritt: Basecalling

Die von den Sequenzierautomaten gelieferten Rohdaten (Fluoreszenzsignale) sind in ihrer Qualität nicht einheitlich. Insbesondere nehmen auf jedem Fragment mit wachsender Länge der ausgewerteten Sequenz die Signalintensitäten ab, sodass die eindeutige Identifizierung der Basen zum Ende der Sequenz hin nicht mehr möglich ist. Der Prozess der Zuordnung von Fluoreszenzsignalen zu Basen (Teil eines Nucleotids) wird *Basecalling* genannt und meist halbautomatisch ausgeführt.

Dritter Schritt: Assemblierungsphase

Das Sequenzieren mittels Shotgun-Strategie (Shotgun im Sinne von Schrotschuss, ungezielt) liefert eine große Anzahl zufällig über das Genom verteilter Teilsequenzen (Fragmente). Diese müssen in der Assemblierungsphase zu größeren *Contigs* (Metastrings) und schließlich zur Gesamtsequenz zusammengefasst werden. Es ist sinnvoll, die Sequenzierstrategie zu ändern, sobald die aufgeklärte DNA-Sequenz eines Genoms nur noch wenige Lücken aufweist, um diese gezielt zu schließen.

Vierter Schritt: Annotationsphase

Zum Identifizieren von funktionellen Einheiten werden die bereits eingeführten Methoden genutzt. Sind die potenziellen Gene lokalisiert, muss ihnen eine Funktion zugewiesen werden. Meist werden mehrere der verfügbaren Methoden parallel verwendet; die Ergebnisse werden elementweise zusammengestellt und graphisch aufbereitet, um die Personen, die mit der Annotation betraut sind, in ihren Entscheidungen zu unterstützen.

Nach diesem ersten Überblick wollen wir uns mit den, in den einzelnen Phasen zu lösenden bioinformatischen Problemen genauer beschäftigen.

Ausgangspunkt: Die DNA

Ausgangspunkt für Sequenzierprojekte ist die Gesamt-DNA, d. h. das Genom einer Spezies, das im einfachsten Fall, z. B. bei Bakterien, aus einem einzigen Chromosom besteht. Dieser Fall wird im folgenden Text geschildert. Bakterielle Chromosomen haben eine Größe von mehreren Megabasen, beispielsweise besteht das Genom von *Escherichia coli* K-12 aus 4.6×10^6 Basenpaaren (bp). In der DNA sind sämtliche funktionellen Einheiten codiert. Hierzu gehören die für Proteine codierende Gene, tRNAs und regulatorische Einheiten wie Promotoren, die auf die Expression der Gene modulierend einwirken. Schematisch ist dieser Aufbau in Abb. 22.1 dargestellt.

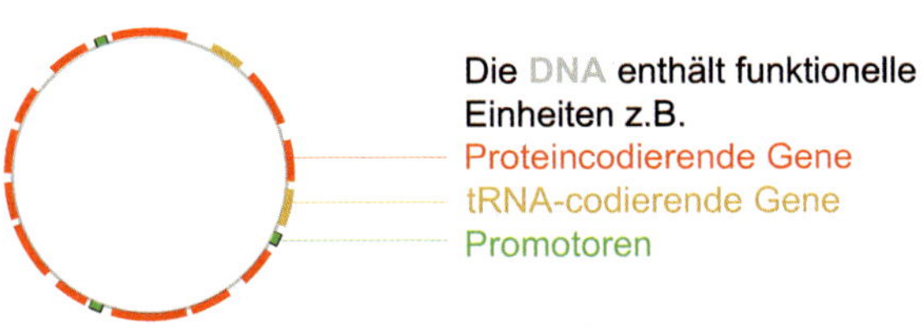

Abb. 22.1 Schematische Darstellung der DNA.

22.1 Shotgun-Sequenzierung

Technische Beschränkung: Begrenzte Leseweite

Die existierende Apparatetechnik erlaubt es nicht, DNA-Stränge einer Länge von mehr als einigen Hundert Basen *am Stück* zu „sequenzieren“. Hochdurchsatzgeräte, die auf dem Konzept der Pyrosequenzierung beruhen, liefern gegenwärtig nur Sequenzen mit einer mittleren Länge von ca. 400 Basen. Ansonsten sind mittlere Leseweiten von ca. 800 Basenpaaren zu erzielen. Im Folgenden bezeichnen wir mit *Read* den Teil der endständigen DNA-Sequenz, die ein Sequenzierautomat von einem DNA-Fragment abgelesen hat.

Read

Produktion sich überlappender DNA-Fragmente

Aufgrund der limitierten Leselänge muss ein Chromosom in kürzere Fragmente zerlegt werden. Für die Shotgun-Strategie werden DNA-Fragmente erzeugt, die eine relativ homogene Längenverteilung (z. B. 1 000 Basen oder 10 k Basen) aufweisen. Hierfür lässt man mechanische Scherkräfte auf die DNA einwirken, die bei dieser Prozedur in Fragmente zerbricht. Die Bruchstellen sind in erster Näherung zufällig über die DNA verteilt (daher der Begriff Shotgun). Da bei dieser Behandlung eine große Anzahl von DNA-Molekülen geschert wird, entstehen Fragmente, die sich gegenseitig überlappen und das Chromosom mehrfach überdecken. Mit dieser Strategie handelt man sich jedoch einen gravierenden Nachteil ein: Es geht die Information über die Position und die Ausrichtung der Fragmente verloren (Abb. 22.2). Für die einzelnen Teilsequenzen sind weder Lage noch Ausrichtung im Chromosom bekannt. Werden beide Enden unterschiedlich langer Fragmente sequenziert, so kann diese Information zum Abstand der Sequenzpaare den späteren Assemblierprozess unterstützen.

Sequenzierprozess

Bestandteil der Genbank

Nach einigen vorbereitenden Schritten werden diese Fragmente in einem Sequenzierautomaten analysiert, d. h. es wird die Sequenz, die Aufeinanderfolge der Nucleotide in den Fragmenten bestimmt.

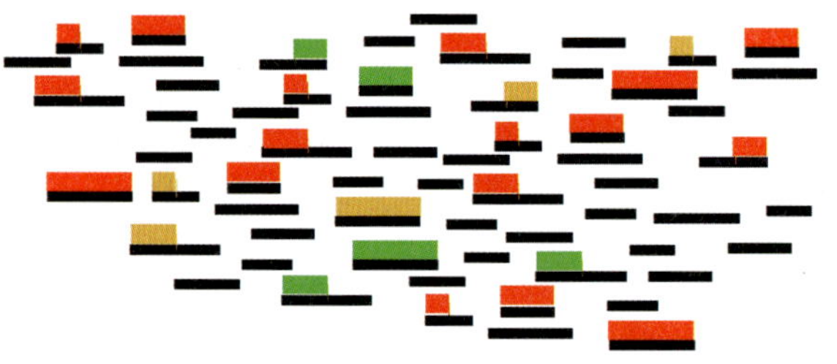

Abb. 22.2 Rohmaterial für DNA-Bibliothek. Durch das Scheren der DNA wird diese in Fragmente aufgebrochen. Nach einigen Präparationsschritten werden Fragmente einer gewissen Längenverteilung in eine Genbank übernommen. Das Bild soll veranschaulichen, dass die Information über die Lage und Orientierung der Bruchstücke verloren gegangen ist; vergleiche Abb. 22.1.

22.2 Die Anzahl von Contigs beim Shotgun-Ansatz

An dieser Stelle muss auf eine, sich aus der Shotgun-Strategie ergebende Korrelation zwischen der Anzahl zu sequenzierender Bruchstücke und resultierender *Contigs* eingegangen werden. Bei Anwendung der Shotgun-Methode werden in der Sequenzierphase kurze, zufällig über das Genom verteilte (Teil)-Sequenzen bestimmt. Sie werden in der Assemblierphase zu größeren Contigs vereint. Wir wollen als Nächstes den Zusammenhang zwischen der Anzahl der Reads und der erwarteten Anzahl von Contigs betrachten. In größeren Sequenzierprojekten wird dieser Parameter schon aus Kostengründen kontinuierlich überwacht. Ursache für größere Abweichungen vom erwarteten Wert kann z. B. eine unvollständige Sequenz-Bibliothek (Genbank) sein, die zu Beginn des Sequenzierprojektes im Labor produziert wird. Die Anzahl von Contigs ergibt sich wie folgt:

> Sei G die Genomlänge in Basenpaaren, L die mittlere Länge eines Reads, N die Anzahl der Reads, $c := LN / G$ die erwartete Anzahl von Reads, die jede zufällig gewählte Position überdecken (*coverage*), T die Länge des Überlapps (in bp), der die Konkatenation zweier Reads auslöst, $\theta := T / L$ der Anteil, um den zwei Reads sich überlappen müssen, um konkateniert zu werden.
> Dann ist die erwartete Anzahl von *Contigs*:
> $$N_{cont} := Ne^{-c(1-\theta)}. \quad (22.1)$$

Für den Beweis siehe [4]. Die Abb. 22.4 macht den Zusammenhang zwischen der Anzahl der *Contigs* und der Zahl der Reads deutlich.

Erwartungswert für die Anzahl von Contigs

Der prinzipielle Verlauf der Kurvenschar ist einsichtig: Zu Beginn wird die Anzahl von Contigs mit der Anzahl von Reads stei-

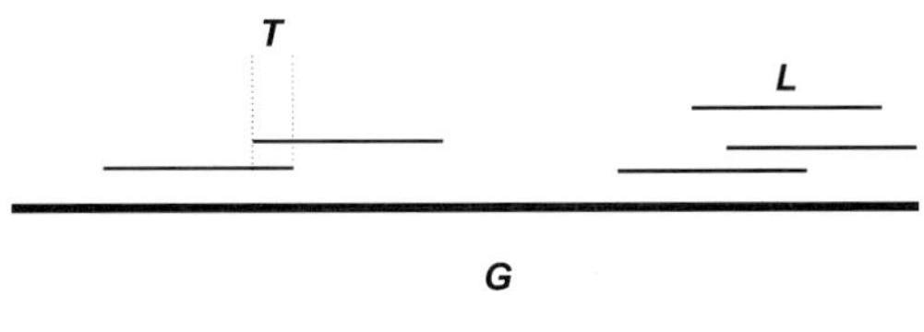

Abb. 22.3 Begriffsbestimmung. Bei Gleichung (22.1) wird angenommen, dass eine Sequenz der Länge G (Genom) zu sequenzieren ist. Die mittlere Leseweite der Sequenzierautomaten sei L. Aufgrund der Shotgun-Strategie sind die Reads in ihrer Lage zufallsmäßig auf das Genom verteilt. Weiterhin wird angenommen, dass zwei Reads um mindestens T Basenpaare überlappen müssen, damit sie von den Assemblierroutinen konkateniert werden.

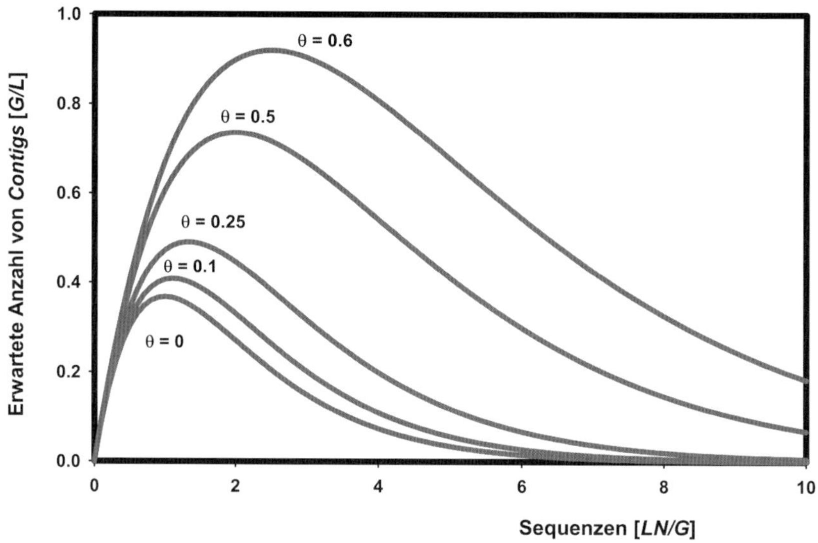

Abb. 22.4 Erwartete Anzahl von Contigs in Abhängigkeit von der Anzahl sequenzierter Fragmente (Reads). Die Parameter wurden normiert, θ ist die Länge des Überlapps, der für die Konkatenation einzelner Reads zu Contigs notwendig ist.

gen. Nachdem die Anzahl der Contigs ein Maximum erreicht hat, wird sie mit wachsender Anzahl aufgeklärter Teilsequenzen fallen, da immer mehr Contigs zu größeren vereint werden können.

Der Kurvenverlauf legt nahe, aus wirtschaftlichen Gründen ab einer ca. sechs- bis achtfachen Überdeckung (*coverage*) die Sequenzierstrategie zu ändern und eine Technik des direkten Lückenschließens anzuwenden. Dieser Schritt ist allerdings sehr zeitaufwändig und teuer, sodass manche Genome nicht mehr vollständig geschlossen werden.

22.3 Basecalling

Die DNA-Fragmente werden mit Fluoreszenzfarbstoffen markiert und Sequenzierautomaten zugeführt. Diese messen zeitaufgelöst die Intensitäten von vier Basen spezifischen Fluoreszenzsignalen. Aus Parametern wie Lage, Form und relativen Peakintensitäten wird die Sequenz abgeleitet (Abb. 22.5). Dieser Vorgang wird *Basecalling* genannt. Die Intensitäten der Signale nehmen mit wachsender Länge des ausgewerteten DNA-Fragments ab, während die Peakbreite zunimmt. Ab einem bestimmten Signal/Rausch-Verhält-

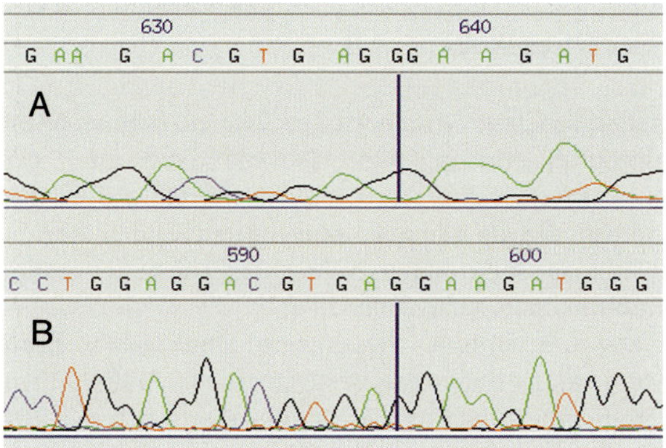

Abb. 22.5 Basecalling. Aus der relativen Lage und der Intensität der Fluoreszenzpeaks wird die Sequenz abgeleitet (oberhalb der Kurven angegeben). Die Zahlen markieren die Position der Basen im Fragment. Hier werden die Signale zweier Fragmente A und B verglichen, die im gezeigten Ausschnitt und um ca. 40 Basen gegeneinander versetzt, dieselbe genomische DNA enthalten. Es wird deutlich, dass mit wachsender Länge die Intensitäten abnehmen und die Peaks breiter werden. Der Basecalling-Algorithmus hat bei der Auswertung des Fragments A zweimal eine Verdopplung von G eingeführt. Die Lage der einen Fehlinterpretation ist durch Balken markiert.

nis kann die Sequenz nicht mehr eindeutig ermittelt werden. Daher können Fehlinterpretationen, Insertionen und Deletionen einzelner Basen vorkommen. Insgesamt ist damit zu rechnen, dass bei den üblichen, automatischen Basecalling-Verfahren ca. 1–5 % der angegebenen Sequenz nicht korrekt bestimmt werden kann.

Beispiele für Signalqualitäten

Das in Abb. 22.5 gezeigte Beispiel macht deutlich, dass es für die Fehlerabschätzung nützlich ist, die Qualität der einzelnen Teilsequenzen zu bewerten, d. h. positionsspezifisch ein Maß für die Fehlerwahrscheinlichkeit anzugeben. Ein Basecaller, der dies leistet, ist z. B. *Phred* [5]. Phred ermittelt aus der Form der Fluoreszenzpeaks eine lokale Fehlerwahrscheinlichkeit p. Diese wiederum dient dazu, einen Qualitätsfaktor q zu definieren, für den gilt:

Definition Phred n

$$q := -10 \log_{10} (p).$$

Die Aussage, eine Sequenz entspreche Phred 40 bedeutet, dass die Wahrscheinlichkeit p für einen Fehler pro Base kleiner gleich 1/10 000 ist. Oder anders formuliert: Unter jeweils 10 000 Basen ist im Mittel mit einer Fehlzuweisung zu rechnen. Dieser Qualitätsstandard kann nur durch Mehrfachsequenzierung jeder Basenposition im Genom erreicht werden. Wird beim Shotgun-Verfahren eine mittlere Überdeckung von 6–8 Teilsequenzen erreicht, so ergibt sich dieses Qualitätsniveau quasi automatisch.

22.4 Assemblieren von Teilsequenzen

In der Assemblierphase werden die kurzen Sequenzfragmente zu längeren Contigs zusammengefügt. Da die Fragmente per Shotgun-Strategie produziert wurden, sind sie zufällig über das Chromosom verteilt. Ist die Sequenz einer hinreichenden Anzahl von Reads bekannt, so ist mit hoher Wahrscheinlichkeit der größte Teil des Chromosoms überdeckt (Abb. 22.6).

Liegen perfekte, d. h. fehlerlos identifizierte Reads vor, so kann die Bildung von Contigs durch das Bestimmen von Präfix/Suffix-Paaren aller Fragmente und Konkatenation gelöst werden. Allerdings ist das Bestimmen des kürzesten Superstrings einer String-Menge NP-vollständig. Hinzu kommt, dass beim Sequenzierprozess Lesefehler vorkommen können. Deswegen ähnelt das in der Assemblierphase zu lösende Problem eher dem eines multiplen Sequenzalignments. In Abb. 22.7 ist die Problematik illustriert.

Bilden von Contigs

Der Assemblierprozess selbst kann in 3 Phasen eingeteilt werden.

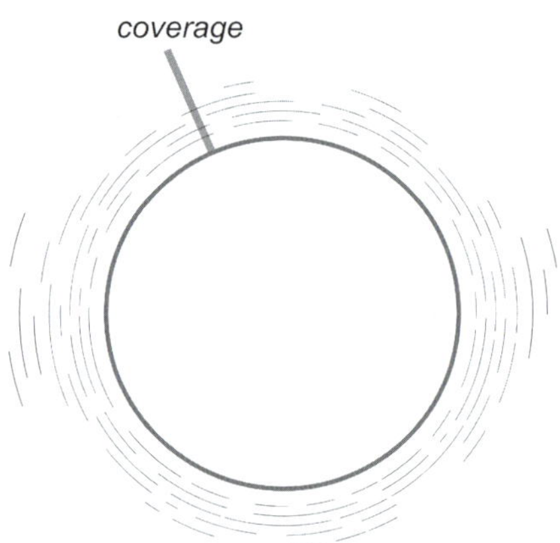

Abb. 22.6 Überdeckung des Chromosoms durch Fragmente, die *via* Shotgun-Strategie sequenziert wurden. Aufgrund der quasi statistischen Verteilung der einzelnen Reads wird jedes Nucleotid mehrfach sequenziert. Die mittlere Überdeckung wird als *coverage* bezeichnet. Damit erhöht sich die Sicherheit der Sequenzangabe. Während der Assemblierphase muss die relative Lage der einzelnen Fragmente bestimmt werden.

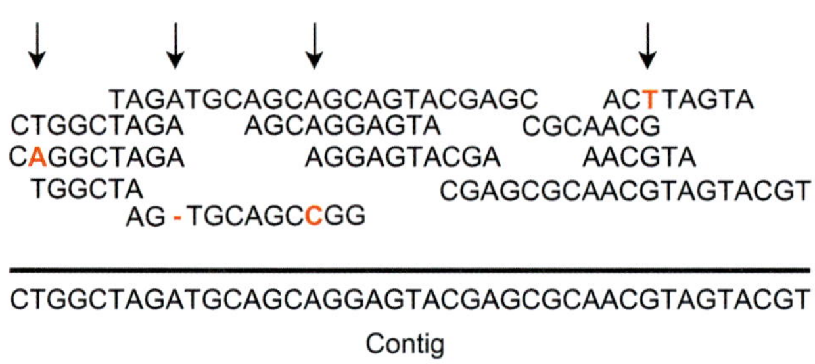

Abb. 22.7 Assemblieren eines Contigs aus Teilsequenzen. Mit geringer Wahrscheinlichkeit enthalten die Reads Lesefehler. Diese müssen (möglichst unter Gewichtung der Signalqualität) beim Bilden der Konsensus-Sequenz im Contig berücksichtigt werden.

22.4.1 Phase 1: Bestimmen überlappender Präfix/Suffix-Regionen

In diesem ersten Schritt ist es nicht hinreichend, Präfix/Suffix-Paare mit *übereinstimmender* Sequenz zu bestimmen, da wie oben erläutert, im nasschemischen Prozess der Sequenzbestimmung und beim Basecalling Fehler vorkommen können. Es ist daher erforderlich, solche Fragmentpaare zu identifizieren, für die ein Präfix $S[1, i]$ und ein Suffix $S[j, n]$ *maximale Ähnlichkeit* aufweisen. Diese Aufgabe kann mit dynamischer Programmierung gelöst werden. Für k Reads ist der Aufwand für die Bestimmung der $k(k-1)$ Präfix/Suffix-Paare von $O(k^2n^2)$. Deswegen ist das Identifizieren überlappender Regionen bei größeren Genomen der Flaschenhals bei der Generierung von Contigs und daher benötigt dieser Schritt den größten Teil der Rechenzeit. Zu beachten ist, dass die Orientierung der Reads im Chromosom bei Anwendung der Shotgun-Strategie nicht bekannt ist. Daher muss zu jeder Sequenz auch deren reverses Komplement in die Menge der zu konkatenierenden Teilsequenzen aufgenommen werden.

Heuristischer Speedup durch Sequenzvergleich

Dieser erste Schritt kann erheblich beschleunigt werden, wenn der Sequenzvergleich auf solche Paare von Fragmenten beschränkt werden kann, die hinsichtlich der Präfixe/Suffixe *hinreichend* ähnlich sind. Deswegen ist es sinnvoll, für jede Sequenz S_i all diejenigen Sequenzen S_j zu identifizieren, die **keine** ausreichende Ähnlichkeit zu S_i aufweisen. Mit dieser Vorgehensweise kann die Anzahl mittels dynamischer Programmierung auszuführender Sequenzvergleiche erheblich reduziert werden. Eine mögliche Strategie zur Lösung dieses Problems ist die folgende: Da die Fehlerrate beim Sequenzierprozess niedrig ist ($< 5\,\%$), sollten Sequenzen mit „ausreichend langem“ Überlapp eine gemeinsame „hinreichend lange“ Teilsequenz enthalten. Für k Zeichenketten der Länge n kann in $O(k^2n)$ der längste gemeinsame Substring für jedes mögliche Paar S_i, S_j unter Verwendung eines generalisierten Suffixbaums bestimmt werden. Ein Beispiel für eine derartige Datenstruktur zeigt die Abb. 22.8.

Generalisierter Suffixbaum

Die Anzahl zu bearbeitender Alignments kann weiter reduziert werden, wenn beim Anlegen des generalisierten Suffixbaumes nur hinreichend lange Präfixe bzw. Suffixe der Teilsequenzen ausgewertet werden. Alternativ können Tools wie FASTA oder BLAST zum Bestimmen ähnlicher Regionen in den Fragmenten benutzt werden.

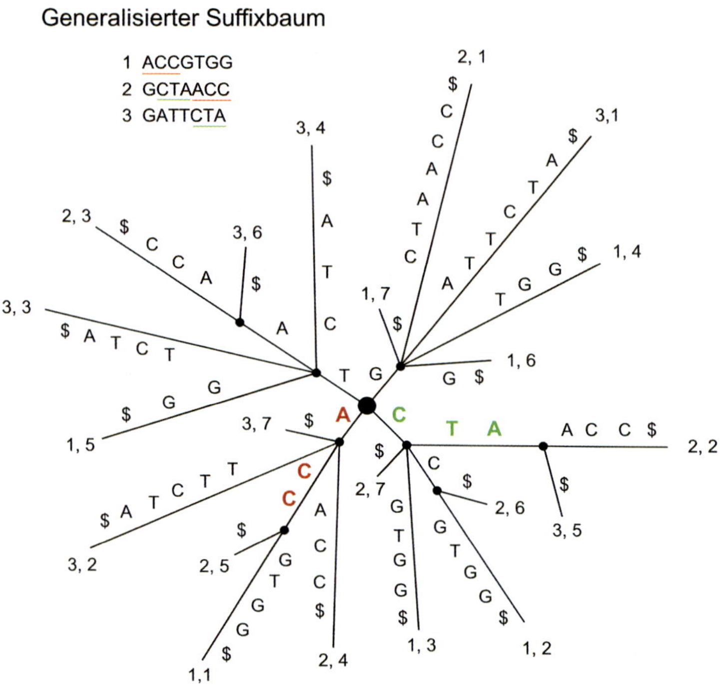

Abb. 22.8 Generalisierter Suffixbaum für drei Zeichenketten. In diesen Baum sind sämtliche Suffixe der drei angegebenen Strings eingetragen. Die Wurzel des Baumes ist mittig mit einem Punkt markiert. Die Zahlenpaare an den Blättern geben jeweils die Nummer der Zeichenkette und den Index *i* des Suffixes *S*[*i*, *n*] in der Zeichenkette an. Beispiel: Mit 2, 4 ist das Blatt markiert, in dem der Suffix endet, der im zweiten String mit Zeichen a_4 beginnt. Substrings der Länge *k*, die in mehreren Strings vorkommen, können leicht identifiziert werden. Sie besitzen einen gemeinsamen, durch *k* Symbole markierten Pfad von der Wurzel zu den Blättern. In den Sequenzen 1–3 sind zwei gemeinsame Substrings der Länge drei markiert: Dies sind die gemeinsamen Substrings $S_1[1, 3] = S_2[5, 7]$ und $S_2[2, 4] = S_3[5, 7]$.

22.4.2
Phase 2: Erzeugen von Contigs

Basierend auf den Score-Werten für die Präfix/Suffix-Paare können nun Contigs gebildet werden. Die Fragmentpaare werden entsprechend ihrer Scores sortiert. Zunächst wird das Paar mit dem höchsten Score überlagert, anschließend wird die Liste iterativ abgearbeitet. Bei jedem Schritt entsteht entweder ein weiteres isoliert liegendes Contig oder es wird ein bestehendes Contig erweitert. Diese Vorgehensweise entspricht dem Berechnen eines multiplen Sequenzalignments. Möglicherweise müssen Lücken eingeführt werden und es können Mismatches entstehen. Einziges Kriterium für das Alignment sind jedoch die zu Beginn des Verfahrens errechneten Präfix/Suffix-Scores. Inkonsistenzen im Alignment müssen in der folgenden Phase 3 aufgelöst werden.

22.4.3 Phase 3: Generieren der Konsensus-Sequenz

Aus dem multiplen Sequenzalignment muss nun die Konsensus-Sequenz abgeleitet werden. Dies erfolgt meist interaktiv. An all denjenigen Positionen, die in allen Teilsequenzen vom selben Nucleotid besetzt sind, ist nichts weiter zu tun. Treten an einer Position unterschiedliche Nucleotide oder Lücken auf, muss über die Konsensus-Sequenz entschieden werden. Hierfür muss die Signalqualität der Rohsequenz interpretiert werden. Kann die Konsensus-Sequenz aus den vorliegenden Sequenzen nicht eindeutig ermittelt werden, wird eine Teilsequenz, welche die Fehlstelle überdeckt, nochmals gezielt per Sequenzierautomat bestimmt.

Es gibt Basecalling- [5, 6] und Assemblierprogramme [7], die Rohsequenzen (d. h. die Fluoreszenzsignale) bewerten und diese qualitätsbezogen bei der Bildung der Contigs gewichten. Damit ist es auch möglich, aus den Qualitätswerten überlappender Teilsequenzen einen Qualitätsfaktor für jedes Nucleotid und das gesamte Contig zu errechnen. Auf diese Weise wird der oben bereits eingeführte Phred *n* Wert bestimmt.

Problem: Repetitive Elemente

In vielen Organismen kommen repetitive Elemente vor, vergleiche Abb. 22.9. Diese Elemente erschweren das Bilden der Konsensus-Sequenz erheblich, vor allem wenn sie länger als die mittlere Leseweite der Sequenzierautomaten sind. Es ist dann nicht möglich, die exakte Lage dieser Fragmente zu identifizieren. Ein Anzeichen für das Vorhandensein von Insertionselementen ist eine Region mit wesentlich höherer und eine mit wesentlich niedrigerer Überdeckung als durchschnittlich im multiplen Alignment der Phase 2 gefunden. Zur Identifizierung repetitiver Sequenzen wurden spezielle Werkzeuge geschaffen, siehe beispielsweise [8].

Zur Lösung dieses Problems wird versucht, in den Assemblierprozess zusätzliche Information einzubringen. Damit ist z. B. Wis-

ggcggatgcggcgtaaacgccttatccgccctacatgtgcaatcctcctg

gcc**ggataaaacgcggcaagcgttgcatccggc**aactgcaccgcgccact

ggcggatgcggcgtgaacgccttatccgccctacatgtgtgttcccgtag

gtc**ggataagacgcgacaagcgtcgcatccggc**atctgcaccgcgccact

ggcggatgcggcgtggacgccttatccgccctacatgtgcaattccgtaa

cct**ggataaaacgcgacaagcgtcgcatccggc**

Abb. 22.9 Repetitive Sequenz aus *Escherichia coli* K-12. Dieses Fragment besteht aus 283 Nucleotiden, davon gehören 207 zu repetitiven Bereichen. Teilsequenzen, die untereinander einen hohen Anteil an Übereinstimmung aufweisen, sind markiert.

sen darüber gemeint, dass bestimmte Fragmente überlappen müssen oder nicht überlappen können oder dass der Abstand zwischen Fragmenten innerhalb eines bestimmten Bereiches liegen muss. Ein derartiger Ansatz wurde zur Assemblierung des *Drosophila*-Genoms getestet und dann im *Human Genome Project* mit Erfolg eingesetzt [9]. Wie bereits erwähnt, werden beide Enden der DNA-Fragmente sequenziert. Somit bilden die Reads Pärchen, deren Abstand bekannt ist. Zusätzlich werden Genbanken hergestellt, die Fragmente unterschiedlicher Länge enthalten. Die Information zur relativen Lage der Reads hilft vor allem beim Assemblieren großer Chromosomen.

Komparatives Assemblieren von Genomen

Der geschilderte Assemblier-Ansatz kommt ohne weitere Information aus, um ein Genom zu kompilieren. Generell sind alle Assemblierverfahren dazu gezwungen, den Informationsverlust zu kompensieren, der durch den Shotgun-Ansatz verursacht wird. Aus diesem Grund sind die vorgestellten Algorithmen sehr aufwändig. Gibt es Alternativen? Da zwischenzeitlich für viele biologische Arten das Genom eines nahe Verwandten bekannt ist, kann dieses als Templat, d. h. als Gerüst genutzt werden. Diese Idee wird mit dem AMOS-Cmp Assembler umgesetzt [10]. Einzelne Fragmente werden mithilfe eines modifizierten MUMmer-Algorithmus [11] mit dem Referenzgenom aligniert. Auf diese Weise werden die zeitaufwändigen ersten Schritte vermieden, die dazu dienen, Überlappungen zwischen den Fragmenten zu identifizieren. Allerdings sind nun Probleme zu lösen, die sich aus dem paarweisen Alignment von Genomen ergeben: Es müssen Mismatches, Insertionen und Deletionen geeignet verarbeitet werden. Auf die oft drastischen Unterschiede der Genomkomposition selbst nahe verwandter Spezies haben wir bei der Vorstellung von Dotplots bereits hingewiesen. Die darauf folgenden Assemblierschritte, wie das Bilden eines Konsensus, bleiben die gleichen.

22.5 Annotation kompletter Genome

Erster Schritt: Identifizieren informationstragender Einheiten

Ist die Konsensus-DNA-Sequenz eines Genoms geklärt, kann die Annotation beginnen. Hierbei kommen die bereits vorgestellten Methoden zum Einsatz. Im ersten Schritt müssen zunächst alle potenziell funktionellen Einheiten ermittelt werden. Hierzu gehört z. B. die Genvorhersage unter Verwendung statistischer Methoden und durch Auswerten ribosomaler Bindungsstellen. Mit den verfügbaren Algorithmen werden Gene, die für Proteine oder tRNAs codieren, mit hoher Zuverlässigkeit vorhergesagt. Das korrekte Identifizieren des Genstarts ist jedoch weiterhin schwierig [12].

Suche nach ncRNA

Aufgrund neuerer Erkenntnisse hat die Vorhersage von nicht für Proteine codierenden RNA-Genen (ncRNA) eine wichtige Bedeutung erlangt. Diese Gene codieren für funktionelle RNA-Moleküle. Ähnlich wie Proteine können auch ncRNAs auf Familien verteilt werden, die sich in multiplen Sequenzalignments zusammenfassen lassen. Im Gegensatz zu Proteinen ist das konservierte Element der ncRNAs die Sekundärstruktur; die Primärsequenz ist nur schwach konserviert. Die Kombination aus Sekundärstruktur und Primärsequenz kann in Form einer Profil basierten kontextfreien Grammatik (SCFG) beschrieben werden. Diese stellen das Pendant zu Hidden-Markov-Modellen dar, mit denen Proteinfamilien charakterisiert werden. Der Sequenzvergleich unter Verwendung eines Profil-SCFGs ist allerdings sehr aufwändig. ncRNAs sind in der Datenbank Rfam zusammengefasst.

Funktionszuweisung für Gene

Die Sequenzen potenziell Protein codierender Gene werden anschließend mit Tools wie FASTA, BLAST oder PSI-BLAST analysiert. Zusätzlich sollten Datenbanken wie Pfam befragt werden. Annotationsprogramme stoßen in der Regel all diese Methoden automatisch an und fassen die Ergebnisse zusammen. Es ist fraglich, ob eine ausschließlich automatisch erstellte Annotation wissenschaftlichen Qualitätskriterien genügen kann. Daher werden die Ergebnisse graphisch aufbereitet und den Annotatoren präsentiert. Diese haben letztlich darüber zu entscheiden, welche biologische Funktion den DNA-Abschnitten zugewiesen wird. Auf diese Weise kann mit den heutigen Methoden der Bioinformatik ca. der Hälfte der putativen Gene eine Funktion zugeordnet werden. Die Abb. 22.10 ist das Ergebnis eines kleineren Sequenzierprojektes, bei dem ein Plasmid von *Clostridium tetani* annotiert wurde.

Mögliche Fehlerquelle: Transitive Fehlerfortpflanzung

Eine besondere Gefahr bei der Annotation stellt die transitive Fehlerfortpflanzung dar, die aufgrund einer Fehlannotation, d. h. der fälschlichen Zuweisung einer biologischen Funktion an eine Sequenz auftreten kann. Wird diese falsche Funktionszuweisung in späteren Genomprojekten übernommen, schlägt bei nicht hinreichender Sorgfalt im Annotationsprozess diese fehlerhafte Zuweisung auf weitere Annotationen durch. Eine zusätzliche Fehlerquelle rührt her von der Verwendung neuester Sequenziertechniken. Es ist Praxis geworden, unter Verwendung der Pyrosequenzierung ein Genomsequenzierprojekt im Stadium einiger Dutzend oder einiger Hundert Contigs abzubrechen. Wird ein solcher Datensatz mit den Techniken annotiert, die für komplett sequenzierte Genome entwickelt wurden, so ist mit vielen falsch positiven Treffern zu rechnen [13]. Diese Datensätze sollten auf dieselbe Weise wie Metagenomprojekte analysiert werden.

Ursachen für Fehlannotation

Was sind die wichtigsten Fehlerquellen für Fehlannotationen? Beim Sequenzvergleich wird stets Homologie vorausgesetzt.

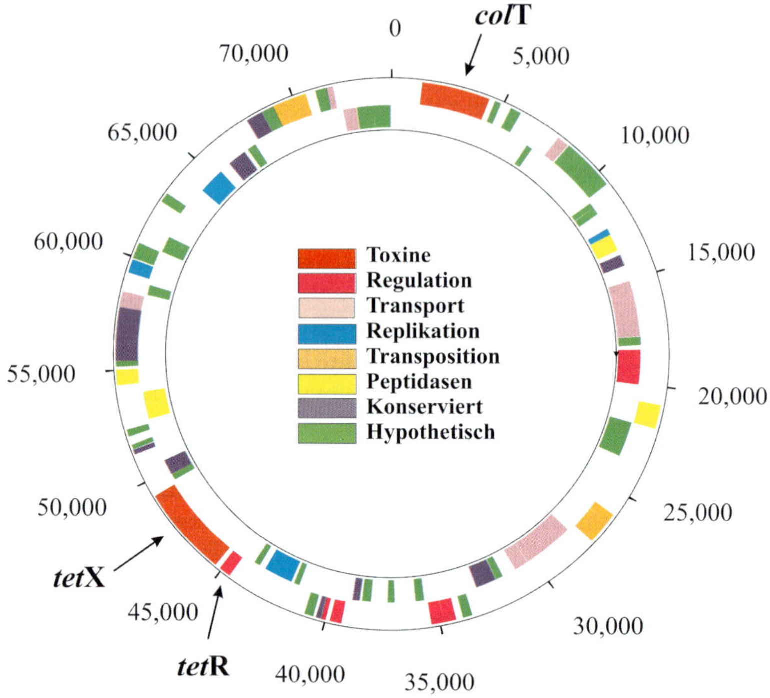

Abb. 22.10 Ergebnis der Annotationsphase. Mit bioinformatischen Methoden werden zunächst informationstragende Elemente in der DNA identifiziert. Etwa der Hälfte der Gene kann anschließend mit hoher statistischer Sicherheit eine Funktion zugewiesen werden. Die Abbildung zeigt die Annotation des 74 082 bp großen Plasmids spCL1, das in *Clostridium tetani*, dem Verursacher des Wundstarrkrampfes, vorkommt. *tetX* ist das Tetanustoxin, *tetR* reguliert dessen Transkription, *colT* ist eine putative Collagenase. Gene sind nach Funktion in Gruppen zusammengefasst. Mit freundlicher Genehmigung von H. Brüggemann und dem G_2L Göttingen.

Funktionen sind bei orthologen Genen häufiger konserviert als bei paralogen. Mehrere Studien haben jedoch gezeigt, dass Homologie keine Garantie für die Konservierung der Funktion darstellt. Speziell bei Enzymen genügen wenige Mutationen im aktiven Zentrum, um die Funktion drastisch zu verändern. Auch bei Multidomänenproteinen ist die Gefahr für eine Fehlannotation hoch: Wird die Funktion eines Treffers durch eine Domäne determiniert, die in der Query nicht vorkommt, so ist die Funktionszuweisung falsch. Geht es darum, Funktion möglichst präzise zu bestimmen, so ist der Vergleich mit den Einträgen einer Strukturdatenbank wie SCOP angebracht.

Kann das Risiko einer falschen Funktionszuweisung reduziert werden? Die Annotation der meisten Gene wird nicht durch biologische Tests überprüft, daher müssen bioinformatische Ansätze weiterhelfen. Zusätzlich zu BLAST-Treffern können Informationen aus Datenbanken wie Pfam die Qualität einer Annotation erhöhen. Diese Proteinfamilien werden von Experten unter Verwendung von multiplen Sequenzalignments und Hidden-Markov-Modellen präzise charakterisiert. Weiterhin sollte der genomische Kontext analysiert werden. Es ist bekannt, dass in bakteriellen Genomen Proteine, die funktionell gekoppelt sind, von benachbart liegenden Genen codiert werden [14]. Weitere Informationsquellen sind Genfusionen, die ebenfalls auf die gemeinsame Funktion benachbarter Gene hindeuten. Genauer gehen wir auf diese Verfahren im Kapitel 24 ein. Zu einer Verbesserung der Annotationsqualität trägt auch das Verwenden eines kontrollierten Vokabulars bei, das beispielsweise mit der Gen-Ontologie umgesetzt wird. Diese haben wir im Kapitel 2 vorgestellt. Zum Teil werden Genome reannotiert. So enthält die Datenbank *Genome Reviews* des EBI nach einheitlichem Standard und umfassend annotierte Genome von Archaeen, Bakterien und Eukaryonten.

Maßnahmen zur Verbesserung der Annotationsqualität

Viele Gene müssen weiterhin als „hypothetisch" annotiert werden; in diesen Fällen ist für kein homologes Gen eine Funktion bekannt. Um deren Funktion zu charakterisieren, können Datenbanken wie PROSITE helfen. Damit können zumindest Motive bestimmt werden, die auf eine mögliche Funktion hindeuten. Multiple Sequenzalignments können auf konservierte Residuen aufmerksam machen und Strukturmodelle können Hinweise auf die Form und die Ausgestaltung des aktiven Zentrums liefern.

Welche zusätzlichen Probleme sind bei eukaryontischen Genomen zu erwarten? Aufgrund der komplexeren Genstruktur ist bereits das Identifizieren der Gensequenzen schwieriger. Das exakte Identifizieren von Intron/Exon-Übergängen ist bisher nicht in allen Fällen möglich. *State-of-the-art*-Verfahren sind HMM-basiert; eine Übersicht liefert [15]. Zusätzlich spielt bei höher entwickelten Arten das Regulationsnetzwerk eine wichtige Rolle. Das Erkennen und die präzise Beschreibung des Zusammenwirkens von Transkriptionsfaktoren sind ebenfalls nur teilweise möglich. Zusätzlich müssen Bereiche identifiziert werden, die ncRNAs repräsentieren. Dieses Problem ist bisher nicht zufriedenstellend gelöst. Bekannte ncRNAs werden von bioinformatischen Verfahren mit einer maximalen Rate von 80 % wiedergefunden [16].

Annotation eukaryontischer Genome schwieriger

22.6 Metagenomik

Metagenomik: Genomik nicht kultivierbarer Arten

Es wird vermutet, dass 99 % aller Mikroorganismen nicht kultivierbar sind, d. h. im Labor unter kontrollierten Bedingungen nicht wachsen. Daher ist es naheliegend, die DNA direkt aus dem Habitat zu extrahieren, um so Gemeinschaften zu charakterisieren. Nach der Probenentnahme wird die darin enthaltene DNA ähnlich wie oben beschrieben aufgearbeitet und sequenziert. Bekannt geworden ist das Metagenom, das für die Sargassosee bestimmt wurde [17]. Zu diesem Datensatz tragen die Genome von 1 800 Arten bei, die Menge der Contigs umfasste insgesamt 1.6 GBasen. Im Datensatz konnten 1.2 Millionen neue Gene und 148 neue Spezies identifiziert werden. Diese Befunde waren unerwartet, weil diese Gemeinschaft bereits früher intensiv untersucht worden war. Zusätzlich zu diesen Ergebnissen belegen die folgenden Zahlen das Potenzial dieser Technologie: In fünf Jahren Metagenomik wurden viermal so viele Gene bestimmt wie in zehn Jahren klassischer Genomforschung.

22.6.1 Spezielle Anforderungen an die Bioinformatik

Assemblieren von Metagenomen ist schwierig

Welche Anforderungen werden bei solchen Projekten an die Bioinformatik gestellt? Im Folgenden diskutieren wir einige Probleme, die bei Shotgun-Ansätzen auftreten. Hierbei orientieren wir uns an [18]. Eines der spektakulärsten Ergebnisse von Metagenomprojekten war das Assemblieren fast vollständiger Genome unter Verwendung einer Probe aus einem Habitat. Solche Erfolge können jedoch nur für solche Arten erwartet werden, die im Habitat häufig vorkommen. Wie werden die Datensätze assembliert? Wenn das vollständige Genom einer nahe verwandten Art bekannt ist, kann dieses, wie oben geschildert, als Templat für einen komparativen Assembler dienen. Daneben wird klassisch assembliert. Hierfür müssen die Genomfragmente jedoch auf Spezies spezifische Klassen verteilt werden. Ein spezielles Problem ist hierbei der hohe Anteil von Polymorphismen, da praktisch jedes DNA-Fragment von einem anderen Individuum stammt. Andererseits stellen auch stark konservierte Sequenzabschnitte ein Problem dar, weil sie die Ursache für ein fälschliches Assemblieren von Fragmenten sein können. Bei Metagenomprojekten ist das sorgfältige Optimieren der Überlappgröße ganz essenziell. Nach dem Assemblieren von Genomgerüsten (*Scaffolds*) müssen diese phylogenetisch bewertet werden. Hierfür werden 16S rRNA Sequenzen oder die von bestimmten Genen (z. B. *recA*, *tufA* oder *hsp*70) benutzt. Kommen diese Gene nicht auf den Scaffolds vor, so können Eigenschaften wie der GC-Gehalt, Dinucleotidhäufigkeiten oder die *codon usage* für die Klassifikation verwendet werden. Geeignete Funktionen haben wir im Kapitel 2 vorgestellt.

Natürlich zielen auch Metagenomprojekte darauf ab, Gene zu finden und zu charakterisieren. Sind die Contigs lang genug, so können die klassischen HMM-basierten Ansätze wie GLIMMER für die Vorhersage von Genen verwendet werden. Allerdings machen nichtassemblierte Reads mit einer Länge von ca. 700 bp einen großen Teil der Metagenome aus. Bei Bodenproben sind dies bis zu 100 % aller Datensätze. Da prokaryontische Gene häufig kurz sind und dicht gepackt liegen, ist die Wahrscheinlichkeit hoch, dass jedes Fragment einen hinreichend langen Abschnitt eines Gens enthält. Das BLASTen gegen eine Proteinsequenzdatenbank ist hier die einzig mögliche Strategie der Funktionszuweisung. Welcher Anteil von Genen kann mit solchen Ansätzen annotiert werden? In der Arbeitsgruppe von P. Bork wurden BLAST-orientierte Methoden mit solchen zur Bewertung der Gennachbarschaft kombiniert [19]. Überraschenderweise kann mit dieser Kombination 76 % der vorhergesagten ORFs eine Funktion zugewiesen werden. Dieser Wert ist nicht wesentlich niedriger als der bei komplett sequenzierten Genomen erreichte von 83 %.

BLASTen: Funktionszuweisung für kurze Fragmente

Wie können Konsortien charakterisiert werden? Eine Gen orientierte Vorgehensweise besteht darin, alle vorhergesagten Gene gegen eine klassische Datenbank wie KEGG zu „BLASTen“ und die Stoffwechselleistungen mithilfe übergeordneter funktioneller Kategorien zu klassifizieren. Als ein Beispiel haben wir die Kategorien der COG-Klassifikation im Kapitel 3 vorgestellt. Die Zusammensetzung dieser „Fingerabdrücke“ ähnelt in ihrem Aufbau Datensätzen, die aus Genexpressionsniveaus bestehen. Daher können die Stoffwechselleistungen unterschiedlicher Konsortien mit den Verfahren zur Analyse von DNA-Transkriptionsdaten verglichen werden.

Phylogenetische Studien

Aus den Fragmenten von 16S rRNA- oder z. B. von *recA*-Genen kann ein phylogenetischer Baum abgeleitet werden. Derartige Ansätze sind bisher jedoch für Viren, die in Metagenomprojekten zum Teil sehr häufig vorkommen, noch nicht möglich.

22.6.2 Minimalanforderungen für Metagenom-Annotation

Es wurde ein Minimalstandard vorgeschlagen, der die Ansprüche an eine Analyse von Metagenomen spezifiziert [20]. Demnach sollten wenigstens die folgenden Indikatoren bestimmt werden:

1) Grundlegende Analyse der Sequenzen: Komposition der Contigs, mittlere Gendichte, mittlere Genlänge und Anteil von Genen mit einer Funktionszuweisung.
2) Zusammensetzung der beobachteten Arten: quantitative Beschreibung basierend auf einem Marker-Gen. Diese Befunde sollten durch eine weitergehende Analyse der 16S rRNA supplementiert werden.
3) Beschreibung der annotierten Funktionen auf einem höheren Klassifikationsniveau wie dem der KEGG- oder COG-Kategorien.
4) Eine Abschätzung zur Abdeckung von Arten und Genomen.
5) Eine Verknüpfung von Arten und Funktionen. Werkzeuge für diese Untersuchungen sind allerdings erst in der Entwicklung.
6) Weitere biologische Faktoren wie GC-Gehalt und mittlere Genomgröße.
7) Technische Faktoren wie Länge der Reads oder die Verteilung der Contigs in Relation zur Komplexität der Gemeinschaft.

22.7 Zitierte Literatur

1 Woese C. R., Kandler O., Wheelis M. L. (1990) Towards a natural system of organisms: Proposal for the domains Archaea, Bacteria, and Eucarya. *Proc Natl Acad Sci U S A*, **87**(12), 4576–4579.
2 Doolittle W. F. (1999) Lateral genomics. *Trends Cell Biol*, **9**(12), M5–8.
3 Lawrence J. G., Roth J. R. (1996) Selfish operons: horizontal transfer may drive the evolution of gene clusters. *Genetics*, **143**(4), 1843–1860.
4 Waterman M. S. (1995) Introduction to computational biology, Chapman & Hall, Cambridge.
5 Ewing B., Green P. (1998) Base-calling of automated sequencer traces using phred. II. Error probabilities. *Genome Res*, **8**(3), 186–194.
6 Ewing B., Hillier L., Wendl M. C., Green P. (1998) Base-calling of automated sequencer traces using phred. I. Accuracy assessment. *Genome Res*, **8**(3), 175–185.
7 Gordon D., Abajian C., Green P. (1998) Consed: a graphical tool for sequence finishing. *Genome Res*, **8**(3), 195–202.
8 Kurtz S., Choudhuri J. V., Ohlebusch E., Schleiermacher C., Stoye J., Giegerich R. (2001) REPuter: the manifold applications of repeat analysis on a genomic scale. *Nucleic Acids Res*, **29**(22), 4633–4642.
9 Myers E. W., Sutton G. G., Delcher A. L., Dew I. M., Fasulo D. P., Flanigan M. J., Kravitz S. A., Mobarry C. M., Reinert K. H., Remington K. A. *et al* (2000) A whole-genome assembly of Drosophila. *Science*, **287**(5461), 2196–2204.

10 Pop M., Phillippy A., Delcher A. L., Salzberg S. L. (2004) Comparative genome assembly. *Brief Bioinform*, **5**(3), 237–248.

11 Kurtz S., Phillippy A., Delcher A. L., Smoot M., Shumway M., Antonescu C., Salzberg S. L. (2004) Versatile and open software for comparing large genomes. *Genome Biol*, **5**(2), R12.

12 Tech M., Morgenstern B., Meinicke P. (2006) TICO: a tool for post-processing the predictions of prokaryotic translation initiation sites. *Nucleic Acids Res*, **34**(Web Server issue), W588–590.

13 Overbeek R., Bartels D., Vonstein V., Meyer F. (2007) Annotation of bacterial and archaeal genomes: improving accuracy and consistency. *Chem Rev*, **107**(8), 3431–3447.

14 Overbeek R., Fonstein M., D'Souza M., Pusch G. D., Maltsev N. (1999) The use of gene clusters to infer functional coupling. *Proc Natl Acad Sci U S A*, **96**(6), 2896–2901.

15 Brejová B., Brown D. G., Vinař T. (2008) Advances in hidden markov models for sequence annotation. In *Bioinformatics Algorithms*. Hrsg.: Mănidoiu I. I., Zelikvsky A., John Wiley & Sons, New York, 55–92.

16 Wang C., Ding C., Meraz R. F., Holbrook S. R. (2006) PSoL: a positive sample only learning algorithm for finding non-coding RNA genes. *Bioinformatics*, **22**(21), 2590–2596.

17 Venter J. C., Remington K., Heidelberg J. F., Halpern A. L., Rusch D., Eisen J. A., Wu D., Paulsen I., Nelson K. E., Nelson W. *et al* (2004) Environmental genome shotgun sequencing of the Sargasso Sea. *Science*, **304**(5667), 66–74.

18 Chen K., Pachter L. (2005) Bioinformatics for whole-genome shotgun sequencing of microbial communities. *PLoS Comput Biol*, **1**(2), 106–112.

19 Harrington E. D., Singh A. H., Doerks T., Letunic I., von Mering C., Jensen L. J., Raes J., Bork P. (2007) Quantitative assessment of protein function prediction from metagenomics shotgun sequences. *Proc Natl Acad Sci U S A*, **104**(35), 13913–13918.

20 Raes J., Foerstner K. U., Bork P. (2007) Get the most out of your metagenome: computational analysis of environmental sequence data. *Curr Opin Microbiol*, **10**(5), 490–498.

23
Auswertung von Genexpressionsdaten

Analyse des Transkriptoms: Normalisierung, Clusteralgorithmen, dimensionsreduzierende Verfahren

Das *Transkriptom* ist die Menge aller Transkripte, d. h. aller mRNA-Moleküle, die in einer Zelle zu einem gewissen Zeitpunkt und unter den betrachteten Bedingungen vorkommen. Die Auswertung des Transkriptoms erschließt der Systembiologie eine wichtige Datenquelle. Die anfallenden Daten werden mithilfe einer Kombination von Mustererkennungsverfahren prozessiert. Dazu gehören Clusteralgorithmen, dimensionsreduzierende Methoden und Visualisierungstechniken, die wir in diesem Kapitel einführen. Generell sind Befunde aus Hochdurchsatzmethoden dann besonders wertvoll, wenn sie mit weiteren Informationen, z. B. aus Datenbanken, verknüpft werden. Entsprechende Verfahren, die auch auf andere Technologien übertragen werden können, stellen wir am Ende des Kapitels an einigen Beispielen vor.

Die wichtigste Methode zur Gewinnung von Transkriptom-Daten ist die DNA-Chip-Technologie. Da die Signaleigenschaften Auswahl und Anpassung der Analyseverfahren bedingen, ist es notwendig, auf diese Technologie kurz einzugehen. Die Verwendung spezifischer cDNA-Moleküle wurde 1987 publiziert [1]. 1997 war der erste DNA-Chip fertig, der ein komplettes eukaryontisches Genom repräsentierte [2]. Seitdem wird diese Technologie für unterschiedlichste Fragestellungen eingesetzt.

23.1
DNA-Chip-Technologie

DNA-Chips: Hybridisierung komplementärer Stränge

Der biochemische Effekt, auf dem DNA-Chips beruhen, ist die Sequenz spezifische Bindung von DNA-Molekülen. Natürliche DNA besteht aus zwei zueinander komplementären Strängen, die durch nichtkovalente Wasserstoffbrücken zusammengehalten werden. Eine dauerhafte Bindung ist nur dann möglich, wenn die sich gegenüberstehenden Basen entsprechend des genetischen Codes komplementär zueinander sind, sodass A-T- bzw. C-G-Paare

Bioinformatik Interaktiv. 2. Auflage. Rainer Merkl und Stephan Waack

ISBN: 978-3-527-32594-8

entstehen. Durch Erhitzen können DNA-Stränge voneinander getrennt werden (*Schmelzen der DNA*). Aus Einzelsträngen können sich Doppelstränge bilden, sofern ihre Sequenzen passen. Bei der Zusammenlagerung spielt die Herkunft der DNA keine Rolle; haben die beiden Stränge unterschiedliche Länge, so werden sich entsprechende Überlappungen ergeben. Dieser Vorgang, bei dem sich an einen DNA-Strang ein zweiter unter Ausbildung von Wasserstoffbrücken anlagert, wird *DNA-Hybridisierung* genannt. Bei entsprechender Länge der Moleküle kann es zu unspezifischer Bindung kommen. Dieser Effekt kann durch die Wahl optimaler experimenteller Bedingungen minimiert und durch die Analyse von Kontrollsequenzen ausgeschlossen werden. Im Folgenden wird unspezifische Bindung nicht weiter berücksichtigt.

Sonde

Target

Reverse Transkriptase

Wird einer der beiden DNA-Stränge (die *Sonde*) an einem bekannten Ort auf einem Träger verankert, so kann die Sonde komplementäre Gegenstücke aus einem Lösungsgemisch mit Hunderttausenden unterschiedlicher DNA-Stränge „fischen" und spezifisch binden. Wurde vorher die zu untersuchende DNA (das *Target*) mit einem Fluoreszenzfarbstoff markiert, so zeigt ein lokal begrenztes Fluoreszenzsignal an, dass ein zur Sonde komplementäres Target im Lösungsgemisch vorkommt. Soll anstelle von DNA das Vorkommen von mRNA-Fragmenten untersucht werden, so kann unter Verwendung des Enzyms *Reverse Transkriptase* eine komplementäre DNA (*cDNA*) erzeugt werden, die dann als Target dient.

DNA-Chips

Etwas genauer betrachtet haben DNA-Chips (DNA-Mikroarrays) den in Abb. 23.1 schematisch gezeigten Aufbau. Auf einem Träger sind pro Messpunkt jeweils einige Picomol einer spezifischen DNA-Sequenz gebunden. Als Trägermaterial wird Glas oder Silizium verwendet; die Oberfläche des Trägers ist so vorbereitet, dass die DNA-Moleküle z. B. mittels Silanisierung kovalent gebunden werden

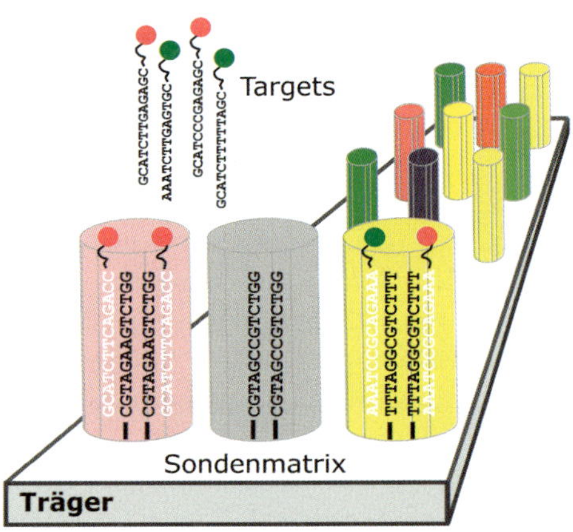

Abb. 23.1 Prinzip des DNA-Chips. Auf einem Träger sind pro Messpunkt einige Picomol eines spezifischen DNA-Moleküls kovalent gebunden. Diese Messpunkte bilden eine regelmäßige Matrix von Sonden, an die fluoreszenzmarkierte Targets binden, sofern sie eine komplementäre Sequenz besitzen. Bei Zwei-Farben-Mikroarrays konkurrieren die mit Cy3 oder Cy5 markierten Targets um die Sonden, sodass sich unterschiedliche Intensitätsverhältnisse T_i ergeben.

können. Die Messpunkte sind in einer starren Matrix (dem *Array*) angeordnet; eine Matrix kann aus vielen Tausend Punkten (*Spots*) bestehen. Je nach Anwendung unterscheiden sich die DNA-Oligomere, die als Sonden eingesetzt werden. Dies können kurze, charakteristische Genabschnitte oder andere DNA-Elemente sein.

Einfarben-Mikroarrays

Im einfachsten DNA-Chip-Experiment wird pro Sonde die Intensität eines einzigen Fluoreszenzfarbstoffes vermessen, um das absolute Expressionsniveau eines Gens zu bestimmen. Die ermittelten Werte können mit denen anderer Gene aus demselben Experiment oder mit Standards verglichen werden. Da jeder Chip genau einer biologischen Probe ausgesetzt wird, kann die Bindung (und damit das Signal) nicht durch weitere Proben beeinflusst werden. Diese Eindeutigkeit der Messergebnisse ist der große Vorteil der Einfarben-Mikroarrays.

Zweifarben-Mikroarrays
Farbstoffe Cy3, Cy5

Häufig werden für die Markierung zwei Farbstoffe verwendet. *Zwei-Farben-Mikroarrays* werden typischerweise mit cDNA aus zwei verschiedenen Proben hybridisiert. Die zwei Fluoreszenzfarbstoffe (Cy3 und Cy5) dienen zur Unterscheidung der Herkunft. *Cy3* emittiert bei 570 nm (grün), *Cy5* bei 670 nm (rot). Die zwei, jeweils mit einem Cy-Farbstoff markierten Proben werden gemischt; anschließend erfolgt die Hybridisierung auf dem Mikroarray. Mit einem Scanner werden dann für jeden Spot die beiden Farbintensitäten bestimmt. Aus den Spot spezifischen Intensitätsverhältnissen kann anschließend ermittelt werden, wie sich die Expression einzelner Gene unter den Bedingungen verhält, die durch die beiden Proben repräsentiert werden.

Wärmekarten

Nach Normalisierung und Klassifikation werden die Ergebnisse häufig in Form von *Wärmekarten* dargestellt. Ein Beispiel für eine derartige Analyse, auf die wir im Folgenden genauer eingehen, zeigt die Abb. 23.2.

23.1.1
Datenbanken für Genexpressionsdaten

Für die elektronische Speicherung der Expressionsdaten wurden mehrere Standards wie MIAME und MINSEQE definiert, die in [4] beschrieben werden. Meist liegt ein relationales Datenbankschema zugrunde. Allerdings unterscheiden sich die Details, sodass beim Einlesen der Datensätze *Parser* benutzt werden müssen. Ein Teil der Datensätze ist auf öffentlich zugänglichen Servern des NCBI (Gene Expression Omnibus, GEO) und des EBI (ARRAY-EXPRESS) deponiert.

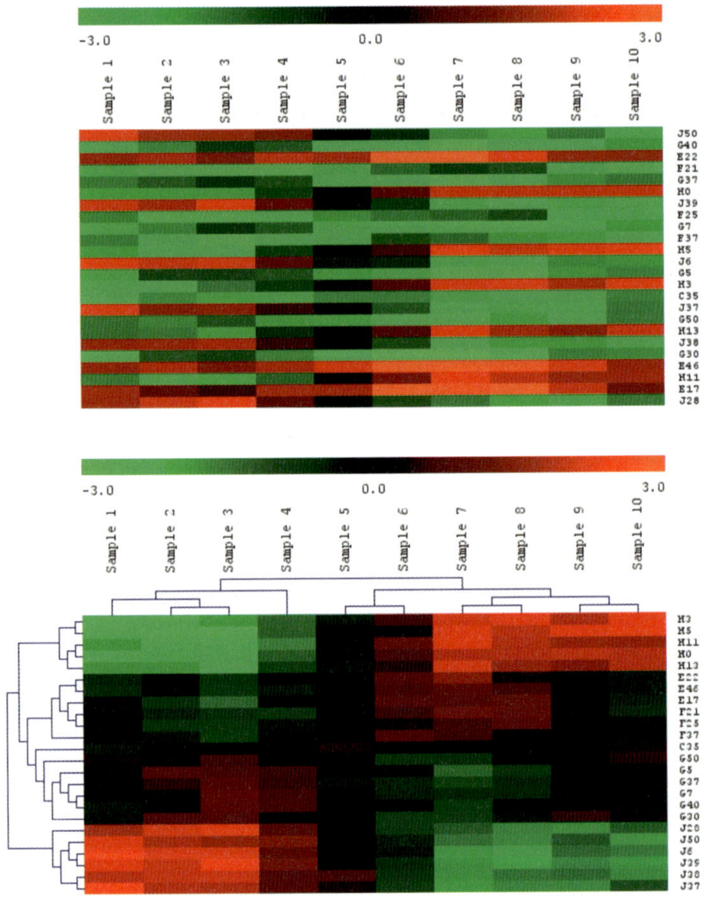

Abb. 23.2 Auswertung eines DNA-Chip-Experiments. Hier sind die Expressionsniveaus von 24 Genen für 10 Proben dargestellt. Die Abbildung oben zeigt die Rohdaten. Für die untere Abbildung wurden die Daten normalisiert und anschließend sowohl die Proben als auch die Gene mithilfe eines hierarchischen Clusterverfahrens gruppiert. Die Gennamen sind jeweils rechts angegeben. In jeder Probe wurden Cy3- und Cy5-markierte Targets verwendet. Die Farbe der Zellen korrespondiert mit dem Verhältnis der beiden Farbstoffintensitäten (dem T_i-Wert), siehe Skala. Für diese Illustration wurde ein künstlich erzeugter Datensatz ausgewertet. Dieser Datensatz ist Teil des Programms MeV [3], mit dem diese Abbildung erzeugt wurde. Reale Datensätze sind üblicherweise wesentlich umfangreicher.

23.1.2
Grenzen der Technologie

Transkriptom ≠ Proteom

Wie ihr Name besagt, erlaubt diese Technologie die Untersuchung des *Transkriptoms* und kann keinen Proteomstatus liefern. Der Grund für diese Einschränkung ist die nur mäßige Korrelation zwischen mRNA-Konzentration und der Konzentration des jeweiligen Genprodukts [5]. Dies liegt z. B. daran, dass sowohl mRNA-Spezies als auch Proteine mit individuellen Raten abgebaut werden. Hinzu kommt, dass mRNA-Moleküle mit extrem niedrigen Halbwertszeiten durch diese Methode nicht zu detektieren sind. Weiterhin muss beachtet werden, dass bei eukaryontischen Genen der Effekt

Alternatives Splicen

des *alternativen Splicens* auftritt. Beim Splicen werden aus der mRNA nichtcodierende Bereiche (die *Introns*) entfernt. Gibt es unterschiedliche Splice-Formen derselben mRNA, so wird von alternativem Splicen gesprochen. Dieser Effekt erzeugt Proteinvarianten, die zum Teil in ihrer mRNA-Sequenz übereinstimmen. 40–60% der menschlichen Gene besitzen alternative Splice-Formen. Es ist sehr schwer, mRNA Konzentrationen und Splice-Formen miteinander zu korrelieren.

23.2 Bioinformatische Analyse von DNA-Chip-Signalen

Die Auswertung des Fluoreszenzsignals wird im Folgenden unabhängig von einer speziellen Technologie vereinheitlicht dargestellt. Üblicherweise werden die Arrays gescannt und die Signale in Form einer hochaufgelösten Matrix (z. B. als TIFF-Bild) abgespeichert. Diese Bilder werden präprozessiert, um Lage und Intensität der einzelnen Spots zu berechnen. Dazu gehört auch, die Ränder exakt festzulegen und eine Hintergrundkorrektur auszuführen. Wir gehen im Folgenden davon aus, dass diese Probleme der Bilderkennung gelöst sind und dass für jeden Spot des Arrays die jeweiligen Farbintensitätswerte vorliegen.

Phasen der Datenprozessierung: Normierung, Mustererkennung, Interpretation

Generell kann die bioinformatische Analyse in drei Phasen eingeteilt werden.

- Zunächst müssen die Werte normiert werden. Aufgrund der technologischen Eigenheiten ist eine sorgfältige Signalaufbereitung enorm wichtig.
- Anschließend wird versucht, in den Daten auffällige Muster zu erkennen oder zur Klassifizierung zu nutzen.
- In der letzten und optionalen Phase werden die Ergebnisse mit anderen Befunden verknüpft.

Die Basis für sämtliche Operationen ist das Fluoreszenzsignal einzelner Spots, das zunächst geeignet transformiert werden muss.

23.2.1 Quantifizierung von Expressionswerten

Häufiges Ziel: Erkennen differentiell exprimierter Gene

Viele Mikroarray-Experimente dienen dazu, Beziehungen zwischen zwei Expressionsmustern herzustellen. Dazu gehört das Erkennen *differentiell exprimierter* Gene. Differentiell exprimiert ist ein Gen, wenn die mRNA-Konzentration in den betrachteten Experimenten signifikant variiert. Wir nehmen im Folgenden an, dass für ein Target i zwei Farbintensitäten R_i und G_i (analog zur roten und grünen Farbintensität der gebundenen Farbstoffe) bestimmt wurden, die zwei Genexpressionsniveaus quantitativ beschreiben.

Ein einfaches Maß zur Charakterisierung der Änderung im Expressionsniveau ist das Verhältnis

Quotient der Intensitätswerte

$$T_i := \frac{R_i}{G_i}.$$

Normierung durch Logarithmieren

Einfache Verhältniszahlen haben jedoch einen gravierenden Nachteil: Die sich ergebenden Unterschiede sind nicht symmetrisch zum Wert 1.0: $R_i = 3G_i$ liefert den Wert $T_i = 3$; $3R_i = G_i$ ergibt den Wert $T_i = 0.33$. Im ersten Fall ist die Differenz zum Wert 1.0 gleich 2, im zweiten Fall beträgt sie 0.77. Es bietet sich das Logarithmieren an. Für $R_i = G_i$ resultiert ein $\log(T_i)$-Wert von null und für Paare von Verhältniszahlen $(a, 1/a)$ liefert der Logarithmus Werte gleicher absoluter Größe, wie einfaches Nachrechnen belegt:

Sei $T_i = R_i/G_i = a$ und sei $T' = 1/a$. Dann ist $\log(T') = \log(1/a) = -\log(a) = -\log(T_i)$. Im Falle von DNA-Arrays ist es sinnvoll, den Logarithmus zur Basis 2 zu verwenden.

T_i: $\log_2$-Quotient der Intensitätswerte

Wir halten fest, dass bei der Analyse von Mikroarrays logarithmierte Quotienten der Intensitätswerte

$$T_i := \log_2(\mathrm{R}_i/\mathrm{G}_i)$$

die Grundlage für die weitere Prozessierung bilden.

23.2.2 Normalisierung und Datenreduktion

Transformation der Intensitätswerte

Jedem Mikroarray-Experiment liegt die Annahme zugrunde, dass die gemessenen Intensitätswerte die Konzentration der Targets repräsentieren. Ehe Intensitäten bewertet werden können, sind jedoch einige Normalisierungsschritte notwendig. Normalisierung ist bei dieser Technologie besonders wichtig, da die Ergebnisse ganz wesentlich von solider Präprozessierung abhängen. Es ist jedoch nicht möglich, alle systematischen, d. h. experimentell bedingten Schwankungen zu eliminieren. Ziel der Normalisierung ist es deshalb, diese Effekte zu minimieren und hierbei diejenigen Signale möglichst wenig zu beeinflussen, die von den zu untersuchenden biologischen Phänomenen herrühren. Sämtliche Normierungsschritte können als Transformation der Intensitätswerte eingeführt werden; diese Art der Darstellung wurde aus [6] und [7] übernommen.

Eine Vielzahl von Gründen macht eine Normalisierung der Verhältniszahlen erforderlich. So binden die Farbstoffe nicht mit gleicher Rate an sämtliche DNA-Varianten und die Farbstoffe werden nicht mit gleicher Effizienz detektiert. Zusätzlich können die individuellen

Target-Mengen schwanken. Ganz allgemein ist die Notwendigkeit für Normalisierungsoperationen auf vier Klassen von Problemen zurückzuführen, die Fluoreszenzsignale wie folgt beeinflussen [8]:

Vier Arten der Signalverzerrung

1) gleichartige Abweichungen für alle Spots eines Arrays,
2) Abweichungen, die von der jeweiligen Intensität des Signals abhängen,
3) Signalveränderungen für einen Subsatz der Targets,
4) Abweichungen, die nur bei speziellen Kombinationen von Sonden und Targets vorkommen.

Globale Normalisierung

Die einfachsten Normalisierungsverfahren für gleichartige Abweichungen (Problemklasse 1) beruhen auf der Annahme, dass die pro Target eingesetzte Anzahl von DNA-Molekülen die gleiche ist. Weiterhin wird vorausgesetzt, dass auf dem Array eine zufällige Auswahl von Sonden aufgetragen ist. Unter diesen Bedingungen ändern sich in den meisten Experimenten bei einem Großteil der Sonden die Intensitätsmuster nicht, da jeweils nur eine kleine Anzahl von Genen aktiviert wird. Zusätzlich wird bei Genexpressionsstudien unterstellt, dass die Anzahl der Gene, bei denen die Expression zunimmt, etwa der entspricht, bei denen die Expression abnimmt. Unter diesen Annahmen kann ein globaler Normalisierungsfaktor k für alle n Spots eines Arrays aus den spezifischen Rot- und Grünintensitäten abgeleitet werden:

$$k := \frac{\sum_{i=1}^{n} R_i}{\sum_{i=1}^{n} G_i}.$$

Es genügt, jeweils einen Farbwert zu normieren, was z. B. zu den korrigierten Werten $G_i' = k\, G_i$ und $R' = R$ führt, und es folgt:

$$T_i' := \frac{1}{k}\frac{R_i}{G_i}.$$

Bei der Verwendung von logarithmierten Verhältniszahlen ist der entsprechende Wert zu subtrahieren:

$$\log_2(T_i') = \log_2(T) - \log_2(k).$$

Dieses Verfahren ist das einfachste zur globalen Normalisierung. Alternativ kann z. B. der Median verwendet werden, der aus den Intensitätswerten eines oder mehrerer Chips ermittelt wurde.

Werden TIFF-Bilder ausgewertet, so kann die Dynamik der Intensitäten nach oben hin beschränkt sein. Häufiger treten jedoch Ver-

Kontrolle: Plot der log(T_i)- vs. $\log(\sqrt{R_i G_i})$-Werte

zerrungen bei schwachen Fluoreszenzsignalen auf. Solche Effekte können erkannt werden, indem *log*(T_i)-Werte mit $\log(\sqrt{R_i G_i})$-Werten verglichen werden, die mittlere Spot-Intensitäten repräsentieren. Nichtlineare Abweichungen machen sich im zugehörigen Plot durch Krümmungen im Verlauf der Punktwolke bemerkbar. Diese Effekte können durch *lokal gewichtete, lineare Regression* (*Lowess*) oder ähnliche Verfahren kompensiert werden [9]. Lowess verwendet eine Gewichtsfunktion, die den Einfluss von extrem liegenden Signalen reduziert. Hierbei werden die gemittelten und gefitteten Werte von den experimentellen Daten abgezogen. Seien $x_i := \log_2(R_i G_i)$ und $y_i := \log_2(T_i)$. Lowess bestimmt zunächst eine Funktion, mit der die Abhängigkeit $g(x_i)$ der x_i-Werte von y_i beschrieben wird und es folgt $\log_2(T'_i) = \log_2(T_i) - g(x_i) = log_2(T_i) - \log_2(2^{g(x_i)})$, was auch als

Lowess: nichtlineare Regression

$$\log_2(T'_i) := \log_2(T_i \frac{1}{2^{g(x_i)}}) = \log_2(\frac{R_i}{G_i}\frac{1}{2^{g(x_i)}})$$

geschrieben werden kann. Dieser Ausdruck kann wiederum als Transformation der Farbintensitätswerte formuliert werden:

$$G'_i := 2^{g(x_i)} G_i,\ R'_i := R_i.$$

Lowess und ähnliche Algorithmen sind auf den gesamten Datensatz oder auf Subsätze anwendbar. Auf diese Weise können lokale Abweichungen (Problemklasse 3), die z. B. auf geringfügige und lokale Unterschiede der Chipoberflächen oder der Hybridisierungsbedingungen zurückzuführen sind, kompensiert werden. Möglicherweise variieren auch die Intensitäten von Teilarrays oder unterschiedlicher Chips. Eine Normierung der Varianzen hilft, diesem Problem zu begegnen. So kann für jedes von m Teilarrays k ein Korrekturfaktor a_k wie folgt bestimmt werden:

Normalisierung von Teilarrays mithilfe von Varianzwerten

$$a_k := \frac{\sigma_k^2}{\sqrt[m]{\prod_{i=1}^{m} \sigma_i^2}}.$$

Die Berechnung der Varianz für das Teilarray k mit n Spots vereinfacht sich zu

$$\sigma_k^2 := \sum_{j=1}^{n} [\log_2(T_j)]^2,$$

da der Mittelwert wegen der Normalisierung null ist.

Aufgrund dieser Korrektur folgt $\log_2(T_i') = 1/a_k \log_2(T_i)$, wobei jeweils der spezifische Wert a_k verwendet wird. Direkt auf die Rohdaten angewandt, ergibt sich $G_i' = \sqrt[a_k]{G_i}$ und $R_i' = \sqrt[a_k]{R_i}$ für die zum Subarray k gehörenden Intensitätswerte.

Eliminieren schwacher Signale

Um diejenigen Signale an der unteren Nachweisgrenze zu eliminieren, die sich nicht signifikant vom Rauschen abheben, ist es sinnvoll, sie mit dem lokalen Hintergrund zu vergleichen. Hierzu werden für lokale Hintergrundintensitäten Mittelwert μ und Standardabweichung σ bestimmt. Man wird Spot-Intensitäten verwerfen, die sich um weniger als 2 σ von der lokal ermittelten, mittleren Hintergrundintensität unterscheiden.

Farbstoffwechsel-Experimente

Probleme der Klassen (3) oder (4), die auf einen systematischen Fehler bei der Hybridisierung oder beim Markieren mit den Farbstoffen zurückzuführen sind, können mithilfe von Farbstoffwechsel-Experimenten erkannt und kompensiert werden. Im Folgenden stehen a_i und b_i für die Mengen von Targetmolekülen, die um eine Sonde i konkurrieren. Im ersten Experiment wird a_i mit dem einen Farbstoff und b_i mit dem anderen markiert. Im zweiten Experiment werden die Farbstoffe getauscht. $R_i^1(a_i)$ sei die Spot-Intensität, die sich aufgrund der Menge a_i im Experiment 1 einstellt; für $G_i^1(b_i)$ gelte Analoges. Für die Verhältniszahlen einer jeden Sonde i gilt:

$$T_i^1 := \frac{R_i^1(a_i)}{G_i^1(b_i)} \text{(Experiment 1) und } T_i^2 := \frac{R_i^2(b_i)}{G_i^2(a_i)} \text{(Experiment 2).}$$

Ergeben sich äquivalente Spot-Intensitäten $R_i^1(a_i) = G_i^2(a_i)$ und $G_i^1(b_i) = R_i^2(b_i)$, so folgt:

$$T_i^1 \cdot T_i^2 = \frac{R_i^1(a_i)}{G_i^1(b_i)} \frac{R_i^2(b_i)}{G_i^2(a_i)} = 1.$$

Dies führt zu:

$$\log_2(T_i^1 \cdot T_i^2) = \log_2\left(\frac{R_i^1(a_i)}{G_i^1(b_i)} \frac{R_i^2(b_i)}{G_i^2(a_i)}\right) = 0.$$

Plots von $\log_2(T_i^1 \cdot T_i^2)$-Werten

Experimentelle Schwankungen werden zu einer von null abweichenden Verteilung individueller Werte führen. Zur Überprüfung können μ und σ berechnet werden. Für theoriekonforme Array-Elemente sind $\log_2(T_i^1 \cdot T_i^2)$-Werte nahe null zu erwarten, bei großen Abweichungen sind mit hoher Wahrscheinlichkeit Fehler der Klassen (3) oder (4) für die Signalunterschiede verantwortlich. *A priori* kann nicht entschieden werden, welche Datensätze fehlerbehaftet sind. Man kann sich jedoch mit visueller Bewertung entsprechender Plots behelfen und beispielsweise solche Datensätze verwerfen, die um mehrere σ vom Mittelwert abweichen.

23.2.3 Normalisierung über Replikate

Wurde ein Experiment mehrmals ausgeführt, so muss über mehrere Replikate gemittelt werden. Es mögen zunächst die Datensätze zweier Experimente vorliegen. Das Ziel ist, für zwei Targets a_i und b_i die aus den beiden Experimenten stammenden Verhältniszahlen T_1 und T_2 so zu normieren, dass die Werte gleich groß sind. Gesucht wird also für jedes Gen eine Konstante c_i, sodass

$$\log_2\left(\frac{R_i^1(a_i)}{G_i^1(b_i)}\right) + c_i = \log_2\left(\frac{R_i^2(a_i)}{G_i^2(b_i)}\right) - c_i.$$

Es folgt

$$c_i = \frac{1}{2}\log_2\left(\frac{R_i^2(a_i)}{G_i^2(b_i)}\frac{G_i^1(b_i)}{R_i^1(a_i)}\right) = \log_2\sqrt{\left(\frac{R_i^2(a_i)}{G_i^2(b_i)}\frac{G_i^1(b_i)}{R_i^1(a_i)}\right)}.$$

Eine Mittelung der Werte zweier Replikate $\frac{1}{2}(T_1+T_2)$ ergibt

$$\log_2\sqrt{\left(\frac{R_i^2(a_i)}{G_i^2(b_i)}\frac{R_i^1(b_i)}{G_i^1(a_i)}\right)} = \log_2\left(\frac{\overline{R_i}}{\overline{G_i}}\right).$$

Hierbei sind die mittleren Intensitäten jedes Samples

$$\overline{R_i} = \sqrt{R_i^1 R_i^2} \text{ und } \overline{G_i} = \sqrt{G_i^1 G_i^2}.$$

Geometrisches Mittel von Intensitätswerten

Es ist offensichtlich, dass dieses Verfahren auf n Replikate erweitert werden kann. Das geometrische Mittel von Intensitäten haben wir bereits bei der Analyse mittlerer Spot-Intensitäten im Rahmen der Normalisierung verwendet.

Zusätzlich zu den vorgestellten Normalisierungsverfahren wurden aufwändigere, von nichtlinearer Art, entwickelt [10]. Allerdings ist es nicht leicht zu entscheiden, welche Verfahren am besten geeignet sind; siehe [11]. Auf ein spezielles Problem muss noch hingewiesen werden: Ohne weitere Normierung würde die Datenauswertung in vielen Mikroarray-Experimenten von den Variablen dominiert, die höchste Werte annehmen. Unterschiede in anderen Variablen mit geringerer Spreizung hätten wenig Einfluss. Daher empfiehlt sich ein Re-Skalieren. In der Regel werden die Datensätze auf Mittelwert null und Standardabweichung 1.0 eingestellt. Für spezielle Fragestellungen können Experimente auch so normiert werden, dass die Minima bzw. Maxima den Wert –1.0 bzw. +1.0 annehmen.

23.3
Identifizieren differentiell exprimierter Gene

Ein wichtiges Ziel von Expressionsstudien ist es, differentiell exprimierte Gene zu charakterisieren. Werden Clusteralgorithmen eingesetzt, ist es hilfreich, vorab diejenigen Gene zu identifizieren, die statistisch am auffälligsten sind. In frühen Experimenten wurde ein fester Schwellenwert zum Bestimmen dieser Gene genutzt. Sinnvoller ist es jedoch, Mittelwert und Standardabweichung der $\log(T_i)$-Werte zu berechnen und einen Z-Score zu verwenden. Dieser gibt die Abweichung vom Mittelwert in Vielfachen der Standardabweichung an und entspricht der eindimensionalen Variante der *Mahalanobis-Distanz*. Allerdings ist auch dieser Ansatz nicht immer ausreichend: Bei niedrigen Intensitäten schwanken die einzelnen Werte stärker, sodass falsch positive Vorhersagen generiert werden. Bei hohen Intensitäten sind die Unterschiede geringer; es besteht die Gefahr, falsch negative Vorhersagen zu produzieren. Auch hier hilft die Verwendung eines lokal operierenden Verfahrens, das μ und σ und somit auch den Z-Score intensitätsabhängig bestimmt. So ergibt sich nach lokaler Normalisierung der Wert

Z-Score = Mahalanobis-Distanz

$$Z\text{-}score_i^{lokal} := \frac{\log_2(T_i)}{\sigma_i^{local}} .$$

Lokale Normierung

Für die weitere Analyse wird man all die Spots nutzen, für die $|Z\text{-}score_i^{lokal}| > 1.96$ gilt. Alternative Ansätze zur Identifizierung auffälliger Spots sind ANOVA-Verfahren [12], auf die hier nicht eingegangen wird.

Die Auswahl der Gene für die nachgeschalteten Verfahren muss stets anwendungsspezifisch getroffen werden. Bei Clusteralgorithmen, wie dem Verfahren der k nächsten Nachbarn, ist es sinnvoll, nichtsignifikante Dimensionen (Gene) zu eliminieren. Nutzt man Support-Vektor-Maschinen, sollten alle Dimensionen ausgewertet werden.

23.4
Metriken zum Vergleich von Expressionsdaten

Mikroarray-Analysen werden in der Regel nicht ausgeführt, um einzelne Experimente, d. h. die Antwort spezifischer Gene, zu verfolgen. Die wahre Stärke der DNA-Chip-Analyse beruht auf der vergleichenden Auswertung einer großen Anzahl von Hybridisierungen, um gemeinsame Expressionsmuster zu identifizieren. Diesem Vorgehen liegt die berechtigte Annahme zugrunde, dass Gene, die zu einer gemeinsamen metabolischen Funktion beitragen, co-reguliert sind und folglich ähnliche Expressionsmuster aufweisen. Für das Erkennen dieser Muster eignen sich Verfahren, die für die *Clusteranalyse* entwickelt wurden. Die wichtigsten Clustertechniken werden in einem gesonderten Kapitel vorgestellt.

Eine wesentliche Grundlage für alle Clusteralgorithmen ist der Vergleich einzelner Objekte (z. B. Gene) mithilfe eines Distanzmaßes. Wurden für jedes Gen $\mathbf{x}_i$ in m Experimenten Fluoreszenzintensitäten gemessen, so ergibt sich natürlicherweise eine m-dimensionale Repräsentation.

Gendatensatz: m-dimensionaler Vektor

Ein Gen (Gendatensatz) ist ein Vektor $\mathbf{x}_i := \{x_i^1, \ldots x_i^m\}$, wobei für die k-te Komponente (Dimension) $x_i^k := \log_2^k(T_i')$ gelte. Für den Vergleich der Expressionsmuster existiere eine Metrik $d(\mathbf{x}_i,\mathbf{x}_j)$.

Semi-metrische Distanzen

Neben den Minkowski-Metriken und der Tanimoto-Metrik sind bei der Auswertung von Expressionsstudien *semi-metrische* Distanzen von Belang. Im Gegensatz zu Metriken gilt für diese Funktionen die Dreiecksungleichung nicht. Dazu gehören Varianten des *Pearsonschen Korrelationskoeffizienten*. Am häufigsten wird der zentrierte Pearsonsche Koeffizient verwendet:

Zentrierter Pearson-Koeffizient

$$r_{Pear}(\mathbf{x}_i,\mathbf{x}_j) := \frac{\sum_{k=1}^{m} (x_i^k - \overline{x_i})(x_j^k - \overline{x_j})}{\sqrt{\sum_{k=1}^{m} (x_i^k - \overline{x_i})^2}\sqrt{\sum_{k=1}^{m} (x_j^k - \overline{x_j})^2}}.$$

Hierbei sind die $\overline{x_i}$ und $\overline{x_j}$ mittlere Expressionswerte für die Gene $\mathbf{x}_i$ bzw. $\mathbf{x}_j$. Die Werte des Korrelationskoeffizienten liegen zwischen +1 und –1. Sind die beiden Vektoren absolut identisch, so hat r_{Pear} den Wert +1; perfekte Antikorrelation wird durch den Wert –1 angezeigt. Ein Wert von null tritt bei voneinander unabhängigen, d. h. orthogonalen Vektoren auf. Der Pearsonsche Korrelationskoeffizient ist geeignet, wenn bei der Analyse die Lage der zu vergleichenden Vektoren wichtiger ist als der absolute Wert. Sind hingegen die relativen Expressionsniveaus relevant, so kann der unzentrierte Korrelationskoeffizient berechnet werden:

Unzentrierter Pearson-Koeffizient

$$r_{Pear,unCent}(\mathbf{x}_i,\mathbf{x}_j) := \frac{\sum_{k=1}^{m} x_i^k x_j^k}{\sqrt{\sum_{k=1}^{m} (x_i^k - \overline{x_i})^2}\sqrt{\sum_{k=1}^{m} (x_j^k - \overline{x_j})^2}}.$$

Für das Identifizieren von Genen, deren Expressionsniveaus anti-korreliert sind, eignet sich der quadrierte Pearson-Koeffizient besser [13]:

$$r_{Pear,SQ}(\mathbf{x}_i,\mathbf{x}_j) := \left(\frac{\sum_{k=1}^{m} (x_i^k - \overline{x_i})(x_j^k - \overline{x_j})}{\sqrt{\sum_{k=1}^{m} x_i^{k\,2}} \sqrt{\sum_{k=1}^{m} x_j^{k\,2}}} \right)^2 .$$

Quadrierter Pearson-Koeffizient

Hierbei ist der Wertebereich $0 \leq r_{Pear,SQ} \leq 1$. Orthogonale Vektoren ergeben wiederum einen Wert von null, für perfekt korrelierte und anti-korrelierte Vektoren resultiert in beiden Fällen ein Wert von +1. Aus diesem Grund ist diese Funktion für das **gleichzeitige Identifizieren** von korrelierten und anti-korrelierten Genmustern von Vorteil. Die Erfahrung hat gezeigt, dass obige Semi-Metriken für die Analyse von Chip-Experimenten gut geeignet sind. So basieren auch die im folgenden Text beschriebenen Analyseverfahren von Eisen [14] und Weinstein [15] auf derartigen Semi-Metriken.

Koeffizientenwahl abhängig von Fragestellung

23.5 Algorithmen für die Analyse kompletter DNA-Chip-Datensätze

Ein grundlegender Unterschied zwischen den Datensätzen aus DNA-Chip-Experimenten und aus konventionellen Untersuchungen ist ihre Dimensionalität: So werden in einer klassischen klinischen Studie für einige Tausend Probanden pro Patient möglicherweise 100 Parameter erhoben. Umgekehrt liefert ein DNA-Chip-Experiment mittlerer Größe einige Tausend Parameter für eine kleine Anzahl von Samples (z. B. Probanden oder experimentelle Bedingungen). Es gibt nur wenige Algorithmenklassen, die geeignet sind, Datensätze mit einer derart extremen Dimensionalität zu bearbeiten. Bei der Analyse von DNA-Chip-Experimenten sind zwei Techniken besonders wichtig: Dies sind einerseits Methoden zur Reduzierung der Dimensionalität. Dazu gehört die Hauptkomponentenanalyse, die wir später vorstellen. Die andere Art der Datenprozessierung ist das Verteilen der Expressionswerte auf Gruppen mithilfe von Clusterverfahren. Diese Algorithmen werden in einem gesonderten Kapitel eingeführt.

Chip-Datensätze sind hochdimensional

23.5.1
Anwendung von Clusterverfahren auf Genexpressionsdaten

Gemeinsame Bewertung der Genfunktionen

Daten aus DNA-Chip-Experimenten sind in der Regel nicht klassifiziert, d. h. sie besitzen keine Marke (*label*). Daher sind Clusterverfahren die Methoden der Wahl für ihre Analyse. Hierbei ist man daran interessiert, die Daten zu gruppieren und diejenigen Merkmale zu identifizieren, die anschließend für eine Klassifikation genutzt werden können. Die Rohdaten werden zunächst mithilfe eines Clusterverfahrens prozessiert. Nach dem Aufteilen der Gene auf disjunkte Klassen wird man versuchen, durch Bewerten der Genfunktionen diejenigen übergeordneten Merkmale oder Organisationsstrukturen wie metabolische Stoffwechselwege oder Signalkaskaden zu bestimmen, zu denen die betrachteten Gene beitragen. Als anschauliches Beispiel ist in Abb. 23.2 die Analyse eines kleinen Chip-Datensatzes mithilfe eines Clusterverfahrens dargestellt. Bei der Analyse von DNA-Chips werden häufig hierarchische Verfahren genutzt, wobei meist sowohl die Gene als auch die Experimente einer Clusterung unterzogen werden. Im Beispiel heben sich nach der Clusterung deutlich zwei Gruppen von Genen ab, die am oberen und unteren Rand der Matrix liegen. Auch die Samples zeigen charakteristische Gemeinsamkeiten, die erst durch die Clusterbildung deutlich werden.

23.5.2
Validierung und Alternativen

Vom Rauschen unabhängige Lösungen bevorzugt

In Abhängigkeit von den jeweiligen Konsequenzen wird man der Frage nach der Signifikanz einer Clusteranalyse, die in einem statistischen Test überprüft werden muss, unterschiedliche Bedeutung beimessen. Unabhängig von diesem Problem ist jedoch die Stabilität des Ergebnisses ein entscheidendes Kriterium. Daher sollte ein weiterer, unter reproduzierten Bedingungen gewonnener Datensatz dieselbe Clusterung ergeben. Diese Überlegung weist die Richtung, wie mit informatischen Methoden die Stabilität der Ergebnisse überprüft werden kann: Den experimentellen Daten wird ein kleiner Anteil künstlich erzeugter, verrauschter Daten hinzugefügt und anschließend wird nochmals geclustert. Aus dem Vergleich mehrerer Ergebnisse kann die Clusterstabilität abgeschätzt werden.

Test der Clusterstabilität mithilfe von Stichproben

Die Wahl der „richtigen“ Anzahl von Clustern ist ein kritischer Parameter in vielen Anwendungen. Auch bei dieser Entscheidung können statistische Verfahren weiterhelfen. Diese beruhen auf der berechtigten Annahme, dass eine gute Lösung nicht entscheidend von der spezifischen Zusammensetzung eines Datensatzes abhängen sollte. Somit kann das Löschen einer kleinen Anzahl zufällig gewählter Objekte und erneutes Ausführen der Clusteranalyse dazu dienen, die Stabilität einer Lösung zu bewerten. Wiederholtes Anwenden des Verfahrens erlaubt, die stabilste Lösung zu finden [16]. Ein alternativer Ansatz nutzt Annotationsinformation: Ist die biologische Funktion der zu untersuchenden Gene bekannt, so hilft die vergleichende Analyse der zu Clustern gruppierten Genfunktionen. Bei einer „passenden“ Lösung sollten solche Gene zu Gruppen zusammengefasst sein, die zu einer gemeinsamen biologischen Funktion beitragen oder ähnliche Eigenschaften besitzen. Dieses Konzept wurde bereits erfolgreich für die Evaluation von Clusterverfahren eingesetzt [17]. Als Alternative zu Clusterverfahren können die von Kohonen eingeführten, selbstorganisierenden Karten verwendet werden. Diese werden im Kapitel 7 genauer erläutert.

23.6 Hauptkomponentenanalyse

Bestimmen von Gemeinsamkeiten durch Reduzieren der Dimensionalität

Bei der Analyse eines DNA-Chips interessiert häufig, solche Gene zu finden, die ein gemeinsames Expressionsmuster aufweisen. Dies impliziert, dass zumindest ein Teil der Werte redundant ist. Wären diese Experimente (d. h. Targets) bekannt, könnte die Analyse durch Löschen der redundanten Daten vereinfacht oder weiter abgesichert werden, da über die jeweiligen Werte gemittelt werden könnte. Auf eine Reduzierung der Dimensionalität zielt die *Hauptkomponentenanalyse* (*Principal Component Analysis,* PCA) ab. Eine Randbedingung ist, möglichst wenig signifikante Information zu verlieren. PCA wurde bereits 1901 von K. Pearson entwickelt [18]. Sie ist eine von mehreren dimensionsreduzierenden Methoden, zu denen auch die Faktorenanalyse gehört.

Linearkombination von Merkmalen

Die PCA basiert auf einer geeignet gewählten Linearkombination von Merkmalen. Linearkombinationen werden u. a. deswegen gewählt, weil sie leicht zu berechnen sind. Zur Herleitung der Methode kann an die Überlegungen zur Entwicklung eines Gütemaßes beim Clustern angeknüpft werden. Es ist zunächst das Ziel, eine Menge von n m-dimensionalen Vektoren $\mathbf{x}_1 \ldots \mathbf{x}_n$ durch einen Vektor $\mathbf{x}_0$ möglichst gut zu repräsentieren. Die Güte wird, analog zum Vorgehen bei den Clusterverfahren, mithilfe des mittleren Fehlerquadrates SSE gemessen:

$$SSE(\mathbf{x}_0) := \sum_{k=1}^{n} \|\mathbf{x}_i - \mathbf{x}_0\|^2 .$$

Aufgrund der bereits angestellten Überlegungen ist klar, dass die Wahl $\mathbf{x}_0 = \boldsymbol{\mu}$ die optimale ist. Allerdings besitzt der Wert von SSE

die Dimension null und liefert daher keinerlei Information über die Variabilität im betrachteten Datensatz. Es kann jedoch eine eindimensionale Repräsentation des Datensatzes erzeugt werden, wenn jeder Datenpunkt $\mathbf{x}_k$ auf eine Linie projiziert wird, die durch den Punkt $\boldsymbol{\mu}$ verläuft:

Projektion auf Linie

$$\mathbf{x}_k := \boldsymbol{\mu} - a_k\mathbf{e}.$$

Hierbei sei $\mathbf{e}$ der Einheitsvektor in Richtung der Linie und a_k ein passend gewählter Skalar. Die Skalare a_k können wiederum durch Minimierung einer geeigneten Gütefunktion gefunden werden:

$$SSE(a_1....a_k,\boldsymbol{\mu},\mathbf{e}) := \sum_{k=1}^{n} \|(\boldsymbol{\mu} + a_k\mathbf{e}) - \mathbf{x}_k\|^2.$$

Projektion auf m-dimensionale Basis*

Das Erweitern der Projektion auf eine m^*-dimensionale Basis orthogonaler Einheitsvektoren ist naheliegend. Es ergibt sich die Darstellung

$$\mathbf{x}_k = \boldsymbol{\mu} - \sum_{i=1}^{m^*} a_i\mathbf{e}_i$$

und die Gütefunktion wird zu

Gütefunktion

$$SSE_{m^*} := \sum_{k=1}^{n} \left\|(\boldsymbol{\mu} + \sum_{i=1}^{m^*} a_{ki}\mathbf{e}_i) - \mathbf{x}_k\right\|^2.$$

Skalare sind Prinzipalkomponenten

In dieser Darstellung werden die Vektoren $\mathbf{x}_i$ auf eine m^*-dimensionale Darstellung reduziert. Die Vektoren $\mathbf{e}_1 \ldots \mathbf{e}_{m^*}$ bilden das neue Koordinatensystem und die Skalare $a_1 \ldots a_{m^*}$ werden *Prinzipalkomponenten* genannt.

Berechnung der neuen Basis

Bei dieser Darstellung blieb offen, wie die neue Basis und m^* zu wählen sind. Hierbei wird wie folgt vorgegangen: Zunächst wird für den kompletten Datensatz der m-dimensionale Mittelwert $\boldsymbol{\mu}$ und die $m \times m$-Covarianzmatrix berechnet. Für diese Matrix werden Eigenvektoren und Eigenwerte bestimmt und nach Größe der Eigenwerte sortiert. Sei $\mathbf{e}_1$ der Eigenvektor mit größtem Eigenwert λ_1 usw. Häufig besitzen reale Datensätze nur eine kleine Anzahl k von zahlenmäßig großen Eigenwerten. Dieses k wird dann als Wert für die Dimensionalität $m^* := k$ des neuen Koordinatensystems verwendet, d. h. die restlichen $(m–m^*)$ Werte werden verworfen. Aus den m^* Eigenvektoren wird eine $m \times m^*$ Matrix $\mathbf{A}$ gebildet, die nun für eine Projektion genutzt wird:

$$\mathbf{x}_k^* := \mathbf{A}^t(\mathbf{x}_k - \boldsymbol{\mu}).$$

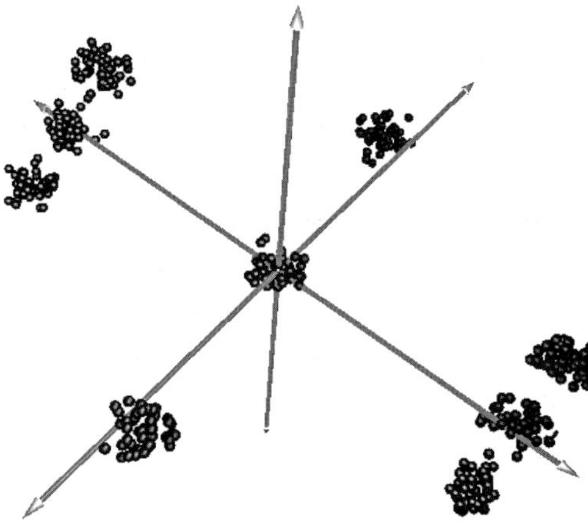

Abb. 23.3 Prinzipalkomponenten-Analyse zur Bestimmung der Anzahl von Clustern. Um die Verwendung der PCA-Methode für die Auswertung von DNA-Chip-Experimenten zu illustrieren, wurde ein synthetischer Datensatz mithilfe des Programmes MeV analysiert. Die Daten wurden hier auf neun Cluster verteilt. Vereint man die drei jeweils benachbart liegenden Cluster, so kommt man auf fünf.

Hierbei ist $\mathbf{A}^t$ die transformierte Matrix und $\mathbf{x}_k^*$ ist die neue Repräsentation von $\mathbf{x}_k$.

PCA stützt Clusteranalyse

Bei der Auswertung von Expressionsstudien wird PCA gerne als stützende Methode für die Clusteranalyse herangezogen, um die Anzahl k von Clustern zu bestimmen. Dies wird in Abb. 23.3 illustriert. In diesem synthetischen Datensatz sind neun Cluster auszumachen, wobei in zwei Fällen jeweils drei Cluster nahe benachbart liegen.

23.7 Biclusterverfahren

Die Standard-Clusterverfahren sind gut geeignet, solange eine kleine Menge von Genen zu klassifizieren und zu gruppieren ist. Aus den folgenden Gründen ist ihre Verwendung bei großen Datensätzen jedoch problematisch:

- Die klassischen Algorithmen weisen jedes Gen genau einer Gruppe (einem Cluster) zu. Gene (Genprodukte) können allerdings an mehreren Zellfunktionen beteiligt sein, sodass eine solche Zuweisung unvollständig ist.
- Die Bewertung der Gene erfolgt aufgrund ihres globalen Expressionsmusters. Üblicherweise werden Zellfunktionen jedoch nur von einer kleinen Menge der betrachteten experimentellen Bedingungen beeinflusst. Es ist zu erwarten, dass in solchen Fällen die meisten experimentellen Befunde nicht zu einem charakteristischen Signal, sondern zum Rauschen beitragen.

Biclusterverfahren: Gruppieren gleichzeitig Gene und Bedingungen

Beide Argumente legen nahe, Algorithmen zu entwickeln, die simultan in beiden Dimensionen (Auswahl der Gene und der experimentellen Bedingungen) clustern. Derartige Verfahren werden *Bicluster-Algorithmen* genannt. Eine exakte Lösung des Bicluster-Problems ist jedoch NP-hart, daher müssen auch hier Heuristiken verwendet werden. Bei einem systematischen Vergleich der wichtigsten Verfahren [19] schnitt der Algorithmus ISA [20] als einer der besten ab, insbesondere war er weniger rauschempfindlich als vergleichbar gute Methoden. Im Folgenden wird das Verfahren eingeführt am Problem, *transkriptionelle Regulation* zu untersuchen. Mithilfe der transkriptionellen Regulation kontrolliert die Zelle, welche mRNA-Menge für die einzelnen Gene synthetisiert wird. Zu dieser Regulation trägt ein Netzwerk von Kontrollmechanismen und -faktoren bei. Dazu gehören Promotoren, Repressoren, Aktivatoren, Enhancer und Enhancer

23.7.1
Ein Beispiel für Biclusterverfahren: ISA

Transkriptionsmodul: Kombination aus Genen und experimentellen Bedingungen

Bei der Analyse transkriptioneller Regulation müssen sowohl die co-regulierten Gene als auch die spezifischen experimentellen Bedingungen identifiziert werden, unter denen die Regulation eintritt. Eine derartige Kombination von Genen und experimentellen Bedingungen wird im Folgenden *Transkriptionsmodul* genannt. Es ist offensichtlich, dass für größere Datensätze der naive Ansatz, nämlich sämtliche Kombinationen von Genen und Bedingungen zu untersuchen, aus Komplexitätsgründen nicht zum Ziel führt. Die Basis für das Programm ISA ist die Annahme, dass eine zufällig gewählte Menge von Genen höchst unwahrscheinlich genau mit der übereinstimmt, die eines von wenigen Transkriptionsmodulen definiert. Mit hoher Wahrscheinlichkeit werden sich jedoch Teilmengen überschneiden. Dies gilt insbesondere für solche Genmengen, die unter Verwendung biologischen Wissens zusammengestellt wurden. Unter dieser Annahme besteht die Eingabemenge G_I aus einer Anzahl k von spezifisch gewählten Genen. Beispiele für solche Eingabemengen G_I sind alle Gene, die stromaufwärts ein bestimmtes Regulationsmuster (Promotoren, Repressoren) aufweisen oder all diejenigen Gene, von denen vermutet wird, dass sie zum gleichen metabolischen Pfad beitragen. Der Algorithmus ISA hat folgende Ziele:

- diejenigen Gene auszumustern, die fälschlicherweise in G_I aufgenommen wurden;
- solche zu identifizieren, die mit hoher Wahrscheinlichkeit ebenfalls zur betrachteten metabolischen Funktion gehören;

- die experimentellen Bedingungen zu erkennen, unter denen die Gesamtheit dieser Gene co-reguliert wird.

Der Algorithmus versucht für jede Eingabe, die ein Modul teilweise überlappt, den vollständigen Satz von Genen zu bestimmen. Durch wiederholtes Aufrufen von ISA unter Verwendung überlappender oder disjunkter Mengen G_I kann die Topologie komplexer Interaktionsnetzwerke analysiert werden. Jede dieser Eingaben wird vom sogenannten Signatur-Algorithmus prozessiert.

23.7.2
Der Signatur-Algorithmus

Normalisierung der Eingabe

Grundlage sind wiederum Expressionswerte, die in einem vorbereitenden Schritt zunächst normiert werden.

> Sei $\mathbf{T}$ eine $n \times m$ Matrix mit logarithmierten Werten $T[i, j]$, die für jedes Gen $g_i \in G$, $i = 1 .. n$ Expressionsänderungen unter der experimentellen Bedingung $c_j \in C$, $j = 1 .. m$ angeben. Aus der Eingabe werden zwei normalisierte Matrizen $\mathbf{T}_G$ und $\mathbf{T}_C$ abgeleitet, wobei jeweils der Mittelwert auf null und die Varianz auf 1.0 eingestellt werden:

$$\overline{T_G^{g_i}} := \sum_{j=1}^{m} T[i,j] = 0; \quad Var\left[\mathbf{T}_G^{g_i}\right] = 1.0 \; \forall g_i \in G \text{ und}$$

$$\overline{T_C^{c_j}} := \sum_{i=1}^{n} [i,j] = 0; \quad Var\left[\mathbf{T}_C^{c_j}\right] = 1.0 \; \forall c_j \in C.$$

Die normierten Werte dienen nun als Datengrundlage für alle weiteren Berechnungen des zweistufigen Algorithmus. Im ersten Schritt werden zunächst diejenigen experimentellen Bedingungen identifiziert, bei denen die Gene aus G_I am stärksten co-reguliert sind. Hierfür werden die experimentellen Bedingungen mit einem Score bewertet, der aus der mittleren Änderung im Expressionsniveau der zu G_I gehörenden k Gene abgeleitet ist:

Bestimmen auffälliger experimenteller Bedingungen

$$s_{c_j} := \frac{1}{k} \sum_{g_i \in G_I} \mathbf{T}_G[i,j].$$

Mit diesen Werten wird eine Experiment-Signatur S_C bestimmt. Dies ist die Menge derjenigen experimentellen Bedingungen, deren s_{c_j}-Wert einen kritischen Schwellenwert übersteigt:

Experiment-Signatur S_C

$$S_C := \left\{ c_j \in C \;\middle|\; |s_{c_j} - \overline{s_c}| > t_C \eta_C \right\}.$$

Hierbei ist $\overline{s_c}$ der mittlere Score, die Schwelle t_C wurde auf 2.0 gesetzt und η_C korrigiert die erwarteten zufälligen Schwankungen, die vom Umfang k der Eingabemenge abhängen. Es gilt:

$$\eta_C := {}^{1}\!\big/\!\sqrt{k}.$$

Bestimmen auffälliger Gene

Mit der Menge S_C sind nun diejenigen experimentellen Bedingungen gefunden, bei denen die Gene aus der Eingabe G_I am stärksten gemeinsam co-reguliert werden. Nun wird untersucht, wie sich die Expressionsmuster sämtlicher Gene aus dem Genpool G bei diesen experimentellen Bedingungen verhalten. Dazu werden im zweiten Schritt **alle Gene** g_i aus G mit dem gewichteten, mittleren Expressionsunterschied bewertet, der bei den durch S_c definierten Bedingungen auftritt:

$$s_{g_i} := \frac{1}{|S_C|} \sum_{c_i \in S_C} s_{c_j} \mathbf{T}_C[i, j].$$

Damit gewichtet dieser Score für jedes Gen g_i Stärke und Konstanz der Expressionsmuster über all die experimentellen Bedingungen, die im ersten Schritt als relevant identifiziert wurden und die in S_C zusammengefasst sind. Analog zu S_C wird eine Gen-Signatur S_G gebildet, die aus denjenigen Genen besteht, die auffällig hohe Scores besitzen:

Gen-Signatur S_G

$$S_G := \left\{ g_i \in G \mid s_{g_i} - \overline{s_g} > t_G \eta_G \right\}.$$

Hier wird als Schwelle $t_G = 3.0$ gewählt und η_G analog zu η_C berechnet. Die Menge S_G enthält somit sämtliche Gene g_i aus G, deren Expressionsmuster unter den besonderen Bedingungen, die durch S_C definiert sind, auffallen.

Bewerten der Vorhersagequalität
Ziehen von Stichproben

Obige Parameter werden für Gen-Mengen bestimmt. Diese Mengen bestehen zum einen aus dem Referenzdatensatz $G_I^{ref} := G_I$ (der eigentlichen Eingabe) und aus weiteren Datensätzen G_I^i, die jeweils einen Teil der Referenzgene enthalten, sowie weitere, die zufällig aus G gezogen werden. Die Analyse dieser Genmengen dient dazu, die Zuverlässigkeit der Vorhersage zu bewerten. Wie unschwer zu erkennen, eliminiert der Algorithmus aus G_I die Gene mit unauffälligen Expressionsmustern. Enthält G_I einen Subsatz co-regulierter Gene G_I*, so werden diese Gene in der Programmausgabe für all die Eingaben G_I^i vorkommen, die G_I* überdecken. Diese Ausgaben definieren dann mit hoher Wahrscheinlichkeit ein Transkriptionsmodul. Andererseits werden die Ausgaben, die von völlig zufällig gewählten Genmengen herrühren, sehr unterschiedlich sein. Die Zuverlässigkeit einer Vorhersage ist daher höher, wenn dasselbe Transkriptionsmodul aus mehreren, unterschiedlichen Eingaben resultiert. Für die Bewertung werden zunächst für sämtliche Datensätze die Signaturen S_G berechnet, sodass die Signatur S_{ref} und eine Menge $\{S_i\}$ von Signaturen vorliegen. Anschließend wird für jedes S_i die Übereinstimmung OL mit S_{ref} bestimmt:

OL: Maß für Überlappung der Signaturen

$$OL^i_{ref} := \frac{|S_i \cap S_{ref}|}{\sqrt{|S_i| \cdot |S_{ref}|}}.$$

Hierbei gibt $|\cdot|$ die Anzahl von Elementen einer Menge an. OL hat den Wert 1.0 bei völlig übereinstimmenden Mengen und geht gegen null für weniger gut überlappende Signaturen. Es werden nun diejenigen Signaturen S_i mit den größten OL-Werten zu einer Menge R von rekurrenten, d. h. immer wiederkehrenden Signaturen zusammengefasst:

Identifizieren ähnlicher Signaturen

$$R := \left\{ S_i | \; OL^i_{ref} > t_R \right\}.$$

Die Wahl von t_R ist kritisch: Ist der Wert zu niedrig gewählt, enthält R nichtsignifikante Signaturen; ist er zu hoch, enthält R zu wenige der interessierenden Signaturen. Die Wahl $t_R = 70\,\%$ erwies sich als geeignet.

Schließlich werden all diejenigen Gene zu einem Transkriptionsmodul zusammengefasst, die in mindestens 80 % der Signaturen aus R vorkommen. Diesen wird ein Score zugewiesen, der sich als Mittelwert ihrer Gen-Scores aus sämtlichen Signaturen von R errechnet. In Abb. 23.4 ist die grundlegende Idee dieses Algorithmus grafisch dargestellt.

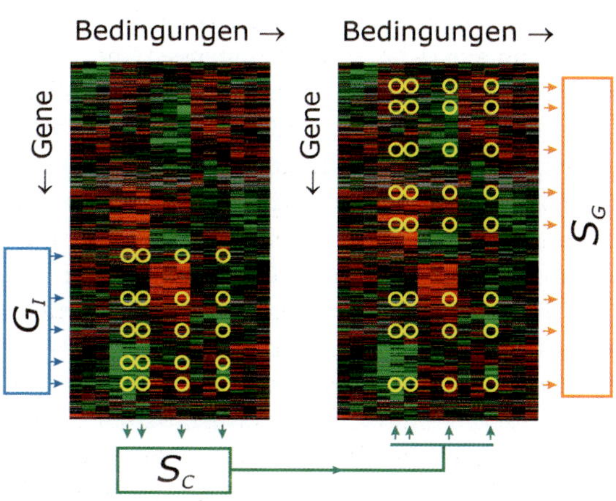

Abb. 23.4 Konzept des Biclusterverfahrens ISA. Grundlage sind normierte Expressionswerte einer Matrix **T**. Unter Verwendung der Eingabe G_I werden zunächst diejenigen experimentellen Bedingungen S_C identifiziert, bei denen die Gene aus G_I am stärksten co-reguliert sind. Die Menge S_C dient anschließend dazu, aus sämtlichen Genen die Menge S_G abzuleiten, d. h. diejenigen Gene, die unter diesen Bedingungen auffällige Expressionsmuster besitzen. Aus dem Vergleich der Mengen S_G, die aus unterschiedlichen Eingaben G_I resultieren, ergibt sich die Zusammensetzung der Transkriptionsmodule.

Bestimmen größerer Transkriptionsnetze

So wie bisher beschrieben, ist das Verfahren geeignet, dasjenige Transkriptionsmodul zu identifizieren, das am besten zu einer Eingabemenge G_I passt. Durch die wiederholte Anwendung des Verfahrens auf eine Vielzahl von Eingaben G_I können Modulkombinationen untersucht werden. So wurde in [20] ein globales Transkriptionsnetzwerk für die Hefe *Saccharomyces cerevisiae* konstruiert. Hierfür wurden 86 000 Eingabemengen aus den Genen abgeleitet, die stromaufwärts jeweils spezifische 6-mer, 7-mer oder 8-mer Muster aufwiesen. Diese Datensätze zielten darauf ab, sämtliche Transkriptionsfaktoren abzudecken.

23.7.3 Iterative Optimierung

Das obige Verfahren setzt als Eingabe eine Menge G_I von Genen voraus, die aufgrund gemeinsamer Eigenschaften gruppiert wurden. Transkriptionseinheiten können jedoch auch ohne derartige Hilfestellung identifiziert werden. Hierfür wurde der Algorithmus um eine *iterative Optimierungskomponente* erweitert [21]. Dieser Ansatz basiert auf der folgenden Überlegung: Das Konzept des Transkriptionsmoduls ist eng verknüpft mit der Eigenschaft der *Selbstkonsistenz*. Ein Modul enthält die Gene, die unter denjenigen Bedingungen am stärksten co-reguliert sind, die das Modul ausmachen. Dies impliziert, dass die Gene, die nicht zum Modul gehören, im Hinblick auf die betrachteten Expressionsmuster weniger stark korreliert sind. Das Gleiche gilt für die experimentellen Bedingungen: Diejenigen, die nicht zum Modul gehören, separieren die betrachteten Gene weniger stark. Da der Signaturalgorithmus in der Lage ist, bei ausreichender Überlappung sämtliche Gene eines Transkriptionsmoduls zu finden, sollte ein einfaches, iteratives Optimierungsverfahren selbstkonsistente Module generieren.

Iterative Optimierung

Selbstkonsistenz

Initialisierung

Aus diesen Überlegungen resultiert der folgende Ansatz: Zunächst wird aus sämtlichen Genen eine Menge G_I^0 zufällig gewählt und es werden einheitliche Scores s_{g_i} vergeben. Der Parameter t_C dient wiederum dazu, eine Menge experimenteller Bedingungen zu identifizieren. Für diese gilt $|s_{c_j}| > t_C$; die Bedingungen bilden die Menge C^0. Im zweiten Schritt werden sämtliche Gene unter Verwendung der Bedingungen aus C^0 bewertet und neue Scores s_{g_i} bestimmt. Gene mit einem Score größer t_G werden zur Menge G_I^1 zusammengefasst. Mengen G_I^i werden anschließend so lange unter Verwendung des Signaturalgorithmus prozessiert, bis $G_I^n = G_I^{n-1}$ erreicht ist. Diese Genmenge, die von den Autoren *Fixpunkt* genannt wird, definiert ein Transkriptionsmodul. Es bleibt zu klären, wie die Eingabeparameter zu wählen sind. In [21] wurden für die Auswertung von mehr als 1 000 genomweiten

Erreichen eines Fixpunktes

Expressionsprofilen von *Saccharomyces cerevisiae* 20 000 zufällig zusammengestellte Genmengen unterschiedlicher Größe verwendet. Der Schwellenwert t_G, der die Auflösung, d. h. die Größe der Module, beeinflusst, wurde zwischen 1.8 und 4.0 in Schritten von 0.1 variiert. Da der Wert von t_C die Modulkomposition kaum verändert, wurde $t_C = 2.0$ gesetzt. Aufgrund der Verwendung zufällig gewählter Mengen G_I^i variierten die Ergebnisse leicht. Analog zu obigem Verfahren wurden die Ausgabemengen vereinigt. Aus Überlappungen einzelner Module wurde schließlich ein Interaktionsnetzwerk abgeleitet. Einen Ausschnitt aus einem solchen Netzwerk zeigt die Abb. 23.5. Interessanterweise erzeugte das in [14] eingeführte hierarchische Clusterverfahren ebenfalls selbstkonsistente Cluster, die zu einem großen Teil mit den iterativ generierten Modulen übereinstimmten.

Diese Version eines Biclusterverfahrens ist in der Lage, aus großen Datensätzen konsistente Cluster zu extrahieren, die jeweils aus einem Teil der Gene und einem Subsatz der experimentellen Bedingungen bestehen. Aufgrund des iterativen Ansatzes wird diese Heuristik nur lokale Optima finden können. Allerdings zeigte der Vergleich mehrerer Methoden auf der Grundlage von synthetischen und realen Datensätzen für Hefe und *Arabidopsis thaliana*, dass dieses Verfahren zu den besten gehört. Der Vergleich belegt auch, dass Biclusterverfahren gegenüber den traditionellen hierarchischen Methoden generell von Vorteil sind [19].

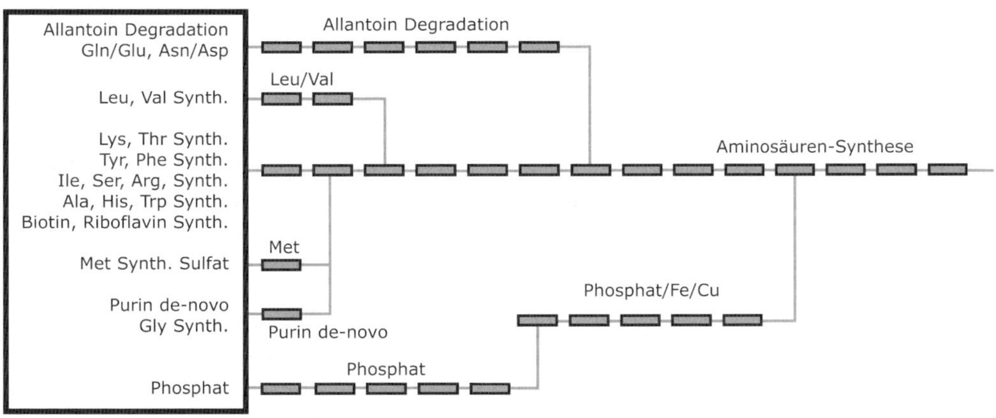

Abb. 23.5 Hierarchische Modularität im metabolischen Netzwerk von *Saccharomyces cerevisiae*. Jedes graue Rechteck repräsentiert ein Transkriptionsmodul. Jede horizontale Kette von Transkriptionsmodulen gehört zu einer metabolischen Leistung, die links beschrieben wird. Überlappungen zwischen den Modulen wurden durch schrittweises Verändern des Parameters t_G bestimmt; nach [22].

23.8
Grenzen und Alternativen

Die Motivation für das Verwenden von Clusterverfahren war die Annahme, dass Gene, die zu einer Gruppe zusammengefasst werden, ähnliche Expressionsmuster besitzen. Diese lassen auf eine gemeinsame Funktion oder dieselben Regulationselemente schließen. Wie bereits erwähnt, haben die Art der Normierung und die Parameterwahl einen erheblichen Einfluss auf das Ergebnis der Analysen. Daher gibt es kein allgemeingültiges Rezept und wie so häufig in der Bioinformatik müssen die Ergebnisse kritisch hinterfragt, im biologischen oder medizinischen Kontext interpretiert und auf ihre Plausibilität hin untersucht werden.

Die bisher vorgestellten Methoden gehören alle zu den nichtüberwachten Lernverfahren. Sie sind geeignet, in Expressionsdaten bis dato nicht erkannte Muster zu identifizieren. Können die Gene klassifiziert werden, so bietet es sich an, Verfahren des überwachten Lernens zu verwenden. Zu den mächtigsten Methoden gehören Support-Vektor-Maschinen. Allerdings kann auch bei diesem Verfahren das Klassifikationsergebnis stark von der Parameterwahl abhängen.

23.9
Genexpressions-Profiling

Profiling: Suche nach spezifischen Expressionsmustern

Die nächste Stufe in der Auswertung von DNA-Chip-Experimenten ist das *Genexpressions-Profiling*. Es hat zunächst zum Ziel, solche Gene zu finden, die mit einem Phänotypen korreliert sind. Wird ein Phänotyp in mehrere Klassen unterteilt, so gibt es möglicherweise Gruppen von Genen, die jeweils eine dieser Klassen spezifizieren. Ein weiteres Ziel des Profilings kann die Entwicklung von Klassifikatoren sein, die dazu dienen, aus den Expressionsmustern den Phänotypen vorherzusagen. Bei der statistischen Bewertung von Vorhersagen ist wiederum die hohe Dimensionalität der Datensätze zu beachten, wie eine einfache Rechnung zeigt: Vergleicht man für zwei Klassen Expressionsprofile mit jeweils 10 000 Werten (Gene auf einem Chip) auf dem Signifikanzniveau $p = 0.05$, so sind 500 falsch positive Vorhersagen zu erwarten. Ein Clustern dieser Expressionsprofile wäre völlig irrelevant. Daher müssen die statistischen Verfahren entsprechend angepasst werden. Extrem konservativ ist die *Bonferroni-Korrektur*, die darin besteht, das gewählte Signifikanzniveau durch die Anzahl n von Genen zu teilen. Auf alternative Korrekturverfahren (siehe [23]) können wir hier nicht eingehen. Zusätzlich wurden Formeln entwickelt, aus denen abgeleitet

Korrektur der kritischen Schwelle α

Bonferroni-Korrektur

werden kann, wie viele Replikate notwendig sind, um das Problem der Klassenzuordnung zu lösen [24] und um Klassifikationen auf eine statistisch solide Basis zu stellen [25].

Der Vorhersage von Phänotypen dienen häufig Klassifikatoren, die sich auf eine gewichtete lineare Funktion stützen. Diese kombinieren die Expressionsniveaus derjenigen Gene, die als informativ für eine Klassifikation eingestuft wurden. Es wird berechnet:

Gewichtete lineare Funktion

$$cl(\mathbf{x}) := \sum w_i x_i .$$

Einfache Klassifikatoren gut geeignet

Dabei sind die $x_i = T_i$ logarithmierte Signalwerte oder logarithmierte Verhältniszahlen für das i-te Gen. w_i ist das dem Signal zugewiesene Gewicht und es wird über alle Signale summiert, die den Klassifikator ausmachen. Geht es um einen Zweiklassen-Klassifikator, so ist zusätzlich eine Schwelle cu definiert, die über die Zugehörigkeit zu Klasse 1 oder 2 entscheidet. Viele Klassifikatoren beruhen auf diesem Konzept; zusätzlich wurden aufwändigere Methoden entwickelt. In mehreren Arbeiten, z. B. in [26], wurde die Performanz von Klassifikatoren in Expressionsstudien verglichen. Hierbei stellte sich heraus, dass die einfachsten Ansätze, die auf linearer Diskriminatenanalyse oder auf nächster Nachbarschaft (*Nearest-Neighborhood*-Klassifikation, NN) beruhen, wenigstens gleich gut oder besser als aufwändigere Verfahren abschnitten. Die NN-Klassifikation ist eine nichtparametrische Technik, die im Kapitel 6 vorgestellt wird.

23.10 Wärmekarten

Unsere bisherige Befassung mit bioinformatischen Methoden hat gezeigt, wie schwierig es ist, hochdimensionale Datensätze zu strukturieren. Andererseits fällt es unserem Auge und dem visuellen System leicht, Muster zu erkennen. Deswegen sollten Daten in einer Weise repräsentiert werden, die den Betrachter in dieser Aufgabe unterstützt. Ein Beispiel für eine derartige Datenrepräsentation sind *Wärmekarten* (*heat maps*). Wärmekarten wurden bisher in mehr als 4 000 biologischen oder biomedizinischen Publikationen verwendet [27]. In Abb. 23.2 wurde bereits eine erste Wärmekarte präsentiert, ohne diese Darstellungsart genauer zu motivieren. Dies wird nun nachgeholt.

23.10.1
Der klassische Ansatz

Wärmekarten: Farbcodierte Expressionswerte gruppiert mithilfe von Clusterverfahren

Wärmekarten sind 2D-Darstellungen von Datenmatrizen. Jeder Eintrag $x_{i,j}$ wird in der Karte durch eine rechteckige Fläche repräsentiert. Der Farbwert ergibt sich aus dem zugehörigen Datum, z. B. dem T_i-Wert. Bei Expressionsstudien hat sich für die Codierung der graduelle Übergang von Rot über Schwarz nach Grün durchgesetzt, sofern die Daten das Verhältnis der Fluoreszenzfarbstoffe Cy5 und Cy3 repräsentieren. In der Regel werden die Werte vor der Darstellung mithilfe eines hierarchischen Clusterverfahrens gruppiert, die resultierenden Bäume werden seitlich geplottet. Falls gewünscht, kann aus dieser Baumstruktur leicht eine Verteilung auf Cluster abgeleitet werden, indem der Baum in geeigneter Höhe durchtrennt wird. Größere Gruppen oder auffällige Muster in den Farbwerten können auf funktionelle Verwandtschaft der Gene (Genprodukte) hinweisen. Alternativ zum Clustern kann für eine Achse eine Anordnung gewählt werden, die z. B. durch eine Zeitreihe von Expressionsexperimenten vorgegeben ist.

Cluster sind biologisch interpretierbar

Mit den bisherigen Ausführungen ist unklar, wie diese Kombination von Verfahren für die Analyse von DNA-Chips zu rechtfertigen ist. Ein klassischer Ansatz zum Erzeugen von Wärmekarten stammt aus der Arbeitsgruppe um M. Eisen [14]. Als Metrik dient eine Variante des Pearsonschen Koeffizienten, zum Clustern wird eine Variante von *average linkage* verwendet. Nach dem Clustern in beiden Dimensionen wird die Karte geplottet. Wie in vielen Anwendungen gezeigt wurde, fasst diese Kombination von Algorithmen bevorzugt solche Gene zu Gruppen zusammen, die eine ähnliche Funktion besitzen. Damit ist plausibel gemacht, dass dieses Verfahren für die Analyse von Chip-Datensätzen geeignet ist. Wie zu erwarten, hängt die Struktur der resultierenden Karte von einer Vielzahl von Parametern ab. Die wichtigsten, die jeweils anwendungsspezifisch gewählt werden müssen, sind die folgenden:

Parameterwahl

- Wahl geeigneter *Preprocessing*-Algorithmen (Normalisierung),
- Wahl der Distanzmetrik,
- Wahl des Clusterverfahrens,
- Farbschemata (linearer oder logarithmischer Übergang, Anzahl der Farben).

Wo liegen die Beschränkungen des Verfahrens? In Wärmekarten sind nichtlineare Beziehungen innerhalb einer kleinen Gruppe von Genen nicht erkennbar. Für solche Fragestellungen müssen Biclusterverfahren eingesetzt werden.

23.10.2
Kombination von Datenquellen mithilfe von ClusCor

Expressionsstudien werden dann besonders informativ, wenn die Ergebnisse mit Befunden aus anderen Experimenten kombiniert werden. Von der Arbeitsgruppe um J. Weinstein wurde ein Verfahren vorgeschlagen, das bei der Konstruktion von Wärmekarten die Kombination mehrerer Datenquellen zulässt [15]. Diese Methode wollen wir mit einer Studie einführen, bei der untersucht wurde, welche Substanzen das Wachstum von humanen Krebszelllinien beeinflussen. Das Ziel solcher Studien ist es, neue Wirkstoffe gegen Krebs zu finden. Insbesondere sollen mögliche *Targets* identifiziert werden. Targets sind in diesem Kontext diejenigen Zellbestandteile, die für die Wirkung einer Substanz verantwortlich sind.

*Matrix **A**: Zellwachstum vs. chemische Substanzen*

Für die bioinformatische Analyse wurden aus Datenbankeinträgen zunächst zwei Matrizen **A** und **T** abgeleitet. Die Matrix **A** beschreibt, wie das Wachstum der $n = 60$ humanen Krebszelllinien von ca. 4 000 chemischen Substanzen beeinflusst wird. Jede Zeile von **A** repräsentiert die Antworten einer Zelllinie, wobei als Wert A_{ij} jeweils der GI_{50}-Wert angegeben ist, d. h. die Konzentration, bei der das Zellwachstum auf 50 % reduziert ist.

*Matrix **T**: Targets vs. chemische Substanzen*

Die Matrix **T** verknüpft mögliche Targets mit chemischen Komponenten. Jede der n Zeilen gibt an, wie das betrachtete Target auf die Substanz reagiert. Als Targets wurden hierbei Onkogene, Tumorsuppressorgene, Transporter, DNA-Reparaturenzyme und andere abgefragt. Insgesamt betrug die Anzahl der Targets 113. Diese können auf die Aktivität der ca. 4 000 Substanzen modulierend einwirken oder in ihrer Aktivität korreliert sein.

Zur Identifizierung möglicher Targets führten die Autoren die geclusterte Korrelation (*ClusCor*) ein. Der Algorithmus besteht aus vier Schritten.

Algorithmus 23.1 ClusCor

1 Normalisiere Mittelwert und Standardabweichung in den Matrizen **A** und **T**.

2 Berechne das Produkt $\mathbf{M} := \mathbf{A} \cdot \mathbf{T}'$; hierbei ist $\mathbf{T}'$ die transponierte Matrix.

3 Dividiere jeden einzelnen Wert von **M** durch $(n-1)$.

4 Gruppiere Reihen und Spalten mithilfe eines Clusterverfahrens.

Visuelle Analyse der Wärmekarten

Die resultierenden Farbmuster unterstützen den Betrachter in seiner Aufgabe, den Einfluss der Substanzen oder Substanzklassen auf Targets zu bewerten. So kann die Wirkbreite einzelner Reagentien oder die Empfindlichkeit von Targets untersucht werden. In den Wärmekarten werden solche Substanzen nahe beieinander liegen, die ähnlich auf die Targets wirken. Übereinstimmungen in den Farbmustern belegen die Annahme, dass Aktivitätsmuster und Targets miteinander verknüpft sind, was ja zunächst nicht vorausgesetzt werden kann.

Aus informatischer Sicht ist die Verwendung der Matrixmultiplikation zur Kombination zweier Datensätze interessant. Damit wird ein Parametersatz eliminiert und gleichzeitig ein Korrelationskoeffizient berechnet.

23.11 Informationsgewinnung für systembiologische Fragestellungen

Eine eher neue Erkenntnis in der Biologie ist der Befund, dass in den meisten Fällen nicht individuelle Gene, sondern Netzwerke auf Stimuli reagieren und die unterschiedlichen Phänotypen erzeugen. Zu diesen Netzwerken gehören metabolische Netzwerke, Signaltransduktionsnetzwerke oder transkriptionsregulierende Netzwerke.

Systembiologie bedarf einer Kombination von Befunden

Für ein komplettes Verständnis von Leben ist es daher notwendig, die Struktur dieser Netze aufzuklären und die codierten Regeln zu bestimmen. Solchen Fragen widmet sich die Systembiologie. Aufgrund der komplexen Fragestellungen ist zu prüfen, welche informatischen Methoden für die Systembiologie überhaupt hilfreich sind. Es ist leicht einzusehen, dass bestimmte Erkenntnisse nur aus einer Kombination von Befunden abzuleiten sind. Derartige kombinatorische Ansätze können beispielhaft an einer detaillierten Analyse von DNA-Chip-Experimenten erläutert werden. Differentielle Expression, wie sie mit Chips gemessen werden kann, repräsentiert die Antwort eines biologischen Systems auf die im Experiment gesetzten Reize (Stimuli). In der Analyse interessiert bei systembiologischen Fragestellungen jedoch nicht die Reaktion einzelner Gene, sondern das Identifizieren der Netzwerke, an denen differentiell exprimierte Gene beteiligt sind. Sowohl beim Erkennen, aber auch bei der Charakterisierung der Netzwerke helfen Informationen aus Datenbanken.

23.11.1
Bündelung von Datenbankinformation

Die Auswertung von DNA-Chip-Experimenten liefert zunächst eine Tabelle, in der die Gene aufgelistet sind, deren Expression sich auffällig ändert. Diese Gennamen müssen nun in einen spezifischen biologischen Kontext eingebettet werden. Hierfür bietet sich z. B. die KEGG-Datenbank an. So kann man z. B. die Verteilung der betrachteten Gene auf metabolische Netzwerke bestimmen und anschließend statistisch bewerten.

Verknüpfung von Gennamen und Schlagworten

Alternativ können GO-Terme analysiert werden oder das Vorkommen von Gennamen in der wissenschaftlichen Literatur genutzt werden. Zunächst werden z. B. durch Recherche in der Literaturdatenbank PubMed die Artikel identifiziert, in denen die betrachteten Gennamen vorkommen und anschließend werden die zu den Artikeln gehörenden Schlagworte (*keywords*) oder die *Medical Subject Headings* ausgewertet. Hierfür wird man ähnlich wie oben vorgehen; ein ausführliches Beispiel findet sich in [28]. In allen Fällen muss sich eine statistische Bewertung anschließen.

23.11.2
Statistische Analyse der Termverteilung

Ein Beispiel soll das weitere Vorgehen hin zu einem statistischen Test motivieren: Wir nehmen an, dass auf dem betrachteten Chip 30 % der aufgetragenen Gene an der Regulation der Transkription beteiligt sind. Daher ist zu erwarten, dass in jeder zufällig gewählten Stichprobe ebenfalls 30 % der Gene mit diesem Begriff annotiert sind. Sind dies im Satz der Gene mit auffälligem Expressionsmuster jedoch 75 %, so besteht hinreichend Grund zur Annahme, dass dieses Experiment in die Transkription eingreift. Ein statistischer Test sorgt für Sicherheit. Hierfür kommen mehrere Methoden infrage, dazu gehört der hypergeometrische Test:

Hypergeometrischer Test

$$p(X = x > q) := \sum_{x=q}^{m} \frac{\binom{m}{x}\binom{n-m}{k-x}}{\binom{n}{k}}.$$

Alternativen: Chi-Quadrat-Test, Exakter Test nach Fischer

Hierbei ist n die Gesamtanzahl von Genen auf dem Mikroarray und k die Größe der Stichprobe. Unter allen Genen sind m mit dem betrachteten Term annotiert, in der Stichprobe sind dies q. Alternativen sind der Chi-Quadrat-Test oder der Exakte Test nach Fischer. Mit diesen Verfahren kann jede Über- bzw. Unterrepräsentation von Annotationstermen auf statistische Signifikanz überprüft werden. Für die Korrektur der p-Werte aufgrund der Stichprobengröße gilt das oben Gesagte. Im Internet finden sich Server wie GOEAST [29], die nach Eingabe einer Liste von Gennamen derartige Tests ausführen. Ein Maß für die Verzerrtheit der Vorkommen liefert wiederum ein Chancenquotient LR:

Score zur Bewertung der Verteilung

$$LR := \log \frac{\frac{q}{k}}{\frac{m}{n}} = \log\left(\frac{q}{k}\right) - \log\left(\frac{m}{n}\right).$$

23.11.3
Verwendbarkeit des Verfahrens

Die beschriebenen Beispiele illustrieren, wie im Sinne der Systembiologie aus großen Datensätzen Hinweise auf übergeordnete Netzwerke und Regulationsmechanismen abzuleiten sind. Gleichzeitig liegen die Limitationen dieser Verfahren auf der Hand: Es können nur solche Gene untersucht werden, die mit entsprechender Information versehen sind. Zudem sind GO-Annotationen zum Teil sehr allgemein gehalten und nicht alle Gene werden in der Literatur ausführlich beschrieben.

Die skizzierten Verfahren zur Gewinnung von Metadaten lassen sich in analoger Weise auf Datensätze übertragen, die aus einer anderen „-omics" Disziplin stammen. In allen Fällen generieren derartige Analysen jedoch nur Hypothesen, die zusätzlich überprüft werden müssen.

Interaktives Arbeiten

Die interaktive Auswertung von Genexpressionsdaten können Sie mithilfe einen Lernmoduls üben, das auf der begleitenden Website angeboten wird.

23.12
Zitierte Literatur

1 Kulesh D. A., Clive D. R., Zarlenga D. S., Greene J. J. (1987) Identification of interferon-modulated proliferation-related cDNA sequences. *Proc Natl Acad Sci U S A*, **84**(23), 8453–8457.

2 Schena M., Shalon D., Davis R. W., Brown P. O. (1995) Quantitative monitoring of gene expression patterns with a complementary DNA microarray. *Science*, **270**(5235), 467–470.

3 Saeed A. I., Sharov V., White J., Li J., Liang W., Bhagabati N., Braisted J., Klapa M., Currier T., Thiagarajan M. *et al* (2003) TM4: a free, open-source system for microarray data management and analysis. *Biotechniques*, **34**(2), 374–378.

4 Stoeckert C. J., Jr., Causton H. C., Ball C. A. (2002) Microarray databases: standards and ontologies. *Nat Genet*, **32 Suppl**, 469–473.

5 Gygi S. P., Rochon Y., Franza B. R., Aebersold R. (1999) Correlation between protein and mRNA abundance in yeast. *Mol Cell Biol,* **19**(3), 1720–1730.

6 Quackenbush J. (2002) Microarray data normalization and transformation. *Nat Genet,* **32 Suppl**, 496–501.

7 Do J. H., Choi D. K. (2006) Normalization of microarray data: single-labeled and dual-labeled arrays. *Mol Cells,* **22**(3), 254–261.

8 Dobbin K. K., Kawasaki E. S., Petersen D. W., Simon R. M. (2005) Characterizing dye bias in microarray experiments. *Bioinformatics,* **21**(10), 2430–2437.

9 Cleveland W. S., Devlin S. J. (1998) Locally-weighted regression: an approach to regression analysis by local fitting. *J Am Stat Assoc,* **83**, 596–610.

10 Khondoker M. R., Glasbey C. A., Worton B. J. (2007) A comparison of parametric and nonparametric methods for normalising cDNA microarray data. *Biom J,* **49**(6), 815–823.

11 Park T., Yi S. G., Kang S. H., Lee S., Lee Y. S., Simon R. (2003) Evaluation of normalization methods for microarray data. *BMC Bioinformatics,* **4**, 33.

12 Churchill G. A. (2002) Fundamentals of experimental design for cDNA microarrays. *Nat Genet,* **32 Suppl**, 490–495.

13 Quackenbush J. (2001) Computational analysis of microarray data. *Nat Rev Genet,* **2**(6), 418–427.

14 Eisen M. B., Spellman P. T., Brown P. O., Botstein D. (1998) Cluster analysis and display of genome-wide expression patterns. *Proc Natl Acad Sci U S A,* **95**(25), 14863–14868.

15 Weinstein J. N., Myers T. G., O'Connor P. M., Friend S. H., Fornace A. J., Jr., Kohn K. W., Fojo T., Bates S. E., Rubinstein L. V., Anderson N. L. *et al* (1997) An information-intensive approach to the molecular pharmacology of cancer. *Science,* **275**(5298), 343–349.

16 Ben-Hur A., Elisseeff A., Guyon I. (2002) A stability based method for discovering structure in clustered data. *Pac Symp Biocomput,* 6–17.

17 Datta S., Datta S. (2006) Evaluation of clustering algorithms for gene expression data. *BMC Bioinformatics,* **7 Suppl 4**, S17.

18 Pearson K. (1901) On lines and planes of closest fit to systems of points in space. *Philosophical Magazine,* **2**, 559–572.

19 Prelic A., Bleuler S., Zimmermann P., Wille A., Buhlmann P., Gruissem W., Hennig L., Thiele L., Zitzler E. (2006) A systematic comparison and evaluation of biclustering methods for gene expression data. *Bioinformatics,* **22**(9), 1122–1129.

20 Ihmels J., Friedlander G., Bergmann S., Sarig O., Ziv Y., Barkai N. (2002) Revealing modular organization in the yeast transcriptional network. *Nat Genet,* **31**(4), 370–377.

21 Ihmels J., Bergmann S., Barkai N. (2004) Defining transcription modules using large-scale gene expression data. *Bioinformatics,* **20**(13), 1993–2003.

22 Ihmels J., Levy R., Barkai N. (2004) Principles of transcriptional control in the metabolic network of *Saccharomyces cerevisiae. Nat Biotechnol,* **22**(1), 86–92.

23 Simon R. (2008) Microarray-based expression profiling and informatics. *Curr Opin Biotechnol,* **19**(1), 26–29.

24 Dobbin K., Simon R. (2005) Sample size determination in microarray experiments for class comparison and prognostic classification. *Biostatistics,* **6**(1), 27–38.

25 Dobbin K. K., Simon R. M. (2007) Sample size planning for developing classifiers using high-dimensional DNA microarray data. *Biostatistics,* **8**(1), 101–117.

26 Dudoit S., Fridlyand J., Speed T. P. (2002) Comparison of discrimination methods for classification of tumors using gene expression data *J Am Stat Assoc,* **2002**(97), 77–87.

27 Weinstein J. N. (2008) Biochemistry. A postgenomic visual icon. *Science,* **319**(5871), 1772–1773.

28 Osborne J. D., Zhu L. J., Lin S. M., Kibbe W. A. (2007) Interpreting microarray results with gene ontology and MeSH. *Methods Mol Biol,* **377**, 223–242.

29 Zheng Q., Wang X. J. (2008) GOEAST: a web-based software toolkit for Gene Ontology enrichment analysis. *Nucleic Acids Res,* **36**(Web Server issue), W358–363.

24
Analyse von Protein-Protein-Interaktionen

Bisher wurden mehr als 920 Genome vollständig sequenziert, annotiert und öffentlich zugänglich gemacht. Zusammen mit bereits laufenden Projekten wird derzeit an der Aufklärung von mehr als 4 400 Genomen gearbeitet (Stand Januar 2009). Für diese Genome wurden – meist mit informatischen Methoden – Lage und Sequenz der Gene bestimmt. Ebenfalls bekannt sind die Aminosäuresequenzen der codierten Proteine, die das genetische Programm umsetzen. Das Genom einer Spezies ändert sich nur langsam. Das *Proteom,* d. h. die Menge aller Proteine in einem definierten Zustand der Zelle, verändert sich wesentlich dynamischer als das Genom. Seine Zusammensetzung passt sich den zellulären Entwicklungsphasen an; zudem reagiert das Proteom auf äußere Signale. Hierfür bilden die Proteine zum Teil große Interaktionsnetzwerke. Für das Verständnis zellulärer Funktionen ist es unerlässlich, Protein-Interaktionen zu analysieren. In diesem Kapitel werden bioinformatische Beiträge zu dieser Problemstellung vorgestellt. Der Begriff *Interaktion* wird in diesem Kontext allgemeiner definiert und impliziert nicht zwangsläufig den direkten physikalischen Kontakt zwischen Proteinen, sondern meint die Zugehörigkeit zum gleichen makromolekularen Komplex. Die Definition des *Interaktoms* ist deswegen weiter gefasst, weil die Systembiologie daran interessiert ist, *zelluläre Prozesse* zu charakterisieren. Interagierende Proteine, die zum selben Komplex gehören, sind zugleich Element des gleichen Prozesses. Konsequenterweise liegt auch den bioinformatischen Verfahren zur Analyse von Protein-Protein-Interaktionen diese Definition zugrunde.

Proteom = Menge aller Proteine in einem bestimmten physiologischen Zustand der Zelle

Interaktion = Zugehörigkeit zum gleichen makromolekularen Komplex

Bioinformatik Interaktiv. 2. Auflage. Rainer Merkl und Stephan Waack

ISBN: 978-3-527-32594-8

24.1
Biologische Bedeutung des Interaktoms

Welche Bedeutung dem Studium molekularer Interaktionen zukommt, belegt ein kürzlich vollzogener Paradigmenwechsel in der Biologie. Die Sequenzierung der Genome höherer Arten hat gezeigt, dass die Genome von Mensch, Affen, Maus und anderen Säugern jeweils ca. 3×10^9 Basenpaare umfassen. Auch die Anzahl der Gene ist ungefähr gleich und nicht um viele Größenordnungen höher als bei niedrigen Arten. So wird die Anzahl von Genen im menschlichen Genom auf maximal 30 000 geschätzt; im Genom der einzelligen Hefe *Saccharomyces cerevisiae* sind ca. 5 800 Gene funktionell. Diese Zahlen machen deutlich, dass die absolute Anzahl der Gene wenig über die Komplexität der zellulären Organisation aussagt.

Paradigmenwechsel hin zur Komplexität des Interaktoms

Als Konsequenz aus diesem Befund wurde der bisherige reduktionistische Ansatz, der besagt, dass ähnliche Moleküle in ähnlicher Weise funktionieren, aufgegeben. Ein neues Paradigma postuliert, dass höhere Arten komplexere Netzwerke und damit ein umfangreicheres Interaktom besitzen. Jüngste Zahlen stützen diese Hypothese: Für *Saccharomyces cerevisiae* wurden 18 000–30 000 binäre Interaktionen geschätzt [1], für den Menschen ca. 600 000 [2].

24.2
Methoden zum Bestimmen des Interaktoms

Interaktom nur schwer reproduzierbar

Wie das Transkriptom kann auch das Interaktom mit Hochdurchsatzmethoden untersucht werden. Hierfür werden z. B. *Yeast-two-hybrid*-Verfahren oder massenspektrometrische Techniken verwendet. Auf die speziellen, informatischen Bedürfnisse dieser Verfahren bei der Signalverarbeitung wollen wir hier nicht eingehen, sondern originäre bioinformatische Ansätze zum Studium des Interaktoms vorstellen. Diese nutzen existierende Datenbestände, um Vorhersagen über mögliche Protein-Protein-Interaktionen zu generieren. Die Methoden komplementieren die nasschemischen Verfahren und können dazu beitragen, das Interaktom präziser zu beschreiben oder zu komplettieren. Die Notwendigkeit für die Bündelung möglichst vieler Verfahren wird durch die folgenden Zahlen gestützt. Trotz aller experimenteller Bemühungen konnten für die Hefe bisher höchstens 15– 20 % aller binärer Interaktionen kartiert werden, für den Menschen sind es weniger als 1 % [3]. Generell ist es schwierig, mit Hochdurchsatzmethoden Datensätze zu generieren, die Befunde aus anderen Methoden zu einem großen Teil überlappen. Wie Abb. 24.1 zeigt, kann sich die Performanz

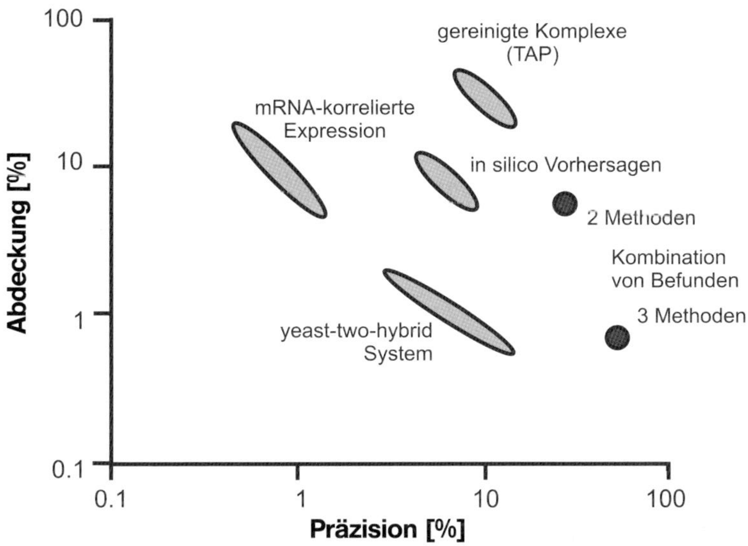

Abb. 24.1 Vorhersagequalität von Methoden zum Bestimmen von Protein-Protein-Interaktionen. Durch Vergleich mit einem als zuverlässig eingestuften Referenzdatensatz wurde die Performanz der Methoden ermittelt. Präzision ist der Anteil echt positiver Vorhersagen. Die Abdeckung gibt an, welcher Teil des Datensatzes mit der Methode erfasst wurde; vereinfachte Darstellung nach [4].

der *in silico* (d. h. rechnerischen) Methoden an der experimenteller Verfahren messen lassen. Die Abbildung belegt auch, dass die Präzision der Vorhersagen durch die Kombination mehrerer Verfahren gesteigert werden kann.

Argumente für das Studium mikrobieller Interaktome

In den folgenden Abschnitten werden hauptsächlich bioinformatische Untersuchungen mikrobieller Interaktome vorgestellt. Dies hat mehrere Gründe:

- Die Menge der Stoffwechselleistungen von Einzellern ist geringer, die Genome sind kleiner und die Komplexität der zu erwartenden Interaktionsnetzwerke ist niedriger als bei Eukaryonten.
- Die zu untersuchenden Proteine lassen sich in größeren Mengen einfach herstellen.
- Modellsysteme wie *Escherichia coli* oder *Saccharomyces cerevisiae* sind gut charakterisiert. Zudem lassen sich Hypothesen zu zellulären Prozessen in diesen Systemen leichter durch Experimente überprüfen.
- Die experimentellen Methoden erlauben bei ausreichender Präzision bisher nur die Analyse kleinerer Interaktome.

Diese Argumente sprechen dafür, die Algorithmen zunächst an mikrobiellen Modellsystemen zu erproben. Hinzu kommt, dass physikalische Interaktionen zwischen Proteinen häufig konserviert sind. Daher können Befunde aus dem Interaktom von Modellorganismen auf andere Arten übertragen werden.

24.3 Anforderungen an Datenbanksysteme

Konventionelle Datenbanken = evolutionäre Sicht

Das Studium des Proteoms oder Interaktoms verlangt neue Datenbankkonzepte. Bei traditionellen Datenbanken wird danach gestrebt, Qualität und Art der Annotation zu optimieren, die Redundanz der Einträge zu minimieren und Querverweise (Links) auf andere Datenbestände einzuführen. Diese Ziele unterstützen die eher traditionelle Sichtweise auf molekulare und zelluläre Eigenschaften. Ein typisches Beispiel ist die Datenbank UniProt, die von einem Konsortium betrieben wird [5]. Ein zweites Beispiel ist IntAct; darin werden Daten zu Protein-Protein-Interaktionen gesammelt [6]. Im Allgemeinen repräsentieren solche Datenbanken molekulare und zelluläre Eigenschaften und sind nur wenig dazu geeignet, *physiologische Zustände* zu beschreiben. Die Systembiologie bedarf jedoch einer physiologischen Sichtweise auf die Datenbestände. So sollte es die Architektur eines Datenbanksystems zulassen, eine Gruppe von Proteinen zu identifizieren, deren Vorkommen unter bestimmten Bedingungen zu- oder abnimmt. Solche Anfragen an eine Datenbank können nur bearbeitet werden, wenn experimentelle Bedingungen mit den Proteindatensätzen verknüpft sind. Die Datenbankarchitektur muss daher so erweitert werden, dass Informationen zu zellulärer Regulation, metabolischen Pfaden und Netzwerken verfügbar sind. Es wird nötig sein, neben den Rohdaten auch abgeleitete Schlussfolgerungen in den Datensätzen zu halten. Unter diesen Bedingungen wird die Kombination von Transkriptom- und Proteom-Daten mit den Befunden aus anderen biochemischen Experimenten wie Protein-Interaktionsstudien ein wertvolles Werkzeug zur Bildung von Hypothesen. Die Art der auftretenden Fragen und die zur Beantwortung erforderliche Kombination der Datensätze sind in Abb. 24.2 dargestellt. Das Schema illustriert nochmals die Komplexität der Fragestellungen.

UniProt

IntAct

Es bleibt festzuhalten, dass Datenbanksysteme bisher nicht dafür ausgelegt sind, die Ergebnisse von großen Expressionsstudien und Proteom-Experimenten aufzunehmen und gleichzeitig geeignet zu verknüpfen. Auf die Beschäftigung mit Datenbank spezifischen Problemen wollen wir hier jedoch nicht weiter eingehen.

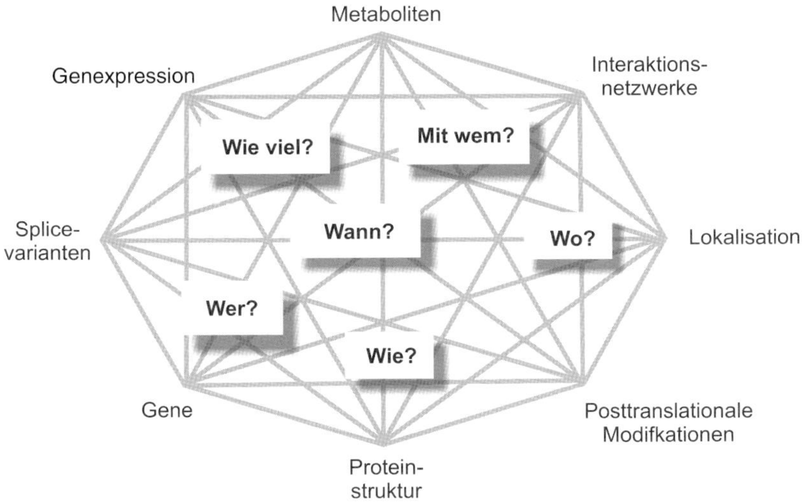

Abb. 24.2 Verknüpfung von Datenbanken zur Bearbeitung systembiologischer Fragestellungen. Diese sind durch Schlagworte repräsentiert; nach [4].

24.4 Analyse des Genominhaltes

Wie Abb. 24.1 zeigt, sind Ansätze zur Identifizierung von Protein-Protein-Interaktionen meist „schwache" Klassifikatoren. Sie entscheiden besser als eine zufällige Auswahl, allerdings lässt die Performanz zu wünschen übrig. Dies gilt auch für die bioinformatischen Ansätze, auf die wir nun eingehen wollen. Es liegt nahe, mehrere dieser Klassifikatoren zu kombinieren, um die Vorhersagequalität zu steigern. Für diesen Zweck werden häufig Bayessche Klassifikatoren eingesetzt, wie wir am Ende des Kapitels an einem Beispiel zeigen. Zunächst stellen wir Eigenschaften vor, die sich für die bioinformatische Vorhersage von Protein-Protein-Interaktionen eignen und die nicht an die Annotation der Proteine gebunden sind. Zu diesen Proteineigenschaften gehören:

Eigenschaften zur Vorhersage von Protein-Protein-Interaktionen

- die Komposition der DNA-Sequenz,
- die Komposition der Proteinsequenz,
- die 3D-Struktur der Proteine.

Ausführlicher gehen wir auf Verfahren ein, die sich auf Sequenzdaten stützen. Die methodischen Konzepte sind in Abb. 24.3 zusammengestellt.

Auf dem Niveau von Proteinsequenzen kann der Inhalt vollständig sequenzierter Genome mithilfe dreier Verfahren zur Vorhersage

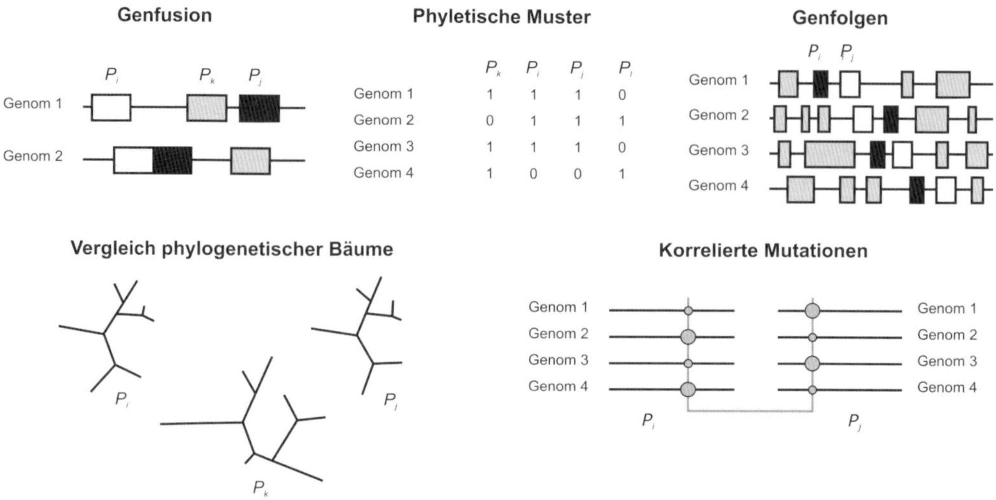

Abb. 24.3 Sequenz basierte Methoden zur Analyse von Protein-Protein-Interaktionen. In den skizzierten Fällen wird aufgrund der Datenlage stets die Interaktion der Proteine P_i und P_j vorhergesagt. Die Methoden werden im Text erläutert; nach [7].

von Protein-Protein-Interaktionen analysiert werden. Diese Methoden basieren auf der *Bewertung von Genfusionen, phyletischen Mustern* und dem *Vergleich von Genfolgen.*

24.4.1 Genfusion

Der folgende Algorithmus sucht nach sogenannten *Rosettastein-Proteinen* [8]:

Rosettastein-Protein

> Zu untersuchen sei die mögliche Interaktion zweier Proteine P_i und P_j aus Genom G_1. Existiert in einem Genom G_2 ein Protein P_s, das homologe Sequenzen zu P_i und P_j enthält, so kann angenommen werden, dass P_i und P_j interagieren. P_s wird Rosettastein-Protein genannt.

Trp5: Fusion von TrpA und TrpB

Ein Beispiel macht das Vorgehen plausibel: Im Genom von *Escherichia coli* und anderen prokaryontischen Bakterien finden sich zwei Gene, die für die Proteine TrpA und TrpB codieren. Das Genom von *Saccharomyces cerevisiae* enthält ein Gen, das für das Protein Trp5 codiert. Dieses besitzt Domänen, die homolog zu TrpA bzw. TrpB sind. Aus der Existenz und dem Aufbau von Trp5 kann geschlossen werden, dass dieses Gen durch Fusion entstanden ist und dass

TrpA und TrpB interagieren. Somit ist Trp5 ein Rosettastein-Protein. Das Beispiel einer Ausgabe der STRING-Datenbank, die im Kapitel 3 zu finden ist, belegt diesen Fall.

24.4.2 Phyletische Muster

Die Analyse von phyletischen Mustern bewertet das Vorkommen bzw. Nichtvorkommen von Proteinsequenzen in m komplett sequenzierten Genomen mithilfe von *phyletischen Profilen.*

Phyletisches Profil

Ein phyletisches Profil $\mathbf{prof}_i$ für das Protein P_i ist ein m-dimensionaler Vektor. Für jeden Wert $prof_i[j]$ gilt:

$$prof_i[j] := \begin{cases} 1 & \text{Protein } P_i \text{ kommt im Genom } j \text{ vor.} \\ 0 & \text{sonst} \end{cases}$$

Das Vorkommen der Proteine kann mithilfe von BLAST unter Verwendung eines kritischen Schwellenwertes t untersucht werden. Ist der Erwartungswert für einen im Genom j gefundenen Treffer kleiner als t, so wird unterstellt, dass dieses Genom ein zu P_i homologes Protein enthält.

Vergleich von Profilen

Für die Interaktionsvorhersage werden häufig die Profile sämtlicher Genprodukte P_i, $i = 1\ ..\ n$ eines Genoms miteinander verglichen. Für Proteine mit identischen oder ähnlichen Profilen wird postuliert, dass sie zum selben metabolischen Pfad beitragen oder in ein Interaktionsnetzwerk eingebunden sind. Binärwertige Vektoren können mit unterschiedlichen Methoden verglichen werden. Zu diesen gehören die Hamming-Distanz, die Tanimoto-Metrik sowie Methoden, die auf der Shannonschen Informationstheorie [9] beruhen und den *Transinformationswert* (*mutual information*) berechnen. Aus dem Pearsonschen Korrelationskoeffizienten kann ebenfalls ein Distanzmaß abgeleitet werden. Die Verfahren eignen sich unterschiedlich gut für den Vergleich phyletischer Muster, wie in [10] an einem größeren Datensatz nachgewiesen wurde. Ein Beispiel macht die Ursache für die Performanzunterschiede deutlich.

Metriken

Bei einer Analyse von neun Genomen wurden für vier Proteine die folgenden phyletischen Profile ermittelt:

Beispiel

$$\mathbf{prof}_1 = (1,0,1,1,1,1,1,1,0),\ \mathbf{prof}_2 = (1,1,1,0,1,1,1,1,1),$$

$$\mathbf{prof}_3 = (0,0,0,1,0,0,0,1,0),\ \mathbf{prof}_4 = (0,0,1,1,0,0,0,1,0).$$

Intuitiv würde man aufgrund der phyletischen Muster nur für die Proteine P_1 und P_2, nicht jedoch für P_3 und P_4, postulieren, dass sie gemeinsam in den ausgewählten Genomen vorkommen. Für die Hamming-Distanz gilt: $d_{Hamming}(\mathbf{prof}_1, \mathbf{prof}_2) = 3$ und $d_{Hamming}(\mathbf{prof}_3, \mathbf{prof}_4) = 1$. Diese Werte widersprechen unserer Erwartung und zeigen, dass dieses Distanzmaß hier nicht geeignet ist. Ähnliche Werte ergeben sich für L_λ-Normen. Sie alle scheitern bei seltenen Proteinen, deren phyletische Muster durch Nullen dominiert werden. Besser geeignet sind Metriken, die von Korrelationskoeffizienten abgeleitet werden, wie

Korrelationsbasierte Metriken

$$d_{r1} := 1 - r_{pear}(\mathbf{prof}_i, \mathbf{prof}_j) \text{ oder } d_{r2} = 1 - r_{Pear,SQ}(\mathbf{prof}_i, \mathbf{prof}_j).$$

Die Pearsonschen Korrelationskoeffizienten werden im Kapitel 23 eingeführt.

Ist eine Distanzmatrix **D** berechnet, die für alle Paare von Proteinen P_i, P_j den Abstand zwischen den Profilen $\mathbf{prof}_i$, $\mathbf{prof}_j$ enthält, so können Cluster gebildet werden. Aus deren Zusammensetzung lassen sich Hypothesen über die Zugehörigkeit der Proteine zu metabolischen Pfaden oder Interaktionsnetzwerken ableiten.

Nachweis der Proteine mithilfe von BLAST

Bisher ist offengelassen, wie das Vorkommen von Protein P_i im Genom j nachgewiesen wird. Im einfachsten Fall wird der BLAST-Erwartungswert E_{ij} mit einem festen Schwellenwert t verglichen. In jüngeren Studien wird $p_{ij} := -1/\log(E_{ij})$ anstelle eines binären Eintrages in $\mathbf{prof}_i$ verwendet. Hierbei wird unterstellt, dass reellwertige Einträge die Sequenzunterschiede besser widerspiegeln [11].

Wo liegen die Schwächen des Verfahrens? Bei Prokaryonten unterscheiden sich die Raten für den Erwerb und den Verlust von Genen innerhalb der taxonomischen Linien. Dieser Effekt erhöht die Distanz zwischen den Profilen und erschwert deren Bewertung.

24.4.3
Analyse von Genfolgen

Operon: Organisationseinheit prokaryontischer Genome

Die klassische Organisationseinheit prokaryontischer Genome ist das *Operon*. Dieses besteht jeweils aus einer Serie von Genen, die unter gemeinsamer Kontrolle eines Promotors stehen. So ist für alle Gene eines Operons dasselbe Expressionsniveau gesichert, da die Genprodukte in äquivalenten Mengen synthetisiert werden. Zu den Selektionsfaktoren, die zur Konservierung von Gen-Nachbarschaften beitragen, gehört die physikalische Interaktion zwischen den Genprodukten. Daher können funktionelle Interaktionen zwischen Proteinen aus Gen-Nachbarschaften in prokaryontischen Genomen vorhergesagt werden [12]. Bei dieser Methode ist es besonders wichtig, den Satz zu analysierender Genome sorgfältig anhand ihrer taxonomischen Stellung zu wählen. Sind die Spezies sehr nahe verwandt, kann ein Mangel an genomischen Rearrangements Ursache für übereinstimmende Genfolgen sein. Ist der phylogenetische Abstand sehr groß, so nimmt die Anzahl

Gen-Nachbarschaften weisen auf funktionelle Interaktion hin

die L_1-Codondistanz der Gene i und j. Hierbei gilt $\sum_{k=1}^{64} f_i(cdn_k) = 1.0$; d. h., es wird mit relativen Codonhäufigkeiten gerechnet.

Anschließend wurde für jedes Codon der Wertebereich zwischen dem kleinsten und dem größten $d(cdn_k)$-Wert in 50 Intervalle geteilt. Für jedes Intervall wurde aus der Verteilung der Proteine des $Test_s^+$ - und des $Test_s^-$ -Datensatzes ein Likelihood-Verhältnis $R(d(cdn_k))$ bestimmt. Zur Vorhersage von Protein-Protein-Interaktionen dient das Produkt

Produkt von Likelihood-Verhältnissen

$$Inter(gen_i,gen_j) := \prod_{k=1}^{64} R(d(cdn_k)).$$

Der für die Klassifikation benötigte Schwellenwert und die Performanz des Verfahrens wurden mithilfe einer Kreuzvalidierung bestimmt.

24.6
Suche nach korrelierten Mutationen

Protein-Interface: wechselwirkende Seitenketten aus Komplex bildenden Proteinen

Sollen zwei Proteine P_i und P_j einen stabilen Komplex bilden, so müssen Teile ihrer Oberfläche komplementär zueinander sein, sodass sich ein *Protein-Interface* ausbilden kann. Die Stärke einer Protein-Protein-Bindung wird zum allergrößten Teil durch nichtkovalente Wechselwirkungen zwischen den Seitenkettenatomen der am Interface beteiligten Aminosäuren determiniert. Es ist plausibel anzunehmen, dass sich im Laufe der Evolution für jeden Proteinkomplex ein gewisses Optimum der Bindungsstärke einstellte. Gilt dies, so ist auch die Existenz *kompensierender Mutationen* einleuchtend. Hiermit ist gemeint, dass Mutationen im Protein P_i durch Mutationen im Protein P_j kompensiert werden.

Kompensierende Mutationen in Bindungspartnern

Ein Beispiel soll diese Idee illustrieren: Wir nehmen an, dass sich aufgrund einer Mutation in P_i das Raumvolumen einer Seitenkette, die in das Protein-Interface ragt, vergrößert. Diesen Effekt können möglicherweise Mutationen im Interaktionspartner P_j ausgleichen. Es müsste an geeigneter Stelle eine kürzere Seitenkette eingebaut werden, sodass sich insgesamt der Raumbedarf im Interface nur wenig ändert. Derartige Abhängigkeiten gelten auch für Ladungen oder die Balance zwischen der Menge hydrophiler und hydrophober Aminosäureseitenketten. Treten kompensatorische Mutationen in mehreren Varianten auf, so sollten die betroffenen Aminosäuresequenzen charakteristische Muster aufweisen. Wie können derartige Mutationen nachgewiesen werden? Die Datenbasis sind zwei multiple Sequenzalignments (MSAs), die spaltenweise verglichen werden; siehe z. B. [17].

24.6.1
Generieren von sortierten MSA-Paaren

Datengrundlage für diesen Algorithmus sind Paare von MSAs, die mithilfe eines Programms wie MAFFT, MUSCLE oder T-Coffee generiert werden. Für jedes der Proteine P_i und P_j muss ein **sortiertes MSA** $sortMSA_i$ bzw. $sortMSA_j$ berechnet werden. Beim Erstellen sind die folgenden Nebenbedingungen zu beachten.

Nebenbedingungen: Größe des Datensatzes, synchroner Aufbau der MSAs

1) Der ausgewählte Datensatz muss mindestens $m = 125$ Genome umfassen, in denen *Orthologe beider Proteine* vorkommen. Dieser Wert ist bedingt durch die große Anzahl zu schätzender Parameter [18].
2) In beiden MSAs müssen die aus dem Genom k stammenden Sequenzen $P_{i,k}$ und $P_{j,k}$ in *jeweils die gleiche Zeile* k sortiert werden. Die Korrelationsmuster gehen verloren, falls diese Bedingung nicht eingehalten wird.

Die Sequenzen orthologer Proteine werden entweder mithilfe von BLAST identifiziert oder Datenbanken wie Pfam entnommen, deren Organisationseinheiten nach Funktion gruppierte Sequenzfamilien sind. Meist dienen Sequenz basierte Filter dazu, die Menge zueinander sehr ähnlicher Sequenzen zu reduzieren und entfernte Verwandte zu eliminieren.

24.6.2
Identifizieren korrelierter Mutationen

Shannonsche Informationstheorie

Häufig werden korrelierte Mutationen mithilfe von Kennwerten untersucht, die der Shannonschen Informationstheorie [9] entlehnt sind. Die wichtigsten Begriffe wollen wir hier auf den Kontext von Aminosäuresequenzen und MSAs übertragen.

Seien $sortMSA_i$ bzw. $sortMSA_j$ zwei sortierte multiple Sequenzalignments, sei k eine Spalte in $sortMSA_i$ und l eine Spalte in $sortMSA_j$. Sei $f(as_i^k)$ die Häufigkeit, mit der die Aminosäure as_i in Spalte k vorkommt. Für $f(as_i^l)$ gelte Analoges. Dann sind

Entropie

$$H(k) := -\sum_{i=1}^{20} f(as_i^k) \ln f(as_i^k), \; H(l) := -\sum_{i=1}^{20} f(as_i^l) \ln f(as_i^l)$$

sowie

$$H(k,l) := -\sum_{i,j} f(as_i^k, as_j^l) \ln f(as_i^k, as_j^l)$$

Entropiewerte. Die Transinformation ist

Transinformation

$$MI(k, l) := H(k) + H(l) - H(k, l)$$

und normalisierte Werte der Transinformation sind

Normalisierte Transinformation

$$MI_{norm1} := MI(k, l) \,/\, H(k, l) \text{ und}$$
$$MI_{norm2} := MI(k, l) \,/\, (H(k)+H(l)).$$

Hohe Transinformationswerte = wechselseitige Abhängigkeit

Diese Definitionen entsprechen den Shannonschen Konzepten. Die Entropie $H(k)$ ist ein Maß für die Informationsdichte, die Transinformation $M(k, l)$ quantifiziert die gegenseitige Abhängigkeit der Signale (hier Spalten im MSA, d.h. Positionen im Protein). Hier gilt es, Spalten mit hohen Transinformationswerten zu finden, da diese auf eine wechselseitige Abhängigkeit der Zusammensetzung hindeuten. In der Regel werden alle Spalten aus $sortMSA_i$ mit allen Spalten aus $sortMSA_j$ verglichen.

Gemeinsame evolutionäre Geschichte kann Kopplungssignale verursachen

In der Anwendung auf MSAs hat sich gezeigt, dass reine Transinformationswerte schlechte Indikatoren für korrelierte Mutationen sind. Eine Ursache für Fehlklassifikationen kann die gemeinsame evolutionäre Vorgeschichte der beiden Proteine sein, die starke Kopplungssignale verursachen kann. Besser geeignet sind die angegebenen normalisierten *MI*-Werte [18]. Es ist einzusehen, dass solche Analysen Hinweise auf Residuen liefern, die zu Protein-Interfaces gehören [19]. Derartige Informationen sind auch für *Docking-Algorithmen* wertvoll, weil sie deren Suchraum massiv einschränken. Docking-Verfahren dienen dazu, die exakte Position von Molekülen in größeren Komplexen zu berechnen. Ist über die relative Lage der Moleküle nichts bekannt, müssen alle physikalisch möglichen 3D-Anordnungen zweier Partner vergleichend bewertet werden.

Docking-Verfahren

24.7 Vergleich phylogenetischer Bäume

Hypothese: Interagierende Proteine evolvieren gemeinsam

Die Verfahren zur Vorhersage von Protein-Protein-Interaktionen lassen sich auf die Bewertung kompletter Proteinsequenzen ausdehnen. Bei diesen Algorithmen werden nicht mehr Mutationsmuster einzelner Positionen verglichen, sondern Stammbäume, die aus der Proteingesamtsequenz abgeleitet werden. Dieser Vorgehensweise liegt wiederum die Annahme zugrunde, dass interagierende Proteine co-evolvieren. Gilt dies, so sollten sich die phylogenetischen Bäume von Interaktionspartnern eher gleichen als die nichtinteragierender Proteine.

24.7.1 Die Mirror-tree-Methode

Der einfachste Algorithmus zum Vergleich phylogenetischer Bäume ist der *Mirror-tree*-Ansatz [20]. In Abb. 24.4 sind die wichtigsten Schritte des Algorithmus zusammengefasst. Datengrundlage sind wiederum zwei MSAs, die für die beiden Proteine P_i und P_j kompiliert wurden. In diesem Fall muss der ausgewählte Datensatz $m > 10$ Genome umfassen, in denen jeweils Orthologe beider Proteine vorkommen. Für jedes MSA, das ein Protein P_i repräsentiert, wird mit Standardmethoden ein phylogenetischer Baum konstruiert und eine $m \times m$ Distanzmatrix $\mathbf{D}_i$ berechnet. Diese enthält für jedes Paar orthologer Sequenzen $P_{i,k}$, $P_{i,l}$, die aus den Genomen G_k und G_l stammen, die Distanz $D_i[k,l] = d(P_{i,k}, P_{i,l})$. Die Ähnlichkeit in der evolutionären Entwicklung der Proteine P_i, P_j kann am einfachsten durch Vergleich der Distanzmatrizen $\mathbf{D}_i$ und $\mathbf{D}_j$ bestimmt werden. Diese enthalten dieselbe Topologie-Information wie phylogenetische Bäume. Bewährt hat sich die Berechnung eines Korrelationskoeffizienten [20].

Vergleich zweier Distanzmatrizen mithilfe eines Korrelationskoeffizienten

$$r_{m\_t}(P_i,P_j) := \frac{\sum_{k=1}^{m-1}\sum_{l=k+1}^{m}(D_i[k,l]-\overline{D_i})(D_j[k,l]-\overline{D_j})}{\sqrt{\sum_{k=1}^{m-1}\sum_{l=k+1}^{m}(D_i[k,l]-\overline{D_i})^2}\sqrt{\sum_{k=1}^{m-1}\sum_{l=k+1}^{m}(D_j[k,l]-\overline{D_j})^2}}$$

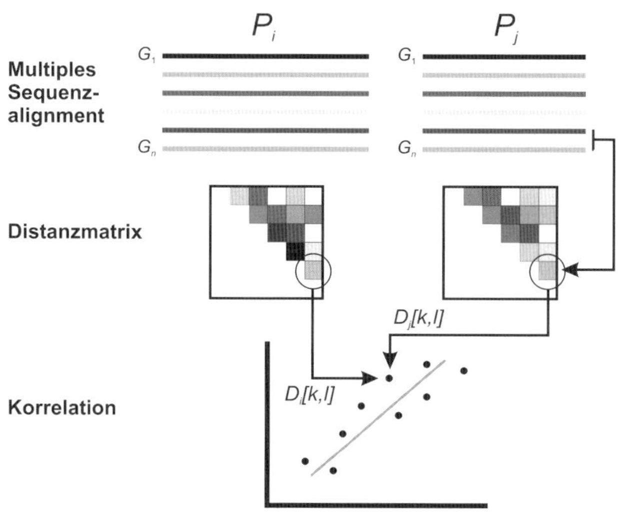

Abb. 24.4 Prinzip der *Mirror-tree* Methode. Zunächst werden Genome $G_1 \ldots G_n$ identifiziert, die Orthologe beider Proteine P_i und P_j enthalten. Die orthologen Sequenzen werden jeweils in einem MSA aligniert. Die beiden MSAs sind die Grundlage für die Berechnung der Wertepaare $D_i[k,l]$ und $D_j[k,l]$, die in Distanzmatrizen gehalten werden. Diese Paare dienen der Berechnung eines Korrelationskoeffizienten. Dessen Wert entscheidet über die Klassifikation; nach [7].

Wird der Pearsonsche Korrelationskoeffizient verwendet, so lassen alle Werte $r_{m\_t} > 0.8$ eine durch Performanztests abgesicherte Vorhersage von Protein-Protein-Interaktionen zu [21]. Zu beachten ist, dass bei der Berechnung des Korrelationsindexes jeweils die Paare $d(P_{i,k}, P_{i,l})$ und $d(P_{j,k}, P_{j,l})$ kombiniert werden müssen. Das Verwenden *sortierter MSAs* erleichtert die Auswahl der Wertepaare.

Performanz beeinflusst von gemeinsamer evolutionärer Geschichte der Proteine und Horizontalem Gentransfer

Wie gut ist die Performanz dieser Methode? Ca. 30 % der Vorhersagen sind falsch positiv [21]. Ein Grund für Fehlklassifikationen kann die gemeinsame evolutionäre Geschichte zweier nichtinteragierender Proteine sein, die den Sequenzen in manchen Fällen ein starkes Signal aufprägt. Zusätzlich muss das Phänomen des *horizontalen Gentransfers* (HGT) beachtet werden. Es ist bekannt, dass Mikroorganismen Fremd-DNA akquirieren, d. h. artfremde DNA-Fragmente in ihr Genom integrieren. Da Fremdgene und Spezies eigene eine unterschiedliche Entwicklung durchliefen, sind beim Vergleich solcher Sequenzpaare Artefakte zu erwarten. Eine Erweiterung des *Mirror-tree*-Verfahrens hilft, beide Effekte zu kompensieren. Hierzu wird die Verrechnung eines 16S rRNA-Stammbaumes in den Algorithmus integriert.

24.7.2
Korrektur des Hintergrundsignals

Elimination des Hintergrundsignals

Der von C. Woese eingeführte „Stammbaum des Lebens" [22] repräsentiert das allgemein akzeptierte Modell von der Entwicklung der Arten. Er basiert auf der phylogenetischen Analyse eines Bestandteils des Ribosoms, der 16S rRNA. Die dem Baum zugrundeliegenden Distanzwerte $d_{RNA}(k, l)$ sind ein Maß für die evolutionäre Verwandtschaft der betrachteten Spezies k und l. Daher eignen sich diese Werte zur Elimination des unspezifischen Hintergrundsignals, das Co-Evolutionssignale von Proteinpaaren überlagern kann [23]. In Analogie zu den Protein spezifischen Matrizen $\mathbf{D}_i$ und $\mathbf{D}_j$ wird eine Distanzmatrix aus dem Vergleich von 16S Sequenzen abgeleitet. Diese stammen aus denselben m Spezies, die für die Interaktionsanalyse ausgewählt wurden. Da sich die Mutationsraten von RNA-Molekülen und Proteinen unterscheiden, muss diese Matrix normiert werden, sodass die Matrix $\mathbf{RNA}_{\text{norm}}$ resultiert. Mit dieser

Algorithmus 24.1 *Tol-mirror-tree*-Methode

1 Erzeuge die Matrizen $\mathbf{D}_i$, $\mathbf{D}_j$ und $\mathbf{RNA}_{\text{norm}}$.

2 Berechne $\mathbf{D}_{tol,i} := \mathbf{D}_i\text{–}\mathbf{RNA}_{\text{norm}}$ und $\mathbf{D}_{tol,j} := \mathbf{D}_j\text{–}\mathbf{RNA}_{\text{norm}}$.

3 Bestimme r_{m_t} aus $\mathbf{D}_{tol,i}$ und $\mathbf{D}_{tol,j}$.

Modifikation ist die *Tol-mirror-tree*-Methode eingeführt, in der Daten aus dem ***Tree of life*** *verrechnet werden.*

Vergleich korrigierter Distanzwerte

Der neue Ansatz (vergleiche Algorithmus 24.1) ist leicht nachzuvollziehen: Zunächst werden nun im Schritt 1 die Distanzmatrizen aus drei MSAs abgeleitet. Zu $\mathbf{D}_i$ und $\mathbf{D}_j$ ist $\mathbf{RNA}_{\text{norm}}$ hinzugekommen. Im Unterschied zum *Mirror-tree*-Ansatz werden korrigierte Werte $\mathbf{D}_{tol,i}$ und $\mathbf{D}_{tol,j}$ erzeugt, indem positionsweise die Werte aus der RNA-Matrix subtrahiert werden (Schritt 2). Von jedem Wert $d(P_{i,k}, P_{i,l})$ wird $d_{RNA}(k, l)$ abgezogen, um die evolutionäre Distanz der Spezies k und l zu kompensieren. Im Schritt 3 wird der *Mirror-tree*-Ansatz auf die normierten Werte angewendet.

Welchen Einfluss hat diese Korrektur auf die Performanz des Verfahrens? Die Autoren analysierten alle Proteine P_i des Bakteriums *Escherichia coli*, die als interagierend in der Datenbank DIP geführt sind. Der Testdatensatz bestand aus 118 Proteinen, für die der Interaktionspartner P_j bekannt ist. Für sämtliche P_i wurde der Prozentsatz falsch positiver Vorhersagen bestimmt. Falsch positiv ist hier eine Vorhersage, wenn sie einen höheren r_{m_t}-Wert zugewiesen bekam als der bekannte Bindungspartner P_j. Eine perfekte Methode, die jedes P_j richtig vorhersagt, generiert 0 % falsch positive; im Zufallsexperiment sind 50 % falsch positive Vorhersagen zu erwarten. Mit der *Mirror-tree*-Methode wurden im Schnitt 23.4 % falsch positive Vorhersagen generiert, mit dem *Tol-mirror-tree*-Verfahren waren es 14.9 %.

Hinweise auf HGT

Wie können Gene identifiziert werden, die per HGT akquiriert wurden? Auch hier ist die $\mathbf{RNA}_{\text{norm}}$-Matrix von Nutzen. Wiederum wird ein r_{m_t}-Wert bestimmt, diesmal jedoch aus den $\mathbf{D}_i$- und $\mathbf{RNA}_{\text{norm}}$-Matrizen. Per HGT erworbene Gene zeichnen sich durch auffällig niedrige Korrelationsindizes aus und können so von der weiteren Analyse ausgeschlossen werden. Dieses Verfahren zur Identifizierung von Fremdgenen bietet sich hier aufgrund der Datenlage an. Für eine präzise Untersuchung des horizontalen Gentransfers wurden spezielle Verfahren entwickelt, auf die wir hier nicht eingehen können [24].

24.8 Vorhersage des Interaktoms der Hefe mithilfe eines Bayesschen Klassifikators

Kombination schwacher Klassifikatoren in Bayesschen Netzen

Zusammen mit den eingeführten Klassifikatoren haben wir eine Menge von Eigenschaften kennengelernt, die für die Vorhersage von Protein-Protein-Interaktionen infrage kommen. Allen Eigenschaften ist gemeinsam, dass sie keine eindeutige Bestimmung interagierender Proteine leisten können. Jede für sich betrachtet, kann jedoch einen schwachen Klassifikator beisteuern. Es ist daher naheliegend, an eine Kombination der Verfahren zu denken. Unter den Methoden des maschinellen Lernens zeichnen sich Bayessche Netze dadurch aus, dass sie mit fehlenden Daten zurechtkommen. Zudem sind sie sehr flexibel, da sie die Kombination heterogener Eigenschaften zulassen: Es können nominal, ordinal oder metrisch skalierte Zufallsvariablen eingebunden werden. Wie wir oben bei der Schilderung neuer Datenbankkonzepte gesehen haben, wird es in der Bioinformatik zunehmend wichtig, eine große Anzahl heterogener Eigenschaften in Kombination zu verarbeiten. Die Grundlagen Bayesscher Klassifikation haben wir in einem gesonderten Kapitel dargestellt.

Natürlich interessiert, welche Klassifikationsleistung bei solchen Anwendungen zu erwarten ist und welche Details beachtet werden müssen. An einer Analyse des Interaktoms der Hefe *Saccharomyces cerevisiae* lassen sich diese Fragestellungen detailliert untersuchen. Daher stellen wir eine derartige Studie [25] als exemplarische Anwendung eines Naiven Bayesschen Klassifikators genauer vor.

Argumente für die Kombination von Klassifikatoren

Die Verwendung einer Kombination von Klassifikatoren wird häufig mit der Annahme begründet, dass die Analyse mehrerer Eigenschaften die Klassifikationsleistung verbessert. Hierfür gelten die folgenden Argumente:

- Unser Vertrauen in eine Klassifikation wird bestärkt, wenn mehrere Eigenschaften für die Zugehörigkeit zur selben Klasse sprechen.
- Die Bewertung vieler Eigenschaften kann dazu beitragen, unterschiedliche Subsätze (z. B. des Interaktoms) zu klassifizieren, sodass die Abdeckung erhöht wird.

Es stellt sich sofort die Frage, bis zu welchem Wert die Vorhersagequalität eines Klassifikators durch das Einbinden weiterer Eigenschaften erhöht werden kann.

Für die Vorhersage des Transkriptoms der Hefe wurden in der betrachteten Studie 16 Eigenschaften ausgewählt, die mithilfe eines Naiven Bayesschen Ansatzes kombiniert wurden. In Tabelle 24.2 werden diese Eigenschaften kurz erläutert.

Test- und Trainingsdatensätze

Zum Trainieren und Testen wurden zwei „Gold Standards" (dies ist die übliche Bezeichnung für Datensätze, die als zuverlässig betrachtet werden) $GSTD^+$ und $GSTD^-$ zusammengestellt, die aus Datenbanken abgeleitet wurden. Zu $GSTD^+$ gehören 871 Gene und 8 250 Protein-Protein-Interaktionen, deren Existenz experimentell bestätigt ist. $GSTD^-$ besteht aus 2 903 Einträgen und 2 708 622 nichtinteragierenden Paaren. Die oben spezifizierten Eigenschaften können jeweils nur für einen Teil der Proteine bestimmt werden.

Tab. 24.2 Eigenschaften, die bei der Entwicklung eines Klassifikators für die Vorhersage des Hefe-Interaktoms bewertet wurden. Für jede Eigenschaft ist ein Name angegeben und die Herkunft der Daten erläutert; für Details siehe [25].

Kürzel	Bewertete Eigenschaft
COE	Proteine, die zum selben Komplex gehören, werden häufig co-exprimiert. Daher liefern mRNA-Daten aus Expressionsstudien Hinweise auf interagierende Proteine.
MIP	Interagierende Proteine sind häufig in den gleichen biologischen Prozess eingebunden. Angaben zum Prozess wurden aus der MIPS-Datenbank und den GO-Termen abgeleitet, mit denen die Gene annotiert sind.
GOF	Bewertet ebenfalls die funktionelle Ähnlichkeit von Proteinen. Ähnelt MIP; der Score wurde jedoch nach einem anderen Verfahren berechnet.
ESS	Jedes Hefe-Protein wurde mithilfe von Laborexperimenten als essenziell oder nichtessenziell klassifiziert. Zwei Proteine, die im gleichen Komplex vorkommen, sind mit hoher Wahrscheinlichkeit entweder beide essenziell oder beide nichtessenziell.
EXP	Gibt das absolute mRNA-Expressionsniveau an. Informativ, da interagierende Proteine in stöchiometrischen Mengen vorkommen.
APA	Angaben zu absoluten Proteinkonzentrationen. Bewertet ebenfalls die Stöchiometrie der Proteine.
MES	Marginale Essentialität ist ein quantitatives Maß für die Bedeutung nichtessenzieller Gene.
REG	Proteine, die in die Genregulation eingreifen, beeinflussen die Transkription einer Gruppe von Zielproteinen. Häufig sind co-regulierte Proteine über Protein-Interaktionen verknüpft.
PGP	Vorhersagen, die aus der Analyse phyletischer Profile abgeleitet wurden.
GNN	Vorhersagen, die sich aus der Bewertung von Genfolgen ergeben.
ROS	Hinweise, die von Rosettastein-Proteinen stammen.
SYL	Das Ausschalten bestimmter Gen-Paare ist letal. Solche Gen-Paare können im gleichen biochemischen Pfad vorkommen.
GNC	Eine Klassifikation, die sich aus der Analyse von Operons in bakteriellen Genomen ergibt.
THR	*Threading*-Verfahren können auf die Vorhersage der Struktur von Proteinmultimeren ausgedehnt werden. Diese liefern Hinweise zu Protein-Interaktionen.
EVL	Ergebnisse des *Mirror-tree*-Verfahrens.
INT	Resultate einer Interlog-Analyse. Ist aus einem Genom G_1 für zwei Proteine P_i, P_j bekannt, dass sie interagieren, so kann diese Information auf ein Paar homologer P_k, P_l im Genom G_2 übertragen werden, sofern sie mit P_i bzw. P_j jeweils mindestens 80 % identischer Residuen teilen.

Test- und Trainingsdatensätze Eigenschaften decken unterschiedliche Mengen ab

Größere Anteile der Testmengen decken die Parameter COE, MIP, GOF, ESP, EXP, MES und APA ab. Alle anderen Parameter charakterisieren jeweils nur kleinere Mengen. SYL klassifiziert 887 Protein-Paare, EVL und GNC nur zwei. Da die Hefe ein Eukaryont ist, sind diese Ansätze hier weniger geeignet.

Bewertung mit ROC-Kurven

Der erste Schritt bei der Entwicklung eines Klassifikators ist die Evaluierung einzelner Eigenschaften. Hier bietet sich das Aufnehmen und Bewerten von ROC-Kurven an, die im Kapitel 5 eingeführt werden. Klassifikatoren sind umso stärker, je größer die Fläche ist, die von der Kennlinie begrenzt wird. Aufgrund dieses Kriteriums ergab sich für die erste Gruppe von sieben Klassifikatoren (die größere Anteile der Datensätze abdecken) die Reihenfolge MIP, GOF, COE, EXP, ESS, MES und APA, wobei MIP die beste Leistung aufwies. In der zweiten Gruppe besaß INT die beste Performanz, es folgten PGP, GNN, REG, ROS und THR. Beispiele für typische ROC-Kurven sind in Abb. 24.5 links zusammengestellt. Da die in Gruppe zwei zusammengefassten Eigenschaften jeweils nur geringe Anteile der Testmengen charakterisieren, wurden schließlich die sieben Parameter aus Gruppe 1 mithilfe eines Naiven Bayesschen Klassifikators kombiniert. Es zeigte sich, dass die Leistung dieses Klassifikators nur um 3 % höher liegt als eine Kombination der vier am besten klassifizierenden Eigenschaften (COE, MIP, GOF, ESS). Die Performanz beider Klassifikatoren ist in Abb. 24.5 rechts wiedergegeben. Dieses Ergebnis belegt, dass in diesem Fall die Kombination einer kleinen Menge „guter“ Klassifikatoren die Leistungsgrenze erreicht.

Kombination weniger Eigenschaften ausreichend

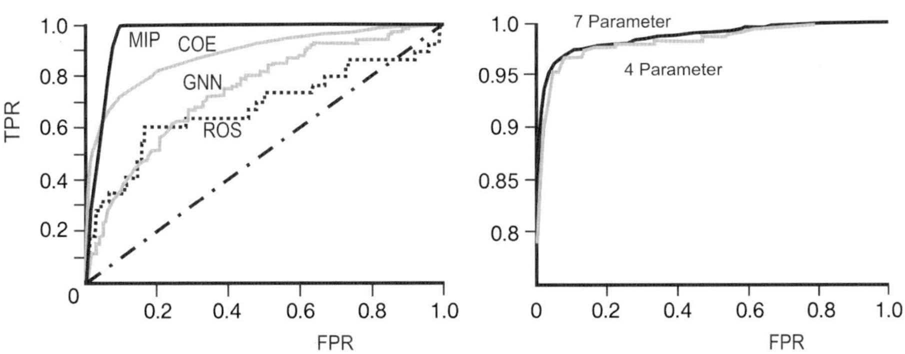

Abb. 24.5 ROC-Kurven von Klassifikatoren zur Vorhersage des Hefe-Interaktoms. Links ist die Performanz einzelner Eigenschaften dargestellt, rechts die zweier Naiver Bayesscher Klassifikatoren, die 4 bzw. 7 Eigenschaften bewerten. Die Abkürzungen für die Eigenschaften sind in Tabelle 24.2 erläutert. Die Strichpunktlinie markiert die Klassifikationsleistung bei zufälliger Zuweisung der Klassen. Die y-Achsen sind unterschiedlich skaliert. Vereinfachte Darstellung nach [25].

Naive Bayessche Klassifikatoren setzen Unabhängigkeit der Eigenschaften voraus

Der Theorie entsprechend dürfen Naive Bayessche Klassifikatoren nur dann verwendet werden, wenn die einzelnen Terme voneinander statistisch unabhängig sind. Aus der Beschreibung der Eigenschaften in Tabelle 24.2 kann für die zu betrachtenden Paare weder statistische Abhängigkeit noch Unabhängigkeit abgeleitet werden. Für eine Überprüfung bieten sich zwei Verfahren an: Dies ist die Berechnung eines Korrelationskoeffizienten und das Bestimmen der Transinformation. Die Bewertung der Kennzahlen, die für alle Paare von Eigenschaften bestimmt wurden, belegt, dass obige 16 Parameter nur schwach korreliert sind.

Durch Boosting erweiterter Klassifikator

Es ist bekannt, dass eine durch *Boosting* erweiterte Kombination Naiver Bayesscher Klassifikatoren (BNB) sehr robust gegenüber Abhängigkeiten unter den Eigenschaften ist. Da hier nicht klar war, ob die beobachtete, schwache Korrelation die Performanz des Bayesschen Klassifikators beeinflusst, wurde ein BNB trainiert und getestet. Bei der betrachteten Interaktom-Vorhersage konnte die Klassifikationsleistung jedoch nicht mehr gesteigert werden. Dies kann mehrere Ursachen haben: So ist beispielsweise nicht bekannt, wie sehr sich die Mengen überlappen, die durch die einzelnen Eigenschaften klassifiziert werden.

Resümee: Wichtigste Klassifikatoren basieren auf Annotationsinformation

Insgesamt können aus dieser Analyse die folgenden Schlüsse gezogen werden:

- Die besten Klassifikatoren wie MIP beruhen auf der Analyse von Annotationsinformation. Dieser Befund macht wiederum deutlich, welcher Stellenwert Sequenzvergleichsverfahren und der Pflege von Datenbanken zukommt.
- Das Verwenden einer größeren Anzahl von Klassifikatoren verbesserte die Abdeckung des Datensatzes nicht wesentlich. Mit vier Eigenschaften wurden 85.5 %, mit sieben Eigenschaften 87.2 % des Gold-Standards abgedeckt.
- Aus dem schlechten Abschneiden mancher Eigenschaften in dieser Studie darf nicht gefolgert werden, dass sie generell nicht für Klassifikationsaufgaben geeignet sind. Die Performanz wurde hier an einem Datensatz einer eukaryontischen Spezies getestet.

24.9 Zitierte Literatur

1 Yu H., Braun P., Yildirim M. A., Lemmens I., Venkatesan K., Sahalie J., Hirozane-Kishikawa T., Gebreab F., Li N., Simonis N. *et al* (2008) High-quality binary protein interaction map of the yeast interactome network. *Science,* **322**(5898), 104–110.

2 Stumpf M. P., Thorne T., de Silva E., Stewart R., An H. J., Lappe M., Wiuf C. (2008) Estimating the size of the human interactome. *Proc Natl Acad Sci U S A,* **105**(19), 6959–6964.

3 Wodak S. J., Pu S., Vlasblom J., Seraphin B. (2008) Challenges and rewards of interaction proteomics. *Mol Cell Proteomics* **8**(1), 3–18.

4 von Mering C., Krause R., Snel B., Cornell M., Oliver S. G., Fields S., Bork P. (2002) Comparative assessment of large-scale data sets of protein-protein interactions. *Nature,* **417**(6887), 399–403.

5 Consortium U. (2009) The Universal Protein Resource (UniProt) 2009. *Nucleic Acids Res,* **37**(Database issue), D169–174.

6 Hermjakob H., Montecchi-Palazzi L., Bader G., Wojcik J., Salwinski L., Ceol A., Moore S., Orchard S., Sarkans U., von Mering C. *et al* (2004) The HUPO PSI's molecular interaction format – a community standard for the representation of protein interaction data. *Nat Biotechnol,* **22**(2), 177–183.

7 Valencia A., Pazos F. (2002) Computational methods for the prediction of protein interactions. *Curr Opin Struct Biol,* **12**(3), 368–373.

8 Marcotte E. M., Pellegrini M., Ng H. L., Rice D. W., Yeates T. O., Eisenberg D. (1999) Detecting protein function and protein-protein interactions from genome sequences. *Science,* **285**(5428), 751–753.

9 Shannon C. E. (1948) A mathematical theory of communication. *Bell Syst Tech J,* **27**, 623–656.

10 Glazko G. V., Mushegian A. R. (2004) Detection of evolutionarily stable fragments of cellular pathways by hierarchical clustering of phyletic patterns. *Genome Biol,* **5**(5), R32.

11 Jothi R., Przytycka T. M., Aravind L. (2007) Discovering functional linkages and uncharacterized cellular pathways using phylogenetic profile comparisons: a comprehensive assessment. *BMC Bioinformatics,* **8**, 173.

12 Overbeek R., Fonstein M., D'Souza M., Pusch G. D., Maltsev N. (1999) The use of gene clusters to infer functional coupling. *Proc Natl Acad Sci U S A,* **96**(6), 2896–2901.

13 Salanoubat M., Genin S., Artiguenave F., Gouzy J., Mangenot S., Arlat M., Billault A., Brottier P., Camus J. C., Cattolico L. *et al* (2002) Genome sequence of the plant pathogen *Ralstonia solanacearum. Nature,* **415**(6871), 497–502.

14 Huynen M., Snel B., Lathe W., 3rd, Bork P. (2000) Predicting protein function by genomic context: quantitative evaluation and qualitative inferences. *Genome Res,* **10**(8), 1204–1210.

15 Harrington E. D., Singh A. H., Doerks T., Letunic I., von Mering C., Jensen L. J., Raes J., Bork P. (2007) Quantitative assessment of protein function prediction from metagenomics shotgun sequences. *Proc Natl Acad Sci U S A,* **104**(35), 13913–13918.

16 Najafabadi H. S., Salavati R. (2008) Sequence-based prediction of protein-protein interactions by means of codon usage. *Genome Biol,* **9**(5), R87.

17 Göbel U., Sander C., Schneider R., Valencia A. (1994) Correlated mutations and residue contacts in proteins. *Proteins,* **18**(4), 309–317.

18 Martin L. C., Gloor G. B., Dunn S. D., Wahl L. M. (2005) Using information theory to search for co-evolving residues in proteins. *Bioinformatics,* **21**(22), 4116–4124.

19 Pazos F., Helmer-Citterich M., Ausiello G., Valencia A. (1997) Correlated mutations contain information about protein-protein interaction. *J Mol Biol,* **271**(4), 511–523.

20 Pazos F., Valencia A. (2001) Similarity of phylogenetic trees as indicator of protein-protein interaction. *Protein Eng,* **14**(9), 609-614.

21 Pazos F., Valencia A. (2002) In silico two-hybrid system for the selection of physically interacting protein pairs. *Proteins,* **47**(2), 219–227.

22 Woese C. R. (2000) Interpreting the universal phylogenetic tree. *Proc Natl Acad Sci U S A,* **97**(15), 8392–8396.

23 Pazos F., Ranea J. A., Juan D., Sternberg M. J. (2005) Assessing protein co-evolution in the context of the tree of life assists in the prediction of the interactome. *J Mol Biol,* **352**(4), 1002–1015.

24 Langille M. G., Brinkman F. S. (2009) IslandViewer: an integrated interface for computational identification and visualization of genomic islands. *Bioinformatics* **25**(5), 664–665.

25 Lu L. J., Xia Y., Paccanaro A., Yu H., Gerstein M. (2005) Assessing the limits of genomic data integration for predicting protein networks. *Genome Res,* **15**(7), 945–953.

25
Zum Schluss

Der Eselspinguin ist optimal an ein Leben im Wasser angepasst. Sein Widerstandsbeiwert beträgt 0.07 [1]. Ein typisches Auto erreicht nur einen c_W-Wert von 0.29. Dieses Beispiel ist eines von vielen, die belegen, welch hervorragend optimierte Konstruktionen von der Natur hervorgebracht werden.

Dieses Bild vor Augen, mag es zunächst unverständlich erscheinen, dass viele der bioinformatischen Algorithmen, die wir hier vorgestellt haben, bei der Vorhersagequalität nicht besser abschneiden. In günstigsten Fällen werden um die 80 % echt positive Vorhersagen erreicht. Protein-Protein-Interaktionen werden sowohl mit experimentellen als auch mit *in silico* Methoden bei einer Abdeckung von ca. 10 % mit einer Präzision von ca. 10 % erkannt bzw. vorhergesagt. Weshalb werden keine besseren Werte erzielt? Bioinformatische Algorithmen werden sorgfältig trainiert und die Basisalgorithmen gehören zu den besten, die zur Verfügung stehen. Analoges gilt für experimentelle Ansätze.

W. Nachtigall schreibt in seiner Einführung in die Bionik [1], dass sich aufgrund der „geradezu riesenhaften“ Komplexität in der Biologie selten die Randbedingungen und Optimierungskriterien so präzise fassen lassen, dass eine eindeutige Zielfunktion formuliert werden kann. Dies mag für die Form eines Lebewesens oder die Funktion eines Organs gelten, aber trifft dies auch für die Zusammensetzung von Genen, Proteinen oder Genomen zu?

Auch bei diesen, weniger komplexen Objekten müssen durch Evolutionsvorgänge parallel mehrere Parameter optimiert werden. Bei Genen steht sicherlich die Codierung der Geninformation im Vordergrund. Weitere Kriterien, die auf die Gensequenz Einfluss nehmen, sind:

- Die *Translationseffizienz*; bei vielen Mikroorganismen werden in Abhängigkeit vom Expressionsgrad des Gens unterschiedliche Anteile bevorzugter Codonen beobachtet.

Bioinformatik Interaktiv. 2. Auflage. Rainer Merkl und Stephan Waack

ISBN: 978-3-527-32594-8

- Das *Vermeiden von Sekundärstrukturelementen*; faltet die mRNA auf sich selbst zurück, kann es zu Problemen bei der Transkription kommen.
- Das *Vermeiden von Bindemotiven*; in codierenden Sequenzen müssen ribosomale Bindestellen und andere Sequenzmotive vermieden werden.
- Die *Eigenschaften des Replikationssystems*; der unterschiedliche GC-Gehalt von Genomen belegt, dass Replikations- und DNA-Reparatursysteme die Zusammensetzung der DNA beeinflussen.

Diese Liste ist bei Weitem nicht vollständig. Völlig analog konkurrieren bei Proteinen unterschiedlichste Evolutionsfaktoren. Auch auf höheren Organisationsniveaus sind spezifische Nebenbedingungen zu beachten. Bei metabolischen Pfaden sind z. B. Sicherheitsaspekte zu berücksichtigen: So muss sichergestellt werden, dass der Ausfall einer Komponente nicht das gesamte Netzwerk lahmlegt. Es muss sich eine gewisse Redundanz entwickeln; ein *single-point-of-failure* kann im wahrsten Sinne des Wortes tödlich sein. Derartige Randbedingungen stören in der Regel das auszuwertende Signal und machen Klassifikationsaufgaben komplizierter.

Erschwerend kommt hinzu, dass in lebenden Systemen jede Eigenschaft nur bis zu dem Grad optimiert wird, der vom Selektionsdruck erzwungen wird. Das Wechselspiel zwischen den unterschiedlichen Selektionsfaktoren und Mutationen sorgt dafür, dass sich ein gerade ausreichendes Maß an Optimierung einstellt. Aufgrund von Mutationen ist daher stets mit statistischem Rauschen zu rechnen. Sind die gewählten Lösungen wenigstens zielgerichtet konstruiert? Aufgrund der evolutionären Entwicklung natürlich nicht! „Die Natur ist ein Bastler, kein Ingenieur" schrieb F. Jacob [2]. Weshalb? Es gibt keine Entsprechung für das Konzept von Mutation und Selektion bei ingenieursmäßiger Vorgehensweise. Ein Bastler verwendet eben das Material, das er gerade vorfindet, um ein funktionierendes Werkstück zu fabrizieren. Beim Basteln werden die Eigenschaften des Materials nicht vom Projekt bestimmt. Die gemeinsamen Eigenschaften der verfügbaren Objekte sind, *dass sie möglicherweise nützlich sein können*. Völlig analog evolvieren biologische Systeme. Daher ist in der Biologie immer mit Lösungen zu rechnen, die im Sinne einer ingenieursmäßigen Betrachtung nicht optimal sind. Die Situation, mit der sich die Bioinformatik häufig auseinanderzusetzen hat, wurde sehr drastisch von R. Robbins geschildert. Er beschreibt die Herausforderungen, die bei der Analyse des menschlichen Genoms zu lösen sind, wobei er als Metapher ein Problem der technischen Informatik verwendet ([3], nach [4]):

„Stellen wir uns die ca. 3.2 GB des menschlichen Genoms als eine Datei derselben Größe vor, die im Speicher eines Computers abgelegt ist, dessen Konstruktionsprinzipien wir nicht kennen. Die Sequenzaufklärung entspricht der Interpretation dieser Datei. Deren Inhalt zu verstehen, verlangt ein Rekonstruieren (*reverse engineering*) des Rechnersystems und zwar sowohl seiner Hardware als auch seiner Software (abgelegt in der betrachteten 3.2 GB großen Datei) plus der vollständigen Beschreibung der gesamten Konstruktion und deren Wartung.
Das Rekonstruieren wird durch den Umstand erschwert, dass die Datei keine Kopie geordneter Datensätze ist, sondern eine Menge von Bytes, deren Reihenfolge der ihrer Eingabe entspricht. Es ist damit zu rechnen, dass Datensätze fragmentiert vorliegen und dass die Datei gelöschte Datensätze und anderen Müll enthält.
Nach dem Entfernen irrelevanter Information und dem Zusammensetzen fragmentierter Datensätze kann mit dem Rekonstruieren des Programmcodes begonnen werden. Allerdings verfügt man hierfür nur über eine unvollständige und zum Teil falsche Beschreibung der Zentraleinheit (CPU), auf der dieser Code abläuft. Zur Lösung der Aufgabe ist es auch notwendig, Aufbau und Funktion der CPU aufzuklären, denn ein Teil der Datei sind binäre Anweisungen für den Produktionsprozess, durch den die CPU selbst hergestellt wird.
Erschwert wird die Aufgabe durch die Tatsache, dass der Code über einen langen Zeitraum und in Millionen von Wartungsschritten verändert wurde und dass diese Arbeiten von den schlimmsten, nicht berechenbaren Hackern ausgeführt wurden. Diese stützten sich hierfür auf undokumentierte Eigenschaften der Hardware und schrieben Spaghetti- und sich selbst modifizierenden Code."

Informatiker, denen diese Analogie präsentiert wurde, hielten die Aufgabe für unlösbar. Trotzdem wird, wie wir gezeigt haben, an der vollständigen Aufklärung des menschlichen Genoms und anderer Eukaryonten mit Erfolg gearbeitet.

Mit diesen Einsichten fällt es leichter, die Qualität bioinformatischer Werkzeuge zu schätzen. Werden die genannten Umstände berücksichtigt, ist es umso erstaunlicher, welch großen Anteil die Bioinformatik bisher zum Verständnis des Lebens beigetragen hat.

Was sind die großen Herausforderungen, der sich die Bioinformatik in den nächsten Jahrzehnten stellen muss? Chris Burge und Kollegen vom Massachusetts Institute of Technology haben im Jahr 2002 das folgende Pflichtenheft erstellt, das sich auf Probleme bei der Analyse von Genomen und Proteinen beschränkt [5]. So stehen aus:

- Ein präzises Modell für die Transkriptionsinitiation und Transkriptionstermination. Erfordert die Vorhersage, wann und wo die Transkription im Genom beginnt.
- Ein präzises Modell für das RNA-Splicen und das alternative Splicen. Muss in der Lage sein, die Splicemuster aller primären Transkripte vorherzusagen.
- Ein präzises, quantitatives Modell für Signaltransduktionspfade. Muss zelluläre Antworten auf externe Stimuli vorhersagen können.
- Das Bestimmen effizienter Codes für Protein-DNA, Protein-RNA und Protein-Protein-Erkennung.
- Die genaue *ab initio* Vorhersage der Proteinstruktur.
- Das rationale Design niedermolekularer Inhibitoren von Proteinen.
- Ein mechanistisches Verständnis der Protein-Evolution, einschließlich des genauen Verständnisses, wie neue Proteine evolvieren.
- Ein mechanistisches Verständnis der Entwicklung von Arten einschließlich der molekularen Details.
- Die kontinuierliche Entwicklung von Ontologien, um die Funktion von Genen und Proteinen zu beschreiben.

Betrachten wir den aktuellen Stand der Bioinformatik, so muss festgestellt werden, dass – aufgrund der Komplexität der genannten Problemstellungen – seither nur mäßige Fortschritte erzielt wurden. Andere, oben nicht genannte, Forschungsgebiete bieten der Bioinformatik zusätzlich ein weites Betätigungsfeld. Es bleibt somit genügend zu tun und es wird interessant sein, diese Entwicklungen zu beobachten oder mitzugestalten.

25.1 Zitierte Literatur

1 Nachtigall W. (2008) Bionik, C.H. Beck, München.
2 Jacob F. (1997) Evolution and tinkering. *Science*, **196**(4295), 1161–1166.
3 Robbins R. J. (1992) Challenges in the human genome project. *IEEE Engineering in Medicine and Biology Magazine*, **11**, 25–34.
4 Lesk A. (2003) Bioinformatik, Spektrum Verlag, Heidelberg.
5 Burge C. (2002) Bioinformaticists will be busy bees. *Genome Technology*, **17**, 1.

Stichwortverzeichnis

Bioinformatik Interaktiv. 2. Auflage. Rainer Merkl und Stephan Waack

ISBN: 978-3-527-32594-8